"十三五"国家重点图书重大出版工程规划项目

现代农业科学精品文库

中国土壤磷素演变与高效利用

张淑香　徐明岗　等/著

中国农业科学技术出版社

图书在版编目（CIP）数据

中国土壤磷素演变与高效利用／张淑香等著.—北京：中国农业科学技术出版社，2020.10

ISBN 978-7-5116-4989-8

Ⅰ.①中… Ⅱ.①张… Ⅲ.①土壤磷素–研究–中国 Ⅳ.①S153.6

中国版本图书馆 CIP 数据核字（2020）第 166717 号

责任编辑　闫庆健　马维玲
责任校对　贾海霞
责任印制　姜义伟　王思文

出 版 者　中国农业科学技术出版社
　　　　　北京市中关村南大街 12 号　邮编：100081
电　　话　(010)82109705(编辑室)　　(010)82109702(发行部)
　　　　　(010)82109709(读者服务部)
传　　真　(010) 82109705
网　　址　http://www.CASTP.cn
经 销 者　各地新华书店
印 刷 者　北京科信印刷有限公司
开　　本　787 mm×1 092 mm　1/16
印　　张　43.5
字　　数　876 千字
版　　次　2020 年 10 月第 1 版　2020 年 10 月第 1 次印刷
定　　价　269.00 元

《中国土壤磷素演变与高效利用》
著 者 名 单

主　著　张淑香　　徐明岗

副主著　黄绍敏　　杨学云　　石孝均　　黄庆海　　周宝库
　　　　刘益仁

著　者　(以姓氏拼音为序)

蔡泽江	车宗贤	陈庆瑞	陈轩敬	陈延华
陈　义	杜　森	段英华	樊红柱	樊廷录
高菊生	高　伟	高贤彪	郭斗斗	郭　宁
郭志彬	韩天富	韩晓日	侯红乾	胡　诚
胡丹丹	胡惠文	胡志华	花可可	黄　晶
黄庆海	黄绍敏	冀建华	蒋　松	蒋太明
蓝贤瑾	李聪平	李大渝	李明诚	李　娜
李双来	李　彦	李　琳	李冬初	刘东海
刘　骅	刘立生	刘　琳	林树堂	刘秀秀
刘彦伶	刘益仁	柳开楼	卢昌艾	陆长婴
吕真真	马星竹	彭　畅	秦鱼生	秦贞涵
沈明星	沈　浦	施林林	石孝钧	宋惠洁
孙凤霞	孙　楠	孙泽强	唐忠厚	王柏寒
王伯仁	王道中	王　飞	王海候	王　乐
王　琼	王淑英	王西和	魏　猛	魏宗强
邬　磊	吴春燕	吴启华	徐明岗	徐　洋
杨劲峰	杨　军	杨新强	杨学云	杨振贵
叶会财	余喜初	展晓莹	张爱君	张才贵
张会民	张　丽	张乃明	张乃于	张淑香
张树兰	张微微	张文菊	张仙梅	张秀芝
张英鹏	张跃强	赵会玉	钟永红	周宝库
周怀平	朱　平			

前　言

　　磷素是植物必需的大量元素之一，对植物的各种生命活动过程有着十分重要的作用。磷在植物体内不仅是细胞中核酸、磷酯类化合物等有机化合物的必需成分，而且还参与光合作用、呼吸作用、能量储存和传递、细胞分裂、细胞增大和其他一些过程，对植物营养起到关键性的作用。植物所需磷素的唯一来源是通过根系从土壤中吸收。在农业生产实践中往往通过施用磷肥，扩大土壤有效磷库，提高土壤的供磷能力。由于长期施用磷肥，我国土壤磷素已经由 20 世纪 70 年代前的严重亏缺转变为 80 年代后的平衡或略有盈余。根据中国统计年鉴，我国磷肥（P_2O_5）的消费量从 1980 年的 $2.7×10^6$ t 显著上升到 2018 年的 $7.3×10^6$ t，39 年间，磷肥消费量增长了 1.7 倍（中华人民共和国国家统计局，2018），我国农田土壤磷素平衡的盈余正以每年 10% 左右的速度增长。土壤磷库的增加在一定水平上提高了土壤有效磷含量和作物产量，但由于施入土壤中的大部分磷素会与土壤矿物（铁、铝氧化物和碳酸钙）、黏粒或有机质结合转化为非有效态磷，磷肥的当季利用率只有 10%～25%，有 75%～90% 的磷肥以难以被作物吸收利用的固定形态累积在土壤中。因此，研究土壤磷素演变与高效利用对指导作物增产、增收，减少磷肥浪费和环境保护具有很强的现实意义。

　　中国磷矿资源储量仅占全球磷矿资源的 5%，长期过量施用磷肥不仅造成有限磷矿资源的浪费，而且还会增加水体富营养化的风险。因此，提高土壤中累积磷的生物有效性已经成为近年来许多科学家关注的焦点。本书的主要内容是基于我国 28 个长期试验点 30 多年数据的整理，分析我国长期试验不同土壤、不同施肥条件下，土壤有效磷、全磷和有效化系数的演变特征及其土壤磷盈亏的响应关系，植物吸收磷的演变特征、土壤磷素利用率和土壤磷素形态演变特征，作物产量和土壤有效磷的响应关系，确定不同土壤、不同作物的农学阈值，并综合分析土壤磷素演变对于磷肥施用的意义，为指导磷肥合理施用提供重要科学依据。全书共 29 章，是在各长期试验点科研和技术人员撰写的基础上，经专家反复审阅修改，最后由张淑香和徐明岗审核定稿。本书编写过程中，得到许多专家的指导和支持，尤其是土壤肥料长期试验的相关专家和人员。本书还要感谢公益性行业农业科研专项"粮食主产区土壤肥力演变与培肥技术研究与示范"（201203030）、"北方一熟区耕地培肥与合理农作制"（201503120），国家重点研发计划项目"耕地地力水平与化肥养分利用率关系及其时空变化规律"（2016YFD0200301）、"农田草地生态质量监测技术集成与应用示范"（2017YFC0503805）等的资助。感谢中国农业科学院科技创新工程项目和土壤培肥改良创新团队全体成员的大力支持！

本书出版之际，是我国土壤质量监测网络全面发展的关键时期，也是我国化肥减施增效和国家耕地质量提升行动的关键阶段。本书的出版，对我国农田长期试验的发展、土壤肥力提升、肥料高效利用和农业可持续发展，意义重大而深远。

由于时间关系及著者水平有限，不妥之处，敬请广大读者批评指正！

著　者

2020 年 5 月 5 日

目　　录

总论篇

东北篇

华北篇

西北篇

南方旱地篇

南方稻田篇

南方水旱轮作篇

总　论　篇

第一章 中国磷素演变和高效利用研究进展

磷是植物必需的营养元素，是影响植物生长发育和生命活动的主要元素之一（Hawkesford et al.，2012；Daly et al.，2015）。植物所利用的磷素，主要来源于土壤；而大多数农田中，土壤的自然供磷能力通常不能满足植物生长发育及高产对磷的需求。全国耕地缺磷土壤面积占总耕地面积的 1/3～1/2，其中严重缺磷面积约占全国耕地的28.6%（朱欣欣，2012）。究其原因，我国土壤中有机质含量不足、固磷能力强的南方酸性土壤和北方石灰性土壤分布较广等，导致土壤有效磷含量总体较低。另有研究认为，随着农田磷肥的施用，土壤磷素在我国很多地区都呈现盈余状态，部分地区长期施肥下土壤有效磷的含量已经超过了环境临界点（Bai et al.，2013），其中化肥磷素输入量的持续增加是导致农田磷素总输入量不断增加的主要因素（马进川，2018）。不同区域和不同土壤类型的磷素状况的差异，加大了农田磷素管理的难度。如何在提高土壤磷肥力的同时，降低土壤磷环境污染风险，已成为土壤学、农学和环境科学研究的热点和重点之一。

随着人口数量的增加，通过施用化学肥料（包括磷肥）和有机肥提高作物产量，是满足人口增加对粮食需求的重要措施。目前全世界约80%的磷矿石资源被用于生产肥料（Chowdhury et al.，2014；Fischer et al.，2017），根据中国统计年鉴（2019），我国磷矿石 2017 年的储量为 $2.5×10^{10}t$，我国磷肥（P_2O_5）的消费量从 1980 年的 $2.7×10^6t$ 显著上升到 2018 年的 $7.3×10^6t$，39 年间，磷肥的消费量增长了 1.7 倍。农田中作物对磷的利用率一般为 15%～25%，施入土壤的磷素更多以难利用态累积在土壤中（程明芳等，2010；Wu et al.，2017；Zhang et al.，2009）。因而，认识农田土壤有效磷的演变特征，揭示土壤有效磷与施肥种类、磷盈亏和作物产量的关系，探寻不同土壤上制约磷有效性的因素，将对合理施用磷肥有非常重要的作用。

一、土壤磷演变与利用的国内外研究进展

国内外学者就土壤磷素循环及其有效利用开展过大量研究，总论针对土壤有效磷演

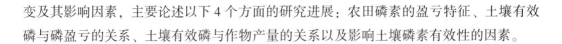

变及其影响因素，主要论述以下 4 个方面的研究进展：农田磷素的盈亏特征、土壤有效磷与磷盈亏的关系、土壤有效磷与作物产量的关系以及影响土壤磷素有效性的因素。

（一）农田磷素的盈亏特征

磷肥进入土壤后，磷素被植物当季吸收利用的效率较低，大量磷素以非有效态残存在土壤中（鲁如坤等，1996）。如果磷肥的投入量超过作物的吸磷量，随着施肥时间的延长，土壤中残存的磷将不断累积，累积磷中的一部分容易通过地表径流或者淋溶进入水体中，造成地表水或地下水的污染（徐明岗等，1998；刘方等，2006；刘娟等，2018，2019；段永蕙等，2019）。已有研究表明，农业生产中由磷肥施用引起的磷流失已成为水体污染的主要根源之一（Karen，2017；Kalimuthu et al.，2012；朱晓晖等，2017）。

据 MacDonald et al.（2011）研究发现，全世界很多国家和地区都出现磷的盈余现象，主要分布于美国东部、南美、欧洲西部和我国东南部，其中我国经济发达的东南部地区，农田磷素每年以 13.0~840 kg/hm^2 速率盈余。鲁如坤等（2000）对南方 6 个省的农田磷平衡状况研究表明，南方农田的磷素均处于盈余状态，土壤出现了磷累积现象。陈敏鹏等（2007）研究表明，2003 年我国土壤表观磷盈余的总量分别为 9.8×10^5 t，磷盈余强度 2.5 kg/hm^2；而化肥和畜禽粪便是土壤磷投入的最主要来源。因此，外源磷的大量、长期施用是磷盈余发生的主要原因（Zeng et al.，2007；张丽等，2014；黄晶等，2018）。我国长期施用磷肥条件下，土壤磷的收支为盈余状态；而不施肥条件下，土壤常为磷亏缺状态（徐明岗等，2006，2015）。从探究农业管理措施对土壤磷素平衡收支状况的影响来说，长期定位试验受到了越来越多的关注和重视（Takahashi and Anwar，2007；Yang et al.，2007；Tang et al.，2008；Vu et al.，2008）。在长期施肥条件下，根据历年磷肥的投入、作物的吸收状况，可计算不同施肥措施下磷的盈亏平衡状况。这不仅是探究农田土壤养分循环的基础，也是溯源水体污染的重要依据。对于不同区域农田，由于作物类型、土壤类型和农业管理措施的差异等，农田磷素的盈余和亏缺状况也会发生变化。

（二）土壤有效磷与磷盈亏的关系

施用不同肥料对土壤磷素含量及有效性的影响有显著差异。总体上，化学磷肥和有机肥的施用都能够提高土壤磷素（有效磷和全磷）的含量，而两者配施下，土壤磷肥力的提升更为明显（徐明岗等，2006；杨学云等，2009；李中阳等，2010；王艳玲等，2010）。事实上，农田土壤有效磷含量的变化很大程度取决于磷盈余与亏缺状况。盈余的磷在土壤中累积，提高了磷的容量和强度，使得土壤有效磷增加；而亏缺的条件下，土壤中磷素被植物吸收，有效磷随之下降。磷的盈亏与土壤有效磷的变化常有必然的联系（Shen et al.，2014a；Wu et al.，2017）。因而，量化土壤有效磷与磷盈亏的关系，对于达到既定的土壤培肥目标、节约磷资源等有重要作用。

英国洛桑试验站的研究证实，土壤磷盈亏的平衡与土壤有效磷变化量（ΔOlsen P）呈显著线性正相关，大约13%的累积磷转变为土壤有效磷（Johnston，2000）。据 Sanginga et al.（2000）研究发现，西非土壤中10%的累积磷转变为有效磷；而 Aulakh et al.（2007）对印度沙质壤土25年的定位试验研究表明，仅有5%的盈余磷转化成有效磷。Shepherd and Withers（1999）对温带酸性土壤的研究表明，每盈余100 kg P/hm^2，土壤有效磷将增加6 mg/kg；在加拿大沙质壤土上，土壤有效磷对磷盈余的响应关系表现为每盈余100 kg P/hm^2，土壤有效磷增加2 mg/kg。Cao et al.（2012）发现我国八个不同试验点位施用化学磷肥下每公顷盈余100 kg磷，土壤有效磷增加1.6~5.7 mg/kg；同时，每公顷亏缺100 kg磷，土壤有效磷也将相应下降1.6~5.7 mg/kg。针对我国不同类型农田土壤，每公顷累积100 kg磷，褐土有效磷平均增加1.12 mg/kg，黑土有效磷平均增加3.76 mg/kg，水稻土有效磷平均增加5.01 mg/kg，紫色土有效磷平均增加2.34 mg/kg，灌淤土有效磷平均增加0.47 mg/kg，贵州黄壤有效磷增加范围为5.6~21.4 mg/kg，天津潮土有效磷增加范围为1.19~3.59 mg/kg（展晓莹等，2015；杨军等，2015）。由此可知，不同类型土壤有效磷对磷盈亏的响应关系有明显的差异，在农田土壤培肥（磷）过程中，需要特别注意这些差异。另外，土壤磷肥力较高的条件下，可以适当降低磷肥投入，维持磷盈亏平衡或略有亏缺，以维持或降低土壤有效磷水平，进而在不影响作物吸收磷情况下减少环境污染风险。总之，对于我国不同土壤类型的农田，在明确磷盈亏量与土壤有效磷变化量关系的条件下，有利于根据磷肥的输入与输出情况，对土壤磷肥力的变化趋势进行预测，从而开展合理施肥和农田养分管理。

（三）土壤有效磷与作物产量的关系

农业培肥措施最主要目的是为了提高作物的产量，过多或无效的肥料投入往往没有效果，且适得其反。生产实践中，外源施肥在提高土壤肥力状况的同时，不能无限地促进作物增产，作物产量对土壤肥力的响应存在一定的临界值（农学阈值），其中产量对土壤有效磷含量响应的临界值更为明显（Bai et al.，2013）。因而，弄清土壤有效磷与作物产量的关系，可为确定培肥目标提供依据。对此农学阈值的确定，常规的方法有十字交叉法和模型模拟法（Cate and Nelson，1971；Colomb et al.，2007；唐旭，2009）。就模型模拟而言，不同模型的关键都是确定有效磷与产量关系的临界点。Duan et al.（2011）采用米切里西方程，利用长期试验的数据对土壤有效磷与作物磷利用率的关系进行量化，通过设定模拟产量最大值的90%，来确定土壤有效磷对应的数值，方程模拟结果很好地表述土壤与作物的关系。另外，由于年际间数据的分散，特别是作物的产量容易受到农田管理措施、气候、作物品种等因素的影响，为了减少数据的波动，模拟过程中各种作物的产量数据一般用相对产量表示。即利用相对产量与土壤有效磷建立米切里西关系方程，再根据方程求出对应的农学阈值。

对于不同作物（小麦、玉米和水稻），土壤有效磷的农学阈值也不尽相同。有研究表明，小麦的土壤有效磷农学阈值为 4.9～20.0 mg/kg，玉米的土壤有效磷农学阈值在 3.9～15.0 mg/kg（Colomb et al.，2007；席雪琴，2015；刘彦伶等，2016；郭斗斗，2017；唐旭，2009）。对于水旱轮作下，有研究表明水稻土壤有效磷的农学阈值略低于相应旱季作物有效磷的农学阈值（Bai et al.，2013）。然而，不同区域同一作物、同一区域不同作物，由于气候条件、土壤性质和管理水平的差异，作物土壤有效磷的农学阈值有显著的差异，这也增加了培肥的难度。例如，水稻—小麦轮作体系下，土壤有效磷达到了水稻的农学阈值，而小麦的农学阈值未达到。在此农田上继续增加磷的盈余量而提高土壤有效磷的含量，并不能增加水稻的产量，而可能增加环境污染风险。通过增加小麦季施肥量而减少水稻季施肥量，就可能同时满足两季作物稳产、风险小的要求。因而，明确不同类型土壤上各种作物有效磷的农学阈值，分析该农学阈值与土壤目前磷肥力状况的差异，可为施肥目标、时间节点提出合理的预测；结合土壤磷肥力提升与磷盈亏平衡的响应关系，可提出合理的施肥种类和施肥量等。

（四）影响土壤磷素有效性的因素

从磷的形态和组分看，磷素在土壤中有效态常指无机磷酸盐（$H_2PO_4^-$ 和 HPO_4^{2-}），这部分磷酸盐在土壤中活性较高、易被去离子水或 $NaHCO_3$ 溶液提取（Olsen et al.，1954），也易被作物直接吸收利用。土壤中其他形态和组分的磷如何转化成无机磷酸盐，是提高磷素有效性的关键。然而，土壤中的磷素受到物理、化学和生物学过程的影响，不断地被土壤固定，同时又被释放出来。除了受土壤性质（矿物组成、黏粒含量、有机质、pH 值和微生物等）的变化影响外，在农业实践中，磷素有效性还受到农业管理措施（磷肥、有机肥、灌溉和轮作等）和外界气候环境（温度、蒸发和降水等）的影响（图 1-1）。

1. 土壤性质

土壤磷的吸附—解吸过程显著受到土壤矿物组成的影响。磷酸根离子在土壤中，易被土壤颗粒表面吸附。一般而言，吸附反应常常在土壤溶液中的磷浓度较低时发生，分为 2 种情况：阴离子（$H_2PO_4^-$、HPO_4^{2-}）交换吸附和配位吸附。前者主要通过静电作用发生，这类吸附没有专一性；后者常以 $H_2PO_4^-$ 为配位体，通过与土壤固相表面的-OH

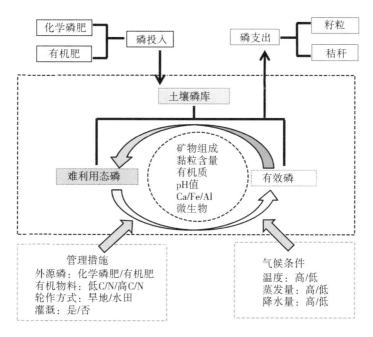

图 1-1 农田土壤中磷素的循环及其影响因素

或-H 发生配位体交换，这类吸附主要通过化学力的作用，具有专一性（Yan et al.，2018；Fan et al.，2019）。不同类型的农田土壤，其矿物本身的组成有很大的差异。红壤地区黏土矿物以高岭石为主，而华北和西北黏土矿物则以水云母和蒙脱石为主（中国土壤，1998）。不同黏土矿物对磷的吸附能力大小有显著差异，如蒙脱石、水云母大于高岭石。酸性红壤地区，土壤中质子化的活性铁铝带有正电荷，可吸附带负电的磷酸根；而石灰性土壤的 $CaCO_3$ 可对磷进行化学吸附，形成钙磷酸盐，土壤 pH 值和钙含量是影响磷吸附解吸的主要因素（Casson et al.，2006；Adhami et al.，2012）。与此同时，被吸附的磷可发生解吸反应，使得磷从固相转移到液相，磷解吸是一个相对于吸附的相反过程，对评估土壤磷有效性有重要意义，与土壤吸附的磷再利用有关（Guedes et al.，2016）。

黏粒含量和有机质含量也显著影响磷酸盐的吸附作用。一般认为黏粒含量越高，对磷酸盐的束缚越强，但也有研究认为，黏粒含量在一定程度上具有维持磷酸盐含量，减少其损失的功能。有机质除具有吸附磷酸盐的能力外（Ramos et al.，2006；Kang et al.，2009；Olson et al.，2010），有机质中有机酸还能够与颗粒表面的磷酸根离子发生置换反应，致使磷酸根离子被释放出来（Dou et al.，2009）。

土壤 pH 值变化影响磷的化学固定和沉淀溶解过程（Devau et al.，2011）。在土壤溶液中磷浓度较高时，常发生化学沉淀反应，即土壤溶液中的磷与其他阳离子形成固定沉淀。在不同酸碱环境中，磷的化学固定受不同体系所控制。在 pH 值低的酸性土壤中，无机磷酸盐（主要为 $H_2PO_4^-$）与铁铝结合，形成各种铁铝磷化合物；在 pH 值高的碱性石灰性土壤上，土壤溶液中的无机磷酸盐（主要为 HPO_4^{2-}）与钙镁结合，生成一系列的钙镁磷化合物，使得土壤磷素有效性降低。这些磷酸盐化合物，在 pH 值发生变化时，又会发生溶解反应。例如，通过调节 pH 值，使酸性土壤的酸度降低，碱性土壤的碱度降低，那么固体沉淀中的磷酸根会被释放出来。

土壤微生物对磷的作用表现在固持和矿化 2 个方面（Lueders et al.，2006；Emmanuel et al.，2011；薛英龙等，2019）。一方面，微生物可直接吸收利用无机磷酸盐进而转化成微生物生物量磷。土壤中简单的有机化合物（包括有机磷化合物）在微生物和酶的作用下，可进一步转化成为组成和结构更为复杂的有机物。另一方面，有机磷在微生物的作用下，也可分解转化成简单的磷酸盐。土壤中磷的固持和矿化作用可同时进行，也可在一定的条件下，以其中 1 个过程为主。前人已通过微生物分离纯化，从土壤中提取得到很多能够活化土壤磷的微生物（解磷微生物），这将对农业生产中磷肥的减施增效起到非常重要的作用（盛荣等，2010；秦利均等，2019）。有关微生物对磷的活化机制，既可通过溶解难溶性无机磷，又可以通过降解有机磷的方式进行。秦利均等（2019）研究表明，丛枝菌根真菌可以通过改变宿主植株的根系形态和菌丝网络的形成，扩大植株对养分吸收范围；并且释放有机酸、磷酸酶和质子等根系分泌物改变土壤结构和理化性质，与根际微生物共同作用降解土壤中难溶性磷酸盐，诱导相关磷转运蛋白基因的特异性表达，提高植株对磷的转运能力而促进其吸收。对于群体庞大、种类繁多的微生物，明确哪些群落具有解磷功能以及哪些措施能够增加这部分微生物群落，是当前和将来农业研究的重点和难点。近年来，新兴的高通量测序仪器（如 Ion Torent 和 454 测序仪等）和分析软件的发展，为探明土壤微生物群落提供了有效的途径。

总之，上述不同土壤性质指标对磷素有效性的影响是一个综合的过程，在不同条件下，某一因素可能占主导作用。例如，酸度极高的土壤，铁铝氧化物对于磷的固定是引起土壤磷有效性低的主要原因。对于不同类型土壤，需要综合分析各种因素，以明确引起土壤磷素形态转化及有效性的关键因素。

2. 农业管理措施

农业措施中，磷肥的投入显著地影响了作物的生长和养分吸收，改变了土壤中磷的形态和含量（Shafqat et al.，2013）。20 世纪 70 年代初到 90 年代末，在一些农业发达的国家，由于磷肥施用后在土体中累积，土壤磷肥力持续地提升，使得缺磷土壤面积不断地减少。在英国，有效磷（Olsen-P）含量低于 10 mg/kg 的土壤面积占耕地总面积的比例，由 7% 下降到 3%；在加拿大，连续施用磷肥 25 年以上，沙质土壤（0~15 cm）有效磷含量由 12 kg/hm² 提高到 40~59 kg/hm²，同时也有 43%~58% 的有效磷淋失到 60 cm 以下（Aulakh et al.，2007）。相似的，我国农田系统中施用磷肥和有机肥，土壤全磷和有效磷含量也不断地提升（徐明岗等，2015；Shen et al.，2014b；Wu et al.，2018）。外源投入磷肥是提升土壤有效磷含量的关键技术，而不同种类的磷肥，对土壤磷的作用也有一定的差异。

有机肥的投入增加了外源磷，提高了土壤磷肥力。尽管有研究表明有机肥中磷素的 55%~80% 为无机态，但可直接被去离子水或 NaHCO₃ 提取的磷仅占 40% 以下（罗春燕等，2008）。农田施用有机肥能提升土壤有机质，改变土壤微生物的生命活动，显著提高土壤微生物量碳、氮和磷（任凤玲等，2018；宋佳明，2018）。土壤有机质含量的增加，一方面增加土壤对磷的吸附作用；同时，有机酸与磷酸根的交换作用加强，可使得有效磷增加（张海涛等，2008；Dou et al.，2009；Du et al.，2013）；另一方面，施用有机物料影响了微生物对磷的利用。微生物对于有机物料的分解，与有机物料自身的组成有关，特别是有机物料的 C/N 比（Guppy and McLaughlin，2009；王传杰等，2018）。在高 C/N 情况下（>25），微生物（特别是细菌）一般难以分解利用此有机物料。在农业生产中，土壤中投入的有机肥种类繁多（猪粪、牛粪和马粪等），有机肥组成较为复杂，有机物的 C/N 时常超过或低于适宜值（李书田等，2011）。从有机肥投入量来看，过量使用有机肥增加农作物的产量是不可持续的，且具有很高的磷环境污染风险。

作物种类和轮作制度也影响土壤磷素的循环及有效性。不同作物种类对磷素的需求有显著差异，其作物根系利用土壤磷素的能力大小不同，并且根系释放的有机酸等对土壤磷素的活化也有差异。周宝库（2011）在黑土单季旱作系统（小麦—玉米—大豆）的研究表明，施用额外有机肥并未显著提高土壤有效磷的含量。杨学云等（2007）、王伯仁等（2008）对小麦—玉米轮作体系下的研究表明，有机肥配施化学磷肥相比单独施用化学磷肥，土壤有效磷含量显著提高。由此可见，不同轮作体系下土壤有效磷对施磷肥的响应有显著的差异。对于水旱轮作体系，种植水稻期间，灌溉水的使用，改变了土壤水分状况和氧化还原电位，影响了土壤磷素的化学吸附—解吸和沉淀—溶解等过程，在淹水条件下，磷酸根离子运动阻力较小，当溶液中被根系消耗时，可以比较容易地从土壤固相释放得到补偿（何松多，2008）。不同作物及轮作体系下土壤微生物群体组成也将发生变化，这将进一步影响土壤磷的平衡与转化。

3. 环境气候条件

外界环境气候如气温、蒸发和降水等情况，主要影响土壤的温度和水分状况，是土壤养分（磷）循环及有效性的间接影响因素。郑向勇等（2011）对我国人工湿地研究表明，红土对磷的吸附效果明显好于高岭土和麦饭石，红土磷的吸附量在 25℃ 达到最大，为 1.22 mg/g，而温度上升或下降吸附效果均变差；在 15℃ 时磷的吸附量最小，为

0.74 mg/g。薛杨等（2011）发现，河流沉积物对磷吸附结合大小与温度也相关，温度越高，磷被吸附的越牢固。Silveira and O'Connor（2013）对添加有机生态肥的土壤进行的淋洗试验表明，温度由20℃增加至32℃，淋洗出的水溶性磷量明显减少。由此认为，气温较高时，土壤温度也较高，土壤对磷的吸附较强。另外，温度的变化也显著影响土壤微生物和动物的活动。董飞等（2019）研究表明，增温改变了土壤细菌群落结构及其多样性和数量特征，增温使土壤细菌 Pielou 均匀度指数和 Shannon-Weiner 多样性指数降低，但物种个体数和 Simpson 优势度指数增加明显。

Pietikäinen et al.（2005）认为温度在25~30℃时，细菌和真菌生长最好，而温度过高或过低都不利于微生物的生长。勾影波等（2007）发现土壤温度在29℃螨类动物数量达到最高峰，在35℃弹尾类动物数量达到最高峰。温度影响了土壤中微生物和动物的生命活动，还会影响土壤有机态磷的矿化过程，进而对土壤磷的形态、含量产生显著影响（Rui et al.，2012）。

蒸发和降水情况能够改变土壤水分状况，影响土壤磷素的运移。降水通过改变土壤含水量进而影响土壤微生物群落的结构和功能。在水分限制的干旱、半干旱生态系统，降水对土壤微生物多样性具有正效应；在水分充足的湿生环境中，降水增加对土壤微生物多样性具有抑制作用或无显著影响，而降水减少可能通过提高土壤的通透性从而促进了微生物的多样性（林婉奇等，2020）。例如，降水量大的情况下，土壤磷素易随地表水流失或淋失进入深层土体（Liu et al.，2012）。Xu et al.（1995a，1995b）研究发现，土壤水分含量状况显著影响了磷素在土壤—根系表面的养分运移。降雨可导致田面水和稻田排水中磷素流失，以颗粒磷为主，并且通过降低径流中的 pH 值来增加胶体磷的流失贡献（闫大伟等，2019）。可见，由降水和蒸发引起的土壤水分状况变化，对微生物和动物的生命活动有显著的影响（勾影波等，2007；王誉陶等，2020），也对磷的迁移转化有影响，进而影响磷素在土壤中的有效性。

综上所述，土壤性质变化是影响磷素有效性的内因和关键。磷素在土壤中发生的物理吸附解析、化学沉淀溶解、离子置换和生物固持与矿化等过程，主要受土壤物理、化学和生物性质的变化的影响。环境气候状况，与土壤性质变化息息相关；农业管理措施，作为人为可以调控的因素，在影响土壤磷素有效性和磷素循环过程方面，起着非常重要的作用。因而，生产实践中，需要考虑上述土壤中各种物理、化学和生物学过程因素的影响，结合环境气候条件状况，运用合理的农业管理措施调控土壤有效磷的水平。

二、中国农田土壤磷演变与利用的长期试验网络概况

我国农田土壤肥料长期试验起始于20世纪70年代末，也是我国化学肥料开始大量

施用、现代农业逐步兴起的时期。当时，中国农业科学院土壤肥料研究所主持的全国化肥网在 22 个省（自治区、直辖市）连续开展了氮、磷、钾化肥肥效、用量和比例试验，并布置了一批长期肥料试验，有些延续至今。这些试验涉及黑土、草甸土、栗钙土、灌漠土、潮土、褐土、黄绵土、红壤、紫色土和水稻土等我国最主要的农业土壤类型。试验采用 2 种设计方法，一是以化肥为主，设置对照（CK）、氮肥（N）、磷肥（P）、钾肥（K）、氮磷肥（NP）、氮钾肥（NK）、磷钾肥（PK）和氮磷钾肥（NPK）8 个处理。有的试验增加了有机肥（M）和氮磷钾化肥与有机肥配合（NPKM）2 个处理。双季稻地区以这种设计为主。二是有机肥与化肥配合试验，采用裂区设计，主处理为不施有机肥和施用有机肥，副处理为氮、磷、钾化肥配合，设 CK、N、NP 和 NPK 4 个处理。双季稻以外地区采用这种设计。试验用化肥以尿素、普通过磷酸钙和氯化钾为主。一般每公顷每季作物施氮肥（N）150 kg，磷肥（P_2O_5）75 kg，钾肥（K_2O）112.5 kg 左右。有机肥北方以堆肥为主，30~75 t/hm^2，大多每年只施基肥 1 次；南方以猪厩肥为主，每公顷施猪粪 15~22.5 t 或稻草 4.5~6 t，大多每年施 2 次。磷钾化肥和有机肥作底肥施，氮肥按当地习惯分 2~3 次施用。种植制度长江以南为双季稻—冬季休闲；长江流域为一季中稻，冬季种小麦、油菜或大麦；华北地区为冬小麦和夏玉米一年两熟；东北和西北主要为春（冬）小麦、春玉米、大豆、马铃薯和蚕豆等，一年一熟。

20 世纪 80 年代后期，中国农业科学院土壤肥料研究所主持，连同吉林、陕西、河南、广东、浙江和新疆* 6 省（自治区）农业科学院土肥所、中国农业科学院衡阳红壤试验站和西南农业大学，在全国主要农区的 9 个主要类型土壤上建立了"国家土壤肥力与肥料效益长期监测基地网"。基地网包括黑土（吉林省公主岭市）、灰漠土（新疆乌鲁木齐市）、塿土（陕西省杨凌区）、均壤质潮土（北京市昌平区）、轻壤质潮土（河南省郑州市）、紫色土（重庆市北碚区）、红壤（湖南省祁阳县）、水稻土（浙江省杭州市）和赤红壤（广东省广州市），覆盖了我国主要土壤类型和农作制度。试验主要处理有：①休闲 CK_0（不耕作、不施肥及不种作物）；②CK（不施肥、种作物）；③氮（N）；④氮磷（NP）；⑤氮钾（NK）；⑥磷钾（PK）；⑦氮磷钾（NPK）；⑧氮磷钾+有机肥（NPKM）；⑨氮磷钾（增量）+有机肥（增量）（1.5NPKM）；⑩氮磷钾+秸秆还田（NPKS）；⑪有机肥（M）；⑫氮磷钾+有机肥+种植方式 2（$NPKM_2$）。每季作物施氮量 150 kg/hm^2 左右，N：P_2O_5：K_2O 为 1：0.5：0.5 左右，有机肥用量一般为22.5 t/hm^2，秸秆还田量一般为 3.75~7.5 t/hm^2。施 N 处理多为等氮量，其中有机肥 N：化肥 N 为 7：3。有机肥和秸秆为每年施用 1 次，于第一茬作物播种前作基肥施用；磷、钾化肥均作基肥施用，氮肥作基肥和追肥分次施用。

---

* 新疆维吾尔自治区，全书统称新疆。

20 世纪 80 年代以来，中国科学院也在全国不同生态区布置了"土壤养分循环和平衡的长期定位试验"；有关高等院校和地方科研院所，根据需要也布置了一些长期肥料定位试验；全国几乎每个省（自治区、直辖市）都布置有长期肥料试验。然而，由于我国农田土壤肥力长期定位试验的运行机制和管理水平等参差不齐，长期处于分散状态并呈现各自为战的局面，缺乏国家层面上的统一化、规范化和科学化组织调控，有些长期试验由于经费、管理等方面的原因已经停止。随着我国农田集约化程度的进一步提高以及种植结构的调整，迫切需要完善和构建我国农田土壤肥力长期监测体系，开展农田土壤肥力的时空演变规律、驱动因素及其与生产力耦合关系的研究，探求土壤培肥指标，构建不同区域的农田土壤培肥技术体系，全面提升我国农田的粮食生产能力。据此，以 2012 年启动的公益性行业（农业）科研专项"粮食主产区土壤肥力演变与培肥技术研究与示范"为契机，中国农业科学院联合了国家和省级农业科学院、中国科学院以及高校等全国数十家相关单位，吸纳了全国 42 个农田土壤肥力长期定位试验（其中江西进贤有 2 个水稻土长期试验），形成了农田土壤肥力长期试验的全国联网研究（图 1-2）。

"农田土壤肥力长期试验网络"涵盖了我国东北、华北、西北和南方典型农田区域，跨越从北向南的"寒温带—南亚热带"和自西向东的"干旱—湿润"各个主要农业气候带。其中，东北地区 5 个长期试验点，土壤类型包括暗棕壤、黑土和棕壤，种植制度以"玉米"连作为主；华北地区 12 个长期试验点，土壤类型包括潮土、褐土、褐潮土、棕壤和黄土，种植制度以"玉米—小麦"为主；西北地区 6 个长期试验点，土壤类型包括灰漠土、灌漠土、黑垆土、黄绵土和娄土，种植制度以"玉米—小麦"为主；南方丘陵地区 12 个长期试验点，土壤类型包括潮土、砂姜黑土、紫色土、红壤、黄壤和水稻土，种植制度包括"玉米—小麦""水稻—小麦"和"水稻—水稻"；长江下游水田区 7 个长期试验点，土壤类型为水稻土，种植制度为"水稻—水稻"。

所有长期试验起始于 1978—1990 年，至今持续时间均超过 30 年。试验的处理以不施肥、单施氮肥、氮磷肥、氮磷钾配合施肥、氮磷钾+有机肥（粪肥）和氮磷钾+秸秆还田等典型培肥模式为主，部分试验涉及耕作、轮作和撂荒等处理。

本书应用黑土、棕壤、灰漠土、灌漠土、娄土、褐土、潮土、红壤、紫色土和水稻土等我国主要农业土壤类型的 28 个土壤肥料长期定位试验，系统论述了长期不同施肥下 30 多年来土壤有效磷和磷活化系数的时空演变特征、土壤有效磷的农学阈值、土壤有效磷对磷素盈亏的响应关系等，探究化学磷肥、化学磷肥与有机肥配施下盈余磷转化成有效磷的差异，为我国磷肥合理施用制度的建立、全面提升我国农田生态系统中磷的调控水平、作物持续高产、降低环境污染和保障生态安全等提供理论依据。

中国地图

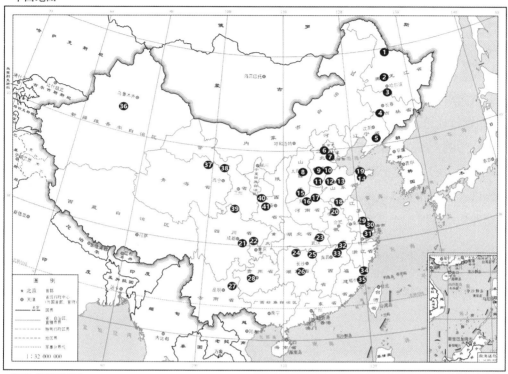

审图号：GS(2019)1828号

自然资源部 监制

东北地区	华北地区		
❶ 黑河（暗棕壤）	❻ 昌平（褐潮土）	⑫ 禹城（潮土）	
❷ 海伦（黑土）	❼ 武清（潮土）	⑬ 济南（棕壤/潮土/褐土）	
❸ 哈尔滨（黑土）	❽ 寿阳（褐土）	⑭ 莱阳（潮土）	
❹ 公主岭（黑土）	❾ 辛集（潮土）	⑮ 洛阳（黄土）	
❺ 沈阳（棕壤）	⑩ 衡水（潮土）	⑯ 郑州（潮土）	
	⑪ 曲周（潮土）	⑰ 封丘（潮土）	

南方丘陵地区		长江下游水田地区	西北地区
⑱ 徐州（潮土）	㉕ 望城（水稻土）	㉙ 苏州（水稻土）	㊱ 乌鲁木齐（灰漠土）
⑲ 沿江（潮土）	㉖ 祁阳（水稻土/红壤）	㉚ 常熟（水稻土）	㊲ 张掖（灌漠土）
⑳ 蒙城（砂姜黑土）	㉗ 曲靖（红壤）	㉛ 杭州（水稻土）	㊳ 武威（灌漠土）
㉑ 遂宁（紫色土）	㉘ 贵阳（黄壤）	㉜ 南昌（红壤/水稻土）	㊴ 天水（黄绵土）
㉒ 北碚（紫色土）	㉝ 进贤（红壤）	㉝ 进贤（水稻土）	㊵ 平凉（黑垆土）
㉓ 武汉（水稻土）		㉞ 鹰潭（水稻土）	㊶ 杨凌（塿土）
㉔ 桃源（红壤/水稻土）		㉟ 福州（水稻土）	

图1-2 我国农田土壤肥力长期试验网络

13

三、数据指标的测定与计算

（一）测定项目和方法

试验点均属我国长期试验网络，数据采集均按照统一的方法进行。采用 NaOH 熔融–钼锑抗比色法测定中性和碱性土壤（pH 值≥7）全磷含量，采用 HF-HClO$_4$ 消煮–钼蓝比色法测定酸性土壤（pH 值<7）全磷含量；采用 0.5 mol/L NaHCO$_3$ 提取–钼蓝比色法（Olsen 法）测定土壤有效磷含量；采用 H$_2$SO$_4$-H$_2$O$_2$ 消化–钼黄比色法测定植株吸收磷含量；采用外加热-K$_2$Cr$_2$O$_7$ 容量法测定土壤有机质含量；此外，书中涉及的其他土壤理化性质均参照鲍士旦（2000）中的方法进行分析。

（二）数据计算方法

土壤磷活化系数（PAC，%）= 有效磷（mg/kg）/［全磷（g/kg）×1 000］×100

（公式1-1）

土壤有效磷变化量（ΔOlsen P，mg/kg）= P_i（mg/kg）−P_0（mg/kg）

（公式1-2）

式中，P_i 表示第 i 年土壤有效磷；P_0 表示初始土壤的有效磷。

作物吸磷量（kg/hm^2）= 籽粒产量（kg/hm^2）×籽粒含磷量（%）
+秸秆产量（kg/hm^2）×秸秆含磷量（%）　　（公式1-3）

当季土壤表观磷盈亏（kg P/hm^2）= 每年施入土壤磷素总量（kg/hm^2）
−每年作物（籽粒+秸秆）吸磷量（kg/hm^2）

（公式1-4）

土壤累积磷盈亏（kg P/hm^2）= $\sum$［当季作物表观磷盈亏］　（公式1-5）

土壤磷的残余率（PSR，%）= 磷的盈余量（kg/hm^2）
/磷的投入量（kg/hm^2）× 100　　（公式1-6）

作物相对产量（RCY，%）= 各处理产量（t/hm²）

/每年所有处理最大产量（t/hm²）×100 （公式1-7）

作物相对产量对土壤有效磷的响应关系分别通过线性—线性方程、线性—平台方程和米切里西（Mitscherlich）方程模拟，公式分别如下。

$$Y = b_1X + a_1, \ X < C; \ Y = b_2X + a_2, \ X \geqslant C \qquad （公式1-8）$$

式中，Y 是预测的相对产量；a_1、a_2、b_1、b_2 分别为线性方程截距和截率；X 为土壤有效磷含量；C 土壤有效磷的临界浓度（农学阈值）。

$$Y = b_1X + a_1, \ X < C; \ Y = Y_p, \ X \geqslant C \qquad （公式1-9）$$

式中，Y 是预测的相对产量；Y_p 为预测的平台产量；a_1、b_1 分别为线性方程截距和截率；X 为土壤有效磷含量；C 为土壤有效磷的临界浓度（农学阈值）。

$$Y = A \ (1 - e^{-bX}) \qquad （公式1-10）$$

式中，Y 是预测的相对产量；A 是最大的相对产量；b 是产量对土壤有效磷的响应系数；X 为土壤有效磷含量。

磷肥回收率（PUR，%）= ｛[某施磷处理作物总吸磷量（kg/hm²）−不施磷处理作物总吸磷量（kg/hm²）]/该施磷处理施磷量（kg P/hm²）｝×100 （公式1-11）

磷肥累积利用率（%）= 施磷处理作物总的吸磷量/磷肥总用量×100

（公式1-12）

磷肥生理效率（PPE，kg/kg）= [施磷处理作物产量（kg/hm²）−不施磷处理作物产量（kg/hm²）] / [施磷处理作物吸磷量（kg/hm²）−不施磷处理作物吸磷量（kg/hm²）] （公式1-13）

磷肥农学利用效率（PAE，kg/kg）= [施磷处理作物产量（kg/hm²）−不施磷处理作物产量（kg/hm²）]/施磷处理施磷量（kg P/hm²） （公式1-14）

磷肥增产贡献率（%）= [施磷处理作物产量（kg/hm²）−不施磷处理作物产量（kg/hm²）]/不施磷处理作物产量（kg/hm²）×100 （公式1-15）

四、中国典型农田土壤磷素演变特征与高效利用技术

土壤磷素受到土壤性质变化（如矿物组成、有机质、pH 值、温度、水分和微生物等）的影响，发生各种物理、化学和生物学过程，致使土壤磷素固定或活化（张淑香和徐明岗，2019）。农田磷素的盈亏状况，是土壤磷素变化的源库。土壤磷素的变化及其与磷素平衡的关系，常受到农业管理措施和气候条件的影响。农田施用含磷肥料，一方面可以增加作物产量，改善土壤肥力；另一方面易于向水体淋失磷素，造成环境污染风险。因而，合理的农田管理方式对提高土壤肥力及保护环境非常重要。

选取我国农田长期试验网的 4 个单季旱作（哈尔滨市、公主岭市、乌鲁木齐市和平凉市）、5 个双季旱作（昌平区、郑州市、杨凌区、徐州市和祁阳县）和 4 个水旱轮作（遂宁市、重庆市、武昌区和杭州市）试验点，分析比较不施磷处理（CK/N）、化学磷肥处理（NP/NPK）、有机肥配施化学磷肥处理（NPM/NPKM）土壤有效磷和磷活化系数的时空演变特征、盈余磷转化成有效磷的差异，探讨土壤有效磷的农学阈值、土壤有效磷对磷素盈亏的响应关系等，对磷肥合理施用制度的建立具有重要实践价值。

（一）长期施肥下土壤有效磷及磷活化系数的动态变化

从元素的生物地球化学循环角度，土壤磷库常分为总磷库（全磷）和有效磷库（有效磷），对应土壤供磷的容量和供磷的强度。磷素在农田土壤中变化主要受供给平衡的影响，另外土壤本身的理化性质、外界气候环境及人为管理措施都影响着土壤磷素状况（高静，2009；史静等，2014）。杨学云等（2009）发现长期不同施磷处理下塿土全磷、有效磷及两者比例都有显著差异，其中化学磷肥与有机肥配施下土壤全磷和有效磷增加幅度最大。周宝库（2011）在黑土的研究也发现，单施化学磷肥和化学磷肥与有机肥配施都可大幅度增加农田土壤磷素的容量和强度。沈浦（2014）选取 13 个典型农田长期定位试验研究表明，施用化学磷肥和化肥配施有机肥都可大幅度提升农田土壤磷素含量。这些研究表明外源磷的投入，是引起土壤全磷和有效磷增加的主要原因。

农田土壤有效磷常指土壤中容易被化学提取剂（如 $NaHCO_3$ 溶液）提取的一些形态的磷。Shen et al.（2014b）、Wei et al.（2017）和夏文建等（2018）发现土壤有效磷（$NaHCO_3$-P）与二钙磷、八钙磷关系密切。对于有效磷含量相当的不同土壤，难利用态磷含量有很大差异，深入比较有效磷占全磷的比例，揭示土壤磷活化系数（Phosphorus Activation Coefficient，PAC），对于探究土壤磷素有效性状况也很有必要。土壤磷活化系数，即土壤有效磷占全磷的百分比，其在一定程度上反映了土壤磷素的有效化程度（吕

真真等，2019）。Shen et al.（2014a）在公主岭黑土和乌鲁木齐灰漠土的研究表明，有机无机配施相比施用化学肥料和不施肥处理可显著增加有效磷占全磷的比例，且这与土壤有机质（碳）的增加呈显著正相关。然而，对于不同轮作体系、不同施肥处理下有效磷占全磷的比例有何差异的探索尚未见系统报道。本部分主要比较单季旱作、双季旱作和水旱轮作下不同施磷处理对土壤有效磷和磷活化系数影响的差异，并探讨影响土壤磷活化系数的因素。

为研究不同施肥措施对有效磷及磷活化系数变化的影响，研究比较初始值和后 3 年值的差异，并根据其施肥年份计算出有效磷和磷活化系数的年变化率，计算方法如下。

$$SAPac =（SAPf-SAP0）/Y \qquad （公式 1-16）$$

SAPac（Annual change in soil available P）为土壤有效磷的年变化率；SAPf 为土壤有效磷最后 3 年的平均值；SAP0 为土壤有效磷的初始值；Y 为施肥年份。

$$PACac =（PACf-PAC0）/Y \qquad （公式 1-17）$$

PACac（Annual change in P activation coefficient）为土壤磷活化系数的年变化率；PACf 为土壤磷活化系数最后 3 年的平均值；PAC0 为土壤磷活化系数的初始值；Y 为施肥年份。

1. 单季旱作农田土壤有效磷及磷活化系数的动态变化

长期施肥下 4 个单季旱作农田不同施肥处理土壤有效磷（初始值为 3.4～22.3 mg/kg）随时间变化有显著差异，施磷处理（NP、NPK、NPM 和 NPKM）总体呈增加趋势，不施磷处理（CK 和 N）总体呈下降趋势。比较施肥后 3 年平均值与初始值的差异，有机肥配施化学磷肥比施用化学磷肥处理土壤有效磷增加幅度较大，前者在 4 个点上分别增加 2.5～10.0 倍，而后者分别增加了 1.5～2.3 倍。由上述差值除以相应施肥年份得出土壤有效磷的年变化率，见表 1-1。施用化学磷肥处理土壤有效磷年均增加率为 0.4～1.8 mg/kg，以哈尔滨市增加最多，乌鲁木齐市增加最少。有机肥配施化学磷肥下，土壤有效磷每年增加 0.7～7.1 mg/kg，以公主岭市增加最多，平凉市增加最少。不施磷肥处理下土壤有效磷在哈尔滨市和公主岭市下降了 55.2%～62.5%，单施氮肥 N 处理在乌鲁木齐市和平凉市下降 15.4%～16.7%，而不施肥处理则没有显著变化。

土壤磷的活化系数在不同施肥处理下也有明显的差异。随着施肥年份的增加，施用磷肥处理特别是有机肥配施化学磷肥处理下土壤磷的活化系数呈显著增加趋势，在公主岭市和乌鲁木齐市，磷的活化系数相比初始值增加了 5.3～6.6 倍。就土壤磷活化系数的年变化率而言，公主岭市 NPKM 处理磷的活化系数每年增加可达 0.6%，而其他施磷处理磷的活化系数每年增加小于 0.2%。

2. 双季旱作农田土壤有效磷及磷活化系数的动态变化

双季旱作农田土壤有效磷及磷活化系数在施磷处理下呈显著增加趋势，其中以有机肥配施化学磷肥处理尤为明显，而不施磷处理土壤有效磷和磷的活化系数略有下降。在昌平区、郑州市、杨凌区、徐州市和祁阳县有机肥配施化学磷肥处理下土壤有效磷每年增加 2.9~9.3 mg/kg；而在化学磷肥处理下，除徐州市土壤有效磷无显著变化外，其他 4 个点土壤有效磷每年增加 0.6~2.1 mg/kg。磷的活化系数以昌平区和杨凌区年增加率较高，为 0.6%~0.8%，其他 3 个点的年增加率低于 0.4%。不施磷处理下，土壤有效磷在 5 个双季旱地农田年均减少的大小顺序为：杨凌区（0.5 mg/kg）>徐州市、祁阳县（0.4 mg/kg）>郑州市（0.2 mg/kg）>昌平区（0.1 mg/kg）。磷的活化系数在杨凌区、徐州市和祁阳县不施磷处理下每年下降了 0.1%，而昌平区和郑州市则没有显著变化。

3. 水旱轮作农田土壤有效磷及磷活化系数的动态变化

水旱轮作农田基础土的有效磷和磷的活化系数有显著差异，以杭州市最高，各施磷和不施磷处理土壤有效磷为 16.6~22.3 mg/kg 和磷的活化系数为 1.6%~2.2%；而其他 3 个点土壤有效磷为 3.5~6.0 mg/kg，磷的活化系数为 0.3%~0.9%（表 1-1）。长期施磷处理下土壤有效磷和磷的活化系数随施肥年份而增加，并且有机肥配施化学磷肥与化学磷肥处理之间没有显著差异。不施磷处理除杭州市外，土壤有效磷和磷的活化系数下降或维持在较低水平。施用化学磷肥下，土壤有效磷每年增加 0.3~1.4 mg/kg；有机肥配施化学磷肥下，土壤有效磷的年变化率在武昌区显著增加 4.7~5.3 mg/kg，其他 3 个点仅增加 1.2~1.8 mg/kg。土壤磷的活化系数在施用磷肥处理下每年增加率在 4 个水旱轮作农田土壤上相似，分别增加了 0.1%~0.2%。

在不施磷处理下，土壤有效磷在重庆市和武昌区年均呈下降趋势（-0.3~-0.1 mg/kg），而在遂宁市和杭州市却有所增加（0.1~1.0 mg/kg）。对于土壤磷的活化系数而言，不施磷处理下遂宁市、重庆市和武昌区无显著变化，而杭州市磷的活化系数则每年增加 0.1%。

表 1-1　典型农田长期试验点土壤有效磷和磷的活化系数的年均变化率

试验点	处理	有效磷			磷活化系数		
		初始值（mg/kg）	最后值[①]（mg/kg）	年变化率[②]（mg/kg）	初始值（%）	最后值[①]（%）	年变化率[②]（%/a）
哈尔滨市	CK	22.3a	10.0c	-0.4	2.1a	1.5b	0
	N	22.3a	9.4c	-0.4	2.1a	1.4b	0
	NP	22.3a	63.9b	1.4	2.1a	5.4a	0.1
	NPK	22.3a	75.2b	1.8	2.1a	6.2a	0.1
	NPM	22.3a	75.7b	1.8	2.1a	6.3a	0.1
	NPKM	22.3a	87.9a	2.2	2.1a	6.4a	0.1

续表

试验点	处理	有效磷			磷活化系数		
		初始值 （mg/kg）	最后值[①] （mg/kg）	年变化率[②] （mg/kg）	初始值 （%）	最后值[①] （%）	年变化率[②] （%/a）
公主岭市	CK	10.2a	3.8c	−0.4	1.7a	0.7c	−0.1
	N	10.2a	3.9c	−0.4	1.7a	0.9c	−0.1
	NP	10.2a	32.9b	1.5	1.7a	5.4b	0.2
	NPK	10.2a	25.6b	1.0	1.7a	4.5b	0.2
	NPKM	10.2a	116.3a	7.1	1.7a	10.5a	0.6
乌鲁木齐市	CK	3.4a	3.4c	0	0.5a	0.5c	0
	N	3.4a	2.9c	0	0.5a	0.4c	0
	NP	3.4a	9.9b	0.4	0.5a	1.1b	0
	NPK	3.4a	11.7b	0.5	0.5a	1.2b	0
	NPKM	3.4a	35.8a	1.8	0.5a	3.9a	0.2
平凉市	CK	6.8a	6.9b	0	1.2a	1.2b	0
	N	7.0a	5.8b	0	1.2a	1.1b	0
	NP	7.2a	26.4a	0.7	1.3a	4.1a	0.1
	NPM	7.8a	27.4a	0.7	1.3a	4.6a	0.1
昌平区	CK	4.6a	2.7c	−0.1	0.7a	0.5c	0
	N	4.6a	2.7c	−0.1	0.7a	0.4c	0
	NP	4.6a	13.0b	0.6	0.7a	1.8b	0.1
	NPK	4.6a	14.2b	0.7	0.7a	2.0b	0.1
	NPKM	4.6a	134.7a	9.3	0.7a	11.9a	0.8
郑州市	CK	6.5a	2.7c	−0.2	1.0a	0.4c	0
	N	6.5a	2.4c	−0.2	1.0a	0.4c	0
	NP	6.5a	16.4b	0.6	1.0a	2.6b	0.1
	NPK	6.5a	16.5b	0.6	1.0a	3.0b	0.1
	NPKM	6.5a	56.0a	2.9	1.0a	6.4a	0.3
杨凌区	CK	9.6a	2.3c	−0.5	1.6a	0.5c	−0.1
	N	9.6a	2.4c	−0.5	1.6a	0.7c	−0.1
	NP	9.6a	30.0b	1.5	1.6a	2.3b	0.1
	NPK	9.6a	26.6b	1.2	1.6a	2.3b	0
	NPKM	9.6a	135.1a	9.0	1.6a	9.3a	0.6

续表

试验点	处理	有效磷			磷活化系数		
		初始值（mg/kg）	最后值①（mg/kg）	年变化率②（mg/kg）	初始值（%）	最后值①（%）	年变化率②（%/a）
徐州市	CK	12.0a	3.5c	-0.4	1.6a	0.5c	-0.1
	N	12.0a	3.4c	-0.4	1.6a	0.6c	-0.1
	NP	12.0a	14.0b	0.1	1.6a	1.6b	0
	NPK	12.0a	12.4b	0	1.6a	1.4b	0
	NPM	12.0a	86.4a	3.7	1.6a	6.1a	0.2
	NPKM	12.0a	84.8a	3.6	1.6a	6.1a	0.2
祁阳县	CK	10.8a	3.3c	-0.4	2.4a	0.8c	-0.1
	N	10.8a	4.1c	-0.4	2.4a	0.9c	-0.1
	NP	10.8a	47.7b	2.1	2.4a	5.9b	0.2
	NPK	10.8a	41.1b	1.7	2.4a	4.3b	0.1
	NPKM	10.8a	177.9a	9.3	2.4a	10.4a	0.4
遂宁市	CK	3.9a	5.6	0.1	0.3a	0.4b	0
	N	3.9a	6.2	0.1	0.3a	0.4b	0
	NP	3.9a	26.5	0.9	0.3a	1.4a	0
	NPK	3.9a	26.2	0.9	0.3a	1.8a	0.1
	NPM	3.9a	35.6	1.3	0.3a	2.2a	0.1
	NPKM	3.9a	34.5	1.3	0.3a	1.9a	0.1
重庆市	CK	4.3a	1.7b	-0.2	0.6a	0.5b	0
	N	4.3a	1.3b	-0.2	0.6a	0.5b	0
	NP	4.3a	21.3a	1.0	0.6a	3.2a	0.2
	NPK	4.3a	19.3a	0.9	0.6a	2.7a	0.1
	NPKM	4.3a	24.6a	1.2	0.6a	3.0a	0.2
武昌区	CK	5.0a	6.8c	0.1	0.5a	0.5c	0
	N	5.0a	3.6c	-0.1	0.5a	0.6c	0
	NP	5.0a	12.3b	0.3	0.5a	0.7c	0
	NPK	5.0a	16.0b	0.5	0.5a	1.1bc	0
	NPM	5.0a	116.0a	5.3	0.5a	2.9a	0.1
	NPKM	5.0a	103.8a	4.7	0.5a	2.7a	0.1

续表

试验点	处理	有效磷			磷活化系数		
		初始值 （mg/kg）	最后值① （mg/kg）	年变化率② （mg/kg）	初始值 （%）	最后值① （%）	年变化率② （%/a）
杭州市	CK	20.2	28.9b	0.6	2.0	2.7b	0.1
	N	20.2	28.6b	0.6	2.0	2.5b	0
	NP	20.2	35.5ab	1.1	2.0	3.5a	0.1
	NPK	20.2	41.4a	1.5	2.0	3.5a	0.1
	NPKM	20.2	41.6a	1.5	2.0	2.9b	0.1

注：不同字母表示各试验点处理间有显著性差异（$P<0.05$）。

①为最后三年平均值。

②年变化率=（最后三年平均值-初始值）/施肥年份。

4. 影响土壤有效磷和磷活化系数的因素分析

土壤有效磷和磷活化系数在长期施肥下有很大变化，施磷与不施磷处理之间、不同土壤之间有显著的差异。同一土壤不同处理间显然受到了施肥的影响，而不同土壤之间，则受到土壤性质本身的变化和气候条件等因素的影响较大。

13个典型农田长期试验点土壤有效磷总体变化为：有机肥配施化学磷肥处理（NPM/NPKM）年均增加4.2 mg/kg，化学磷肥处理（NP/NPK）年均增加0.9 mg/kg，不施磷处理（CK/N）年均下降0.2 mg/kg。不同轮作方式下，各试验点不同处理存在一定的差异。在双季旱作下，有机肥配施化学磷肥处理土壤有效磷含量都显著高于单施化学磷肥处理，而在单季旱作下哈尔滨市、平凉市，水旱轮作下遂宁市、重庆市和杭州市两者都没有显著差异（图1-3）。在不施磷处理、化学磷肥处理和有机肥配施化学磷肥处理下，4个单季旱作农田土壤有效磷的年均值分别为7.1 mg/kg、24.4 mg/kg和36.7 mg/kg；5个双季旱作农田土壤有效磷的年均值分别为3.8 mg/kg、19.6 mg/kg和78.8 mg/kg；4个水旱轮作农田土壤有效磷的年均值分别为8.5 mg/kg、17.5 mg/kg和32.2 mg/kg。

不同轮作下，土壤磷活化系数年均值的变化与土壤有效磷的变化非常相似。在双季旱作下，有机肥配施化学磷肥处理土壤磷活化系数也都显著大于单施化学磷肥处理（图1-4）。在不施磷处理、化学磷肥处理和有机肥配施化学磷肥处理下，4个单季旱作农田土壤磷活化系数的年均值分别为1.1%、2.9%和4.0%；5个双季旱作农田土壤磷活化系数的年均值分别为0.6%、2.5%和6.9%；4个水旱轮作农田土壤磷活化系数的年均值分别为0.9%、1.9%和2.3%。

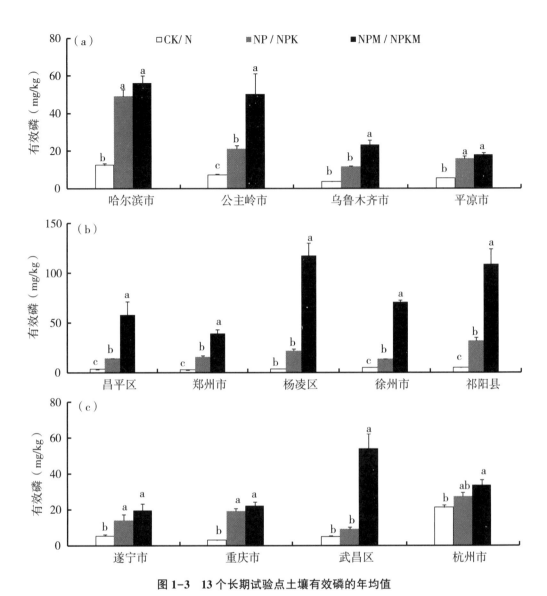

图 1-3　13 个长期试验点土壤有效磷的年均值

注：各试验点不同字母表示处理间达到显著差异（$P<0.05$），下同。

土壤性质变化和外界气候条件影响磷在土壤中的迁移转化，进而影响磷的有效性。本研究中，土壤有机碳含量与有效磷在不同轮作体系下均呈显著正相关（相关系数 $R^2=0.36^*\sim R^2=0.66^*$）。与此同时，土壤有机碳含量与磷活化系数在单季旱作和双季旱作下呈显著正相关（相关系数分别为 $R^2=0.59^*$ 和 0.66^*）；土壤有机碳每增加 1 g/kg，磷活化系数分别增加 0.34% 和 1.25%（图 1-5）。在水旱轮作下，土壤有机碳含量与磷活化系数的相关关系未达到显著水平。气候因素也影响了土壤磷活化系数。气候因素中蒸降比小（E/P<1）的点，有机肥配施化学磷肥处理条件下磷活化度显著低于蒸降比大

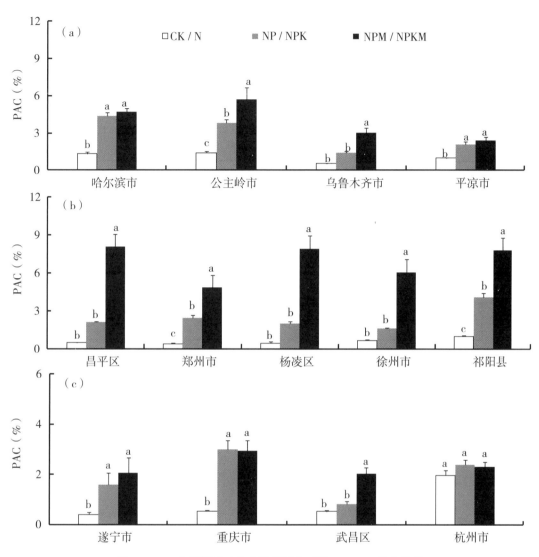

图1-4 13个长期试验点土壤磷活化系数（PAC）的年均值

（E/P>1）的点（图1-6）。温度对磷活化系数的影响结果显示，年均温度在10~15℃时，有机肥配施化学磷肥处理中的磷活化系数最高。

5. 小结

（1）长期施磷条件下土壤有效磷总体呈增加趋势，并且外源磷的投入量越多，土壤有效磷的增幅越大；无外源磷投入下，土壤有效磷总体呈下降趋势。长期不同施肥下13个点土壤有效磷的变化总体为：有机肥配施化学磷肥处理年均增加 4.2 mg/kg，化学磷肥处理年均增加 0.9 mg/kg，不施磷处理年均下降 0.2 mg/kg。与此同时，土壤有效磷占全磷的百分比（磷活化系数）也随磷肥施用年份和施磷量而增加。在不施磷处理、化学磷肥处

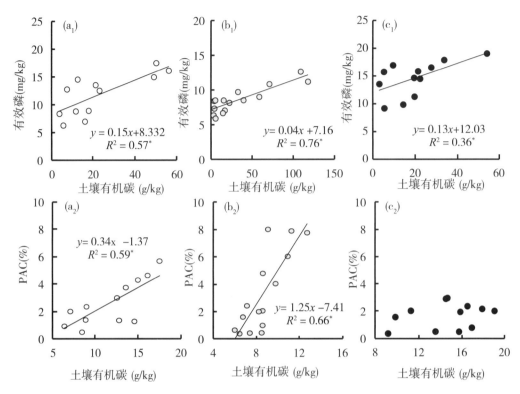

图 1-5 单季旱作（a_1，a_2）、双季旱作（b_1，b_2）和水旱轮作下（c_1，c_2）

土壤有机碳与有效磷、磷活化系数（PAC）之间的关系

注：* 表示方程达到显著水平（$P<0.05$），下同。

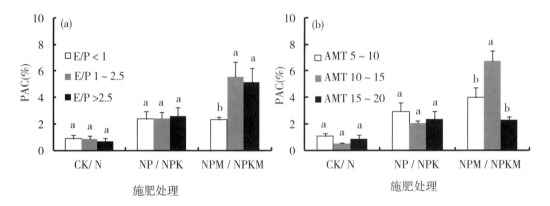

图 1-6 长期不同施肥及不同蒸降比（a）和年均温度（b）下土壤磷活化系数（PAC）

注：（b）中 NPM/NPKM 处理的年均温度 15～20℃包括遂宁市、重庆市、武昌区和杭州市 4 个水旱轮作试验点，而未包含祁阳县。图中不同字母表示同一处理各蒸降比或温度条件下土壤有效磷活化系数达到显著差异（$P<0.05$）。

理和有机肥配施化学磷肥处理下，4 个单季旱作农田土壤磷活化系数的年均值分别为 1.0%、2.9% 和 4.0%；5 个双季旱作农田土壤磷活化系数的年均值分别为 0.6%、2.4% 和 6.9%；4 个水旱轮作农田土壤磷活化系数的年均值分别为 0.9%、1.9% 和 2.3%。

（2）长期施肥下土壤性质的变化显著影响旱作农田土壤磷的活化系数。在单季和双季旱作农田，土壤有机质每增加 1 g/kg，磷活化系数总体分别增加 0.34% 和 1.25%。在水旱轮作农田，土壤有机碳对磷活化系数没有显著影响。在有机肥配施化学磷肥处理下，外界气候条件对磷活化系数有显著的影响。蒸降比大（E/P>1），磷活化系数高；同时，年均温度在 10~15℃时，磷的活化系数最高。

（二）长期施肥下土壤有效磷对磷盈亏响应的特征

农田土壤磷素的盈亏（表观平衡）状况主要取决于磷素的投入量和作物吸收带走量的差值，磷投入量大于作物吸收带走量，土壤处于磷盈余状况，盈余的磷以有效态或难利用态磷存在；磷的投入量小于作物吸收带走量，土壤处于磷亏缺状况，土壤有效态磷素一般会随着作物的吸收带走而下降（高静，2009；Shen et al.，2014b；杨军等，2015）。

有效磷的变化是农田土壤磷素循环研究的关键之一。农田土壤有效磷含量的变化主要受到上述的磷盈亏量决定，磷的盈余易造成土壤有效磷的增加，而磷的亏缺则致使土壤有效磷下降。对于不同土壤、不同施肥措施下，土壤有效磷受磷盈亏量的影响存在显著的差异（Messiga et al.，2010；裴瑞娜，2010；Cao et al.，2012；张丽等，2014；Zhan et al.，2015）。从农田管理角度看，探究土壤有效磷对磷盈亏量的响应关系，对于合理调控农田土壤磷素、维持农田生态系统养分平衡、作物增产增收和控制环境污染危害有重要作用。然而，不同土壤和施肥措施下，有效磷对磷盈亏响应的关系又受到土壤性质、外界环境和人为管理等诸多因素的影响。

1. 长期施肥下不同农田磷素的盈亏状况

在不同土壤、不同施肥处理中，每年磷素的平均投入量有明显的差异（表 1-2）。根据当地施肥状况，4 个单季旱作下平均每年磷肥投入量以乌鲁木齐市最高（51.6 kg/hm²），哈尔滨市、公主岭市和平凉市依次为 43.3 kg/hm²、36.0 kg/hm² 和 33.0 kg/hm²。在 4 个旱地轮作的土壤上，每年施用化学磷肥为 63.3~82.2 kg/hm²，略高于另外 4 个水旱轮作的土壤（32.7~68.8 kg/hm²）。化肥配施有机肥处理增加了额外的有机肥磷投入，磷的投入量在哈尔滨市、公主岭市、乌鲁木齐市、昌平区、郑州市、杨凌区、祁阳县、遂宁市和重庆市比化学磷肥处理增加 20%~80%，在徐州市、武昌区和杭州市比化学磷肥处理增加 1.4~1.9 倍，而在平凉市增加最多（6.1 倍）。13 个试验点以平凉市和杭州市有机肥配施化学磷肥下磷的每年平均投入量最大为 167 kg/hm² 和 233 kg/hm²。

无外源磷肥下，每年磷素吸收带走量在4个单季旱作（哈尔滨市、公主岭市、乌鲁木齐市和平凉市）为 5.4~14.3 kg P/hm²；在5个双季旱作（昌平区、郑州市、杨凌区、祁阳县和徐州市）为 7.1~31.4 kg P/hm²；在3个水旱轮作（遂宁市、重庆市和武昌区）为 11.5~19.9 kg P/hm²；而在杭州市最高（44.9 kg P/hm²）。这主要因为杭州市不施用磷肥处理基础土壤全磷和有效磷较高，能为作物提供较多的磷源。另外，该试验点 1991—2000 年每年种植三季作物（大麦—早稻—晚稻），2000 年后为两季（大麦—水稻），因而 15 年中每年作物平均吸磷量比每年种植两季作物较高。

施用磷肥显著地提高了作物的磷吸收带走量，施用化学磷肥处理 NP/NPK 比不施磷肥处理中，磷的吸收带走量在哈尔滨市、徐州市、武昌区和杭州市分别增加 40%~90%；在公主岭市、平凉市、郑州市和重庆市分别增加 1.2~1.8 倍；在乌鲁木齐市、昌平区、杨凌区、祁阳县和遂宁市分别增加 2.5~3.2 倍。由于化学磷肥与有机肥配施是在化学磷肥处理的基础上进行，使作物磷吸收带走量在祁阳县增加最多（1.1 倍），在遂宁市增加最少（7%），其余点增加幅度为 14%~70%。就所有施肥处理而言，以徐州市和杭州市化学磷肥与有机肥配施下作物磷素吸收带走量最高，每年为 62.3 kg/hm² 和 61.1 kg/hm²。这与额外加入的有机肥磷有关。

表 1-2　长期施肥下年均磷素的投入、支出和平衡状况

试验点	处理	投入（kg/hm²）	支出（kg/hm²）	磷肥回收率（%）	平衡（kg/hm²）	磷的残余率（%）
哈尔滨市	CK	0	12.9	—	-12.9	—
	N	0	14.3	—	-14.3	—
	NP	43.3	19.5	15.1	23.9	55.1
	NPK	43.3	20.3	17.0	23.1	53.2
	NPM	68.2	23.6	15.7	44.6	65.4
	NPKM	68.2	23.6	15.7	44.6	65.4
公主岭市	CK	0	4.8	—	-4.8	—
	N	0	7.9	—	-7.9	—
	NP	36.0	13.6	24.5	22.4	62.2
	NPK	36.0	13.1	23.0	22.9	63.6
	NPKM	60.9	19.0	23.3	41.9	68.8
乌鲁木齐市	CK	0	5.4	—	-5.4	—
	N	0	11.4	—	-11.4	—
	NP	51.6	17.5	23.6	34.1	66.0
	NPK	51.6	19.4	27.3	32.2	62.4
	NPKM	87.6	27.4	25.2	60.2	68.7

续表

试验点	处理	投入（kg/hm²）	支出（kg/hm²）	磷肥回收率（%）	平衡（kg/hm²）	磷的残余率（%）
平凉市	CK	0	6.0	—	-6.0	—
	N	0	5.9	—	-5.9	—
	NP	33.0	13.2	21.8	19.8	59.9
	NPM	233.0	17.5	4.9	215.5	92.5
昌平区	CK	0	7.1	—	-7.1	—
	N	0	8.0	—	-8.0	—
	NP	63.3	26.2	30.2	37.1	58.6
	NPK	63.3	31.5	38.6	31.8	50.2
	NPKM	91.2	40.0	36.0	51.3	56.2
郑州市	CK	0	21.0	—	-21.0	—
	N	0	16.1	—	-16.1	—
	NP	76.7	49.7	37.5	27.0	35.2
	NPK	76.7	53.7	42.7	23.0	30.0
	NPKM	141.6	58.5	26.5	83.1	58.7
杨凌区	CK	0	10.6	—	-10.6	—
	N	0	11.3	—	-11.3	—
	NP	82.2	44.6	41.3	37.7	45.8
	NPK	82.2	44.1	40.7	38.1	46.4
	NPKM	102.3	51.3	39.7	51.1	49.9
徐州市	CK	0	21.2	—	-21.2	—
	N	0	31.4	—	-31.4	—
	NP	65.5	35.5	21.9	30.0	45.8
	NPK	65.5	44.8	36.1	20.7	31.6
	NPM	174.6	61.2	22.9	113.4	65.0
	NPKM	174.6	63.4	24.2	111.2	63.7
祁阳县	CK	0	4.4	—	-4.4	—
	N	0	5.3	—	-5.3	—
	NP	52.4	14.8	19.8	37.6	71.8
	NPK	52.4	19.3	28.4	33.1	63.2
	NPKM	89.1	36.4	35.9	52.7	59.1

续表

试验点	处理	投入 （kg/hm²）	支出 （kg/hm²）	磷肥回收率 （%）	平衡 （kg/hm²）	磷的残余率 （%）
遂宁市	CK	0	11.5	—	-11.5	—
	N	0	12.6	—	-12.6	—
	NP	52.4	43.9	61.8	8.5	—
	NPK	52.4	40.3	54.8	12.1	23.2
	NPM	77.3	44.3	42.4	33.0	42.7
	NPKM	77.3	45.8	44.3	31.5	40.8
重庆市	CK	0	14.8	—	-14.8	—
	N	0	16.7	—	-16.7	—
	NP	54.9	32.2	31.7	22.7	41.3
	NPK	54.9	36.0	38.6	18.9	34.4
	NPKM	70.0	38.2	33.4	31.8	45.4
武昌区	CK	0	18.1	—	-18.1	—
	N	0	19.9	—	-19.9	—
	NP	32.8	30.3	37.4	2.4	7.4
	NPK	32.8	31.6	41.2	1.2	3.6
	NPM	96.2	40.1	22.8	56.2	58.4
	NPKM	96.2	42.6	25.5	53.6	55.7
杭州市	CK	0	37.1	—	-37.1	—
	N	0	47.4	—	-47.4	—
	NP	68.8	53.3	23.4	15.5	22.5
	NPK	68.8	54.0	24.5	14.8	21.5
	NPKM	167.0	61.1	14.4	105.9	63.4

作物对磷的吸收不能无限地增加，过量的磷肥投入反而会造成磷肥回收率下降。从表1-2可以看出，施用化学磷肥处理磷肥回收率为15.1%~61.8%，以遂宁市最高、哈尔滨市最低。然而，化学磷肥与有机肥配施在增加磷肥的投入量的同时，磷肥回收率显著下降至14.3%~44.3%（平凉NP处理更低，为4.9%）。就所有试验点的平均值中，施用化学磷肥处理（NP/NPK）磷肥回收率为32.2%，而化学磷肥与有机肥配施处理（NPM/NPKM）磷肥回收率降低至27.3%，即增施额外有机肥在提高磷投入量的同时，降低了磷肥回收率（图1-7）。

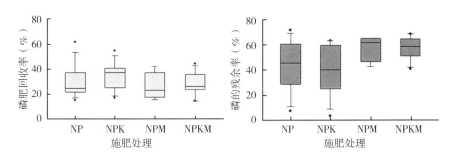

图 1-7 不同施磷处理下所有点位总体的磷肥回收率和磷的残余率状况

磷肥回收率低意味着较多的磷盈余在土壤中。土壤磷的盈亏量总体上决定于磷的投入量与作物带走磷量之差。施用化学磷肥处理下磷的年均盈余量在武昌区和遂宁市最低，为 $1.2\sim12.1$ kg P/hm²，在其余点为 $14.8\sim38.2$ kg P/hm²。化学磷肥与有机肥配施处理下各试验点磷的盈余量显著增加，除平凉市年均盈余量最大为 215.5 kg P/hm² 外，其余点盈余量为 $31.6\sim113.4$ kg P/hm²（表 1-2）。本研究 13 个点除乌鲁木齐市外，各试验点总体位于我国东北、华北、华中及华东地区，从磷的盈余量大小看，除遂宁市和武昌区外，磷盈余量与 MacDonald et al.（2011）研究相似，即该区域总体为 $13.0\sim840$ kg/hm²。但是，不同盈余量大小，其作物效应和环境效应差异较大，特别是根据 Cao et al.（2012）发现，土壤有效磷的变化与磷盈余呈显著正相关，一些区域每年需要维持一定的磷盈余，才能维持土体中有效磷的平衡（如受吸附—解析过程、沉淀—溶解和微生物利用等影响）。因而，只有磷盈亏超过一定值后，才具有产生环境污染的风险。

从残留率来看，化学磷肥处理在武昌区最低 $3.6\%\sim7.3\%$，而在重庆市、杨凌区、昌平区、哈尔滨市、乌鲁木齐市、祁阳县和公主岭市均在 34.5% 以上。遂宁市、武昌区和杭州市化学磷肥处理磷的残留率相对较低，为 $3.6\%\sim23.2\%$；而所有试验点化学磷肥与有机肥配施处理磷的残留率，除平凉市 NPM 处理为 92.5% 外，其余为 $40.8\%\sim68.8\%$。因而，所有点中额外有机肥在提高磷投入量的同时，磷残余率的平均值也由单独化学磷肥处理的 42.8% 增加到 57.9%。

2. 长期施肥下农田土壤有效磷对磷盈亏的响应关系

（1）单作旱季农田土壤有效磷对磷盈亏的响应关系

单作旱季农田中，土壤有效磷在磷亏缺处理上总体随施肥年份不断地下降，而随着磷盈余量的增加土壤有效磷总体上不断地增加。在同一施肥处理不同土壤上，有效磷对磷盈亏的响应有较大差异。在不施磷 CK/N 处理中，每亏缺 100 kg P/hm²，在哈尔滨市和公主岭市土壤有效磷的下降少于 3.6 mg/kg 和 4.4 mg/kg，然而，乌鲁木齐市和平凉市土壤有效磷则无显著变化；在化学磷肥处理上，每盈余 100 kg P/hm²，在哈尔滨市、公主岭市和平凉市土壤有效磷分别增加6.6 mg/kg、5.4 mg/kg和3.5 mg/kg；在有机肥配施化学磷肥处理上，每盈余100 kg P/hm²，在哈尔滨市、公主岭市和乌鲁木齐市土壤有效磷的含量分别增加3.9 mg/kg、18.9 mg/kg和3.0 mg/kg。土壤有效磷对磷盈亏的响应在乌鲁木齐市化学磷肥处理和平凉市有机肥配施化学磷肥处理较小，每盈余100 kg P/hm²，土壤有效磷的含量仅增加0.5 mg/kg左右。配施有机肥的处理，在公主岭市和乌鲁木齐市2个点上，促进了盈余磷向土壤有效磷的转化，而在哈尔滨市和平凉市则抑制了盈余磷转化为土壤有效磷。综合4个点的情况，每盈亏100 kg P/hm²，不施磷、化学磷肥和有机肥配施化学磷肥等处理土壤有效磷分别变化2.0 mg/kg、4.0 mg/kg和6.6 mg/kg。

（2）双作旱季农田土壤有效磷对磷盈亏的响应关系

双作旱季下农田土壤有效磷对磷盈亏的响应在不同土壤和施肥处理下有显著差异。每亏缺100 kg P/hm²，土壤有效磷在昌平区、杨凌区和徐州市分别下降1.8 mg/kg、1.1 mg/kg和0.8 mg/kg，而郑州市和祁阳县则没有显著变化。每盈余100 kg P/hm²，化学磷肥处理土壤有效磷在郑州市、杨凌区和祁阳县分别增加2.6 mg/kg、3.5 mg/kg和6.2 mg/kg，在昌平区和徐州市则增加不显著。同样，每盈余100 kg P/hm²，有机肥配施化学磷肥下土壤有效磷在昌平区、杨凌区和祁阳县增加12.1~22.0 mg/kg，在徐州市和郑州市分别增加1.8 mg/kg和3.7 mg/kg。因而，在双季旱地农田以祁阳县有机肥配施化学磷肥土壤有效磷对磷盈余的响应最为敏感。比较化学磷肥处理与有机肥配施化学磷肥处理的差异，增施的有机肥在双季旱作下增加了盈余磷向有效磷的转化系数。5个双季旱作下，每盈亏100 kg P/hm²，不施磷、化学磷肥、有机肥配施化学磷肥等处理土壤有效磷总体变化为0.7 mg/kg、2.3 mg/kg和11.1 mg/kg。

（3）水旱轮作农田土壤有效磷对磷盈亏的响应关系

水旱轮作农田土壤有效磷对磷盈余的响应较为敏感，而由于灌溉水等原因，不施磷处理土壤有效磷的变化也受到影响，因此其对磷亏缺的响应也较为复杂，很难从简单的两者关系方程中探求。化学磷肥处理下每盈余100 kg P/hm²土壤有效磷在重庆市和杭州市2个点的增加较低，分别为4.6 mg/kg和6.8 mg/kg，在遂宁市和武昌区较高，分别为21.2 mg/kg和11.7 mg/kg；而有机肥配施化学磷肥处理每盈余100 kg P/hm²土壤有效磷在重庆市和杭州市分别增加4.1 mg/kg和1.4 mg/kg，而在遂宁市和武昌区增加10.7 mg/kg和8.9 mg/kg。比较有机肥对水旱轮作下土壤有效磷对磷盈亏的响应关系，其响应关系敏感度总体下降10%~79%，即有机肥减缓了盈余磷的转化。综合4个水旱轮作点，每盈亏100 kg P/hm²，化学磷肥和有机肥配施化学磷肥等处理土壤有效磷总体变化为11.6 mg/kg和6.3 mg/kg。

（4）影响土壤有效磷对磷盈亏响应的因素

施肥措施显著影响了土壤有效磷对磷盈亏的响应大小。不同轮作方式下同一土壤不同施肥处理（特别是化学磷肥处理、化学磷肥与有机肥配施处理）中，土壤有效磷对磷盈亏响应的差异较大（图 1-8）。每盈亏 100 kg P/hm²，在 4 个单季旱作土壤有效磷对磷盈亏的响应在化学磷肥与有机肥配施处理（平均为 6.6 mg/kg）>化学磷肥处理（平均为 4.0 mg/kg）>不施磷处理（平均为 2.0 mg/kg）；在 5 个双季旱作土壤有效磷对磷盈亏的响应为，在化学磷肥与有机肥配施处理（平均为 11.1 mg/kg）>化学磷肥处理（平均为 2.3 mg/kg）>不施磷处理（平均为 0.7 mg/kg）；在 4 个水旱轮作土壤有效磷对磷盈亏的响应为，在化学磷肥处理（平均为 11.6 mg/kg）>化学磷肥与有机肥配施处理（平均为 6.3 mg/kg）>不施磷处理。

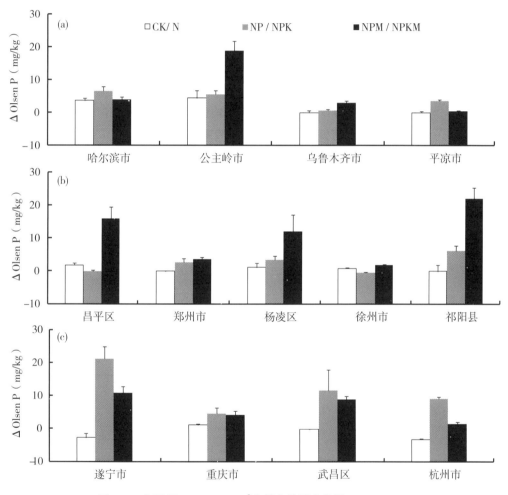

图 1-8　每盈亏 100 kg P/hm² 土壤有效磷变化量（ΔOlsen P）

注：（a）4 个单季旱作，（b）5 个双季旱作，（c）4 个水旱轮作。

　　土壤性质（有机质）和外界气候条件的变化，也在很大程度上改变了土壤有效磷对磷盈亏的响应关系。图 1-9 所示，在单季旱地土壤，有机碳含量与有效磷随磷盈亏的变化量呈显著正相关（$R^2 = 0.52$）。有机碳增加 1.0 g/kg，每盈余 100 kg P/hm² 土壤有效磷会总体多增加 1.0 mg/kg。相似的，双季旱作土壤，有机碳增加 1.0 g/kg，每盈余 100 kg P/hm² 土壤有效磷总体多增加 2.6 mg/kg。水旱轮作下，有机碳与有效磷随磷盈亏的变化量没有显著的相关关系。

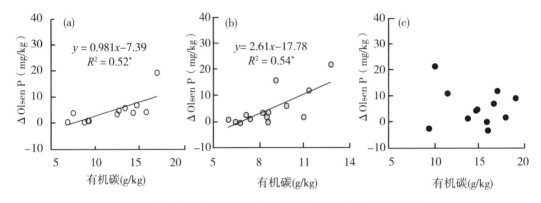

图 1-9　4 个单季旱作（a）、5 个双季旱作（b）和 4 个水旱轮作（c）
土壤有机碳与有效磷随磷盈亏变化量的关系

根据不同施磷措施下磷盈余与土壤有效磷的关系，结合各试验点达到土壤有效磷农学阈值所需要的有效磷提升空间（图 1-10），可计算出各试验点达到所有作物农学阈值所需要的施肥年份。在哈尔滨市，基础土已达到作物（小麦/玉米）土壤有效磷的农学阈值，表明施用化学磷肥或有机肥提升土壤有效磷已能显著增加作物产量。对于其他试验点，在施用化学磷肥（NP/NPK）下，公主岭市、遂宁市、杭州市和重庆市在很短时

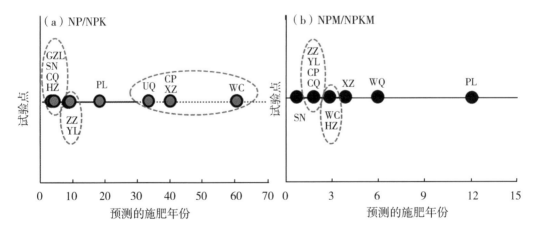

GZL—公主岭市；WQ—乌鲁木齐市；PL—平凉市；CP—昌平区；ZZ—郑州市；YL—杨凌区；
XZ—徐州市；SN—遂宁市；CQ—重庆市；WC—武昌区；HZ—杭州市。

图 1-10　各试验点不同施磷处理达到所有作物土壤有效磷的农学阈值所需要的施肥年份

间（2~3 年）即达到该农学阈值，杨凌区和郑州市需要 7~8 年，平凉市需要 18 年，而乌鲁木齐市、昌平区、徐州市和武昌区则在现有施肥时间段内，还未达到相应点位的农学阈值，4 个点需要 34~60 年才能达到。与此同时，额外施入有机肥磷缩短了土壤有效磷达到农学阈值的时间。在化学磷肥与有机肥配施（NPM/NPKM）下达到土壤有效磷农学阈值的时间在各试验点有明显的差异：遂宁市、郑州市、杨凌区、昌平区和重庆市点在施肥 1~2 年后即达到，武昌区、杭州市和徐州市则在施肥 3~4 年后达到，乌鲁木齐市和平凉市分别在施肥 6~12 年后达到。由上述讨论可知，旱地农田有机肥的施用提升了土壤有机质含量，加速了盈余磷向土壤有效磷的转化。化学磷肥配施有机肥缩短单季/旱地农田土壤有效磷达到农学阈值的施肥时间，既有额外加入有机肥磷的原因，也有有机肥促进盈余磷转化成有效磷的作用。然而，由于配施的有机肥不能增加盈余磷转化成土壤有效磷，在水旱轮作下土壤有效磷达到农学阈值施肥时间的缩短则主要与额外有机肥磷的投入有关。

3. 小结

（1）施用化学磷肥处理磷的吸收利用率为 15.1%~61.8%，以遂宁市最高、哈尔滨市最低；化学磷肥与有机肥配施在增加磷肥投入量的同时，磷的吸收利用率显著下降至 14.3%~44.3%（除平凉市外）。相比单施化学磷肥处理，配施有机肥在提高磷投入量的同时，降低了磷的利用率，而磷的残余率也由所有点的平均值 42.8% 增加到 57.9%。

（2）每盈余 100 kg P/hm^2，土壤有效磷增加量在 5 个双季旱作点中为，化学磷肥与有机肥配施处理（平均 11.1 mg/kg）>化学磷肥处理（平均 2.3 mg/kg）>不施磷（平均 0.7 mg/kg）；在 4 个水旱轮作点上，化学磷肥处理（平均 11.6 mg/kg）>化学磷肥与有机肥配施处理（平均 6.3 mg/kg）>不施磷处理。在 2 个单季旱作点公主岭市和乌鲁木齐市为，化学磷肥与有机肥配施处理（平均为 11.1 mg/kg）>化学磷肥处理（平均为 3.0 mg/kg）；而在单季旱作点哈尔滨市和平凉市则为，化学磷肥处理（平均为 5.1 mg/kg）>化学磷肥与有机肥配施处理（平均为 2.2 mg/kg）。

（3）在 4 个单季旱作点，有机碳含量显著影响了盈余磷转化成土壤有效磷的效率。土壤有机碳增加 1 g/kg，每盈余 100 kg P/hm^2，有效磷总体多增加 1.0 mg/kg。相似的，5 个双季旱作点，有机碳增加 1 g/kg，每盈余 100 kg P/hm^2，土壤有效磷总体多增加 2.6 mg/kg。水旱轮作下，有机碳对盈余磷的转化没有显著影响。

（三）长期施肥下土壤有效磷与作物产量的关系特征

国内外已有相关研究表明，农田土壤有效磷在较低水平时，磷肥的投入在增加土壤有效磷的同时，能显著增加作物产量，当土壤有效磷水平超过一定的农学阈值时，提高土壤磷肥力，就难以持续提高作物的产量（唐旭，2009；Bai et al.，2013；李冬初等，

2019；冯媛媛等，2019）。因而，明确各种不同土壤有效磷对作物产量的响应关系和农学阈值，对于土壤培肥至关重要。选用米切里西方程，利用长期定位试验的历史数据，根据不同大田作物（小麦、玉米和水稻）对土壤有效磷的反应，确定不同作物土壤有效磷的农学阈值，并探讨影响农学阈值的因素。

1. 长期施肥下不同大田作物的相对产量

（1）小麦/大麦的相对产量

将每年各处理中最大的小麦产量（杭州市为大麦）设定为100%，其他处理产量为其相对值。长期施肥下不同试验点各施肥处理小麦/大麦的相对产量总体以有机肥配施化学磷肥处理最大（平均96.4%）、施用化学磷肥处理（平均82.0%）次之，不施磷处理小麦/大麦的相对产量最低（平均33.6%）。对于不施磷的CK/N处理，施肥初期小麦/大麦的相对产量与施磷处理差异较小，而随着施肥年份增加，这种差异逐渐增加。对于年均相对产量，祁阳县、昌平区、杨凌区、乌鲁木齐市、徐州市、郑州市和武昌区CK处理分别为5.5%~29.8%；遂宁市、平凉市、重庆市和哈尔滨市分别为31.1%~51.9%。而N处理的年平均相对产量，祁阳县、昌平区、杨凌区、郑州市、武昌区和遂宁市分别为15.8%~39.7%；平凉市、乌鲁木齐市、徐州市、重庆市和哈尔滨市分别为45.7%~62.9%。不施磷处理下，年均相对产量都以祁阳县最低、哈尔滨市最高；施用化学磷肥处理，平均相对产量也以祁阳县最低34.8%~58.6%，而以郑州市最高94.5%~97.1%；化学磷肥配施有机肥处理下年均相对产量为90.1%~99.5%。

（2）玉米的相对产量

玉米的相对产量变化与小麦总体一致，以有机肥配施化学磷肥最高，不施磷处理最低。在不施磷处理，公主岭市、昌平区、杨凌区、郑州市和祁阳县玉米相对产量总体随施肥年份下降。从13个点的年平均值看，各试验点玉米总体相对产量在不施磷处理为52.5%，其中，CK处理为23.0%~74.2%，N处理分别为21.9%~85.9%，都以祁阳县最低，哈尔滨市最高。施用化学磷肥处理各试验点玉米总体的相对产量为85.2%，其中NP处理分别为53.0%~89.4%，NPK处理分别为66.2%~95.3%，也以祁阳县最低，哈尔滨市最高。NPM/NPKM处理年均相对产量为94.6%~100%，平均为97.5%。

（3）水稻的相对产量

在遂宁市、重庆市、武昌区和杭州市，水稻的相对产量变化与旱地小麦和玉米略有不同，在不施磷肥处理CK比N处理较低，而施用化学磷肥处理（NP/NPK）与有机肥配施化学磷肥处理（NPM/NPKM）之间差异不显著。不施磷处理在4个试验点年均相对产量总体为66.5%，其中，CK处理年均相对产量分别为37.5%~73.5%，N处理分别为49.5%~89.4%。施用化学磷肥处理在4个试验点年均相对产量总体为89.9%~

98.1%，平均为 92.6%。有机肥配施化学磷肥处理在 4 个试验点年均相对产量总体为 97.6%~99.5%，平均为 98.4%。

2. 长期施肥下土壤有效磷的农学阈值

(1) 小麦/大麦土壤有效磷的农学阈值

小麦/大麦的相对产量与土壤有效磷的关系可用米切里西方程模拟，并且在各个试验点都达到显著水平（$R^2 = 0.30^* \sim R^2 = 0.79^*$）。根据小麦/大麦相对产量对土壤有效磷的响应关系，由方程模拟出的相对产量最大值的 90% 时，土壤有效磷的含量为农学阈值。由表 1-3 可知，在重庆市、遂宁市有效磷的农学阈值最低为 7.5 mg/kg 和 8.4 mg/kg，郑州市、乌鲁木齐市、武昌区、杨凌区和平凉市稍有增加，依次为 12.0 mg/kg、14.8 mg/kg、17.8 mg/kg、19.2 mg/kg 和 19.4 mg/kg；徐州市、哈尔滨市、昌平区和郑州市较高，依次为 20.7 mg/kg、21.6 mg/kg、23.5 mg/kg 和 23.6 mg/kg。杭州市土壤有效磷与产量的响应关系系数为 -0.097，计算求得该点大麦有效磷的农学阈值为 23.6 mg/kg。另外，由于祁阳县土壤性质的变化，尤其是酸化的变化，化学磷肥处理 NP/NPK 作物的产量受到很大影响，所求出的土壤有效磷的农学阈值，较难反映真实情况，此处未列出祁阳县小麦的土壤有效磷阈值。

(2) 玉米土壤有效磷的农学阈值

根据玉米相对产量对有效磷的响应关系，土壤有效磷的农学阈值以乌鲁木齐市、哈尔滨市和郑州市最低，分别为 5.5 mg/kg、7.4 mg/kg 和 8.7 mg/kg；在公主岭市、杨凌区、徐州市、昌平区和平凉市分别为 13.0 mg/kg、14.2 mg/kg、14.8 mg/kg、14.8 mg/kg 和 15.2 mg/kg（表 1-3）。另外，由于祁阳县土壤性质的变化，尤其是酸化变化，化学磷肥处理 NP/NPK 作物的产量受到很大影响，所求出的土壤有效磷的农学阈值，较难反映真实情况，此处未列出祁阳县的农学阈值。

(3) 水稻土壤有效磷的农学阈值

水稻相对产量对土壤有效磷的响应关系方程得知，土壤有效磷的农学阈值在重庆市、武昌区和遂宁市较低，分别为 4.3 mg/kg、7.7 mg/kg 和 9.0 mg/kg；在杭州市较高，为 18.1 mg/kg（表 1-3）。

表 1-3 不同农田作物土壤有效磷的农学阈值　　　　　　单位：mg/kg

试验点	小麦/大麦	玉米	水稻
哈尔滨市	21.6	7.4	——
公主岭市	——	13.0	——
乌鲁木齐市	14.8	5.5	——

续表

试验点	小麦/大麦	玉米	水稻
平凉市	19.4	15.2	——
昌平区	23.5	14.8	——
杨凌区	19.2	14.2	——
徐州市	20.7	14.8	——
郑州市	12.0	8.7	——
遂宁市	8.4	——	9.0
重庆市	7.5	——	4.3
武昌区	17.8	——	7.7
杭州市	23.9	——	14.9

（4）有效磷农学阈值与基础土有效磷的比较

不同试验点基础土有效磷含量差异较大，以哈尔滨市和杭州市最高（20.2～22.3 mg/kg），乌鲁木齐市、昌平区、遂宁市和重庆市最低（3.4～4.6 mg/kg）。从各试验点小麦/大麦的土壤有效磷农学阈值来看，哈尔滨市基础土有效磷含量已达到此阈值；重庆市、杭州市、遂宁市、郑州市、徐州市和杨凌区基础值与此阈值分别相差3.2～9.6 mg/kg；乌鲁木齐市、平凉市、武昌区和昌平区基础值与此阈值分别相差11.4～18.9 mg/kg（图1-11）。对于玉米的农学阈值，哈尔滨市基础值也已超过，乌鲁木齐

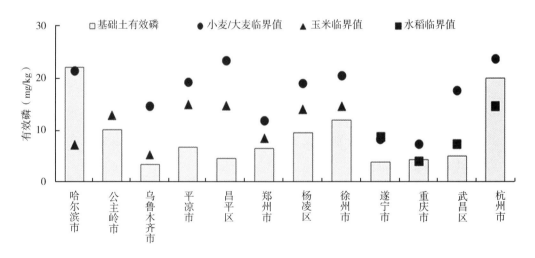

图1-11 不同作物有效磷的临界值（农学阈值）与基础土壤有效磷含量的差异

注：杭州市为大麦和水稻轮作。

市、郑州市、徐州市、公主岭市和杨凌区基础土与该阈值相差 2.1~4.6 mg/kg，平凉市和昌平区基础土与该阈值相差较多为 8.4~10.2 mg/kg。对于水稻的农学阈值，重庆市和杭州市也已达到，而遂宁市和武昌区需要土壤有效磷提高 2.7~5.1 mg/kg。从同时达到各试验点所有作物的农学阈值角度，土壤有效磷含量在公主岭市、重庆市、杭州市、遂宁市和郑州市需要提高 2.8 ~ 5.5 mg/kg；在徐州市和杨凌区需要提高 8.7 和 9.6 mg/kg；而在昌平区、乌鲁木齐市、平凉市和武昌区各点需要提高 11.4 ~ 18.9 mg/kg（图 1-12）。

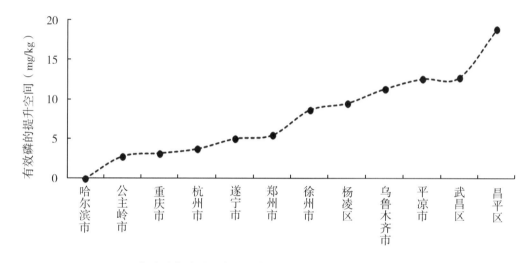

图 1-12　各试验点达到所有作物农学阈值所需要土壤有效磷的提升空间

3. 小结

（1）相比不施磷处理，施磷处理（化学磷肥和有机肥配施化学磷肥）上小麦、玉米和水稻的产量都显著增加。在种植麦类的试验点，小麦的相对产量在不施磷处理、施用化学磷肥处理和有机肥配施化学磷肥处理总体分别为 33.6%、82.0% 和 96.5%；在种植玉米的试验点，玉米的相对产量在不施磷处理、施用化学磷肥处理和有机肥配施化学磷肥处理总体为 52.5%、85.2% 和 97.5%；在种植水稻的试验点，水稻的相对产量在不施磷处理、施用化学磷肥处理和有机肥配施化学磷肥处理总体为 66.5%、92.6% 和 98.4%。

（2）本章 13 个试验点中，种植小麦的农田，除祁阳县外，土壤有效磷的农学阈值为 7.5~23.5 mg/kg；种植玉米的农田（除祁阳县外），土壤有效磷的农学阈值为 5.7~15.2 mg/kg；种植水稻的农田，土壤有效磷的农学阈值为 4.3~18.1 mg/kg。在与小麦轮作的试验点（除了遂宁市），小麦的土壤有效磷农学阈值比相应玉米或水稻较高。

（四）结论与展望

本章选择13个不同生态气候和土壤类型的长期定位试验点（4个单季旱作、5个双季旱作和4个水旱轮作农田）不施磷处理、施用化学磷肥处理和化学磷肥与有机肥配施处理，通过15~31年的田间试验数据统计分析，阐明了典型农田土壤有效磷的演变特征及其影响因素。主要研究结果如下。

（1）长期施肥下13个试验点土壤有效磷的变化趋势总体为：有机肥配施化学磷肥处理每年增加4.2 mg/kg，化学磷肥处理每年增加0.9 mg/kg，不施磷处理每年下降0.2 mg/kg。旱地农田中土壤有机碳含量与土壤有效磷和磷活化系数（土壤有效磷占全磷的百分比）都呈显著正相关；水旱轮作下土壤有机碳与有效磷呈显著正相关，而与磷活化系数关系不显著。

（2）磷的投入量和作物吸收带走量的盈亏平衡量决定了农田土壤有效磷的变化量，而不同土壤有效磷对磷盈亏的响应关系在不同轮作（试验点）有一定差异。土壤有效磷变化对磷亏缺的响应小于对磷盈余的响应。在5个双季旱作农田，每盈亏磷100 kg/hm²，土壤有效磷的变化量大小为：化学磷肥配施有机肥（11.1 mg/kg）>化学磷肥（2.3 mg/kg）>不施磷（0.7 mg/kg）；在水旱轮作农田则不同，不施磷<化学磷肥配施有机肥（6.3 mg/kg）<化学磷肥（11.6 mg/kg）。2个单季旱作试验点（公主岭市和乌鲁木齐市）与双季旱作情况一致，另2个单季旱作点（哈尔滨市和平凉市）与水旱轮作情况一致。在单季和双季旱作农田，土壤有机碳的提高，促进了盈余磷转化成有效磷，而水旱轮作下，有机碳对盈余磷的转化没有显著影响。

（3）长期施肥下，土壤有效磷的农学阈值在各试验点大田作物（小麦、玉米和水稻）有一定的差异，除祁阳县外，小麦土壤有效磷的农学阈值为7.5~23.5 mg/kg；玉米土壤有效磷的农学阈值为5.7~15.2 mg/kg；水稻土壤有效磷的农学阈值为4.3~18.1 mg/kg。同一试验点，小麦土壤有效磷的农学阈值高于玉米或者水稻（除遂宁市外）。除哈尔滨市基础土已经达到所种作物（小麦和玉米）土壤有效磷的农学阈值外，其余试验点土壤有效磷含量需要在基础值上提升2.8~18.9 mg/kg，才能达到所有作物土壤有效磷的农学阈值。

通过探讨多点位长期施肥下土壤有效磷的演变特征及其影响因素，针对存在的问题，在今后工作中还需要开展进一步的研究，以便更深入地探究农田生态系统中磷素循环过程。本研究发现配施有机肥在双季旱作农田中促进了盈余磷向土壤有效磷的转化，而在水旱轮作农田中则降低了盈余磷向土壤有效磷的转化，对此，还需要进一步探究不同轮作农田（特别是淹水和干湿交替下）所发生的氧化—还原反应、物质迁移转化等过程，以及微生物生物量和群体组成结构的变化，进一步解释水旱轮作下各点有效磷对磷盈亏响应下降的原因和差异。

（徐明岗、张淑香、沈浦、孙凤霞、徐洋）

主要参考文献

鲍士旦,2000. 土壤农化分析[M]. 3 版. 北京：中国农业出版社.

程明芳,何萍,金继运,2010. 我国主要作物磷肥利用率的研究进展[J]. 作物杂志
（1）：12-14.

陈敏鹏,陈吉宁,2007. 中国区域土壤表观氮磷平衡清单及政策建议[J]. 环境科学,
28（6）：1305-1310.

董飞,闫秋艳,李汛,等,2019. 应用 T-RFLP 技术分析不同土壤温度和施肥方式下设
施土壤细菌群落结构[J]. 土壤,51（3）：495-501.

段永蕙,刘娟,刘惠见,等,2019. 红壤性水稻土磷素淋溶流失特征及环境阈值研究
[J]. 云南农业大学学报（自然科学）,34（6）：1070-1075.

冯媛媛,申艳,徐明岗,等,2019. 施磷量与小麦产量的关系及其对土壤、气候因素的响
应[J]. 植物营养与肥料学报,25（4）：683-691.

高静,2009. 长期施肥下我国典型农田土壤磷库与作物磷肥效率的演变特征[D]. 北
京：中国农业科学院.

勾影波,苏永春,2007. 土壤温度和含水量对螨类和弹尾类动物数量的影响[J]. 常熟
理工学院学报（自然科学版）,21（2）：57-62.

郭斗斗,黄绍敏,张水清,等,2017. 潮土小麦和玉米有效磷农学阈值及其差异分析
[J]. 植物营养与肥料学报,23（5）：1184-1190.

何松多,2008. 水稻土的磷库分级以及对 P 的吸附—解析特性研究[D]. 杭州：浙江
大学.

黄晶,张淑香,石孝均,等,2018. 长期不同施肥模式下南方典型农田磷肥回收率变化
[J]. 植物营养与肥料学报,24（6）：1630-1639.

李冬初,王伯仁,黄晶,等,2019. 长期不同施肥红壤磷素变化及其对产量的影响[J].
中国农业科学,52（21）：3830-3841.

李书田,金继运,2011. 中国不同区域农田养分输入、输出和平衡[J]. 中国农业科学,
44（20）：4207-4229.

李中阳,徐明岗,李菊梅,等,2010. 长期施用化肥有机肥下我国典型土壤无机磷的变
化特征[J]. 土壤通报,41（6）：1434-1439.

林婉奇,薛立,2020. 基于 BIOLOG 技术分析氮沉降和降水对土壤微生物功能多样性的影响[J]. 生态学报,40(12),4188-4197.

刘方,黄昌勇,何腾兵,等,2006. 不同类型黄壤旱地的磷素流失及其影响因素分析[J]. 水土保持学报,15(2):37-40.

刘娟,包立,张乃明,等,2018. 我国 4 种土壤磷素淋溶流失特征[J]. 水土保持学报,32(5):64-70.

刘娟,张淑香,宁东卫,等,2019. 3 种耕作土壤磷随地表径流流失的特征及影响因素[J]. 生态与农村环境学报,35(10):1346-1352.

刘彦伶,李渝,张雅蓉,等,2016. 长期施肥对黄壤性水稻土磷平衡及农学阈值的影响[J]. 中国农业科学,49(10):1903-1912.

鲁如坤,时正元,顾益初,1996. 土壤积累态磷研究Ⅱ:磷肥的表观积累利用率[J]. 土壤,6(6):286-289.

鲁如坤,时正元,施建平,2000. 我国南方 6 省农田养分平衡现状评价和动态变化研究[J]. 中国农业科学,33(2):63-67.

吕真真,刘秀梅,侯红乾,等,2019. 长期不同施肥对红壤性水稻土磷素及水稻磷营养的影响[J]. 植物营养与肥料学报,25(8):1316-1324.

罗春燕,冀宏杰,张维理,等,2008. 鸭粪和猪粪中易溶性磷含量特征研究[J]. 农业环境科学学报,27(4):1320-1325.

马进川,2018. 我国农田磷素平衡的时空变化与高效利用途径[D]. 北京:中国农业科学院.

裴瑞娜,杨生茂,徐明岗,等,2010. 长期施肥条件下黑垆土有效磷对磷盈亏的响应[J]. 中国农业科学,43(19):4008-4015.

秦利均,杨永柱,杨星勇,2019. 土壤溶磷微生物溶磷、解磷机制研究进展[J]. 生命科学研究,23(4):59-64.

全国土壤普查办公室,1998. 中国土壤[M]. 北京:中国农业出版社.

任凤玲,张旭博,孙楠,等,2018. 施用有机肥对中国农田土壤微生物量影响的整合分析[J]. 中国农业科学,51(1):119-128.

史静,张誉方,张乃明,等,2014. 长期施磷对山原红壤磷库组成及有效性的影响[J]. 土壤学报,51(2):351-359.

沈浦,2014. 长期施肥下典型农田土壤有效磷的演变特征及机制[D]. 北京:中国农业科学院.

盛荣,肖和艾,谭周进,等,2010. 土壤解磷微生物及其磷素有效性转化机理研究进展[J]. 土壤通报,41(6):1505-1510.

宋佳明,2018. 不同施肥措施对黑土磷素特征及微生物学特性的影响[D]. 吉林:吉林农业大学.

唐旭,2009. 小麦—玉米轮作土壤磷素长期演变规律研究[D]. 北京:中国农业科学院.

王伯仁,李冬初,黄晶,2008. 红壤长期肥料定位试验中土壤磷素肥力的演变[J]. 水土保持学报,22(5):96-101.

王传杰,王齐齐,徐虎,等,2018. 长期施肥下农田土壤—有机质—微生物的碳氮磷化学计量学特征[J]. 生态学报,38(11):3838-3858.

王艳玲,何园球,李成亮,等,2010. 长期施肥对红壤磷素持续供应能力的影响[J]. 土壤学报,47(3):503-507.

王誉陶,李建平,井乐,2020. 模拟降雨对黄土高原典型草原土壤化学计量及微生物多样性的影响[J]. 生态学报,40(5):1517-1531.

席雪琴,2015. 土壤磷素环境阈值与农学阈值研究[D]. 杨凌:西北农林科技大学.

夏文建,冀建华,刘佳,等,2018. 长期不同施肥红壤磷素特征和流失风险研究[J]. 中国生态农业学报,26(12):1876-1886.

徐明岗,孙本华,张一平,1998. 土壤磷扩散规律及其能量特征的研究Ⅱ:施磷量及水肥温相互作用对磷扩散的影响[J]. 土壤学报,35(1):55-65.

徐明岗,梁国庆,张夫道,2006. 中国土壤肥力演变[M]. 北京:中国农业科学技术出版社.

徐明岗,张文菊,黄绍敏,等,2015. 中国土壤肥力演变[M]. 2版. 北京:中国农业科学技术出版社.

薛杨,邱素芬,2011. 温度对沉积物中磷吸附的影响研究[J]. 微计算机信息,27(11):77-78.

薛英龙,李春越,王苁蓉,2019. 丛枝菌根真菌促进植物摄取土壤磷的作用机制[J]. 水土保持学报,33(6):10-20.

闫大伟,梁新强,王飞儿,等,2019. 稻田田面水与排水径流中胶体磷流失贡献及流失规律[J]. 水土保持学报,33(6):47-53.

杨军,高伟,任顺荣,2015. 长期施肥条件下潮土土壤磷素对磷盈亏的响应[J]. 中国农业科学,48(23):4738-4747.

杨学云,孙本华,古巧珍,等,2007. 长期施肥磷素盈亏及其对土壤磷素状况的影响[J]. 西北农业学报,16(5):118-123.

杨学云,孙本华,古巧珍,等,2009. 长期施肥对塿土磷素状况的影响[J]. 植物营养与肥料学报,15(4):837-842.

展晓莹,任意,张淑香,等,2015. 中国主要土壤有效磷演变及其与磷平衡的响应关系[J]. 中国农业科学,48(23):4728-4737.

张海涛,刘建玲,廖文华,等,2008. 磷肥和有机肥对不同磷水平土壤磷吸附—解吸的影响[J]. 植物营养与肥料学报,14(2):284-290.

张丽,任意,展晓莹,等,2014. 常规施肥条件下黑土磷盈亏及其有效磷的变化[J]. 核农学报,28(9):1685-1692.

张淑香,徐明岗,2019. 土壤磷素演变与高效利用[J]. 中国农业科学,52(21):3828-3829.

中华人民共和国国家统计局,2019. 中国统计年鉴[M]. 北京:中国统计出版社.

周宝库,2011. 长期施肥条件下黑土肥力变化特征研究[D]. 北京:中国农业科学院.

朱晓晖,曾艳,黄金生,等,2017. 不同施磷量下植蔗红壤磷素效应与流失风险评估[J]. 土壤肥料,18(12):2372-2377.

朱欣欣,2012. 中国磷行业整合趋势研究[D]. 武汉:武汉理工大学.

AULAKH M S, GARG A K, KABBA B S, 2007. Phosphorus accumulation, leaching and residual effects on crop yields from long-term application in the subtropics[J]. Soil use and management, 23(4):417-427.

ADHAMI E, RONAGHI A, KARIMIAN N, et al., 2012. Transformation of phosphorus in highly calcareous soils under field capacity and waterlogged conditions[J]. Soil research, 50:249-255.

BAI Z, L H, YANG X, et al., 2013. The critical soil P levels for crop yield, soil fertility and environmental safety in different soil types[J]. Plant and soil, 372(1-2):27-37.

CAO N, CHEN X, CUI Z, et al., 2012. Change in soil available phosphorus in relation to the phosphorus budget in China[J]. Nutrient cycling in agroecosystems, 94(2-3):161-170.

CASSON J P, BENNETT D R, NOLAN S C, et al., 2006. Degree of phosphorus saturation thresholds in manure-amended soils of Alberta[J]. Journal of environmental quality, 35(6):2212.

CATE R B, NELSON L A, 1971. A simple statistical procedure of partitioning soil test correlation data into two classes[J]. Soil science society of america journal, 35(4):658-660.

CHOWDHURY R B, MOORE G A, WEATHERLEY A J, et al., 2014. A review of recent substance flow analyses of phosphorus to identify priority management areas at different geographical scales[J]. Resources, conservation and recycling, 83:213-228.

COLOMB B, DEBAEKE P, JOUANY C, et al., 2007. Phosphorus management in low input stockless cropping systems: crop and soil responses to contrasting P regimes in a 36-year experiment in southern France[J]. European journal of agronomy, 26(2): 154-165.

DALY K, STYLES D, LALOR S, et al., 2015. Phosphorus sorption, supply potential and availability in soils with contrasting parent material and soil chemical properties[J]. European journal of soil science, 66(4): 792-801.

DEVAU N, HINSINGER P, LE C E, et al., 2011. Fertilization and pH effects on processes and mechanisms controlling dissolved inorganic phosphorus in soils[J]. Geochimica et cosmochimica acta, 75(10): 2980-2996.

DOU Z, RAMBERG C F, TOTH J D, et al., 2009. Phosphorus speciation and sorption-desorption characteristics in heavily manured soils[J]. Soil science society of america journal, 73(1): 93-101.

DU Z Y, WANG Q H, LIU F C, et al., 2013. Movement of phosphorus in a calcareous soil as affected by humic acid[J]. Pedosphere, 23(2): 229-235.

DUAN Y H, XU M G, WANG B R, et al., 2011. Long-term evaluation of manure application on maize yield and nitrogen use efficiency in China[J]. Soil science society of america journal, 75(4): 1562-1573.

EMMANUEL B, FAGBOLA O, OSONUBI O, 2011. Influence of fertiliser application on the occurrence and colonisation of arbuscular mycorrhizal fungi (AMF) under maize/Centrosema and sole maize systems[J]. Soil research, 50(1): 76-81.

FAN B Q, WANG J, FENTON O, et al., 2019. Strategic differences in phosphorus stabilization by alum and dolomite amendments in calcareous and red soils[J]. Environmental science and pollution research, 26(5): 4842-4854.

FISCHER P, POTHIG R, VENOHR M, 2017. The degree of phosphorus saturation of agricultural soils in Germany: current and future risk of diffuse P loss and implications or soil P management in Europe[J]. Science of the total environment, 599: 1130-1139.

GUEDES R S, MELOL C A, VERGÜTZ L, et al., 2016. Adsorption and desorption kinetics and phosphorus hysteresis in highly weathered soil by stirred flow chamber experiments[J]. Soil and tillage research, 162: 46-54.

GUPPY C N, MCLAUGHLIN M J, 2009. Options for increasing the biological cycling of phosphorus in low-input and organic agricultural systems[J]. Crop and pasture science, 60(2): 116-123.

HAWKESFORD M, HORST W, KICHEYI T, 2012. Marschner's Mineral Nutrition of

Higher Plants[M]. 3rd ed. London：Academic Press.

JOHNSTON A. E, 2000. Soil and Plant Phosphate[M]. Paris：International Fertilizer Industry Association Press：27-29.

KALIMUTHU S, THOMAS N, ALAIN M, et al., 2012. Conceptual design and quantification of phosphorus flows and balances at the country scale The case of France[J]. Global biogeochemical cycles. 26：2-14.

KANG J, HESTERBERG D, OSMOND D L, 2009. Soil organic matter effects on phosphorus sorption：a path analysis[J]. Soil science society of america journal, 73(2)：360-366.

KAREN R R, 2017. Structural equation model of total phosphorus loads in the Red River of the North Basin[J]. Environmental quality, 46(5)：1072-1080.

LIU Z, YANG J, YANG Z, et al., 2012. Effects of rainfall and fertilizer types on nitrogen and phosphorus concentrations in surface runoff from subtropical tea fields in Zhejiang, China[J]. Nutrient cyclying in agroecosystems, 93(3)：297-307.

LUEDERS T, KINDLER R, MILTNER A, 2006. Identification of bacterial micropredators distinctively active in a soil microbial food web[J]. Applied and environmental microbiology, 72(8)：5342-5348.

MACDONALD K G, BENNETT M E, POTTER A P, 2011. Agronomic phosphorus imbalances across the world's croplands[J]. Proceedings of the national academy of sciences, 108(7)：3086-3091.

MESSIGA J, ZIAD N, PLÉNET D, et al., 2010. Long-term changes in soil phosphorus status related to P budgets under maize monoculture and mineral P fertilization[J]. Soil use and management, 26：354-364.

OLSON B M, BREMER E, MCKENZIE R H, 2010. Phosphorus accumulation and leaching in two irrigated soils with incremental rates of cattle manure[J]. Canadian journal of soil science, 90(2)：355-362.

PIETIKÄINEN J, PETTERSSON M, BÅÅTH E, 2005. Comparison of temperature effects on soil respiration and bacterial and fungal growth rates [J]. FEMS microbiology ecology, 52(1)：49-58.

RAMOS M C, MARTÍNEZ-CASASNOVAS J A, 2006. Erosion rates and nutrient losses affected by composted cattle manure application in vineyard soils of NE Spain [J]. Catena, 68(2-3)：177-185.

RUI Y, WANG Y, CHEN C, et al., 2012. Warming and grazing increase mineralization of organic P in an alpine meadow ecosystem of Qinghai-Tibet Plateau, China[J]. Plant and soil, 357: 73-87.

SANGINGA N, LYASSE O, SINGH B B, 2000. Phosphorus use efficiency and nitrogen balance of cowpea breeding lines in a low P soil of the derived savanna zone in West Africa[J]. Plant and soil, 220(1-2): 119-128.

SHAFQAT M N, PIERZYNSKI G M, 2013. The effect of various sources and dose of phosphorus on residual soil test phosphorus in different soils[J]. Catena, 105: 21-28.

SHEN P, HE X H, XU M G, 2014a. Soil organic carbon accumulation increases percentage of soil olsen P to total P at two 15-year mono-cropping systems in northern China [J]. Journal of integrative agriculture, 13(3): 597-603.

SHEN P, XU M G, ZHANG H M, 2014b. Long-term response of soil olsen P and organic C to the depletion or addition of chemical and organic fertilizers[J]. Catena, 118: 20-27.

SHEPHERD M A, WITHERS P J, 1999. Applications of poultry litter and triple super-phosphate fertilizer to a sandy soil: effects on soil phosphorus status and profile distribution[J]. Nutrient cycling in agroecosystems, 54(3): 233-242.

SILVEIRA M L, O'CONNOR G A, 2013. Temperature effects on phosphorus release from a biosolids-amended soil[J]. Applied and environmental soil science, 2013: 144-151.

TAKAHASHI S, ANWAR M R, 2007. Wheat grain yield, phosphorus uptake and soil phosphorus fraction after 23 years of annual fertilizer application to an Andosol[J]. Field crops research, 101(2): 160-171.

TANG X, LI J M, MA Y B, et al., 2008. Phosphorus efficiency in long-term (15years) wheat-maize cropping systems with various soil and climate conditions[J]. Field crops research, 108(3): 231-237.

VU D T, TANG C, ARMSTRONG R D, 2008. Changes and availability of P fractions following 65 years of P application to a calcareous soil in a Mediterranean climate[J]. Plant and soil, 304: 21-33.

WEI K, BAO H G, HUANG S M, et al., 2017. Effects of long-term fertilization on available P, P composition and phosphatase activities in soil from the Huang-Huai-Hai Plain of China[J]. Agriculture, ecosystems and environment, 237: 134-142.

WU Q H, ZHANG S X, ZHU P, et al., 2017. Characterizing differences in the phosphorus activation coefficient of three typical cropland soils and the influencing factors under long term fertilization[J]. Plos one, 12(5): e0176437.

WU Q H, ZHANG S X, RRN Y, et al., 2018. Soil phosphorus management based on the agronomic critical value of olsen P[J]. Communications in soil science and plant analysis, 49(8): 934-944.

XU M G, ZHANG Y P, SUN B H, 1995a. Phosphate distribution and movement in the soil-root interface zone: I. The influence of transpiration rate[J]. Pedosphere, 5(2): 115-126.

XU M G, ZHANG Y P, SUN B H, 1995b. Phosphate distribution and movement in soil-root interface zone: II. The influence of soil water content and application rates of phosphate[J]. Pedosphere, 5(3): 267-274.

YAN Z J, CHEN S, DARI B, et al., 2018. Phosphorus transformation response to soil properties changes induced by manure application in a calcareous soil[J]. Geoderma, 322: 163-171.

YANG S M, MALHI S S, LI F M, et al., 2007. Long-term effects of manure and fertilization on soil organic matter and quality parameters of a calcareous soil in NW China[J]. Journal of plant nutrition and soil science, 170(2): 234-243.

ZENG S C, CHEN BG, JING C A, et al., 2007. Impact of fertilization on chestnut growth, N and P concentrations in runoff water on degraded slope land in South China[J]. Journal of environmental sciences, 19: 827-833.

ZHAN X Y, ZHANG L, ZHOU B, et al., 2015. Changes in olsen phosphorus concentration and its response to phosphorus balance in black soils under different long-term fertilization patterns[J]. Plos one, 10(7): e0131713.

ZHANG H, XU M, ZHANG F, 2009. Long-term effects of manure application on grain yield under different cropping systems and ecological conditions in China[J]. Journal of agricultural science, 147(1): 31-42.

东　北　篇

东北地区位于北纬 38°72′~53°55′，东经 115°52′~135°09′，行政区包括东北三省（黑龙江省、吉林省和辽宁省）及内蒙古自治区东部三市一盟（赤峰市、通辽市、呼伦贝尔市和兴安盟），面积约 1.24×10^8 hm^2，其中耕地面积为 2.51×10^7 hm^2，占土地总面积的 20.2%。人均耕地高于全国平均水平一倍以上，主要分布在松嫩平原、东北平原的三江平原和辽河平原。气候类型属于温带大陆性季风气候，降水量集中在夏季，空间分布不均，自东南向西北，年降水量从 1 032.8 mm 下降至 230.6 mm。南北跨纬度大，包括暖温带、温带和寒温带，自南向北，年均温从 12.4℃下降至−7℃。

东北地区的主要土壤类型涵盖暗棕壤、草甸土、黑土、棕壤、白浆土、黑钙土、沼泽土、栗钙土和栗褐土 9 个土壤类型。耕地利用率达到 60% 以上的土壤类型主要有黑土、褐土和黑钙土；草甸土、栗褐土、棕壤、栗钙土和白浆土的耕地利用率在 30% 以上。黑龙江省耕地土壤以黑土、草甸土、白浆土、暗棕壤和黑钙土为主，面积为21 763.92hm^2，占总耕地面积的 91%，其中，黑土和黑钙土的耕地利用率为 75%。吉林省主要耕作土壤为黑土和黑钙土，耕地利用率分别占全省土壤总面积的 76% 和 61%。辽宁省主要土壤类型以棕壤为主，占全省土地总面积的 39%，草甸土和褐土分别占 12% 和9.8%，潮土、沼泽土和水稻土占 3.0%~4.5%。

黑土是在温带湿润气候区草原化草甸植被下发育的一种具有深厚腐殖质层的土壤。黑土基本剖面构型由腐殖质（A）—淀积层（B）—母质层（C）组成，各层次之间常出现一定厚度的过渡层次。黑土形态上的主要特征是有一个深厚的、从上往下逐渐过渡的黑色腐殖质层，厚度可达 30~70 cm，最厚的地方可达 100 cm 以上。腐殖质层呈舌状向下延伸，多为粒状或团块状结构，土层潮湿松软。淀积层和母质层多为灰棕色或黄棕色，菱块状结构，剖面中可见棕黑色铁锰结核、白色二氧化硅粉末和灰色或者黄灰色斑块条纹等新生体。土体通层无石灰性反应，呈中性或微酸性。

棕壤是暖温带湿润气候区落叶阔叶和针叶、混叶交林下发育的，处于硅铝化阶段并具黏化特征的土壤，具有明显的淋溶作用、黏化作用和较强烈的生物累积作用。棕壤的黏土矿物以水云母为主，还有一定量的蒙脱石、高岭石和少量的蛭石与绿泥石。其成土母质主要为中、酸性基岩风化物及其他无石灰性沉积物。具有明显的淋溶过程，碳酸盐及可溶盐被淋失；原生矿物进一步风化分解，形成以水云母、蛭石为主的次生黏土矿物，伴有蒙脱石和高岭石。全剖面颜色分异不明显，表层呈灰棕色，下部以棕色或浅褐色为主。在自然植被下表层有机质含量 6% 左右。全剖面不含游离碳酸钙，土壤 pH 值5.0~6.5。

东北地区种植作物主要为玉米，其次为小麦、大豆以及少量的马铃薯、山药等作物，种植制度为一年一熟制，主要以玉米—大豆—春小麦、玉米—大豆—玉米等轮作方式为主。其中，东北三省种植面积占比最大，2016 年东北三省水稻、大豆和玉米的种植面积为 454. 65 万 hm²、321. 64 万 hm²和 1 113. 31万 hm²，分别占总种植面积的23%、17%和49%。

应用长期定位试验数据，研究东北地区（黑龙江省黑土、吉林省黑土和辽宁省棕壤）长期不同施肥模式对土壤磷素演变特征、磷素盈亏和有效磷对磷盈亏响应等为提高磷肥利用率、减少磷肥施用和农业生产的持续发展提供科学依据。

第二章　厚层黑土磷素演变及磷肥高效利用

黑土主要分布于松嫩平原、三江平原、大兴安岭山前平原和辽河平原，具有质地疏松、肥力高和供肥能力强的特点，是中国重要的商品粮基地（Zha et al.，2014）。随着黑土开垦年限的增加以及不合理的管理方式，土壤肥力水平迅速降低，黑土层厚度变薄，甚至在少数地区出现了黄土母质裸露的现象，黑土呈现退化趋势，严重影响了黑土的生产能力（韩晓增等，2010）。为遏制黑土退化，探索提高土壤肥力、保证作物高产稳产的方法，是实现黑土区农业可持续发展关键所在。

土壤磷素中的全磷和有效磷分别反映了土壤磷库的大小和可供作物当季吸收利用的磷素水平，其中有效磷是评价土壤供磷能力的重要指标（曲均峰等，2009），土壤有效磷水平过低会导致农作物减产，但过量累积则会增加土壤磷素流失风险，引发环境污染（张丽等，2014）。对 18 个黑土监测点土壤磷素进行研究，结果表明土壤有效磷的变化量与土壤累积磷呈显著正相关，土壤每盈余 100 kg P/hm^2，有效磷可增加 5.28 mg/kg，常规施肥条件下，经过 8~25 年的种植，61%的监测点土壤累积磷表现为盈余，39%的监测点有效磷含量显著升高（张丽等，2014）。

基于黑土长期定位，相关研究表明，长期（23 年）不施肥，黑土土壤全磷下降37.4%、有效磷下降了 60%；施用磷肥土壤全磷含量增加 53.9%~65.7%、有效磷含量增加 6~15 倍（周宝库等，2004）。黑土磷素形态方面也进行了报道，长期施肥后，黑土累积的磷素大部分以有效性较高的二钙磷、八钙磷和铝磷形态累积在土壤中，施用磷肥可使二钙磷增加 4~15 倍，八钙磷增加 4~16 倍，铝磷增加 1.6~11.8 倍（周宝库和张喜林，2005）。长期不同施肥影响黑土磷素含量，不施磷肥处理土壤磷素含量随施肥年限的延长而降低；施用磷肥黑土磷素含量增加；土壤磷素活化系数随施肥时间的变化趋势与磷素含量基本一致；有机肥磷肥配合施用可增加磷素累积量（马星竹等，2018）。

黑土作为我国重要的土壤资源之一，面积为国家耕地面积的 10%左右（张丽等，2014），而我国东北黑土区长期不同施肥条件下土壤磷素含量变化及磷盈余的响应关系尚不清楚，尤其是长期施用不同肥料特别是单施有机肥、单施化肥及有机无机配施下磷库演变与磷盈亏相关研究较少。关于我国黑土磷素的研究较多，然而依据长期定位的研究较少，系统性研究更是少见。因此，以长期定位试验为平台，系统地研究黑土磷素演变、磷素演变与磷平衡的响应关系、磷素农学阈值和利用率等，可为黑土磷肥的合理利用提供理论依据。

一、黑土旱地长期定位试验概况

（一）试验点基本概况

试验点位于黑龙江省哈尔滨市黑龙江省农业科学院试验基地（北纬45°40′，东经126°35′），海拔151 m，属于松花江二级阶地，地处中温带，一年一熟制，冬季寒冷干燥，夏季高温多雨，≥10℃平均有效积温2 700℃，年均日照时数2 600~2 800 h，年均降水量533 mm，年蒸发量1 425 mm，无霜期约135 d。试验点为旱地黑土，成土母质为洪积黄土状黏土。长期试验于1979 年设置，1980 年开始按小麦—大豆—玉米顺序轮作。初始耕层（0~20 cm）土壤基本理化性状：pH 值7.2，有机质26.7 g/kg，全氮1.47 g/kg，碱解氮151 mg/kg，全磷1.07 g/kg，有效磷22.2 mg/kg，速效钾200 mg/kg，全钾25.16 g/kg。

（二）试验设计

黑土长期定位试验共设24 个不同施肥处理，其中常量处理16 个，二倍量处理8 个。试验设计和各处理施肥量详见表2-1。

表2-1　长期定位试验处理及施肥量

施肥处理	N（kg/hm²）			P₂O₅（kg/hm²）			K₂O（kg/hm²）	有机肥（t/hm²）
	小麦	大豆	玉米	小麦	大豆	玉米		
CK	0	0	0	0	0	0	0	0
N	150	75	150	0	0	0	0	0
P	0	0	0	75	150	75	0	0
K	0	0	0	0	0	0	75	0
NP	150	75	150	75	150	75	0	0
NK	150	75	150	0	0	0	75	0
PK	0	0	0	75	150	75	75	0
NPK	150	75	150	75	150	75	75	0

续表

施肥处理	N（kg/hm²）			P₂O₅（kg/hm²）			K₂O（kg/hm²）	有机肥（t/hm²）
	小麦	大豆	玉米	小麦	大豆	玉米		
M	0	0	0	0	0	0	0	18.6
MN	150	75	150	0	0	0	0	18.6
MP	0	0	0	75	150	75	0	18.6
MK	0	0	0	0	0	0	75	18.6
MNP	150	75	150	75	150	75	0	18.6
MNK	150	75	150	0	0	0	75	18.6
MPK	0	0	0	75	150	75	75	18.6
MNPK	150	75	150	75	150	75	75	18.6
CK₂	0	0	0	0	0	0	0	0
N₂	300	150	300	0	0	0	0	0
P₂	0	0	0	150	300	150	0	0
N₂P₂	300	150	300	150	300	150	0	0
M₂	0	0	0	0	0	0	0	37.2
M₂N₂	300	150	300	0	0	0	0	37.2
M₂P₂	0	0	0	150	300	150	0	37.2
M₂N₂P₂	300	150	300	150	300	150	0	37.2

注：表中数字代表 N、P_2O_5、K_2O 和有机肥的施用量。

试验设 16 个常量处理：①不施肥（CK）；②单施化学氮肥（N）；③单施化学磷肥（P）；④单施化学钾肥（K）；⑤施用化学氮、磷肥（NP）；⑥施用化学氮、钾肥（NK）；⑦施用化学磷、钾肥（PK）；⑧施用化学氮、磷、钾肥（NPK）；⑨单独施用有机肥（M）；⑩施用有机肥、化学氮肥（MN）；⑪施用有机肥、化学磷肥（MP）；⑫施用有机肥、化学钾肥（MK）；⑬施用有机肥和化学氮、磷肥（MNP）；⑭施用有机肥和化学氮、钾肥（MNK）；⑮施用有机肥和化学磷、钾肥（MPK）；⑯有机肥配合施用化学氮、磷、钾肥（MNPK）。

试验设 8 个二倍量处理：①不施肥（CK）；②高量化学氮肥（N_2）；③高量化学磷肥（P_2）；④高量化学氮、磷肥（N_2P_2）；⑤高量有机肥（M_2）；⑥高量有机肥、高量氮肥（M_2N_2）；⑦高量有机肥、高量磷肥（M_2P_2）；⑧高量有机肥配合高量氮、磷肥（$M_2N_2P_2$）。

试验设置于 1979 年，2010 年之前试验采取随机排列方式，无重复，小区面积

168 m^2。2010 年试验点整体搬迁至哈尔滨市道外区民主乡试验基地，保持原来的试验处理不变，每个处理 3 次重复，小区面积 36 m^2，每个小区间有水泥板隔离。无灌溉设施，不灌水，为自然雨养农业。试验一直采用小麦—大豆—玉米轮作制度，秋季施肥，有机肥为马粪，施用于玉米茬。各处理作物地上部分带走，秸秆不还田。各小区单独测产。每年收获后采集 0~20 cm 土壤样品，室内风干，装瓶保存备用。

二、长期施肥土壤全磷和有效磷的变化趋势及其关系

（一）长期施肥下土壤全磷的变化趋势

长期不同施肥下黑土全磷含量变化如图 2-1 所示，不施磷肥的 2 种处理为 CK 和 N，其土壤全磷含量呈缓慢下降的趋势，从开始时（1979 年含量）的 0.47 g/kg 分别下降到 2015 年的 0.32 g/kg 和 0.33 g/kg，分别下降了 31.9% 和 29.8%，土壤全磷含量与时间呈极显著负相关（$P<0.01$）。施用磷肥后，不同施磷处理土壤全磷含量与时间分别呈显

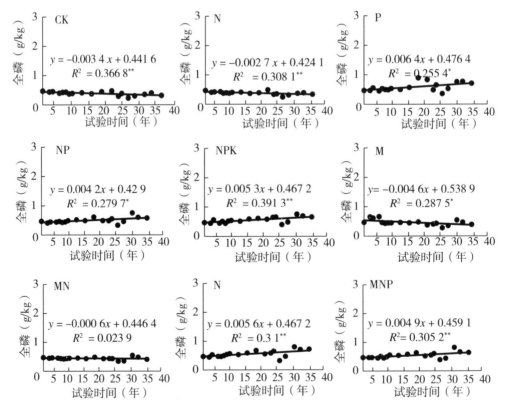

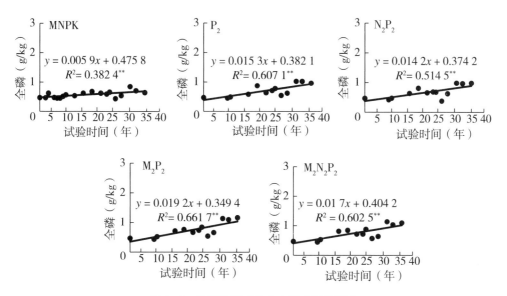

图 2-1　长期施肥对黑土全磷含量的影响

著（$P<0.05$）、极显著正相关（$P<0.01$），随种植时间延长表现出上升趋势。施用化学磷肥的处理（P、NP 和 NPK），土壤全磷含量随时间延长表现为缓慢上升趋势，由试验开始时（1979 年）的 0.47 g/kg 分别上升到 2015 年的 0.70 g/kg、0.58 g/kg 和 0.60 g/kg，分别上升了 48.9%、23.4% 和 27.7%。有机肥配施化肥处理（MNPK），土壤全磷从开始时（1979 年含量）的 0.47 g/kg 上升到 2015 年的 0.64 g/kg，全磷年增加量为 0.17 g/kg。高量磷肥施用、高量氮肥磷肥配合使用以及高量有机肥与高量磷肥配合（P_2、N_2P_2 和 $M_2N_2P_2$）处理土壤全磷含量增加幅度较大，与施肥时间呈极显著正相关（$P<0.01$）。施用磷肥对于增加黑土全磷含量作用显著。土壤磷库的变化过程较缓慢，有研究表明，长期不施磷肥处理土壤磷含量呈现降低趋势，过量施磷肥使得土壤磷含量增加（Shen P，et al.，2014；樊红柱等，2016），不施磷肥处理土壤全磷含量降低，与以往研究结果一致（黄晶等，2016；樊红柱等，2016；裴瑞娜等，2010）；而施用磷肥处理（P、NP 和 NPK）土壤全磷、有效磷含量随着施肥年限的延长而增加，红壤性水稻土和黑垆土上也有同样的研究结果（黄晶等，2016；聂军等，2010）。说明磷肥的长期施用对于增加土壤全磷含量起到重要作用。

（二）长期施肥下土壤有效磷的变化趋势

如图 2-2 所示，长期不施磷肥处理土壤有效磷含量呈下降趋势，本研究中 CK 和 N 2 个处理土壤有效磷含量从开始时（1979 年）的 22.2 mg/kg 分别下降到 2015 年的 2.4 mg/kg 和 2.23 mg/kg，土壤有效磷达到极缺程度。有机肥处理、有机肥配合氮肥处理（M 和 MN）土壤有效磷含量减少，从开始时（1979 年）的 22.2 mg/kg 分别下降到

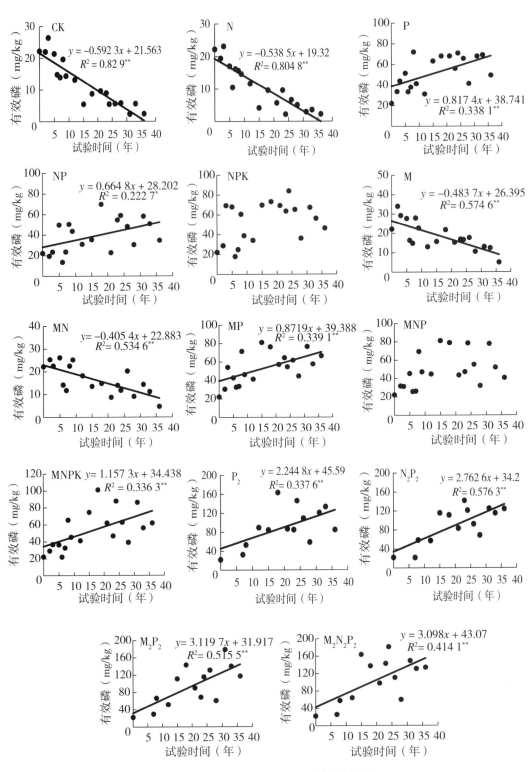

图2-2 长期施肥对黑土有效磷含量的影响

2015 年的 5.0 mg/kg 和 4.67 mg/kg。施用磷肥之后，土壤有效磷含量均随种植时间延长呈现上升趋势，其中单施磷肥、有机肥配合磷肥以及有机肥配合氮磷钾肥处理（P、MP 和 MNPK）与时间呈极显著正相关（$P<0.01$）。高量磷肥、高量氮肥磷肥及其与有机肥配合的处理（P_2、N_2P_2、M_2P_2 和 $M_2N_2P_2$）土壤有效磷随种植时间增加呈极显著正相关（$P<0.01$），同时土壤有效磷年变化量均很高，达到较高水平，土壤有效磷含量由开始时（1979 年）的 22.2 mg/kg 分别上升到 2015 年的 84.9 mg/kg、124.0 mg/kg、117.2 mg/kg 和 133.6 mg/kg，有效磷年增量分别为 1.74 mg/kg、2.83 mg/kg、2.64 mg/kg 和 3.10 mg/kg。总的来说，黑土有效磷的变化趋势与全磷相似，不施肥和不施磷肥处理土壤有效磷含量降低，施用磷肥处理土壤有效磷含量增加；同时，单施有机肥及其与化学氮肥配施处理（M 和 MN）土壤全磷和有效磷含量均呈现下降趋势，有机无机磷肥配施处理（MP、MNP 和 MNPK），土壤全磷和有效磷含量增加。

（三）长期施肥下土壤全磷与有效磷的关系

磷活化系数（PAC）用来表示土壤磷活化能力，长期施肥下黑土磷活化系数随时间的演变规律如图 2-3 所示，不施磷肥的处理（CK 和 N）和有机肥配合氮肥处理（MN）土壤 PAC 与时间呈极显著负相关（$P<0.02$），有机肥处理（M）呈显著负相关（$P<0.05$），4 个处理的 PAC 随施肥时间均表现为下降趋势，由试验开始时（1979 年）的 4.75% 分别下降到 2015 年的 0.76%、0.67%、1.16% 和 1.28%，CK、N、MN 和 M 4 个处理 PAC 年下降速度分别为 0.021%、0.019%、0.032% 和 0.036%，这 4 个处理的土壤 PAC 值均低于 2%，当 PAC 值较低的时候，土壤全磷很难转化为有效磷供给作物生长需要。施用磷肥的处理，土壤 PAC 随施肥时间延长均呈现上升趋势，相关关系未达到显著水平（$P<0.05$），平均值偏低，均低于 10%。高量磷肥、高量氮肥磷肥及其与有机肥配合处理（P_2、N_2P_2、M_2P_2 和 $M_2N_2P_2$）的土壤 PAC 均高于不施磷肥处理和常量施用磷肥处理，这 4 个施肥处理的 PAC 随施肥时间延长呈先上升后降低的趋势。由试验开始时（1979 年）的 4.75% 分别上升到 2015 年的 13.92%、15.48%、14.37% 和 15.51%，这 4 个处理 PAC 年上升速度分别为 0.255%、0.298%、0.267% 和 0.299%，它们的土壤 PAC 值总体上升，均值约为 14.8%。总的来说，施磷肥处理土壤 PAC 值高于不施肥，有机无机肥配施 PAC 值高于单施化肥（黄晶等，2016；林诚等，2017）。不施化学磷肥处理的 PAC 值均较低的原因是由于化肥中的有效磷含量较高，施用化学磷肥可大大增加土壤中的有效磷含量，增加 PAC（王伯仁等，2005）；有机肥与磷肥配施处理的 PAC 值高于单施磷肥，主要与有机肥增加了土壤有机质含量，减少了有效磷在土壤中的固定有关（王小利等，2017；柳开楼等，2017）；另外，有机质中富含的有机酸可以将土壤溶液中的磷酸根离子置换出来，增加有效磷含量（Yusran，

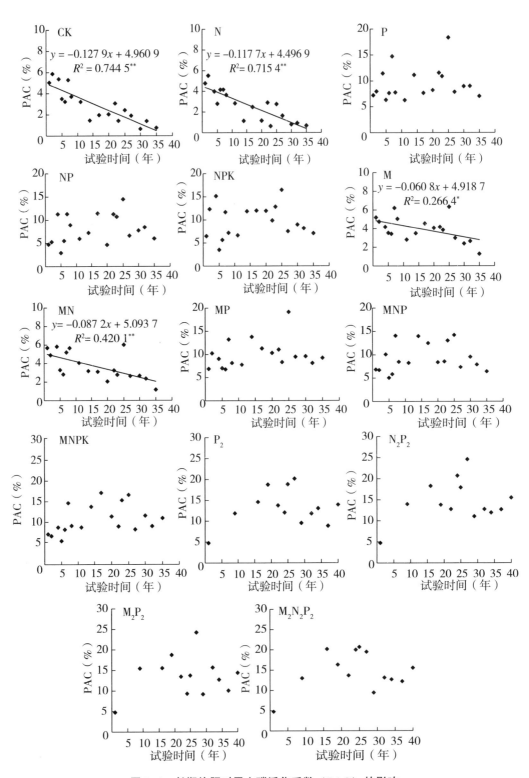

图 2-3　长期施肥对黑土磷活化系数（PAC）的影响

2010）。在红壤的相关研究中也表明，土壤磷素活化系数增加的主要原因是土壤对磷的固定能力降低了（黄晶等，2016；魏红安等，2012）。

三、长期施肥条件下土壤有效磷变化对土壤磷盈亏的响应特征

（一）长期施肥土壤磷素盈亏情况

本试验采用的是轮作制度，即小麦—大豆—玉米轮作，因此，在计算土壤磷素盈亏时采用轮作周期的磷素变化更能准确表达不同施肥处理间的差异。图 2-4 即为各处理轮作周期土壤表观磷盈亏，其中常量处理为 12 个轮作周期，二倍量处理为 10 个轮作周期。由图可得，不施磷肥处理（CK 和 N）当季土壤表观磷盈亏一直呈现亏缺状态，施用化学

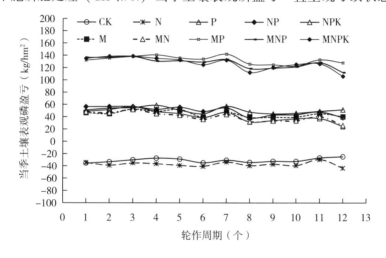

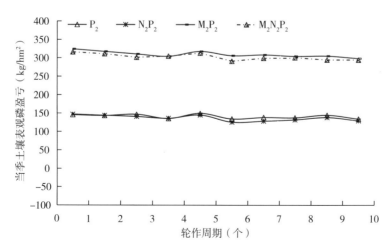

图 2-4 各处理轮作周期当季土壤表观磷盈亏

氮肥处理土壤磷素亏缺量高于不施肥处理，当季土壤磷亏缺值的平均值分别为 30.8 kg/hm² 和 37.3 kg/hm²。随种植时间延长不施肥处理磷盈亏值呈现减少趋势，而施用化学氮肥处理增加。有机肥配合磷肥处理（MP、MNP 和 MNPK）轮作周期内土壤表观磷呈现盈余状态且平均值最高，分别为 132.7 kg/hm²、128.0 kg/hm² 和 127.2 kg/hm²。其他施用磷肥处理（P、NP、NPK、M 和 MN）12 个轮作周期内土壤磷素表现为盈余状态，平均值分别为 50.8 kg/hm²、49.3 kg/hm²、41.7 kg/hm²、44.6 kg/hm² 和 39.9 kg/hm²，并且随种植时间延长没有较大的波动。高量磷肥、高量氮肥磷肥及其与有机肥配合处理（P_2、N_2P_2、M_2P_2 和 $M_2N_2P_2$）当季土壤磷盈余值均较高，平均值分别为 140.8 kg/hm²、136.5 kg/hm²、309.5 kg/hm² 和 302.6 kg/hm²，变化幅度较小。

图 2-5 为各处理 37 年土壤累积磷盈亏。由图可得，未施磷肥处理（CK 和 N）土壤累积磷一直处于亏缺态，并且亏缺值随种植时间延长而增加，其中 CK 处理土壤磷亏缺值小于单独施用化学氮肥处理，主要是由于 CK 处理作物产量最低，从土壤中携

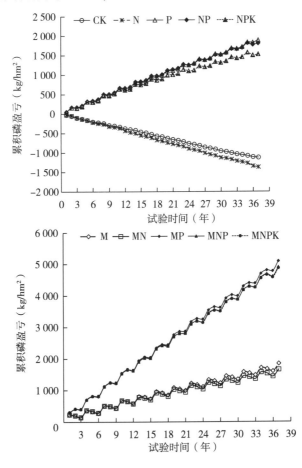

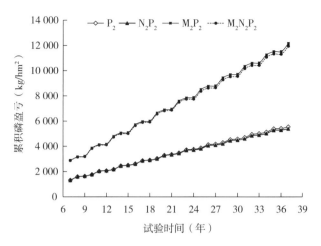

图 2-5　各处理土壤累积磷盈亏

出的磷量最低。与之相比，单施化学磷肥的 3 个处理（P、NP 和 NPK）土壤累积磷一直处于盈余状态，并且随种植时间延长盈余值增加，2016 年土壤累积磷盈余值分别为 1 888. 1 kg/hm²、1 806. 6 kg/hm² 和 1 529. 4 kg/hm²。有机肥配合化学肥料处理（M、MN、MP、MNP 和 MNPK）土壤累积磷素均处于盈余状态，盈余值较高，其中 MP、MNP 以及 MNPK 处理磷累积盈余值高于 M 和 MN 处理，5 个处理土壤累积磷盈余值 2016 年分别达到 1 845. 3 kg/hm²、1 657. 1 kg/hm²、5 091. 2 kg/hm²、4 903. 7 kg/hm² 和 4 870. 9 kg/hm²。高量磷肥、高量氮肥磷肥及其与有机肥配合处理（P₂、N₂P₂、M₂P₂ 和 M₂N₂P₂）土壤累积磷素也处于盈余状态，变化趋势与有机肥配合化学肥料处理相似，2016 年分别达到 5 553. 4 kg/hm²、5 402. 3 kg/hm²、1 2175. 8 kg/hm² 和 11 951. 0 kg/hm²。

（二）长期施肥下土壤有效磷变化对土壤磷素盈亏的响应

图 2-6 为长期不同施肥处理下黑土有效磷变化量与土壤耕层磷盈亏的响应关系。由图可得，不施磷肥处理（CK 和 N）土壤有效磷变化量与土壤累积磷盈亏值的相关达到极显著水平（$P < 0.01$），CK 和 N 处理土壤每亏缺 100 kg P/hm²，有效磷分别下降 1. 83 mg/kg 和 1. 46 mg/kg。施用化学磷肥的 3 个处理（P、NP 和 NPK），土壤每盈余 100 kg P/hm²，有效磷浓度分别上升 1. 56 mg/kg、1. 45 mg/kg 和 1. 69 mg/kg。其中，P 和 NP 处理土壤有效磷与土壤累积盈余表现为显著正相关（$P < 0.05$）。单施有机肥（M）和有机肥配施氮肥（MN）处理土壤有效磷变化量与磷盈余表现为极显著负相关（$P < 0.01$），土壤每亏缺 100 kg P/hm²，M 和 MN 处理土壤有效磷浓度分别下降 1. 38 mg/kg 和 1. 24 mg/kg。有机肥配施化学磷肥的处理（MP、MNP 和 MNPK）土壤每

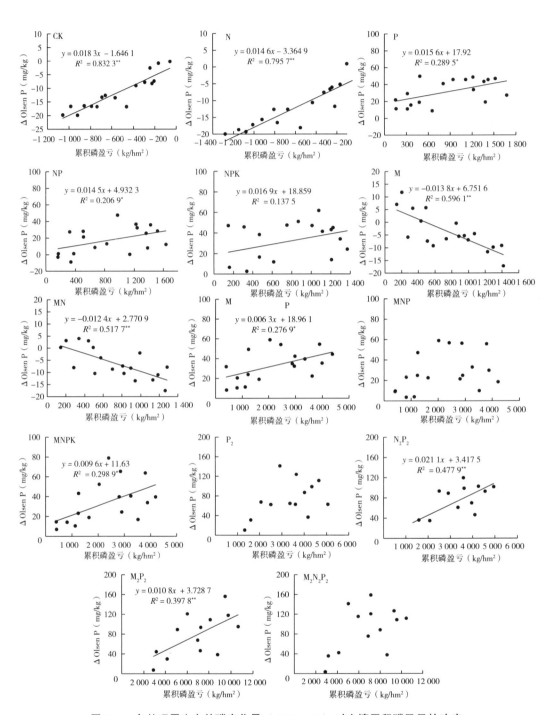

图 2-6　各处理黑土有效磷变化量（ΔOlsen P）对土壤累积磷盈亏的响应

盈余 100 kg P/hm²，3 种处理土壤有效磷浓度分别上升 0.63 mg/kg、0.53 mg/kg 和

0.96 mg/kg，在所有处理中上升幅度较低。其中 MP 和 MNPK 处理土壤有效磷与土壤累积磷盈余呈显著正相关（$P<0.05$）。高量磷肥、高量氮肥磷肥及其与有机肥配合处理（P_2、N_2P_2、M_2P_2 和 $M_2N_2P_2$）中的 P_2 和 $M_2N_2P_2$ 土壤有效磷变化量与磷盈余呈显著正相关（$P<0.05$），N_2P_2 和 M_2P_2 达到极显著水平（$P<0.01$）。土壤每盈余 100 kg P/hm^2，N_2P_2 处理土壤有效磷浓度上升 2.11 mg/kg，在所有处理中上升幅度最大。如图 2-7 所示，36 年间 18 个年份里每个处理土壤的有效磷变化量与土壤累积磷盈亏值达到极显著正相关（$P<0.01$），黑土每盈余 100 kg P/hm^2，有效磷浓度上升 1.28 mg/kg。林诚等（2017）研究结果表明，土壤有效磷的变化量与磷盈亏呈正相关，土壤每盈余 100 kg P/hm^2，单施化学磷肥处理土壤有效磷含量平均提高 2.6~21.2 mg/kg，有机肥配施化学磷肥处理有效磷含量平均提高 0.56~41.3 mg/kg；本研究有机肥配施化学磷肥的处理土壤有效磷浓度基本在此范围，化肥处理的土壤有效磷浓度略低于该范围；也有研究者基于长期试验进行了研究，表明中国土壤每盈余 100 kg P/hm^2，有效磷浓度上升范围为 1.44~5.74 mg/kg（曹宁等，2007），本研究土壤有效磷浓度上升值略低于此范围；以上结果的异同可能由试验点的环境和种植制度等因素决定。具体原因有待进一步研究和探讨。

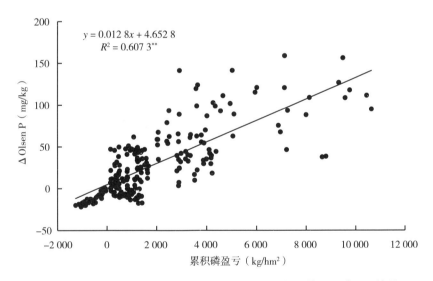

图 2-7 黑土所有处理有效磷变化量（ΔOlsen P）与土壤累积磷盈亏的关系

四、土壤有效磷农学阈值研究

磷的农学阈值是指当土壤中的有效磷含量达到某个值后，作物产量不随磷肥的继续施用而增加。本研究中确定土壤磷素农学阈值采用的是应用比较广泛的米切里西方程，米切里西模型采用模拟获得的最大相对产量的 90% 来计算获得其临界值（Johnston et al.，2013；Higgs et al.，2000）。基于不同施肥处理有效磷水平与作物产量长期定位数据，通过分析作物相对产量和土壤有效磷的变化趋势，采用米切里西方程模拟两者的关系，结果表明，小麦、玉米以及大豆农学阈值平均值分别为 10.49 mg/kg、9.23 mg/kg 和 3.05 mg/kg（图 2-8，表 2-2），黑土上小麦和玉米的农学阈值较接近，大豆的农学阈值最低。

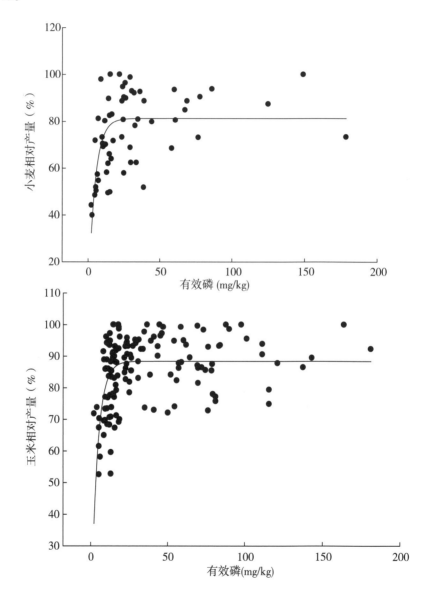

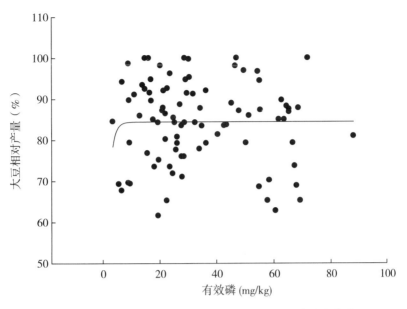

图 2-8　小麦、玉米以及大豆相对产量与土壤有效磷的响应关系

表 2-2　长期不同施肥作物农学阈值

作物	n	有效磷（mg/kg）
小麦	58	10.49
玉米	147	9.23
大豆	88	3.05

五、磷肥回收率的演变趋势

图 2-9 为黑土长期施肥下小麦、大豆及玉米产量与作物磷素吸收的关系，由变化趋势关系可得，作物产量与磷素吸收呈极显著正相关（$P<0.01$）。小麦直线方程为 $y = 88.759x - 96.681$（$R^2 = 0.9736$，$P<0.01$），大豆的直线方程为 $y = 56.189x + 245.97$（$R^2 = 0.9023$，$P<0.01$），玉米的直线方程为 $y = 45.826x + 3944.3$（$R^2 = 0.5045$，$P<0.01$）。由于黑土长期定位采用的是 3 种作物轮作制度，因此，1 个轮作周期内（3 年），根据相关方程可以计算出，黑土每吸收 1 kg 磷，能提高小麦和玉米产量分别为 88.8 kg/hm²、56.2 kg/hm² 和 45.8 kg/hm²。

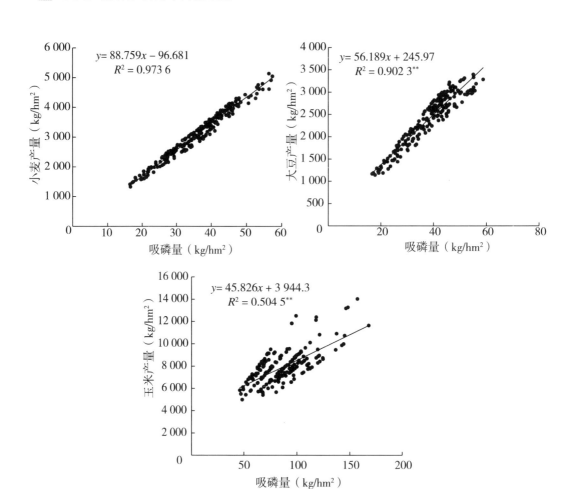

图 2-9　小麦、大豆及玉米产量与作物磷素吸收的关系

图 2-10 为长期不同施肥下轮作周期内的磷肥回收率变化趋势。随着轮作周期的延长，施用化肥的各处理（P、NP、PK 和 NPK）的磷肥回收率呈现上升趋势，回收率变化顺序为 NPK>NP>PK>P。其中 NPK 处理磷肥回收第 1~3 个周期为 14.9%，第 4 个轮作周期开始高于其他化肥处理，第 4~7 个周期磷肥回收率为 24.8%，第 8 个轮作周期后磷肥回收率增加幅度较前期提高，第 8~12 个周期磷肥回收率为 37.1%。有机肥和化肥配施处理共计 8 个，磷肥回收率整体变化趋势与施用化肥处理基本一致，整体呈现增加趋势，各个处理磷肥回收率平均值变化范围为 12.5%~24.9%。第 1~7 个周期 8 个处理磷肥回收率范围为 9.3%~18.5%，第 8~12 个周期磷肥回收率为 15.5%~33.9%，后期磷肥回收率增加幅度范围为 33.7%~121.7%。高量磷肥、高量氮肥磷肥及其与有机肥配合处理（P_2、N_2P_2、M_2、M_2P_2 和 $M_2N_2P_2$）磷肥回收率整体偏低，范围为 8.6%~16.7%，第 1~7 个周期磷肥回收率范围为 5.5%~13.7%，第 8~12 个周期磷肥回收率为 10.5%~19.7%，后期磷肥回收率增加幅度范围为 25.2%~112.1%。可见高量施用磷肥处

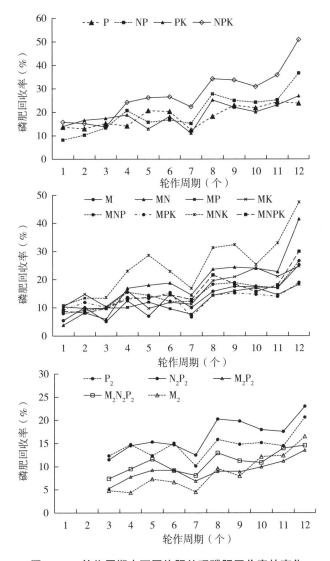

图 2-10　轮作周期内不同施肥处理磷肥回收率的变化

理导致磷肥回收率降低，氮磷钾肥配合施用较单一肥料施用能提高磷肥回收率。

　　长期不同施肥下，12 个轮作周期内磷肥回收率对时间的响应关系见表 2-3。由表可得，所有施用磷肥处理磷肥回收率均随轮作时间延长呈现上升趋势，PK、MPK 和 P_2 处理显著上升（$P<0.05$），其他处理均呈极显著关系（$P<0.01$）。

表 2-3　磷肥回收率随轮作周期的变化关系

处理	方程	R^2
P	$y = 1.007\ 9x + 11.83$	$0.660\ 0^{**}$

续表

处理	方程	R^2
NP	$y=2.025\ 0x+6.772\ 3$	$0.795\ 7^{**}$
PK	$y=0.926\ 3x+12.842\ 0$	$0.470\ 7^{*}$
NPK	$y=2.653\ 7x+10.217\ 0$	$0.819\ 2^{**}$
M	$y=1.442\ 8x+3.775\ 0$	$0.765\ 6^{**}$
MN	$y=2.526\ 9x+2.123\ 0$	$0.802\ 6^{**}$
MP	$y=0.750\ 7x+7.596\ 7$	$0.620\ 4^{**}$
MK	$y=1.276\ 7x+7.960\ 0$	$0.667\ 6^{**}$
MNP	$y=1.258\ 2x+6.814\ 4$	$0.757\ 5^{**}$
MNK	$y=2.481\ 3x+8.794\ 3$	$0.725\ 1^{**}$
MPK	$y=0.559\ 6x+9.493\ 9$	$0.388\ 7^{*}$
MNPK	$y=1.442\ 4x+6.023\ 2$	$0.722\ 3^{**}$
P_2	$y=0.556\ 2x+10.387\ 0$	$0.372\ 3^{*}$
N_2P_2	$y=0.977\ 1x+9.386\ 3$	$0.657\ 8^{**}$
M_2	$y=1.182\ 2x-0.232\ 7$	$0.791\ 1^{**}$
M_2P_2	$y=0.624\ 2x+4.419\ 9$	$0.693\ 6^{**}$
$M_2N_2P_2$	$y=0.627\ 0x+6.240\ 5$	$0.613\ 3^{**}$

六、主要结果与指导磷肥的应用

长期不施磷肥处理土壤磷素含量随施肥年限的延长而降低，施用磷肥黑土磷素含量增加；土壤磷素活化系数随施肥时间的变化趋势与磷素含量基本一致；有机肥磷肥配合施用可增加磷素累积量。除去 M 和 MN 处理，其他处理黑土有效磷增减与土壤累积磷亏缺呈正相关。在土壤盈余条件下，土壤磷素每盈余 100 kg P/hm² ，P、NP、NPK、MP、MNP 和 MNPK 处理土壤中有效磷分别提高 1.56 mg/kg、1.45 mg/kg、1.69 mg/kg、0.63 mg/kg、0.53 mg/kg 和 0.96 mg/kg；M 和 MN 处理土壤有效磷分别降低 1.38 mg/kg 和 1.24 mg/kg；而在土壤磷素亏缺状况下，每亏缺 100 kg P/hm² ，CK 和 N 处理有效磷分别减少 1.83 mg/kg 和 1.46 mg/kg。有机无机配合是增加土壤磷素累积，提高磷有效性的一种重要的施肥方式。

（马星竹、周宝库）

主要参考文献

鲍士旦,2000. 土壤农化分析[M]. 3 版. 北京：中国农业出版社.

曹宁,陈新平,张福锁,等,2007. 从土壤肥力变化预测中国未来磷肥需求[J]. 土壤学报,44(3)：536-543.

陈波浪,盛建东,文启凯,等,2005. 不同施肥制度对红壤耕层磷的吸持特性影响的研究[J]. 新疆农业大学学报,28(1)：22-26.

樊红柱,陈庆瑞,郭松,等,2018. 长期不同施肥紫色水稻土磷的盈亏及有效性[J]. 植物营养与肥料学报,24(1)：154-162.

樊红柱,陈庆瑞,秦鱼生,等,2016. 长期施肥紫色水稻土磷素累积与迁移特征[J]. 中国农业科学,49(8)：1520-1529.

韩晓增,王凤仙,王凤菊,等,2010. 长期施用有机肥对黑土肥力及作物产量的影响[J]. 干旱地区农业研究,28(1)：66-71.

黄晶,张杨珠,徐明岗,等,2016. 长期施肥下红壤性水稻土有效磷的演变特征及对磷平衡的响应[J]. 中国农业科学,49(6)：1132-1141.

李渝,刘彦伶,张雅蓉,等,2016. 长期施肥条件下西南黄壤旱地有效磷对磷盈亏的响应[J]. 应用生态学报,27(7)：2321-2328.

林诚,王飞,李清华,等,2017. 长期不同施肥下南方黄泥田有效磷对磷盈亏的响应特征[J]. 植物营养与肥料学报,23(5)：1175-1183.

柳开楼,叶会财,李大明,等,2017. 长期施肥下红壤旱地的固碳效率[J]. 土壤,49(6)：1166-1171.

鲁如坤,2000. 土壤农业化学分析方法[M]. 北京：中国农业科学技术出版社.

鲁如坤,2003. 土壤磷素水平和水体环境保护[J]. 磷肥与复肥,18(1)：4-8.

陆景陵,2003. 植物营养学[M]. 北京：中国农业大学出版社.

马星竹,周宝库,郝小雨,等,2018. 小麦—大豆—玉米轮作体系长期不同施肥黑土磷素平衡及有效性[J]. 植物营养与肥料学报,24(6)：1672-1678.

聂军,杨曾平,郑圣先,等,2010. 长期施肥对双季稻区红壤性水稻土质量的影响及其评价[J]. 应用生态学报,21(6)：1453-1460.

裴瑞娜,杨生茂,徐明岗,等,2010. 长期施肥条件下黑垆土有效磷对磷盈亏的响应[J]. 中国农业科学,43(19)：4008-4015.

曲均峰,李菊梅,徐明岗,等,2009. 中国典型农田土壤磷素演化对长期单施氮肥的响应[J]. 中国农业科学,42(11)：3933-3939.

王伯仁,徐明岗,文石林,2005. 长期不同施肥对旱地红壤性质和作物生长的影响[J]. 水土保持学报,19(1):97-100,144.

王小利,郭振,段建军,等,2017. 黄壤性水稻土有机碳及其组分对长期施肥的响应及其演变[J]. 中国农业科学,50(23):4593-4601.

王艳红,2008. 棉田生态系统磷素供应动态模拟模型研究[D]. 长沙:湖南农业大学.

魏红安,李裕元,杨蕊,等,2012. 红壤磷素有效性衰减过程及磷素农学与环境学指标比较研究[J]. 中国农业科学,45(6):1116-1126.

袁天佑,王俊忠,冀建华,等,2017. 长期施肥条件下潮土有效磷的演变及其对磷盈亏的响应[J]. 核农学报,31(1):125-134.

张福锁,王激清,张卫峰,等,2008. 中国主要粮食作物肥料利用率现状与提高途径[J]. 土壤学报,45(5):915-924.

张丽,任意,展晓莹,等,2014. 常规施肥条件下黑土磷盈亏及其有效磷的变化[J]. 核农学报,28(9):1685-1692.

赵庆雷,王凯荣,谢小立,2009. 长期有机物循环对红壤稻田土壤磷吸附和解吸特性的影响[J]. 中国农业科学,42(1):355-362.

周宝库,张喜林,李世龙,等,2004. 长期施肥对黑土磷素积累及有效性影响的研究[J]. 黑龙江农业科学(4):5-8.

周宝库,张喜林,2005. 长期施肥对黑土磷素积累、形态转化及其有效性影响的研究[J]. 植物营养与肥料学报,11(2):143-147.

HIGGS B, JOHNSTON A E, SALTER J L, 2000. Some aspects of achieving sustainable phosphorus use in agriculture[J]. Journal of environmental quality, 29(1):80-87.

JOHNSTON A E, POULTON P R, WHITE R P, 2013. Plant-available soil phosphorus. Part Ⅱ: the response of arable crops to olsen P on a sandy clay loam and a silty clay loam[J]. Soil use and management, 29(1):12-21.

SHARPLEY A N, MCDOWELL R, KLEINMAN P, 2004. Amounts, forms, and solubility of phosphorus in soils receiving manure[J]. Soil science society of america journal, 68(6):2048-2057.

SHEN P, XU M G, ZHANG H M, et al., 2014. Long-term response of soil olsen P and organic C to the depletion or addition of chemical and organic fertilizers[J]. Catena, 118:20-27.

YUSRAN F H, 2010. The relationship between phosphate adsorption and soil organic carbon from organic matter addition[J]. Journal of tropical soils, 15(1):1-10.

ZHA Y, WU X P, HE X H, et al., 2014. Basic soil productivity of spring maize in black soil under long-term fertilization based on dssat model[J]. Journal of integrative agriculture, 13(3):577-587.

第三章　中层黑土磷素演变特征

基于公主岭市黑土长期定位试验的观测研究，报道了不同施肥模式对黑土全磷、有效磷变化趋势、土壤对磷吸附解吸性能、土壤需磷指数和黑土磷组分等方面的影响（展晓莹，2016；吴启华，2018；王琼，2018）。王琼等（2018）以吉林省公主岭市的黑土为试验材料，研究了不同施肥处理对黑土磷形态含量及有效性的变化，发现有机无机肥配施可显著提高土壤全磷、有效磷含量以及土壤活性态无机磷的比例。展晓莹（2016）分析了不同施肥模式黑土有效磷与磷盈亏响应关系，黑土每耗竭 100 kg P/hm^2，CK、N 和 NK 处理的有效磷分别降低 2.14 mg/kg、0.74 mg/kg 和 0.70 mg/kg（有效磷效率）；黑土每累积 100 kg P/hm^2，NPKM 的有效磷增加 19.63 mg/kg。本章将系统地介绍黑土磷素演变、磷素演变与磷平衡的响应关系、磷素的形态特征、磷素农学阈值和利用率等，为提高黑土磷素有效性和科学施用磷肥提供重要参考信息。

一、试验概况

（一）试验点基本概况

吉林公主岭黑土肥力与肥料效益监测基地位于吉林省公主岭市的吉林省农业科学院试验农场内（北纬 43°30′，东经 124°48′），海拔 220 m。地处温带，属于温带大陆性季风气候区，其特点是四季分明，冬季寒冷漫长，夏季温热短促。年平均气温 5~6℃，最高温度 34℃，最低温度−35℃，≥10℃积温 2 600~3 000℃，年降水量 500~650 mm，年蒸发量 1 200~1 600 mm，无霜期为 125~140 d，年日照时数 2 500~2 700 h。黑土冻结深度一般为 1.1~2.0 m，冻结时间为 120~200 d。

试验地处辽河流域（上游区）松嫩—三江平原农业区，供试土壤为中层黑土，成土母质为第四纪黄土状沉积物。试验开始时的耕层及剖面土壤基本性质见表 3-1。

表 3-1 初始土壤基本理化性质

理化指标	0~20 cm	21~40 cm	41~64 cm	65~89 cm	90~150 cm
有机质（g/kg）	22.80	15.20	7.10	6.80	6.30
全氮（g/kg）	1.40	1.30	0.57	0.50	0.38
全磷（g/kg）	0.61	1.35	1.00	0.98	0.91
全钾（g/kg）	22.10	22.30	22.00	22.10	22.20
碱解氮（mg/kg）	114.00	98.00	41.00	39.00	37.00
有效磷（mg/kg）	11.79	15.50	7.20	4.20	4.10
速效钾（mg/kg）	190.00	181.00	185.00	189.00	187.00
pH 值	7.60	7.50	7.50	7.60	7.60
容重（g/cm³）	1.19	1.27	1.33	1.35	1.39

（二）试验设计

试验设 12 个处理：①休闲、不种植及不耕作（CK_0）；②不施肥（CK）；③单施化学氮肥（N）；④施用化学氮、磷肥（NP）；⑤施用化学氮、钾肥（NK）；⑥施用化学磷、钾肥（PK）；⑦施用化学氮、磷、钾肥（NPK）；⑧化学氮、磷、钾肥与有机肥配施（有机肥源为猪粪，M_1+NPK）；⑨1.5 倍的化学氮、磷、钾肥与有机肥配施 [1.5（M_1+NPK）]；⑩化学氮、磷、钾肥，同时上茬作物秸秆还田（NPKS）；⑪化学氮、磷、钾肥和有机肥配施（大豆—玉米轮作，2 年玉米，1 年大豆，M_1+NPKR）；⑫高量化学氮、磷、钾肥与高量有机肥配施（M_2+NPK）。长期定位试验点根据当地土壤肥力状况，分别设计了不同的肥料施用量，本章仅讨论部分处理：CK（不施肥）、N（氮肥）、NK（氮钾肥）、NP（氮磷肥）、NPK（氮磷钾肥）和 NPKM（氮磷钾肥配施有机肥）。

黑土肥力与肥效试验始于 1990 年，试验采取随机区组设计，无重复，小区面积 400 m^2，区间由 2 m 宽过道相连。有机肥做底肥，1/3 氮肥和磷、钾肥做底肥，其余2/3氮肥于拔节前追施在表土下 10 cm 处，秸秆在拔节追肥后撒施土壤表面。氮肥为尿素（含 N 46%），磷肥为过磷酸钙（无 N 区施用，含 P_2O_5 46%）和磷酸二铵（N、P 复合区施用，含 P_2O_5 46%、N 18%）。有机肥（猪粪）的养分含量为：N 0.5%，P_2O_5 0.4%，K_2O 0.49%；玉米秸秆的养分含量为：N 0.7%，P_2O_5 0.16%，K_2O 0.75%。具体施肥量见表 3-2。

表 3-2　肥料施用量

施肥处理	N（kg/hm²)	P₂O₅（kg/hm²)	K₂O（kg/hm²)	有机肥（t/hm²)
CK	0	0	0	0
N	165	0	0	0
NP	165	82.5	0	0
NK	165	0	0	82.5
PK	0	82.5	82.5	0
NPK	165	0	82.5	82.5
M₁+NPK	50	115.0	82.5	82.5
1.5（M₁+NPK)	75	123.7	123.7	34.6
S+NPK	112	82.5	82.5	7.5
M₁+NPK（R)	50	82.5	82.5	23.0
M₂+NPK	165	82.5	82.5	30.0

注：M 为有机肥；磷肥和钾肥不包括有机肥中的磷钾养分。

供试作物为玉米和大豆，除处理⑪为玉米—大豆2比1（2年玉米1年大豆）轮作外，其余处理均为玉米连作，一年一季。玉米品种1990—1993年为'丹育13'，1994—1996年为'吉单222'，1997—2005年为'吉单209'，2006—2013为'郑单958'；大豆品种1990—1998年为'长农4号'，1999—2013年为'吉林20号'。于4月末播种，9月末收获，按常规进行统一田间管理，各小区单独测产，在玉米和大豆收获前分区取样，进行考种和经济性状测定，同时取植株分析样，将小区划分为3个取样段，植株样本主要分根、茎叶和籽实3部分取样，分别各取3株；10月采集土壤样品，土壤样品采用"S"形分布点取5~7点，分层（0~20cm和21~40 cm）取样，充分混匀后用四分法缩分至1 kg左右，室内风干，磨细过1 mm和0.25 mm筛，装瓶保存备用。

二、长期不同施肥模式黑土全磷和有效磷的变化趋势及关系

（一）长期施肥下土壤全磷的变化趋势

长期不同施肥下黑土全磷含量变化如图3-1所示。不施磷肥的处理（CK、N和NK），由于作物生长受阻，植物吸收土壤磷素量较低等原因，土壤全磷含量表现为稳定

或缓慢下降的趋势，CK 和 NK 处理分别从开始时（1989 年含量）的 0.61 g/kg 分别变化到 2018 年的 0.43 g/kg 和 0.35 g/kg，N 处理变化到 2010 年的 0.41 g/kg。

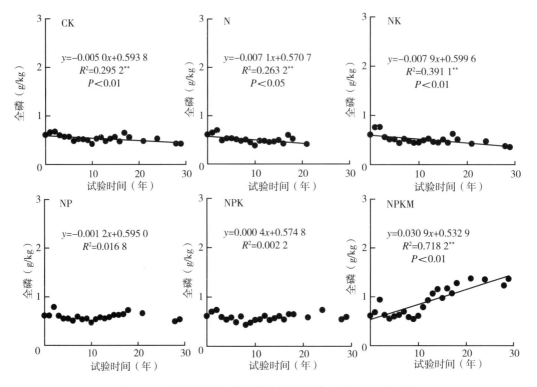

图 3-1　长期施肥对土壤全磷含量的影响（1989—2018 年）

土壤施用化学磷肥后，其施用量与作物携出磷量大致相等，施化学磷肥（NP 和 NPK）处理，土壤全磷含量随时间延长未表现出明显的变化趋势，根据线性方程统计的各处理土壤全磷年变化速率分别为-0.001 2 g/kg 和 0.000 4 g/kg。

化肥配施有机肥处理（NPKM）土壤全磷增加较多，与时间呈极显著正相关（$P<0.01$），从开始时（1989 年）的 0.61 g/kg 上升到 2018 年的 1.36 g/kg，上升了 122.9%，全磷年增加速率为 0.03 g/kg。磷素是制约作物生长发育的重要因子，如果土壤连续种植作物而不施用磷肥，由于磷的耗竭，土壤磷素将变得更为缺乏，而长期化肥配施有机肥后可显著提高黑土的全磷含量（王琼等，2018）。

（二）长期施肥下土壤有效磷的变化趋势

如图 3-2 所示，长期不施磷肥处理（CK、N 和 NK）中，由于作物从土壤中吸收磷素，土壤磷亏缺程度越来越大，土壤有效磷表现出极显著的下降趋势。其中不施磷处理（CK、N 和 NK）土壤有效磷含量从开始时（1989 年）的 11.79 mg/kg 分别下降到 2018 年的 7.97 mg/kg、4.27 mg/kg 和 7.91 mg/kg，土壤有效磷达到极缺程度，各处理的土壤有效磷含量年下降速率分别为 0.13 mg/kg、0.16 mg/kg 和 0.18 mg/kg。

施用磷素肥料之后，土壤有效磷含量均随种植时间延长呈现上升趋势，并且与时间呈极显著正相关（$P<0.01$）。其中，施用化学磷肥处理（NP 和 NPK）土壤有效磷含量由开始时（1989 年）的 11.79 mg/kg 分别上升到 2018 年的 64.80 mg/kg 和 52.52 mg/kg，有效磷年增量速率分别为 1.80 mg/kg、1.39 mg/kg 和 1.87 mg/kg。

化学肥料配施有机肥处理（NPKM）土壤有效磷含量随种植时间显著上升，其增加速率显著高于施用化学磷肥。NPKM 处理土壤有效磷含量年增长速率为 7.42 mg/kg，土壤有效磷含量由试验开始时（1989 年）的 11.79 mg/kg 分别上升到 2018 年的 161.67 mg/kg，达到很高水平，远远超过了磷环境阈值。

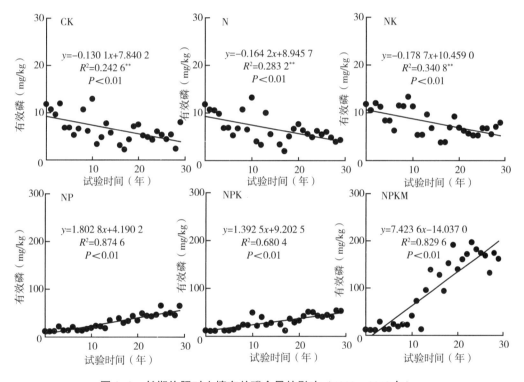

图 3-2　长期施肥对土壤有效磷含量的影响（1989—2018 年）

（三）长期施肥下土壤全磷与有效磷的关系

用磷活化系数（PAC）可以表示土壤磷活化能力，长期施肥下黑土磷活化系数随时间的演变规律如图 3-3 所示，长期不施磷肥的处理（CK、N 和 NK）土壤 PAC 随施肥时间均表现为下降趋势，变化趋势不明显。CK 和 NK 处理由试验开始时（1989 年）的 1.94% 分别变化到 2018 年的 1.87%、2.24%，N 处理下降到 2010 年的 1.54%，CK、N 和 NK 处理下 PAC 年下降速度分别为 0.03%、0.04% 和 0.01%，这 3 种处理的土壤 PAC

值均低于2%，表明全磷各形态很难转化为有效磷（贾兴永等，2011）。

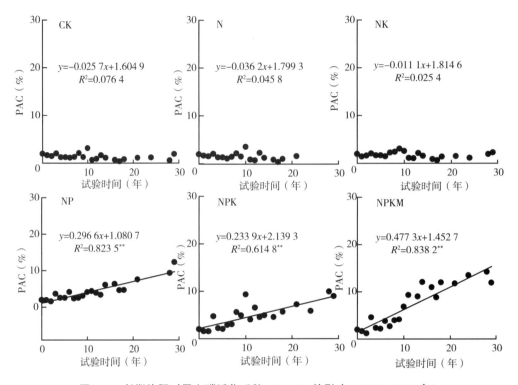

图 3-3　长期施肥对黑土磷活化系数（PAC）的影响（1989—2018 年）

施用磷肥的处理，土壤 PAC 与时间呈极显著正相关（$P<0.01$），PAC 随施肥时间延长均呈现上升趋势，施肥 26 年之后，施磷肥处理的土壤 PAC 均高于不施磷肥处理，PAC 值大于 2%，说明土壤全磷容易转化为有效磷。施磷处理（NP、NPK 和 NPKM）土壤 PAC 值均随种植时间延长一直处于上升趋势且上升幅度较大，其 PAC 值由试验开始时（1989 年）的 1.94% 分别上升到 2018 年的 12.25%、8.92% 和 11.87%，单施化学磷肥（NP 和 NPK）土壤 PAC 值均高于 5%，化肥配施有机肥（NPKM）的处理土壤 PAC 值高于 10%，这些值要高于紫色土（刘京，2015）各处理，说明 PAC 值也与土壤类型等有关。

三、长期施肥下土壤全磷及有效磷变化对土壤磷盈亏的响应特征

（一）长期施肥下土壤磷素盈亏情况

图 3-4 为试验各处理 21 年土壤当季及累积磷盈亏。磷盈亏量表征着一个时期内储

存于土壤中的全部磷素。由图 3-4a 可知，不施磷肥的 3 个处理（CK、N 和 NK）当季土壤表观磷盈亏一直呈现亏缺状态，不施磷肥的 3 个处理（CK、N 和 NK）当季土壤磷亏缺值的平均值分别为 16.56 kg/hm²、33.14 kg/hm² 和 37.95 kg/hm²，由于磷素缺乏会影响作物的品质和产量，当季作物磷亏缺值会随种植时间延长而减少。单施化学磷肥的处理（NP 和 NPK）当季土壤磷略有亏缺，其平均值分别为 3.95 kg/hm² 和 5.73 kg/hm²。化学磷肥配施有机肥的处理（NPKM）当季土壤表观磷呈现盈余状态，当季土壤磷盈余值的平均值为 45.33 kg/hm²，并且随种植时间延长没有较大的波动。

从试验中各处理 21 年土壤累积磷盈亏量（图 3-4b）可得，不施磷肥处理（CK、N 和 NK）没有磷素来源，每年玉米的收获会带走一部分磷，因此磷素表现为耗竭，21 年作物分别携出 336 kg/hm²（CK）、676 kg/hm²（N）和 773 kg/hm²（NK）的磷素。施肥处理 NP 与 NPK 每年施入化学磷肥 36 kg/hm²，21 年磷素共投入 756 kg/hm²，产量分别为 811 kg/hm² 与 847 kg/hm²。也就是说两者的磷素收支基本平衡，略有亏缺，分别亏缺 55 kg/hm² 与 91 kg/hm²。由于更换过有机肥，NPKM 处理 2004 年之前每年的磷素投入为 87.51 kg/hm²，之后为 64.52 kg/hm²；施肥 21 年，玉米共携出 856 kg/hm² 的磷，844 kg/hm² 的磷累积在土壤中，加上后效共有施入磷肥的 50% 被作物利用。

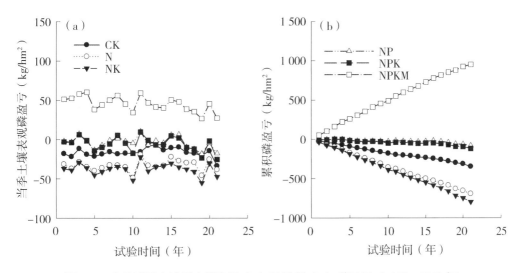

图 3-4　各处理黑土当季土壤表观（a）及累积（b）磷盈亏（1990—2010 年）

多数土壤施入的磷大于作物携出的磷，因此磷素累积，有效磷含量上升（Ma et al.，2009；Messiga et al.，2010；Sugihara et al.，2012）。在本研究中，公主岭市试验点的 NPKM 处理符合这一特征。NP 和 NPK 处理，由于磷肥施入量与作物磷素带走量相当，土壤磷素略有亏缺，而 2 个处理的有效磷浓度却有小幅提升，因此 2 个处理的有效磷变化量与磷盈亏反而呈显著负相关。用全磷含量对 2 个处理的磷盈亏量进行验证，发现全磷含量在施肥 21 年后分别为上升 7.1% 与下降 4.4%，说明施用化肥并未大幅提升 NP 与 NPK 处理的土壤磷含量。在土壤磷素补充量与亏缺量相当时，有效磷上升的原因可能是由于一些土壤固相磷，如难溶的钙磷、铁磷和铝磷等向有效磷的转化（刘建玲和张福锁，2000）。活化过程包括无机磷的解吸或溶解，有机磷的矿化过程（Shen et al.，2011；Muhammad et al.，2012）。

（二）长期施肥下土壤全磷及有效磷变化对土壤磷素盈亏的响应

图 3-5 表示长期不同施肥模式下黑土全磷变化量与土壤耕层磷盈亏的响应关系。回归方程中，x 为黑土磷盈亏值（kg P/hm²），y 为土壤全磷的变化量（P g/kg），斜率代表着黑土磷平均每盈亏 1 个单位（kg P/hm²）相应的全磷的消长量（P g/kg）（鲁如坤，1996）。不施磷肥的 3 个处理（CK、N 和 NK）土壤全磷变化量与土壤累积磷亏缺值呈增加的趋势，N 和 NK 处理全磷变化量与土壤累积磷亏缺值的相关关系均达到显著水平（$P < 0.05$），土壤每亏缺 100 kg P/hm²，全磷浓度分别减少 0.02 g/kg 和 0.02 g/kg。

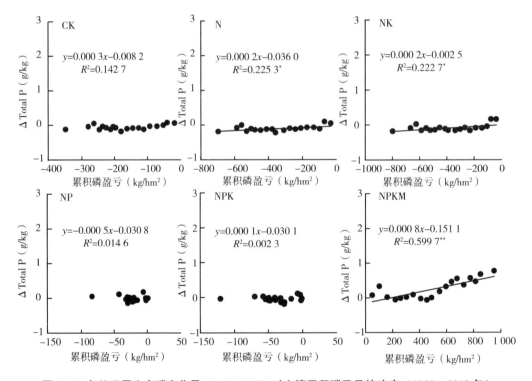

图 3-5　各处理黑土全磷变化量（ΔTotal P）对土壤累积磷盈亏的响应（1989—2012 年）

施用化学磷肥的 2 个处理（NP 和 NPK），土壤全磷变化量与土壤累积磷亏缺值的相关未达到显著水平。化肥配施有机肥（NPKM）的处理土壤全磷变化量与磷盈余表现为极显著正相关（$P < 0.01$），土壤每盈余 100 kg P/hm²，NPKM 处理土壤全磷上升

0.08 g/kg，在所有处理中上升幅度最大。

磷盈亏是磷素施入量减去作物携出磷量，但由于每年作物的秸秆产量缺少实测值，是由籽粒产量估算而来，加上历史数据中缺少对籽粒与秸秆磷浓度值的逐年测定，因此磷盈亏实际为估算值，这个值的合理性需要通过土壤全磷含量对其验证。图 3-5 中长期不同施肥模式下黑土全磷与磷盈亏的线性关系，发现 N、NK 与 NPKM 处理全磷与磷盈亏值存在显著（$P<0.05$）或极显著（$P<0.01$）正相关，说明估算正确；CK 处理存在正相关趋势，但差异未达到显著；NP 与 NPK 处理的磷素收支基本平衡，全磷含量变化也不大，说明对磷盈亏的估算正确。

图 3-6 表示长期不同施肥模式下黑土有效磷变化量与土壤耕层磷盈亏的响应关系。不施磷肥（CK、N 和 NK）与化肥配施有机肥（NPKM）的有效磷与磷盈亏呈显著或极显著正相关，化肥磷处理（NP 和 NPK）呈显著负相关。土壤每耗竭 100 kg P/hm²，CK、N 和 NK 处理的有效磷浓度下降 1.61 mg/kg、0.65 mg/kg 和 0.68 mg/kg，土壤每盈余 100 kg P/hm²，NPKM 有效磷浓度增加 19.36 mg/kg。而对于 NP 和 NPK 处理，土壤磷耗竭，有效磷不降反升，土壤每耗竭 100 kg P/hm²，土壤有效磷增加 42.10 mg/kg 和 22.37 mg/kg，但这很可能只是试验的短期特点。

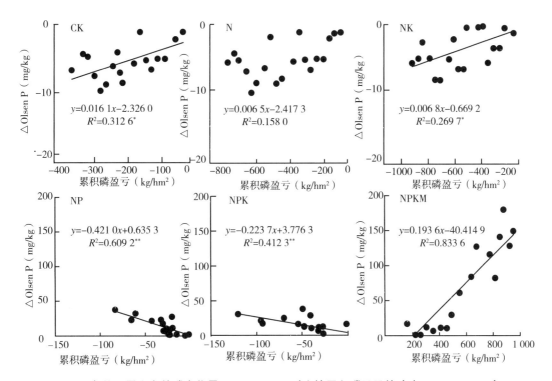

图 3-6　各处理黑土有效磷变化量（ΔOlsen P）对土壤累积磷盈亏的响应（1990—2010 年）

如图 3-7 所示，所有处理土壤 21 年间的全磷（a）及有效磷（b）变化量与土壤累积磷盈亏值均达到极显著正相关（$P<0.01$），黑土每盈余 100 kg P/hm^2，土壤全磷浓度上升 0.04 g/kg，有效磷浓度上升 7.54 mg/kg。

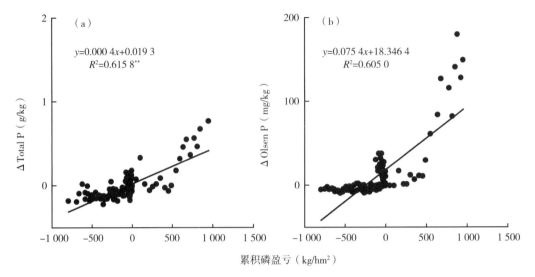

图 3-7　长期施用磷肥黑土全磷（a）及有效磷（b）变化量与累积磷盈亏的关系（1989—2010 年）

四、长期不同施肥模式黑土磷素形态的演变特征

（一）无机磷形态

采用 Tiessen（1993）连续浸提法浸提了公主岭市黑土 9 种不同形态的磷。图 3-8 为公主岭市长期试验点 5 个监测年份黑土各形态无机磷的演变趋势。

Resin-P 是树脂交换态的磷，是与土壤溶液磷处于动态平衡状态的土壤固相无机磷，可被阴离子交换树脂代换出，土壤溶液磷被移走后，它可迅速进行补充，是土壤各形态磷中有效性最高的一种。本试验中，长期施肥各处理的 Resin-P 有着不同的变化趋势。不施磷肥处理（CK 和 NK）水溶性磷的含量下降，到 2010 年为止，CK 和 NK 处理的 Resin-P 的浓度比 1990 年分别下降了 43.26% 和 71.39%。NPK 与 NPKM 处理 Resin-P 含量有所提高。施肥第 1 年，NPKM 就有显著的提高，比 NPK 处理提高了 2.13 倍。到 2010 年，NPK 与 NPKM 处理分别比 1990 年上升了 98.83% 和 251.63%。NaHCO$_3$ 提取的无机磷部分主要是以非专性吸附方式吸附在土壤表面，这部分磷的有效性较高，类似于有效磷。施肥 20 年，CK 与 NK 处理 NaHCO$_3$-P$_i$ 的浓度分别下降 88.93% 和 31.63%。NPK 处理 NaHCO$_3$-P$_i$ 浓度稳定，无明显变化。NPKM 处理在前 5 年与其余处理差异不明

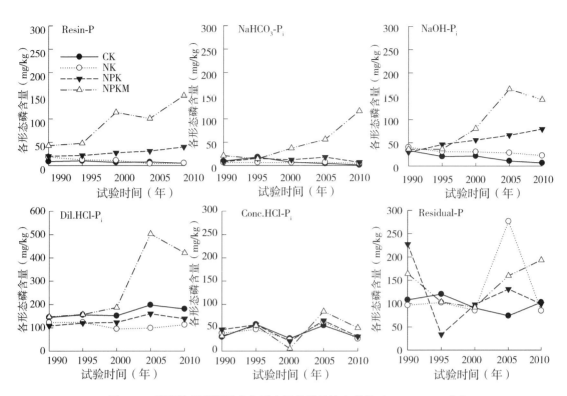

图 3-8　长期施用磷肥黑土各形态无机磷的演变趋势（1989—2010 年）

显，从第 6 年起有较大提高，到 2010 年止，NPKM 处理的 $NaHCO_3-P_i$ 浓度是 CK、NK 和 NPK 处理的 111. 65、27. 01 和 17. 32 倍。文献已证明，Resin-P 与 $NaHCO_3-P_i$ 是土壤中对作物有效性最高的磷形态（Verma et al.，2005）。尽管作物会吸收很多 $NaHCO_3-P_i$，但长期施肥仍然提高了其含量，Singh（2001）和 Reddy et al.（1999）也证明了在大豆—小麦轮作系统中，土壤中施用牛粪会补充大部分的 $NaHCO_3-P_i$。Singh（2007）认为有机肥配施氮肥会提高 $NaOH-P_i$ 的含量，与本试验结果一致。

NaOH 浸提的无机磷主要是以化学吸附作用吸附于土壤的铁、铝化合物和黏粒表面的磷。从 1995 年开始，4 个处理的 $NaOH-P_i$ 有了明显的差异，不施磷肥处理（CK 和 NK 处理）的 $NaOH-P_i$ 浓度下降，NPK 和 NPKM 处理上升。到 2010 年，CK 和 NK 处理的 $NaOH-P_i$ 浓度比 1995 年下降了 67. 28% 和 26. 39%；NPK 和 NPKM 处理则上升了 72. 27% 和 292. 16%。磷灰石型磷（Dil. HCl-P）用稀 HCl 提取，在石灰性土壤中主要提取磷灰石型磷。总体而言，CK、NK 与 NPK 处理的 Dil. $HCl-P_i$ 变化较小，NPKM 处理在施肥的前 10 年变化较小，之后含量明显提高。到 2010 年，NK 处理略有下降，比 1990 年下降了 9. 52 mg/kg，CK 和 NPK 处理的 Dil. $HCl-P_i$ 浓度略有上升，浓度分别比施肥初始值提高了 35. 64 mg/kg 和 30. 87 mg/kg，NPKM 处理浓度提高了 273. 76 mg/kg，与初始值相比提高了 185. 97%。稀盐酸浸提后还有 20%~60% 的磷未被浸提出来，可以利用加热的浓盐酸浸提。浓盐酸（Conc. HCl-P$_i$）浓度在 2000 年有较大程度的降低，特别是 NPKM 处理，比 1990 年下降了 27. 11 mg/kg。施肥 20 年，CK、NK 和 NPK 处理比 1990 年各自降低了 3. 95%、30. 93% 和 32. 61%；NPKM 则提高了 54. 54%。4 个处理在年际间变化趋势一致。残留磷（Residual-P）是用上述方法提取后残余的比较稳定态的有机和无机磷部分，一般条件下极难被植物利用。施肥 20 年，Residual-P 总体而言比较稳定，施肥 20 年后 CK、NK 和 NPK 处理分别比 1990 年降低了 4. 91%、12. 31% 和 56. 46%；NPKM 处理提高了 17. 87%。与活性较高的磷相比，本试验中施肥对土壤稳定态磷含量变化的影响一般不大，与 Singh（2007）等的结论一致。Beck and Sanchez（1994）认为，在热带高度风化与淋溶的老成土上，施用化学磷肥的土壤，NaOH-P$_i$ 的含量会有所提高，并成为主要的磷库；在施肥 9 年或以上的其他农田耕作系统中，这一结论也被得到证实（Richards et al. ，1995；Motavalli and Miles，2002）。本试验也发现，施用化学磷肥提高了 Resin P 与 NaOH-P$_i$ 的含量，但 NaOH-P$_i$ 并不是黑土磷的主要赋存形式，黑土中磷的主要存在形式还是磷灰石固定的稳定态磷（Dil. HCl-P$_i$），这与黑土风化程度低，钙离子含量高有关。

（二）有机磷形态

NaHCO$_3$ 提取的有机磷为可溶态的，易被矿化，短期内能被作物利用。从试验第 1 年，各处理的 NaHCO$_3$-Po 浓度出现差异，表现为不施磷肥处理高于施磷处理。CK 处理的 NaHCO$_3$-Po 水平在 2000 年后有所降低，NPK 处理 2010 年有大幅度提升。2005 年后 NPKM 处理的 NaHCO$_3$-Po 有小幅提升，可能由于有机肥种类的改变。与 1990 年比，施肥 21 年 CK、NK、NPK 和 NPKM 处理的 NaHCO$_3$-Po 含量分别提高了 0. 40%、127. 08%、1629. 71% 和 431. 57。NaOH 浸提的有机磷主要来源于根系分解的腐殖质以及有机肥（Singh et al. ，2007）。施肥之初，NaOH-Po 的浓度在各处理间差异很小，到 2010 年 CK、NK 与 NPKM 处理 NaOH-Po 浓度提高了 35. 06%、66. 12% 与 13. 29%，NPK 处理下降了 16. 09%。除此之外，加热的浓盐酸还可以浸提一部分较难矿化有机磷。CK 处理的 Conc. HCl-Po 浓度逐年下降，施肥 21 年降低了 65. 54%，NPKM 处理逐年上升，2010 年比 1990 年上升 76. 66%。NK 与 NPK 处理年际间变化幅度相对较小，NK 处理提高了 28. 18%，NPK 处理下降了 38. 37%（图 3-9）。NaOH-Po 是被土壤中的有机物质所固定的磷。因此，Singh（2007）认为，施入有机肥的处理 NaHCO$_3$-Po 与 NaOH-Po 的浓度会有较大的提高，这是因为有机肥中的有机酸可以吸附在 CaHPO$_4$·2H$_2$O 的表面成为有机配位体（Grosse and Inskeep，1991）。而本试验中，NaHCO$_3$-Po 与 NaOH-Po 的含量并没有明显地高于 NPK 处理。这可能是由于 Singh（2007）试验所选的有机肥为牛粪，而本试验有机肥在前 15 年均为猪粪，猪属于非反刍动物，其中含有大量的 Ca（He et al.,2010；Yuki et al.，2016），而 Ca^{2+}可以与 CaHPO$_4$·2H$_2$O 反应生成磷酸八钙和磷酸十钙等更为稳定的化合物，有机肥中 Ca 的增加相当于与有机酸争夺 CaHPO$_4$·2H$_2$O，因此，NaHCO$_3$-Po 与 NaOH-Po 的含量并未增加。

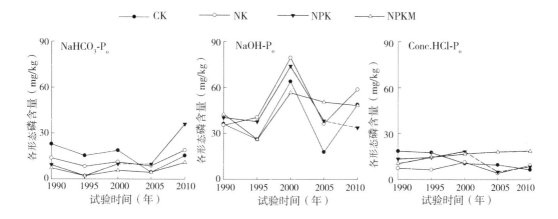

图 3-9　长期不同施肥模式下黑土各形态有机磷的演变趋势

（三）各形态磷占全磷的比例

各形态磷的浓度也发生了变化，Hedley（1982）将 9 种形态磷分为 3 类：活性磷（Resin-P + NaHCO$_3$-P$_i$ + NaHCO$_3$-Po）、中活性磷（NaOH-P$_i$ + NaOH-Po）与稳定性磷（Dil. HCl-P$_i$+Conc. HCl-P$_i$+Conc. HCl-Po+Residual-P）。由图 3-10 可知，随着试验的进行，21 年后不施磷处理活性磷的比例逐渐减少，CK 与 NK 分别减少 5%和 2%，中活性与稳定态磷的比例之和增加。施磷处理活性磷比例增大，中活性与稳定性磷的比例之和

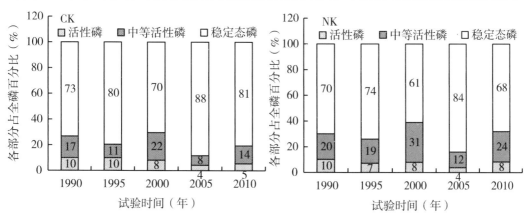

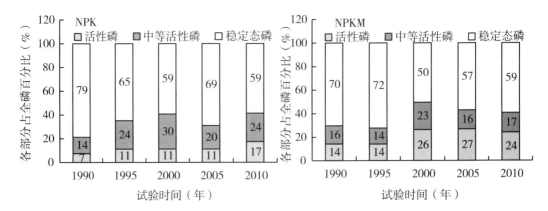

图 3-10　长期不同施肥模式下黑土各种活性磷占全磷的百分比

逐渐减少。虽然单施化肥（NPK 处理）全磷含量下降，但与 1990 年相比活性磷与中活性磷的比例分别提高了 10%。化肥配施有机肥处理活性磷的比例也提高了 10%，中活性磷的比例保持平衡。

五、长期不同施肥模式黑土理化性质及其对磷素的影响

（一）pH 值

图 3-11 与表 3-3 为公主岭市 6 个施肥处理施肥 28 年后 pH 值的演变趋势，以及变异幅度。可以看出，不施用任何肥料的处理，pH 值变化范围在 7.4~8.2。化肥的施入

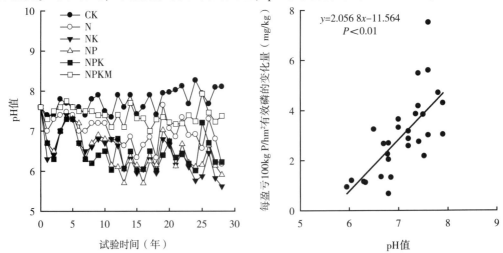

图 3-11　长期不同施肥模式下黑土 pH 值演变规律及其与有效磷转化率的关系

使得土壤 pH 值降低, N、NK、NP 与 NPK 的 pH 值平均值较 CK 处理显著降低 0.8、1.3、1.3 和 1.2, 并且变异系数高于 CK。有机肥的施入减缓了土壤 pH 值的降低, pH 值平均为 7.4。从变异系数来看, NPKM 处理 pH 值的变异系数最小, 其次是 CK, 施化肥处理 pH 值的变异系数相对较大, 变异幅度在 5.9~8.7。

施肥模式影响黑土的 pH 值, 而 pH 值是影响土壤磷有效化的重要因子之一。研究表明在一定范围内, 植物的吸磷量与根际土壤 pH 值呈指数相关 (范晓晖和刘芷宇, 1992), 这是因为根际 pH 值的降低增加了钙镁等磷酸盐的溶解度, 从而对有效磷进行了补充 (Hinsinger and Gilkes, 1995)。这可以解释, 同样每亏缺 100 kg P/hm^2, CK 处理的有效磷的减少量显著高于 N 和 NK 处理。

表 3-3　长期不同施肥模式下黑土 pH 值

施肥处理	平均值	标准差	变异系数
CK	7.8a	0.25	3.23
N	7.0c	0.41	5.85
NK	6.5d	0.57	8.71
NP	6.5d	0.57	8.74
NPK	6.6d	0.52	7.88
NPKM	7.4b	0.19	2.60

注: 表中相同的字母 a, b, c, d 代表差异不显著; 反之, 差异显著 ($P<0.05$)。

将不施磷肥 (CK、N 与 NK) 3 个处理 1994 年以后各年的土壤每亏缺 100 kg P/hm^2 的有效磷下降量与该年对应的 pH 值做相关分析, 发现两者呈显著的直线正相关。不施肥处理磷素活化的主要影响因子为 pH 值, 在不施肥处理中对土壤磷素活化的解释接近 50%。黑土 pH 值在 6~8 时, 土壤 pH 值每下降 1 个单位, 100 kg/hm^2 的磷素中有效磷浓度的增加量为 2.06 mg/kg (图 3-11)。由于 NPKM 处理对有机质水平的影响较大, 因此在做统计分析时未将其考虑在内。

(二) 有机质

长期施肥 28 年后, 不同施肥处理耕层土壤有机质含量有所变化。各处理有机质含量较试验初始均有所升高。从有机质平均值来看, 施用化肥处理土壤有机质平均含量较 CK 略有升高, 但未达显著水平, 但施有机肥处理有机质含量显著高于其他处理。与初始有机质含量相比, NPKM 处理有机质含量提高 49.4%, 化肥处理以 N 处理有机质增加最少, 提高 3.3%, 其他 3 个化肥配施处理有机质含量提高幅度为 6.2%~9.0%。CK 及施化肥处理施肥前 14 年有机质含量变化比较平稳, 施肥 15 年有机质含量呈逐渐升高趋势。有机无机配施处理有机质上升幅度较大，化肥处理有机质上升幅度较为平缓。总之，有机无机配施能有效增加黑土有机质含量（图3-12）。有机质水平在处理之间差异不大，NPKM处理显著高于NP处理，其余处理之间均未达到显著性差异。NPK与NPKM处理的变异系数相较其他处理大（表3-4）。

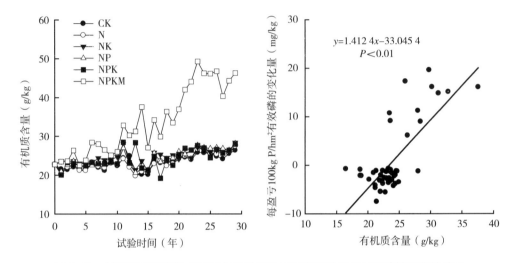

图3-12 长期不同施肥模式下黑土有机质的演变规律及其与有效磷转化率的关系

表3-4 长期不同施肥模式下黑土有机质含量

施肥处理	平均值	标准差	变异系数
CK	23.3b	1.8	7.8
N	23.6b	2.2	9.3
NK	24.2b	2.0	8.3
NP	24.8b	2.0	7.9
NPK	24.4b	2.3	9.6
NPKM	34.1a	8.6	25.2

注：表中相同的字母a，b代表差异不显著；反之，差异显著（$P<0.05$）。

施肥模式会影响土壤的有机质水平（Siddique and Robinson，2003），土壤有机质对磷素有效性的提高有着重要的作用。含有机质多的土壤，其固磷作用较弱，其原因主要有4点：其一，有机质矿化为土壤提供无机磷；其二，有机阴离子与磷酸根竞争固相表面专性吸附位点，减少磷的吸附；其三，有机质中的有机酸与腐殖酸可在铁铝氧化物等表面形成保护膜，减少对磷酸根的吸附；其四，有机物分解产生的有机酸、CO_2和其他螯合剂通过改变土壤pH值，可将固相磷溶解（Kang et al.，2009；黄昌勇，2000）。由

图 3-12 可知，土壤累积 100 kg P/hm²，有效磷的增加量与该年所对应的有机质水平做相关分析，发现两者呈显著的直线正相关。

六、黑土有效磷农学阈值研究

本章基于黑土不同施肥处理（CK、N、NK、NP、NPK 和 NPKM）有效磷水平与作物产量长期定位数据，通过分析作物相对产量和土壤有效磷的变化趋势，结果表明采用线线模型、线性—平台模型和米切里西方程均可以较好地模拟两者的关系。对于双直线和直线—平台模型，两条直线的交叉点（Waugh et al.，1973；Shuai et al.，2003），定义为有效磷临界值，即有效磷的农学阈值。对于米切里西模型，土壤有效磷的临界值是作物相对产量达到最高产量的 95% 时，对应的有效磷含量值（Colomb et al.，2007）。由图 3-13 可以看出，3 种模型均可以较好地模拟不同长期定位试验点 23 年的相对产量和有效磷含量的关系，公主岭市黑土线线、线性—平台和米切里西 3 个不同模型的决定系数分别在 0.47、0.47 和 0.43，均达到极显著水平（$P < 0.01$），阈值分别为 12.1 mg/kg、13.4 mg/kg 和 14.3 mg/kg，黑土玉米土壤有效磷的农学阈值为 13.3 mg/kg。

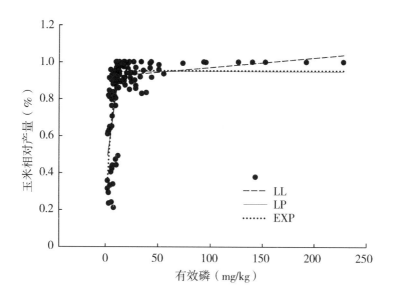

图 3-13　长期不同施肥处理下黑土玉米相对产量对土壤有效磷的响应关系

七、长期施肥下磷肥回收率和磷肥累积利用率的演变

磷肥回收率是指施磷肥处理作物吸收的磷素与不施肥处理吸收磷素的差值与磷肥施用量的比值。NP、NPK和NPKM处理玉米磷肥回收率演变趋势如图3-14所示。公主岭市黑土为玉米单作，NP、NPK和NPKM处理的磷肥回收率大小随着施肥年限而波动，变化幅度各不相同，相应的变化范围分别为15%~55%（平均值为32%）、2%~45%（平均值为22%）和7%~47%（平均值为28%）。NP处理的磷肥回收率多年均保持在20%~30%，NPK和NPKM处理磷肥回收率随时间呈现极显著增加的趋势，分别从开始的15%和19%增加到45%和43%，增幅1.96倍和1.21倍。

磷肥累积利用率，是指施磷肥处理作物吸收的磷素与磷肥施用量的比值。NP、NPK和NPKM处理玉米磷肥累积利用率演变趋势如图3-14所示。公主岭市黑土为玉米单作，NP、NPK和NPKM处理的磷肥利用率大小随着施肥年限而波动，变化幅度各不相同，相应的变化范围分别为60%~67%（平均值为64%）、72%~85%（平均值为80%）和43%~58%（平均值为52%）。NP处理的磷肥累积利用率整体维持不变，变化幅度不大，NPK和NPKM处理随时间呈极显著增加的趋势（表3-5），分别从开始的78%和49%增加到80%和58%，增幅7.95%和18.33%。

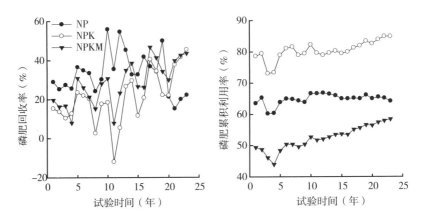

图3-14 长期不同施肥处理下公主岭市玉米磷肥回收率和磷肥累积利用率变化（1990—2012年）

表3-5 磷肥回收率和磷肥累积利用率随种植时间的变化关系

处理	磷肥回收率		磷肥累积利用率	
	方程	R^2	方程	R^2
NP	$y=-0.121\ 5x+276.3$	0.005 9	$y=0.110\ 9x-157.1$	0.199 1

续表

处理	磷肥回收率		磷肥累积利用率	
	方程	R^2	方程	R^2
NPK	$y=1.197\ 2x-2\ 374.6$	0.361 3 [*]	$y=0.325\ 0x-569.99$	0.557 8 [**]
NPKM	$y=1.217\ 1x-2\ 407.2$	0.552 1 [**]	$y=0.528\ 9x-1\ 005.9$	0.885 0 [**]

　　长期不同施肥下磷肥回收率对有效磷的响应关系不同（图3-15）。NP和NPK处理玉米的磷肥回收率均随有效磷的增加未有明显的变化趋势。NPKM处理磷肥回收率随有效磷的增加呈极显著正相关（$P<0.01$），土壤有效磷含量每升高10 mg/kg，玉米季磷素回收率增加12.11%。

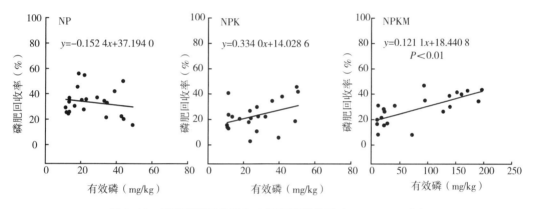

图3-15　玉米磷肥回收率与土壤有效磷关系（1990—2012年）

八、主要研究结果与展望

　　长期施肥下磷素的演变特征结果表明：不施磷肥的处理（CK、N和NK）土壤全磷、有效磷和PAC值均有所下降，而施磷肥的处理（NP、NPK和NPKM）土壤有效磷和PAC值均有所上升，说明施磷肥能够提高土壤磷水平和磷素活化效率。

　　长期不同施肥处理下，无磷肥施入，公主岭市黑土磷素呈耗竭量状态；施用化学磷肥NP与NPK处理磷素收支基本平衡，略有亏缺；有机无机配施处理（NPKM）土壤磷素为累积状态。土壤全磷及有效磷的变化与磷平衡有较好的相关性（图3-5，图3-7），黑土全磷和有效磷变化量与磷盈亏量呈显著的直线正相关（$P<0.01$）。将土壤每亏缺或盈余100 kg P/hm²时有效磷的消长量称为有效磷效率（mg/kg），该方程可以在一定程

度上预测土壤有效磷的变化，黑土每盈余 100 kg P/hm²，土壤全磷浓度上升 0.04 g/kg，有效磷浓度上升 7.54 mg/kg。

长期不同施肥模式影响了黑土磷形态的转化过程。长期不施磷肥，黑土活性磷含量及其所占全磷的比例逐渐减小。施磷肥处理增加了土壤活性和中活性磷含量及其所占全磷的比例，这种现象在 NPKM 处理中尤为明显。21 年后不施磷处理降低了活性磷占全磷的比例，CK 与 NK 分别减少 5% 和 2%；化肥配施有机肥处理将活性磷占全磷的比例提高了 10%。土壤 pH 值的降低与有机质水平的提高，可以活化土壤磷素。

（展晓莹、吴启华、王琼、秦贞涵、张乃于、张淑香）

主要参考文献

范晓晖,刘芷宇,1992. 根际 pH 环境与磷素利用研究进展[J]. 土壤通报,23(5)：238-240.

黄昌勇,2000. 土壤学[M]. 北京：中国农业出版社.

贾兴永,李菊梅,2011. 土壤磷有效性及其与土壤性质关系的研究[J]. 中国土壤与肥料,11(6)：76-82.

梁国庆,林葆,林继雄,等,2001. 长期施肥对石灰性潮土无机磷形态的影响[J]. 植物营养与肥料学报,7(3)：241-248.

刘建玲,张福锁,2000. 小麦—玉米轮作长期肥料定位试验中土壤磷库的变化Ⅱ. 土壤有效磷及各形态无机磷的动态变化[J]. 应用生态学报,11(3)：365-368.

刘京,2015. 长期施肥下紫色土磷素累积特征及其环境风险[D]. 重庆：西南大学.

鲁如坤,刘鸿翔,闻大中,等,1996. 我国典型地区农业生态系统养分循环和平衡研究Ⅴ. 农田养分平衡和土壤有效磷、钾消长规律[J]. 土壤通报,27(6)：241-242.

全国农业技术推广中心,1999. 中国有机肥养分志[M]. 北京：中国农业出版社.

王琼,展晓莹,张淑香,等,2018. 长期有机无机肥配施提高黑土磷含量和活化系数[J]. 植物营养与肥料学报,24(6)：1679-1688.

吴启华,2018. 长期不同施肥下三种土壤磷素有效性和磷肥利用率的差异机制[D]. 北京：中国农业大学.

展晓莹,2016. 长期不同施肥模式黑土有效磷与磷盈亏响应关系差异的机理[D]. 北京：中国农业科学院.

BECK M A, SANCHEZ P A, 1994. Soil-phosphorus fraction dynamics during 18 years of cultivation on a typic Paledult[J]. Soil science society of america journal, 34(5): 1424-1431.

COLOMB B, DEBAEKE P, JOUANY C, et al., 2007. Phosphorus management in low input stockless cropping systems: crop and soil responses to contrasting P regimes in a 36-year experiment in southern France [J]. European journal of agronomy, 26(2): 154-165.

GROSSL P R, INSKEEP W P, 1991. Precipitation of dicalcium phosphate dihydrate in the presence of organic acids[J]. Soil science society of america journal, 55: 670-675.

HE Z, ZHANG H, TOOR G S, et al., 2010. Phosphorus distribution in sequantial extracted fractions of biosolids, poultry litter, and granulated products[J]. Soil science, 175: 154-161.

HEDLEY M J, STEWART J W B, CHAUHAN B S, 1982. Changes in inorganic and organic soil phosphorus fractions induced by cultivation practices and by laboratory incubations[J]. Soil science society of america journal, 46(5): 970-976.

HINSINGER P, GILKES R J, 1995. Root-induced dissolution of phosphate rock in the rhizosphere of Lupins grown in alkakine soil[J]. Australian journal of soil research, 33(3): 477-489.

KANG J, HESTERBERG D, OSMOND D L, 2009. Soil organic matter effects on phosphorus sorption: a path analysis[J]. Soil science society of america journal, 73(2): 360-366.

MA Y B, LI J M, LI X Y, et al., 2009. Phosphorus accumulation and depletion in soils in wheat-maize cropping systems: modeling and validation[J]. Field crop research, 110(3): 207-212.

MESSIGA J, ZIADI N, PLÉNET D, et al., 2010. Long-term changes in soil phosphorus status related to P budgets under maize monoculture and mineral P fertilization[J]. Soil use manage, 26: 354-364.

MOTAVALLI P P, MILES R J, 2002. Soil phosphorus fractions after 111 years of animal manure and fertilizer applications[J]. Biology and fertility of soils, 36(1): 35-42.

MUHAMMAD A M, PETRA M, KHALID S K, 2012. Addition of organic and inorganic P sources to soil effects on P pools and microorganisms[J]. Biology and fertility of soils, 49: 106-113.

REDDY D D, RAO A S, TAKKAR P N, 1999. Effects of repeated manure and fertilizer phosphorus additions on soil phosphorus dynamics under a soybean-wheat rotation[J].

Biology and fertility of soils, 28(2): 150-155.

RICHARDS J E, BATES T E, SHEPPARD S C, 1995. Changes in the forms and distribution of soil phosphorus in due to long-term-corn production[J]. Canadian journal of soil science, 75(3): 311-318.

SHEN J B, YUAN L X, ZHANG J L, et al., 2011. Phosphorus dynamics: from soil to plant[J]. Plant physiology, 156(3): 997-1005.

SIDDIQUE M T, ROBINSON J S, 2003. Phosphorus sorption and availability in soils amended with animal manures and sewage sludge[J]. Journal of environmental quality, 32(3): 1114-1121.

SINGH M, REDDY K S, SINGH P V, et al., 2007. Phosphorus availability to rice(*Oriza sativa* L.)-wheat(*Triticum estivum* L.)in a Vertisol after eight years of inorganic and organic fertilizer additions[J]. Bioresource technology, 98(7): 1474-1481.

SINGH M, TRIPATHI A K, REDDY K S, et al., 2001. Soil phosphorus dynamics in a Vertisol as affected by cattle manure and nitrogen fertilization in soybean-wheat system [J]. Journal of plant nutrition and soil science, 164(6): 691-696.

SUGIHARA S, FUNAKAWA S, NISHIGAKI T, et al., 2012. Dynamics of fractionated P and P budget insoil under different land management in two Tanzanian croplands with contrasting soil textures[J]. Agriculture ecosystems and environment, 162: 101-107.

TIESSEN H, STEWART J W B, COLE C V, 1984. Pathways of phosphorus transformations in soils of differing pedogenesis[J]. Soil science society of america journal, 48 (4): 853-858.

VERMA S, SUBEHIA S K, Sharma S P, 2005. Phosphorus fractions in an acid soil continuously fertilized with mineral and organic fertilizers[J]. Biology and fertility of soils, 41(4): 295-300.

第四章　棕壤磷素演变及磷肥高效利用

基于棕壤肥料长期定位试验的观测研究，报道了长期定位施肥对棕壤无机磷形态、剖面分布及有效性的影响（束良佐等，2001；韩晓日等，2007），对棕壤有机磷组分及其动态变化的影响（刘小虎等，1999）对棕壤磷素形态及转化的影响研究（林立红等，2006）。王晔青等（2008）研究了长期不同施肥对棕壤微生物量磷及其周转的影响。结果表明，长期施用化学磷肥或有机肥均能增加土壤微生物磷的含量，尤以有机肥的作用更显著；长期单一的施用氮肥降低了微生物量磷的含量。棕壤肥料定位试验土壤微生物量磷的周转期为 0.681~1.61 年，施肥延长了微生物量磷的周转期；但单施氮肥加速了其周转。韩晓日等（2011）以棕壤肥料长期定位试验土壤为供试材料，对比了几种无机磷有机磷的分级方法，结果表明，蒋柏藩法是较适合于棕壤的无机磷分级体系，Hedley 修正体系较 Bowman-Cole 法更适用于棕壤有机磷分级，能较好地反映有机磷在土壤中存在的实际数量和质量。朱佳颖等（2011）采用 Hedley 修正体系分级法研究轮作 30 年的长期定位土壤磷形态对磷库的贡献，结果表明，有机肥和化肥配施能明显增加土壤中各形态磷的含量，从而有效地扩大了土壤磷库。本章将研究棕壤磷素演变、磷素演变与磷平衡的响应关系、磷素农学阈值和利用率等，为提高棕壤磷素有效性和科学施用磷肥提供重要科学依据。

一、棕壤长期肥料定位试验概况

（一）试验点基本概况

棕壤肥料长期定位试验设在辽宁省沈阳市沈阳农业大学棕壤试验站内（北纬 40°48′，东经 123°33′）。试验区地处松辽平原南部的中心地带，海拔约 88 m，属于温带湿润—半湿润季风气候。年均气温 7.0~8.1℃，10℃以上积温 3 300~3 400℃，年降水量 547 mm，年蒸发量 1 435.6 mm，无霜期 148~180 d，年日照时数 2 373 h。

试验从 1979 年开始，采用有机肥和无机肥不同配合和玉米—玉米—大豆轮作。土壤为发育在第四纪黄土性母质上的简育湿润淋溶土（耕作棕壤），基本理化性质见表 4-1。

表 4-1　试验点概况及初始土壤（0~20 cm）基本理化性质

pH 值	有机质（g/kg）	全氮（g/kg）	碱解氮（mg/kg）	全磷（g/kg）	有效磷（mg/kg）	全钾（g/kg）	速效钾（mg/kg）
6.5	15.90	0.80	105.5	0.38	6.5	21.1	97.9

（二）试验设计

试验设 15 个处理：①不施肥（CK）；②化学氮磷肥（N_1P）；③化学氮磷钾肥（N_1PK）；④低量化学氮肥（N_1）；⑤高量化学氮肥（N_2）；⑥低量有机肥（M_1）；⑦低量有机肥配施化学氮磷肥（M_1N_1P）；⑧低量有机肥配施化学氮磷钾肥（M_1N_1PK）；⑨低量有机肥配施低量化学氮肥（M_1N_1）；⑩低量有机肥配施高量化学氮肥（M_1N_2）；⑪高量有机肥（M_2）；⑫高量有机肥配施化学氮磷肥（M_2N_1P）；⑬高量有机肥配施化学氮磷钾肥（M_2N_1PK）；⑭高量有机肥配施低量化学氮肥（M_2N_1）；⑮高量有机肥配施高量化学氮肥（M_2N_2）。由于连续施用有机肥大豆有减产趋势，因此 1992 年对试验方案进行了微调：从 1992 年至今，种植大豆年份不再施入有机肥。

试验采用裂区设计，CK、M_1 和 M_2 3 个处理重复 2 次，其他处理无重复，小区面积 160 m^2。玉米播种密度为 60 000 株/hm^2，大豆播种密度为 150 000 株/hm^2，品种选择辽宁省主栽品种，每隔 5 年更换 1 次。氮肥采用普通尿素（N 46%），磷肥采用过磷酸钙（P_2O_5 12%），钾肥采用硫酸钾（K_2O 50%），有机肥采用猪厩肥（有机质平均含量为 119.6 g/kg，N 5.6 g/kg，P_2O_5 8.3 g/kg，K_2O 10.9 g/kg），所有肥料均作为基肥在播种前一次性施入，采用拖拉机进行旋耕，将肥料与土壤均匀混合（表 4-2）。

表 4-2　肥料施用量　　　　　　　　　　　　单位：kg/hm^2

处理		有机肥	化肥		
			N	P_2O_5	K_2O
化肥区	CK	0/0	0/0	0/0	0/0
	N_1	0/0	120/30	0/0	0/0
	N_2	0/0	180/60	0/0	0/0
	N_1P	0/0	120/30	60/90	0/0
	N_1PK	0/0	120/30	60/90	60/90

续表

处理		有机肥	化肥		
			N	P_2O_5	K_2O
低量有机肥区	M_1	$13.5×10^3/13.5×10^3$	0/0	0/0	0/0
	M_1N_1	$13.5×10^3/13.5×10^3$	120/30	0/0	0/0
	M_1N_2	$13.5×10^3/13.5×10^3$	180/60	0/0	0/0
	M_1N_1P	$13.5×10^3/13.5×10^3$	120/30	60/90	0/0
	M_1N_1PK	$13.5×10^3/13.5×10^3$	120/30	60/90	60/90
高量有机肥区	M_2	$27.0×10^3/27.0×10^3$	0/0	0/0	0/0
	M_2N_1	$27.0×10^3/27.0×10^3$	120/30	0/0	0/0
	M_2N_2	$27.0×10^3/27.0×10^3$	180/60	0/0	0/0
	M_2N_1P	$27.0×10^3/27.0×10^3$	120/30	60/90	0/0
	M_2N_1PK	$27.0×10^3/27.0×10^3$	120/30	60/90	60/90

注：表中"/"前后分别代表玉米年份和大豆年份；1992—2016 年，种植大豆年份不再施入有机肥（$M_1 = 0 \ kg/hm^2$，$M_2 = 0 \ kg/hm^2$）。

二、长期施肥下土壤全磷和有效磷的变化趋势及其关系

（一）长期施肥下土壤全磷的变化趋势

土壤全磷代表土壤供磷潜力（鲁如坤等，1996）。图 4-1 为长期轮作施肥下棕壤全磷含量变化，由图可知不施磷肥的 3 个施肥处理（CK、N_1 和 N_2）土壤全磷含量表现为缓慢降低的变化趋势，与原始土（1979 年）相比，37 年棕壤全磷平均分别降低了

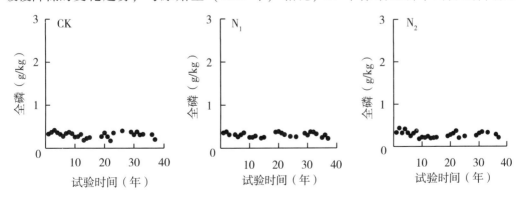

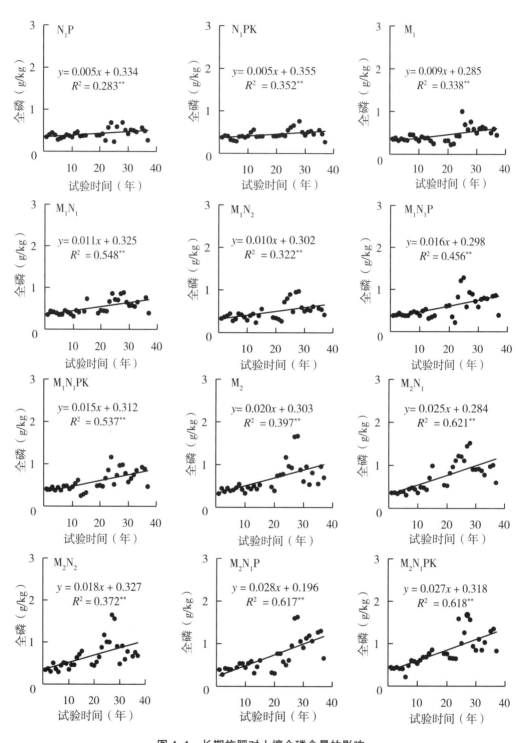

图4-1 长期施肥对土壤全磷含量的影响

18.6%、19.5%和25.9%。原因在于作物不断从土壤中吸收磷素，而未将磷素回补土壤，致使土壤全磷含量降低。

所有施用磷肥处理土壤（包括施用有机肥）土壤全磷含量随时间延长而表现为缓慢上升趋势，并且土壤全磷含量与时间呈极显著正相关（$P<0.01$）。施用化学磷肥的 N_1P 和 N_1PK 处理，37 年平均分别较试验开始时（1979 年）增加了 12.0% 和 18.2%。单施有机肥及有机肥配施氮肥处理均能提高土壤全磷含量，其中高量有机肥全磷增加量高于低量有机肥，即 $M_2>M_1$；并且高量有机肥配施氮肥处理也表现出相同的变化趋势，即 $M_2N_1>M_1N_1$，$M_2N_2>M_1N_2$。有机肥配施化学磷肥处理（M_1N_1P、M_1N_1PK、M_2N_1P 和 M_2N_1PK）均高于相应不施磷肥处理，4 个施肥处理全磷均较试验前大幅度提高土壤全磷含量，其中以 M_2NPK 磷肥增加量最多，平均较试验前增加了 115.1%。

（二）长期施肥下土壤有效磷的变化趋势

土壤有效磷是反映土壤磷素养分供应能力的重要指标，代表可供作物当季吸收利用的磷素水平。长期不同施肥下棕壤有效磷含量变化如图 4-2 所示，所有施磷肥处理有效磷均与时间呈极显著正相关（$P<0.01$）。在长期不施磷肥处理（CK、N_1 和 N_2）中，土壤有效磷表现为下降趋势，与试验前相比（6.5 mg/kg），3 个处理分别降低了 2.7 mg/kg、4.9 mg/kg 和 3.8 mg/kg。施用磷肥处理有效磷含量均随时间延长呈现上升趋势。其中单施化学磷肥的 2 个处理（N_1P 和 N_1PK）土壤有效磷与试验前相比分别提

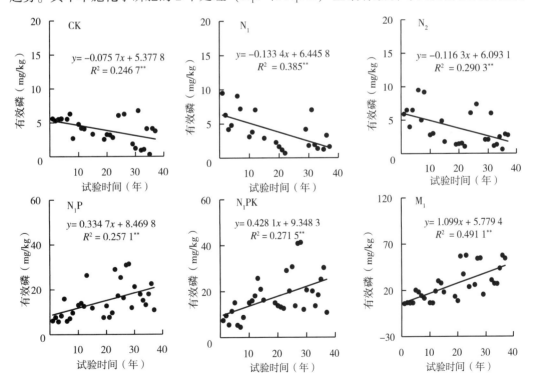

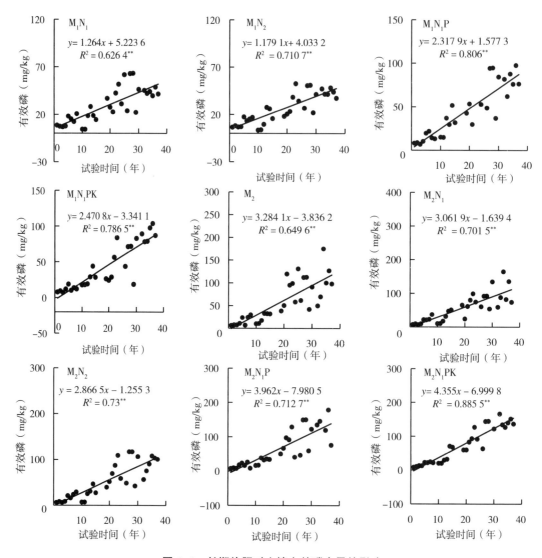

图 4-2　长期施肥对土壤有效磷含量的影响

高了 4.4 mg/kg 和 4.3 mg/kg，有效磷的年增加量为 0.11 mg/kg 和 0.11 mg/kg。单施有机肥处理（M_1 和 M_2）分别较试验前提高了 47.9 mg/kg 和 91.6 mg/kg，年增加量分别为 1.29 mg/kg 和 2.48 mg/kg；低量有机肥配施化学肥料的 4 个处理（M_1N_1、M_1N_2、M_1N1P 和 M_1N_1PK）有效磷较试验前分别增加了 35.2 mg/kg、30.9 mg/kg、69.9 mg/kg 和 80.6 mg/kg，年增加量分别为 0.95 mg/kg、0.84 mg/kg、1.89 mg/kg 和 2.18 mg/kg；高量有机肥配施化学肥料的 4 个处理（M_2N_1、M_2N_2、M_2N_1P 和 M_2N_1PK）有效磷较试验前增加 67.7 mg/kg、94.1 mg/kg、69.6 mg/kg 和 130.3 mg/kg，年增加量分别为

1.83 mg/kg、2.54 mg/kg、1.88 mg/kg 和 3.52 mg/kg。

（三）长期施肥下土壤全磷与有效磷的关系

用磷活化系数（PAC）可以表示土壤磷活化能力，长期施肥下棕壤磷活化系数随时间的演变规律，如图 4-3 所示，不施磷肥的处理（N_1 和 N_2）土壤 PAC 与时间呈极显著负相关（$P<0.01$），两者 PAC 随施肥时间均表现为下降趋势，由试验开始时（1979年）的 1.71% 分别下降到 2016 年的 0.75% 和 1.30%，随着时间的推移，这 2 个处理的土壤 PAC 值逐渐降低，表明全磷各形态很难转化为有效磷（贾兴永等，2011）。单施化学磷肥处理中（N_1P 和 N_1PK）土壤 PAC 与时间呈极显著正相关（$P<0.01$），PAC 值随施肥时间延长均呈现上升趋势，2016 年 PAC 值已经达到 4.03% 和 3.99%，年上升速度

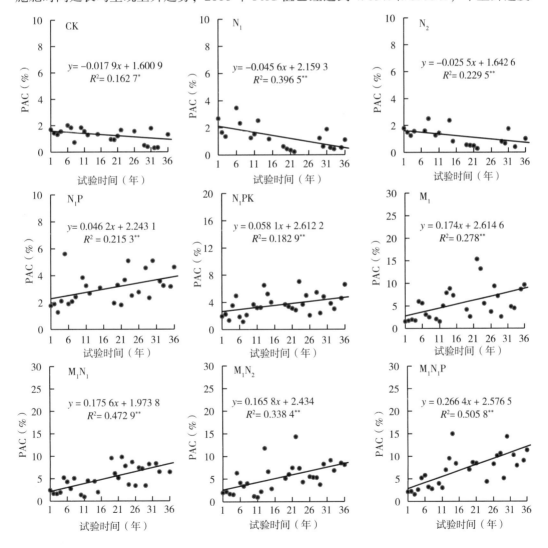

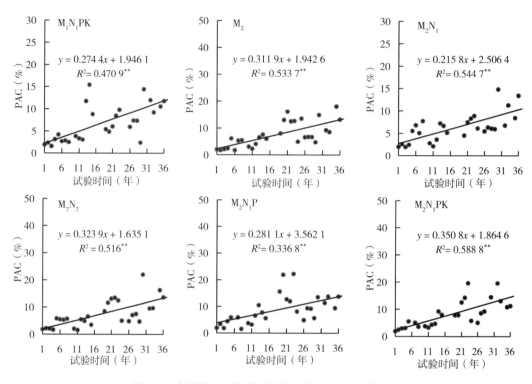

图 4-3　长期施肥对棕壤磷活化系数（PAC）的影响

分别为 0.06% 和 0.06%，说明土壤全磷容易转化为有效磷。所有单施有机肥处理和有机肥配施化肥处理土壤 PAC 值随施肥时间延长均呈现上升趋势，并且 PAC 与时间呈极显著正相关（$P < 0.01$）。其中，低量有机肥配施化学肥料处理（M_1、M_1N_1、M_1N_2、M_1N_1P 和 M_1N_1PK），所有施肥处理 PAC 值随种植年限波动上升，PAC 值年增加 0.28%、0.24%、0.19%、0.48% 和 0.45%。在施用高量有机肥处理（M_2、M_2N_1、M_2N_2、M_2N_1P 和 M_2N_1PK），2016 年土壤 PAC 值高于 10%，说明极易转化为土壤有效磷的部分与投入的高量有机肥有关。

三、长期施肥下土壤有效磷变化对土壤磷盈亏的响应特征

（一）长期施肥下土壤磷素盈亏情况

图 4-4 代表连续 37 年不同施肥处理后当季土壤表观磷盈亏。由图可知，不施磷肥的 3 个处理（CK、N_1 和 N_2）当季土壤一直处于磷亏缺状态，3 个处理平均年亏缺磷分别为 7.9 kg/hm²、6.4 kg/hm² 和 7.6 kg/hm²。施用化学磷肥处理（N_1P 和 N_1PK）当季

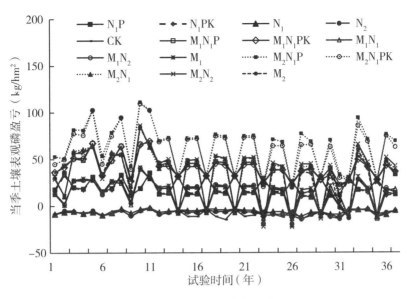

图 4-4　各处理当季土壤表观磷盈亏

土壤表观磷呈现盈余状态，年平均盈余 19.8 kg/hm² 和 19.6 kg/hm²。各处理年际间变化较大，由于不同作物磷素吸收能力具有明显差别，导致玉米年份出现波谷，大豆年份呈现波峰。在施用低量有机肥处理中，低量有机肥配施化学磷肥处理（M_1N_1P 和 M_1N_1PK）当季土壤表观磷始终呈盈余状态，平均年盈余磷分别为 41.5 kg/hm² 和 40.6 kg/hm²。其他 3 个施肥处理（M_1、M_1N_1 和 M_1N_2）表现为前 13 年当季土壤表观磷呈盈余状态，而后在大豆年份出现亏缺，这是由于 1992 年大豆年份不再施用有机肥所致。在高量有机肥各处理中，高量有机肥配施化学磷肥处理（M_2N_1P 和 M_2N_1PK）连续 37 年当季土壤表观磷呈盈余状态，平均盈余磷分别为 63.9 kg/hm² 和 61.0 kg/hm²。而其中不施化学磷肥处理（M_2、M_2N_1 和 M_2N_2）与低量有机肥组有相似结果，即由 1992 年前的当季盈余转变为大豆年份亏缺。但年平均仍为盈余，并且高量有机肥年盈余分别高于低量有机肥相应处理。

图 4-5 为连续 37 年不同施肥各处理土壤累积磷盈亏。由图可知，3 个不施磷肥处理（CK、N_1 和 N_2）土壤累积磷量处于亏缺状态，并且随着种植年限的延长亏缺程度加重。单施化学磷肥处理（N_1P 和 N_1PK）始终处于累积磷盈余状态，其累积磷量分别为 732.0 kg/hm² 和 725.3 kg/hm²，施用有机肥处理土壤磷累积均表现为盈余。其中高量有机肥区各处理（M_2、M_2N_1、M_2N_2、M_2N_1P 和 M_2N_1PK）磷累积量分别比低量有机肥区各处理（M_1、M_1N_1、M_1N_2、M_1N_1P 和 M_1N_1PK）高出 122.8%、154.4%、162.4%、49.5% 和 46.2%。

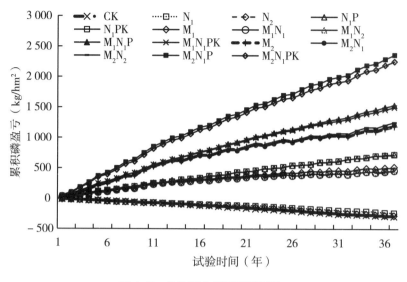

图 4-5　各处理土壤累积磷盈亏

（二）长期施肥下土壤全磷及有效磷变化对土壤磷素盈亏的响应

农田生态系统磷盈亏是土壤有效磷水平消长的根本原因（Tang et al.，2008；鲁如坤等，1996）。图 4-6 表示长期不同施肥棕壤全磷变化量与土壤耕层磷盈亏的响应关系。

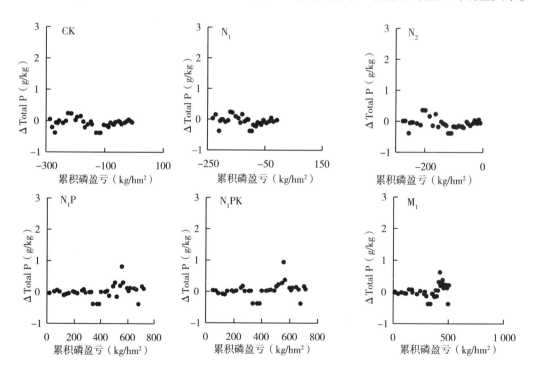

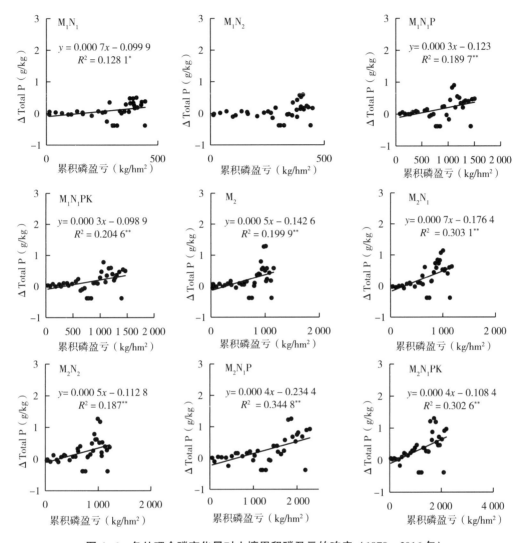

图 4-6　各处理全磷变化量对土壤累积磷盈亏的响应（1979—2016 年）

不施磷肥处理和仅施化学磷肥土壤全磷变化量与土壤累积磷亏缺值的相关关系未达到显著水平。施用低量有机肥处理中 M_1N_1、M_1N_1P 和 M_1N_1PK 土壤全磷与土壤累积磷亏缺值的相关系数分别达到显著和极显著水平，土壤每累积 100 kg P/hm²，全磷浓度分别上升 0.07 g/kg、0.03 g/kg 和 0.03 g/kg。在所有高量有机肥处理（M_2、M_2N_1、M_2N_2、M_2N_1P 和 M_2N_1PK）中，土壤全磷与土壤累积磷盈余表现为极显著正相关（$P<0.01$），土壤每累积 100 kg P/hm²，全磷浓度分别上升 0.05 g/kg、0.07 g/kg、0.05 g/kg、0.04 g/kg 和 0.04 g/kg。

　　图 4-7 反映长期不同施肥条件下棕壤有效磷变化量与耕层土壤磷盈亏的响应关系。3 个不施磷肥处理（CK、N_1 和 N_2）土壤有效磷变化量与土壤累积磷亏缺值的相关关系

达到极显著水平（$P<0.01$），CK、N_1 和 N_2 处理土壤每亏缺 100 kg P/hm²，有效磷分别下降 0.91 mg/kg、2.03 mg/kg 和 1.38 mg/kg。施用化学磷肥的 2 个处理（N_1P 和 N_1PK）土壤有效磷变化量与土壤累积磷盈余值的相关关系达到极显著水平（$P<0.01$），土壤每盈余 100 kg P/hm²，有效磷浓度分别上升 1.73 mg/kg 和 2.20 mg/kg。低量有机肥区（M_1、M_1N_1、M_1N_2、M_1N_1P 和 M_1N_1PK）土壤有效磷变化量与土壤累积磷亏缺值的相关关系达到极显著水平（$P<0.01$），土壤每盈余 100 kg P/hm²，有效磷分别上升 7.90 mg/kg、10.21 mg/kg、9.37 mg/kg、5.59 mg/kg 和 6.04 mg/kg。高量有机肥区（M_2、M_2N_1、M_2N_2、M_2N_1P 和 M_2N_1PK）土壤有效磷变化量与土壤累积磷亏缺值的相关关系达到极显著水平（$P<0.01$），土壤每盈余 100 kg P/hm²，有效磷分别上升 10.22 mg/kg、9.57 mg/kg、8.53 mg/kg、6.19 mg/kg 和 7.09 mg/kg。图 4-8 反映了棕壤所有施肥处理有效磷变化量与土壤累积磷盈亏的关系，如图所示，每个处理土壤 37

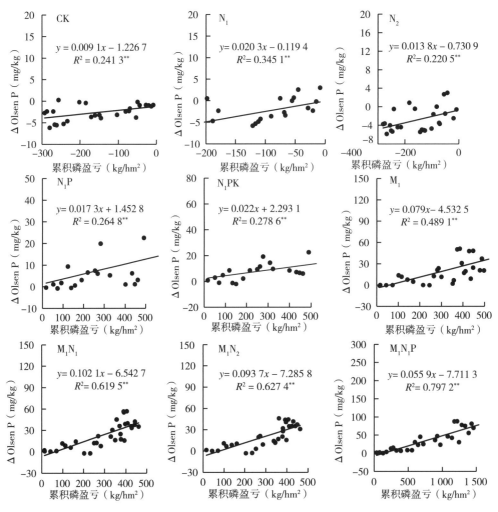

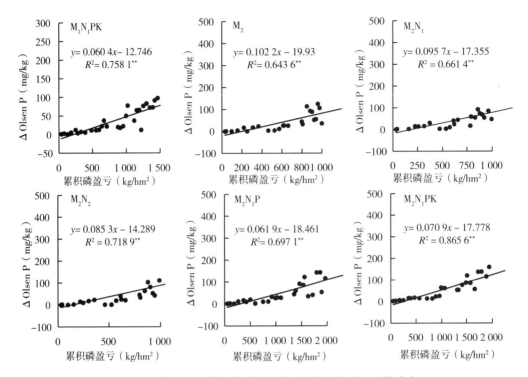

图 4-7　各处理棕壤有效磷变化量对土壤累积磷盈亏的响应

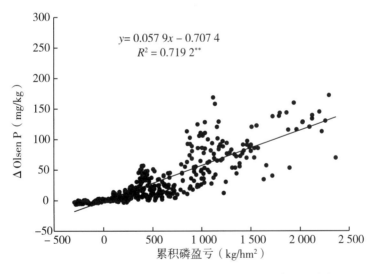

图 4-8　棕壤所有处理有效磷变化量与土壤累积磷盈亏的关系

年间的有效磷变化量与土壤累积磷盈亏达到极显著正相关（$P<0.01$），棕壤每盈余 100 kg P/hm^2，有效磷浓度上升 5.79 mg/kg。在不同类型上的试验（裴瑞娜等，2010；杨学云等，2007；刘建玲，张福锁，2006；展晓莹等，2015）表明土壤有效磷及其变化量与

土壤磷盈亏显著相关；曹宁等（2012）对中国 7 个长期试验地点有效磷与土壤累积磷盈亏的关系进行研究发现，土壤每盈余 100 kg P/hm²，有效磷可提升 1.44~5.74 mg/kg；英国洛桑试验站研究认为，13% 的累积磷盈余转为有效磷。试验结果的差异可能是由于连续施肥的时间、肥料用量、环境特征、种植制度及土壤理化性质不同而导致的。

四、土壤有效磷农学阈值研究

土壤有效磷含量是影响作物产量的重要因素，土壤中的有效磷含量较低时，不能满足作物的生长需求，造成作物明显减产；但当土壤有效磷含量过高时，则对作物的增产效果不明显，甚至可能由于淋溶或者地表径流造成环境污染，因而确定保证土壤有效磷含量的适宜水平对作物产量与环境保护具有非常重要意义。磷农学阈值是指当土壤中的有效磷含量达到某个值后，作物产量不随磷肥的继续施用而增加，即作物产量对磷肥的施用响应降低。

本章基于棕壤不同施肥处理（CK、N_1、N_1P、N_1PK、M_1N_1PK 和 M_1N_1PK）有效磷水平与作物产量长期定位数据，通过米切里西方程模拟作物相对产量和土壤有效磷的变化趋势，结果表明玉米和大豆的农学阈值分别为 14.4 mg/kg 和 6.3 mg/kg（图 4-9），可以看出棕壤上大豆的农学阈值低于玉米的农学阈值。沈浦（2014）研究表明，小麦、玉米和水稻土壤有效磷的农学阈值分别为 7.5~23.5 mg/kg、5.7~15.2 mg/kg 和 4.3~

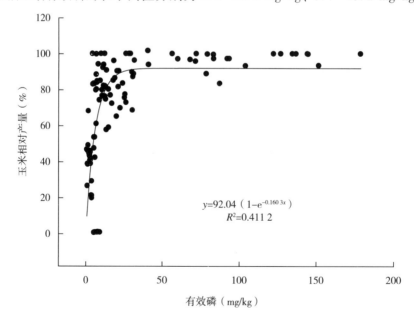

$$y = 92.04\,(1 - e^{-0.160\,3x})$$
$$R^2 = 0.411\,2$$

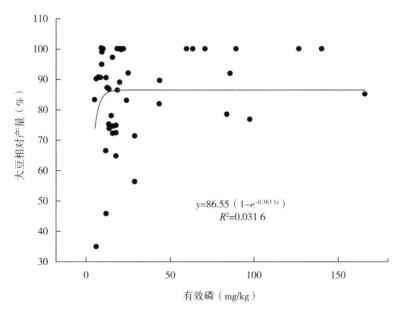

$$y=86.55\ (1-e^{-0.363\,1x})$$
$$R^2=0.031\,6$$

图 4-9　玉米和大豆产量与土壤有效磷的响应关系

14.9 mg/kg。然而，基于不同气候条件、土壤性质和管理水平的差异，作物土壤有效磷的阈值有显著的差异（沈浦，2014；Wang et al.，2015；Tang et al.，2009；习斌，2014）。因此，在应用中需要结合实际情况综合考虑。

五、磷肥回收率的演变趋势

长期不同施肥下，作物吸磷量差异显著。由表 4-3 可知，不同区组间磷素吸收量表现为：高量有机肥区>低量有机肥区>化肥区。在化肥区各处理作物吸磷量表现为对照和不平衡施肥作物吸磷量显著低于化肥氮磷钾处理。具体表现为 N_1、N_2、CK<NP<NPK。不施磷素（CK、N_1 和 N_2）处理，玉米、大豆对磷素的吸收水平较低。在低量有机肥区，M_1N_1PK 处理玉米磷吸收较多。在高量有机肥区对于玉米和大豆来说，M_2NPK 均未表现出最高的磷素吸收量。玉米磷吸收量高于大豆。

表 4-3　长期不同施肥作物磷素吸收特征　　　　　　　　　单位：kg P/hm²

处理	1979—1990 年		1991—2003 年		2004—2016 年		1979—2016 年（37 年平均）	
	玉米	大豆	玉米	大豆	玉米	大豆	玉米	大豆
CK	63.9	17.1	86.0	17.4	78.7	26.1	6.2	1.6

续表

处理	1979—1990 年		1991—2003 年		2004—2016 年		1979—2016 年 (37 年平均)	
	玉米	大豆	玉米	大豆	玉米	大豆	玉米	大豆
N_1	57.5	16.3	40.9	20.4	61.5	33.3	4.3	1.9
N_2	66.0	16.9	56.2	24.1	79.5	35.1	5.4	2.1
N_1P	75.6	23.9	100.1	30.8	119.6	44.6	8.0	2.7
N_1PK	79.3	25.5	91.8	33.9	121.8	46.3	7.9	2.9
M_1	67.7	23.7	100.0	24.9	132.4	43.8	8.1	2.5
M_1N_1	77.8	25.9	107.0	35.9	152.3	50.4	9.1	3.0
M_1N_2	77.2	25.1	97.6	40.5	159.1	52.4	9.0	3.2
M_1N_1P	100.2	26.0	114.0	38.5	176.8	51.2	10.6	3.1
M_1N_1PK	100.8	26.6	131.2	37.2	191.8	52.6	11.5	3.1
M_2	111.0	27.2	140.0	42.7	269.5	54.1	14.1	3.4
M_2N_1	111.9	26.3	161.9	41.9	221.2	54.7	13.4	3.3
M_2N_2	115.8	26.6	129.3	45.3	196.4	61.0	11.9	3.6
M_2N_1P	130.4	26.9	149.2	40.8	194.6	51.7	12.8	3.2
M_2N_1PK	165.8	27.4	167.8	42.7	245.0	53.2	15.6	3.3

棕壤长期施用磷肥下，玉米和大豆产量与磷素吸收变化趋势关系可以看出，作物产量与磷素吸收呈极显著正相关（图 4-10）。玉米直线方程为 $y=401.16x+2\,573.1$（$R^2=0.601\,8$，$P<0.01$），大豆的直线方程为 $y=238x+701.6$（$R^2=0.845$，$P<0.01$）。根据两者相关方程可以计算出，在棕壤旱地上每吸收 1 kg 磷，能分别提高玉米和大豆产量为 401.2 kg/hm² 和 238.0 kg/hm²（图 4-10）。

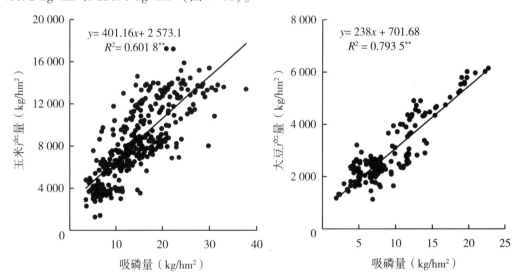

图 4-10　玉米和大豆产量与作物磷素吸收的关系

长期不同施肥下，磷肥回收率的变化趋势各不相同（图 4-10，图 4-11）。在 1 个轮作周期（玉米—大豆—玉米）中施用化学磷肥的 2 个处理（N_1P 和 N_1PK），磷肥回收率逐渐升高。有机肥配合化学磷肥处理中低量有机肥区 2 个处理（M_1N_1P 和 M_1N_1PK）和高量有机肥区中 2 个处理（M_2N_1P 和 M_2N_1PK）磷肥回收率呈逐渐上升后趋于平缓。由于 1992 年大豆年份不再施用有机肥，导致有机肥区不施化学磷肥的 6 个处理（M_1、M_1N_1、M_1N_2、M_2、M_2N_1 和 M_2N_2）均于第 5 个轮作周期后磷肥回收率急剧下降，后趋于平缓。不同土壤类型（高静等，2009）、pH 值（邱燕等，2003）和施磷量（黄绍敏等，2006；李云等，2010）等因素均会导致磷肥回收率存在较大差异。

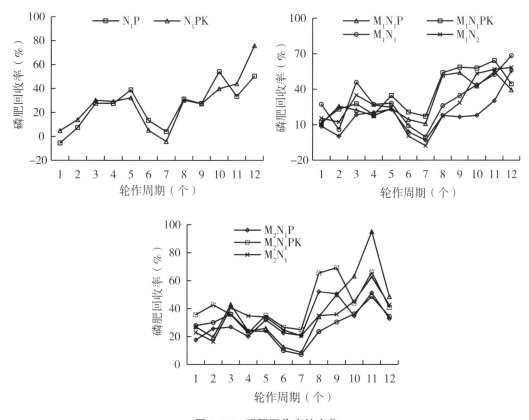

图 4-11　磷肥回收率的变化

长期不同施肥下玉米磷肥回收率对有效磷的响应关系不同（图 4-12）。N_1P、M_1、M_1N_1、M_1N_2、M_1N_1P、M_1N_1PK、M_2、M_2N_1 和 M_2N_2 处理玉米的磷肥回收率均随有效磷的增加呈显著和极显著正相关。N_1P、M_1、M_1N_1、M_1N_2、M_1N_1P、M_1N_1PK、M_2、M_2N_1 和 M_2N_2 处理土壤有效磷含量每升高 10 mg/kg，玉米年磷素回收率分别增加 7.88%、3.61%、4.13%、2.96%、6.05%、6.38%、8.90%、9.03% 和 9.37%。大豆年磷素回收率与有效磷变化的影响关系不显著（图中未列出）。

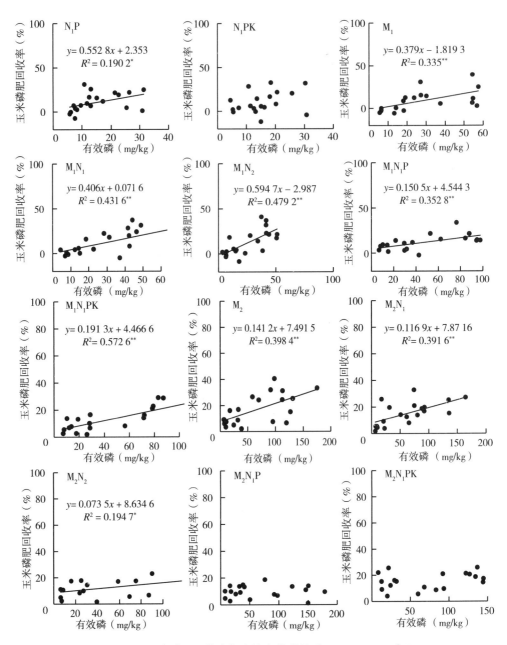

图 4-12 玉米磷肥回收率与土壤有效磷关系（1979—2016 年）

六、结论与展望

棕壤肥料长期定位试验中磷素的演变特征结果表明，不施磷肥的处理（CK、N_1 和

N_2）土壤全磷、有效磷和 PAC 值均有所下降。无论低量有机肥区（M_1、M_1N_1、M_1N_2、M_1N_1P 和 M_1N_1PK），还是高量有机肥区（M_2、M_2N_1、M_2N_2、M_2N_1P 和 M_2N_1PK）中所有施用磷肥处理，土壤全磷、有效磷和 PAC 值均有所上升，说明施磷肥能够提高土壤磷水平和磷素活化效率。基于土壤有效磷和磷平衡的响应关系以及土壤有效磷的农学阈值和环境阈值的磷肥高效管理既可以保证土壤的有效磷含量满足作物高产的需求，又能保证有效磷含磷量不至于过高造成环境污染。长期不同施肥处理下，土壤有效磷的变化与磷平衡有较好的正相关（图4-6，图4-7），斜率代表着土壤平均每盈亏 1 个单位（kg P/hm²）相应的有效磷消长量（mg/kg），该方程可以在一定程度上预测土壤有效磷的变化。或根据土壤有效磷的农学阈值和土壤环境阈值（引起环境污染的临界值），估计某一土壤有效磷的年变化量，以及作物带走的磷含量，可以推算出磷肥用量。

（李娜、杨劲峰、韩晓日）

主要参考文献

鲍士旦,2000. 土壤农化分析[M]. 3 版. 北京:中国农业出版社.

曹宁,陈新平,张福锁,等,2007. 从土壤肥力变化预测中国未来磷肥需求[J]. 土壤学报,44(3)：536-543.

高静,2009. 长期施肥下我国典型农田土壤磷库与作物磷肥效率的演变特征[D]. 北京：中国农业科学院.

韩晓日,马玲玲,王晔青,等,2007. 长期定位施肥对棕壤无机磷形态及剖面分布的影响[J]. 水土保持学报(4)：51-55,144.

韩晓日,温秋香,李娜,等,2011. 棕壤有机无机磷分级方法的比较研究[J]. 沈阳农业大学学报(6)：692-697.

黄绍敏,宝德俊,皇甫湘荣,等,2006. 长期施肥对潮土土壤磷素利用与积累的影响[J]. 中国农业科学,39(1)：102-108.

贾兴永,李菊梅,2011. 土壤磷有效性及其与土壤性质关系的研究[J]. 中国土壤与肥料(6)：76-82.

李云,李金霞,李瑞奇,等,2010. 灌水次数和施磷量对冬小麦养分积累量和产量的影响[J]. 麦类作物学报,30(6)：1097-1103.

林利红,韩晓日,刘小虎,等,2006. 长期轮作施肥对棕壤磷素形态及转化的影响[J]. 土壤通报(1)：80-83.

刘建玲,张福锁,2006. 小麦—玉米轮作长期肥料定位试验中土壤磷库的变化Ⅱ. 土壤有效磷及各形态无机磷的动态变化[J]. 应用生态学报,11(3)：365-368.

刘小虎,邹德乙,刘新华,等,1999. 长期轮作施肥对棕壤有机磷组分及其动态变化的影响[J]. 土壤通报(4)：35-37.

鲁如坤,刘鸿翔,闻大中,等,1996. 我国典型地区农业生态系统养分循环和平衡研究Ⅴ. 农田养分平衡和土壤有效磷、钾消长规律[J]. 土壤通报,27(6)：241-242.

鲁如坤,2000. 土壤农业化学分析方法[M]. 北京：中国农业科学技术出版社.

裴瑞娜,杨生茂,徐明岗,等,2010. 长期施肥条件下黑垆土有效磷对磷盈亏的响应[J]. 中国农业科学,43(19)：4008-4015.

裴瑞娜,2010. 长期施肥下我国典型农田土壤有效磷对磷盈亏的响应[D]. 兰州：甘肃农业大学.

邱燕,张鼎华,2003. 南方酸性土壤磷素化学研究进展[J]. 福建稻麦科技(3)：14-17.

沈浦,2014. 长期施肥下典型农田土壤有效磷的演变特征及机制[D]. 北京：中国农业科学院.

束良佐,邹德乙,2001. 长期定位施肥对棕壤无机磷形态及其有效性的影响Ⅱ. 肥料中的磷向各形态无机磷的转化及其有效性[J]. 辽宁农业科学(2)：5-7.

王晔青,韩晓日,马玲玲,等,2008. 长期不同施肥对棕壤微生物量磷及其周转的影响[J]. 植物营养与肥料学报,14(2)：322-327.

习斌,2014. 典型农田土壤磷素环境阈值研究—以南方水旱轮作和北方小麦玉米轮作为例[D]. 北京：中国农业科学院.

杨学云,孙本华,古巧珍,等,2007. 长期施肥磷素盈亏及其对土壤磷素状况的影响[J]. 西北农业学报,16(5)：118-123.

展晓莹,任意,张淑香,等,2015. 中国主要土壤有效磷演变及其与磷平衡的响应关系[J]. 中国农业科学,48(23)：4728-4737.

张丽,任意,唐晓莹,等,2014. 常规施肥条件下黑土磷盈亏及其有效磷的变化[J]. 核农学报,28(9)：1685-1692.

朱佳颖,韩晓日,杨劲峰,等,2011. 30 年轮作施肥对棕壤磷库时间变异特征的影响[J]. 土壤通报,42(4)：891-895.

TANG X, LI J M, MA Y B, et al., 2008. Phosphorus efficiency in long-term (15 years)wheat-maize cropping systems with various soil and climate conditions[J]. Field crops research, 5(7)：1-7.

TANG X, LI J M, MA Y B, et al., 2009. Determining critical values of soil olsen-P for maize and winter wheat from long-term experiments in China[J]. Plant and soil, 323 (1-2)：143-151.

WANG B, LI J M, REN Y, et al., 2015. Validation of a soil phosphorus accumulation model in the wheat-maize rotation production areas of China[J]. Field crops research, 178：42-48.

华　北　篇

华北地区介于北纬 32°~40°，东经 114°~121°，行政区包括北京市、天津市、河北省、河南省、山西省和山东省，面积约 83.81×10⁴km²，其中耕地面积占全国的 17.9%，主要分布在秦岭—淮河线以北，长城以南的中国的广大区域。华北平原大部在淮河以北属于暖温带湿润或半湿润气候。冬季干燥寒冷，夏季高温多雨，春季干旱少雨，蒸发强烈。春季旱情较重，夏季常有洪涝。年平均气温在 8~13℃，年降水量在 400~1 000 mm，年均温和年降水量由南向北随纬度增加而递减。

华北地区的主要土地类型包括潮土、褐土、棕壤、滨海盐土、草甸土、黑钙土、栗钙土和沼泽土。北京市耕地主要分布在城市近郊区和远郊区县的平原地区，耕地面积约为22.37 万 hm²，耕地土壤主要为褐潮土。天津市耕地主要分布在山区、丘陵、山前平原和平原洼地地区，耕地面积为 41.43 万 hm²，土壤类型依次为棕壤、褐土、潮土、沼泽土和滨海盐土。河北省耕地面积为 1 316.84万 hm²，耕地面积前五名分别为张家口市、沧州市、保定市、邢台市和邯郸市。栗钙土是河北省最主要的草原耕地土壤，棕壤和潮土是主要的旱地耕作土壤。截至 2018 年年底，河南省耕地实际面积达 8 151.34万 hm²，是华北地区耕地面积最大的地区，河南省粮食生产核心区划分为豫北及豫西山前平原区、豫东北低洼平原区、黄淮平原核心区、南阳盆地区和淮南山地丘陵区 5 个分区，耕地土壤类型主要为潮土和褐土。山西省耕地面积为 480.36 万 hm²，占全省土地总面积的 30.6%，可以分为中南部盆地区、东部太行山山地丘陵区、南部低山丘陵区、西部吕梁山黄土高原区和北部低山丘陵区，耕地土壤类型主要为褐土，还有平川潮土、山地棕壤等类型。山东省耕地面积为760.69 万 hm²，西部耕地面积较多，中东部较少，潍坊市、临沂市和菏泽市位列全省耕地面积前三位，代表性的土壤类型是棕壤、褐土、潮土和砂姜黑土。

潮土是华北地区最主要的耕地土壤，是河流沉积物受地下水运动并且经长期旱耕而形成的一类半水成土。潮土主要成土母质是近代河流冲积物，部分为古河流冲积物、洪积冲积物及浅海沉积物等。潮土的耕垦历史相对较短，耕垦活动首先改变表层沉积物特征而形成疏松的耕作层，或有亚耕层，其下部土体仍保持沉积层理明显的母质特征与地下水升降活动形成的氧化还原特征。潮土土壤剖面层次构型一般由耕作层、氧化还原特征层及母质层所构成。耕作层是在河流冲积母质基础上，受旱耕影响最深刻的土层，沉积特征消失，结构性状改善，养分含量增加，由于受机具耕作的挤压作用，其下可分化出亚耕层。氧化还原特征土层是在周期性干湿交替条件下，形成有锈色斑纹或有细小铁锰结核的心土或底土层。母质层仍保持河流冲积物沉积层理化特征，或有少量锈色斑纹及蓝灰色潜育特征。潮土因其特定的土层组合特征而区别于平原冲积土、草甸土、沼泽土及水稻土等，但受耕种及各种附加成土作用的影响，潮土的性状各异，因而在不同情况下潮土具盐化、碱化、沼泽化、脱潮及人工灌淤等特征。潮土的理化性状与沉积物类型及属性密切相关。潮土大多含有碳酸钙 40~140 g/kg 不等，以砂质土为低，黏质土为高。土壤 pH 值 7.5~8.5，阳离子交换量 4~200 mmol/kg。潮土的生物累积养分量普遍偏低，有机质量 3~14 g/kg，全氮量 0.2~1.0 g/kg，随质地由砂至黏，全磷、全钾的含量递增。潮土的速效性养分含量除钾稍高外，有效磷含量较低，潮黏土约为 4.5 mg/kg，两合土为 5.8 mg/kg，潮黏土为 6.8 mg/kg。

华北地区是我国重要的粮食和农产品生产基地，以旱作为主，华北用全国 6% 的水资源供养了全国 18% 的耕地并生产出全国 23% 的粮食。黄河以北原来以二年三熟制为主，粮食作物以小麦和玉米为主，主要经济作物有棉花和花生。随灌溉事业发展，一年两熟制面积不断扩大。华北地区农牧业年产值占全国近 25%，种养业是农业的主体，其中种植业产值占 58%，牧业产值占 32%。2014 年粮食产量为 1.397×10^{8} t，占全国的 23%；作物产量构成中粮食占 60%，其次为水果和蔬菜占 34%。在粮食作物中，小麦和玉米是华北平原粮食生产的主体，小麦产量占粮食总产量的 51%，其次为玉米占 40%。华北地区在我国小麦生产中占主导地位，2014 年小麦播种面积和产量分别占全国的 48.3% 和 56.2%，小麦单产为 406.8 kg/亩*，明显高于全国 349.6 kg/亩的平均水平。因此，华北地区食物生产在国家食物安全中占有十分重要的地位。

磷是农作物营养的三大要素之一，在改善作物品质、提高作物产量和抗逆性等方面具有重要作用。植物生长发育所需要的磷主要从土壤中获得，然而多数农田土壤的自然供磷能力不能满足作物生长发育及高产对磷的需求。因此，在农业生产实践中通过施用磷肥，扩大土壤有效磷库，提高土壤的供磷能力。华北很多地区长期施用磷肥，其中河南省是我国磷肥施用量最多的地区，2018 年化学磷肥施用量达 9.635×10^{5} t，占全国 13%。化学磷肥的施用显著提高了作物产量，但由于施入土壤中的大部分磷素会与土壤矿物（铁铝氧化物和碳酸钙）、黏粒或有机质结合转化为非有效态磷（Syers et al.，2008；MacDonald et al.，2011），磷肥的当季利用率只有 5%~25%（朱兆良，1998；Rowe et al.，2015），有近 75%~90% 的磷肥以难以被作物吸收利用的固定形态累积在土壤中，造成了磷肥资源的浪费。并且土壤有效磷与土壤磷盈余呈显著直线正相关，磷素的大量累积也造成了土壤有效磷持续升高，有些长期过量施用磷肥地区土壤有效磷含量超过了 80 mg/kg 甚至 100 mg/kg，远远超过了主要作物小麦和玉米的农学阈值，存在造成农业面源污染的风险。华北地区土壤为 pH 值较高的碱性土，碳酸钙和黏粒的含量较高，是固定磷肥的主要物质，土壤中磷形态以钙磷为主，施肥增加了二钙磷、八钙磷、铝磷和铁磷的含量，其中二钙磷、铝磷与土壤有效磷有较好的相关性，八钙磷为中活性磷形态且含量较高，在土壤磷肥大量累积的情况下，提高活性较低磷形态向活性较高磷形态的转化是今后合理施用磷肥的重要方向。关注长期施肥下华北地区土壤磷有效磷、累积量和磷形态等的变化，本篇从 6 个长期定位试验（北京市褐潮土、山西省寿阳县褐土、天津市武清区重壤质潮土、河南省郑州市黄潮土、山东省济南市潮土和山东省莱阳市非石灰性潮土）展开研究论述，这对于合理利用磷肥资源和提高作物产量均具有重要的意义。

---

    * 1 亩≈667 平方米，全书同。

第五章　潮土磷素演变与高效利用

在山东省棕壤、潮土和褐土是 3 种主要的土壤类型，其中潮土是占地面积最大的土类，面积 466.6 万 hm^2，其中耕地 410.6 万 hm^2，分别占全省土壤面积和耕地面积的 38.53% 和 48.12%。潮土分布集中，76.5% 的潮土面积集中分布在鲁西北黄河冲积平原，另外，23.5% 分布在山地丘陵区。潮土分布区地势平坦，土层深厚，水热资源较丰富，造种性广，是我国主要的旱作土壤，盛产粮棉。山东的潮土区属暖温带大陆性季风气候，年均温度 12~14℃，年降水量 580~700 mm。潮土主要是在河流沉积物上，受地下水活动的影响，经过耕种熟化而成的土壤。但潮土大部分属中产、低产土壤，并且具有全磷含量较高、有效磷含量较低的特点。加之旱涝灾害时有发生，尚有盐碱危害，导致作物产量不稳定。因此，必须通过合理施肥，提高潮土有效养分含量，进而提高作物产量。长期定位施肥具有时间长期性和气候代表性等优点，即可揭示土壤肥力演变、评价肥料效益，又可研究施肥对农田生态系统可持续发展的影响。

关于潮土长期定位试验对磷素演变及磷素农学阈值的研究并不少，这为潮土地区农业生产和地力培育提供了一定的理论依据。杨军等探讨了长期施肥条件下土壤有效磷、全磷对土壤磷素盈亏响应，得出土壤磷素盈亏状况与肥料配施类型密切相关。信秀丽和王琼等研究了长期施用有机肥和化肥下潮土全磷、有效磷的演变，结果表明，土壤全磷和有效磷的演变都显著受磷素盈亏的影响，施用有机肥可增加作物可吸收利用的磷。国内外的长期定位数据普遍认为每盈余 100 kg P/hm^2，土壤有效磷提高 2~6 mg/kg；中国 7 个样点调查每盈余 100 kg P/hm^2，有效磷浓度上升范围为 1.44~5.74 mg/kg。土壤磷素累积可增加土壤有效磷含量，但土壤有效磷的增加并不能一直增加作物产量，两者之间存在一个临界值（有效磷农学阈值），当土壤有效磷含量增加到一定值时，作物产量不再提高。沈浦通过研究土壤有效磷农学阈值发现，小麦和玉米的农学阈值范围分别为 7.5~23.5 mg/kg 和 5.7~15.2 mg/kg。有关磷肥利用率的研究报道很多，我国小麦的磷肥利用率范围为 6%~26%，磷肥利用率因受土壤性质、施肥方式、施磷量以及作物种类等因素影响存在较大差异。

本章将系统地介绍潮土中磷素演变、磷素与磷平衡的响应关系、磷素农学阈值和磷肥回收率等，对提高潮土磷素和科学施用磷肥具有重要指导意义。

一、山东潮土长期定位试验概况

（一）试验点基本概况

潮土长期肥料定位监测试验位于山东省济南市山东省农业科学院试验农场院内（北纬 36°40′，东经 117°00′），海拔 27.5 m，地处亚热带，属于暖温带半湿润季风型气候。年平均气温 14.8 ℃，气温大于 10℃ 的积温 4 774 ℃，年降水量 693.4 mm，年蒸发量 444.1 mm，无霜期 216.4 d，年日照时数 1 870.9 h。

试验供试土壤为潮土，成土母质为近代河流沉积物，土壤中黏土矿物主要水云母，绿泥石为主。长期试验从 1982 年秋季开始，试验开始时的耕层土壤（0~20 cm）基本性质见表 5-1。

表 5-1　试验点概况及初始土壤（0~20 cm）基本理化性质

理化性质	有机质（g/kg）	全氮（g/kg）	全磷（g/kg）	碱解氮（mg/kg）	有效磷（mg/kg）	速效钾（mg/kg）	pH 值
测定值	5.71	0.47	1.28	15.19	5.90	75.3	8.20

（二）试验设计

试验设 8 个处理：①不施肥耕作（CK）；②氮（N）；③氮磷（NP）；④氮钾（NK）；⑤磷钾（PK）；⑥氮磷钾（NPK）；⑦减量氮磷钾（$N_{15}PK$）⑧增量氮磷钾（$N_{25}PK$）；每个小区 1 m²，重复 3 次；又设有机无机肥配施处理 8 个，无机肥施用同前面 8 个处理，未设重复，编号为⑨有机肥（CK+M）；⑩氮和有机肥（N+M）；⑪氮磷和有机肥（NP+M）；⑫氮钾和有机肥（NK+M）；⑬磷钾和有机肥（PK+M）；⑭氮磷钾和有机肥（NPK+M）；⑮减量氮磷钾和有机肥（$N_{15}PK+M$）；⑯增量氮磷钾和有机肥（$N_{25}PK+M$），试验采取随机区组设计。各处理肥料施用量见表 5-2，其中有机肥料为马粪，马粪养分含量平均 N 4.75 g/kg，P_2O_5 4.83 g/kg，K_2O 9.90 g/kg。采用小麦—玉米一年两熟轮作制，小麦季氮肥按 50% 基肥和 50% 追肥施用，磷肥和钾肥均作基肥施用。玉米季氮、磷、钾肥全部基施。有机肥试验区在此施肥基础上施用 25 000 kg/hm² 马粪，每年秋季小麦播种前施 1 次。处理作物地上部分带走，回田的秸秆 N、P、K 养分不计入总量。各小区单独测产，在玉米和小麦收获前分区取样，同时取植株分析养分成分（表 5-2）。

表 5-2 肥料施用量

处理	玉米季		小麦季	
	化肥 （kg/hm²）	马粪鲜重 （t/hm²）	化肥 （kg/hm²）	马粪鲜重 （t/hm²）
CK	0-0-0	0	0-0-0	0
N	150-0-0	0	150-0-0	0
NP	150-150-0	0	150-150-0	0
NK	150-0-150	0	150-0-150	0
PK	0-150-150	0	0-150-150	0
NPK	150-150-150	0	150-150-150	0
$N_{15}PK$	112.5-150-150	0	112.5-150-150	0
$N_{25}PK$	187.5-150-150	0	187.5-150-150	0
CK+M	0-0-0	0	0-0-0	25
N+M	150-0-0	0	150-0-0	25
NP+M	150-150-0	0	150-150-0	25
NK+M	150-0-150	0	150-0-150	25
PK+M	0-150-150	0	0-150-150	25
NPK+M	150-150-150	0	150-150-150	25
$N_{15}PK+M$	112.5-150-150	0	112.5-150-150	25
$N_{25}PK+M$	187.5-150-150	0	187.5-150-150	25

注：表中 0-0-0 代表 $N-P_2O_5-K_2O$ 的施肥量，依此类推。

二、长期施肥下土壤全磷和有效磷的变化趋势及其关系

（一）长期施肥下土壤全磷的变化趋势

土壤全磷能够反映土壤磷库的大小，是维持农业可持续生产和保障粮食安全的重要手段。长期不同施肥模式下山东潮土全磷含量变化如图 5-1 所示（A 化肥处理，B 有机无机肥配施），对于图 5-1A，几种处理下土壤全磷含量均随着年限的增加而降低，不施

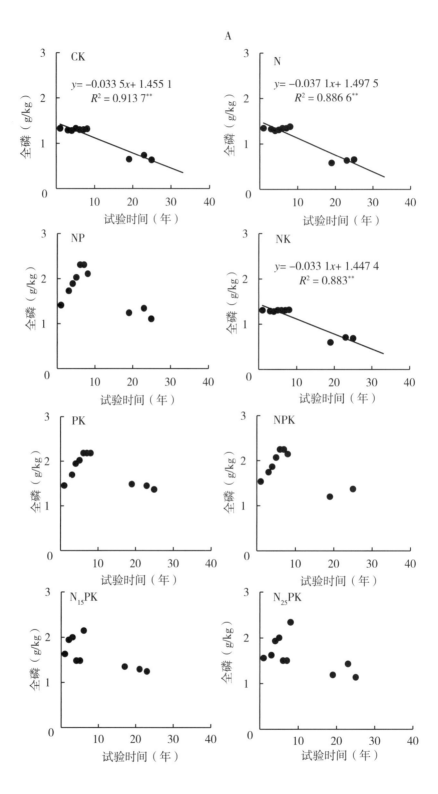

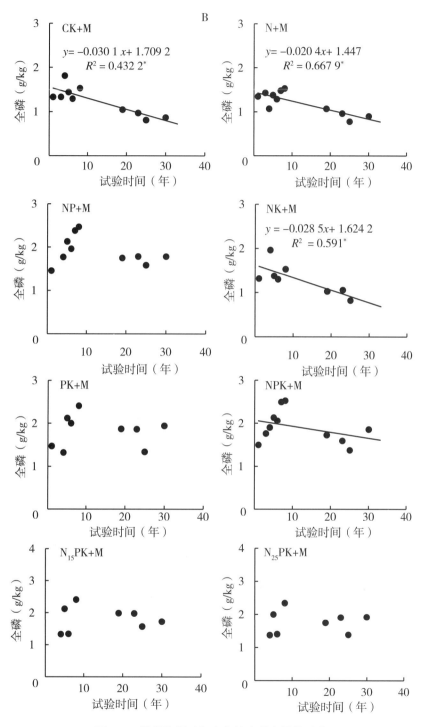

图 5-1 长期施肥对潮土土壤全磷含量的影响

磷肥的 3 种处理（CK、N 和 NK），由于作物吸收土壤磷等原因，土壤全磷表现为极显著（$P<0.01$）下降的趋势。土壤施用磷肥后，前 8 年土壤全磷表现出增加趋势；随着年限增加，全磷含量表现出下降，但与供试前土壤相比变化不大。有研究者认为，积累态磷如果在石灰性土壤中累积时间超过 3 年，就有可能转化成土壤天然存在的磷灰石形态。对于图 5-1B，随着年限的增加，单施有机肥不施磷肥处理（CK＋M、N＋M 和 NK＋M）随着年限增加呈现显著下降趋势；而化学磷与有机肥配施处理随年限增加土壤全磷先增加后趋于稳定，与供试土壤（全磷＝1.28 mg/kg）相比，30 年时 NP＋M、PK＋M、NPK＋M、N_{15}PK＋M 和 N_{25}PK＋M 处理土壤全磷分别增加 39.5%、51.8%、45.1%、34.6%和 50.1%。

可见，只施用化学磷肥由于作物吸收、流失和转化形态等原因导致土壤磷库有所减小，与有机肥配施后土壤磷库稳定，可保证磷素的供应。磷素是制约作物生长发育的重要因子，不施用磷肥会导致土壤磷素缺乏，施用磷肥尤其是磷肥与有机肥配施能保持土壤磷库稳定。

（二）长期施肥下土壤有效磷的变化趋势

土壤有效磷能直接被农作物吸收利用，作为土壤有效磷库中对作物最有效的部分被作为土壤供磷水平的重要指标之一。

长期不同施肥模式下山东潮土有效磷含量变化如图 5-2 所示（A 化肥处理，B 有机无机肥配施处理）。对于图 5-2A，在长期不施磷肥的处理（CK、N 和 NK）中，土壤有效磷基本上不随年份的增长而波动，平均含量基本稳定在 2.5~2.8 mg/kg，土壤有效磷达到极缺的程度，明显影响作物产量。对于施用磷肥处理，土壤有效磷含量随种植时间总体呈现下降的趋势，但前 8 年表现出上升趋势，除 NP 处理与时间呈显著负相关（$P<0.05$），其余施用磷肥处理的有效磷含量均与时间呈极显著负相关（$P<0.01$）；但与供试土壤（5.90 mg/kg）相比，2010 年 NP、PK、NPK、N_{15}PK 和 N_{25}PK 土壤有效磷含量分别增加到 9.89 mg/kg、18.37 mg/kg、12.66 mg/kg、12.84 mg/kg 和 20.58 mg/kg。对于图 5-2B，增施有机肥处理，除氮磷钾肥与有机肥配施外，其余处理土壤有效磷含量随着种植年限的增加呈现缓慢增加的趋势；但同时施用磷肥与有机肥处理的土壤有效磷含量总体较高，2010 年时 NP、PK、NPK、N_{15}PK 和 N_{25}PK 土壤有效磷含量分别增加到 45.44 mg/kg、69.76 mg/kg、47.10 mg/kg、39.92 mg/kg 和 28.68 mg/kg，年增加量为 1.46 mg/kg、2.37 mg/kg、1.53 mg/kg、1.26 mg/kg 和 0.84 mg/kg。磷钾增施有机肥处理有效磷年增加量最大原因可能是由于氮肥的缺失，作物从土壤中带走磷素较少。增施有机肥处理中有效磷含量 1996—1998 年明显增加，可能是由于当年有机肥养分含量相对较高。

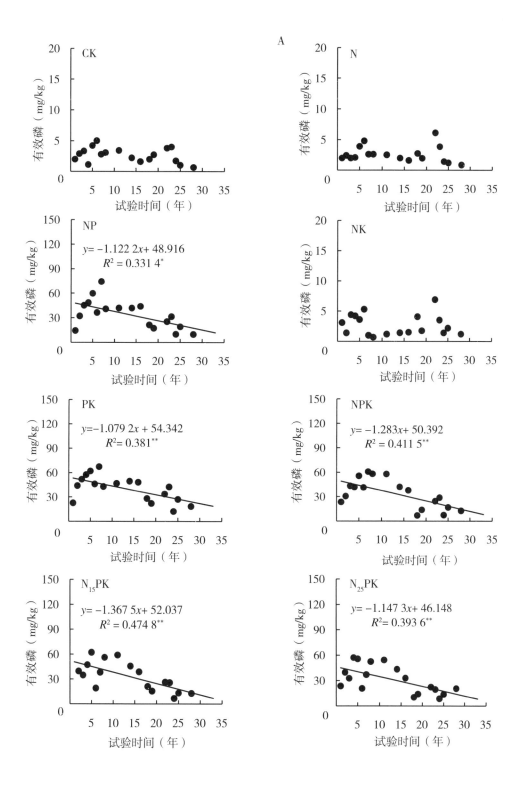

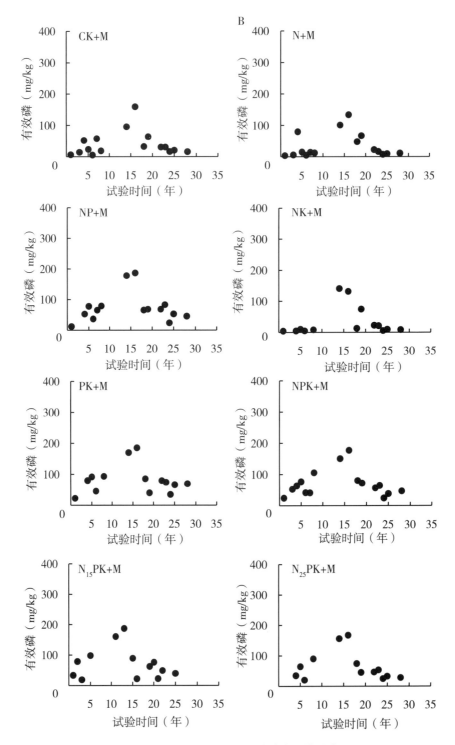

图 5-2 长期施肥对潮土有效磷含量的影响

（三）长期施肥下土壤全磷与有效磷的关系

用磷活化系数（PAC）可以表示土壤磷活化能力，长期施肥下山东潮土磷活化系数随时间的演变规律如图 5-3 所示，对于图 5-3A 化肥处理，其中不施磷肥的处理（CK、N 和 NK）中土壤 PAC 随施肥时间均表现为缓慢上升的趋势，但是总体偏低，CK、N、NK 处理 PAC 值平均为 0.28%、0.27% 和 0.24%，土壤活化率很低；而对于施用磷肥的处理，土壤 PAC 与时间呈负相关，PAC 随施肥时间延长均呈现下降趋势，但施磷肥处理 PAC 值明显大于不施磷肥处理。施肥 3~8 年，施磷肥处理的土壤 PAC 高于 2%，说明土壤全磷容易转化为有效磷。种植 20 年后，土壤全磷和有效磷都下降，由于有效磷下降更明显，PAC 值也降低。对于图 5-3B 有机无机肥配施处理土壤 PAC 一直处于上升趋势，种植 23 年时，CK+M、NP+M、PK+M、NPK+M、$N_{15}PK+M$ 和 $N_{25}PK+M$ 处理的 PAC 值分别为 3.15%、4.66%、4.0%、4.03%、3.85% 和 2.82%，与供试土壤 PAC（0.46%）相比，这几种处理的 PAC 值年上升速度为 0.10%~0.18%。增施有机肥处理 PAC 总体值大于不增施有机肥处理，黄绍敏等研究发现，有机肥处理磷的有效化高于无机肥处理。但 PAC 值及上升速度这些值明显低于红壤，可见 PAC 值与土壤类型有一定关系；另外，PAC 值较低也可能与试验小区面积较小微生物群落结构不够丰富有关，导致土壤有效磷活化率较低。

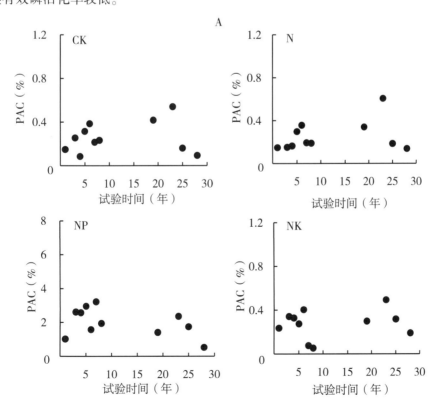

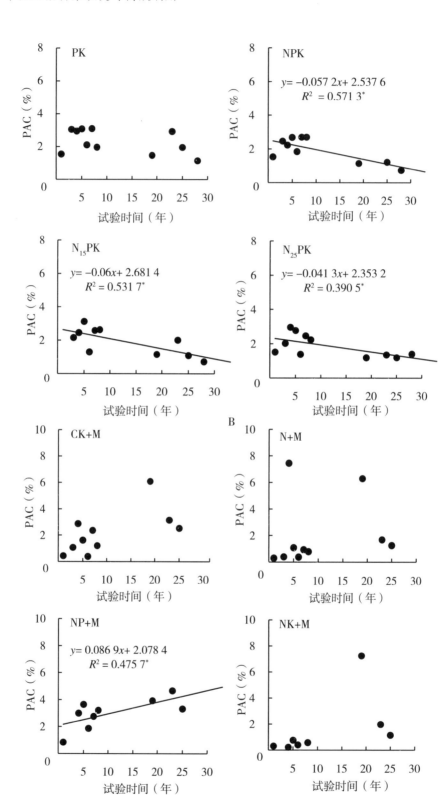

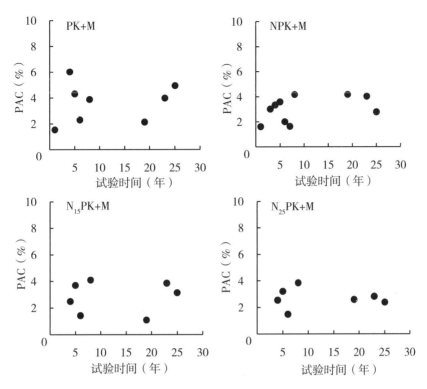

图 5-3　长期施肥对红壤磷活化系数（PAC）的影响

三、长期施肥下土壤有效磷对土壤磷盈亏的响应特征

（一）长期施肥下土壤磷素盈亏情况

图 5-4 为不同施肥模式下 34 年来当季土壤表观磷盈亏。由图 5-4A 可知，不施磷肥的 3 个处理（CK、N 和 NK）当季土壤表观磷盈亏一直呈现亏缺状态；由于 N 和 NK 处理作物品质和产量原因带走的磷多于 CK 处理，表现出磷亏缺更大。而施磷肥的 6 个处理（NP、PK、NPK、$N_{15}PK$ 和 $N_{25}PK$）当季土壤表观磷呈现盈余状态，位于 50～100 kg/hm^2，并且以 PK 处理磷盈余最大，平均值为 85.99 kg/hm^2。对于图 5-4B 增施有机肥处理中，其中 CK+M、N+M 和 NK+M 处理磷仍然处于亏缺状态，说明作物带走的磷量及损失量大于有机肥中带入的磷量。化学磷与有机肥配施处理（NP+M、PK+M、NPK+M、$N_{15}PK$ 和 $N_{25}PK$）中磷处于盈余状态，盈余量平均分别为 106.48 kg/hm^2、107.64 kg/hm^2、94.71 kg/hm^2、88.84 kg/hm^2 和 93.55 kg/hm^2，并且随种植时间延长没

有较大的波动，种植 27 年时磷盈余均明显下降可能与当年气候或有机肥质量有关。以上处理随种植年限变化呈波浪状变化，是天气、有机肥质量和作物品质与产量影响带走不同土壤磷素等综合作用的结果。

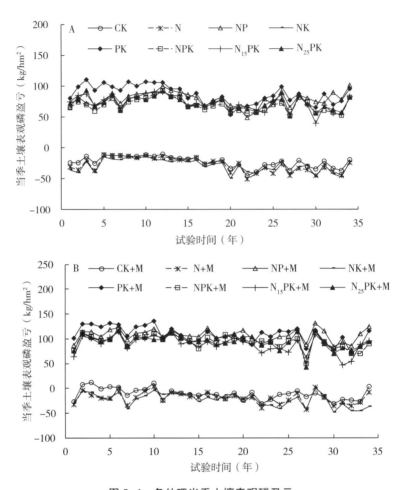

图 5-4　各处理当季土壤表观磷盈亏

注：A 化肥处理，B 有机无机肥配施处理。

图 5-5 为不同施肥模式下 34 年来土壤累积磷盈亏。由图 5-5A 可知，未施磷肥的 3 个处理（CK、N 和 NK）土壤累积磷一直处于亏缺状态，并且亏缺量随种植时间延长而增加，其中 3 个处理中 CK 处理土壤磷亏缺量最少，是因为土壤中没有任何肥料的供应，作物产量最低，土壤携出磷量最低。施用化学磷肥的 5 个处理（NP、PK、NPK、$N_{15}PK$ 和 $N_{25}PK$）土壤累积磷一直处于盈余状态，并且随种植年限增加盈余值增加；2015 年时 5 个处理土壤累积磷盈余值分别为 2 567.25 kg/hm²、2 837.63 kg/hm²、2 255.20 kg/hm²、2 399.51 kg/hm² 和 2 378.98 kg/hm²，平均每年盈余 77.80 kg/hm²、86.00 kg/hm²、68.34 kg/hm²、72.71 kg/hm² 和 72.10 kg/hm²。如图 5-5B，增施有机肥

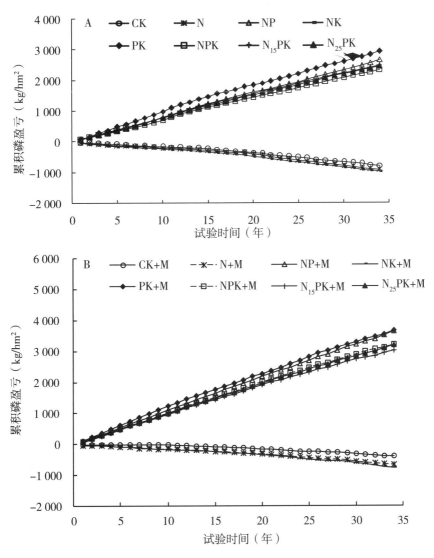

图 5-5　各处理潮土土壤累积磷盈亏

注：A 化肥处理，B 有机无机肥配施处理。

处理的变化趋势与不增施有机肥处理的变化趋势相同。由于有机肥的施入，CK+M、N+M 和 NK+M 处理土壤累积磷亏缺值较化肥处理小；其余 5 个有机无机配施处理累积磷盈余量更大，2015 年时 5 个处理（NP+M、PK+M、NPK+M、N_{15}PK+M 和 N_{25}PK+M）土壤累积磷盈余值分别为 3 513.98 kg/hm²、3 552.18 kg/hm²、3 125.41 kg/hm²、2 931.57 kg/hm² 和 3 087.31 kg/hm²，平均每年盈余 106.48 kg/hm²、107.61 kg/hm²、94.71 kg/hm²、88.84 kg/hm² 和 93.55 kg/hm²。可见，与氮磷钾处理和氮磷钾配施有机肥处理相比，偏施化肥处理（NP、PK、NP+M 和 PK+M）土壤磷量累积更多，这是由于在相同施磷量下，作物产量小，吸磷量也小。增施有机肥处理盈余量更大以及单位盈余量磷增加的有效磷含量也大，从而导致增施有机肥处理有效磷年增长量更大，因此，化学磷肥配施有机肥更能有效地提高土壤中有效磷含量；氮磷钾肥配施中氮量的大小对土壤磷平衡值的影响差异不大。

（二）长期施肥下土壤有效磷变化对土壤磷素盈亏的响应

不同施肥处理下潮土土壤 34 年间的有效磷变化量与土壤累积磷盈亏关系如图 5-6

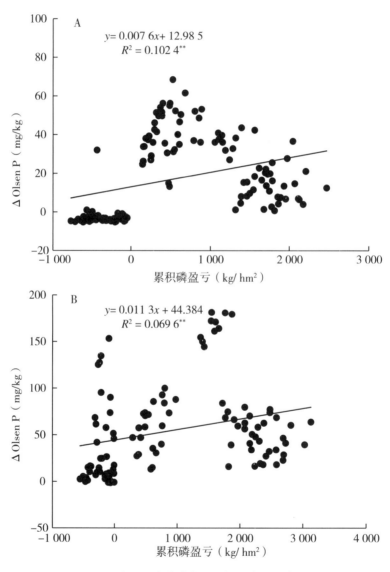

图 5-6　潮土所有处理有效磷变化量与土壤累积磷盈亏的关系

注：A 化肥处理，B 有机无机肥配施处理。

所示，土壤有效磷和土壤磷素盈余之间呈极显著正相关。展晓莹等调查研究表明，81%的土壤监测点有效磷与磷平衡呈显著的正相关，并且不同土壤类型单位磷盈余土壤有效磷增加量不同。本研究对于施用化学磷处理土壤每盈余 100 kg P/hm² ，有效磷浓度上升 0.76 mg/kg；对于有机无机肥配施处理土壤每盈余 100 kg P/hm² ，有效磷浓度上升 1.13 mg/kg，可见增施有机肥处理下单位土壤盈余磷更能有效增加土壤有效磷含量。袁天佑等通过常规施肥和不施肥处理发现，不施肥条件下土壤每亏缺 100 kg P/hm² 土壤有效磷下降 2.7 mg/kg，常规施肥下土壤每盈余 100 kg P/hm² 土壤有效磷增加 1.2 mg/kg，土壤有效磷变化量与土壤磷素盈亏呈极显著正相关。而裴瑞娜等分析研究黑垆土发现单施有机肥、施用化学磷肥和有机无机肥配施处理，磷每盈余 100 kg P/hm² ，土壤有效磷分别增加 0.29 mg/kg、3.85 mg/kg 和 0.53 mg/kg，有机肥处理单位累积磷盈余量提升土壤有效磷的速率小于化学磷肥处理。土壤有效磷对磷盈亏的响应关系在很大程度上受土壤性质和气候条件的影响。其差异还与试验规模、种植制度和试验误差等有很大的关系。

四、土壤有效磷农学阈值研究

生产实践中，作物产量对土壤肥力的响应有一定的阈值（临界值），其中作物产量对土壤有效磷响应阈值更为明显，土壤有效磷农学阈值是评价施肥合理性的重要指标。磷农学阈值是指当土壤中的有效磷含量达到某个值后，作物产量不随磷肥的继续施用而增加，即作物产量对磷肥的施用响应降低。在保障作物产量和水环境质量安全的条件下，确定土壤有效磷农学阈值对于农业生产和水环境保护具有重要意义。确定土壤磷素农学阈值的方法中，应用比较广泛的是米切里西方程。

基于山东潮土不同施肥处理有效磷水平与作物产量长期定位数据，通过分析作物相对产量和土壤有效磷的变化趋势，结果采用米切里西方程模拟两者的关系。通过模型计算出的结果：在有机无机肥配施处理中，作物相对产量和土壤有效磷之间响应关系不明显；化肥处理中，根据模拟方程得出小麦和玉米土壤有效磷农学阈值分别为 9.58 mg/kg 和 7.18 mg/kg（图 5-7，表 5-3），可以看出潮土中小麦的有效磷农学阈值高于玉米的有效磷农学阈值。与郭斗斗等研究结果相似，潮土区小麦有效磷农学阈值为 13.1 mg/kg，玉米有效磷农学阈值为 7.5 mg/kg。刘彦伶等（2016）对云南贵州黄壤性水稻土的玉米农学阈值的研究发现，玉米磷农学阈值平均值为 15.8 mg/kg。李渝等研究发现贵州黄壤旱地的玉米农学阈值平均为 22.4 mg/kg。可以推断，作物的农学阈值受作物类型、土壤类型以及气候环境等诸多因素的影响。因此，在实践中需要结合实际情况考虑。

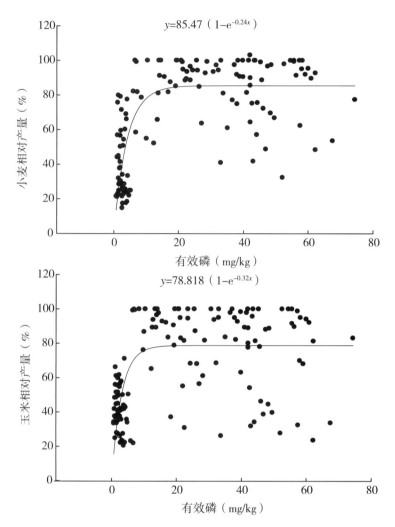

图 5-7　不施有机肥下小麦和玉米相对产量与土壤有效磷的响应关系

表 5-3　长期不同施肥作物农学阈值

作物	n	CV（mg/kg）	R^2
小麦	136	9.58	0.51[**]
	118	—	0.02
玉米	136	7.18	0.33[**]
	118	—	—

五、磷肥回收率的演变趋势

长期不同施肥下，作物吸磷量如表5-4（化肥处理）和表5-5（有机无机肥配施处理）。对于化肥处理，所有处理作物吸磷量位于 $6.5 \sim 43.7$ kg/hm^2，不同处理不同作物下作物吸磷量差异显著，小麦吸磷量大于玉米吸磷量。对照和不平衡施肥作物吸磷量明显低于化肥平衡施肥处理（小麦和玉米不同处理下吸磷量趋势相同），具体表现为CK<N、NK<NP、PK<NPK、N$_{15}$PK、N$_{25}$PK。不施磷素（CK、N和NK）处理，小麦和玉米对磷素的吸收保持在较低水平；偏施肥处理（NP和PK）小麦、玉米磷素吸收量随年限增加呈现先逐年下降后缓慢上升的趋势，氮磷钾平衡施肥（NPK、N$_{15}$PK和N$_{25}$PK），小麦和玉米吸收磷素34年内均稳定，作物吸磷量位于 $21.0 \sim 43.7$ kg/hm^2。对于有机无机肥配施处理，小麦吸磷量与玉米吸磷量持平，有机无机肥配施处理作物吸磷量明显高于化肥处理，所有处理作物吸磷量在 $15.1 \sim 55.7$ kg/hm^2，并且34年内吸磷量均较稳定。所有处理均于2003—2007年出现上升趋势，氮磷钾处理上升幅度更大，上升趋势可能是这几年气候条件较好，作物产量较高。由此可见，氮磷钾化肥处理或氮磷钾化肥配施有机肥能明显提高作物吸磷量；作物吸磷量明显高于祁阳县红壤作物吸磷量，与土壤类型和施肥量有关。

表5-4　长期化学施肥下作物磷素吸收特征　　　　　　　　单位：kg P/hm^2

处理	1983—1987年		1988—1992年		1993—1997年		1998—2002年		2003—2007年		2008—2012年		2013—2016年	
	小麦	玉米	小麦	玉米	小麦	玉米	小麦	玉米	小麦	玉米	小麦	玉米	小麦	玉米
CK	13.4	6.5	6.0	7.0	7.4	8.1	11.5	12.6	22.3	11.2	15.8	13.2	10.7	17.4
N	17.8	9.1	5.8	8.0	7.2	10.3	11.3	14.1	26.9	11.2	21.9	15.3	14.0	21.0
NP	34.5	24.2	23.9	23.0	22.1	17.5	33.4	22.8	41.8	25.4	27.5	24.3	20.8	25.0
NK	19.8	11.1	6.9	9.9	8.9	12.2	12.7	17.9	24.2	11.6	19.6	14.6	14.0	20.9
PK	24.2	9.3	19.1	10.8	22.2	12.7	34.6	23.1	37.9	19.5	29.1	22.5	20.7	28.1
NPK	36.1	27.1	29.5	26.7	28.4	21.0	35.5	30.6	43.7	26.7	31.1	32.6	25.5	42.6
N$_{15}$PK	29.9	22.3	26.0	24.7	26.4	21.2	32.5	28.9	38.3	27.0	28.7	35.7	25.0	41.0
N$_{25}$PK	29.1	25.1	28.0	26.0	27.6	22.5	31.9	29.0	39.3	25.7	31.5	31.2	23.5	41.2

表5-5　长期有机无机肥配施下作物磷素吸收特征　　　　　单位：kg P/hm^2

处理	1983—1987年		1988—1992年		1993—1997年		1998—2002年		2003—2007年		2008—2012年		2013—2016年	
	小麦	玉米	小麦	玉米	小麦	玉米	小麦	玉米	小麦	玉米	小麦	玉米	小麦	玉米
CK+M	19.7	15.1	18.4	16.7	25.9	20.9	22.3	27.0	30.5	20.1	23.8	25.8	17.7	33.3

续表

处理	1983—1987 年		1988—1992 年		1993—1997 年		1998—2002 年		2003—2007 年		2008—2012 年		2013—2016 年	
	小麦	玉米	小麦	玉米	小麦	玉米	小麦	玉米	小麦	玉米	小麦	玉米	小麦	玉米
N+M	33.6	23.6	30.6	21.5	33.9	21.3	30.8	26.4	40.5	20.9	38.2	28.4	28.4	31.0
NP+M	34.4	22.8	27.5	24.3	31.8	25.2	24.8	28.7	40.0	25.6	29.2	27.3	28.2	33.4
NK+M	23.2	27.9	21.2	28.4	24.7	23.6	20.8	31.8	35.7	28.3	27.0	31.0	24.0	49.1
PK+M	24.2	17.1	21.6	18.6	35.9	25.2	31.5	28.6	36.0	21.9	37.9	29.0	29.6	42.1
NPK+M	38.4	28.5	30.9	28.4	38.5	28.1	31.8	32.2	43.4	29.1	39.9	37.7	32.7	53.0
$N_{15}PK+M$	44.4	27.6	37.7	26.4	39.6	28.1	39.3	32.2	55.7	29.9	41.5	36.0	41.0	52.6
$N_{25}PK+M$	37.2	30.4	32.1	31.0	35.4	29.4	32.8	37.2	41.3	33.2	40.5	37.9	29.3	51.0

长期不同施肥模式下，磷肥回收率的变化趋势各不相同（小麦：图 5-8，玉米：图 5-9）。

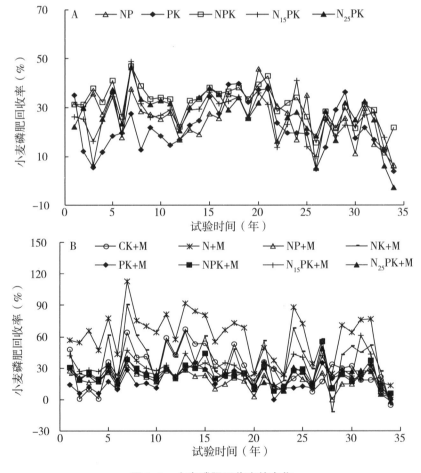

图 5-8 小麦磷肥回收率的变化

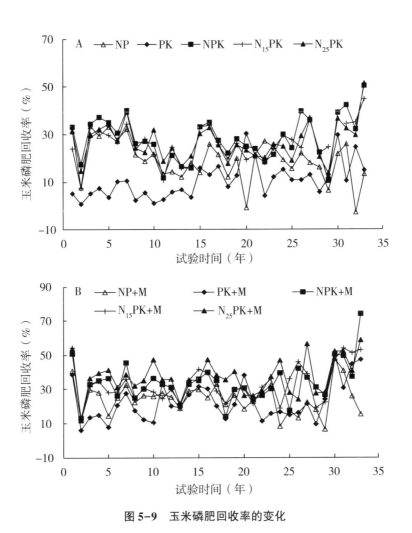

图 5-9 玉米磷肥回收率的变化

对于小麦作物，施用化肥的各处理（NP、PK、NPK、N_{15}PK 和 N_{25}PK）（图 5-8A），磷肥回收率呈波浪状变化，并且有逐渐下降趋势。其中与 NP 和 PK 处理相比，氮磷钾化肥处理磷肥回收率较稳定，保持在 30% 左右。对于化肥增施有机肥处理，不同施肥模式下磷肥回收率差异显著，NP+M 和 PK+M 处理磷肥回收率相对较低，在 20% 以下；氮磷钾化肥配施有机肥处理磷肥回收率较稳定，维持在 20%~30%；由于不施化学磷肥处理（CK+M、N+M 和 NK+M）的施磷量较低而作物产量相对较高导致磷肥回收率较高。可见，氮磷钾化肥处理和偏施氮钾化肥配施有机肥可提高土壤中磷肥利用率。

对于玉米，随着年限的增加，不施有机肥的 PK 处理磷肥回收率呈现上升趋势，前 13 年磷肥回收率均在 10% 以下，而后稳定在 15% 左右；而 NP 处理磷肥回收率呈现下降趋势，前 7 年磷肥回收率维持在 30% 左右，而后下降至 10%~20%。氮磷钾化肥处理磷肥回收率随产量变化呈波浪状变化，稳定在30%左右。对于增施有机肥处理，氮磷钾化肥配施有机肥处理磷肥回收率较高且稳定在33%~37%，从小到大的顺序为$N_{15}PK+M<NPK+M<N_{25}PK+M$，可见种植玉米施入氮素越多，作物产量越高，磷肥利用率也越高；偏施化肥加有机肥处理（NP+M和PK+M）磷肥回收率在20%左右。可见，小麦季增施有机肥能提高玉米季磷肥回收率。本研究中小麦季磷肥回收率略高于玉米季磷肥回收，而裴瑞娜通过28年长期定位施肥处理发现，黑垆土区玉米季的磷肥回收率平均值均高于冬小麦；可见不同作物磷肥回收率的大小与土壤类型有关。

长期不同施肥下，不同作物的不同处理磷肥回收率对有效磷的响应关系不同（小麦：图5-10，玉米：图5-11）。对于小麦作物，NP处理磷肥回收率随着有效磷的增加呈现一个缓慢上升然后达到平衡的趋势；PK处理呈下降趋势；NPK、$N_{15}PK$和$N_{25}PK$处理磷肥回收率与土壤有效磷的响应关系呈现开口向上抛物线的形式，即先稍微下降后上升的趋势。对于增施有机肥处理，CK+M、N+M、NP+M和NK+M处理磷肥回收率和土壤有效磷关系没有规律；PK+M处理磷肥回收率随土壤有效磷含量增加呈上升趋势。

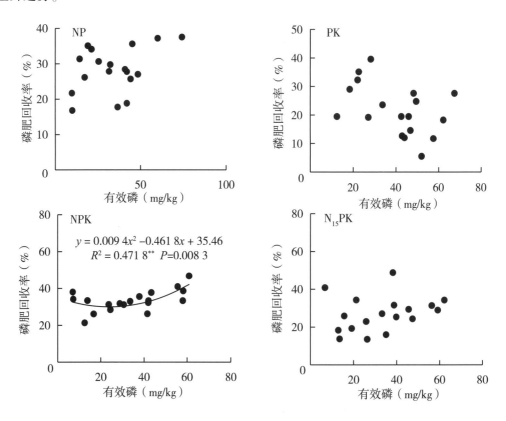

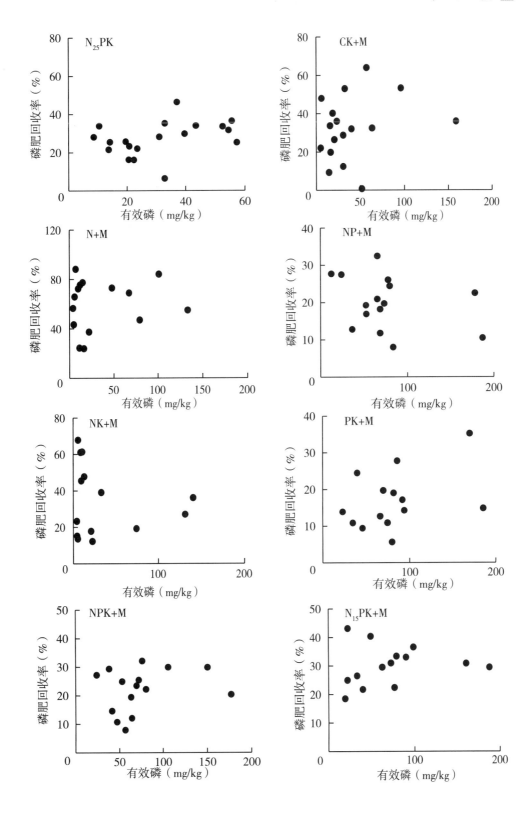

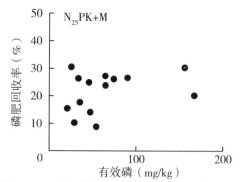

图 5-10　小麦磷肥回收率与土壤有效磷的关系

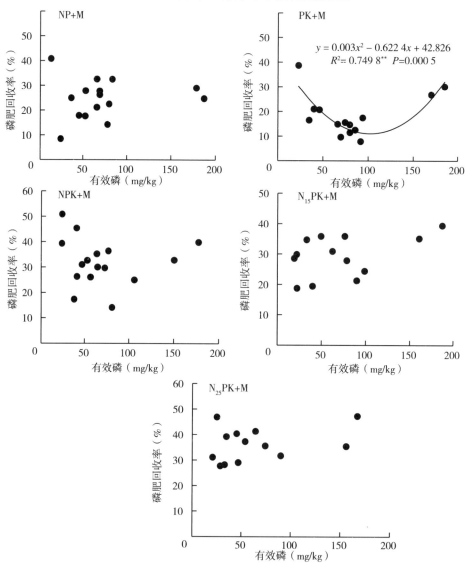

图 5-11　玉米磷肥回收率与土壤有效磷的关系

对于玉米，NP 处理磷肥回收率随土壤有效磷增加呈先增加后达到稳定的趋势，PK 处理中两者呈先下降后上升的趋势；除 $N_{15}PK$ 处理外，氮磷钾处理均随着有效磷的增加呈现上升的趋势。对于增施有机肥处理，NP+M 和 NPK+M 处理中磷肥回收率随土壤有效磷含量增加呈现先下降后上升的趋势；PK+M、$N_{15}PK+M$ 和 $N_{25}PK+M$ 处理磷肥回收率随着有效磷的增加呈上升的趋势。由此可见，小麦和玉米磷肥的回收率与土壤有效磷的响应关系存在一定的差异，并且与不同施肥处理有关。

六、主 要 结 果

土壤全磷能够反映土壤磷库的大小，不施磷肥的 3 种处理（CK、N 和 NK），由于作物吸收土壤磷等原因，土壤全磷表现为极显著下降的趋势；土壤施用磷肥后，前 8 年土壤全磷表现出增加趋势；随着年限增加，全磷含量表现出下降；而化学磷与有机肥配施处理随年限增加土壤全磷先增加后趋于稳定，说明与有机肥配施后土壤磷库稳定，可保证磷素的供应。

增施有机肥处理，土壤有效磷含量随着种植年限的增加呈现缓慢增加的趋势；但同时施用磷肥与有机肥处理的土壤有效磷含量总体较高。增施有机肥处理的山东潮土 PAC 总体值大于不增施有机肥处理；化学磷肥配施有机肥更能有效地提高土壤中有效磷含量；氮磷钾肥配施中氮量的大小对土壤磷平衡值的影响差异不大。长期不同施肥处理下，土壤有效磷和土壤磷素盈余之间呈极显著正相关。

采用米切里西方程模拟有效磷水平与作物产量的关系得出山东潮土小麦和玉米土壤有效磷农学阈值分别为 9.58 mg/kg 和 7.18 mg/kg。氮磷钾化肥处理或氮磷钾化肥配施有机肥能明显提高作物吸磷量，小麦季增施有机肥能提高玉米季磷肥回收率，同时研究发现小麦季磷肥回收率略高于玉米季磷肥回收率。小麦和玉米磷肥的回收率与土壤有效磷的响应关系存在一定的差异，并且与不同施肥处理有关。

因此，根据土壤有效磷的农学阈值及其年变化量、有效磷的年变化量和作物带走的磷量等指标推算出每年最佳的磷肥用量、达到有效磷农学阈值的时间等，从而为合理进行磷素的调控，进而实现山东潮土地力培肥、作物高产和生态高效的农业可持续生产提供理论依据。

（李彦、孙泽强、张英鹏）

主要参考文献

鲍士旦,2000. 土壤农化分析[M]. 3 版. 北京：中国农业出版社.

高静,徐明岗,张文菊,等,2009. 长期施肥对我国 6 种旱地小麦磷肥回收率的影响[J]. 植物营养与肥料学报,15(3)：584-592.

郭斗斗,黄绍敏,张水清,等,2017. 潮土小麦和玉米有效磷农学阈值及其差异分析[J]. 植物营养与肥料学报,23(5)：1184-1190.

韩瑛祚,娄春荣,王秀娟,等,2013. 不同磷肥利用方式对马铃薯产量及磷肥效率的影响[J]. 江苏农业科学,41(3)：76-78.

黄绍敏,宝德俊,皇甫湘荣,等,2006. 长期施肥对潮土土壤磷素利用与积累的影响[J]. 中国农业科学,39(1)：102-108.

李彦,于兴伟,高弼模,等,2008. 长期施肥对山东三大土类钾有效性及小麦产量的影响[J]. 中国生态农业学报,16(3)：583-586.

李渝,刘彦伶,张雅蓉,等,2016. 长期施肥条件下西南黄壤旱地有效磷对磷盈亏的响应[J]. 应用生态学报,27(7)：2321-2328.

刘彦伶,李渝,张雅蓉,等,2016. 长期施肥对黄壤性水稻土磷平衡及农学阈值的影响[J]. 中国农业科学,49(10)：1903-1912.

南镇武,梁斌,刘树堂,2015. 长期定位施肥对潮土氮素矿化特性及作物产量的影响[J]. 水土保持学报,29(6)：107-112.

裴瑞娜,2015. 长期施肥对黑垆土冬小麦、玉米产量和磷素利用效率的影响[J]. 甘肃农业科技(8)：48-53.

裴瑞娜,杨生茂,徐明岗,等,2010. 长期施肥条件下黑垆土有效磷对磷盈亏的响应[J]. 中国农业科学,43(19)：4008-4015.

曲均峰,李菊梅,徐明岗,等,2009. 中国典型农田土壤磷素演化对长期单施氮肥的响应[J]. 中国农业科学,42(11)：3933-3939.

山东省土壤肥料工作站,1994. 山东土壤[M]. 北京：中国农业出版社.

沈浦,2014. 长期施肥下典型农田土壤有效磷的演变特征及机制[D]. 北京：中国农业科学院.

王琼,展晓莹,张淑香,等,2018. 长期有机无机肥配施提高黑土磷含量和活化系数 [J]. 植物营养与肥料学报,24(6)：269-278.

谢如林,谭宏伟,周柳强,等,2012. 不同氮磷施用量对甘蔗产量及氮肥、磷肥利用率的 影响[J]. 西南农业学报,25(1)：198-202.

信秀丽,钦绳武,张佳宝,等,2015. 长期不同施肥下潮土磷素的演变特征[J]. 植物营 养与肥料学报,21(6)：1514-1520.

杨军,高伟,任顺荣,2015. 长期施肥条件下潮土土壤磷素对磷盈亏的响应[J]. 中国 农业科学,48(23)：4738-4747.

叶玉适,梁新强,李亮,等,2015. 不同水肥管理对太湖流域稻田磷素径流和渗漏损失 的影响[J]. 环境科学学报,35(4)：1125-1135.

袁天佑,王俊忠,冀建华,等,2017. 长期施肥条件下潮土有效磷的演变及其对磷盈亏 的响应[J]. 核农学报,31(1)：125-134.

展晓莹,任意,张淑香,等,2015. 中国主要土壤有效磷演变及其与磷平衡的响应关系 [J]. 中国农业科学,48(23)：4728-4737.

张清,陈智文,刘吉平,等,2007. 提高磷肥利用率的研究现状及发展趋势[J]. 世界农 业(2)：50-52.

中国科学院南京土壤研究所,1980. 中国土壤[M]. 2 版. 北京：科学出版社.

AULAKH M S, GARG A K, KABBA B S, 2010. Phosphorus accumulation, leaching and residual effects on crop yields from long-term applications in the subtropics[J]. Soil use and management, 23(4)：417-427.

LAFLEN J M, LANE L J, FOSTER G R, 1991. WEPP：A new generation of erosion pre- diction technology[J]. Journal of soil and water conservation, 46(1)：34-38.

XU T, LI J, MA Y, et al., 2008. Phosphorus efficiency in long-term(15 years)wheat- maize cropping systems with various soil and climate conditions[J]. Field crops re- search, 108(3)：231-237.

第六章　非石灰性潮土磷素演变与高效利用

非石灰性潮土分布于热带与亚热带，其物质来源是邻近山地母岩的风化物，土壤一般都没有石灰性，呈微酸性至中性反应，即使在排水不良和耕作管理粗放的情况下，也不易盐化和碱化。非石灰性潮土水热资源丰富，年均温 15～25℃，年降水量为 700～800 mm；干湿季节明显，冬季温暖干燥，夏季炎热潮湿。非石灰性潮土发育于冲积母质，表土质地均一，为轻壤。

迄今为止，基于莱阳非石灰性潮土长期定位站的观测研究，报道了施肥对土壤磷素状况的影响，有机肥和无机氮肥配合施用对土壤全磷、有效磷变化趋势、土壤对磷吸附解吸性能及非石灰性潮土磷组分等方面的影响（姚源喜等，1991；刘树堂等，2005；张敬敏等，2008），但却缺乏系统性。因此，系统地了解非石灰性潮土磷素演变和磷组分特征，可为提高非石灰性潮土磷素及科学施用磷肥提供重要参考信息。

一、非石灰性潮土长期定位试验概况

（一）试验点基本概况

非石灰性潮土长期肥力定位试验设在山东省莱阳市青岛农业大学莱阳试验站内（北纬 36°54′，东经 120°42′），海拔 30.5 m。年平均气温 11.2℃，最高温度 36.6～40.0℃，≥10℃积温 3 450℃，年降水量 779 mm，无霜期为 209～243 d，年日照时数 2 996 h。温、光、热资源丰富，适于多种作物生长。

试验地处低山丘陵区，供试土壤为非石灰性潮土，发育于冲积母质，根据中国土壤分类系统，属于非石灰性潮土，土壤中黏土矿物主要以高岭石为主。定位试验前耕层土壤（0～20 cm）基本性质见表 6-1。

表 6-1 试验点概况及初始土壤（0~20 cm）基本理化性质

理化性质	测定值
有机质（g/kg）	4.10
全氮（g/kg）	0.50
全磷（g/kg）	0.46
全钾（g/kg）	16.60
碱解氮（mg/kg）	45.30
有效磷（mg/kg）	15.00
速效钾（mg/kg）	38.00
pH 值	6.80

（二）试验设计

试验设 12 个处理：①不施肥对照（CK）；②单施低量氮肥（N_1）；③单施高量氮肥（N_2）；④单施低量有机肥（M_1）；⑤低量有机肥配施低量氮肥（M_1N_1）；⑥低量有机肥配施高量氮肥（M_1N_2）；⑦单施高量有机肥（M_2）；⑧高量有机肥配施低量氮肥（M_2N_1）；⑨高量有机肥配施高量氮肥（M_2N_2）；⑩氮磷钾肥配施（N_2PK）；⑪氮磷肥配施（N_2P）；⑫氮钾肥配施（N_2K）。

施肥试验从 1978 年开始，数据收集截至 2018 年，试验采取随机区组设计，3 次重复，小区面积 33.3 m^2。试验地实行冬小麦和夏玉米轮作制。氮素化肥用尿素，低氮肥年施用量为 138 kg/hm^2。高氮肥年施用量为 276 kg/hm^2。磷钾肥用过磷酸钙和氯化钾，年施用量分别为 P_2O_5 为 90 kg/hm^2，K_2O 为 135 kg/hm^2。有机肥用猪圈粪，含全氮量为 2~3 g/kg，含全磷量为 0.5~2 g/kg，有机质含量为 20~50 g/kg，施用高、低量均以与无机氮肥等含氮量计算。所有处理有机肥、磷肥和钾肥全部在冬小麦播种前作基肥一次性施入土壤。高量氮肥处理，N 41.4 kg/hm^2 作冬小麦种肥，N 96.6 kg/hm^2 分别在冬小麦返青和玉米拔节期追施，N 138 kg/hm^2 分别在冬小麦拔节和玉米小喇叭口期追施。低量氮肥处理，N 20.7 kg/hm^2 作冬小麦种肥，N 48.3 kg/hm^2 分别在冬小麦返青和玉米拔节期追施，N 69 kg/hm^2 分别在冬小麦拔节和玉米小喇叭口期追施，见表 6-2（Chen et al.，2018）。

玉米收获后按"之"字形采集 0~20 cm 土壤，每小区取 5 个点混合成 1 个样，室内风干，磨细过 0.15 mm 筛，装瓶保存备用。田间管理措施主要是除草和防治玉米和小麦病虫害。

表 6-2　肥料施用量　　　　　　　　　　　　单位：kg/hm^2

处理号	处理	有机肥	N	P$_2$O$_5$	K$_2$O
1	CK	0	0	0	0
2	N$_1$	0	138	0	0
3	N$_2$	0	276	0	0
4	M$_1$	3 000	0	0	0
5	M$_1$N$_1$	3 000	138	0	0
6	M$_1$N$_2$	3 000	276	0	0
7	M$_2$	6 000	0	0	0
8	M$_2$N$_1$	6 000	138	0	0
9	M$_2$N$_2$	6 000	276	0	0
10	N$_2$PK	0	276	90	135
11	N$_2$P	0	276	90	0
12	N$_2$K	0	276	0	135

注：CK 为对照组，N$_1$ 为低氮，N$_2$ 为高氮，M$_1$ 为低有机肥，M$_2$ 为高有机肥。

二、长期施肥下土壤全磷和有效磷的变化趋势及其关系

（一）长期施肥下土壤全磷的变化趋势

长期不同施肥下非石灰性潮土全磷含量变化如图 6-1 所示，不施磷肥的 4 种处理（CK、N$_1$、N$_2$ 和 N$_2$K），由于作物吸收土壤磷等原因，土壤全磷表现为缓慢下降的趋势，从开始时（1978 年含量）的 0.46 g/kg 分别下降到 2018 年的 0.40 g/kg、0.33 g/kg、0.41 g/kg 和 0.36 g/kg，分别下降了 13.0%、28.3%、10.9% 和 21.7%。土壤施用磷肥后，施用化学磷肥的 N$_2$PK 处理，由于磷的施用量大于作物携出磷量。土壤全磷含量随时间延长表现为缓慢上升趋势，由试验开始时（1984 年含量）的 0.46 g/kg 分别上升到 2018 年的 0.55 g/kg，上升了 19.6%。1984 年的 N$_2$P 处理土壤全磷含量与 2018 年的基本一致，均为 0.46 g/kg。单施有机肥（M$_1$ 和 M$_2$）也能提高土壤全磷含量，其年增加量分别为 0.003 g/kg 和 0.008 g/kg。有机肥配施化肥的 4 种处理（M$_1$N$_1$、M$_1$N$_2$、M$_2$N$_1$ 和

M₂N₂），土壤全磷增加最多，从开始时（1978 年含量）的 0.46 g/kg 分别上升到 2018年的 0.57 g/kg、0.56 g/kg、0.74 g/kg 和 0.69 g/kg，全磷年增加量分别为 0.002 g/kg、0.002 g/kg、0.007 g/kg 和 0.007 g/kg。磷素是制约作物生长发育的重要因子，如果土壤连续种植作物而不施用磷肥，由于磷的耗竭，土壤磷素将变得更为缺乏，施用磷肥是作物持续增产的有效措施（曲均锋等，2009a，2009b）。

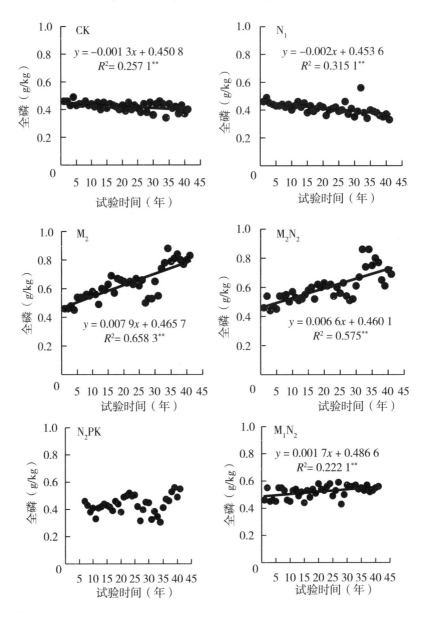

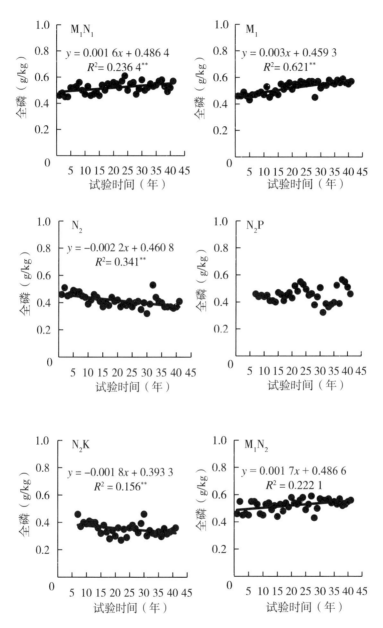

图 6-1　长期施肥对土壤全磷含量的影响（1978—2018 年）

（二）长期施肥下土壤有效磷的变化趋势

如图 6-2 所示，在长期不施磷肥的处理（CK、N_1、N_2 和 N_2K）中，由于作物从土壤中吸收磷素，土壤磷亏缺程度越来越大，土壤有效磷表现出下降趋势，4 个处理土壤有效磷含量从开始时（1978 年）的 15 mg/kg 分别下降到 2018 年的 3.3 mg/kg、4.1 mg/kg、3.9 mg/kg 和 6.9 mg/kg，土壤有效磷达到极缺程度，其中 CK 处理土壤有效磷下降速度最快。施用磷肥之后，土壤有效磷含量均随种植时间延长呈现上升趋势，并且与时间呈极显著正相关（$P<0.01$）。其中，单施化学磷肥的 2 种处理（N_2PK 和 N_2P）土壤有效磷含量由开始时（1984 年）的 15 mg/kg 分别上升到 2018 年的 48.9 mg/kg 和 57.4 mg/kg，有效磷年增加量分别为 1.46 mg/kg 和 1.68 mg/kg。单施有机肥（M_1 和 M_2）和化学肥料配施有机肥处理（M_1N_1、M_1N_2、M_2N_1 和 M_2N_2）土壤有效

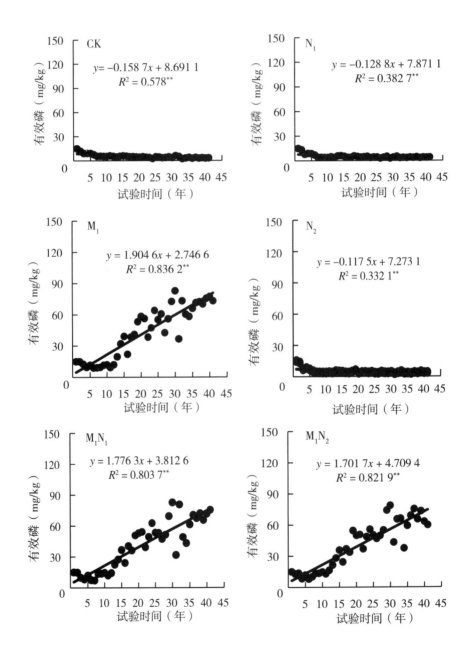

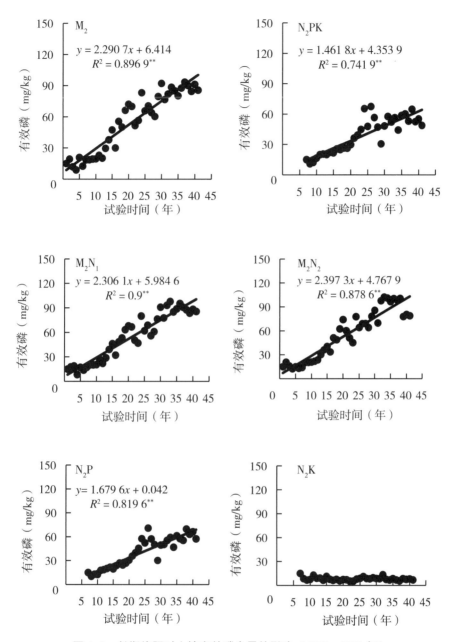

图6-2 长期施肥对土壤有效磷含量的影响（1978—2018年）

磷年增加量均很高，分别为1.90 mg/kg（M_1）、2.29 mg/kg（M_2）、1.78 mg/kg（M_1N_1）、1.70 mg/kg（M_1N_2）、2.31 mg/kg（M_2N_1）和2.40 mg/kg（M_2N_2），土壤有效磷含量由试验开始时（1978年含量）的15 mg/kg分别上升到2018年的73.2 mg/kg（M_1）、85.6 mg/kg（M_2）、75.5 mg/kg（M_1N_1）、59.9 mg/kg（M_1N_2）、85.7 mg/kg（M_2N_1）和78.9 mg/kg（M_2N_2），达到很高水平，远远超过了磷环境阈值（Colomb et al.，2007）。

（三）长期施肥下土壤全磷与有效磷的关系

用磷活化系数（PAC）可以表示土壤磷活化能力，长期施肥下非石灰性土壤磷活化系数随时间的演变规律如图6-3所示，不施磷肥的处理（CK、N_1、N_2和N_2K）中CK、N_1和N_2处理土壤PAC与时间呈极显著负相关（$P<0.01$），CK、N_1和N_2处理的PAC随施肥时间均表现为下降趋势，由试验开始时（1978年）的3.26%分别下降到2018年的0.84%、1.25%和0.94%，CK、N_1和N_2 3个处理PAC年下降速度分别为0.03%、0.02%和0.02%。这3种处理的土壤PAC值均低于2%，表明全磷各形态很难转化为有

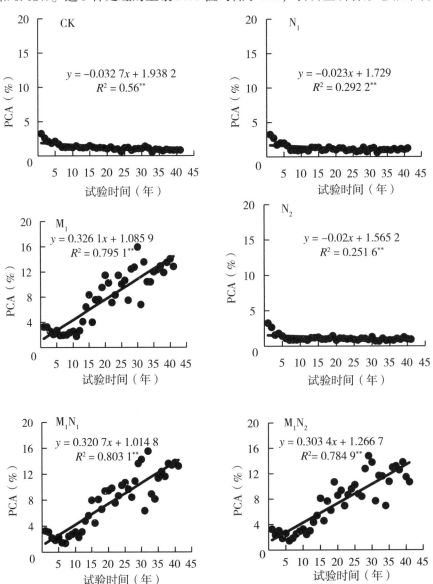

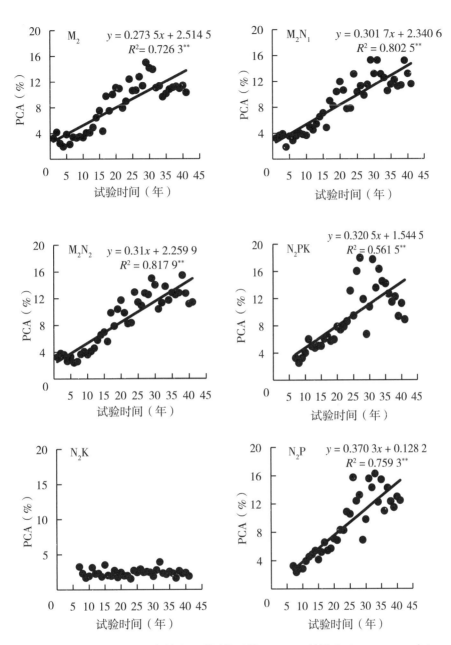

图 6-3　长期施肥对非石灰性潮土磷活化系数（PAC）的影响（1978—2018 年）

效磷（贾兴永等，2011）。N_2K 总体呈现下降趋势，但较前 3 个处理下降缓慢，由试验开始时（1984 年）的 3.26% 下降到 2018 年的 1.91%，下降了 41.4%。施用磷肥的处理，土壤 PAC 与时间呈极显著正相关（$P<0.01$），PAC 随施肥时间延长均呈现上升趋势，施肥 10 年之后，施磷肥处理的土壤 PAC 均高于不施磷肥处理，PAC 值大于 2，说明土壤全磷容易转化为有效磷。施用磷料之后，土壤 PAC 值均随种植时间延长呈现上

升趋势，并且与时间呈极显著正相关（$P<0.01$）。其中，单施化学磷肥的 2 种处理（N_2 PK 和 N_2P）土壤 PAC 值由开始时（1984 年）的 3.26% 分别上升到 2018 年的 8.89% 和 12.47%，PAC 值的年增加量分别为 0.32% 和 0.37%。单施有机肥（M_1 和 M_2）和有机肥配施化肥（M_1N_1、M_1N_2、M_2N_1 和 M_2N_2）也能提高土壤 PAC 值，其年增加量分别为 0.33%（M_1）、0.27%（M_2）、0.32%（M_1N_1）、0.32%（M_1N_2）、0.30%（M_2N_1）和 0.31%（M_2N_2），土壤 PAC 值由试验开始时（1978 年）的 3.26% 分别上升到 2018 年的 11.90%（M_1）、11.26%（M_2）、13.62%（M_1N_1）、12.58%（M_1N_2）、11.39（M_2N_1）和 15.48%（M_2N_2），单施有机肥（M_1 和 M_2）和化肥配施有机肥（M_1N_1、M_1N_2、M_2N_1 和 M_2N_2）的处理土壤 PAC 值均高于 10%，这些值要高于紫色土（刘京，2015）各处理，说明 PAC 值与土壤类型等有关。

三、长期定位施肥对土壤磷素形态的相关性分析

为探讨连续进行 41 年的长期定位施肥各组分相关性，对 1989 年及 2014 年（时隔 25 年）土壤无机磷各组分、有机磷含量、全磷含量与有效磷含量进行相关分析（表 6-3，表 6-4）。1989 年有效磷与有机磷、铝磷、铁磷和钙磷呈极显著相关，与全磷无相关性，与闭蓄态磷呈显著负相关；在无机磷组分之间，铁磷与铝磷和钙磷呈极显著相关，铁磷与闭蓄态磷呈显著负相关，钙磷与闭蓄态磷呈极显著负相关（表 6-3）。2014 年，有效磷与全磷、无机磷、铝磷、铁磷和钙磷均达到极显著相关；无机磷各组分之间，闭蓄态磷与钙磷、铁磷无显著相关，铝磷与钙磷、铁磷与钙磷、铝磷与铁磷达到极显著相关（表 6-4）。自 1989 年到 2014 年连续进行 25 年后，土壤有效磷与磷素各组分之间相关性已发生改变，通过 2014 年土壤磷素试验数据相关分析得知，土壤全磷对土壤有效磷含量产生显著性影响。

表 6-3 1989 年不同施肥处理有效磷和各磷素形态的相关分析

变量	全磷	无机磷	有机磷	铝磷	铁磷	钙磷	闭蓄态磷
无机磷	0.366 7						
有机磷	0.739 2	0.828 5					
铝磷	0.426 4	0.829 3	0.805 6				
铁磷	0.685 2	0.868 5	0.972	0.859 8			
钙磷	0.515 5	0.788 5	0.775 9	0.561 3	0.810 8		
闭蓄态磷	-0.638 3	-0.551 3	-0.720 1	-0.449 5	-0.747 3	-0.925 9	
有效磷	0.665 7	0.899 8	0.946 4	0.806 4	0.974 3	0.867 8	-0.772

注：$P<0.05$（$R^2=0.666\ 4$），$P<0.01$（$R^2=0.797\ 7$）。

表 6-4　2014 年不同施肥处理有效磷和各磷素形态的相关分析

变量	全磷	无机磷	有机磷	铝磷	铁磷	钙磷	闭蓄态磷
无机磷	0.981 9						
有机磷	0.888 5	0.833 9					
铝磷	0.984 7	0.993	0.870 3				
铁磷	0.962 7	0.980 5	0.886 6	0.981 9			
钙磷	0.979 2	0.946 4	0.944 1	0.952 6	0.953 6		
闭蓄态磷	0.571 4	0.684 8	0.198 7	0.644 4	0.587 2	0.418 1	
有效磷	0.922 6	0.856 3	0.981 8	0.883 2	0.880 7	0.965 5	0.238 9

注：$P<0.05$（$R^2=0.666\ 4$），$P<0.01$（$R^2=0.797\ 7$）。

自 1989 年到 2014 年连续进行试验 25 年后，土壤有效磷与磷素各组分之间相关性已发生改变，通过 2014 年土壤磷素试验数据相关分析得知，土壤全磷对土壤有效磷含量产生显著性影响。

相关分析表明，土壤中的有机磷和无机磷组分始终处于一个平衡过程，它们中存在一定程度的相互影响和制约。而土壤有效磷含量的高低则取决于土壤各组分磷素之间的分布状况和转化方向，任何形态的土壤磷素变化都会引起土壤有效磷含量的波动（刘树堂等，2005）。相关分析只是简单的说明 2 个变量之间的相关，却不能说明土壤磷素各组分是直接还是间接对土壤有效磷含量变化产生影响。通径分析（图 6-4，图 6-5）可以将某一组分对土壤有效磷含量的影响分为直接效应和该组分通过其他组分对土壤有效磷含量的间接效应两部分。

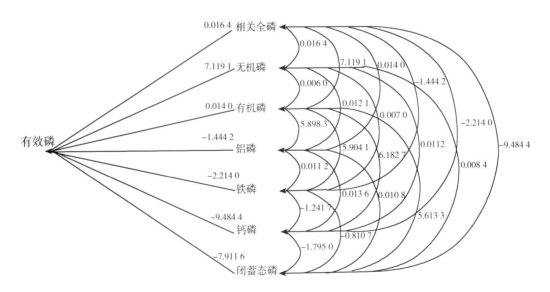

图 6-4　1989 年不同施肥处理土壤有效磷和各磷素形态的通径分析

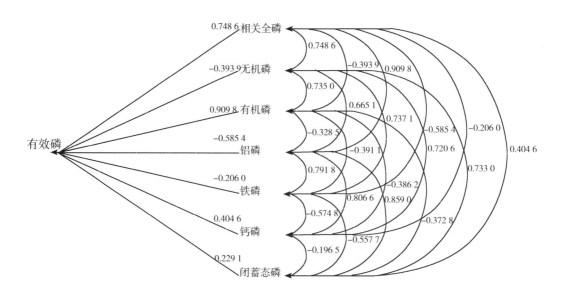

图 6-5　2014 年不同施肥处理土壤有效磷和各磷素形态的通径分析

1989 年对土壤有效磷起重要作用的因素排序：钙磷（-9.484 4）>闭蓄态磷（-7.911 6）>无机磷（7.119 1）>铁磷（-2.214）>铝磷（-1.444 2）>全磷（0.016 4）>有机磷（0.014）。表明土壤有效磷的重要磷源是钙磷、闭蓄态磷、无机磷和铁磷（图 6-4）。2014 年，土壤中各种形态磷素对土壤有效磷重要性排序为：有机磷（0.909 8）>全磷（0.748 6）>铝磷（-0.585 4）>钙磷（0.404 6）>无机磷（-0.393 9）>闭蓄态磷（0.229 1）>铁磷（-0.206）。表明土壤磷素各组分对土壤有效磷的重要贡献为有机磷、全磷、铝磷和钙磷（图 6-5）。研究表明，自 1989 年到 2014年连续进行 25 年后，由于连续不同施肥，土壤有效磷主要来源由钙磷、闭蓄态磷、无机磷和铁磷转变为有机磷、全磷、铝磷和钙磷。

四、主要结果与指导磷肥的应用

长期施肥下磷素的演变特征结果表明：不施磷肥的处理（CK、N_1、N_2 和 N_2K）土壤全磷、有效磷和 PAC 值均有所下降，而施磷肥的处理（N_2PK、N_2P、M_1、M_2、M_1N_1、M_1N_2、M_2N_1 和 M_2N_2）土壤全磷、有效磷和 PAC 值均有所上升，说明施磷肥能够提高土壤磷水平和磷素活化效率。

施磷肥的处理（N_2PK、N_2P、M_1、M_2、M_1N_1、M_1N_2、M_2N_1 和 M_2N_2）土壤有效磷含量由试验开始时（1978 年含量）的 15 mg/kg 分别上升到 2018 年的 73.2 mg/kg

（M_1）、85.6 mg/kg（M_2）、75.5 mg/kg（M_1N_1）、59.9 mg/kg（M_1N_2）、85.7 mg/kg（M_2N_1）和78.9 mg/kg（M_2N_2），达到很高水平，远远超过了磷环境阈值。

多年连续施肥造成了土壤有效磷主要来源的改变，对有效磷贡献最大的前3种磷形态，初始年（1989）为钙磷、闭蓄态磷和有机磷，2014年变为有机磷、全磷和铝磷。根据土壤全磷和有效磷演变趋势，以及不同磷形态对有效磷的贡献，可以合理调控土壤磷素状况。对于山东非石灰性潮土，有机肥是培肥地力和提高供磷能力的重要措施，但目前土壤有效磷水平偏高，对环境造成潜在的风险，在今后，需减少有机肥的投入量。

（刘树堂、陈延玲）

主要参考文献

鲍士旦,2000.土壤农化分析[M].3版.北京：中国农业出版社.

曹宁,陈新平,张福锁,等,2007.从土壤肥力变化预测中国未来磷肥需求[J].土壤学报,44(3)：536-543.

贾兴永,李菊梅,2011.土壤磷有效性及其与土壤性质关系的研究[J].中国土壤与肥料(6)：76-82.

介晓磊,李有田,庞荣丽,等,2005.低分子量有机酸对石灰性土壤磷素形态转化及有效性的影响[J].土壤通报,36(6)：856-860.

李庆逵,朱兆良,于天仁,1988.中国农业持续发展中的肥料问题[M].南昌：江西科学技术出版社.

梁国庆,林葆,林继雄,等,2001.长期施肥对石灰性潮土无机磷形态的影响[J].植物营养与肥料学报(3)：241-248.

刘建玲,张福锁,2000.小麦—玉米轮作长期肥料定位试验中土壤磷库的变化Ⅱ.土壤有效磷及各形态无机磷的动态变化[J].应用生态学报,11(3)：365-368.

刘建玲,张福锁,2000.小麦—玉米轮作长期肥料定位试验中土壤磷库的变化Ⅰ.磷肥产量效应及土壤总磷库、无机磷库的变化[J].应用生态学报,11(3)：360-364.

刘京,2015.长期施肥下紫色土磷素累积特征及其环境风险[D].重庆：西南大学.

刘树堂,韩晓日,迟睿,等,2005.长期定位施肥对无石灰性潮土磷素状况的影响[J].水土保持学报,19(5)：43-46.

鲁如坤,2000.土壤农业化学分析方法[M].3版.北京：中国农业科学技术出版社.

戚瑞生,党廷辉,杨绍琼,等,2012.长期轮作与施肥对农田土壤磷素形态和吸持特性的影响[J].土壤学报,6(49)：1136-1146.

曲均峰,戴建军,徐明岗,等,2009a. 长期施肥对土壤磷素影响研究进展[J]. 热带农业科学,29(3):75-80.

曲均峰,李菊梅,徐明岗,等,2009b. 中国典型农田土壤磷素演化对长期单施氮肥的响应[J]. 中国农业科学,42(11):3933-3939.

束良佐,邹德乙,2001. 长期定位施肥对棕壤无机磷形态及其有效性的影响 Ⅱ. 肥料中的磷向各形态无机磷的转化及其有效性[J]. 辽宁农业科学(2):5-7.

孙倩倩,王正银,赵欢,等,2012. 定位施肥对紫色菜园土磷素状况的影响[J]. 生态学报,32(8):2539-2549.

徐明岗,张文菊,等,2015. 中国土壤肥力演变[M]. 2 版. 北京:中国农业科学技术出版社.

姚源喜,刘树堂,邓迎海,等,1991. 施肥对土壤磷素状况的影响[J]. 莱阳农学院学报,8(2):85-90.

张敬敏,李文香,桑茂鹏,等,2008. 长期定位施肥对非石灰性潮土磷素吸附与解吸的影响[J]. 山东农业科学(3):79-82.

周宝库,张喜林,2005. 长期施肥对黑土磷素积累、形态转化及其有效性影响的研究[J]. 植物营养与肥料学报,11(2):143-147.

CHEN Y L, LIU, J T, Liu S T, 2018. Effect of long-term mineral fertilizer application on soil enzyme activities and bacterial community composition[J]. Plant, soil and environment, 64(12):571-577.

COLOMB B, DEBAEKE P, JOUANY C, et al., 2007. Phosphorus management in low input stockless cropping systems:crop and soil responses to contrasting P regimes in a 36-year experiment in southern France[J]. European journal of agronomy, 26(2):154-165.

ESCUDEY M, GALINDO G, FRSTER J E, et al., 2001. Chemical forms of phosphorus of volcani cash derivead soils in chile[J].Communications in soil science and plant analysis, 32(5-6):601-616.

MARTINA P, WOLF-ANNO B, ANDEAS B, 2011. Mineral-nitrogen and phosphorus leaching from vegetable gardens in Niamey, Niger[J]. Journal of plant nutrition and soil science, 174(1):47-55.

SINGH C P, AMBERGER A, 1991. Solubilization and availability of phosphorus during decomposition of rock phosphate enriched straw andurine[J]. Biological agriculture and horticulture, 7(3):261-269.

WEI X R, SHAO M A, SHAO H B, et al., 2011. Fractions and bioavailability of soil inorganic phosphorus in the Loess Plateau of China under different vegetations[J]. Acta geologica sinica, 85(1):263-270.

第七章　褐土磷素演变及磷肥高效利用

我国有 2 516 万 hm^2 的褐土，主要分布于半干旱、半湿润偏旱的辽西、冀北、晋西北以及燕山、太行山、吕梁山与秦岭等山地、丘陵和晋南、豫西、晋东南等处的盆地中，根据褐土土壤成土发育程度及附加的其他成土过程特点，山西省褐土土类可划分为褐土、石灰性褐土、淋溶褐土、潮褐土和褐土性土 5 个亚类，其中褐土性土是山西省分布最广、面积最大的 1 个亚类，是山西省最主要的旱作农业土壤。山西省褐土面积724.1 万 hm^2，占全国褐土总土地面积的 28.8%。山西省有 286.1 万 hm^2 的褐土为耕作土壤，占山西省总耕地面积的 54.9%。

褐土土类属于半淋溶土纲，半湿暖温半淋溶土亚纲。褐土主要发育在富含碳酸钙的母质上，组成褐土黏粒的主要矿物是水云母和蛭石类，褐土分布区的年降水量 450~600mm，年干燥度 1.2~1.3，其形成的气候特点是冬干夏湿、高温和多雨季节一致，导致土壤发育过程中石灰性物质在剖面中发生了淋溶和累积，同时伴随有黏粒的形成与淀积。褐土区气候干旱，植被较差，腐殖化过程弱于矿化分解过程，导致腐殖化层较薄。褐土的剖面形态较完整，发生层次基本清楚，表土层即腐殖质层（A）、表土层下为淋溶层（B），有时与黏化层同层，底土层为钙积层（Bca），最底层为母质层（C）或母岩层（R）、半风化物层（D）。大多数褐土剖面土体深厚，土质适中，通透性好，生产性能良好，土壤有机质和氮磷含量中等偏低，钾素丰富，土壤呈中性到微碱性反应，土壤中锌、锰和铁等物质的有效性低。

基于褐土肥力和肥效长期定位试验站的观测研究，不少专家报道了不同施肥模式对土壤全磷、有效磷变化趋势和土壤对磷吸附解吸性能等方面的影响。韩志卿等（2011）以河北褐土为试验材料，研究了长期施肥对褐土及其微团聚体中磷素形态分布和有效性的影响。发现褐土磷素组成以无机磷为主，各级微团聚体各形态磷素含量均随粒级减小而增加，磷素有效性在 <10 μm 粒级中最高，在 10~50 μm 粒级范围内最低。杨振兴等（2015）研究了褐土有效磷含量对磷盈亏的响应。发现土壤有效磷含量随土壤磷素盈余而变化，并与磷素投入量密切相关，当 P$_2$O$_5$ 每年投入量为37.5~65 kg/hm^2 时，基本可以满足作物生长需求，磷肥当季利用率较高，磷素在土

壤中累积量较少。当 P_2O_5 每年投入量达到 112 kg/hm² 后，会造成磷素在土壤中大量累积，不仅作物产量对磷肥几乎没有响应，还会对农田环境产生危害。迄今为止，关于我国褐土中磷素的研究可谓广泛而深入，但却缺乏系统性。因此系统地了解褐土磷素演变、磷素演变与磷平衡的响应关系、磷素农学阈值和利用率等，可为褐土合理施用磷肥、提高磷肥利用率提供理论基础和重要参考信息。

一、褐土旱地长期定位试验概况

（一）试验点基本概况

褐土肥力和肥效长期定位试验设在山西省寿阳县宗艾村的北坪旱塬地上，属中纬度暖温带半湿润偏旱区大陆性季风气候区。地理坐标为北纬 37°58′ ~ 37°58′，东经 113°06′~113°06′，海拔 1 130 m，年均气温为 7.4℃，年均降水量约 500 mm，而年均蒸发量为年均降水量的 3 倍多，1 600~1 800 mm。该区气候特征为一年四季分明，季节温差大，无霜期 130 d 左右。一年一作春玉米播种面积占当地粮食播种面积的 1/2 以上，而玉米籽粒产量占当地粮食总产的 2/3 以上。试验点地势基本平坦，属褐土性土壤，成土母质为马兰黄土，表土呈褐色，具有黏化 B 层，剖面中、下部有黏粒和钙的积聚，呈中性的半淋溶性土壤，土层深厚，地下水埋深在地表 50 m 以下。

供试土壤剖面性状：0~30 cm，耕层，灰褐色，轻壤土，疏松，少量灰渣侵入，根系多；30~45 cm，犁底层，浅灰黄色，中壤土，紧实，少量灰渣侵入，根系中量；45~65 cm，钙积层，浅黄红色，轻中壤土，有中量丝状钙积，较紧实，根系少量；65~200 cm，心土层，浅黄色，轻壤土，较疏松。试验开始时的土壤有机质 23.5 g/kg，全氮 1.05 g/kg，全磷 0.79 g/kg，碱解氮 106.4 mg/kg，有效磷 4.97 mg/kg，速效钾117.2 mg/kg，pH 值 8.4。物理基本性质见表 7-1。

表 7-1　寿阳县宗艾村北坪地块土壤的物理性质

土层深度（cm）	容重（g/cm³）	孔隙度（%）	土壤粒径分布（%）					凋萎湿度（干土重%）	田间持水量（干土重%）
			>0.05 mm	0.05~0.01 mm	0.01~0.005 mm	0.005~0.001 mm	<0.001 mm		
0~10	1.18	55.5	45.5	23.5	10.5	12.5	8.0	5.1	25.7
10~20	1.24	53.2	44.5	26.5	11.0	10.0	8.0	6.1	24.8
20~40	1.33	49.8	37.5	32.5	9.5	8.3	12.2	5.5	25.1

续表

土层深度 （cm）	容重 （g/cm³）	孔隙度 （%）	土壤粒径分布（%）					凋萎湿度 （干土重 %）	田间持水量 （干土重 %）
			>0.05 mm	0.05~ 0.01 mm	0.01~ 0.005 mm	0.005~ 0.001 mm	<0.001 mm		
40~60	1.36	48.7	44.5	30.0	12.0	4.0	9.5	5.3	23.4
60~80	1.28	51.7	41.7	33.2	8.5	7.3	9.3	5.0	24.0
80~100	1.28	51.7	43.0	33.0	8.2	6.8	9.0	6.5	24.2
100~120	1.37	48.3	43.0	30.5	11.0	6.0	9.5	7.2	25.4
120~140	1.36	48.7	44.5	27.0	10.5	9.5	8.5	8.0	26.2
140~160	1.40	47.2	40.5	38.0	7.5	6.5	7.5	7.9	26.4
160~180	1.39	47.5	37.5	35.0	9.0	9.5	9.0	8.8	27.3
180~200	1.32	50.2	37.5	32.0	10.5	10.0	10.0	9.5	30.7

（二）试验设计

开始试验的前 3 年，由同一户农民进行了统一的施肥和种植管理，1992 年春开始布置有机无机肥配合施用长期定位试验。

试验设计采用氮、磷和有机肥三因素四水平正交设计（表 7-2），另设对照和高量有机肥区，共 18 个处理，小区面积 66.7 m²，随机排列，秋季结合耕翻地将肥料一次性施入。

供试验用的氮肥为尿素，含 N 量 46%，磷肥为过磷酸钙（太原），含 P_2O_5 14%。牛粪（风干），有机质含量 90.5~127.3 g/kg，全氮 3.93~4.97 g/kg，全磷（P_2O_5）1.37~1.46 g/kg，全钾（K_2O）14.1~34.3 g/kg。试验开始时的耕层土壤（0~20 cm）基本性质为：有机质 2.380%，全氮 0.105%，全磷（P_2O_5）0.173%，碱解氮 106.4 mg/kg，有效磷 4.84 mg/kg，速效钾 100 mg/kg，pH 值 8.3。肥料用量及各处理肥料实物施用量见表 7-2。春季播种时间一般在 4 月 15 日—4 月 25 日，收获时间一般在 9 月 20 日—10 月 10 日。供试品种 1992 年为'中单 2 号'、1993—1997 年为'烟单 14 号'、1998—2003 年为'晋单 34 号'，2004—2011 年为'强盛 31 号'，密度 3 300~3 500 株/亩，2012 年以来为'晋单 81 号'，种植密度 4 400 株/亩，各小区单独测产，在玉米收获前分区取样，进行考种和经济性状测定，同时取植株分析样。玉米收获后的 10 月中下旬按"之"字形采集 0~20 cm 和 20~40 cm 土壤，每小区每层取 10 个点混合成 1 个样，室内风干，磨细过 1 mm 和 0.25 mm 筛，装瓶保存备用。田间管理措施主要是除草和防治病虫害。

表7-2 有机无机肥配合施用长期定位试验施肥量

处理		施肥量（kg/hm²）			小区施肥量（kg/66.7 m²）		
		N	P₂O₅	M	尿素	过磷酸钙	腐熟牛粪
1	$N_1P_1M_0$	60	37.5	0	0.87	1.79	0
2	$N_1P_2M_1$	60	75.0	22 500	0.87	3.57	150
3	$N_1P_3M_2$	60	112.5	45 000	0.87	5.36	300
4	$N_1P_4M_3$	60	150.0	67 500	0.87	7.14	450
5	$N_2P_1M_1$	120	37.5	22 500	1.74	1.79	150
6	$N_2P_2M_0$	120	75.0	0	1.74	3.57	0
7	$N_2P_3M_3$	120	112.5	67 500	1.74	5.36	450
8	$N_2P_4M_2$	120	150.0	45 000	1.74	7.14	300
9	$N_3P_1M_2$	180	37.5	45 000	2.61	1.79	300
10	$N_3P_2M_3$	180	75.0	67 500	2.61	3.57	450
11	$N_3P_3M_0$	180	112.5	0	2.61	5.36	0
12	$N_3P_4M_1$	180	150.0	22 500	2.61	7.14	150
13	$N_4P_1M_3$	240	37.5	67 500	3.48	1.79	450
14	$N_4P_2M_2$	240	75.0	45 000	3.48	3.57	300
15	$N_4P_3M_1$	240	112.5	22 500	3.48	5.36	150
16	$N_4P_4M_0$	240	150.0	0	3.48	7.14	0
17	$N_0P_0M_0$	0	0	0	0	0	0
18	$N_0P_0M_6$	0	0	135 000	0	0	900

注：表中0-0-0代表N-P₂O₅-M的施肥量，依此类推。

二、长期施肥下土壤全磷和有效磷的变化趋势及其关系

（一）长期施肥下土壤全磷的变化趋势

试验数据选择褐土肥力和肥效长期定位试验中的9个处理进行比较，长期不同施肥下褐土全磷含量变化如图7-1所示，不施磷肥的处理（$N_0P_0M_0$）和施用化学磷肥的处

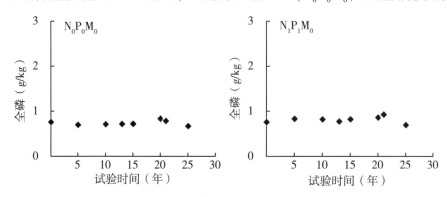

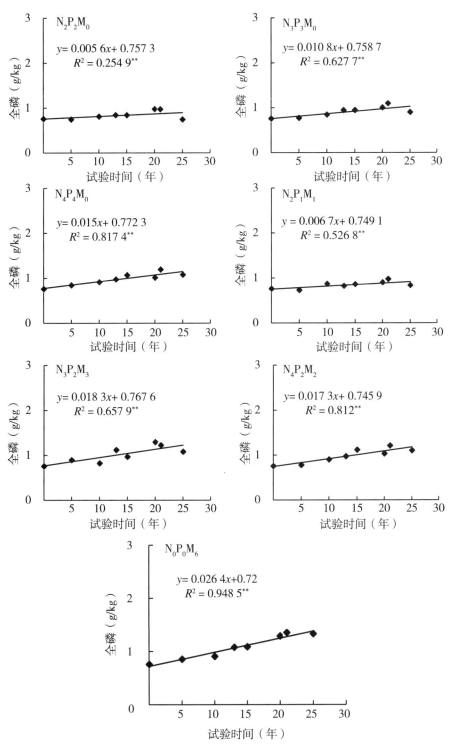

图 7-1 长期施肥对土壤全磷含量的影响

理（$N_1P_1M_0$），由于作物吸收土壤磷和磷肥投入量少等原因，土壤全磷表现为缓慢下降的趋势，从开始时（1992 年含量）的 0.76g/kg 分别下降到 2016 年的 0.67g/kg 和 0.69g/kg，分别下降了 11.7% 和 8.4%。为土壤施用磷肥后，当处理的磷施用量大于作物携出磷量时，土壤全磷含量与时间均呈极显著正相关（$P<0.01$），随种植时间延长表现出上升趋势。施用化学磷肥的 3 个处理（$N_2P_2M_0$、$N_3P_3M_0$ 和 $N_4P_4M_0$），土壤全磷含量表现为随着化肥施用量的增加而缓慢上升趋势，年均增幅分别为 0.006g/kg、0.01g/kg 和 0.015g/kg。有机肥配施化肥可以显著提高土壤全磷含量，有机无机配施的 3 种处理（$N_2P_1M_1$、$N_3P_2M_3$ 和 $N_4P_2M_2$），从开始时（1992 年含量）的 0.76 g/kg 分别上升到 2016 年的 0.83 g/kg、1.08 g/kg 和 1.10 g/kg，全磷年增加量分别为 0.006 g/kg、0.018 g/kg 和 0.017 g/kg。单施有机肥（$N_0P_0M_6$），土壤全磷增加最多，年增加量为 0.026 g/kg。磷是植物生长发育不可缺少的营养元素之一，既可以作为植物体内许多有机化合物的组成成分，又能以各种形式参与植物体内的新陈代谢过程。植物的生长成熟与土壤中磷的供应能力息息相关，磷可以直接影响植物的生长发育，同时影响植株收获物的品质。土壤全磷量即磷的总储量，包括有机磷和无机磷两大类。土壤中的磷素大部分是以缓效性状态存在，因此土壤全磷含量并不能作为土壤磷素供应的指标，全磷含量高时并不意味着磷素供应充足，而全磷含量低于某一水平时，却可能意味着磷素的供应不足。

（二）长期施肥下土壤有效磷的变化趋势

如图 7-2 所示，不施磷肥的处理（$N_0P_0M_0$），由于作物从土壤中吸收磷素，土壤磷亏缺程度越来越大，土壤有效磷表现出下降趋势，土壤有效磷含量从开始时（1992年）的 4.84 mg/kg 分别下降到 2016 年的 3.7 mg/kg，土壤有效磷达到极缺程度。施用化学磷肥之后，土壤有效磷含量均随种植时间延长呈现上升趋势，并且与时间呈极显著正相关（$P < 0.01$）。单施化学磷肥的 4 种处理（$N_1P_1M_0$、$N_2P_2M_0$、$N_3P_3M_0$ 和

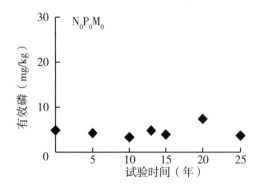
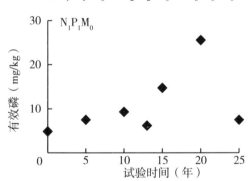

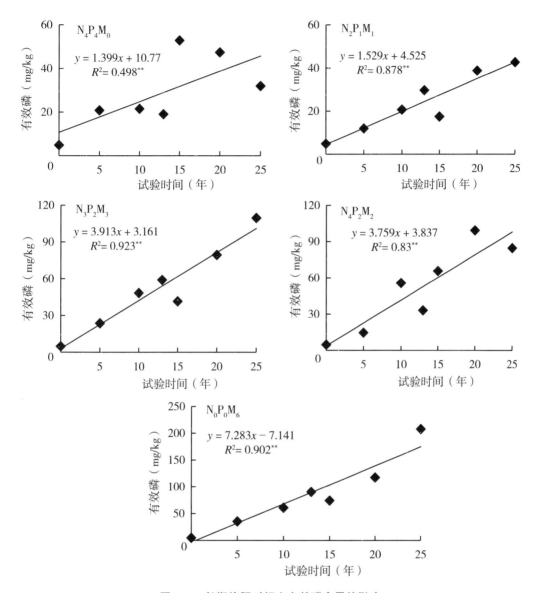

图 7-2　长期施肥对褐土有效磷含量的影响

$N_4P_4M_0$）土壤有效磷含量由开始时（1992 年）的 4.84 mg/kg 分别上升到 2016 年的 7.5 mg/kg、24.5 mg/kg、19.0 mg/kg 和 32.0 mg/kg，有效磷年增加量分别为 0.12 mg/kg、0.85 mg/kg、0.62 mg/kg 和 1.18 mg/kg。有机肥配施化肥可以显著提高土壤有效磷含量，有机无机配施的 3 种处理（$N_2P_1M_1$、$N_3P_2M_3$ 和 $N_4P_2M_2$）土壤有效磷含量，从开始时（1992 年含量）的 4.84 mg/kg 分别上升到 2016 年的 42.7 mg/kg、109.5 mg/kg 和 84.6 mg/kg，有效磷年增加量分别为 1.65 mg/kg、4.56 mg/kg 和 3.46 mg/kg。单施有机肥（$N_0P_0M_6$），土壤有效磷增加最多，其年增加量为 8.82 g/kg，

土壤有效磷含量远远超过了磷环境阈值。由此可见，施有机肥有利于提高土壤有效磷的供应能力，可降低化学磷肥的投入，但同时也应考虑有机肥的合理施用量，减少其对环境的影响。

（三）长期施肥下土壤全磷与有效磷的关系

用磷活化系数（PAC）可以表示土壤磷活化能力，长期施肥下褐土磷活化系数随时间的演变规律如图7-3所示，不施磷肥的处理（$N_0P_0M_0$）土壤PAC种植时间的增加表现为下降趋势，由试验开始时（1992年）的0.64%分别下降到2016年的0.55%，PAC年下降速度为13.99%。施用磷肥的处理，土壤PAC与时间呈显著（$P<0.05$）或极显著正相关（$P<0.01$），PAC随施肥时间延长均呈现上升趋势，施肥5年之后，施磷肥处理的土壤PAC均高于不施磷肥处理，当PAC值大于2%，说明土壤全磷容易转化为有效磷，当土壤PAC值均低于2%，表明全磷各形态很难转化为有效磷（贾兴永等，2011）。单施化学磷肥的4个处理（$N_1P_1M_0$、$N_2P_2M_0$、$N_3P_3M_0$和$N_4P_4M_0$）土壤PAC值均随种植时间延长而波动性上升，上升幅度显著，由试验开始时（1992年）的0.64%分别上升到2016年的1.08%、3.30%、2.17%和2.97%，这4个处理PAC年上升速度分别为1.92%、11.56%、6.42%和10.14%。单施有机肥（$N_0P_0M_6$）和化肥配施有机

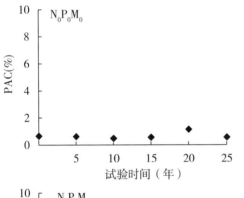

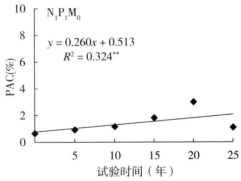

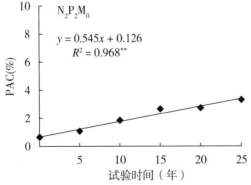

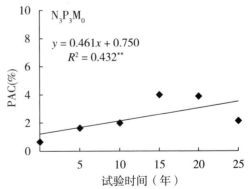

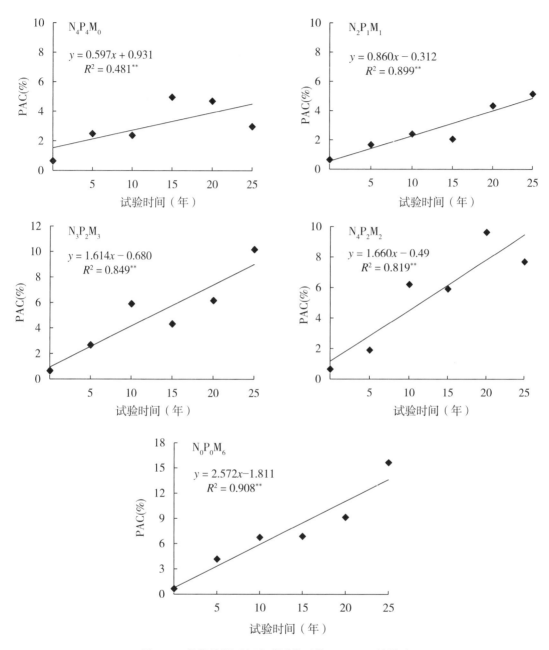

图 7-3　长期施肥对褐土磷活化系数（PAC）的影响

肥（$N_2P_1M_1$、$N_3P_2M_3$ 和 $N_4P_2M_2$）的处理土壤 PAC 一直处于上升趋势，并且上升幅度较单施化肥处理较更为显著，这 4 种处理的 PAC 值年上升速度分别为 65.18%、19.53%、41.40%和 30.62%，PAC 值由试验开始时（1992 年）的 0.64%分别上升到 2016 年的 15.63%、4.49%、9.52%和 7.04%。

三、长期施肥下土壤有效磷变化对土壤磷盈亏的响应特征

（一）长期施肥下土壤磷素盈亏情况

图7-4为试验中各处理25年当季土壤表观磷盈亏。由图可知，不施磷肥处理（$N_0P_0M_0$）由于无肥料投入，作物吸收的磷主要来自土壤有效磷，因此磷素处于亏缺状态，平均年亏缺P 9.95 kg/hm^2，由于磷素缺乏会影响作物的品质和产量，当季作物磷亏缺值会随种植时间延长而减少。除低量施用磷肥$N_1P_1M_0$盈余为负值外，其他施用化学磷肥处理和有机无机配施处理（$N_2P_2M_0$、$N_3P_3M_0$、$N_4P_4M_0$、$N_2P_1M_1$、$N_3P_2M_3$、$N_4P_2M_2$和N_0P_0 M_6）当季土壤表观磷呈现盈余状态，单施化学磷肥的3个处理（$N_2P_2M_0$、$N_3P_3M_0$和N_4P_4 M_0）当季土壤磷盈余值的平均值分别为13.56 kg/hm^2、30.06 kg/hm^{2}和45.27 kg/hm^2，并且随种植时间延长没有较大的波动。单施有机肥（$N_0P_0M_6$）和化肥配施有机肥（$N_2P_1M_1$、$N_3P_2M_3$和$N_4P_2M_2$）的处理土壤当季土壤磷盈余值均较高，平均值分别为46.40 kg/hm^2、6.48 kg/hm^2、44.57 kg/hm^{2}和31.57 kg/hm^2。由于试验区属雨养农业区，作物生长发育受气候（降水量）影响较大，1997年全年降水量为250.7 mm，仅为年平均降水量的1/2，

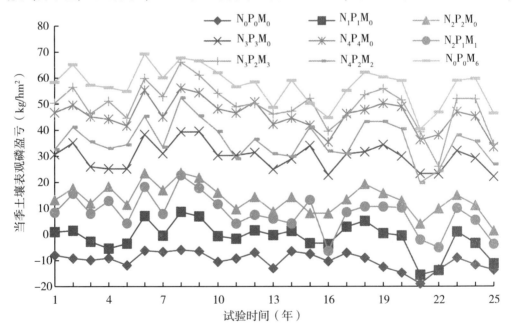

图7-4　各处理当季土壤表观磷盈亏

1999 年降水量为 321.5 mm，为年平均降水量的 2/3。因此造成作物生育期缺水，生物产量较低，导致各处理携出量与其他年份差异较大。

图 7-5 为试验中各处理 25 年土壤累积磷盈亏。由图可得，不施磷肥处理（$N_0P_0M_0$）土壤累积磷一直处于亏缺态，并且亏缺值随种植时间延长而增加，土壤磷亏缺值最少，是因为土壤中没有任何肥料的供应，作物产量最低，土壤携出磷量最低。除低量施用磷肥 $N_1P_1M_0$ 盈余为负值外，单施化学磷肥的 3 个处理（$N_2P_2M_0$、$N_3P_3M_0$ 和 $N_4P_4M_0$）土壤累积磷一直处于盈余状态，并且随种植时间延长盈余值增加，2016 年土壤累积磷盈余值分别为 338.95 kg/hm^2、751.57 kg/hm^2 和 1 131.65 kg/hm^2。化肥配施有机肥（$N_2P_1M_1$、$N_3P_2M_3$ 和 $N_4P_2M_2$）的处理土壤累积磷盈余值均较高，2016 年分别达到 162.10 kg/hm^2、1 114.33 kg/hm^2 和 789.26 kg/hm^2，单施有机肥（$N_0P_0M_6$）处理的土壤累积盈余量为各处理中最高，达到 1 159.54 kg/hm^2。说明单施有机肥或者化肥配施有机肥能有效地提高土壤磷平衡值。

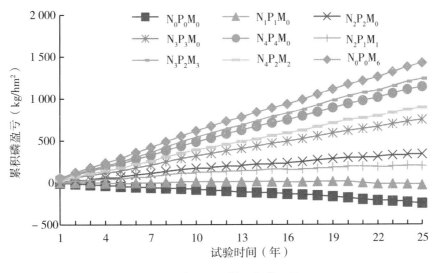

图 7-5　各处理土壤累积磷盈亏

（二）长期施肥下土壤有效磷变化对土壤磷素盈亏的响应

图 7-6 表示长期不同施肥模式下褐土有效磷变化量与土壤耕层磷盈亏的响应关系。不施磷肥处理（$N_0P_0M_0$），土壤有效磷变化量与土壤累积磷亏缺值的直接相关系数不显著，$N_0P_0M_0$ 处理土壤每亏缺 100 kg P/hm^2，有效磷下降 1.3 mg/kg。施用化学磷肥的 4 个处理（$N_1P_1M_0$、$N_2P_2M_0$、$N_3P_3M_0$ 和 $N_4P_4M_0$）中，$N_1P_1M_0$、$N_2P_2M_0$ 和 $N_4P_4M_0$ 处理土壤有效磷与土壤累积磷盈余呈显著（$P<0.05$）或极显著正相关（$P<0.01$），土壤每累积 100 kg P/hm^2，有效磷浓度分别上升 4.7 mg/kg、6.9 mg/kg 和 2.2 mg/kg，$N_3P_3M_0$ 处

理土壤有效磷变化量与土壤累积磷亏缺值的直接相关系数不显著，土壤每累积 100 kg P/hm²，有效磷浓度上升 2.3 mg/kg。单施有机肥（$N_0P_0M_6$）和化肥配施有机肥（$N_2P_1M_1$、$N_3P_2M_3$ 和 $N_4P_2M_2$）的处理土壤有效磷变化量与磷盈余表现为极显著正相关（$P<0.01$），$N_2P_1M_1$、$N_3P_2M_3$ 和 $N_4P_2M_2$ 各处理土壤每累积 100 kg P/hm²，3 种处理土壤有效磷浓度分别上升 23.1 mg/kg、9.1 mg/kg 和 12.0 mg/kg。$N_0P_0M_6$ 处理土壤每盈余 100 kg P/hm²，有效磷浓度上升 17.5 mg/kg。国际上多数研究认为约 10% 的累积磷盈余转变为有效磷，但是各试验结果之间存在差异。曹宁等（2012）对中国 7 个长期试验地

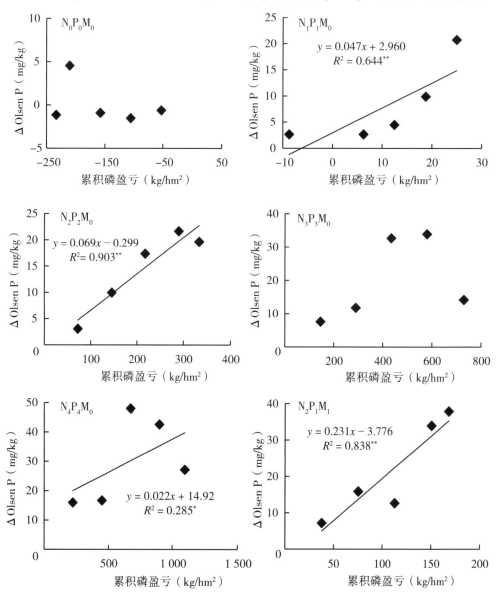

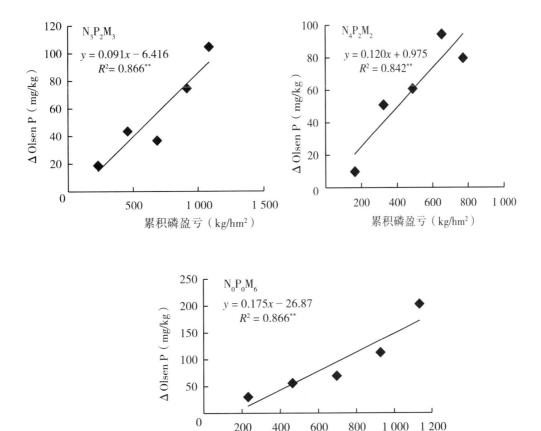

图7-6 各处理褐土有效磷变化量对土壤累积磷盈亏的响应

点有效磷与土壤累积磷盈亏的关系进行研究发现土壤有效磷含量与土壤磷盈亏呈极显著线性相关（$P<0.01$），中国7个样点每盈余100 kg P/hm^2，有效磷浓度上升范围为1.44~5.74 mg/kg，可能是连续施肥的时间、环境、种植制度和土壤理化性质不同引起的。

四、土壤有效磷农学阈值研究

土壤有效磷含量是影响作物产量的重要因素，土壤中的有效磷含量较低时，不能满足作物的生长需求，造成作物明显减产；但当土壤有效磷含量过高时，则对作物的增产效果不明显，甚至可能由于淋溶或者地表径流造成环境污染，因而确定保证土壤有效磷含量的适宜水平对作物产量与环境保护具有非常重要意义。磷农学阈值是指当土壤中的有效磷含量达到某个值后，作物产量不随磷肥的继续施用而增加，即作物产量对磷肥的施用响应降低。确定土壤磷素农学阈值的方法中，应用比较广泛的有线性模型、线性平台模型和米切里西方程 3 种（Mallarino and Blackmer，1992）。

本章基于褐土不同施肥处理（$N_0P_0M_0$、$N_1P_1M_0$、$N_2P_2M_0$、$N_3P_3M_0$、$N_4P_4M_0$、$N_2P_1M_1$、$N_3P_2M_3$、$N_4P_2M_2$和$N_0P_0M_6$）有效磷水平与作物产量长期定位数据，通过分析作物相对产量和土壤有效磷的变化趋势，结果表明采用米切里西方程可以较好地模拟两者的关系，当玉米的相对产量达到 90% 时，玉米农学阈值平均值为 8.73 mg/kg（图 7-7），可以推断，作物的农学阈值受作物类型、土壤类型以及气候环境等诸多因素的影响，在实际应用中需要结合实际情况考虑。另外，可以看到，阈值计算模型的选用，对于阈值的确定有很大影响，需要将模型的选择和实际的农业生产状况结合起来，才能准确的计算出作物的农学阈值。

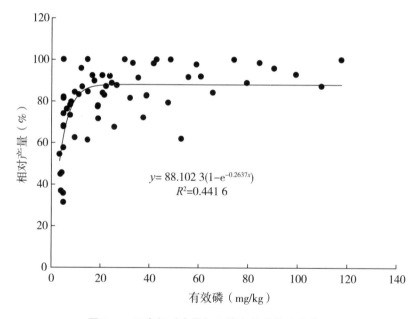

$$y= 88.102\,3(1-e^{-0.2637x})$$
$$R^2=0.441\,6$$

图 7-7 玉米相对产量与土壤有效磷的响应关系

五、磷肥回收率的演变趋势

长期不同施肥下，作物吸磷量差异显著（图 7-8）。$N_0P_0M_0$处理的作物吸磷量显著低于其他施肥处理，具体表现为 $N_0P_0M_0<N_1P_1M_0<N_3P_3M_0<N_2P_2M_0<N_4P_4M_0<N_2P_1M<$

$N_3P_2M_3 < N_4P_2M_2 < N_0P_0M_6$。不施磷素（$N_0P_0M_0$）处理，玉米对磷素的吸收保持在较低水平，25 年平均携出磷为 9.95 kg/hm^2。玉米品种的选择和种植密度的增加对土壤磷携出量影响很大，特别是在 2012 年后，根据当地种植结构的调整，玉米种植密度增加从原来的 55 000 株/hm^2 提高到 66 000 株/hm^2。作物生物量显著增加，从土壤中带走的磷素也明显增加。单施化肥各处理（$N_1P_1M_0$、$N_2P_2M_0$、$N_3P_3M_0$ 和 $N_4P_4M_0$）25 年间平均每年从土壤携出磷含量为 17.11 kg/hm^2、19.19 kg/hm^2、19.06 kg/hm^2 和 20.24 kg/hm^2，各处理之间差异不显著。说明当无机磷的施入量达到一定值时，作物对磷素需求达到饱和，投入再多的无机磷都不会使作物的生物量有大幅度的提高，从而使磷的携出量趋于稳定。有机肥的投入可以显著增加作物的生物量，有机无机肥配合施用各处理的作物吸收量显著高于单施无机肥各处理。

表 7-3　长期不同施肥作物磷素吸收特征　　　　　　单位：kg P/hm^2

处理	1992— 1996 年	1997— 2001 年	2002— 2006 年	2007— 2011 年	2012— 2016 年	1992—2016 年 （25 年平均）
$N_0P_0M_0$	9.60	7.16	8.64	10.74	13.63	9.95
$N_1P_1M_0$	17.86	11.70	16.49	15.15	24.35	17.11
$N_2P_2M_0$	18.47	12.62	21.97	19.11	23.81	19.19
$N_3P_3M_0$	20.58	13.29	19.09	19.09	23.27	19.06
$N_4P_4M_0$	20.51	14.18	20.76	20.23	25.49	20.24
$N_2P_1M_1$	20.19	14.35	23.01	23.29	29.34	22.04
$N_3P_2M_3$	24.20	15.20	25.04	24.83	33.78	24.61
$N_4P_2M_2$	25.65	17.72	27.48	23.03	33.46	25.47
$N_0P_0M_6$	24.59	17.85	28.37	26.72	34.81	26.47

褐土长期施用磷肥条件下，玉米产量与磷素吸收变化趋势关系可以看出，作物产量与磷素吸收呈极显著正相关。玉米的直线方程为 $y = 0.196x + 2.6227$（$R^2 = 0.7122^{**}$，$P < 0.01$）。根据两者相关方程可以计算出，在褐土旱地上每吸收 1 kg 磷，玉米产量能提高 0.196 t/hm^2（图 7-8）。

长期不同施肥下，磷肥回收率的变化趋势各不相同（图 7-9）。单施化学磷肥的各处理（$N_1P_1M_0$、$N_2P_2M_0$、$N_3P_3M_0$ 和 $N_4P_4M_0$）中，$N_1P_1M_0$ 的磷肥回收率最高，施肥 25 年后磷肥回收率为 67.17% 左右，较试验初增加了 23.94 个百分点，说明低量施用磷肥不足以满足作物生长需求，磷肥回收率高。而随着无机磷的投入量加大，单施无机肥各处理出现逐渐下降趋势，$N_2P_2M_0$、$N_3P_3M_0$ 和 $N_4P_4M_0$ 处理施肥 25 年后磷肥回收率从初始的 35.88%、21.05% 和 17.21% 左右降低到 36.64%、4.08% 和 4.58%

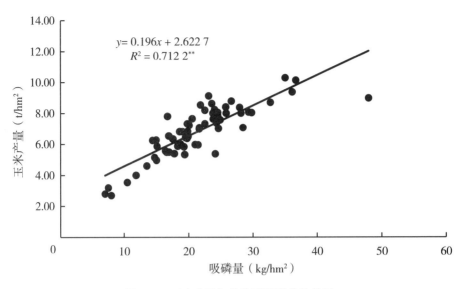

图 7-8　玉米产量与作物磷素吸收的关系

左右。有机无机肥配施各处理与单施无机肥处理变化趋势一致，低量施用有机肥处理的磷肥回收率最高，$N_2P_1M_1$ 处理施肥 25 年后磷肥回收率从初始的 47.93% 左右降低到 24.54% 左右。中高量化肥配施有机肥和高量单施有机肥的处理（$N_3P_2M_3$、$N_4P_2M_2$ 和 $N_0P_0M_6$），对提高作物磷肥回收率具有明显的效果，多年均保持在 20%～40%（图 7-9），这与高静（2009）等得出 NPKM 处理的磷肥回收率随着时间的增加（1990—2010 年）保持平稳，平均值分别为 27.5% 和 21.0%，而 NPKS、NP 和 NPK 处理的磷肥回收率呈下降趋势的结论一致。

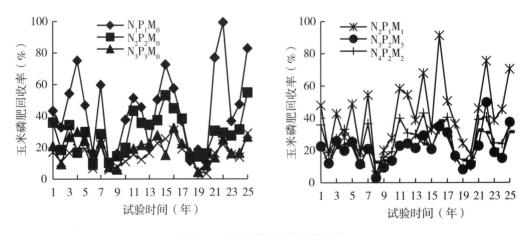

图 7-9　玉米磷肥回收率的变化

长期不同施肥下，磷肥回收率对时间的响应关系也不相同（表7-4）。从试验数据来看，各处理间磷肥回收率并没有随着种植时间的增加而产生明显变化。磷肥回收率与时间均没有显著相关性。施用有机肥各处理磷肥回收率对时间的响应要好于单施无机肥各处理，说明施用有机肥能维持稳定的磷肥回收率。

表 7-4　磷肥回收率随种植时间的变化关系

处理		玉米 R^2
$N_1P_1M_0$	$y = 0.303\ 1x + 38.935$	0.008 1
$N_2P_2M_0$	$y = 0.227\ 8x + 25.015$	0.018 8
$N_3P_3M_0$	$y = -0.128\ 5x + 19.823$	0.013 5
$N_4P_4M_0$	$y = 0.042\ 2x + 14.872$	0.001 9
$N_2P_1M_1$	$y = 0.713\ 5x + 32.291$	0.062 5
$N_3P_2M_3$	$y = 0.287\ 4x + 16.850$	0.042 1
$N_4P_2M_2$	$y = 0.044\ 6x + 25.880$	0.000 8
$N_0P_0M_6$	$y = 0.261\ 6x + 18.451$	0.056 2

长期不同施肥下，不同处理磷肥回收率对有效磷的响应关系不同（图7-10）。单施

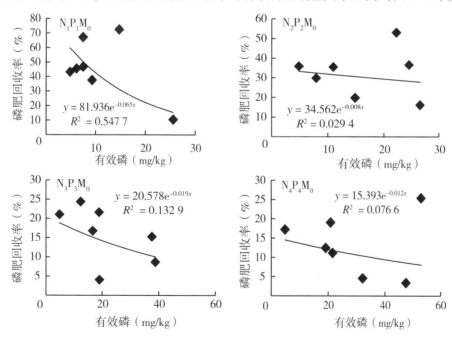

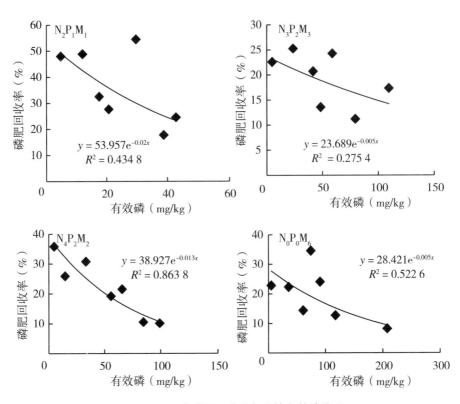

图 7-10 玉米磷肥回收率与土壤有效磷关系

化学磷肥处理中，$N_1P_1M_0$ 和 $N_3P_3M_0$ 处理玉米的磷肥回收率均随有效磷的增加呈极显著下降，下降速率大小依次为 $N_1P_1M_0 > N_3P_3M_0$；$N_2P_2M_0$ 和 $N_4P_4M_0$ 处理玉米磷肥的回收率与土壤有效磷增加响应关系没有显著差异，没有随着土壤有效磷的变化而变化。有机无机肥配施处理中，$N_3P_2M_3$ 和 $N_4P_2M_2$ 处理玉米的磷肥回收率均随有效磷的增加呈极显著下降，下降速率大小依次为 $N_4P_2M_2 > N_3P_2M_3$；$N_2P_1M_1$ 处理玉米磷肥的回收率与土壤有效磷增加响应关系没有显著差异，没有随着土壤有效磷的变化而变化。高量施用有机肥 $N_0P_0M_6$ 处理玉米磷肥的回收率与土壤有效磷增加响应关系同样没有显著相关性。

六、主要结果与指导磷肥的应用

不施肥处理土壤全磷、有效磷较试验初均有所下降。长期低中量施用无机肥（$N_1P_1M_0$ 和 $N_2P_2M_0$）土壤全磷呈现下降趋势，而随着无机磷肥投入量（$N_3P_3M_0$ 和

$N_4P_4M_0$）的增加土壤全磷含量随之增加。施用无机磷肥处理有效磷和 PAC 值随着施肥量的增加而有所上升，并且提高了土壤磷水平和磷素活化效率。化肥配施有机肥的各处理（$N_2P_1M_1$、$N_3P_2M_3$ 和 $N_4P_2M_2$）土壤全磷、有效磷和 PAC 值增加速率显著高于施用无机肥各处理。土壤全磷和有效磷增速最高的是高量施用有机肥处理（$N_0P_0M_6$），土壤全磷年增加量为 0.025 g/kg，有效磷年增加量为 8.82 g/kg。

土壤磷素累积与磷投入密切相关，当磷投入量相当于作物需磷量时可维持耕层土壤总磷库的平衡，高于作物需磷量时可以增加耕层土壤磷库。本试验各处理在连续施肥 25 年后，土壤磷素盈余量大小依次 $N_0P_0M_6 > N_3P_2M_3 > N_4P_4 > N_4P_2M_2 > N_3P_3 > N_2P_2 > N_2P_1M_1 > N_1P_1 > CK$。CK 处理耕层土壤磷素处于亏缺状态。单施无机肥各处理随着施入磷肥量的增加，作物对磷的携出量增加，在土壤中磷素的盈余量也随之增多。适当增加 N/P 比，可以提高作物对磷的吸收率，提高磷素的利用效率。有机无机配施与单施无机肥相比较，在相同磷素投入水平下，有机无机配施可以通过改善土壤结构，改良土壤性质，促进作物对磷素的吸收，减少盈余磷素在土壤中的累积。向土壤中过量施入磷素，并不能使作物吸磷量成比例的增加。单施高量有机肥 $N_0P_0M_6$ 会造成磷素在土壤中大量累积。而且在盈余态磷中，活性较强的水溶态和碳酸氢钠溶解态磷所占比例较大，极易引起土壤中磷素淋湿，造成磷素浪费，并且对环境造成破坏。

采用线性方程和米切里西方程 2 种模型计算出褐土玉米农学阈值平均值为 8.73 mg/kg。玉米产量与磷素吸收呈极显著正相关。玉米的直线方程为 $y = 0.196x + 2.622\ 7$（$R^2 = 0.712\ 2^{**}$，$P < 0.01$）。在褐土旱地上每吸收 1 kg 磷，能提高玉米产量为 0.196 t/hm^2。单施化学磷肥处理中，$N_1P_1M_0$ 和 $N_3P_3M_0$ 处理玉米的磷肥回收率均随有效磷的增加而显著下降，下降速率 $N_1P_1M_0 > N_3P_3M_0$。有机无机肥配施处理中，$N_3P_2M_3$ 和 $N_4P_2M_2$ 处理玉米的磷肥回收率均随有效磷的增加而显著下降，下降速率 $N_4P_2M_2 > N_3P_2M_3$。

基于土壤有效磷和磷平衡的响应关系以及土壤有效磷的农学阈值和环境阈值的磷肥高效管理既可以保证土壤的有效磷含量满足作物高产的需求，又能保证有效磷含磷量不至于过高造成环境污染。根据土壤有效磷的农学阈值和土壤环境阈值（引起环境污染的临界值），估计某一土壤有效磷的年变化量，以及作物带走的磷含量，可以推算出磷肥用量。

以褐土不同处理的下的 2016 年土壤有效磷为例，对于 $N_0P_0M_0$，要使 2016 年的有效磷水平（3.7 mg/kg）达到褐土壤的农学阈值 8.73 mg/kg，每年施用磷肥为 37.5 kg P_2O_5，需要 3 年左右的时间；$N_1P_1M_0$ 处理要达到农学阈值需要 1 年时间（表 7-5）。对于 $N_0P_0M_6$，要使 2016 年有效磷（207.7 mg/kg）水平降到环境阈值（根据文献

35 mg/kg），需要 39 年（表 7-6），对于有效磷下降的速率，本章采用了该处理的上升速度的值，估计了土壤有效磷的下降都计算的结果，可能存在一定的误差，在农业生产实际的应用中还需要及时观测作物的生长与土壤有效磷的变化。

表 7-5　基于 2016 年有效磷含量、农学阈值以及有效磷和磷平衡（$N_2P_2M_0$）的
响应关系计算的磷肥施量（加上化学磷肥的计算）

处理	每年作物携带走的磷（kg/hm²）	有效磷的变化与累积磷的响应关系	2016 年有效磷含量（mg/kg）	有效磷范围（mg/kg）	年均磷用量为 37.5 kg/hm²时，达到阈值所需时间（年）
$N_0P_0M_0$	9.74	0.069	3.7	<8.7	3
$N_1P_1M_0$	16.74	0.069	7.5	<8.7	1

表 7-6　基于 2016 年有机无机配施各处理有效磷含量和有效磷与磷平衡的
响应关系计算的到达环境阈值所需时间

处理	每年作物携带走的磷（kg/hm²）	有效磷的变化与累积磷的响应关系	2016 年有效磷含量（mg/kg）	有效磷范围（mg/kg）	不施用磷肥时，降到 35 mg/kg 所需时间（年）
$N_2P_1M_1$	21.50	0.231	42.7	>35	2
$N_3P_2M_3$	23.89	0.091	109.5	>35	34
$N_4P_2M_2$	24.82	0.120	84.5	>35	17
$N_0P_0M_6$	25.57	0.175	207.7	>35	39

（杨振兴、周怀平）

主要参考文献

鲍士旦，2000. 土壤农化分析［M］. 3 版. 北京：中国农业出版社.

曹宁，陈新平，张福锁，等，2007. 从土壤肥力变化预测中国未来磷肥需求［J］. 土壤学报，44（3）：536-543.

陈璐，党廷辉，杨绍琼，等，2011. 黄土旱塬施肥对土壤颗粒组成及其有效磷富集的影响研究［J］. 水土保持学报，25（3）：151-153，159.

高静，2009. 长期施肥下我国典型农田土壤磷库与作物磷肥效率的演变特征［D］. 北

京：中国农业科学院.

韩志卿,韩志才,张电学,等,2008. 不同施肥制度下褐土微团聚体碳氮分布变化及其对肥力的影响[J]. 华北农学报,23(4)：190-195.

韩志卿,韩志才,张电学,等,2011. 长期施肥对褐土及其微团聚体磷素形态分布和有效性的影响[J]. 华北农学报,26(6)：189-195.

贾兴永,李菊梅,2011. 土壤磷有效性及其与土壤性质关系的研究[J]. 中国土壤与肥料(6)：76-82.

蒋柏藩,顾益初,1989. 石灰性土壤无机磷分级体系的研究[J]. 中国农业科学,22(3)：58-66.

雷明江,杨玉华,杜昌文,等,2007. 长期定位施肥试验中土壤可溶性有机磷的变化规律及其有效性研究[J]. 植物营养与肥料学报,13(5)：844-849.

李庆逵,朱兆良,于天仁,1988. 中国农业持续发展中的肥料问题[M]. 南昌：江西科学技术出版社.

鲁如坤,2000. 土壤农业化学分析方法[M]. 北京：中国农业科学技术出版社.

鲁如坤,时正元,钱承梁,1997. 土壤积累态磷研究[J]. 土壤(2)：57-60.

裴瑞娜,2010. 长期施肥下我国典型农田土壤有效磷对磷盈亏的响应[D]. 甘肃：甘肃农业大学.

曲均峰,戴建军,徐明岗,等,2009. 长期施肥对土壤磷素影响研究进展[J]. 热带农业科学,29(3)：75-80.

杨振兴,周怀平,关春林,等,2015. 长期施肥褐土有效磷对磷盈亏的响应[J]. 植物营养与肥料学报,21(6)：1529-1535.

CAO N, CHEN X, CUI Z, et al., 2012. Change in soil available phosphorus in relation to the phosphorus budget in China[J]. Nutrient cycling in agroecosystems, 94(2-3)：161-170.

COLOMB B, DEBAEKE P, JOUANY C, et al., 2007. Phosphorus management in low input stockless cropping systems：crop and soil responses to contrasting P regimes in a 36-year experiment in southern France[J]. European journal of agronomy, 26(2)：154-165.

JOHNSTON A E, 2000. Soil and plant phosphate [M]. Pairs：International Fertilizer Industry Association Press.

MALLARINO A P, BLACKMER A M, 1992. Comparison of methods for determining critical concentrations of soil test phosphorus for corn [J]. Agronomy journal, 84 (5)：850-856.

第八章　重壤质潮土磷素演变及磷肥高效利用

天津市位于广大平原区，地势低平，地下潜水位较浅，土体受地下水频繁作用，产生草甸化过程，形成了隐域性土壤浅色草甸土，即潮土。潮土是天津市面积最大的土类，面积 83.68 万 hm²，约占耕地面积的 72%，多分布在宝坻、武清、宁河、静海及各郊区。潮土土体构型复杂，沉积层次明显，土体构型和质地排列受河流泛滥影响，在不同地段呈现很大差异。地下水的状况也很大程度上影响潮土的特点。潮土由于垦殖前生草时间短，有机质累积少，垦殖后作物秸秆又大量携走，虽然施用一些有机肥料或进行秸秆还田和种植绿肥等，土壤有机质累积量仍不多，土壤养分低或缺乏，大部分属中、低产土壤，作物产量低而不稳，必须加强潮土的合理利用与改良。

迄今为止，关于天津潮土中磷素的研究只有零星报道，如姚炳贵等（1997）研究了津郊潮土的磷素组成，土壤全磷、有效磷演变规律，以及长期施肥对土壤磷素平衡的影响；杨军等（2015）研究了天津潮土 33 年长期不同施肥处理土壤磷素盈亏与有效磷和全磷的变化特征。对该区域土壤磷素还缺乏系统性的研究。因此，系统地了解潮土磷素演变、磷素演变与磷平衡的响应关系、磷素的形态特征、磷素农学阈值和利用率等，可为提高潮土磷素有效性及科学施用肥料提供重要参考信息。

一、天津潮土长期定位试验概况

（一）试验点基本概况

潮土肥料长期定位试验设在天津市武清区天津市农业科学院试验基地新区内（北纬 39°25′，东经 116°57′，海拔 11 m），地处暖温带半湿润大陆性季风气候区，年平均气温 11.6℃，≥10℃积温 4 169℃，年降水量 606.8 mm，主要集中在 6—9 月，无霜期约为 212 d，年日照时数 2 705 h，年蒸发量 1 735.9 mm，温、光、热资源丰富，适于多种作物生长。

试验地为旱地潮土，成土母质为河流冲积物，该试验开始于 1979 年。试验开始时的耕层及剖面土壤基本性质见表 8-1。

表 8-1 试验点概况及初始土壤基本理化性质

理化性质		有机质 （g/kg）	全氮 （g/kg）	全磷 （g/kg）	全钾 （g/kg）	碱解氮 （mg/kg）	有效磷 （mg/kg）	速效钾 （mg/kg）	pH 值	容重 （g/cm³）
测定值	0~20 cm	18.9	1.06	1.59	16.1	75.1	16.6	173.3	8.1	1.28
	20~40 cm	13.7	0.87	1.40	—	53.7	7.7	203.8	—	1.46

（二）试验设计

试验共设 10 个处理：①不施肥（CK）；②氮（N）；③氮磷（NP）；④氮钾（NK）；⑤磷钾（PK）；⑥氮磷钾（NPK）；⑦氮+有机肥（NM、M 代表有机肥）；⑧半量氮+有机肥（0.5 NM、M 代表有机肥）；⑨氮+秸秆（NS、S 代表秸秆）；⑩氮+绿肥（NGM、GM 代表绿肥），处理 NK 和 PK 从 1995 年起开始进行。具体施肥量见表 8-2。NM 处理中 N 来自无机肥和有机肥的比例为 6∶4，按含 N 量折合施用有机肥（1999 年以前施用的有机肥是人粪加城市垃圾土，以后改为鸡粪），在小麦播种时一次性施入。施用秸秆处理是采用小麦/玉米秸秆切成约 3 cm 长小段，在播种前一次性施入，小麦秸秆施用量平均为 3 500 kg/hm²（变幅为 1 031.3~5 875.5 kg/hm²），玉米秸秆施用量平均为 6 600 kg/hm²（变幅为 3 841.3~9 515.6 kg/hm²）。随秸秆施入的养分未计入施肥量。

小区面积原来为 16.7 m²，2011 年搬迁后改为 4 m²，搬迁过程采用原位土搬迁，搬迁深度为 1 m，4 次重复，采用随机排列。试验始于 1979 年 4 月，前茬作物为黄豆，除第一茬种植春玉米外，每年均实行冬小麦和夏玉米轮作。氮肥为尿素，磷肥为过磷酸钙，钾肥为氯化钾。小麦季氮肥 50%，磷肥和钾肥以及有机肥全部在小麦播种前作基肥一次性施入，另外 50% 氮肥于返青期和拔节期追施（各 1/2）；玉米季仅施用氮肥，分别在玉米苗期和大喇叭口期平均追施。冬小麦 9 月底或 10 月初播种，品种为'农大 139''北京 837''津化 1 号''津农 15'和'津农 4、5 号'。从 2011 年起用'津农 6 号'；玉米为'津夏 1 号''鲁育 5 号''津夏 7 号'和'唐抗 5 号'等，2011 年起用'纪元 1 号'。小麦生长期内依据降雨情况灌溉 3~4 次，每次灌水量为 70 mm 左右。玉米除极端干旱年份外不灌溉。

表 8-2 肥料施用量

处理	玉米季		小麦季	
	化肥 （kg/hm²）	绿肥（鲜基）/秸秆 （t/hm²）	化肥 （kg/hm²）	发酵鸡粪（干重）/秸秆 （t/hm²）
CK	0-0-0	0	0-0-0	0
N	210-0-0	0	285-0-0	0

续表

处理	玉米季		小麦季	
	化肥（kg/hm²）	绿肥（鲜基）/秸秆（t/hm²）	化肥（kg/hm²）	发酵鸡粪（干重）/秸秆（t/hm²）
NP	210-0-0	0	285-142.5-0	0
NK	210-0-0	0	285-0-71.3	0
PK	0-0-0	0	0-142.5-71.3	0
NPK	210-0-0	0	285-142.5-71.3	0
NM	210-0-0	0	285-0-0	11.535
0.5NM	105-0-0	0	142.5-0-0	5.768
NS	210-0-0	全部还田	285-0-0	全部还田
NGM	210-0-0	30.6	285-0-0	30.6

注：表中 0-0-0 代表 N-P_2O_5-K_2O 的施肥量，依此类推。

二、长期施肥下土壤全磷和有效磷的变化趋势及其关系

（一）长期施肥下土壤全磷的变化趋势

长期不同施肥下土壤全磷含量变化如图 8-1 所示，不施磷肥的 3 种处理（CK、N

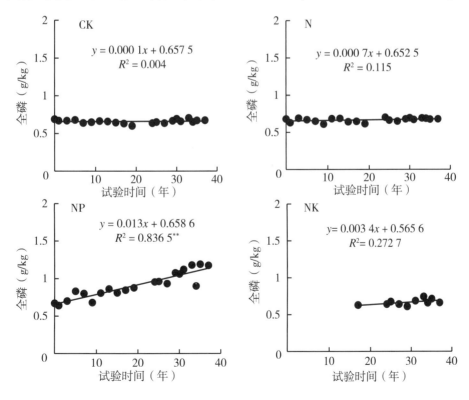

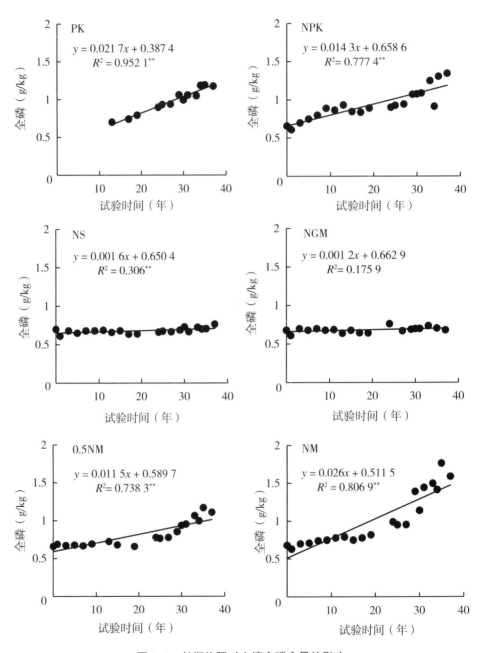

图 8-1　长期施肥对土壤全磷含量的影响

和 NK），由于作物不断吸收土壤磷等原因，土壤全磷维持在较窄的范围内，3 个处理全磷 37 年间均在 0.60~0.74 g/kg。在起止变化上，3 个处理全磷从开始时（1979 年含量，NK 处理 1995 年开始）的 0.69 g/kg 分别下降到 2016 年的 0.68 g/kg、0.68 g/kg 和 0.66 g/kg，仅分别下降了 1.45%、1.45% 和 4.35%。施用化学磷肥的 3 个处理（NP、PK 和 NPK），各处理由于磷的施用量大于作物携出磷量，土壤全磷含量与时间均呈极显著正相关（*P*<0.01），随种植时间延长表现出上升趋势。施用化学磷肥（NP、PK 和 NPK），土壤全磷含量随时间延长表现为缓慢上升趋势，由试验开始时（1979 年含量，NK 处理 1995 年开始）的 0.69 g/kg 分别上升到 2016 年的 1.18 g/kg、1.18 g/kg 和 1.35 g/kg，分别上升了 71.0% 和 95.7%。施用不同有机物料，土壤全磷含量同样随种植时间延长表现出上升趋势。有机肥配施化肥氮的 2 种处理（NM 和 0.5NM），土壤全磷含量与时间均呈极显著正相关（*P*<0.01），其中 NM 处理土壤全磷增加最多，从开始时（1979 年含量）的 0.69 g/kg 上升到 2016 年的 1.59 g/kg，全磷年增加量为 0.026 g/kg，而 0.5NM 处理由于磷肥施用量只有 NM 处理的一半，全磷年增加量仅为 0.012 g/kg。秸秆配施化肥氮的处理（NS）和绿肥配施化肥氮的处理（NGM），土壤全磷含量呈现随种植时间延长缓慢上升的趋势，其中 NS 处理达到了极显著负相关（*P*<0.01），土壤全磷增量介于不施化学磷肥（CK 和 N）与施用化学磷肥或有机肥处理（NP、PK、NPK、NM 和 0.5NM）之间，全磷年增加量分别为 0.001 6 g/kg 和 0.001 2 g/kg。磷素是制约作物生长发育的重要因子，如果土壤连续种植作物而不施用磷肥，由于磷的耗竭，土壤磷素将变得更为缺乏，施用磷肥是作物持续增产的有效措施（曲均锋等，2009a，2009b）。

（二）长期施肥下土壤有效磷的变化趋势

长期不同施肥下土壤有效磷含量变化如图 8-2 所示，在长期不施磷肥的处理（CK、N 和 NK）中，由于作物从土壤中吸收磷素，土壤磷亏缺程度越来越大，土壤有效磷表现出下降趋势，3 个处理土壤有效磷含量从开始时（1979 年）的 15.8 mg/kg 分别下降到 2016 年的 3.3 mg/kg、3.7 mg/kg 和 2.2 mg/kg，土壤有效磷达到极缺程度，其中 NK 处理土壤有效磷下降速度最快，年下降量为 0.22 mg/kg。施用化学磷肥和有机肥之后，

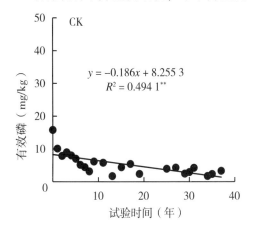

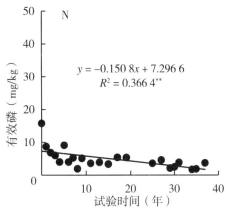

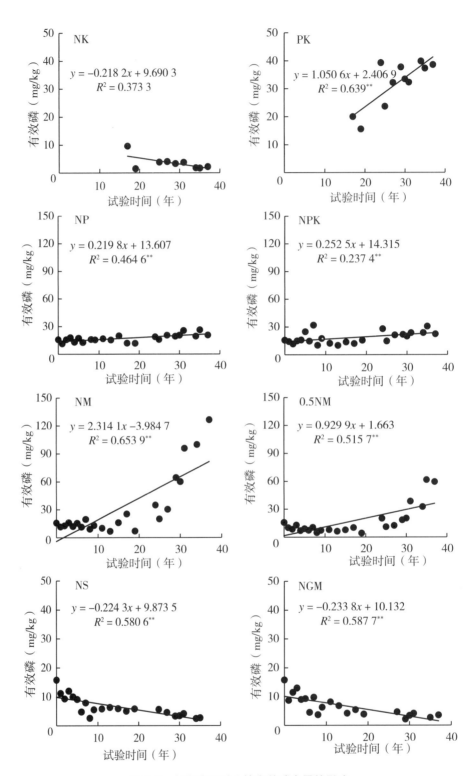

图 8-2　长期施肥对土壤有效磷含量的影响

土壤有效磷含量均随种植时间延长呈现上升趋势，并且与时间呈极显著正相关（$P<0.01$）。其中，施用化学磷肥的 3 种处理（NP、PK 和 NPK）土壤有效磷含量由开始时（1979 年）的 15.8 mg/kg 分别上升到 2016 年的 20.6 mg/kg、38.6 mg/kg 和 22.4 mg/kg，有效磷年增加量分别为 0.22 mg/kg、1.05 mg/kg 和 0.25 mg/kg。化学氮肥料配施有机肥处理（NM 和 0.5NM）土壤有效磷年增加量均很高，分别为 2.31 mg/kg 和 0.93 mg/kg，土壤有效磷含量由试验开始时（1979 年含量）的 15.8 mg/kg 分别上升到 2016 年的 126.6 mg/kg 和 59.6 mg/kg，达到很高水平，远远超过了磷环境阈值（Colomb et al.，2007）。秸秆配施化肥氮的处理（NS）绿肥配施化肥氮的处理（NGM）土壤有效磷含量下降的趋势与不施化学磷肥的处理近似，土壤有效磷含量由试验开始时（1979 年含量）的 15.8 mg/kg 下降到 2016 年的 2.7 mg/kg 和 3.53 mg/kg，有效磷年下降量为 0.23 mg/kg。

（三）长期施肥下土壤有效磷与全磷的关系

用磷活化系数（PAC）可以表示土壤磷活化能力，长期施肥下潮土磷活化系数随时间的演变规律如图 8-3 所示，不施磷肥的处理（CK、N 和 NK）土壤 PAC 与时间均呈

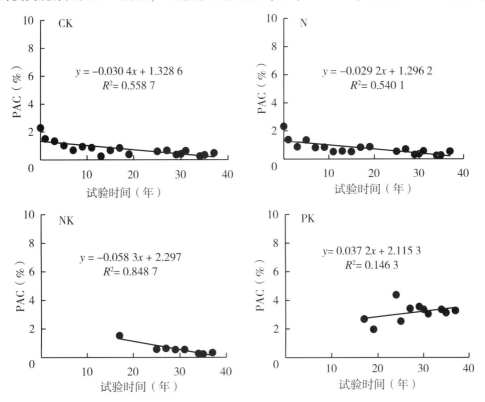

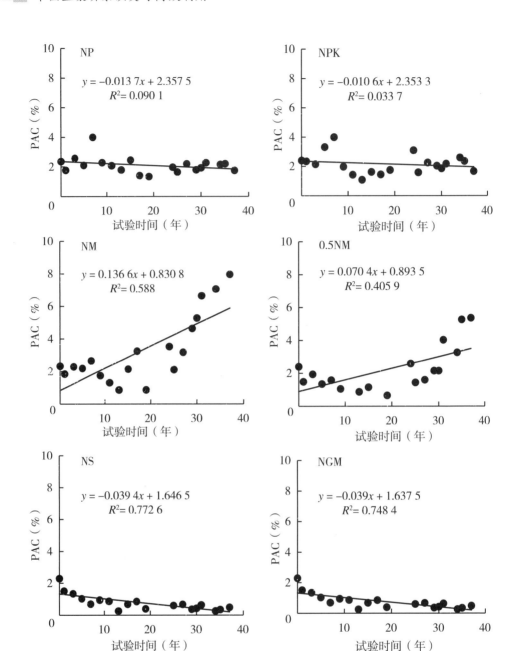

图8-3 长期施肥对潮土磷活化系数（PAC）的影响

显著负相关（$P<0.01$），三者 PAC 随施肥时间均表现为下降趋势，由试验开始时（1979年）的 2.33% 分别下降到 2016年的 0.49%、0.54%和 0.33%，CK、N 和 NK 3 个处理 PAC 年下降速度分别为 0.03%、0.03%和 0.06%，这 3 种处理的土壤 PAC 值均低于 2%，表明全磷各形态很难转化为有效磷（贾兴永等，2011）。施用化学磷肥的处理，土壤 PAC 与时间之间没有显著的相关性，PK 处理 PAC 随施肥时间延长呈现上升趋势，

而 NP 和 NPK 处理 PAC 则随时间延长呈下降趋势。PK 处理的土壤 PAC 值始终大于 2%，说明土壤全磷容易转化为有效磷。NP 和 NPK 处理土壤 PAC 值在整个试验期间均围绕 2% 波动，大多数年份的土壤 PAC 值大于 2%，表明这 2 个处理中土壤全磷也较易转化为有效磷。化肥配施有机肥（NM 和 0.5NM）的处理土壤 PAC 一直处于上升趋势，并且上升幅度较大，这 2 种处理的 PAC 值年上升速度分别为 0.14% 和 0.07%，PAC 值由试验开始时（1979 年）的 2.33% 分别上升到 2016 年的 7.96% 和 5.37%。秸秆配施化肥氮的处理（NS）绿肥配施化肥氮的处理（NGM）的土壤 PAC 值一直较低，同时 PAC 值与时间之间呈极显著负相关（$P<0.01$），PAC 年下降速度为 0.03% 和 0.04%，这与不施磷肥的 3 个处理相似。连续施肥 30 年后，单施化学磷肥（NP、PK 和 NPK）土壤 PAC 值变化不大，氮肥配施有机肥（NM 和 0.5NM）的处理土壤 PAC 值持续上升。

三、长期施肥下土壤有效磷变化对土壤磷盈亏的响应特征

（一）长期施肥下土壤磷素盈亏情况

图 8-4 为试验中各处理 37 年磷素盈亏状况。磷素投入高于作物吸收，土壤中磷素就出现盈余。由于土壤中其他磷素来源（如降水、灌溉）极少，不施磷肥的处理（CK、N、NK 和 NS）中，作物吸收的磷素几乎全部来自土壤，因此，土壤磷素一直处于亏缺状态。而 CK 处理由于作物携出磷量最低，所以磷素亏缺较小；NS 处理磷素亏缺较多。而施磷处理（NP、PK 和 NPK）磷的投入量相同，土壤中磷素均有盈余，3 个处理年均

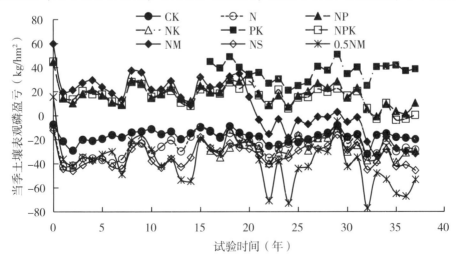

图 8-4 各处理当季土壤表观磷盈亏

磷素盈余量分别为 17.8 kg/hm^2、36.6 kg/hm^2 和 16.1 kg/hm^2，其中 NP 和 NPK 盈余量基本一致，随时间延长有下降的趋势，并且出现了亏缺的状态。PK 处理磷素投入量远远大于作物携出，因而盈余最多。施用有机肥处理（NM），作物吸收的磷主要来自有机肥，在试验前 20 年土壤中磷素为盈余状态，并且磷素盈余量高于 NP 和 NPK；但经过 20 年连续种植后，土壤中的磷素开始转为亏缺状态，其平均盈余量仅为 8.7 kg/hm^2，出现这一现象的原因主要是 NM 处理作物产量的持续增加，作物携出磷量不断增加。同样的原因，只施一半有机肥的 0.5 NM 处理，作物产量也较高，作物携出磷量较多，所以土壤中磷素一直为亏缺状态，同时绝大部分年份是磷素亏缺量最大的处理。一般情况下，有机肥是以氮肥为基础施用的，并未考虑磷素，导致化学氮肥与有机肥配施时，磷肥的施用量小于作物需求量，使磷素在耕层土壤中不断消耗（杨学云，2004）。而总体上看，本试验中施磷处理及施有机肥处理磷素盈余均有下降趋势，表明当前施磷量可能较低，有必要综合考虑适当提高磷肥施用量。

图 8-5 为试验中各处理 37 年土壤累积磷盈亏。由图可得，未施磷肥的 3 个处理（CK、N 和 NK）土壤累积磷量一直处于亏缺态，并且亏缺值随种植时间延长而增加。由于作物的吸收携出是土壤磷素最主要的支出项（鲁如坤等，2000），而 CK 处理作物产量最低，故土壤携出磷量最低，再加上土壤中没有任何肥料的供应，所以 CK 处理土壤磷素亏缺值较少，而氮钾肥配施（NK）处理土壤累积磷亏缺值最少，很可能是因为该处理试验周期较短（1995 年开始）。秸秆配施化肥氮的处理（NS）和半量化肥配施有机肥处理（0.5NM）土壤累积磷亏缺值最高，主要是因为作物产量较高，而投入的磷较少，2016 年土壤累积磷亏缺值分别为 1 258.9 kg/hm^2 和 1 433.7 kg/hm^2。杨学云等

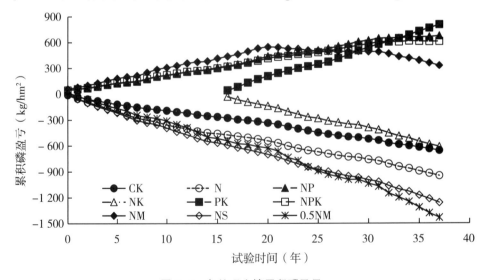

图 8-5　各处理土壤累积磷盈亏

（2009）的研究就指出，施用秸秆的 SNPK 处理磷素盈余量仅略高于 NPK，所以本试验未施化学磷肥的 NS 处理磷素亏缺最高。单施化学磷肥的 3 个处理（NP、PK 和 NPK）土壤累积磷量一直处于盈余状态，并且随种植时间延长盈余值增加，2016 年土壤累积磷盈余值分别为 676.2 kg/hm² 、805.88 kg/hm² 和 611.3 kg/hm²。NP 和 NPK 处理土壤累积磷素盈余量和变化趋势相似。PK 处理土壤累积磷素盈余量持续增加，从 2013 年起开始高于其他处理。化学氮肥配施有机肥（NM）的处理土壤累积磷素在试验开始后的 25 年间一直处于最高，但从 1999 年换有机肥后开始下降，土壤累积磷素盈余量从 1999 年最高的 547.4 kg/hm² 到 2016 年下降为 329.9 kg/hm²。说明有机肥中磷含量对土壤磷平衡值的影响较大，而氮磷肥配施和氮磷钾肥配施对土壤磷平衡值的影响差异不大。

（二）长期施肥下土壤全磷及有效磷变化对土壤磷素盈亏的响应

不同施肥处理下，土壤磷平衡对土壤全磷的消长存在不同影响（图 8-6）。相关分析表明，不施磷肥处理（CK、N 和 NK），土壤全磷增量与累积磷盈亏关系不显著。氮肥配施秸秆处理，土壤全磷增量与累积磷盈亏呈极显著负相关。由线性回归方程可以看

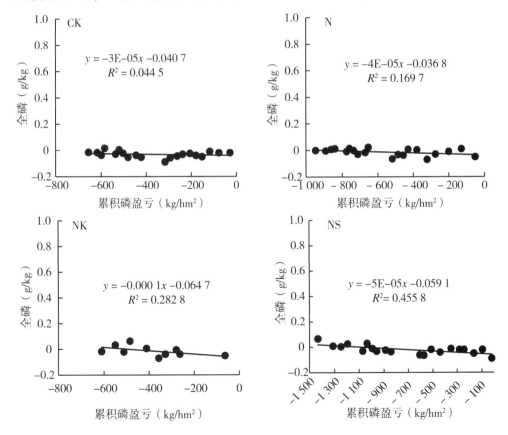

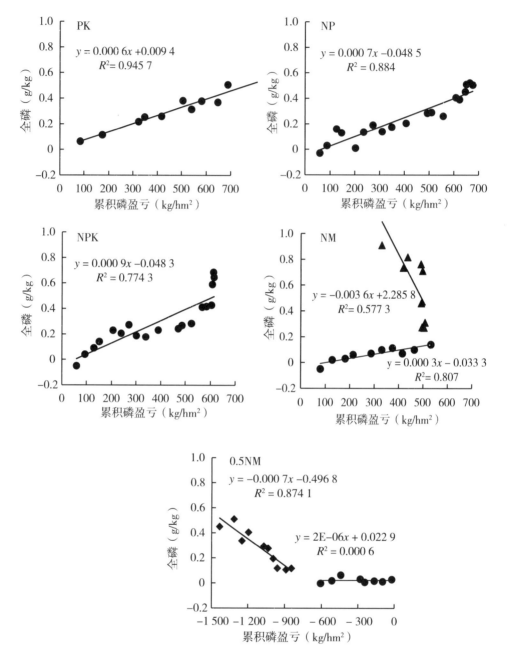

图8-6 各处理潮土全磷对土壤累积磷盈亏的响应

出，土壤每累积100 kg P/hm²，土壤中全磷含量仅降低0.003~0.005 g/kg，可见处理CK、N和NS中累积磷盈亏对土壤全磷的影响很小。3个施用化学磷肥的处理（PK、NP和NPK），全磷增量与累积磷盈亏均呈极显著正相关，其直线回归方程见图8-6对应处理中，各式中x为土壤累积磷盈亏值（kg/hm²），y为土壤全磷增量（g/kg）。由于

3 个处理施磷水平一致，土壤磷含量每增减 1 个单位，相应的全磷增量非常接近，即土壤每累积 100 kg P/hm²，土壤中全磷含量平均提高 0.06 g/kg、0.07 g/kg 和 0.09 g/kg。施用有机肥的处理（NM 和 0.5NM），由于在 1999 年将以前施用的人粪加城市垃圾土改为鸡粪，全磷增量与累积磷盈亏间关系明显分为 2 个阶段。NM 处理 1999 年前全磷增量与累积磷盈亏呈极显著正相关，1999 年后则呈显著负相关。0.5NM 处理 1999 年前全磷增量与累积磷盈亏间关系不显著，1999 年后则呈极显著负相关。改变有机肥后出现这一现象的原因有待进一步观察分析。

图 8-7 表示长期不同施肥模式下有效磷变化量与土壤耕层磷盈亏的响应关系。有研究表明，土壤有效磷消长与土壤中磷的盈亏存在正相关（杨学云等，2007），本研究的结果与此基本一致。相关分析表明，施磷处理（PK、NP 和 NPK）土壤有效磷增量与磷的累积盈亏量间呈显著或极显著正相关（图 8-7）。不施磷处理（CK、N 和 NS），土壤有效磷减少量与累积磷盈亏呈极显著正相关。但不施磷的 NK 处理，土壤有效磷增量与累积磷盈亏有一定正相关。施用有机肥处理（NM 和 0.5NM），由于在 1999 年将以前施用的人粪加城市垃圾土改为鸡粪，土壤有效磷增量与累积磷盈亏关系明显分为 2 个阶

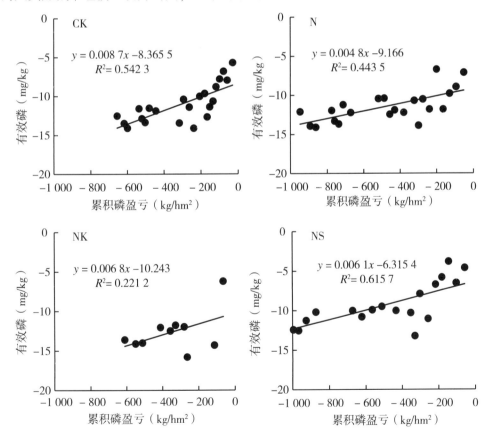

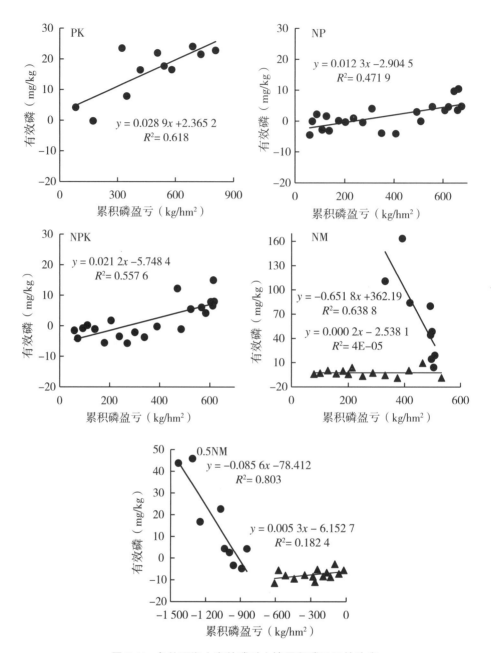

图8-7 各处理潮土有效磷对土壤累积磷盈亏的响应

段。1999 年前呈正相关，但关系不显著；1999 年后两者呈极显著负相关，其原因及后续趋势有待进一步研究分析。不同处理有效磷增量和土壤累积磷盈亏之间的线性回归方程见图 8-6，各方程中 x 为土壤累积磷盈亏量（kg/hm²），y 为土壤有效磷的净增量（mg/kg）。方程的斜率，即 a 值表示土壤磷平均每增减 1 个单位，相应的土壤有效磷增长量。因此，施磷处理 PK、NP 和 NPK，土壤每累积 100 kg P/hm²，土壤有效磷含量平均分别提高 2.89 mg/kg、1.23 mg/kg 和 2.12 mg/kg；不施磷的处理 CK、N、NK 和 NS，土壤每亏缺 100 kg P/hm²，土壤有效磷含量平均降低 0.87 mg/kg、0.48 mg/kg、0.68 mg/kg和 0.61 mg/kg。

如图 8-8 所示，所有处理土壤 36 年间的全磷（a）及有效磷（b）变化量与土壤累积磷盈亏均达到极显著正相关（$P<0.01$），潮土每盈余 100 kg P/hm²，土壤全磷浓度上升 0.07 g/kg，有效磷浓度上升 1.53 mg/kg。王艳玲等（2010）在江西红壤上的研究结果为，每盈余 100 kg P/hm²，土壤全磷提高 0.5 g/kg，土壤有效磷提高 5 mg/kg。曹宁等（2007）对中国 8 种典型农业土壤上有效磷与土壤累积磷盈亏的关系进行研究后，发现每 100 kg P/hm² 盈余平均可使我国土壤有效磷水平提高 3.1 mg/kg，并且除 1 个试验点外，土壤有效磷含量与土壤磷盈亏都呈显著线性相关（$P<0.05$）。试验结果的差异可能是施肥

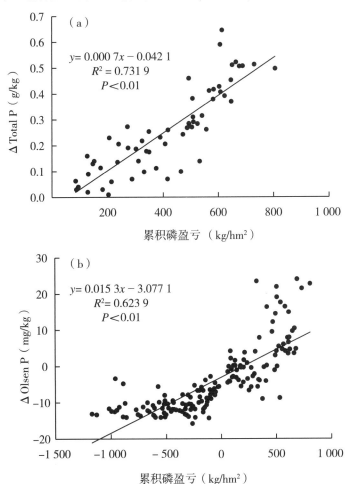

图 8-8 长期施用磷肥潮土全磷（a）及有效磷（b）变化量与累积磷盈亏的关系
（1980—2016 年）

量、连续施肥的时间、环境、种植制度和土壤理化性质不同引起的（丁珊珊等，2010）。

四、长期施肥对土壤无机磷组成变化的影响

土壤磷包括无机磷和有机磷，根据张守敬的分级体系，土壤无机磷由磷酸铝盐（Al-P）、磷酸铁盐（Fe-P）、磷酸钙盐（Ca-P）和闭蓄态磷酸盐（O-P）等组成。1979年基础土壤中无机态磷占全磷85.2%，这说明津郊潮土磷的组成以无机磷为主。长期定位施肥对各种形态的无机磷均有不同的影响（表8-3）。

磷酸铝盐（Al-P）占无机磷的5.4%。定位施肥10年后土壤磷酸铝盐平均减少2.8%。在各处理中只有休闲、NP与NPK处理是增加的，分别增加110.1%、27.1%与12.4%，NM处理增减不明显，而其他处理均有明显减少（减少34.5%~43.1%）。铝磷与有效磷呈极显著相关（$R^2 = 0.980^*$）。不施磷处理铝磷均有下降，必然导致土壤有效磷的下降，从而证明单施氮肥是不合理的，秸秆还田与绿肥仍需加施磷肥。

磷酸铁盐（Fe-P）含量很少，只占无机磷的0.78%。定位施肥10年后，土壤中磷酸铁盐显著下降，平均下降78.3%，其中以休闲处理与NPK处理下降最少，其他处理均下降70%以上。

磷酸钙盐（Ca-P）占无机磷的62.3%，是无机磷的主要组成部分。经过10年的定位施肥，只有NPK处理钙磷增加了2.4%，其他处理均有减少，平均减少21.0%；其中NM处理与休闲处理减少不明显，而N、NS和NGM处理以及CK减少20.3%~35.6%。磷酸钙盐与有效磷有显著相关性（$R^2 = 0.728^*$），少施磷或不施磷处理的钙磷下降明显，这说明磷酸钙盐作为储备磷能够部分地转化为有效磷供作物利用。

闭蓄态磷酸盐（O-P）占无机磷的31.5%，仅少于磷酸钙盐。一般认为闭蓄态磷是无效态磷。定位施肥10年，凡是施磷处理闭蓄态磷均有增加，其中NPK、NM与NGM处理分别增加72.5%、57.3%和53.8%，增加幅度最大，其余几个处理区增减不明显。这说明在北方石灰性土壤上明显地存在磷的固定。

表8-3　长期施肥对土壤无机磷组成的影响

处理	项目（年）	无机磷				总计	占全磷（%）
		铝磷	铁磷	钙磷	闭蓄态磷		
N	1979	32.5	5.0	380.0	195.0	612.5	90.1
	1988	21.3	1.3	242.0	200.0	464.4	
	1988—1979	-11.2	-0.37	-138.0	5.0	-147.9	

续表

处理	项目（年）	无机磷				总计	占全磷（%）
		铝磷	铁磷	钙磷	闭蓄态磷		
NP	1979	28.8	5.0	395.0	185.0	613.8	91.6
	1988	36.6	0.1	315.0	177.0	528.7	
	1988—1979	7.8	-4.9	-80.0	-8.0	-85.1	
NPK	1979	35.6	5.0	374.0	200.0	614.6	83.1
	1988	40.0	2.5	383.0	345.0	770.5	
	1988—1979	4.4	-2.5	9.0	145.0	155.9	
NM	1979	35.0	3.8	305.0	187.5	531.3	78.1
	1988	33.8	0.5	285.0	295.0	614.3	
	1988—1979	-1.2	-3.3	-20.0	107.5	83.0	
NS	1979	31.3	3.8	376.0	187.5	598.6	85.5
	1988	17.8	0.1	242.0	225.0	484.9	
	1988—1979	-13.5	-3.7	-134.0	37.5	-113.7	
NGM	1979	29.4	5.0	382.0	162.5	578.9	85.1
	1988	17.3	0.1	275.0	250.0	542.4	
	1988—1979	-12.1	-4.9	-107.0	87.5	-36.5	
CK	1979	35.0	5.0	380.0	200.0	620.0	86.1
	1988	21.9	0.1	275.0	205.0	502.0	
	1988—1979	-13.1	-4.9	-105.0	5.0	-118.0	
CK$_1$	1979	28.8	3.8	358.0	180.0	555.6	82.0
	1988	60.5	3.1	312.0	180.0	555.6	
	1988—1979	31.7	-0.7	-46.0	5.0	-10.0	
平均	1979	32.1	4.6	368.8	186.6	592.1	85.2
	1988	31.2	1.0	291.1	234.6	557.9	
	1988—1979	-0.9	-3.6	-77.7	48.0	-34.2	

注：CK$_1$ 为休闲施肥。

五、土壤有效磷农学阈值研究

土壤有效磷含量是影响作物产量的重要因素，土壤中的有效磷含量较低时，不能满足作物的生长需求，造成作物明显减产；但当土壤有效磷含量过高时，则对作物的增产效果不明显，甚至可能由于淋溶或者地表径流造成环境污染，因而确定保证土壤有效磷含量的适宜水平对作物产量与环境保护具有非常重要意义。磷农学阈值是指当土壤中的有效磷含量达到某个值后，作物产量不随磷肥的继续施用而增加，即作物产量对磷肥的施用响应降低。确定土壤磷素农学阈值的方法中，应用比较广泛的有线线模型（Tang et al., 2009)、线性平台模型 (Bai et al., 2013) 和米切里西方程 3 种 (Bates and Chambers, 1986；Mallarino and Blackmer, 1992；Bolland and Guthridge, 2007)。

本章基于潮土不同施肥处理 (CK、N、NK、NP、NPK、NM、0.5NM 和 NS) 有效磷水平与作物产量长期定位数据，通过分析作物相对产量和土壤有效磷的变化趋势，结果表明，采用线线模型和米切里西方程均可以较好地模拟两者的关系，而采用线性—平台模型模拟时结果不能顺利收敛。采用 2 种模型求出的小麦阈值有一定差异，线性模型得出的阈值较小；2 种模型求出的玉米阈值则非常接近。采用 2 种模型计算出的结果，小麦和玉米农学阈值平均值分别为 15.5 mg/kg 和 10.7 mg/kg (图 8-9，表 8-4)，可以看出潮土上小麦的农学阈值高于玉米的农学阈值。Tang et al. (2009) 对昌平区、郑州市和杨凌区 3 地长期定位试验地研究结果与此一致，即小麦的农学阈值为 12.5 ~

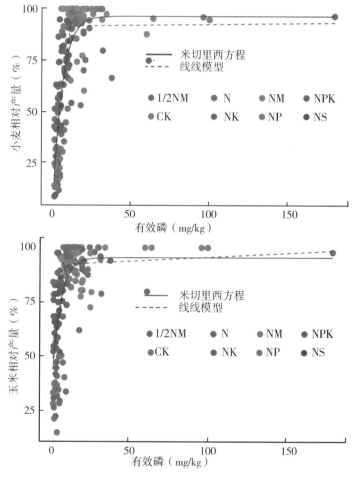

图 8-9　小麦和玉米相对产量与土壤有效磷的响应关系

19. 0 mg/kg（平均值 16. 3 mg/kg），略高于玉米的 12. 1 ~ 17. 3 mg/kg（平均值 15. 3 mg/kg）。而 Bai et al.（2013）对 4 个试验点的研究结果则为小麦的农学阈值 11. 1~16. 1 mg/kg，玉米的农学阈值 14. 6~28. 2 mg/kg，即小麦的农学阈值低于玉米的。产生以上差异可能的原因有：采用的计算模型不同，一般线性平台模型得出的阈值要低于米切里西模型的（Colomb et al, 2007）；采用的数据量不同，一般来讲，数据量越大，得出的结果可能更接近实际情况。此外，作物的农学阈值还受作物类型、土壤类型（Johnston et al. , 2013；Poulton et al. , 2013；Jordan-Meille et al. , 2012）以及气候环境（Mallarino and Blackmer 1992；Poulton et al. , 2013）等诸多因素的影响，在实际应用中需要结合实际情况考虑。另外，可以看到，阈值计算模型的选用，对于阈值的确定有很大影响，需要将模型的选择和实际的农业生产状况结合起来，才能准确地计算出作物的农学阈值。

表 8-4 长期不同施肥作物农学阈值

| 作物 | n | LL | | EXP | | 均值 |
		CV（mg/kg）	R^2	CV（mg/kg）	R^2	（mg/kg）
小麦	159	11. 6	0. 67[**]	19. 4	0. 65[**]	15. 5
玉米	159	10. 8	0. 48[**]	10. 5	0. 46[**]	10. 7

六、磷肥回收利用率的演变趋势

长期不同施肥下，作物吸磷量差异显著。对照和不平衡施肥（除 NP 外）作物吸磷量显著低于化肥氮磷钾处理，低于化肥配施有机肥处理。具体表现为 CK、N、PK、NK< NS<NP、NPK < NM< 0.5NM。不施磷素（CK 和 NK）处理，小麦和玉米对磷素的吸收保持在较低水平。偏施肥处理（PK 和 N）小麦、玉米磷素吸收量逐年下降，或是保持在较低水平。偏施肥单施磷肥的 NP 处理和氮磷钾平衡施肥（NPK），小麦和玉米吸收磷素较稳定，同时高于前面所述处理的磷素吸收量。这一结果与这 2 个处理作物产量始终处于稳定高产的水平一致。施用有机肥处理（NM 和 0.5NM），小麦和玉米磷素吸收逐渐升高后保持稳定，这与其产量的变化趋势一致。小麦、玉米各处理的吸磷量几乎在 2001—2005 年上升到最高，然后在 2006—2010 年有明显的下降，随后又明显上升，从侧面反映出气候变化对作物产量的明显影响。玉米的吸磷量显著高于小麦（表 8-5，表 8-6，图 8-10）。

表 8-5 长期不同施肥小麦磷素吸收特征 单位：kg P/hm²

处理	1981—1985 年	1986—1990 年	1991—1995 年	1996—2000 年	2001—2005 年	2006—2010 年	2011—2015 年	1981—2015 年（35 年平均）
CK	8.0	6.7	6.8	6.2	10.3	3.5	5.3	6.7
N	16.0	10.8	7.9	4.3	8.3	3.0	5.6	8.0
NP	21.2	18.0	20.8	15.1	22.8	14.8	19.3	18.9
NK	—	—	16.4	10.5	12.3	5.3	8.7	9.6
PK	—	—	9.3	8.9	16.6	4.6	6.8	9.2
NPK	20.9	17.8	21.6	16.9	23.3	15.7	19.6	19.4
NM	30.7	28.6	33.4	26.3	36.2	24.9	30.5	30.1
0.5NM	41.6	38.9	44.1	33.5	50.3	27.3	38.6	39.2
NS	21.0	17.0	15.2	10.3	14.2	5.2	8.3	13.0

表 8-6 长期不同施肥玉米磷素吸收特征 单位：kg P/hm²

处理	1981—1985 年	1986—1990 年	1991—1995 年	1996—2000 年	2001—2005 年	2006—2010 年	2011—2015 年	1981—2015 年（35 年平均）
CK	13.0	7.7	7.0	8.9	12.3	10.9	14.7	10.6
N	21.7	17.2	10.2	15.0	16.9	13.4	23.1	16.8
NP	25.3	24.5	22.5	21.0	25.4	24.0	38.9	25.9
NK	—	—	12.7	16.2	17.0	15.2	25.2	18.1
PK	—	—	7.7	13.4	19.2	16.6	18.2	16.4
NPK	24.9	24.8	24.3	22.3	25.5	26.2	41.0	27.0
NM	31.0	31.2	30.8	28.4	33.7	36.6	55.8	35.4
0.5NM	45.5	44.5	46.1	43.0	55.4	52.8	75.5	51.8
NS	24.7	22.2	20.1	20.3	22.6	20.0	32.8	23.2

潮土长期施用磷肥下，小麦和玉米产量与磷素吸收变化趋势关系可以看出，作物产量与磷素吸收呈极显著正相关（图 8-10）。小麦直线方程为 $y = 0.103\ 5x + 1.590\ 1$（$R^2 = 0.550$，$P < 0.01$），玉米的直线方程为 $y = 0.109\ 5x + 2.621\ 3$（$R^2 = 0.565$，$P < 0.01$）。根据两者相关方程可以计算出，在潮土作物每吸收 1 kg 磷，小麦和玉米产量分别提高 103.5 kg/hm² 和 109.5 kg/hm²（图 8-10）。

长期不同施肥下，磷肥回收率的变化趋势各不相同（图 8-11，图 8-12）。施用化肥的各处理（NP、PK 和 NPK）除 NPK 处理的玉米外，磷肥回收率在一定值附近上下

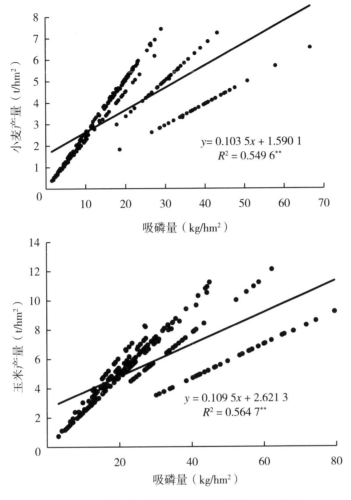

图 8-10　小麦和玉米产量与作物磷素吸收的关系

浮动，施肥 37 年 NP、PK 和 NPK 处理，小麦平均磷肥回收率分别是 19.7%、4.6% 和 20.3%，玉米平均磷肥回收率分别为 24.8%、7.9% 和 26.9%。NPK 处理，玉米的磷肥回收率从初始的 30% 左右，上升到 45% 左右。化肥配施有机肥（NM 和 0.5NM），2 种作物的磷肥回收率随时间的变化趋势完全不同。NM 和 0.5NM 处理，施肥 37 年后小麦磷肥回收率分别从初始的 12% 和 40% 左右，降低到 11% 和 25% 左右，多年平均磷肥回收率分别为 12.7% 和 35.3%；玉米磷肥回收率则没有显著变化，多年磷肥回收率平均分别为 13.3% 和 43.7%。0.5NM 处理的磷肥回收率在小麦和玉米中均为最高，说明半量的有机肥中的磷含量已足够作物使用，NM 处理则带入了过多的磷肥，存在一定的浪费。同时也说明适量的有机肥对提高作物磷肥回收率具有明显的效果。从多年磷肥回收率平均值来看，玉米的磷肥回收率高于小麦。

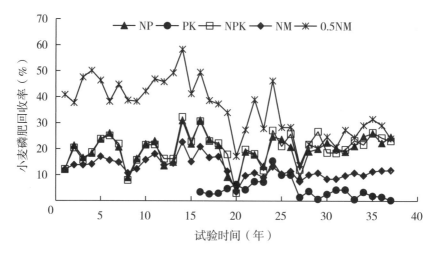

图 8-11　小麦磷肥回收率的变化

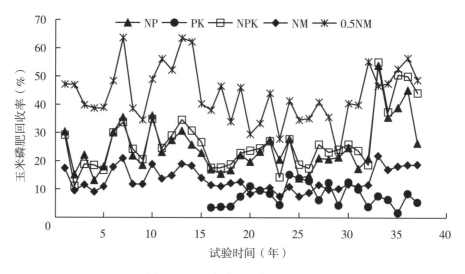

图 8-12　玉米磷肥回收率的变化

　　长期不同施肥下，磷肥回收率对时间的响应关系不同（表 8-7）。小麦和玉米的回收率，NP 处理除玉米在个别年份变化较大外，基本持平；PK 处理，均随时间有下降趋势，但不显著；NPK 处理，小麦的回收率有上升趋势，玉米回收率则随时间呈现极显著上升趋势；小麦的回收率，NM 和 0.5NM 处理均随时间呈现极显著下降趋势；玉米的回收率，NM 和 0.5NM 处理基本持平。总体来看，PK 和 0.5NM 的回收率均下降，下降速率大小为 0.5NM>PK。本试验中，不同施肥处理对小麦和玉米的影响不同，如施用有机肥处理，小麦的回收利用率呈现极显著下降的趋势，而玉米的回收利用率则基本持平。而对于 NPK 处理，玉米的回收利用率极显著上升，小麦的磷肥回收率也呈现上升趋势。

表 8-7　磷肥回收率随种植时间的变化关系

处理	小麦	R^2	玉米	R^2
NP	$y = 0.090x + 17.96$	0.027	$y = 0.231x + 20.39$	0.079
PK	$y = -0.205x + 10.01$	0.132	$y = -0.015x + 8.30$	0.001
NPK	$y = 0.113x + 18.11$	0.043	$y = 0.417x + 18.93$	0.198 **
NM	$y = -0.173x + 15.99$	0.249 **	$y = 0.014x + 13.03$	0.002
0.5NM	$y = -0.705x + 48.74$	0.501 **	$y = -0.088x + 45.34$	0.009

　　长期不同施肥下，不同作物的不同处理磷肥回收率对有效磷的响应关系不同（图 8-13，图 8-14）。对于小麦，NP 和 PK 处理小麦磷回收率与土壤有效磷的响应关系

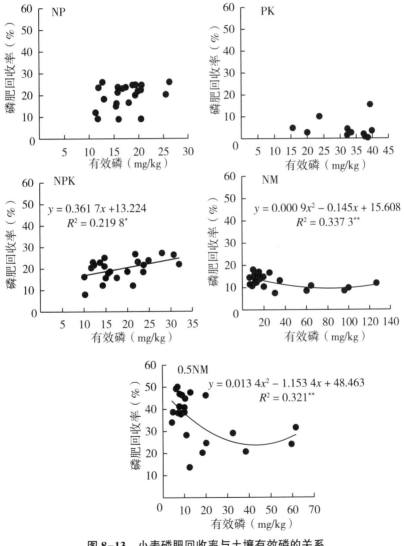

图 8-13　小麦磷肥回收率与土壤有效磷的关系

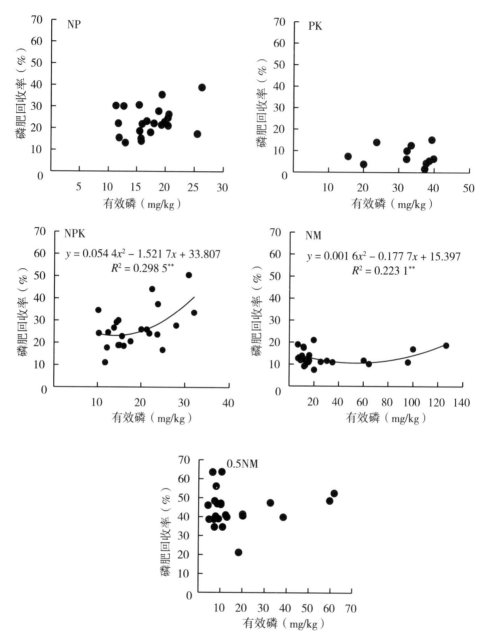

图 8-14　玉米磷肥回收率与土壤有效磷的关系

没有规律；NPK 处理小麦磷回收率随土壤有效磷的增加而增加，并且达到了显著相关；NM 和 0.5NM 处理，小麦磷回收率随有效磷含量的增加先下降后上升，2 个处理均达到了极显著相关。

　　玉米不同施肥处理下磷肥回收率对有效磷的响应关系与小麦的有一定差异。同样的，NP 和 PK 处理玉米磷回收率与土壤有效磷的响应关系没有规律，此外，0.5NM 处理中两者的响应关系也没有规律；NPK 和 NM 处理，玉米磷回收率随有效磷含量的增加先下降后上升，NPK 处理中两者达到了极显著相关，NM 处理中则达到了显著相关。

七、主要结果与指导磷肥的应用

长期施肥下土壤磷素的演变特征结果表明：不施磷肥的处理（CK、N 和 NK）土壤全磷、有效磷和磷活化效率（PAC）均有所下降或者持平，而施磷肥的处理（NP、PK、NPK、NM 和 0.5NM）土壤全磷、有效磷和 PAC 均有所上升，说明施磷肥能够提高土壤磷水平和磷素活化效率。氮肥配施秸秆（NS）和氮肥配施绿肥（NGM）处理土壤全磷、有效磷和 PAC 均有一定的下降，表明秸秆和绿肥中所含磷肥不能满足作物对磷肥的需求。

从无机磷形态来，施肥 10 年后（1988—1979 年），所有处理的铁磷平均下降了 78.3%，铝磷下降了 2.8%，除 NPK 处理，钙磷平均减少了 21%，而施磷肥处理（NPK、NM 和 NGM）闭蓄态磷增加了 53.8%~72.5%。

长期不同施肥处理下，土壤有效磷的变化量与磷平衡有较好的正相关，潮土每盈余 100 kg P/hm²，土壤全磷含量上升 0.07 g/kg，有效磷含量提高 1.53 mg/kg。采用线线模型和米切里西方程，模拟出小麦和玉米的有效磷农学阈值分别为 15.5 mg/kg 和 10.7 mg/kg。综上，根据土壤磷素演变规律、磷形态变化及农学阈值等，可以估算出磷肥用量。但在实际中，应采用有机磷肥和无机磷肥结合施用的方式，并适时观察作物的长势，检测土壤有效磷含量的变化，进一步明确有机磷肥和无机磷肥用量及比例，以期达到增产增效的目的。

（杨军、高伟、高贤彪）

主要参考文献

鲍土旦，2000. 土壤农化分析[M]. 3 版. 北京：中国农业出版社.

曹宁，陈新平，张福锁，等，2007. 土壤磷有效性及其与土壤性质关系的研究[J]. 土壤学报，44(3)：536-543.

丁珊珊，徐宁彤，徐明岗，2009. 长期定位施肥对暗棕壤磷素肥力的影响[J]. 安徽农业科学，37(29)：14295-14297，14333.

贾兴永，李菊梅，2011. 土壤磷有效性及其与土壤性质关系的研究[J]. 中国土壤与肥

料(6)：76-82.

鲁如坤,2000. 土壤农业化学分析方法[M]. 北京：中国农业科学技术出版社.

鲁如坤,时正元,施建平,2000. 中国南方6省农田养分平衡现状评价和动态变化研究[J]. 中国农业科学,33(2)：63-67.

曲均峰,戴建军,徐明岗,等,2009a. 长期施肥对土壤磷素影响研究进展[J]. 热带农业科学,29(3)：75-80.

曲均峰,李菊梅,徐明岗,等,2009b. 中国典型农田土壤磷素演化对长期单施氮肥的响应[J]. 中国农业科学,42(11)：3933-3939.

王艳玲,何园球,李成亮,等,2010. 长期施肥对红壤磷素持续供应能力的影响[J]. 土壤学报,47(3)：503-507.

杨军,高伟,任顺荣,2015. 长期施肥条件下潮土土壤磷素对磷盈亏的响应[J]. 中国农业科学,48(23)：4738-4747.

杨学云,李生秀,BROOKES P C,2004. 灌溉与旱作条件下长期施肥塿土剖面磷的分布和移动[J]. 植物营养与肥料学报,10(3)：250-254.

杨学云,孙本华,古巧珍,等,2007. 长期施肥磷素盈亏及其对土壤磷素状况的影响[J]. 西北农业学报,16(5)：118-123.

杨学云,孙本华,古巧珍,等,2009. 长期施肥对塿土磷素状况的影响[J]. 植物营养与肥料学报,15(4)：837-842.

姚炳贵,姚丽竹,王萍,等,1997. 津郊潮土磷素组成及其演变规律的定位研究[J]. 华北农学报,12(3)：94-100.

BAI Z H, LI H G, YANG X Y, et al., 2013. The critical soil P levels for crop yield, soil fertility and environmental safety in different soil types[J]. Plant and soil, 372：27-37.

BOLLAND M D A, GUTHRIDGE I F, 2007. Determining the fertilizer phosphorus requirements of intensively grazed dairy pastures in south-western Australia with or without adequate nitrogen fertilizer[J]. Australian journal of experimental agriculture, 47(7)：801-814.

COLOMB B, DEBAEKE P, JOUANY C, et al., 2007. Phosphorus management in low input stockless cropping systems：crop and soil responses to contrasting P regimes in a 36-year experiment in southern France[J]. European journal of agronomy, 26(2)：154-165.

JOHNSTON A E, POULTON P R, WHITE R P, 2013. Plant-available soil phosphorus. Part II：the response of arable crops to olsen-P on a sandy clay loam and a silty clay loam[J]. Soil use and management, 29：12-21.

JORDAN-MEILLE L, RUBAEK G H, EHLERT P A I, et al., 2012. An overview of fertilizer-P recommendations in Europe: soil testing, calibration and fertilizer recommendations[J]. Soil use and management, 28(4): 419-435.

MALLARINO A P, BLACKMER A M, 1992. Comparison of methods for determining critical concentrations of soil test phosphorus for corn[J]. Agronomy journal, 84(5): 850-856.

POULTON P R, JOHNSTON A E, WHITE R P, 2013. Plant-available soil phosphorus: part I: the response of winter wheat and spring barley to olsen P on a silty clay loam [J]. Soil use and management, 29: 4-11.

TANG X, LI J M, MA Y B, et al., 2009. Determining critical values of soil olsen-P for maize and winter wheat from long-term experiments in China[J]. Plant and soil, 323(1-2): 143-151.

第九章 均壤质褐潮土磷素演变与高效利用

北京市昌平区地势西北高、东南低，北倚军都山，南俯北京城。山地海拔 800~1 000 m，平原海拔 30~100 m。60%的面积是山区，40%是平原，有 2 个国家级森林公园，是北京母亲河——温榆河的发源地。昌平区属暖温带，半湿润大陆性季风气候。春季干旱多风，夏季炎热多雨，秋季凉爽，冬季寒冷干燥，四季分明。年平均日照时数 2 684 h，年平均气温 11.8℃，年平均降水量 550.3 mm。昌平潮土土壤肥力与肥料效应长期试验基地，其土壤属燕山山前交接洼地分布的均壤质褐潮土，同时也代表着地下水大幅度下降的潮土类型，在我国目前的潮土类型中有着广泛的代表性。这种类型的土壤，其发育过程受水的作用减弱，土壤有机质分解增强，但因基础肥力较高，在通气状况改善后，如果利用措施得当，更有利于培育成为高产土壤（沈善敏，1998）。

长期施肥对作物和土壤都有较大的影响。与对照不施肥或单施氮肥比较，氮磷长期配合施用极显著增加冬小麦和夏玉米的生物产量和籽粒产量，冬小麦增产 4 倍以上，夏玉米增产 1 倍以上；单施氮肥、磷钾配合或氮钾配合增产效果均不明显；氮磷长期配合施用各处理比较，冬小麦和夏玉米产量均表现 NPK+有机肥或秸秆>NPK>NP 处理。无论是作物总养分吸收量还是表观利用率，氮磷钾配合施用均高于不均衡施肥处理。NPK 配施有机肥对增加土壤有机质、全氮和全磷含量也有显著作用。土壤磷素变化是一个缓慢的生物地球化学循环过程，不仅受施肥量、肥料品种和种植模式等影响，而土壤微生物群落对其影响较大。系统研究土壤磷素的变化（全磷、有效磷和磷盈亏），挖掘土壤有效磷与磷盈亏的关系，制订合理的施肥方式，使有效磷水平维持在作物农学阈值附近，提高土壤磷的高效利用（宋永林，2006）。

一、均壤质褐潮土长期施肥试验概况

（一）试验点基本概况

褐潮土肥力长期定位监测试验开始于 1991 年。试验点位于北京市昌平区境内（北

207

纬 40°13′，东经 116°15′），地处南温带亚湿润大区，属海河流域（上游区），黄淮海区的燕山太行山山麓平原农业区，温榆河洪积冲积扇褐潮土粮区。海拔 20 m，年平均温度 11℃，≥10℃ 的积温 4 500℃，年降水量 600 mm，年蒸发量 2 301 mm，无霜期 210 d。灾害性天气主要是春旱和夏季暴雨。

成土母质为黄土性母质，属潮土土类，简称北京褐潮土。试验点基础土壤（1989 年）剖面性质见表 9-1，0~20 cm 耕层土壤有机质含量 11.7 g/kg，全氮 0.64 g/kg，全磷 1.6 g/kg，全钾 17.3 g/kg，碱解氮 49.7 mg/kg，有效磷 12.0 mg/kg，速效钾 87.7 mg/kg，pH 值 8.7。

表 9-1 土壤剖面特征

剖面深度	特征
0~20cm	土层呈褐色，壤土，根系多
20~52cm	土层呈浅褐色，壤土，根系多
52~80cm	土层褐黑色，黏壤土，有黄豆大小的粒状结构，质地较黏
80cm 以下	土层浅褐色，黏壤土，氧化还原交替，夏季有水，多锈斑

（二）试验设计

试验设 12 个处理：①不耕作不施肥（撂荒，CK₀）；②耕作不施肥（CK）；③单施化学氮肥（N）；④施用化学氮、磷肥（NP）；⑤施用化学氮、钾肥（NK）；⑥施用化学磷、钾肥（PK）；⑦施用化学氮、磷、钾肥（NPK）；⑧化学氮、磷、钾肥与有机肥配施（有机肥源为猪粪，NPKM）；⑨高量化学氮、磷、钾肥与高量有机肥配施（1.5NPKM）；⑩化学氮、磷、钾肥，同时上茬作物秸秆还田（NPKS）；⑪灌水量为其他处理灌水量的 2/3（NPK+W）；⑫氮肥过量施用处理（Nh+PK）。所有处理的施肥情况及试验设计详见表 9-2。

褐潮土肥力及肥料效应长期定位试验从 1991 年开始实行冬小麦—夏玉米顺序轮作制，冬小麦品种为'8693'，夏玉米品种'唐抗 5 号'。原方案为 12 个处理 4 个重复，小区面积 100 m²，由于小区面积小，无法进行有效隔离，造成试验操作艰难，不利于长期进行，于 1996—1997 年进行小区调整，1996 年冬作休闲，1997 春作小麦施肥，1997 夏玉米未施肥，试验增至 13 个处理，小区面积改为 200 m²，无重复。到 2005 年为第 15 个生长季。除 1997 年夏玉米未施肥外，化肥每季作物均施用，氮肥为尿素，磷肥为过磷酸钙，钾肥为氯化钾。有机肥分猪厩肥（M）和玉米秸秆（S）2 种。化肥于小麦和玉米播种前一次性施入，厩肥和秸秆还田 1 年施 1 次，于小麦播种前做基肥。播种后每试验小区选取 2 个有代表性的样方进行作物生长发育调查和取样，小区单打单收，测定干生物量和籽粒重。

表 9-2　长期定位试验处理及施肥量　　　　　　　单位：kg/hm²

处理	小麦季					玉米季		
	N	P_2O_5	K_2O	有机肥	秸秆	N	P_2O_5	K_2O
CK_0	0	0	0	0	0	0	0	0
CK	0	0	0	0	0	0	0	0
N	150	0	0	0	0	150	0	0
NP	150	75	0	0	0	150	75	0
NK	150	0	45	0	0	150	0	45
PK	0	75	45	0	0	0	75	45
NPK	150	75	45	0	0	150	75	45
NPKM	150	75	45	22 500	0	150	75	45
1.5NPKM	150	75	45	33 750	0	150	75	45
NPKS	150	75	45	0	2 250	0	0	0
NPK+W	150	75	45	0	0	150	75	45
Nh+PK	225	75	45	0	0	225	75	45

二、长期施肥下土壤全磷和有效磷的变化趋势及其关系

（一）长期施肥下土壤全磷的变化趋势

长期不同施肥下土壤全磷含量变化如图 9-1 所示，随着试验时间的延长，褐潮土长期定位试验土壤全磷含量仅有 NPKM 和 1.5NPKM 处理呈显著上升趋势（$P<0.05$），年增长速率分别为 0.06 g/kg 和 0.10 g/kg。Nh+PK 处理土壤全磷呈上升趋势，撂荒地、NPK 和 NPKS 处理保持平稳状态，CK、N、NP、NK 和 PK 处理下均呈下降趋势。图 9-1 仅列出了 1999 年后全磷的变化规律，15 年不施肥的 CK_0 和 CK 处理，土壤全磷

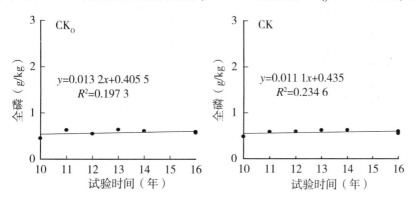

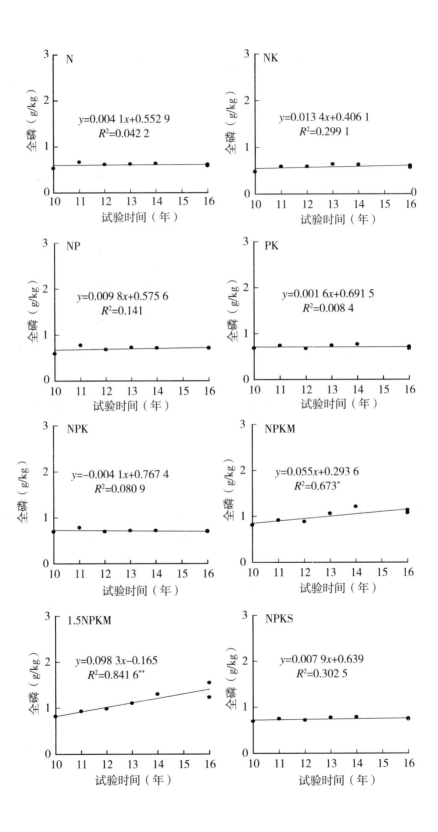

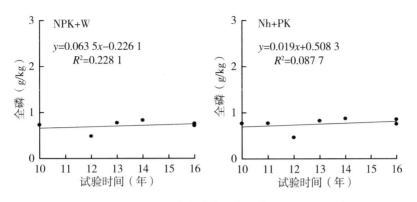

图 9-1　长期施肥对土壤全磷含量的影响（1999—2005 年）

含量由 1990 年的 0.66 g/kg 下降到 2005 年的 0.59 g/kg 和 0.60 g/kg，下降幅度分别为 10.6% 和 9.09%。N 和 NK 处理土壤全磷含量也有所下降，N 处理下降低了 0.05 g/kg，NK 处理下降低了 0.10 g/kg。施用磷肥的处理土壤全磷有所累积，与初始土壤相比，NPK 和 NPK+W 的处理土壤全磷增加幅度不大，分别为 1.82% 和 1.64%；NPKM 和 1.5NPKM 处理的土壤全磷增加量最多，分别为 0.37 g/kg 和 0.53 g/kg，增幅为 52.9% 与 75.7%。经过 15 年的施肥后，NPK 与 NPK+W 处理的土壤全磷含量是不施肥（CK）的 1.2 倍，NPKS 处理是 CK 的 1.3 倍，NPKM 处理是 CK 的 1.8 倍。磷素是制约作物生长发育的重要因子，如果土壤连续种植作物而不施用磷肥，由于磷的耗竭，土壤磷素将变得更为缺乏。不同种类的磷肥施用可提高土壤全磷含量，尤其是化肥配施有机肥处理（NPKM 和 1.5NPKM），随着磷素施入量的增加，土壤全磷含量增加，这与李莉等（2005）的研究结果一致。因此，挖掘土壤累积磷的潜力，可减少磷肥施用量，降低环境风险。

（二）长期施肥下土壤有效磷的变化趋势

土壤有效磷含量代表可供作物当季吸收利用的磷素水平，最能反映土壤的供磷水平，对指导生产施肥以及评价农业环境磷风险具有重要意义。由图 9-2 所示，不施磷肥的处理（CK$_0$、CK、N 和 NK），作物从土壤中吸收磷素，随着时间的延长，土壤有效

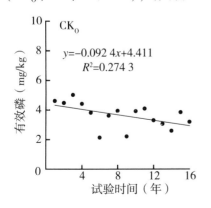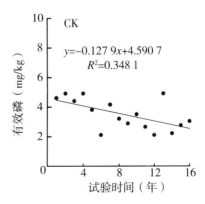

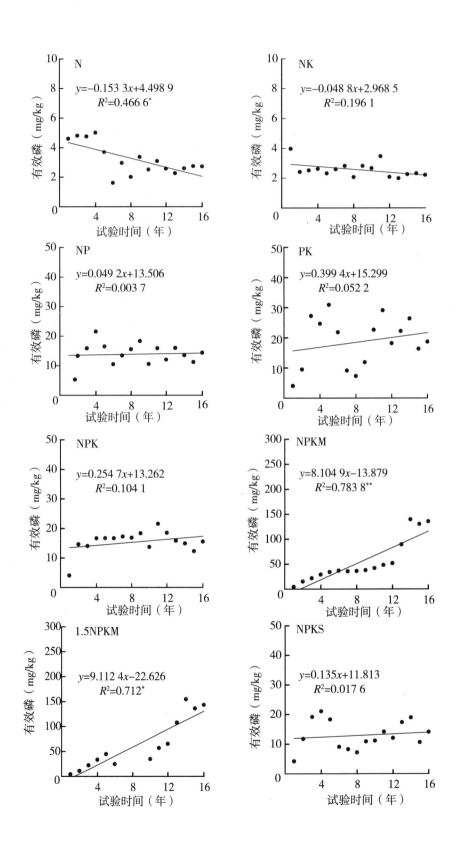

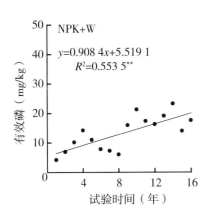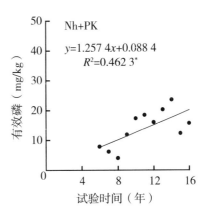

图 9-2　长期施肥对褐潮土有效磷含量的影响（1990—2005 年）

磷含量逐渐下降，其中，撂荒处理（CK₀）、不施磷肥处理（CK 和 N）土壤有效磷含量从开始时（1990 年）的 4.6 mg/kg 分别下降到 2005 年的 3.2 mg/kg、3.0 mg/kg 和 2.7 mg/kg，土壤有效磷达到极缺程度，CK₀、CK 和 N 处理的土壤有效磷下降速率分别为 0.09 mg/kg、0.13 mg/kg 和 0.15 mg/kg，NK 处理的有效磷也逐年下降，但是没达到显著水平。

施用磷肥之后，大多数处理的土壤有效磷含量随种植时间呈上升趋势，并且与时间呈极显著正相关（$P<0.01$），其中，化肥配施有机肥（NPKM）、1.5 倍有机肥配施复合磷肥（1.5NPKM）、灌水量为其他处理灌水量的 2/3（NPK+W）和氮肥过量施用处理（Nh+PK）4 个处理土壤有效磷由开始时（1991 年）的 4.6 mg/kg 分别上升到 2005 年的 135.2 mg/kg、142.9 mg/kg、17.6 mg/kg 和 15.7 mg/kg，有效磷年增长速率分别为 8.10 mg/kg、9.11 mg/kg、0.91 mg/kg 和 1.26 mg/kg，其中，NPKM 和 1.5NPKM 处理土壤有效磷增长速率过快，有效磷含量很高，远远超过作物农学阈值和环境阈值，容易引起磷肥资源的浪费和环境污染。

氮肥配施磷肥（NP）、磷肥配施钾肥（PK）、平衡施肥处理（NPK）和化肥配施秸秆处理（NPKS）下土壤有效磷在刚施入磷肥时，土壤有效磷也会上升，但是长期施肥 16 年之内土壤有效磷含量一直维持在 20~30 mg/kg，土壤有效磷随时间上升不显著，在施肥量方面是比较合适的施肥方式。

（三）长期施肥下土壤全磷与有效磷的关系

土壤中有效磷含量占全磷的比例可以用磷活化系数（PAC）表示，长期施肥下北京褐潮土磷活化系数随时间的变化（1999—2005 年）如图 9-3 所示。不施磷肥的处理（CK₀、CK、N 和 NK）土壤 PAC 均随施肥时间下降，由 1999 年的 0.87%、0.73%、0.48% 和 0.56% 分别下降到 2005 年的 0.54%、0.51%、0.44% 和 0.37%，但是 PAC 与施肥时间的关系不显著。

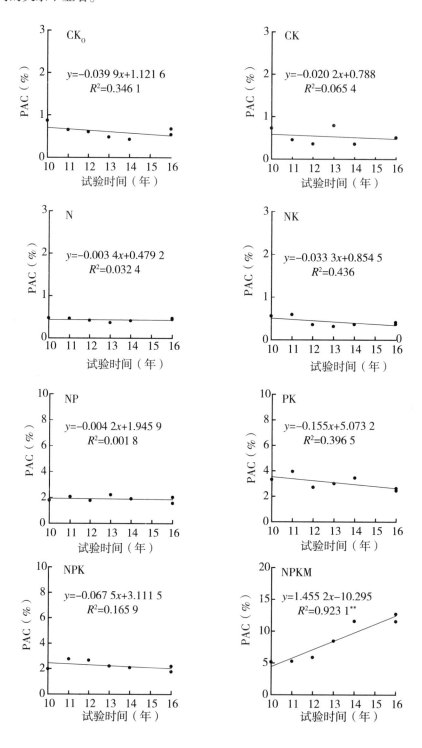

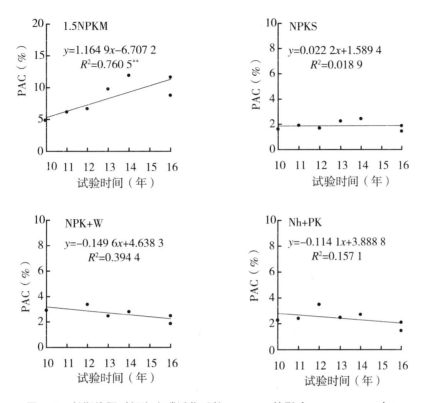

图 9-3　长期施肥对褐潮土磷活化系数（PAC）的影响（1991—2016 年）

　　施用化学磷肥的处理（NP、PK、NPK、NPK＋W 和 Nh＋PK）和化肥配施秸秆（NPKS）的处理土壤 PAC 含量的变化趋势不同，但是 PAC 含量与施肥时间的关系均不显著。PK、NPK、NPK＋W 和 Nh＋PK 4 个处理的 PAC 由 1999 年的 3.31%、1.97%、2.91% 和 2.26% 下降到 2005 年的 2.62%、2.20%、2.47% 和 2.09%。NP 和 NPKS 处理由 1999 年的 2.02% 和 1.60% 上升到 2005 年的 2.02% 和 1.87%。其中 PK 处理的磷活化系数最大，其次是 NPK＋W 和 Nh＋PK 处理。

　　化肥配施有机肥的 2 个处理（NPKM 和 1.5NPKM）土壤 PAC 含量随施肥时间呈极显著（$P<0.01$）和显著上升（$P<0.05$）趋势。2 个处理的 PAC 由 1999 年的 5.13% 和 4.25% 分别上升到 2005 年的 12.66% 和 11.62%，每年上升速率分别为 1.45% 和 1.16%。化肥配施有机肥处理下土壤 PAC 系数远远高于单施化学磷肥的处理和化肥配施秸秆的处理，并且 PAC 随施肥时间显著上升，说明化肥配施有机肥能够显著提高土壤全磷转化为有效磷的比例。

三、长期施肥下土壤有效磷变化对土壤磷盈亏的响应特征

(一) 长期施肥下土壤磷素盈亏情况

图9-4为试验中个处理长期连续施肥16年土壤当季表观磷盈亏和累积磷盈亏。由图9-4a所示,不施磷肥的3个处理(CK、N和NK)当季土壤表观磷盈亏一直呈现亏缺状态,不施磷肥的3个处理(CK、N和NK)当季土壤磷亏缺值与作物携出磷量的平均值分别为7.85 kg/hm²、9.50 kg/hm²和10.76 kg/hm²,由于磷素缺乏会影响作物的品

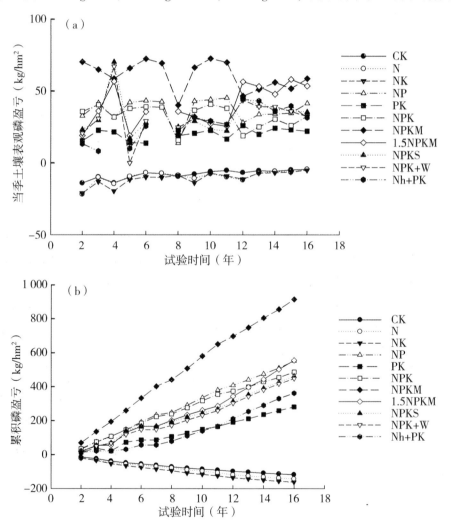

图9-4 各处理当季土壤表观 (a) 及累积 (b) 磷盈亏 (1991—2005年)

质和产量，当季作物磷亏缺值会随种植时间延长而减少。而施磷肥的 8 个处理（NP、PK、NPK、NPKM、1.5NPKM、NPKS、NPK+W 和 Nh+PK）当季土壤表观磷呈现盈余状态。单施化学磷肥的 3 个处理（NP、PK 和 NPK）、化肥配施秸秆（NPKS）、灌水量为其他处理灌水量的 2/3（NPK+W）、氮肥过量施用处理（Nh+PK）和高量化学氮、磷、钾肥与高量有机肥配施（1.5NPKM）土壤磷年均磷盈余量分别为 36.82 kg/hm²、20.08 kg/hm²、32.51 kg/hm²、33.10 kg/hm²、32.07 kg/hm² 和 27.81 kg/hm² 和 39.72 kg/hm²，并且随种植时间延长没有较大的波动。化肥配施有机肥处理（NPKM）土壤年均磷盈余值较其他处理大很多，为 61.01 kg/hm²。土壤年均磷累积值与施肥量和施肥方式有关，适量的化肥配施有机肥才能显著提高土壤磷累积量。

从试验中各处理 26 年土壤累积磷盈亏（图 9-4b）可得，未施磷肥的 3 个处理（CK、N 和 NK）土壤累积磷一直处于亏缺态，并且亏缺值随种植时间延长而增加，其中，CK 处理土壤磷亏缺值最少，是因为土壤中没有任何肥料的供应，作物产量最低，土壤携出磷量最低，而氮钾肥配施（NK）处理土壤累积磷亏缺值最高。施磷肥的 8 个处理土壤磷累积值随种植时间显著升高。其中，PK 和 Nh+PK 处理土壤磷累积值最低，2005 年土壤磷累计值分别为 281.06 kg/hm² 和 361.58 kg/hm²，NP、NPK、1.5NPKM、NPKS 和 NPK+W 处理土壤磷累计值较高，2005 年分别为 552.27 kg/hm²、487.69 kg/hm²、556.08 kg/hm²、463.47 kg/hm² 和 448.95 kg/hm²，NPKM 处理土壤磷累积磷盈余值最高，2005 年为 915.19 kg/hm²。说明化肥配施有机肥（NPKM）能提高土壤累积磷盈余值，而过量的磷肥投入（1.5NPKM）对土壤磷盈余值的提高作用不大。

（二）长期施肥下土壤全磷及有效磷变化对土壤磷素盈亏的响应

图 9-5 表示长期不同施肥模式下褐潮土全磷含量与土壤耕层累积磷盈亏的响应关系。不施磷肥的 3 个处理（CK、N 和 NK），施化学磷肥的 6 个处理（NP、PK、NPK、NPKM、NPK+W 和 Nh+PK），化学磷肥配施秸秆（NPKS）土壤含磷含量与土壤累积磷盈亏之间的关系未达到显著水平。化肥配施有机肥的 2 个处理（NPKM 和 1.5NPKM）土壤全磷与

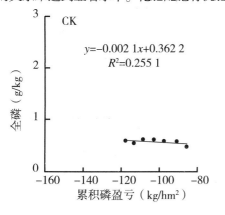

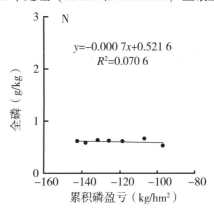

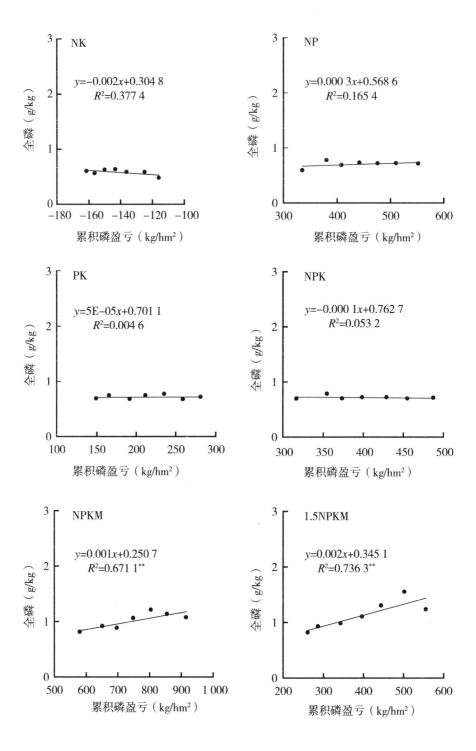

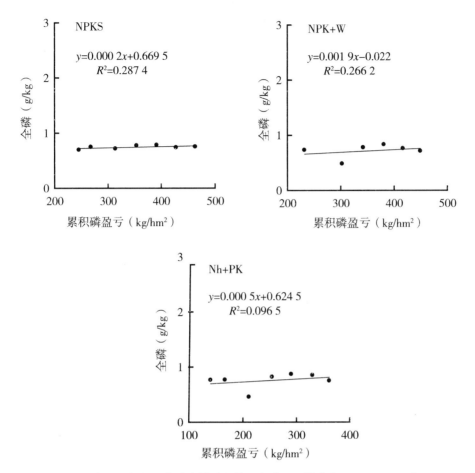

图 9-5 各处理褐潮土全磷含量对土壤累积磷盈亏的响应（1999—2005 年）

累积磷盈亏呈极显著相关，土壤每累积 100 kg P/hm²，全磷浓度分别上升 0.1 g/kg 和 0.2 g/kg。

图 9-6 表示长期不同施肥模式下褐潮土有效磷含量与土壤耕层累积磷盈亏的响应关系。不施磷肥的 3 个处理（CK、N 和 NK）中，只有 N 处理土壤有效磷含量与土壤累积磷亏缺值的相关达到显著水平，CK 处理土壤每亏缺 100 kg P/hm²，有效磷下降 1.71 mg/kg。施用化学磷肥的 3 个处理（NP、PK 和 NPK），土壤有效磷与土壤累积磷盈余的相关不显著。施用有机肥的 2 个处理（NPKM 和 1.5NPKM），土壤有效磷含量与累积磷盈亏呈极显著相关，土壤每累积 100 kg P/hm²，土壤有效磷浓度分别上升 13.55 g/kg 和 27.34 g/kg。灌水量为其他处理灌水量的 2/3 处理（NPK+W）土壤有效磷含量与累积磷盈亏呈极显著相关，土壤每累积 100 kg P/hm²，土壤有效磷浓度上升 2.73 g/kg。氮肥过量施用处理（Nh+PK）土壤有效磷含量与累积磷盈亏呈显著相关，土壤每累积 100 kg P/hm²，土壤有效磷浓度上升 3.60 g/kg。在土壤有效磷与磷盈余相关达到显著水平的处理中，土壤每累积 100 kg P/hm²，土壤有效磷含量上升的大小顺序

为 1.5NPKM> NPKM > Nh+PK > NPK+W，这与磷肥的施用种类与施用量有关。施用有机肥能够显著提高土壤累积磷向有效磷转化的比例，但是有效磷含量升高过快，容易产生资源浪费和环境污染的风险，因此，在农业生产中应该注意减少磷肥的用量。

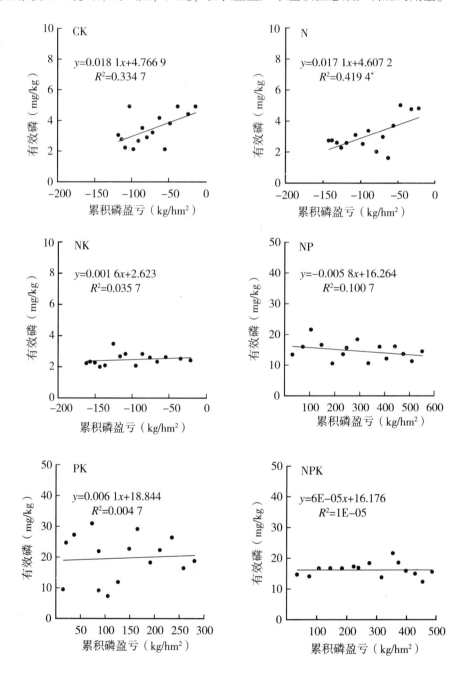

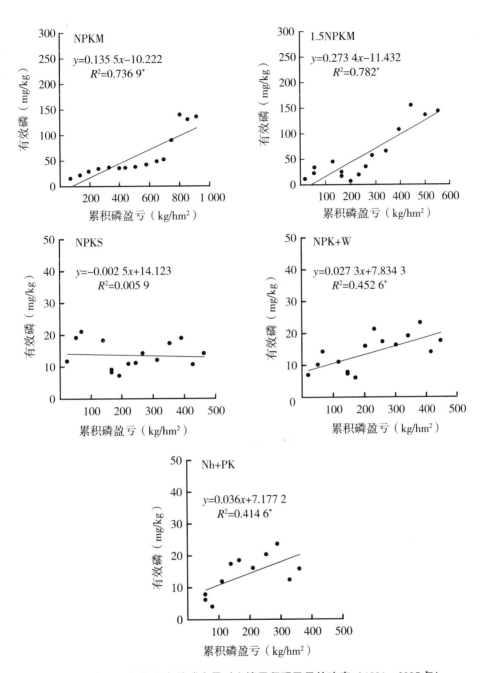

图 9-6　各处理褐潮土有效磷含量对土壤累积磷盈亏的响应（1991—2005 年）

四、土壤有效磷农学阈值研究

本章基于褐潮土不施肥处理和施不同磷肥处理的有效磷水平与作物产量长期定位数

据，通过分析作物相对产量和土壤有效磷的变化趋势，采用线线模型和米切里西方程均可以较好地模拟两者的关系，采用 2 种模型求出的阈值有一定差异，其中线线模型得出的阈值最小，而米切里西方程得出的阈值较大。采用 2 种模型计算出的结果，小麦和玉米农学阈值平均值分别为 9.95 mg/kg 和 7.12 mg/kg（图 9-7，表 9-3），可以看出褐潮

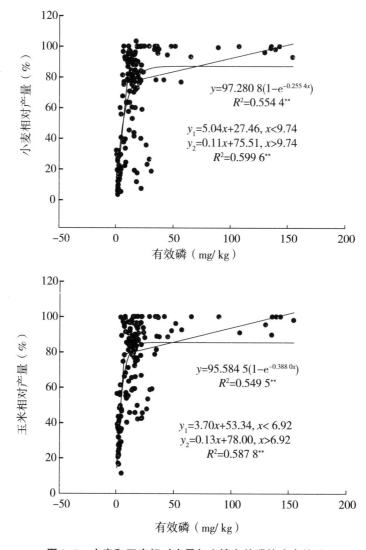

图 9-7 小麦和玉米相对产量与土壤有效磷的响应关系

土上小麦的农学阈值低于玉米的农学阈值。Tang et al.（2009）对郑州市和杨凌区的玉米和小麦农学阈值的研究发现，玉米（平均值 15.3 mg/kg）的农学阈值略低于小麦（平均值 16.3 mg/kg）。可以推断，作物的农学阈值受作物类型、土壤类型以及气候环境等诸多因素的影响，在实际应用中需要结合实际情况考虑。另外，可以看到，阈值计算模型的选用，对于阈值的确定有很大影响，需要将模型的选择和实际的农业生产状况

结合起来，才能准确的计算出作物的农学阈值。

表 9-3　长期不同施肥作物农学阈值

作物	n	LL		EXP		均值
		CV（mg/kg）	R^2	CV（mg/kg）	R^2	（mg/kg）
小麦	160	9.74	0.60**	10.15	0.55**	9.95
玉米	160	6.92	0.59**	7.32	0.55**	7.12

五、磷肥回收率的演变趋势

长期不同施肥下，作物吸磷量差异显著，由表 9-4 可知，相同年限的玉米的吸磷量要高于小麦。不施磷素（CK、N 和 NK）处理，小麦和玉米对磷素的吸收保持在较低水平，NK 配施能够促进作物对磷的吸收，因此，NK 处理的吸磷量高于其他 2 个处理。施用磷肥后，作物的吸磷量明显升高。不平衡施肥作物吸磷量（NP 和 PK）显著低平衡施肥（NPK）处理，化肥配施有机肥处理（NPKM 和 1.5NPKM）以及化肥配施秸秆处理（NPKS），灌水量为其他处理灌水量的 2/3（NPK＋W）以及氮肥过量施用处理（Nh＋PK），具体表现为 CK、N、NK ＜ NP、PK＜ NPK、Nh＋PK＜ NPKS＜M ＜ NPKM＜ NPKS、NPK＋W＜ 1.5NPKM。不施磷素（CK、N 和 NK）处理，小麦和玉米磷素吸收量逐年下降。施磷肥的处理作物吸磷量比较稳定，稳重上升，但是上升的速度不明显。

表 9-4　长期不同施肥作物磷素吸收特征　　　　单位：kg P/hm²

处理	1991—1995 年		1996—2000 年		2001—2005 年		1991—2005 年均值	
	小麦	玉米	小麦	玉米	小麦	玉米	小麦	玉米
CK	3.69	7.26	3.38	6.24	3.27	6.28	3.45	5.76
N	3.78	8.77	3.31	6.32	3.03	6.32	3.37	6.16
NK	5.25	9.88	4.94	8.00	4.44	7.62	4.88	7.16
NP	12.87	14.31	13.91	11.29	12.59	11.63	13.12	10.59
PK	8.51	12.36	8.51	11.61	8.81	10.47	8.61	11.36
NPK	13.46	15.06	14.40	13.50	13.06	13.22	13.64	13.00
NPKM	16.24	18.80	17.72	17.51	16.23	17.40	16.73	17.00
1.5NPKM	25.11	18.18	25.11	17.97	24.59	18.28	24.94	19.30

续表

处理	1991—1995 年		1996—2000 年		2001—2005 年		1991—2005 年均值	
	小麦	玉米	小麦	玉米	小麦	玉米	小麦	玉米
NPKS	22. 69	20. 03	22. 69	19. 24	21. 38	19. 04	22. 25	15. 89
NPK+W	21. 28	20. 90	21. 28	21. 03	19. 79	20. 45	20. 78	15. 62
Nh+PK	11. 99	11. 30	11. 99	10. 64	9. 57	12. 97	11. 18	14. 14

北京褐潮土长期施用磷肥下，小麦和玉米产量与磷素吸收变化趋势关系可以看出，作物产量与磷素吸收呈极显著正相关（图9-8）。小麦直线方程为 $y = 0.184\,6x + 0.466\,5$（$R^2 = 0.854\,1$，$P < 0.01$），玉米的直线方程为 $y = 0.223\,4x + 0.811\,4$（$R^2 = 0.822\,1$，$P < 0.01$）。根据两者相关方程可以计算出，在褐潮土上每多吸收 1 kg 磷，小麦和玉米产

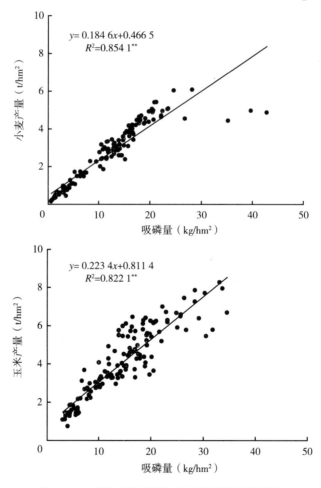

图9-8 小麦和玉米产量与作物磷素吸收的关系

量分别提高 184.6 kg/hm^2 和 223.4 kg/hm^2。

长期不同施肥下，磷肥回收率的变化趋势大体一致（图 9-9）。各施肥处理的磷肥回收率在施肥处理的前 10 年波动变化，增加不明显，小麦和玉米各施肥处理的磷肥回收率都维持在 10%~20%。施肥 10 年后各处理磷肥回收率从初始的 10% 左右，上升到 20%~30%。小麦和玉米各个处理土壤磷回收率在施肥 12 年达到最大值小麦约 30%，玉米约 35%。小麦各个处理磷肥回收率多年平均值的大小顺序为 1.5NPKM（13.75%）< NP（15.63%）、NPKM（15.37%）< NPK（17.03%）< NPKS（18.97%）< Nh+PK（19.43%）< NPK+W（21.01%）。玉米各个处理磷肥回收率多年来平均值的大小顺序为 1.5NPKM（14.78%）< NP（14.94%）、NPKM（15.23%）< NPK（18.77%）< NPKS（18.92%）< Nh+PK（20.98%）< NPK+W（21.27%）。小麦和玉米各个处理磷肥回收率的大小顺序一致，磷肥施用量最大的 NPKM，1.5NPKM 处理、不均衡施肥的 NP 的磷肥回收率最低，而灌水量为其他处理灌水量的 2/3

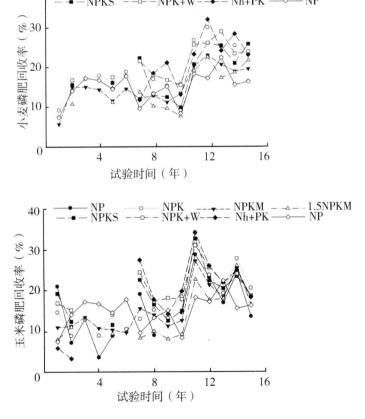

图 9-9　小麦和玉米磷肥回收率的变化（1991—2005 年）

（NPK+W）以及氮肥过量施用处理（Nh+PK）的处理较高。说明磷肥施用量过多会降低作物的磷肥利用率，氮肥的用量增加可以提高作物的磷肥利用率，灌水量适量降低的 NPK 处理磷肥利用率也较高。

长期不同施肥下，磷肥回收率对时间的响应关系不同（表 9-5）。小麦和玉米的回收率，NP 处理均随时间有所下降，但是不显著；NPK 和 1.5NPKM 处理，小麦和玉米回收率基本持平；NPKM 处理玉米回收率上升速率显著高于小麦；NPKS 和 Nh+PK 处理小麦略高于玉米；NPK+W 处理小麦磷肥回收率下降，玉米上升。总体来看，NP 和 NPK+W 回收率均下降，其他处理均上升。磷肥回收率上升速率随时间上升显著的处理下，大小顺序为 NPK> 1.5NPKM > NPKM。说明在施用化学磷肥的基础上，再配施有机肥会降低磷肥利用率。在实际施肥中，既要考虑磷肥的种类，也要考虑磷肥的用量。

表 9-5　磷肥回收率随种植时间的变化关系

处理	小麦	R^2	玉米	R^2
NP	$y=-0.34x+12.20$	0.149 6	$y=-0.74x+9.69$	0.225 0
NPK	$y=1.02x+10.63$	0.553 3[**]	$y=1.15x+7.86$	0.518 0[**]
NPKM	$y=0.73x+9.36$	0.526 1[**]	$y=0.91x+8.11$	0.527 7[**]
1.5NPKM	$y=0.92x+5.90$	0.487 0[*]	$y=0.96x+5.19$	0.488 7[**]
NPKS	$y=0.81x+11.15$	0.305 7	$y=0.57x+13.89$	0.184 4
NPK+W	$y=-0.78x+13.71$	0.460 4[*]	$y=-0.51x+16.28$	0.232 6
Nh+PK	$y=1.48x+5.60$	0.527 2[*]	$y=1.38x+6.64$	0.475 6[*]

长期不同施肥下磷肥回收率对有效磷的响应关系不同（图 9-10，图 9-11）。只有化肥配施有机肥（NPKM 和 1.5NPKM）的处理小麦及玉米季磷素回收率与土壤有效磷含量呈极显著直线正相关，土壤有效磷每上升 1 mg/kg，小麦 NPKM 和 1.5NPKM 处理磷肥利用率上升 0.077% 和 0.071%；玉米 NPKM 和 1.5NPKM 处理磷肥利用率上升 0.084% 和 0.086%。玉米磷肥回收率的上升速率要高于小麦。

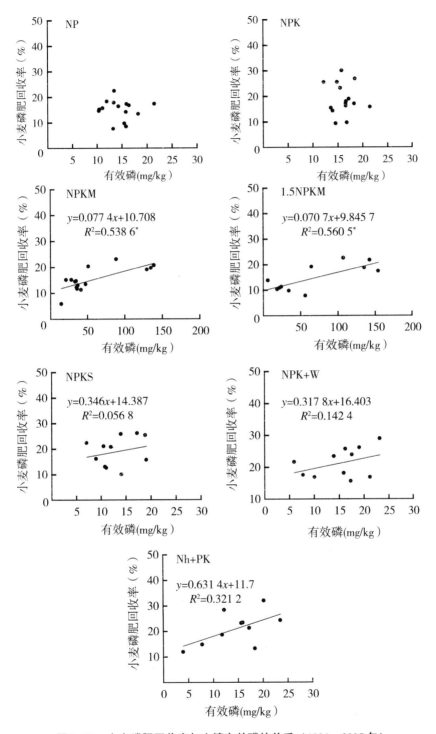

图 9-10　小麦磷肥回收率与土壤有效磷的关系（1991—2005 年）

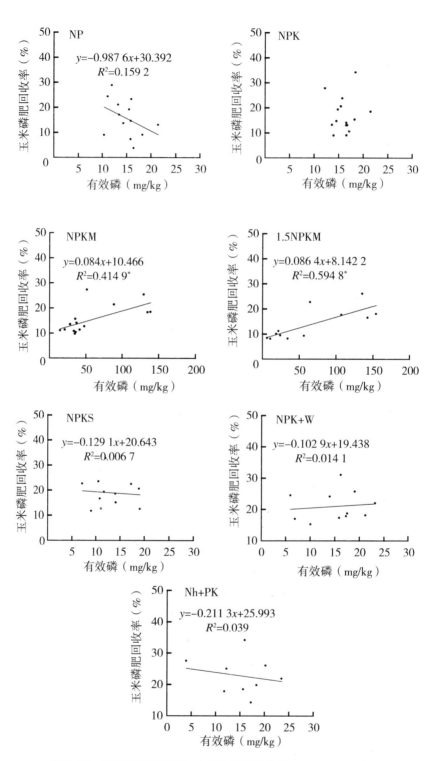

图 9-11　玉米磷肥回收率与土壤有效磷的关系（1991—2005 年）

六、主要结果与展望

长期不同施肥条件下，土壤全磷含量在不施磷肥（CK$_0$、CK、N 和 NK）、施化学磷肥的处理下（NP、PK、NPK、NPK+W 和 Nh+PK）和化学磷肥配施秸秆的处理下，土壤有效磷变化均不明显，在化肥配施有机肥处理下（NPKM 和 1.5NPKM），土壤全磷含量随施肥时间显著上升，年均上升速率分别为 0.06 g/kg 和 0.10 g/kg。土壤有效磷在不施磷肥处理（CK$_0$、CK、N 和 NK）下含量下降，只有在 N 处理下达到显著水平，年下降速率为 0.15 mg/kg；施用磷肥的不同处理土壤有效磷含量均会升高，在化学磷肥配施有机肥的 2 个处理（NPKM 和 1.5NPKM）、NPK+W 处理以及 Nh+PK 处理达到显著水平，年上升速率分别为 8.10 mg/kg、9.11 mg/kg、0.91 mg/kg 和 1.26 mg/kg。磷活化系数的数据表明，不施磷肥和施不同种类化学磷肥对 PAC 的影响不显著，只有化肥配施有机肥能显著提高 PAC，年均上升速率分别为 1.46% 和 1.16%。因此得出结论，北京褐潮土现有的化学磷肥施肥方式对土壤全磷、有效磷及磷活化系数的提升不显著，有机无机磷肥配施对土壤磷素的影响最为明显。

长期不施磷肥处理下（CK、N 和 NK）土壤磷素均会亏缺，长期施用不同种类磷肥土壤磷均会盈余，其中 NPKM 处理土壤磷盈余量最多。土壤全磷、有效磷与磷累积的关系代表土壤中累积磷素向全磷、有效磷的转化能力。全磷与土壤磷累积的关系表明，只有化肥配施有机肥才能显著提高土壤磷向全磷的转化速率，土壤每累积 100 kg P/hm^2，土壤全磷分别上升 0.1 g 和 0.2 g。土壤有效磷与磷累积的关系表明，施用有机肥的 2 个处理（NPKM 和 1.5NPKM），土壤有效磷含量与累积磷盈亏呈极显著相关，土壤每累积 100 kg P/hm^2，土壤有效磷浓度分别上升 13.55 g/kg 和 0.2 g/kg。灌水量为其他处理灌水量的 2/3 处理（NPK+W）土壤有效磷含量与累积磷盈亏呈极显著相关，土壤每累积 100 kg P/hm^2，土壤有效磷浓度上升 2.73 g/kg。氮肥过量施用处理（Nh+PK）土壤有效磷含量与累积磷盈亏呈显著相关，土壤每累积 100 kg P/hm^2，土壤有效磷浓度上升 3.60 g/kg。

用线线模型和米切里西方程分别计算小麦和玉米的农学阈值发现，同一作物，用米切里西方程计算出的农学阈值较高；不同作物，小麦的农学阈值（9.95 mg/kg）要高于玉米（7.12 mg/kg）。因此，在施肥过程中，可以考虑适当提高小麦季的施肥量，减少玉米季的施肥量。从农学阈值与土壤有效磷含量的数据可以得出，昌平褐潮土施用化学磷肥下土壤有效磷超出农学阈值的范围不大，并且维持在环境阈值之下（40 mg/kg），属于较为合理的施肥水平。而化肥配施有机肥土壤有效磷升高速度较快，容易引起环境污染，因此要降低化肥配施有机肥水平下磷肥的总施用量。

小麦和玉米各处理磷肥回收率的大小顺序一致，磷肥施用量最大的 NPKM 和 1.5NPKM 处理和不均衡施肥的 NP 的磷肥回收率最低，而灌水量为其他处理灌水量的 2/3（NPK+W）以及氮肥过量施用处理（Nh+PK）的处理较高。说明磷肥施用量过多会降低作物的磷肥利用率，氮肥的用量增加可以提高作物的磷肥利用率，灌水量适量降低的 NPK 处理磷肥利用率也较高。

（张微微、张淑香）

主要参考文献

高静,徐明岗,张文菊,等,2009. 长期施肥对我国 6 种旱地小麦磷肥回收率的影响[J]. 植物营养与肥料学报,15(3)：584-592.

韩宝文,王激清,李春杰,等,2011. 氮肥用量和耕作方式对春玉米产量、氮肥利用率及经济效益的影响[J]. 中国土壤与肥料(2)：28-34.

黄昌勇,2000. 土壤学[M]. 北京：中国农业出版社.

李加林,刘闯,张殿发,等,2006. 土地利用变化对土壤发生层质量演化的影响[J]. 地理学报,61(4)：378-388.

李莉,李絮花,李秀英,等,2005. 长期施肥对褐潮土磷素积累、形态转化及其有效性的影响[J]. 土壤肥料(3)：32-35.

刘恩科,赵秉强,胡昌浩,等,2007. 长期施氮、磷、钾化肥对玉米产量及土壤肥力的影响[J]. 植物营养与肥料学报,13(5)：789-794.

刘兴文,顾国安,朱祥明,等,1986. 试谈黄河冲积物的成层性对潮土性质的影响和在土壤分类中的地位[J]. 土壤(5)：250-253.

鲁如坤,2000. 农业土壤化学分析方法[M]. 北京：中国农业科技出版社.

沈善敏,1998. 中国土壤肥力[M]. 北京：中国农业出版社.

宋永林,2006. 长期定位施肥对作物产量和褐潮土肥力的影响研究[D]. 北京：中国农业科学院.

宋永林,唐华俊,李小平,2007. 长期施肥对作物产量及褐潮土有机质变化的影响研究[J]. 华北农学报,22(S1)：100-105.

王红,张爱军,张瑞芳,等,2007. 太行山山前平原区地下水下降对该区土壤性质的影响[J]. 生态环境,16(5)：1518-1520.

吴凯,唐登银,谢贤群,2000. 黄淮海平原典型区域的水问题和水管理[J]. 地理科学进展,19(2):136-141.

ASLAM M, HUSSAIN N, ZUBAIR M, et al., 2010. Integration of organic and inorganic sources of phosphorus for increased productivity of mungbean(*Vigna radiata* L.)[J]. Pakistan journal of agricultural sciences, 47(2):111-114.

COLOMB B, DEBAEKE P, JOUANY C, et al., 2007. Phosphorus management in low input stockless cropping systems: crop and soil responses to contrasting P regimes in a 36-year experiment in southern France [J]. European journal of agronomy, 26(2): 154-165.

FARHAD W, SALEEM M F, CHEEMA M A, et al., 2009. Effect of poultry manure levels on the productivity of spring maize(*Zea mays* L.)[J]. Journal of animal and plant science, 19(3):122-125.

GARDNER B R, JONES J P, 1973. Effects of temperature on phosphate sorption isotherms and phosphate desorption[J]. Communications in soil science and plant analysis, 4(2):83-93.

HAYNES R J, NAIDU R, 1998. Influence of line, fertilizer and manure applications on soil organic matter content and soil physical conditions: a review[J]. Nutrient cycling in agroecosystems, 51:123-137.

LI M, HU Z Y, ZHU X Q, et al., 2015. Risk of phosphorus leaching from phosphorus-enriched soils in Dianchi catchment, Southwestern China[J]. Environmental science and pollution research, 22(11):8460-8470.

MAGUIRE R O, SIMS J T, 2002. Soil testing to predict phosphorus leaching[J]. Journal of environmental quality, 31(5):1601-1609.

MALLARINO A P, BLACKMER A M, 1992. Comparison of methods for determining critical concentrations of soil test phosphorus for corn [J]. Agronomy journal, 84(5): 850-856.

OPALA P A, OKALEBO J R, OTHIENO C O, et al., 2010. Effect of organic and inorganic phosphorus sources on maize yields in an acid soil in western Kenya[J]. Nutrient cycling in agroecosystems, 86(3):317-329.

SHARPLEY A N, AHUJA L R, 1982. Effects of temperature and soil-water content during incubation on the desorption of phosphorus from soil[J]. Soil science, 133:350-355.

SÁNCHEZ M, BOLL J, 2005. The effect of flow path and mixing layer on phosphorus release: physical mechanisms and temperature effects[J]. Journal of enivironmental quality, 34(5): 1600-1609.

TANG X, LI J M, MA Y B, et al., 2008. Phosphorus efficiency in long-term (15 years) wheat-maize cropping systems with various soil and climate conditions[J]. Field crops research, 108(3): 231-237.

第十章 黄潮土磷素演变及磷肥高效利用

河南省的潮土区面积最大、分布广，其面积为 357 万 hm^2，占全省土地面积的 37.4%；潮土耕地面积为 333 万 hm^2，占全省耕地面积的 50%（魏克循，1995）。河流沉积物是形成潮土的主要母质，特别是占潮土面积 90% 以上的豫东北大平原就是黄河历代泛滥沉积而形成的。由于黄河每次决口泛滥时的地点不同，水量大小不同，加之微地形的差异，所以沉积物不仅在水平分布上有粗细的不同，就是在同一地点，也有不同质地层次的排列，即出现厚薄不同的沙、壤、黏间层，构成了河南省平原潮土区土壤质地的复杂性和剖面质地层次排列的多样性，对土壤的理化性质、水盐运行、人类的生产活动、施肥管理及种植结构均有明显的影响。

潮土区年均降水量 645 mm，蒸发量 1 450 mm，平均气温 14.4℃，无霜期 224 d。潮土集中分布在河南省东部黄、淮、海冲积平原，西以京广线为界与褐土相连，南以淮河干流为界与水稻土相接，东部和北部均达省界，与安徽、山东、河北三省潮土接壤。另外，干流以南，唐河、白河、伊河、洛河、沁河、漭河诸河流沿岸及沙河和颍河上游多呈带状也有小面积分布。从行政区来看，主要分布在安阳、濮阳、新乡、焦作、鹤壁、开封、商丘、周口、许昌和郑州等地市。

由于潮土母质特征，碳酸钙含量高达 5%~15%，与 HPO_4^{2-} 比值 8 000 左右，可快速固定磷素、降低磷肥利用效率，同时潮土质地类型、种植模式和管理方式复杂多样，而土壤磷素变化是一个缓慢的生物地球化学循环过程，不仅受施肥量、肥料品种、种植模式等影响，而土壤微生物群落对其影响较大。系统研究了潮土磷素演变规律、磷肥高效利用机理及配套技术，对维持合理土壤磷肥力水平，提升磷肥利用率，维持土壤磷素生态平衡，远离环境风险有重要的意义。

一、试验概况

（一）试验点基本情况

"国家潮土土壤肥力和肥料效益长期监测基地"位于河南省现代农业试验基地（原

阳县）内（北纬 34°47′，东经 113°40′），距黄河北岸 10 km。土壤代表类型为潮土，代表区域为黄淮海地区，一年两熟，高度集约化，小麦和玉米常年轮作种植区域。土壤母质为黄土性沉积物质，属潮土土类，黄潮土亚类的两合土土种。土壤质地为轻壤，海拔 76 m（原阳试验站，2009 年前试验站在郑州市，北纬 35°00′，东经 113°41′，海拔 56 m），年平均气温 14.4℃，≥10℃积温 4 960~5 360℃，年降水量 700 mm 左右，蒸发量 2 300 mm 左右，无霜期 210 d，年日照时数 2 000~2 600 h，主要种植制度为小麦—玉米轮作。

经 1988—1990 年匀地种植，1990 年秋季开始施肥试验，施肥前采集基础土样 0~120 cm，按照土层类别确定采集剖面土壤样品，并风干保存。基础土壤的基本理化性质见表 10-1 和表 10-2。

表 10-1　试验前基础土壤的养分及化学性状

土层深度（cm）	有机质（g/kg）	全氮（g/kg）	全磷（g/kg）	全钾（g/kg）	碱解氮（mg/kg）	有效磷（mg/kg）	交换性钾（mg/kg）
0~28	10.6	1.01	0.65	1.69	76.6	21.2	71.7
28~52	5.0	0.40	0.51	1.73	54.1	3.8	59.2
52~87	4.0	0.37	0.50	1.73	48.7	2.2	62.3
87~120	3.6	0.37	0.50	1.86	65.8	2.0	54.5

土层深度（cm）	CEC（cmol/kg）	CaCO₃（g/kg）	pH 值	全盐量（g/kg）	胡敏酸（g/kg）	富里酸（g/kg）	胡敏酸/富里酸
0~28	10.5	48.4	8.1	1.1	0.35	0.86	0.41
28~52	9.8	49.2	8.4	1.0	0.22	0.30	0.73
52~87	11.1	42.9	8.3	1.0	0.18	0.30	0.60
87~120	10.9	30.3	8.3	1.0	0.19	0.29	0.66

表 10-2　试验前基础土壤的物理性状

土层深度（cm）	物理性砂粒含量（%）				物理性黏粒含量（%）				质地
	1.0~0.1 mm	0.1~0.05 mm	0.05~0.01 mm	总计	0.01~0.005 mm	0.005~0.001 mm	小于 0.001 mm	总计	
0~28	9.04	17.50	47.37	73.91	5.04	8.27	12.78	26.09	轻壤
28~52	10.26	18.43	46.28	74.97	3.02	7.64	14.37	25.03	轻壤
52~87	7.91	14.51	46.42	68.84	4.04	8.67	18.45	31.16	中壤
87~120	2.14	13.13	53.54	68.81	6.06	6.67	18.46	31.19	中壤

（二）试验设计

试验设 11 个处理：①CK$_0$（撂荒、不种植及不施肥）；②CK（种植、不施肥）；③N（单施氮肥）；④NP（施氮、磷肥）；⑤NK（施氮、钾肥）；⑥PK（施磷、钾肥）；⑦NPK（施氮磷钾肥）；⑧MNPK（有机肥＋氮磷钾化肥，轮作方式为小麦—玉米）；⑨1.5MNPK（施肥量为 MNPK 的 1.5 倍）；⑩SNPK（玉米秸秆＋氮磷钾化肥）。试验用小麦品种先后依次为'豫麦 13'（1991 年）、'郑太育 1 号'（1992 年）、'临汾 7203'（1993—1994 年）、'郑州 891'（郑州 941，1995—1996 年）、'豫麦 47'（1997—1998年）、'豫麦 8998'（1999—2000 年）、'郑麦 9023'（2001—2006 年）、'郑麦 9694'（2007 年）、'郑麦 9962'（2008 年）、'丰优 5 号'（2009 年）、'郑麦 7698'（2010—2011 年）和'郑麦 0856'（2012—2015 年）共计 12 个品种；玉米品种先后依次为'郑单 8 号'（1991—2006 年）、'郑单 958 号'（2007 年）、'郑单 136'（2008—2009 年）、'郑单 528'（2010 年和 2011 年）和'郑单 20'（2012—2016 年）共计 5 个品种。

1990 年开始试验，小区随机排列，2009 年前各小区 16 m×25 m＝400 m^2，无重复，从 2009 年玉米季开始，每处理设 3 个重复，随机区组排列，实际小区面积 43 m^2。各小区之间用宽 30 cm、深 40 cm 水泥埂隔开。

氮肥用尿素，磷肥用普通过磷酸钙（2003 年以前为开封磷肥厂生产，P$_2$O$_5$ 含量 12.05%，2003 年至今采购黄泛区农场生产过磷酸钙，含量为 8%），1991—2003 年钾肥用硫酸钾，2004 年后钾肥用氯化钾。有机肥以马粪和牛粪为主，全氮（N）含量（12±4.5）g/kg、全磷（P）含量（6.8±2.7）g/kg、全钾（K）含量（7.9±3.4）g/kg，施用量根据当年含氮量确定；2002 年前秸秆还田量按照施氮量的 70%（115.5 kg/hm^2）归还，由于秸秆还田量太大，影响耕地和播种质量，2003 年及以后 SNPK 处理的玉米秸秆全部还田计算带进土壤氮素，与施氮量差额部分用尿素补充。有机肥和玉米秸秆只在小麦季施用，有机氮与无机氮之比为 7∶3，N∶P$_2$O$_5$∶K$_2$O＝1∶0.5∶0.5，每年随有机肥和秸秆施入的磷、钾量未计入施肥量。不同处理小麦玉米季施肥量见表 10-3。

各年度依据土壤和天气状况播种，小麦播种时间为 10 月中旬，玉米为 6 月上旬。施肥时间为播种前一天，小麦季施肥后，深耕 1 次，玉米季免耕直播。2009 年前每年用联合收割机收获小麦玉米，小麦底部留茬约 15 cm，玉米植株全部移出，SNPK 处理玉米秸秆粉碎还田用于下一季小麦。2009 年小麦季后人工收获。每年在小麦播种前将有机肥、秸秆和磷、钾肥一次性底施。氮肥按基追比 6∶4 施入。各年度依据土壤状况适当灌溉，保证作物正常生长。

试验开始后，每年在玉米收获后施肥前，用土钻按五点法采集 0~20 cm 混合土样；每季作物收获期间分器官采集植株样品，各小区（小麦每点 2 m^2，玉米每点 4 m^2）测定 6 个点的产量，计算平均值为小区产量。各年度不同处理收获 5 m² 测产；选取长势均匀的 20 株小麦和 3 株玉米样品，分为籽粒和茎秆 2 个部分，采集混合样，带回室内 105 ℃ 下杀青 30 min，烘干至恒重后，粉碎过 0.15 mm 筛备用。小麦季收获后使用五点采样法采集各处理 0~20 cm 土样，带回室内风干，拣去杂物后，研磨过 1 mm 筛备用。

表 10-3　潮土不同处理的肥料施用量　　　　　　　　　　　单位：kg/hm²

处理	小麦季				玉米季		
	化肥			有机肥/秸秆	化肥		
	N	P₂O₅	K₂O	N	N	P₂O₅	K₂O
CK	0	0	0	0	0	0	0
N	165.0	0	0	0	188	0	0
NP	165.0	82.5	0	0	188	94	0
NK	165.0	0	82.5	0	188	0	94
PK	0	82.5	82.5	0	0	94	94
NPK	165.0	82.5	82.5	0	188	94	94
MNPK	49.5	82.5	82.5	115.5	188	94	94
1.5MNPK	74.2	123.8	123.8	173.0	282	141	141
SNPK	49.5	82.5	82.5	115.5	282	94	94

二、长期施肥模式潮土磷素演变规律

（一）长期施肥下土壤全磷的演变趋势

长期施肥对潮土全磷含量的影响如图 10-1 所示，长期不施磷肥，由于每年作物吸收带出磷素，全磷缓慢下降，CK、N 和 NK 处理由 1990 年的 0.064 g/kg 下降到 2016 年的 0.57 g/kg、0.55 g/kg 和 0.58 g/kg，年均下降速率约为 0.001 5 g/kg。常年施用磷肥可维持土壤全磷含量持续提升，并且在一定施磷量下，由于磷的施用量大于作物携出磷量，全磷含量与施肥年限呈极显著的线性关系（$P<0.01$）。常年定量施用过磷酸钙处理，NP、PK 和 NPK 年增长速率分别为 0.013 8 g/kg、0.014 g/kg 和 0.016 3 g/kg，到 2016 年全磷含量为 0.85 g/kg、0.91 g/kg 和 0.84 g/kg。化肥与有机物料配施处理，每年进入土壤中的磷素除过磷酸钙外，还有有机肥和秸秆带入的磷素。不同处理全磷含量

因磷素投入量不同增幅不同，SNPK 与 NPK 基本一致，年均增长率为 0.010 7 g/kg，MNPK 年均增长率为 0.019 3 g/kg，1.5MNPK 年均增长率为 0.030 g/kg，到 2016 年 SNPK、MNPK 和 1.5MNPK 处理全磷含量分别为 0.92 g/kg、1.10 g/kg 和 1.27 g/kg。

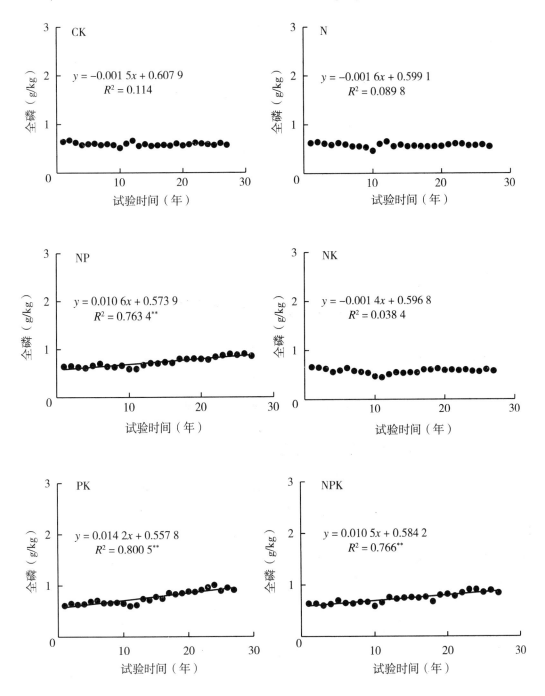

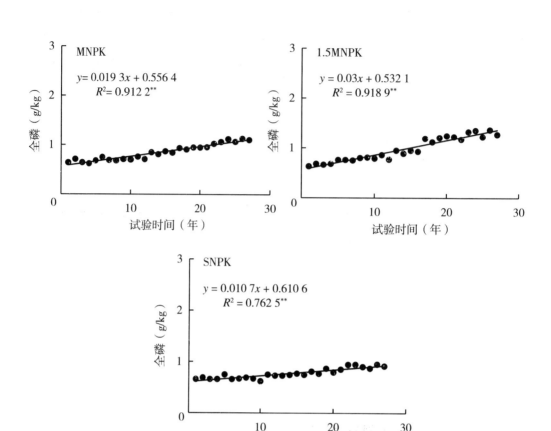

图 10-1　长期施肥对土壤全磷含量的影响

（二）长期施肥下土壤有效磷的变化趋势

土壤养分中有效磷是受施肥影响最大的指标之一（黄绍敏，2011）。1990 年的基础土壤中有效磷含量在 4.7~9.6 mg/kg，变异系数为 22.6%，经过 21 年不同施肥处理后，耕层土壤中有效磷含量发生了极大变化，2000 年和 2001 年不施磷肥的土壤中有效磷含量检测不出来，而施有机肥的 1.5MNPK 处理土壤中含量却达到 70.8 mg/kg。1.5MNPK 和 MNPK 处理耕层土壤有效磷含量增加显著，分别增加了 64.2 mg/kg 和 43.8 mg/kg，平均每年增加 4.2 mg/kg 和 4.0 mg/kg。从其变化速率看，后 10 年比前 11 年增幅快。不施磷肥土壤有效磷含量前 3 年（1990—1993 年）降低幅度较大，CK、N 和 NK 3 个不施磷肥处理，耕层土壤有效磷含量分别降低 77%、42.5% 和 55.4%。意味着土壤有效磷对外源磷素的依赖程度较高。同时由于土壤有效磷长期处于极低水平，土壤全磷转化为有效态磷的能力较弱，只有作物生长急需时才释放出来，满足根系吸收需要，由于有效磷水平的降低幅度和降低时间与小麦和玉米的产量几乎同步。说明有效磷是限制作物产量的关键因素。如图 10-2 所示，在长期不施磷肥的处理（CK、N 和 NK）中，由于作物从土壤中吸收磷素，土壤磷亏缺程度越来越大，土壤有效磷表现出下降趋势，3 个处理土壤有效磷含量从开始时（1990 年）的 5.0 mg/kg 左右分别下降到 2016 年的 3.3 mg/kg、2.7 mg/kg 和 2.0 mg/kg，土壤有效磷达到极缺程度，其中 NK 处理土壤有效磷下降速度最快。施用磷肥之后，土壤有效磷含量均随种植时间延长呈现上升趋势，并且与时间呈极显著正相关（$P<0.01$）。其中，单施化学磷肥的 3 种处理（NP、PK 和 NPK）土壤有效磷含量由开始时（1990 年）的 6.4 mg/kg 分别上升到 2016 年的 20.0 mg/kg、24.5 mg/kg 和 20.3 mg/kg，有效磷年增量分别为 0.58 mg/kg、0.67 mg/kg 和 0.36 mg/kg。化学肥料配施有机肥（MNPK 和 1.5MNPK）处理土壤有效磷年变化量均很高，分别为 1.82 mg/kg 和 2.02 mg/kg，土壤有效磷含量由试验开始时（1990 年含量）的 6.8 g/kg 左右分别上升到 2016 年的 49.6 g/kg 和 53.8 g/kg，达到很高水平。化学肥料与秸秆还田配施（SNPK）处理上升的趋势与单施化学肥料的处理相同，土壤有效磷年变化量 0.45 mg/kg，土壤有效磷含量由试验开始时（1990 年含量）的 6.8 g/kg 上升到 18.0 g/kg。

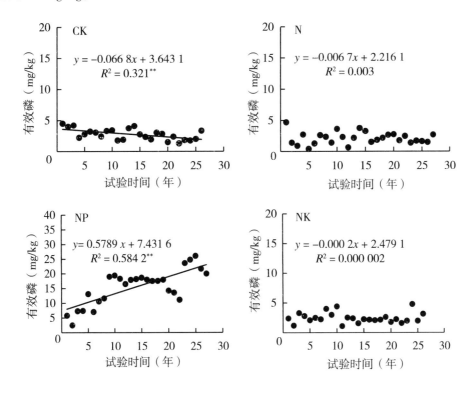

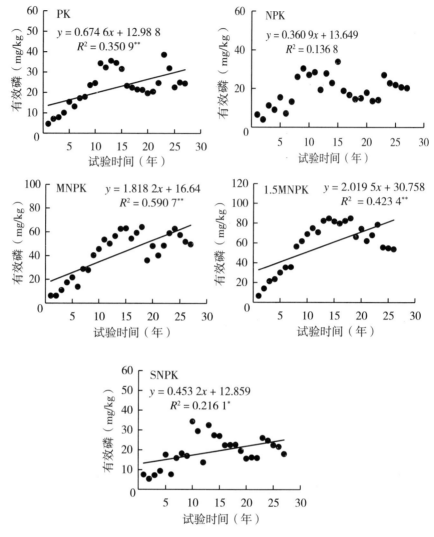

图 10-2　长期施肥对土壤有效磷含量的影响

（三）长期施肥下土壤全磷与有效磷的关系

用磷活化系数（PAC）可以表示土壤磷活化能力，长期施肥下潮土壤磷活化系数随时间的演变规律如图 10-3 所示，不施磷肥的处理（CK、N 和 NK）中只有 CK 处理土壤 PAC 与时间呈显著负相关（$P<0.05$），三者 PAC 随施肥时间均表现为下降趋势，由试验开始时（1991 年）的 1.50%、0.76% 和 0.91% 分别下降到 2016 年的 0.58%、0.49% 和 0.55%，CK 处理 PAC 年下降速度为 0.01%，这 3 种处理的土壤 PAC 值均低于 2%，表明全磷各形态很难转化为有效磷。施用磷肥的处理中，NP 处理土壤 PAC 与时间呈显著正相关（$P<0.05$），MNPK 处理土壤 PAC 与时间呈极显著正相关（$P<0.01$），PAC 随施肥时间延长均呈现上升趋势，施磷肥处理的土壤 PAC 均高于不施磷肥处理，说

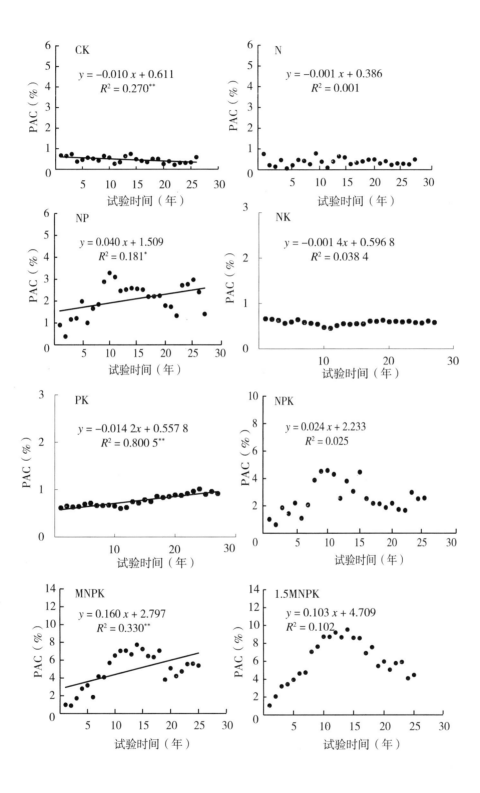

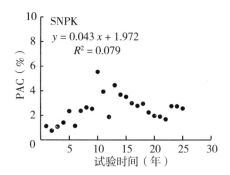

图 10-3　长期施肥对土壤磷活化系数（PAC）的影响

明土壤全磷容易转化为有效磷。单施化学磷肥（NP、PK 和 NPK）和化学磷肥配施秸秆（SNPK）的处理土壤 PAC 值均随种植时间延长而波动性上升，但上升幅度不大，由试验开始时（1991 年）的 0.38%、0.77%、0.63% 和 0.77% 分别上升到 2016 年的 1.40%、1.49%、2.40% 和 1.97%，NP 处理年上升速度为 0.04%，它们的土壤 PAC 值虽然一直上升，但是总体偏低，低于 5%。化肥配施有机肥（MNPK 和 1.5MNPK）的处理土壤 PAC一直处于上升趋势且上升幅度较大，PAC 值由试验开始时（1991 年）的 0.89% 和 1.05%分别上升到 2016 年的 4.50% 和 5.92%（2012 年）。连续施肥 10 年以后，单施化学磷肥（NP、PK 和 NPK）和 SNPK 土壤 PAC 值均高于 2%，化肥配施有机肥（MNPK 和1.5MNPK）的处理土壤 PAC 值均高于 5%。

三、长期施肥下土壤有效磷变化对土壤磷盈亏的响应特征

（一）长期施肥下土壤磷素盈亏情况

图 10-4 为潮土试验区各处理 26 年当季土壤表观磷盈亏。由图可知，不施磷肥的 3个处理（CK、N 和 NK）当季土壤表观磷盈亏一直呈现亏缺状态，不施磷肥的 3 个处理（CK、N 和 NK）当季土壤磷亏缺值平均值分别为 15.8 kg/hm² 、13.7 kg/hm² 和17.0 kg/hm² ，由于磷素缺乏会影响作物的品质和产量，当季作物磷亏缺值会随种植时间延长而减少。而施磷肥的 6 个处理（NP、PK、NPK、MNPK、1.5MNPK 和SNPK）当季土壤表观磷呈现盈余状态。单施化学磷肥的 3 个处理（NP、PK 和NPK）当季土壤磷盈余值的平均值分别为 28.3 kg/hm² 、50.1 kg/hm² 和 23.4 kg/hm² ，并且随种植时间延长波动不大。化学磷肥配施秸秆的处理（SNPK）盈余量与单施化学磷肥的处理相似，年均 27.3 kg/hm² 。化肥配施有机肥（MNPK 和 1.5MNPK）的处理土壤当季土壤磷盈余值均较高，平均值分别为 81.8 kg/hm² 和 119.0 kg/hm² ，1.5MNPK 处

理在 2012 年之后停在施用有机肥，年度磷盈余迅速下降，到 2016 年下降为 12.33 kg/hm²。

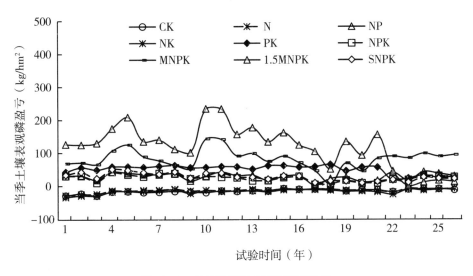

图 10-4 各处理当季土壤表观磷盈亏

图 10-5 为试验中各处理 26 年土壤累积磷盈亏。由图可知，未施磷肥的 3 个处理（CK、N 和 NK）土壤累积磷一直处于亏缺态，并且亏缺值随种植时间延长而增加，其中氮钾肥配施（NK）处理土壤累积磷亏缺值最高，2016 年土壤累积磷亏缺值分别为 410.3 kg/hm²、357.0 kg/hm² 和 440.6 kg/hm²。单施化学磷肥的 3 个处理（NP、PK 和

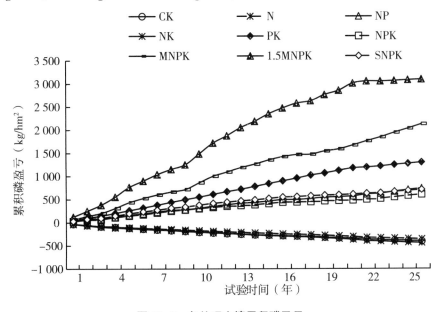

图 10-5 各处理土壤累积磷盈亏

NPK）土壤累积磷一直处于盈余状态，并且随种植时间延长盈余值增加，2016 年土壤累积磷盈余值分别为 737.3 kg/hm²、1 302.8 kg/hm² 和 607.3 kg/hm²。化学磷肥配施秸秆（SNPK）的处理土壤累积磷素也处于盈余状态，盈余量和变化趋势与单施化学磷肥处理相似，2016 年土壤累积磷盈余值为 710.0 kg/hm²。化肥配施有机肥（MNPK 和 1.5MNPK）的处理土壤累积磷盈余值均较高，2016 年分别达到 2 125.8 kg/hm² 和 3 094.6 kg/hm²。土壤磷素累积平衡值与磷肥投入量和作物带走量有关，满足作物正常生长条件下，投入量越大，土壤磷素累积盈余量越高。化肥配施有机肥在投入化学磷素的同时，带入了大量有机磷素，土壤磷素累积最高。

（二）长期施肥下土壤有效磷变化对土壤磷素盈亏的响应

图 10-6 表示长期不同施肥模式下潮土有效磷变化量与土壤耕层磷盈亏的响应关系。不施磷肥的 3 个处理（CK、N 和 NK）土壤有效磷随磷素亏缺有下降趋势，其中 CK 处理土壤有效磷变化量与土壤累积磷亏缺值的相关关系达到极显著水平，土壤每亏缺 100 kg P/hm²，有效磷下降 0.56 mg/kg。施用化学磷肥的 3 个处理（NP、PK 和 NPK），

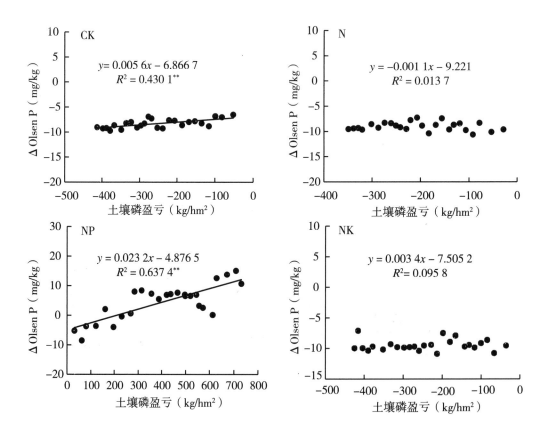

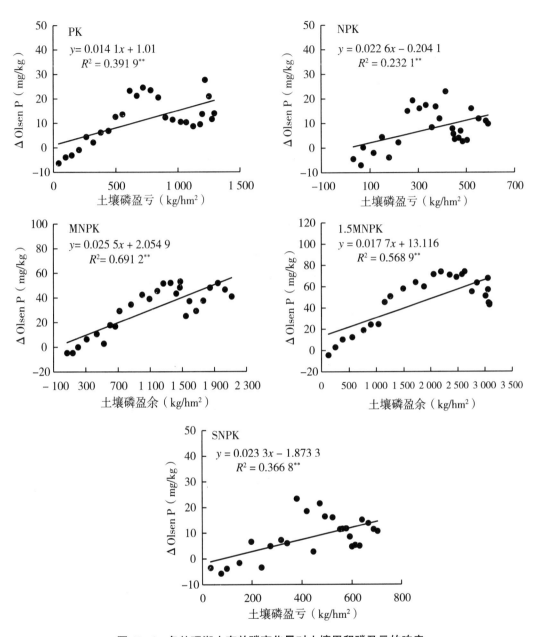

图 10-6　各处理潮土有效磷变化量对土壤累积磷盈亏的响应

土壤有效磷与土壤累积磷盈余表现为极显著正相关（$P < 0.01$），土壤每累积 100 kg P/hm²，有效磷浓度分别上升 2.32 mg/kg、1.41 mg/kg 和 2.26 mg/kg。化肥配施有机肥（MNPK 和 1.5MNPK）的处理土壤有效磷变化量与磷盈余表现为极显著正相关（$P < 0.01$），土壤每累积 100 kg P/hm²，土壤有效磷浓度分别上升 2.55 mg/kg 和

1.77 mg/kg。化学磷肥配施（SNPK）处理，土壤有效磷变化量与磷盈余呈极显著正相关（$P<0.01$），土壤每盈余 100 kg P/hm²，SNPK 处理有效磷浓度上升 2.33 mg/kg。有机肥无机配施处理中增加有效磷的顺序为 MNPK>SNPK>1.5MNPK。如图 10-7 所示，所有处理土壤 26 年间的有效磷变化量与土壤累积磷盈亏值达到极显著正相关（$P<0.01$），潮土每盈余 100 kg P/hm²，有效磷浓度上升 2.32 mg/kg。

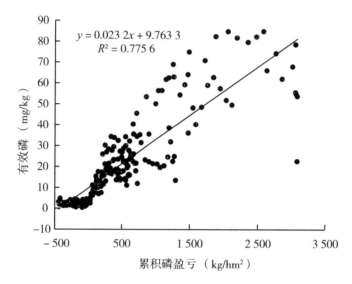

图 10-7　潮土所有处理有效磷与土壤累积磷盈亏的关系

四、长期施肥下土壤有效磷对磷形态的响应

土壤有效磷是土壤中可被植物吸收利用的磷组分，包括水溶性磷、部分吸附态磷和有机态磷，其含量可以随吸附—解析和沉淀—溶解等动态过程的变化而变化。土壤磷包括无机磷和有机磷，其中无机和有机磷含多个组分，如无机磷包括钙磷、铁磷、铝磷和闭蓄态磷等组分，有机磷包括活性、中活性、中稳性和高稳性等组分。不同磷组分的溶解性不同，因而对有效磷含量的影响也有差异（蒋柏藩和顾益初，1989；鲁如坤等，1997）。

不同外源磷素通过改变潮土各形态磷的含量、化学行为和存在形态，逐步影响土壤中磷的转化、运移及供磷能力。为分析不同外源磷素长期协同使用对潮土各形态磷的影响，我们对比了 2015 年和 1990 年潮土无机磷、有机磷和全磷含量可知（表 10-4），不施磷（NK）处理土壤全磷减少 83.8 mg/kg，主要是由于无机磷减少

（86.6 mg/kg）引起的，有机磷总量维持不变，说明长期不施磷土壤，作物生长过程中植物根系分泌物及微生物活动等共同作用可促使土壤中无机磷活化供作物生长使用。施用化学磷肥（NPK）处理无机磷增加 239.4 mg/kg，有机磷也略有增加（14.1 mg/kg），说明长期单独投入化学磷素，可有效增加无机磷库总量，同时对土壤有机磷库也略有补充。化肥和有机肥配施（MNPK）处理，因化学磷素和有机肥素磷的协同作用，土壤全磷增加 448.8 mg/kg，其中无机磷增加了 377.0 mg/kg，有机磷总量增加 71.8 mg/kg，说明投入有机磷素补充了土壤有机磷库，同时有效增加了土壤中无机磷的含量。化肥和秸秆配施（SNPK）处理土壤无机磷增加了282.3 mg/kg，有机磷减少 20.4 mg/kg，说明秸秆磷素和无机磷素配合使用，可促使土壤中有机磷转化为无机磷，增加土壤中无机磷库比例。

表 10-4　不同外源磷素长期投入对土壤磷库的影响　　　　　　单位：mg/kg

处理	1990 年			2015 年		
	无机磷总量	有机磷总量	全磷	无机磷总量	有机磷总量	全磷
NK	570.2	80.1	650.3	483.6	82.9	566.5
NPK	542.2	97.9	640.1	781.6	112.0	893.6
MNPK	578.6	101.8	680.4	955.6	173.6	1129.2
SNPK	544.3	145.9	690.2	826.6	125.5	952.1

1990 年不同处理基础土壤二钙磷、八钙磷、铝磷、铁磷、闭蓄态磷和十钙磷的平均含量分别为 11.1 mg/kg、67.0 mg/kg、22.6 mg/kg、24.2 mg/kg、135.3 mg/kg 和298.7 mg/kg。连续投入外源磷素 25 年后，由表 10-5 可知，不施磷肥（NK）处理土壤无机磷各组分含量均降低，以闭蓄态磷降低最多为 35.8 mg/kg，占无机磷减少总量的41.3%。其次是八钙磷含量降低了 15.3 mg/kg，占无机磷降低总量的 17.6%，说明长期不施磷肥，主要消耗了土壤中的闭蓄态磷和八钙磷。连续投入外源磷素，除化肥有机肥配施（MNPK）处理十钙磷含量减少外，其他处理各无机磷各组分均有增长，并且主要增加的是具有缓效功能的八钙磷，而铝磷和铁磷增加量均为无机磷变化量的 15% 和11%，说明潮土中铝磷、铁磷的转化与外源磷素性质基本无关；MNPK 处理有效性高的二钙磷和具有缓效功能的八钙磷增加量分别是 NPK 处理的 3.2 倍和 2.4 倍，有效态磷含量最高；化肥和秸秆配施（SNPK）处理无效态的十钙磷和闭蓄态磷的含量显著减少，八钙磷的含量增加，缓效态磷含量最高。

表 10-5　连续投入不同外源磷素 25 年土壤无机磷各组分的变化量　　　单位：mg/kg

处理	二钙磷	八钙磷	铝磷	铁磷	闭蓄态磷	十钙磷
NK	−5.8	−15.3	−7.9	−10.0	−35.8	−11.9
NPK	13.1	96.7	35.0	24.0	21.9	48.7
MNPK	41.6	235.6	53.7	46.7	19.3	−19.8
SNPK	16.0	167.6	46.8	30.3	7.0	14.7

　　因投入潮土中的外源磷素不同，土壤无机磷组分形态转化及分布特征不同。由连续处理 25 年土壤无机磷各组分的变化量可知（图 10-8），NK 处理无机磷各组分分布变化不大，有效性高的二钙磷占比下降，十钙磷占比略有上升，土壤有效磷由 6.5 mg/kg 降低到 2.0 mg/kg；NPK 处理具有缓效功能的八钙磷由 12.0% 提升到 21.1%，二钙磷占比略有增加，无效态闭蓄态磷和十钙磷由 77.7% 减少为 62.9%，土壤有效磷由 6.4 mg/kg 提升到 20.7 mg/kg，说明长期投入化学磷素，整体降低了无效态闭蓄态磷和十钙磷的比例，但无效态磷占比仍达到 60% 以上，表明潮土对化学磷素有较强的固定作用。MNPK 处理二钙磷占比由 2.0% 提升到 5.4%，缓效态铝磷、八钙磷和铁磷占比增加 25.6 个百分点，无效态闭蓄态磷和十钙磷占比减少 29.0 个百分点，土壤有效磷由 6.3 mg/kg 提升到 51.8 mg/kg，说明化学磷素与有机肥磷素协同使用可促使无效态磷向有效态及缓效态磷转化，显著提升土壤磷素有效性；SNPK 处理无机磷组分分布与 NPK 处理相似，但八钙磷占比提高了 7.9 个百分点，十钙磷的占比减少 6.5 个百分点，土壤有效磷含量由

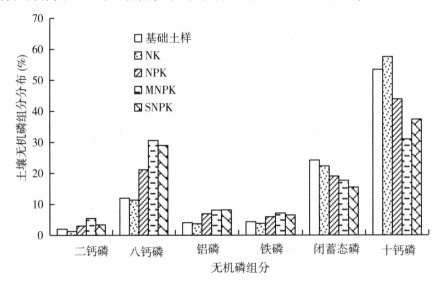

图 10-8　外源磷素对土壤无机磷组分分布的影响

6.3 mg/kg 提升到21.7 mg/kg，与 NPK 基本一致，说明秸秆磷素可增加具有缓冲作用的八钙磷的含量，降低无效态磷含量，提升土壤潜在供磷能力；然而与 NPK 处理相比土壤磷素有效性提升不明显，说明土壤有效磷含量主要由有效性高的二钙磷含量决定。

五、土壤有效磷农学阈值研究

土壤中有效磷肥对作物生长状态及产量有重大影响，对于典型潮土而言，土壤有效磷与作物对磷养分的吸收利用和产量显著相关，可以很好地反映土壤的供磷能力。通过拟合土壤有效磷含量与作物产量的关系，在一定的栽培环境下可以获得作物最佳经济效益时最适宜的土壤有效磷值，超过该有效磷阈值之后，作物的产量不再随施磷量的增加而显著增加。基于"国家潮土土壤肥力与肥料效益长期监测站"25 年间的定位试验，选取氮、钾肥施用充足，磷肥用量不同的 5 个处理，通过米切里西模型拟合土壤有效磷与作物相对产量间的关系。

作物相对产量的计算公式为：$Y=Y_i/Y_m×100$。式中：Y 为作物的相对产量（%）；Y_i 为每年不同处理的籽粒产量（kg/hm^2）；Y_m 为每年各处理的最大籽粒产量（kg/hm^2）。

米切里西模型表示作物的增产量随限制性养分（土壤有效磷）的递增而减少。计算公式为：$Y=A(1-e^{-bx})$ 式中：Y 是各年度作物的相对产量（%）；x 是各年度玉米种植前取样测定的土壤有效磷含量（mg/kg）；A 是预测的最大相对产量（%）；b 是效应因子。

使用米切里西模型拟合时，作物产量达到最大相对产量的95%时获取的土壤有效磷值为农学阈值，土壤有效磷大于该阈值后，作物产量随有效磷的增加不再有明显的增加。

经米切里西指数模型拟合，获得小麦和玉米各自的拟合模型。米切里西模型很好地描述了作物相对产量与土壤有效磷的关系，随着土壤有效磷含量的增加，初期小麦和玉米的相对产量显著增加，土壤有效磷增加到一定阶段后相对产量不再明显增加。潮土区小麦—玉米轮作体系下，通过模型拟合获取的作物理论最大相对产量基本相同，小麦为93.4%，玉米为93.3%，获得理论最大相对产量的95%时，小麦有效磷农学阈值为13.1 mg/kg，玉米有效磷农学阈值为 7.5 mg/kg（图 10-9）。玉米有效磷农学阈值较小，模型中的效应因子 b 值较大（玉米是小麦的 1.74 倍），这表明玉米植株可利用有效磷量较大，玉米季的土壤供磷能力较强。

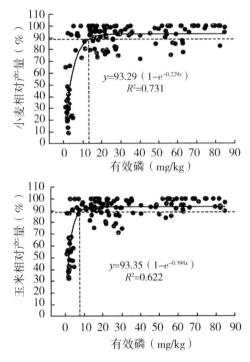

图10-9　小麦和玉米相对产量对土壤有效磷含量的响应

六、磷肥回收率的演变趋势

长期不同施肥下，作物吸磷量差异显著。对照和不施磷肥处理作物吸磷量显著低于施用化学磷肥处理，低于化学磷肥和有机肥或秸秆配施处理。具体表现为 N、CK、PK、NK ＜ NP＜NPK＜ SNPK＜ MNPK、1.5MNPK。不施磷素（CK、N 和 NK）处理，小麦玉米对磷素的吸收保持在较低水平。施用磷肥处理（NP、NPK 和 NPK），小麦玉米吸收磷素有前期逐渐升高，后期略有降低的趋势。施用有机肥和秸秆还田处理（MNPK 和 1.5MNPK），小麦、玉米磷素吸收逐渐升高后保持稳定，这与其产量的变化趋势一致。缺磷处理和偏施肥料处理玉米的吸磷量要显著高于小麦，土壤磷素充足的处理（NP、NPK、MNPK、1.5MNPK 和 SNPK）小麦和玉米吸磷量基本一致（表10-6）。

表 10-6　长期不同施肥作物磷素吸收特征　　　　　　单位：kg P/hm²

处理	1991—1995 年		1996—2000 年		2001—2005 年		2006—2010 年		2011—2016 年		1991—2016 年（25 年平均）	
	小麦	玉米	小麦	玉米	小麦	玉米	小麦	玉米	小麦	玉米	小麦	玉米
CK	9.0	14.1	7.6	10.6	6.0	7.1	5.1	7.2	5.4	7.1	6.6	9.2
N	9.2	12.2	5.1	7.3	5.1	6.6	4.1	7.8	5.1	6.6	5.7	8.0
NP	23.8	19.8	24.6	21.7	25.3	23.7	31.1	30.6	28.5	19.5	26.1	22.6
NK	12.0	13.2	5.4	10.1	6.0	8.2	5.5	10.1	5.8	9.3	6.8	10.1
PK	10.5	12.7	8.2	10.8	7.5	11.9	9.0	12.1	22.9	25.4	11.9	15.0
NPK	25.1	21.0	23.6	22.2	28.9	26.1	34.7	33.7	29.3	27.0	27.8	25.9
MNPK	24.9	24.6	24.1	28.2	27.4	28.8	39.1	37.1	36.0	32.8	29.7	30.1
1.5MNPK	26.8	25.3	30.0	31.0	33.6	27.0	43.3	37.8	39.2	34.1	33.9	30.7
SNPK	26.1	22.4	25.7	27.5	27.9	28.8	36.6	36.8	33.3	32.1	29.6	29.3

　　长期施用磷肥下，小麦和玉米产量与磷素吸收变化趋势关系可以看出，作物产量与磷素吸收呈极显著正相关（图 10-10）。小麦直线方程为 $y = 0.180\,6x + 0.904\,5$（$R^2 = 0.861$，$P < 0.01$），玉米的直线方程为 $y = 0.211\,6x + 1.412\,7$（$R^2 = 0.847$，$P < 0.01$）。根据两者相关方程可以计算出，在潮土农田每吸多收 1 kg 磷，能提高小麦和玉米产量分别为 180.6 kg/hm² 和 211.6 kg/hm²。

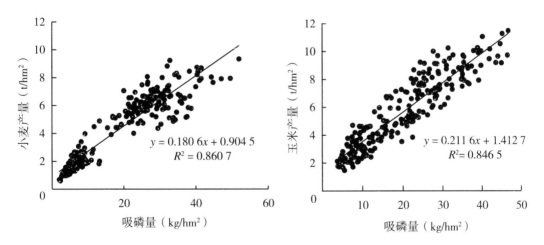

图 10-10　小麦和玉米产量与作物磷素吸收的关系

　　长期不同施肥下，小麦磷肥回收率的变化趋势各不相同（图 10-11，图 10-12）。施用磷肥的各处理磷肥回收率逐渐上升，使用化学磷肥的处理（NP 和 NPK）施肥 26 年后各处理磷肥回收率从初始的 30% 左右，上升到 60% 左右，不施氮处理（PK）由

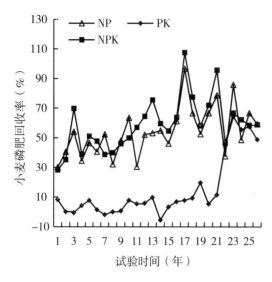
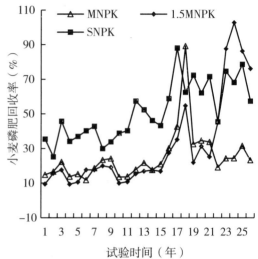

图 10-11　小麦磷肥回收率的变化

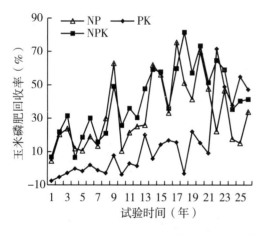
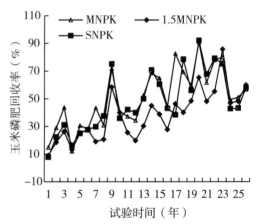

图 10-12　玉米磷肥回收率的变化

于土壤常年缺少氮肥，产量较低，磷肥回收利用率最低，基本维持在5%左右，2012年以后，该处理开始增施氮肥，提升了产量，同时磷肥回收利用率提升到55%左右。化肥配施秸秆（SNPK），施肥26年后磷肥回收率从初始的35%左右，提升到60%左右。化肥配施有机肥和单施有机肥的处理（MNPK和1.5MNPK），施肥26年后磷肥回收率分别从初始的15%和10%左右，提升到25%和76%左右。高量化学磷肥和有机肥配施对提高作物磷肥回收率具有明显的效果，多年均保持在20%～30%。玉米磷肥回收率的变化趋势和小麦基本一致，施化学磷肥的处理（NP和NPK）施肥26年后各处理磷肥回收率从初始的5%左右，上升到40%左右，不施氮处理（PK）由于土壤常年缺少氮肥，产量较低，磷肥回收利用率最低，试验前10年磷肥回收率为负值，后逐渐提升到15%左右，2012年以后，该处理开始增施氮肥，提升了产量，到2016年磷肥回收利用率提升到50%左右。化肥配施秸秆（SNPK），施肥26年后磷肥回收率从初始的8%左右，提升到60%左右。化肥配施有机肥和单施有机肥的处理（MNPK和1.5MNPK），施肥26年后磷肥回收率分别从初始的15%和10%左右，提升到60%左右。

长期不同施肥下，磷肥回收率对时间的响应关系不同（表10-7）。NP处理小麦和玉米的回收率随时间呈现显著上升趋势，其他处理磷肥回收利用率随施肥时间呈极显著上升趋势。NP、PK、NPK、MNPK、1.5MNPK和SNPK小麦季回收效率年均上升速率分别为1.22%、0.42%、1.24%、0.82%、1.09%和1.71%；玉米季分别为1.08%、1.07%、1.79%、1.92%、1.87%和1.98%。化肥和秸秆配施处理小麦和玉米季磷肥回收率年均提升速率均最高，PK处理由于缺乏氮素，产量较低，小麦和玉米的磷肥回收率均最低。

表 10-7　磷肥回收率随种植时间的变化关系

处理	小麦季		玉米季	
	回归方程	R^2	回归方程	R^2
NP	$y = 1.220x + 37.45$	0.3135^{**}	$y = 1.083x + 18.13$	0.1675^{*}
PK	$y = 0.420x + 0.52$	0.2240^{*}	$y = 1.068x + 6.73$	0.5356^{**}
NPK	$y = 1.240x + 41.96$	0.2784^{**}	$y = 1.790x + 16.52$	0.4733^{**}
MNPK	$y = 0.815x + 14.04$	0.1679^{*}	$y = 1.920x + 25.07$	0.4905^{**}
1.5MNPK	$y = 1.090x + 7.99$	0.4080^{**}	$y = 1.870x + 12.94$	0.6128^{**}
SNPK	$y = 1.710x + 58.55$	0.6118^{**}	$y = 1.980x + 21.34$	0.4785^{**}

七、主要结果与指导磷肥的应用

长期施肥下磷素的演变特征结果表明，不施磷肥的处理（CK、N和NK）土壤全磷、有效磷和PAC值均有所下降，而施磷肥的处理（NP、PK、NPK、M、MNPK、1.5MNPK和SNPK）土壤全磷、有效磷和PAC值均有所上升，说明施磷肥能够提高土壤磷水平和磷素活化效率。不同施磷量对作物吸磷量影响较大。施用一定量磷肥，作物吸磷量逐年提高，并且随施肥时间的增加，作物吸磷量有显著的线性增加趋势。常年投入中等量磷肥［化肥磷（P）77 kg/hm²］，作物年度吸磷量平均增加 1.13 kg/hm²。投入高量磷肥［化肥磷（P）138 kg/hm²］作物年度吸磷量平均增加 1.52 kg/hm²。投入超高量磷肥［化肥磷（P）207 kg/hm²］作物年度吸磷量平均增加 1.60 kg/hm²。常年不施磷肥，作物吸磷量迅速降低，后逐步稳定在极低的水平，整体吸磷量不到中等施磷区作物吸磷量的 1/3。

磷肥当季利用率低，但有长期后效。各施磷处理的小麦磷肥农学利用效率和小麦磷肥利用率均随时间显著增加，表明施用磷肥可以持续保持和提高小麦的磷肥农学利用效率和磷肥利用率，磷肥的残效叠加明显。不同措施和土壤磷素水平下磷肥利用率差异很大。土壤基础磷水平和施磷量对磷素利用率均有较大影响。缺磷土壤磷肥利用率较大，不同施磷量处理磷肥平均利用率为 20.9%，高磷土壤磷肥利用率最小，不同施磷量处理磷肥平均利用率为 4.6%，仅为缺磷土壤的 1/5。该结果可为基于磷素水平的施肥规划和施用措施提供科学依据。

由长期试验获得的土壤磷盈余率、磷地力产量和作物需磷系数等 4 个关键参数，构建基于土壤有效磷水平的变量施磷模型 $I_p = C \times (Y_m - Y_{有效磷}) \times (1+K) \times A$。依据磷素分区管理原则确定土壤磷素当季盈余率（K%）；由长期定位及肥效试验获得作物的需磷系数（C，kg/kg），磷地力产量得到的效应方程（$Y_{有效磷}$，kg/hm²）；由土壤质地易解吸磷指数作为矫正系数（A）等，构建了作物目标产量的变量施磷模型：$I_p = C \times (Y_m - Y_{有效磷}) \times (1+K) \times A$，式中 I_p 指推荐施磷量（P_2O_5）（kg/hm²），Y_m 指目标产量（kg/hm²）（表 10-8）。

表 10-8　磷肥用量模型技术参数

区划	有效磷水平（mg/kg）	K	作物	C	$Y_{有效磷}$	质地	A
缺磷区	<15	50%	小麦	0.009 75	$8\ 317-9\ 244.1e^{-0.110 \times 有效磷}$	砂土	0.93
适宜区	15~25	20%	玉米	0.008 66	$9\ 796-6\ 193e^{-0.123 \times 有效磷}$	壤土	1.00
高磷区	>25	-30%	大豆	0.018 84	$3\ 666-6\ 736\ e^{-0.243 \times 有效磷}$	黏土	0.75

潮土是河流沉积物受地下水运动和耕作活动影响而形成的石灰性土壤，土壤母质富含碳酸钙，不同成土过程使得潮土质地多样，磷素在土壤中的转化释放等差异较大。潮土磷素的利用效率一般较低，但因土壤基础磷水平、施磷量及质地的不同，土壤磷素利用率差异较大。潮土基础土壤供磷能力与产量之间存在显著指数关系，即 $Y = 18\ 479.7-17\ 688.0\ e^{(-0.172\ 7x)}$（$R^2 = 0.983$）。式中，$Y$ 为小麦—玉米轮作年产量（kg/hm²），x 为当季不施磷条件下土壤基础有效磷含量。土壤基础地力对作物产量的贡献大于当季施用的磷肥，因此，不同土壤磷水平下，磷肥利用率因施磷量不同而有较大

差异，通过分析施磷量与作物产量及其利用效率的关系，可获取最大限度地提升土壤磷量利用效率的最佳施肥量。由施肥量及基础磷水平对磷肥利用率的交互影响可知，不同磷水平不同施磷量下磷肥利用率不同，并且具有最佳施磷量。基础有效磷超过 20 mg/kg后，磷肥利用率极低，施磷造成资源的浪费。不同基础磷水平土壤，在不同施磷量下，对土壤有效磷的提升速率不同。小麦—玉米轮作下，土壤有效磷达到 20 mg/kg 所需培肥时间如表 10-9 所示。

表 10-9　不同施磷量下土壤有效磷达到 20 mg/kg 所需培肥时间　　　　单位：年

P_2O_5用量	缺磷土壤（<4 mg/kg）	低磷土壤（10 mg/kg）	中磷土壤（15 mg/kg）	高磷土壤	
				（>30 mg/kg）	（>40 mg/kg）
58.6kg/hm²	25.6	12.2	4.0	不施磷肥年消耗有效磷约 5.5 mg/kg	不施磷肥年消耗有效磷约 4 mg/kg
117.6kg/hm²	10.1	8.9	1.7		
176.3kg/hm²	7.0	4.1	1.2		
234.9kg/hm²	4.8	2.2	0.7		

维持合理土壤磷肥力水平，既可使投入磷肥利用率最大，获取最佳的产投比，又能保障土壤磷素维持生态平衡，远离环境风险，是可持续农业的重要组成。通过分析潮土长期定位试验多年不同施肥量和肥料配比下磷肥地力水平演变、土壤磷素累积、土壤有效磷的转化和利用规律，是获取潮土最佳土壤磷肥力水平及维持潮土磷水平长期处于最佳磷水平的核心技术和方法。

（郭斗斗、黄绍敏、王柏寒）

主要参考文献

顾益初,蒋柏藩,1990. 石灰性土壤无机磷分级的测定方法[J]. 土壤,22(3)：58-66.

郭斗斗,黄绍敏,张珂珂,等,2018. 有机无机外源磷素长期协同使用对潮土磷素有效性的影响[J]. 植物营养与肥料学报,24(6)：1651-1659.

郭斗斗,黄绍敏,张水清,等,2017. 潮土小麦和玉米有效磷农学阈值及其差异分析[J]. 植物营养与肥料学报,23(5)：1184-1190.

黄绍敏,宝德俊,皇甫湘荣,等,2006. 长期施肥对潮土土壤磷素利用与盈余的影响[J]. 中国农业科学,39(1)：102-108.

李书田,金继运,2011. 中国不同区域农田养分输入、输出与平衡[J]. 中国农业科学,

44(20)：4207-4229.

刘建玲,张福锁,2000. 小麦—玉米轮作长期肥料定位试验中土壤磷库的变化Ⅱ. 土壤有效磷及各形态无机磷的动态变化[J]. 应用生态学报(3)：365-368.

鲁如坤,2000. 土壤农业化学分析方法[M]. 北京：中国农业科学技术出版社.

曲均峰,李菊梅,徐明岗,等,2008. 长期不施肥条件下几种典型土壤全磷和有效磷的变化[J]. 植物营养与肥料学报,14(1)：90-98.

谢林花,吕家珑,张一平,等,2004. 长期施肥对石灰性土壤磷素肥力的影响Ⅱ. 无机磷和有机磷[J]. 应用生态学报,1(5)：790-794.

赵士诚,曹彩云,李科江,等,2014. 长期秸秆还田对华北潮土肥力、氮库组分及作物产量的影响[J]. 植物营养与肥料学报,20(6)：1441-1449.

JOHNSTON A E, POULTON P R, WHITE R P, 2013. Plant-available soil phosphorus. Part II: the response of arable crops to olsen P on a sandy clay loam and a silty clay loam[J]. Soil use and management, 29(1): 12-21.

JORDAN-MEILLE L, RUBAEK G H, EHLERT P A I, et al., 2012. An overview of fertilizer-P recommendations in Europe: soil testing, calibration and fertilizer recommendations[J]. Soil use and management, 28(4): 419-435.

NIU L A, HAO J M, ZHANG B Z, et al., 2011. Influences of long-term fertilizer and tillage management on soil fertility of the north China plain[J]. Pedosphere, 21(6): 813-820.

POULTON P R, JOHNSTON A E, WHITE R P, 2013. Plant-available soil phosphorus. Part I: the response of winter wheat and spring barley to olsen P on a silty clay loam [J]. Soil use and management, 29(1): 4-11.

SHI L L, SHEN M X, LU C Y, et al., 2015. Soil phosphorus dynamic, balance and critical P values in long term fertilization experiment in Taihu Lake region, China[J]. Journal of integrative agriculture, 14(12): 2446-2455.

TANG X, MA Y, HAO X, et al., 2009. Determining critical values of soil olsen-P for maize and winter wheat from long-term experiments in China[J]. Plant and soil, 323(1-2): 143-151.

WANG B, LI J M, REN Y, et al., 2015. Validation of a soil phosphorus accumulation model in the wheat-maize rotation production areas of China[J]. Field crops research, 178: 42-48.

西　北　篇

中国西北地区，是中国七大地理分区之一。行政区划上的西北地区包括陕西、甘肃、青海、宁夏*和新疆5个省（自治区）。西北地区深居中国西北部内陆，总体可分为贺兰山以西、贺兰山以东—阴山以北以及贺兰山以东—阴山以南黄河流域三大区域，西北地区国境线漫长，与俄罗斯、蒙古国和哈萨克斯坦等国相邻。地理坐标介于北纬31°36′~49°10′和东经73°30′~116°55′，5个省（自治区）的土地面积约310.7×104 km²，占中国国土总面积的31.7%，其中耕地面积为整个西北地区土地面积的4.67%。人均耕地为0.12 hm²。

西北地区地处欧亚大陆腹地，属于半干旱气候，主要气候特点是降水少，蒸发量较高，具有明显的干旱特征。年平均温度为-2~14℃；年均降水量为50~800 mm，由东南向西北逐渐减少；年均蒸发量为1 400~3 200 mm。除秦岭以南地区外大部分地区降水稀少，全年降水量多在500 mm以下，由于降水稀少等原因，西北地区多年平均地表水资源量约为1 463亿m³，地下水资源量998亿m³，地下水资源与地表水资源重复计算量789亿m³，水资源总量1 672亿m³，人均水资源总量2 189 m³，耕地亩均水资源量857 m³。西北地区地形主要以高原盆地为主，包括黄土高原、秦巴山地、塔里木盆地和渭河平原等。主要土壤类型黄棕壤、褐土、黑垆土、灰钙土、灰漠土、棕黄土、沼泽土、草甸土和风沙土等。

灌漠土是在人工灌溉、耕种搅动、人工培肥等作用交替进行下形成的。灌漠土的全剖面颜色、质地、结构较均一，但也出现表土层有砂、黏、壤土覆盖，还有夹层型，如腰砂、腰黏、夹砾等土层变化，这些均是冲积扇末端交互沉积所形成。灌淤土剖面主要由耕作层、亚耕层、心土层和母质层组成。

灰漠土属荒漠土土纲，是温带荒漠边缘的过渡性土类，也是欧亚大陆腹地、温带内陆区域主要土壤类型的代表，是我国西北干旱荒漠区具有代表性的主要土壤类型，其总面积1.8×106 hm²。通体强石灰反应，表层有机质含量约1%；碳酸钙弱度淋溶，其含量可达10%~30%；pH值大于8，碱化比较普遍。我国灰漠土中80%分布在新疆，属新疆北部的主要地带性土壤，主要位于天山北麓的山前平原洪积冲积扇的中部和中下部，黄土状母质，海拔350~650 m，处于干旱、半干旱荒漠气候带。

黑垆土是发育在黄土母质上的古老耕种土壤，耕种历史悠久，具有良好的农业生产性状。一是蓄水保肥性强。塬区黑垆土降水入渗深度1.6~2.0 m，2 m剖面土壤含水量可达400~500 mm，可供当年或翌年旱季作物生长期间利用。垆土层深达1.0 m，土壤代换吸收容量比上层大，孔隙多，蓄水和保肥能力强，表层的养分随水流到垆土层后常被储藏起来，供作物利用，肥劲足而长。二是适耕性好。黑垆土结构良好，耕作层是团块状、粒状结构，质地轻壤—中壤，不砂不黏，土酥绵软，耕性好，适耕期长。

塿土（旱耕土垫人为土）是关中平原地区特有的主要土壤类型之一。塿土是以长期使用土粪堆垫为主，伴有黄土自然沉积作用，在黄土母质上经反复旱耕熟化过程而形

---

* 宁夏回族自治区，全书统称宁夏。

成的一种优良农业土壤，面积约为 9.76×10^4 hm² 占陕西省耕地面积的 18.54%，是陕西关中平原区的主要土壤类型。

西北地区粮食播种面积和产量分别占全国的 8.1% 和 6.8%；小麦、棉花和水果的播种面积分别占全国的 14.9%、22.9% 和 15.5%，都高于该地区耕地面积占全国的比例，是全国重要的农产品生产基地。

西北地区各省（自治区）2003 年化肥养分总用量由多到少依次为陕西 142.7 万 t，新疆 90.7 万 t，甘肃 69.6 万 t，宁夏 25.4 万 t，青海 6.9 万 t。磷肥用量最高值在 22.3 万 t（新疆），陕西、甘肃和新疆相近，青海和宁夏不到 4 万 t；复合肥用量最高值 40 万 t（陕西），新疆和甘肃居中，宁夏和青海未超过 5 万 t。

西北地区主要作物施肥量差别很大，其中蔬菜、棉花最多，小麦、玉米居中，豆类、薯类和油料类较少。各省（自治区）主要作物中，冬小麦（以 6 000~7 500 kg/hm² 为目标产量）所施的氮肥量大多数地块偏低，小部分地块适宜；磷肥量大多数地块偏高，小部分地块适宜。水稻（以 7 500 kg/hm² 为目标产量）施氮量适宜；施磷量不足、适量和偏高的情况同时存在。玉米（以 6 000~7 500 kg/hm² 为目标产量）施氮量适宜，部分偏高；磷肥量不足、适量和偏高的情况也同时存在。薯类（以 60 000~75 000 kg/hm² 为目标产量）所施的氮肥量普遍偏低；磷肥量大部分地块偏低，小部分地块适宜。

磷是植物必需的三大营养元素之一，直接影响作物的产量和品质，而作物生长所需要的磷素主要源于化肥的投入。20 世纪 80 年代以来，随着我国农业生产中磷肥的不断推广以及投入量持续增长，农田土壤磷含量呈增长趋势，大部分地区土壤磷素水平从 80 年代的 10 mg/kg 提高到了 20 mg/kg 以上，而且仍在进一步提高。这种状况的持续，有可能导致农产品品质下降（如磷累积导致的锌等缺乏），也可能带来潜在的地表水源等环境污染风险。

我国第二次土壤普查结果显示，土壤有效磷含量 20 mg/kg 即为磷素养分丰缺的最高等级，一般情况下土壤有效磷含量大于 15 mg/kg 就能满足作物高产的需求；席雪琴等研究认为，塿土土壤冬小麦和夏玉米的有效磷农学阈值分别为 13.1 mg/kg 和 11.8 mg/kg，安徽黄棕壤和江苏水稻土冬小麦的有效磷农学阈值分别为 17.3 mg/kg 和 23.7 mg/kg，夏玉米为 16.0 mg/kg 和 15.3 mg/kg。

自磷肥引入生产以来，开展了很多研究工作，如磷素在作物之间的合理分配（刘杏兰，1995），施用方法（李祖荫和吕家珑，1991），磷丰缺指标（付莹莹等，2010；马志超等，2014，2015），土壤全磷、有效磷变化趋势、土壤对磷吸附解吸性能、土壤需磷指数和磷组分等研究（齐雁冰等，2013；孙锐璞，2015）。研究涉及的范围很广，但系统性严重缺乏。

为此，系统地了解西北 4 个典型长期试验土壤磷素演变、磷素演变与磷平衡的响应关系、磷素的形态特征、磷素农学阈值和利用率等，对提高西北地区磷素科学施用有极其重要的指导意义。

第十一章 灰漠土磷素演变及磷肥高效利用

灰漠土是温带荒漠或荒漠草原区形成的地带性土壤，也是欧亚大陆腹地、温带内陆区域主要土壤类型的代表，是我国西北干旱荒漠区具有代表性的主要土壤类型，总面积有 1.8×10^6 hm^2，我国灰漠土中 80% 分布在新疆，属新疆北部的主要地带性土壤，主要位于天山北麓的山前平原洪积冲积扇的中部和中下部，海拔一般在 350~650 m，成土母质多为黄土状冲积物，地表有孔状结皮，土壤质地为粉砂壤或砂壤。土壤淋洗微弱，因此石膏和易溶盐在剖面中分异不明显，碳酸钙弱度淋溶，其含量可达 10%~30%，pH 值大于 8，碱化比较普遍，表层有机质含量约 10.0 mg/kg，冬季寒冷，夏季较热，年均温度 5~8℃，≥10℃ 的积温为 2 700~3 600℃，年降水量 100~200 mm，植被覆盖度 10% 左右，高者达 20%~30%，由于处于干旱、半干旱荒漠气候带，土壤有机质缺乏、板结和有效肥力低等不利因素，成为灰漠土区农业生产进一步发展的主要限制因子。

长期的化肥投入对粮食持续生产和土壤质量的影响及其程度、趋势一直是人们关注的重要科学问题（金继运等，2006）。磷是植物必需的三大营养元素之一，直接影响作物的产量和品质，而作物生长所需要的磷素主要源于化肥的投入。20 世纪 80 年代以来，随着我国农业生产中磷肥的不断投入以及投入量持续增长，农田土壤磷含量得到了大幅提高，大部分地区土壤磷素水平从 80 年代的 10 mg/kg 提高到了 20 mg/kg 以上，而且仍在进一步提高（王伟妮等，2012；何晓滨等，2010；李红莉等，2010；鲁如坤，2003），但如果施磷过量，不仅农产品品质和产量会下降，人类赖以生存的生态环境也会受到严重的威胁（孙桂芳等，2011）。农田中作物对磷的利用率一般仅能达到 15%~25%，施入土壤的磷素部分以作物难以利用的形态在土壤中固定并累积（史文娇等，2007；Saleque et al.，2004；Kuo et al.，2005；Zhang et al.，2005），而且在我国很多地区，随着农田磷肥的施用，土壤磷素都呈现盈余状态，部分地区长期施磷后，土壤有效磷的含量已经超过了环境临界点（Bai et al.，2013），外源磷的大量、长期施用，常常是土壤磷盈余发生的主要原因（Eghball et al.，2002；Zeng et al.，2007）。磷素在带来作物增产的同时，土壤有效磷存在一个增产临界值，高于该临界值时施磷肥不再增产，只起到维持土壤肥力的作用（曹宁等，2007）。一般情况下土壤有效磷含量大于

15 mg/kg就能满足作物高产的要求（谢如林和谭宏伟，2001）；有研究认为，黄棕壤和塿土的有效磷农学阈值为 15 mg/kg，红壤和水稻土的有效磷农学阈值为 20 mg/kg（席雪琴，2015）。英国洛桑试验站的结果表明，土壤中有效磷含量超过 60 mg/kg 时，地下水中磷浓度会急剧增加，对环境的潜在威胁增大（Higgs et al.，2000）。可见，不同国家和地区、不同土壤类型和不同种植模式间作物产量的土壤有效磷阈值差异也较大（Poulton et al.，2013；Colomb et al.，2007；牛明芬等，2008；黄绍敏等，2011）。

第二次土壤普查数据表明，新疆土壤中磷素的平均值仅为 5.15 mg/kg 左右（崔文采，1996），成为灰漠土区农业生产进一步发展的主要限制因子，之后，新疆在化肥的施用尤其重视磷肥的施用，这对农作物产量的提高起到了积极的作用。但是由于连续多年的施用磷肥，农田土壤中已出现了磷的累积，土壤有效磷含量有较大幅度的增加（赖波等，2014；郑琦等，2018），但对干旱区灰漠土在不同施肥制度下的磷素水平与磷盈亏的关系却鲜见报道。因此，如何通过合理施磷在提高土壤磷素肥力和土壤供磷能力的同时，降低土壤磷环境污染风险，已成为近年来土壤学、农学和环境科学领域研究的热点问题。本内容以灰漠土长期定位施肥试验为研究对象，通过不同施肥处理土壤全磷、有效磷及磷活化系数（PAC）的演变规律，计算不同处理土壤—作物系统磷素盈亏量及累积磷素盈亏量，探讨土壤全磷、有效磷及 PAC 与累积磷盈亏的响应关系，不同作物土壤有效磷的农学阈值等，以期为评价我国农业土壤供磷状况、农业土壤培肥和合理施用磷肥提供科学依据。

一、灰漠土长期定位试验概况

（一）长期试验基本概况

供试土壤为灰漠土，主要发育在黄土状母质上。长期定位肥料试验始于 1990 年，并在 1988—1989 年进行 2 年匀地。匀地后耕层（0~20 cm）土壤基本性状：有机质 15.2 g/kg，全氮 0.868 g/kg，全磷 0.667 g/kg，全钾 23 g/kg，碱解氮 55.2 mg/kg，有效磷 3.4 mg/kg，速效钾 288 mg/kg，缓效钾 1 764 mg/kg，pH 值 8.1，CEC 值 16.2 cmol（+）/kg，容重 1.25 g/cm³。一年一熟，轮作设为冬小麦、春小麦（棉花）和玉米，2009 年以后将春小麦改为棉花。

试验设 12 个处理：①不耕作（撂荒，CK_0）；②不施肥（CK）；③氮（N）；④氮磷（NP）；⑤氮钾（NK）；⑥磷钾（PK）；⑦氮磷钾（NPK）；⑧常量氮磷钾+常量有机肥（NPKM）；⑨增量氮磷钾+增量有机肥（1.5NPKM）；⑩氮磷钾+秸秆还田（4/5NPK+S）；

⑪秸秆还田（S）；⑫单施有机肥（M）。小区面积 468 m²，不设重复，小区间隔采用预制钢筋水泥板埋深 70 cm，地表露出 10 cm 加筑土埂，避免了漏水渗肥现象。化肥氮用尿素（含 N 46%），除 PK 处理磷用重过磷酸钙（含 P₂O₅ 46%）外，其他处理化肥磷用磷酸二铵（含 P₂O₅ 46%），化肥钾用硫酸钾（K₂O 51%），N∶P₂O₅∶K₂O=1∶0.6∶0.2；有机肥为羊粪，含 N 8.0 g/kg，P₂O₅ 2.3 g/kg，K₂O 3.0 g/kg；秸秆还田用的是当年作物的秸秆（表 11-1）。总氮量 60% 的氮肥及全部磷、钾肥作基肥，在播种前将基肥均匀撒施地表，深翻后播种；40% 的氮肥作追肥，冬小麦追肥在春季返青期和扬花期各 20%，春小麦在拔节期和扬花期各追肥 20%，玉米在大喇叭口期 1 次沟施追肥 40%，棉花在蕾期和花铃期各追肥 20%（沟灌条件下）。有机肥（羊粪）每年施用 1 次，于每年作物收获后均匀撒施深耕，秸秆是利用当季作物收获后的全部秸秆粉碎撒施后深耕（表 11-1）。

长期试验的玉米品种为'Sc704''新玉 7 号''中南 9 号'和'新玉 41 号'，5 月上旬播种，播种量为 45 kg/hm²，于 9 月下旬收获；棉花品种新陆早系列，4 月中下旬播种，播种量为 60~75 kg/hm²，9 月中旬开始收获；春麦品种为'新春 2 号'和'新春 8 号'，4 月上旬播种，播种量为 390 kg/hm²，7 月下旬收获；冬麦品种分别为'新冬 17 号''新冬 18 号'和'新冬 19 号'，播种量为 300 kg/hm²，9 月下旬播种，翌年 7 月中旬收获。

表 11-1　试验处理及施肥量　　　　单位：kg/hm²

肥料	1990—1994 年			1995 年至今		
	N	P₂O₅	K₂O	N	P₂O₅	K₂O
1.5NPKM	59.6+480a	40+138a	16.5+180a	151.8+480a	90.4+138a	19+180a
NPK	99.4	66.9	23.1	241.5	138	61.9
NPKM	29.8+240a	20+69a	8.3+90a	84.9+240a	51.4+69a	12.4+90a
CK	0	0	0	0	0	0
NK	99.4	0	23.1	241.5	0	61.9
N	99.4	0	0	241.5	0	0
NP	99.4	66.9	0	241.5	138	0
PK	0	66.9	23.1	0	138	61.9
NPKS	89.4+46.8a	56.1+6.7a	20.8+92.7a	216.7+46.8a	116.6+6.7a	52+92.7a
S	—	—	—	28.5a	10.7a	70.0a
M	—	—	—	480a	138a	180a

注：a 表示秸秆或有机肥中施入的 N/P/K 量。

（二）样品采集及分析

土壤样品在每季收获后，用不锈钢（高碳钢）土钻按设计深度采集，分层采集 0~

20 cm 每小区取样 10 个点混合成 1 个样，四分法将土样磨细过 1 mm 和 0.25 mm 筛，供测试分析用。

植株样品在玉米、小麦和棉花成熟后至收获前取样，进行考种和经济性状测定，同时取植株分析样，冬小麦、春小麦和玉米植株按每小区 3 个点，冬小麦和春小麦每点不低于 50 株，玉米和棉花不低于 20 株取样。籽粒和茎秆样品经风干粉碎后保存备用。

二、长期施肥下土壤全磷和有效磷的变化趋势及其关系

（一）长期施肥下土壤全磷的变化

全磷是反映土壤肥力的一个重要指标，其含量水平代表着土壤供磷潜力的大小。土壤全磷含量高并不一定能够满足植物对磷吸收的需求，反之，基本可说明土壤磷素供应不足。

长期不同施肥下灰漠土全磷含量变化如图 11-1 所示，不施磷肥的 3 个处理（CK、N 和 NK）基本维持在同一水平，由于作物吸收土壤磷等原因，土壤全磷略有下降，但均未出现显著变化。施磷后，土壤全磷含量与时间均呈正相关，其中 NPKM 呈显著相关（$P<0.05$），1.5NPKM 呈极显著相关（$P<0.01$），随种植时间延长表现出上升趋势。施用

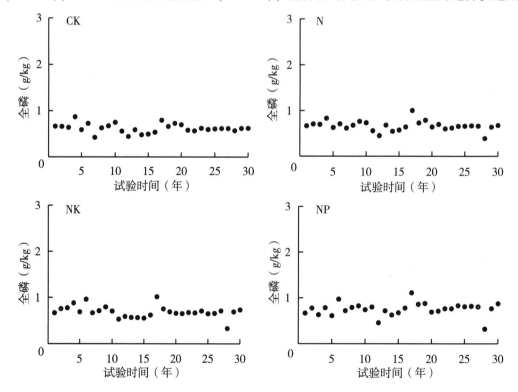

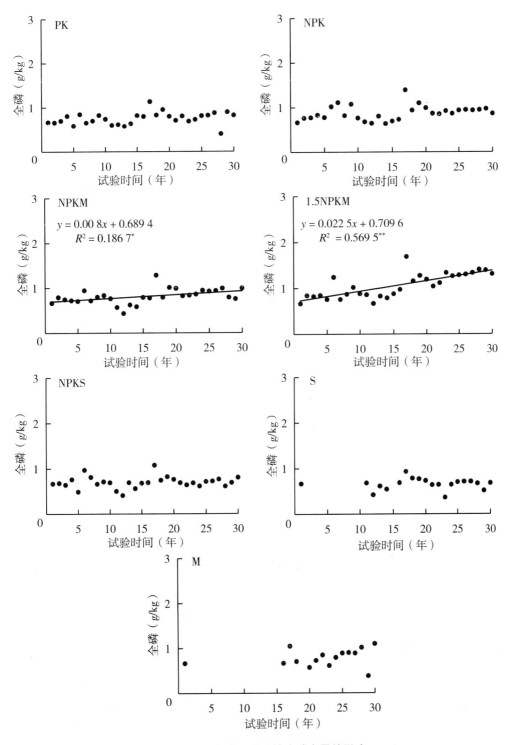

图 11-1 长期施肥对土壤全磷含量的影响

化学磷肥的 3 个处理（NP、PK 和 NPK），由试验开始时的 0.667 g/kg 分别上升到近 3 年平均的 0.835 g/kg、0.847 g/kg 和 0.897 g/kg，分别上升了 25.2%、27.0% 和 34.4%，其全磷维持在同一水平，未见显著上升。化学磷肥配施秸秆还田和单施有机物料处理（NPKS、S 和 M）土壤全磷年均增加量分别为 2.4 mg/kg、0.2 mg/kg 和 7.2 mg/kg，基本维持稳定。有机肥配施化肥的处理（NPKM 和 1.5NPKM），土壤全磷增加最多，从开始时（1989 年含量）的 0.667 g/kg 分别上升到近 3 年平均值的 0.978 g/kg 和 1.307 g/kg，全磷年均增加量分别为 10.3 mg/kg 和 21.5 mg/kg，增加比例达 46.6% 和 95.9%。

可见，有机肥配施化学磷，土壤全磷显著增加，并且增加速率较大，主要原因在于磷素的总投入远远高于作物携出量，以至于土壤磷素大量累积而引起全磷的显著增加。磷素对植物有效性的大小，还需进一步通过土壤有效磷进一步评价。

（二）长期施肥下土壤有效磷的变化

土壤有效磷可以被植物吸收利用，其含量的高低反映了土壤供磷能力的大小，直接影响着作物的生长发育及最终的产量和品质。因此，掌握土壤中的有效磷含量状况，尤其是长期施肥下，土壤有效磷的连续变化及累积效应，对指导农业生产中合理施肥、提高肥料利用率和防止面源污染等具有重要的现实意义。

如图 11-2 所示，通过施肥时间与土壤有效磷之间的关系计算两者间的线性方程，并用其斜率代表有效率的平均变化速率。不施肥（CK）处理土壤有效磷由起始值的

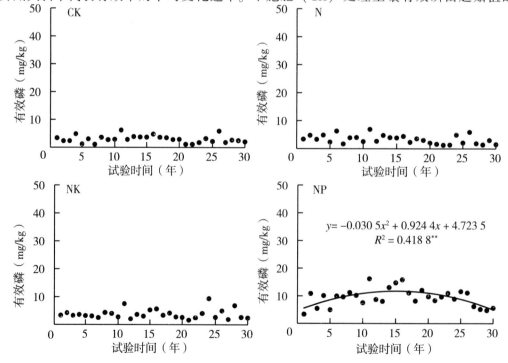

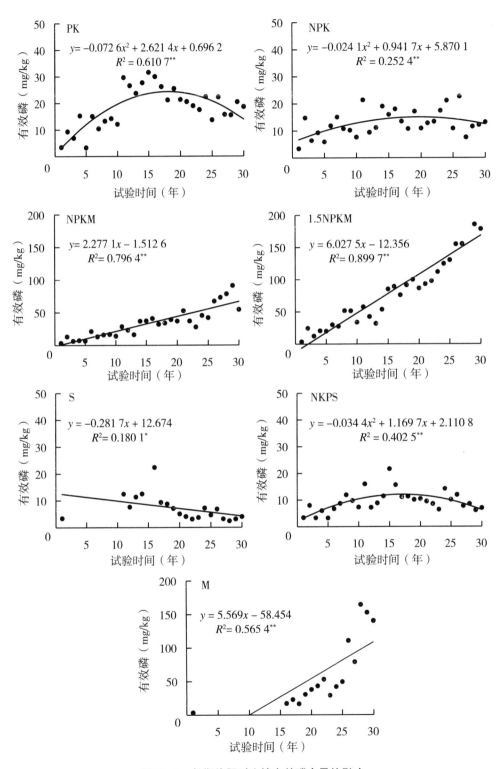

图 11-2 长期施肥对土壤有效磷含量的影响

3.4 mg/kg 下降到近 3 年平均值的 2.4 mg/kg，降幅为 29.4%；单施氮肥（N）土壤有效磷含量下降到近 3 年平均的 2.0 mg/kg，降幅为 41.2%；NK 处理有效磷含量上升到近 3 年平均值的 4.0 mg/kg，增幅为 17.6%，可能是硫酸钾的施用，生成硫酸钙，从而减小了钙对磷的固定；不施磷土壤有效磷均表现为极缺水平。秸秆还田（S）19 年，土壤有效磷含量随种植时间延长呈显著下降趋势（$P < 0.05$），其土壤有效磷由开始的 12.4 mg/kg 下降到近 3 年平均的 3.2 mg/kg，年均下降 0.56 mg/kg。NP、PK、NPK 和 NPKS 处理土壤有效磷含量均随种植时间延长呈先增加后下降的趋势（$P < 0.01$），有效磷含量分别上升到近 3 年平均值的 5.2 mg/kg、18.2 mg/kg、12.3 mg/kg 和 7.2 mg/kg，分别增加了 1.8 mg/kg、14.8 mg/kg、8.9 mg/kg 和 3.8 mg/kg。

化肥配施有机肥和单施有机肥处理（NPKM、1.5NPKM 和 M）土壤有效磷含量随种植时间呈极显著增加（$P < 0.01$），分别提高到近 3 年平均的 74.7 mg/kg、191.8 mg/kg 和 152.5 mg/kg，其含量已超出高产田肥力水平，年增量分别为 2.3 mg/kg、6.0 mg/kg 和 9.9 mg/kg。

灰漠土属碱性石灰性土壤，土壤溶液中的无机磷酸盐（主要为 HPO_4^{2-}）与钙镁结合，生成一系列的钙镁磷化合物，使得土壤磷素有效性降低，而有机肥的投入不但通过增加外源磷，提高了土壤磷肥力，而且还可通过增加土壤对磷的吸附作用，与此同时，有机酸与磷酸根的交换作用加强，也可能使得有效磷增加（张海涛等，2008）。

（三）长期施肥下土壤全磷与有效磷的关系

用磷活化系数（PAC）可以表示土壤磷活化能力，长期施肥下灰漠土磷活化系数随时间的演变规律如图 11-3 所示，不施化学磷肥的处理中，CK、N 和 NK 处理土壤 PAC 基本维持平衡，土壤 PAC 与时间没有显著相关性，S 处理 PAC 随种植时间延长显著下降（$P < 0.01$），由开始的 1.82% 下降到 2018 年的 0.59%；4 种处理的土壤 PAC 值均低于 2%，表明全磷各形态很难转化为有效磷（贾兴永和李菊梅，2011）。

NP、PK、NPK 和 NPKS 处理，土壤 PAC 随施肥时间先上升后下降，并存在显著相关性（$P < 0.01$），PAC 历经 29 年由起始值 0.51% 分别上升到 0.56%、2.27%、1.53% 和 0.87%，除 PK 处理 PAC 大于 2%，NP、NPK 和 NPKS 处理均低于 2%，说明这些处理土壤全磷不易转化为有效磷，而 PK 处理由于作物营养受到氮素的限制，也抑制了对磷的吸收，土壤磷的供应相对增加，从而促进了 PAC 的提高。施有机肥（NPKM、1.5NPKM 和 M）处理，土壤 PAC 随种植时间延长持续增加，存在显著正相关（$P < 0.01$），土壤 PAC 年上升速率分别为 0.24%、0.41% 和 0.87%，并且土壤平均 PAC 均大于 2%，说明土壤全磷容易转化为有效磷。可见，施用有机肥可提高土壤全磷转化

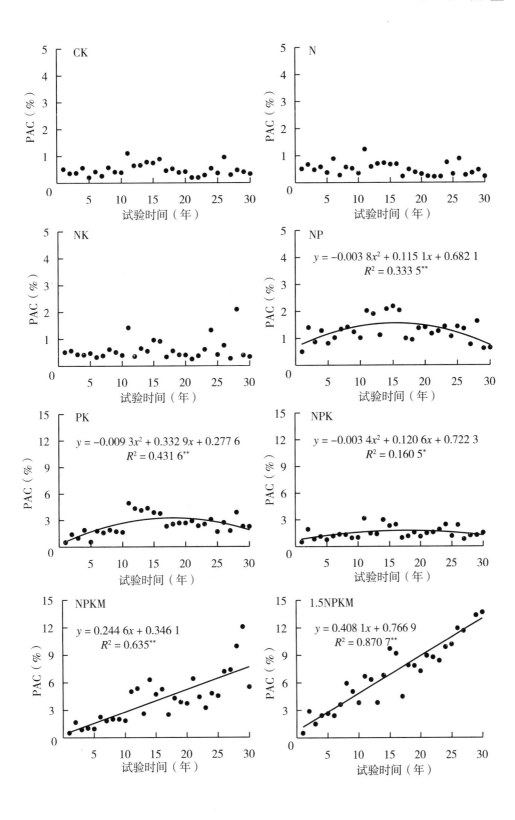

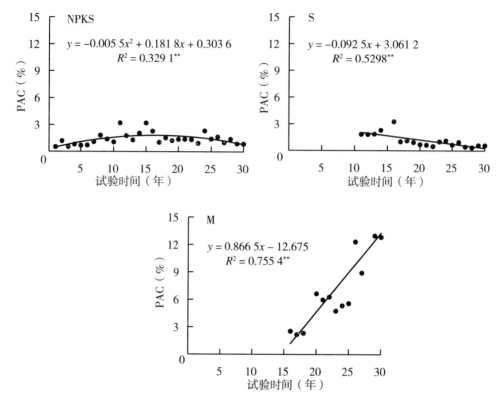

图 11-3 长期施肥对灰漠土磷活化系数（PAC）的影响

率，增加有效磷容量和供给强度。这一结果也同许多长期试验结果相似（鲁艳红等，2017；林诚等，2017；王琼等，2018），其原因首先与有机肥携入的外源磷投入量高于单施化肥有关，其次长期施用有机肥提高了农田土壤有机质含量，而有机质能够减少磷在土壤中的固定，最后有机肥施入后土壤后，有机磷含量大幅提高，这部分有机磷在逐渐矿化成有效态磷的同时，也进一步而提高土壤的有效磷水平。

三、长期施肥下土壤有效磷变化对土壤磷盈亏的响应特征

（一）长期施肥下土壤磷素盈亏特征

图 11-4 为试验中各处理 29 年当季土壤表观磷盈亏。由图可知，不施磷肥的 4 个处理（CK、N、NK 和 S）土壤磷呈现连续亏缺状态，每年土壤磷平均亏缺量分别为 8.9 kg/hm²、14.3 kg/hm²、15.5 kg/hm² 和 24.9 kg/hm²，由于磷素缺乏会影响作物的产量，作物磷年亏缺值会随种植时间延长而增加。施化肥磷或有机肥处理（NP、PK、

NPK、NPKM、1.5NPKM、NPKS 和 M）当季土壤磷呈盈余状态。NP、PK、NPK、NPKS 处理土壤磷年盈余的平均量分别为 35.4 kg/hm²、38.9 kg/hm²、32.3 kg/hm² 和 25.4 kg/hm²，盈余水平相近。有机肥（NPKM、1.5NPKM 和 M）处理土壤磷年盈余值均较高，平均值分别为 49.6 kg/hm²、127.8 kg/hm² 和 96.3 kg/hm²。

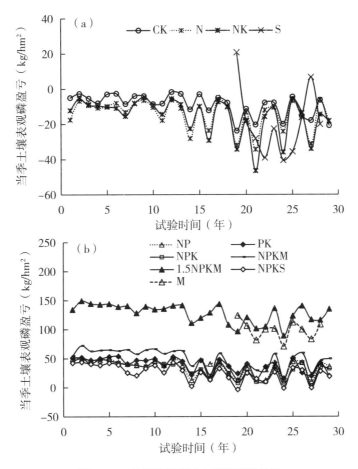

图 11-4 长期施肥当季土壤表观磷盈亏

注：（a）未施化肥磷肥处理，（b）施磷肥、有机肥处理。

对各处理土壤表观磷盈亏分析表明，前 13 年，土壤磷素盈亏量波动较小，基本保持稳定，第 13 年起，随种植时间延长同一施肥措施下年际间波动增大，并且施磷和不施磷处理土壤磷盈余和亏缺量分别减小和增加，即作物携出量增加，这一现象一方面受施肥量变化的影响，另一方面可能因作物品种、种植措施的改善，增加了作物产量等因素有较大关系。

图 11-5 为试验各处理 29 年土壤累积磷盈亏表现。由图可得，不施磷肥处理（CK、N 和 NK）土壤磷处于累积亏缺态，并且累积亏缺量随种植时间延长而增加，其中 CK

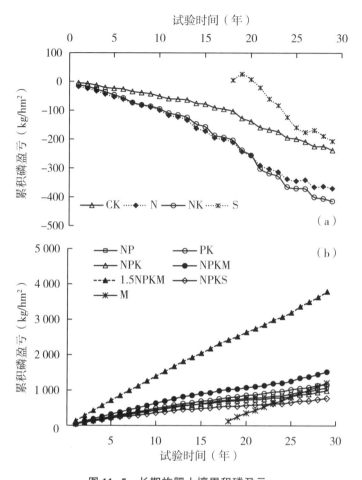

图 11-5　长期施肥土壤累积磷盈亏

注：（a）未施化肥磷肥处理，（b）施磷肥、有机肥处理。

处理土壤磷亏缺值最少，是因为土壤中没有任何肥料的供应，作物产量最低，携出的磷也较低，而氮钾肥配施或单施氮肥（NK 和 N）处理由于氮和钾得到补充，促进磷作物对磷的吸收，导致土壤累积磷亏缺值最高，累积亏缺量分别为 -413.8 kg/hm^2 和 -369.8 kg/hm^2。施化肥磷肥的 3 个处理（NP、PK 和 NPK）土壤磷一直处于盈余状态，并且随种植时间延长累积盈余量增加，第 29 年土壤累积磷盈余值分别为 1 074.2 kg/hm^2、1 168.2 kg/hm^2 和 992.1 kg/hm^2。秸秆还田配施化学磷肥（NPKS）的处理土壤累积磷素也处于盈余状态，盈余量和变化趋势与 NP、PK 和 NPK 处理相似，29 年后土壤累积磷盈余值为 776.0 kg/hm^2。化肥配施有机肥（NPKM 和 1.5NPKM）处理土壤累积磷盈余值均较高，29 年后分别达到 1 522.7 kg/hm^2 和 3 790.1 kg/hm^2，说明化肥配施有机肥能有效提高土壤累积磷盈余，并且有机肥用量越大，效果越显著，而氮磷肥配施、磷钾肥配施与氮磷钾肥配施对土壤磷累积盈亏的影响差异不大。历经 19 年后，S 处理由第 1 年的盈余 4.9 kg/hm² 演变为累积亏缺 269.0 kg/hm²，M 处理由第 1 年盈余的 124.2 kg/hm² 增加到累积盈余 1 183.6 kg/hm²。

（二）长期施肥下土壤有效磷变化对土壤磷素盈亏的响应

图 11-6 表示长期不同施肥措施下灰漠土有效磷变化量与土壤耕层磷盈亏的响应关系。不施化肥磷的处理中，CK、NK 和 S 处理土壤有效磷变化量与土壤累积磷盈亏均无显著相关，而 N 处理土壤有效磷变化量与土壤累积磷盈亏呈显著相关（$P<0.05$），土壤每亏缺 100 kg P/hm²，有效磷下降 0.54 mg/kg；M 处理土壤有效磷变化量与土壤累积磷盈亏呈显著相关（$P<0.01$），土壤每盈余 100 kg P/hm²，有效磷浓度提高 12.87 mg/kg。

施用化学磷肥的处理中，NP、PK、NPK 和 NPKS 处理，土壤有效磷变化量随土壤

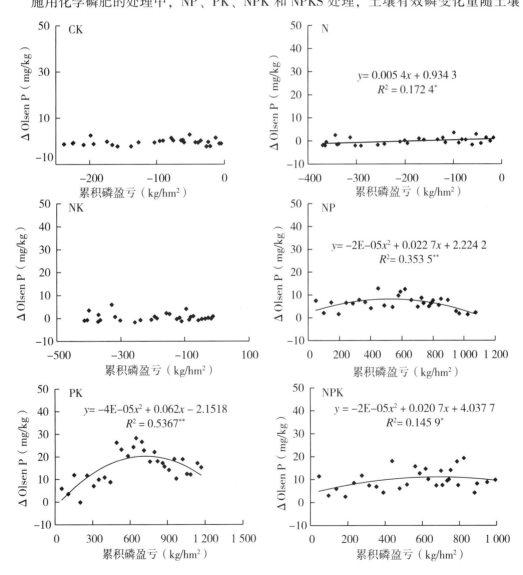

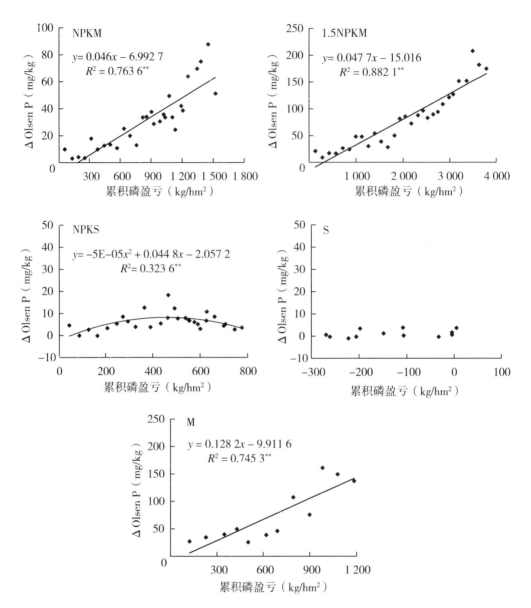

图 11-6 各处理灰漠土有效磷变化量对土壤累积磷盈亏的响应

累积磷盈余的增加更加符合先增加后下降的二次抛物线式变化，其中 NP、PK 和 NPKS 呈极显著相关（$P < 0.01$），NPK 呈显著相关（$P < 0.05$）。有机肥（NPKM、1.5NPKM 和 M）处理土壤有效磷变化量与磷盈余呈极显著正相关（$P < 0.01$），土壤每累积 100 kg P/hm²，有效磷浓度分别上升 4.60 mg/kg、4.77 mg/kg 和 12.87 mg/kg。本试验有机肥处理中每 100 kg 磷盈余增加的土壤有效磷的顺序为 M>1.5NPKM>NPKM。

如图 11-7 所示，综合每个处理土壤 29 年间的有效磷变化量与土壤累积磷盈亏的关系分析表明，两者间达到极显著正相关性（$P < 0.01$），综合显示，灰漠土每盈余

100 kg P/hm^2，有效磷浓度上升 3.78 mg/kg。

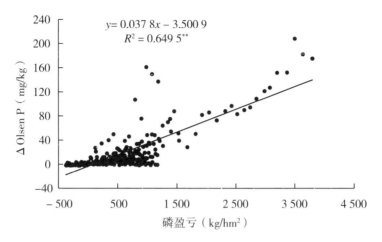

$y = 0.0378x - 3.5009$
$R^2 = 0.6495^{**}$

图 11-7　灰漠土长期定位试验所有施肥措施有效磷变化量与土壤累积磷盈亏的关系

四、长期施肥下土壤有效磷对磷形态的响应

选取 4 个不同施磷处理进行土壤有效磷对磷形态的响应分析，分别为：CK、NPK、NPKM 和 NPKS，数据采用 1989 年的基础样品及 2002 年和 2012 年的样品进行测定而来（王斌等，2017），其中 2002 年和 2012 年种植的作物分别为春小麦和棉花。

（一）土壤无机磷总量及组分随时间变化

经过 23 年（1990—2012 年）的定位试验，新疆灰漠土耕层无机磷总量（TIP，Total Content of Inorganic Phosphorus）及组分含量发生了较大变化（图 11-8）。1990—2002 年，CK 处理的土壤二钙磷和八钙磷含量极显著降低，而 2002—2012 年，土壤十钙磷含量极显著增加；23 年间，土壤铝磷、铁磷、闭蓄态磷及无机磷总量均无显著变化；表明 23 年的监测期间，CK 处理耕层土壤二钙磷和八钙磷分别减少了 50.0%和 13.7%，而十钙磷增加了 5.2%，无机磷有可能发生了二钙磷和八钙磷向十钙磷的转化，即土壤无机磷的活性逐渐降低和土壤磷素逐渐被固定的过程。

施肥处理（NPK、NPKM 和 NPKS）的 TIP 及二钙磷、八钙磷和铝磷含量均随时间极显著增加；其中，NPK 处理的土壤铁磷含量也随时间极显著增加，而闭蓄态磷和十钙磷在前 13 年显著增加，后 10 年无显著变化；NPKM 处理的土壤铁磷与闭蓄态磷含量前 13 年内显著增加，后 10 年变化不显著，土壤十钙磷则一直较为稳定，无显著变化；NPKS 处理的土壤铁磷含量同样呈现出前期显著增加而后增加不明显的特点，监测期内

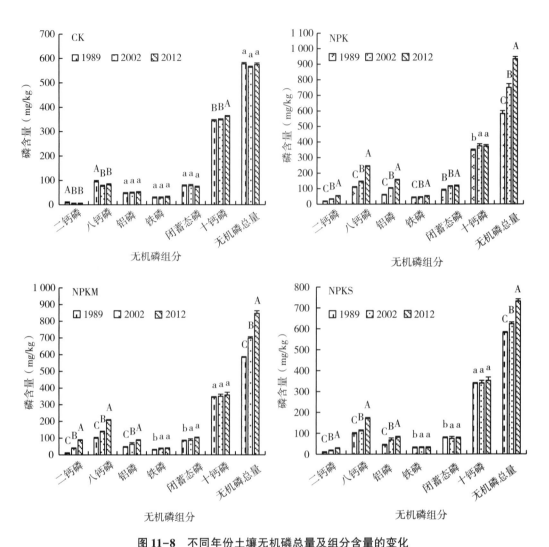

图 11-8　不同年份土壤无机磷总量及组分含量的变化

注：大、小写字母分别表示在 $P<0.01$ 和 $P<0.05$ 水平下的比较结果。

其土壤闭蓄态磷和十钙磷均没有显著变化。以上各施肥处理土壤无机磷组分变化趋势表明，长期施肥下，灰漠土耕层 TIP 随时间极显著增加，其增加量主要来源于土壤二钙磷、八钙磷及铝磷增加量的叠加，铁磷在 NPK 处理较为明显、而在 NPKM 与 NPKS 处理中作用相对较小。

（二）长期施肥对土壤无机磷含量的影响

不同处理耕层 TIP、组分以及有效磷含量差异巨大（表 11-2）。长期施肥处理 NPK、NPKM 和 NPKS 土壤有效磷含量极显著大于 CK 和初始样品值（IS，Initial

Sample），施肥处理间土壤有效磷含量为 NPKM > NPKS > NPK，差异达到极显著（$P<0.01$）。NPKM 处理的有效磷值最大，分别是 IS、CK、NPK 及 NPKS 处理的 11.6 倍、14.2 倍、2.1 倍和 3.2 倍；试验表明长期施肥对提高土壤有效磷含量作用显著，其中，NPKM 效果最明显、其次是 NPK 与 NPKS。长期施肥处理 NPK、NPKM 和 NPKS 的土壤 TIP 及二钙磷、八钙磷、铝磷、铁磷均显著高于 IS 和 CK（$P<0.01$），NPK 和 NPKM 处理土壤的闭蓄态磷含量显著高于 CK 和 IS（$P<0.01$），NPK 处理的土壤十钙磷含量显著高于 CK 与 IS 处理（$P<0.01$）。施肥处理与 CK 相比，TIP、二钙磷、八钙磷、铝磷、铁磷以及有效磷含量分别提高 0.27~0.62 倍、8.88~31.15 倍、1.28~2.10 倍、0.70~2.12 倍、0.14~0.69 倍及 1.73~10.62 倍；与 IS 相比，分别提高 0.26~0.61 倍、3.65~14.12 倍、0.78~1.42 倍、0.95~2.58 倍、0.15~0.71 倍和 2.64~14.49 倍，其中，闭蓄态磷与十钙磷含量提高不显著；试验表明长期施肥增加土壤无机磷含量的主要原因是土壤无机磷组分二钙磷、八钙磷、铝磷和铁磷含量的显著增加。施肥处理间比较，NPKM 处理除土壤二钙磷含量极显著大于 NPK 与 NPKS 以外，其余无机磷组分八钙磷、铝磷、铁磷、闭蓄态磷、十钙磷及 TIP 均小于 NPK 而大于 NPKS 处理；由此表明，土壤二钙磷含量极显著增加是 NPKM 处理土壤有效磷极显著增大的主要原因。NPK 处理的 TIP 与组分（二钙磷、八钙磷、铝磷、铁磷、闭蓄态磷和十钙磷）含量均极显著高于 NPKS 处理，这一结果与 2 个处理间的土壤有效磷含量大小关系一致。

表 11-2　2012 年不同处理土壤无机磷总量、组分以及有效磷含量　单位：mg/kg

处理	有效磷	二钙磷	八钙磷	铝磷	铁磷	闭蓄态磷	十钙磷	无机磷总量
IS	3.9±0.1 D	5.5±1.1 D	95.2±2.0 D	40.9±3.9 C	24.1±1.8 D	75.7±0.0 C	336.7±5.1 C	578.1±8.2 D
CK	3.2±0.2 D	2.6±0.6 D	74.4±5.1 E	46.9±0.6 C	24.4±0.6 D	68.7±4.0 C	356.9±0.0 B	573.9±5.1 D
NPK	21.2±1.1 B	36.7±0.6 B	230.7±8.2 A	146.3±4.9 A	41.3±1.0 A	106.1±8.4 A	368.7±5.8 A	929.8±5.4 A
NPKM	45.4±2.1 A	83.5±4.6 A	199.6±9.1 B	83.2±6.2 B	31.2±1.0 D	93.6±3.6 B	353.6±7.7 B	844.6±18.7 B
NPKS	14.2±1.1 C	25.7±3.5 C	169.5±2.5 C	79.7±6.3 B	27.8±0.6 C	76.5±3.6 C	349.6±3.9 B	728.8±8.6 C

注："IS" 为 1989 年初始样品，表中数据为平均值±标准差，同一列中字母相同表示处理间差异不显著（$P>0.01$），字母不同表示处理间差异显著（$P<0.01$）。

五、土壤有效磷农学阈值

磷是植物生长中很多生物化学和生理学过程不可取代的元素，因此，是植物生长不可缺少的营养元素之一。土壤中的有效磷含量较低时，不能满足作物的生长需求，造成作物明显减产；但当土壤有效磷含量过高时，则对作物的增产效果不明显，甚至可能由于淋溶或者地表径流造成环境污染，因而确定保证土壤有效磷含量的适宜水平对作物产量与环境保护具有非常重要的意义。为了获得作物高产，农民经常施用超过最佳推荐施肥量的磷肥，因而，农田耕作土壤磷素逐年累积，当土壤中这种盈余的磷素超过一定数量时，作物产量将对增施的磷肥没有响应。作物产量不再提高时土壤有效磷的最低值被定义为土壤有效磷的农学临界值或农学阈值。

研究中选择灰漠土长期定位监测试验中的 7 个处理，分别是：CK（不施肥）、NK（氮和钾肥）、NP（氮和磷肥）、NPK（氮磷钾肥）、NPKM（氮磷钾加常量有机肥）、1.5NPKM（氮磷钾肥加增量有机肥）和 NPKS（氮磷钾加秸秆还田），开展在新疆干旱区小麦、玉米和棉花一年一季轮作条件下，各作物土壤磷素农学阈值的研究。

本研究采用绝对产量来比较小麦、玉米和棉花产量对施用磷肥的响应，绝对产量计算公式为：$Y_A = Y_{NPK} - Y_{CK}$，其中，Y_A 代表绝对产量，Y_{NPK} 代表 NPK 处理的作物产量，Y_{CK} 代表 CK 处理的作物产量。即绝对产量由施肥处理与对照 CK 处理的作物产量之差决定。采用绝对产量主要是减小因作物品种等因素引起的年际间作物产量变异。

依据相关研究成果（Tang et al.，2009），研究采用 3 种模型来模拟土壤有效磷与作物产量间的关系，分别是线线模型（Linear-Linear Model，简写为 LL）、线平台模型（Linear-Plateau Model，简写为 LP）和米切里西模型（Mitscherlich Model，简写为 Exp）。

线线模型（LL）、线平台模型（LP）将小麦、玉米和棉花 3 种作物产量对土壤有效磷含量的反应分成 2 段，这个分界点即为土壤有效磷农学阈值；米切里西模型（Exp）中，曲线上 90% 最大可获得产量的点即为土壤有效磷的农学阈值。

将线线模型、线平台模型以及米切里西模型，对灰漠土 23 年长期定位施肥条件下的小麦、玉米和棉花产量对土壤有效磷含量的响应数据进行拟合（表 11-3），其相关性均达到极显著水平（$P<0.01$），说明各模型均可靠，进一步计算可得 3 种作物的土壤有效磷农学阈值分别为：小麦农学阈值为 10.3 mg/kg、14.4 mg/kg 和 19.8 mg/kg，平均值为 14.8 mg/kg；玉米农学阈值为 9.48 mg/kg、10.4 mg/kg 和 19.5 mg/kg，平均值为 13.1 mg/kg；棉花农学阈值为 18.0 mg/kg、20.1 mg/kg 和 38.2 mg/kg，平均值为 25.4 mg/kg（表 11-4）。计算结果表明，小麦、玉米和棉花作物之间，土壤有效磷农学阈值各有差异，高低依次为棉花>小麦>玉米，棉花平均农学阈值分别高出小麦和玉米 10.6 mg/kg 和 12.3 mg/kg。同一种作物采用不同的农学阈值计算模型，其计算结果也有较大差异，采用米切里西模型的计算结果要高于线线模型和线平台模型 27%~53%（王斌，2014）。可见，作物的农学阈值受作物类型和计算模型的影响较大，一般线性平台模型得出的阈值要低于米切里西模型（Colomb et al.，2007），而大多数研究则采用的是有线性—平台模型和米切里西方程，本部分采用了 3 种计算模型，以期更为精确的计算灰漠土有效磷的农学阈值。

表 11-3　作物产量与土壤有效磷的响应关系

作物	模型	公式	R^2	n
小麦	LL	$y=-0.886+0.472x$ $y=3.68+0.0306x$	0.763^{***}	75
	LP	$y=-0.399+0.368x$ $y=4.91$	0.726^{***}	
	Exp	$y=5.26\left[1-e^{-0.130(x-2.10)}\right]$	0.717^{***}	
玉米	LL	$y=-0.204+0.403x$ $y=3.278+0.0360x$	0.709^{***}	46
	LP	$y=-0.267+0.421x$ $y=4.10$	0.651^{***}	
	Exp	$y=4.92\left[1-e^{-0.124(x-1.01)}\right]$	0.720^{***}	
棉花	LL	$y=-0.214+0.163x$ $y=2.61+0.00621x$	0.897^{**}	12
	LP	$y=-0.214+0.163x$ $y=3.06$	0.895^{***}	
	Exp	$y=3.16\left[1-e^{-0.0625(x-1.34)}\right]$	0.838^{***}	

注：表中 LL 代表线线模型，LP 代表线平台模型，Exp 代表米切里西模型，下同。

表 11-4　不同作物灰漠土有效磷的农学阈值

作物	平均绝对产量 （t/hm²）	不同模型模拟所得农学阈值			平均值 （mg/kg）
		LL （mg/kg）	LP （mg/kg）	Exp （mg/kg）	
小麦	4.40±0.10	10.3	14.4	19.8	14.8
玉米	3.94±0.09	9.48	10.4	19.5	13.1
棉花	2.84±0.04	18.0	20.1	38.2	25.4

六、磷肥回收率的演变

长期不同施肥下，作物吸磷量差异显著。对照和不平衡施肥作物吸磷量显著低于化肥氮磷钾处理，低于化肥配施有机肥处理。各处理年均磷素吸收量大小顺序为：CK<N<NK<

PK<NP<NPKS<NPK<NPKM<1.5NPKM，年均吸收量分别为：8.9 kg/hm²、14.3 kg/hm²、15.5 kg/hm²、21.4 kg/hm²、24.8 kg/hm²、26.3 kg/hm²、27.9 kg/hm²、35.2 kg/hm²和36.4 kg/hm²。3种作物间，小麦对磷素的平均吸收量为16.4 kg/hm²，玉米平均为31.9 kg/hm²，棉花为21.6 kg/hm²，对磷素吸收的大小为玉米>棉花>小麦。不施磷素（CK、N和NK）处理，小麦、玉米和棉花对磷素的吸收保持在较低水平，并且种植小麦时，随种植年份的变化不明显。施磷处理（NP、PK、NPK、NPKM、1.5NPKM和NPKS）小麦和玉米对磷素的吸收随种植年份的推移逐渐增加，处理间差距也在不断加大（图11-9）。

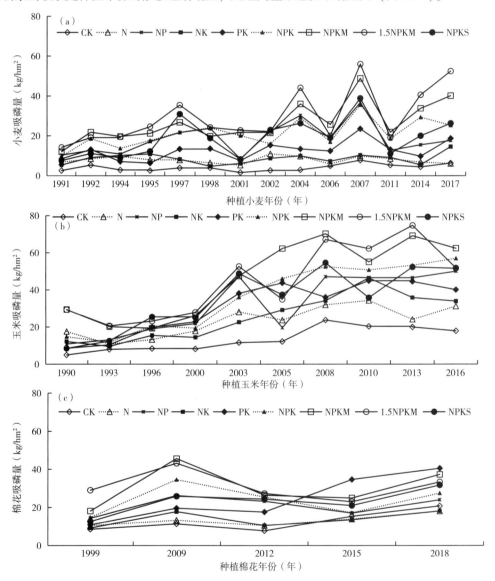

图11-9　作物磷素吸收特征

灰漠土长期施用磷肥下，小麦、玉米和棉花产量与磷素吸收变化趋势关系可以看出，作物产量与磷素吸收呈极显著正相关（图 11-10）。小麦直线方程为 $y = 209.17x + 962.97$ （$R^2 = 0.879\,8^{**}$，$P < 0.01$），玉米的直线方程为 $y = 143.01x + 4\,327.8$ （$R^2 = 0.602\,8^{**}$，$P < 0.01$），棉花的直线方程为 $y = 165.71x + 1\,204.8$ （$R^2 = 0.858\,7^{**}$，$P < 0.01$）。根据两者相关方程可以计算出，灰漠土种植小麦、玉米和棉花时，1hm^2 作物地上每吸收 1 kg 磷，能够使产量分别提高 209.2 kg/hm^2、143.0 kg/hm^2 和 165.7 kg/hm^2。

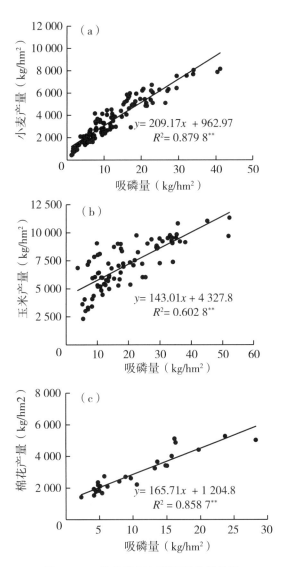

图 11-10　作物产量与磷素吸收的关系

灰漠土长期不同施肥下，种植小麦磷肥回收率的变化趋势各不相同（图 11-11）。

施用化肥的处理 NP、PK 和 NPK，磷肥回收率随种植年限延长，逐渐上升，分别由起始的 12.8%、9.7% 和 11.6% 上升到 18.8%、20.6% 和 31.5%，多年平均回收率分别为 27.7%、15.1% 和 31.8%。化肥配施秸秆（NPKS），施肥 28 年后磷肥回收率从初始的 9.6% 上升到 36.7%，多年平均回收率为 31.7%；化肥配施有机肥的处理（NPKM 和 1.5NPKM）中，NPKM 对提高小麦磷肥回收率具有明显的效果，由起始的 11.2% 提高到 38.9%，而 1.5NPKM 小麦磷肥回收率由起始的 7.1% 增加到 27.4%。小麦磷肥回收率随时间的延长均有增加，但 PK 增加速率较小。

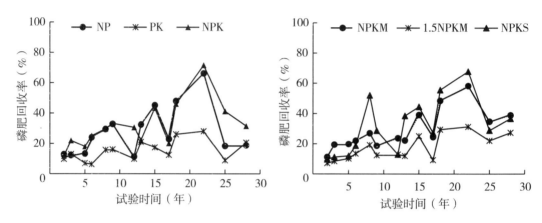

图 11-11　小麦磷肥回收率的变化

灰漠土长期不同施肥下，种植玉米磷肥回收率均呈增加趋势（图 11-12）。施用化肥的各处理（NP、PK 和 NPK），磷肥回收率逐渐增加，分别由开始的 9.8%、6.0% 和 16.3% 增加到 53.4%、36.9% 和 64.8%。化肥配施秸秆（NPKS），磷肥回收率从初始的

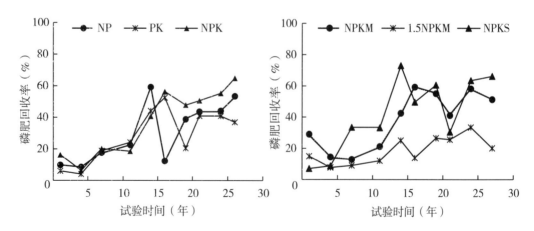

图 11-12　玉米磷肥回收率的变化

7.0%，增加到 66.2%。化肥配施有机肥的处理（NPKM 和 1.5NPKM）中，NPKM 对提高玉米磷肥回收率的效果高于 1.5NPKM，分别由起始的 29.0% 和 14.9% 增加到 51.2% 和 20.1%。

各处理棉花磷肥回收率中（图 11-13），仅 PK 磷肥回收率随试验年份显著增加（$P<0.01$），其他处理均无显著规律，施用化肥的处理中（NP、PK 和 NPK），棉花磷肥平均回收率分别为 13.7%、19.8% 和 18.5%，化肥配施有机肥的处理（NPKM 和 1.5NPKM）棉花磷肥平均回收率分别为 20.8% 和 11.2%，化肥配施秸秆还田棉花磷肥平均回收率为 20.4%。

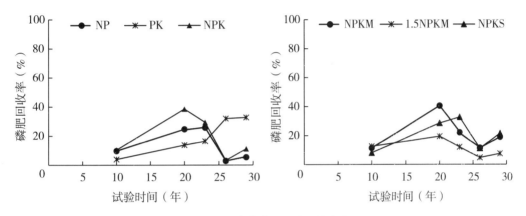

图 11-13　棉花磷肥回收率的变化

灰漠土长期不同施肥下，磷肥回收率对时间的响应关系不同（图 11-14，表 11-5），同一处理小麦和玉米的回收率也不完全一致。PK 处理小麦、玉米和棉花磷肥回收率均随时间变化呈显著增加（$P<0.05$），作物的平均回收率为 20.7%；NP 处理，玉米回收率呈显著性增加（$P<0.01$），作物平均回收率为 26.4%；NPK 和 NPKM 处理

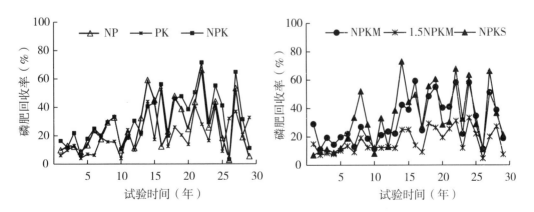

图 11-14　作物磷肥回收率的变化

小麦和玉米回收率均随时间呈显著上升（$P<0.05$），作物平均回收率分别为 31.5% 和 30.9%，两者较为接近；1.5NPKM 处理，小麦回收率随时间呈极显著增加（$P<0.01$），玉米回收率呈显著增加（$P<0.05$），作物平均回收率为 16.7%；NPKS 处理小麦回收率随时间显著增加（$P<0.05$），玉米回收率呈极显著增加（$P<0.01$）作物平均回收率为 33.5%。从 3 种作物的表现看，种植玉米的磷肥回收率要大于种植小麦，种植小麦大于种植棉花；从不同处理间的变化看，NPK、NPKM 和 NPKS 处理的磷肥回收率较大，均大于 30%，回收率增加速度较快；PK 和 NP 处理磷肥回收率略小，1.5NPKM 回收率最小；作物平均回收率大小的处理依次为 NPKS>NPK>NPKM>NP>PK>1.5NPKM。

表 11-5　磷肥回收率随种植时间的变化关系

处理	小麦			玉米			棉花		
	拟合方程	n	R^2	拟合方程	n	R^2	拟合方程	n	R^2
PK	$y=0.435x+9.418$	14	0.382*	$y=1.402x+8.662$	10	0.535*	$y=1.5887x-14.555$	5	0.872**
NP	$y=0.763x+17.705$	14	0.149	$y=1.681x+6.756$	10	0.587**	$y=-0.2985x+20.111$	5	0.040
NPK	$y=1.145x+16.856$	14	0.382*	$y=2.197x+6.006$	10	0.859**	$y=-0.2099x+23.056$	5	0.010
NPKM	$y=1.205x+13.385$	14	0.572**	$y=1.635x+14.930$	10	0.619**	$y=0.1141x+18.382$	5	0.005
1.5NPKM	$y=0.778x+6.956$	14	0.574**	$y=0.729x+8.339$	10	0.537*	$y=-0.394x+19.717$	5	0.261
NPKS	$y=1.284x+14.932$	14	0.327*	$y=1.635x+14.930$	10	0.619**	$y=0.5382x+8.7633$	5	0.135

长期不同施肥下，不同作物的不同处理磷肥回收率对有效磷的响应关系不同（图 11-15，图 11-16，图 11-17）。种植小麦时，NP、NPK、NPKM 和 1.5NPKM 处理磷肥回收率均随有效磷的增加呈下抛物线的变化规律（$P<0.05$），即磷肥回收率随土壤有效磷增加而增大到一定峰值时，有效磷再继续增加，磷肥回收率开始出现下降，磷肥利用率随有效磷含量增加而增加，NP、NPK、NPKM 和 1.5NPKM 磷肥回收率最大时的有效磷农学阈值分别为 17.6 mg/kg、23.6 mg/kg、63.8 mg/kg 和 156.1 mg/kg。种植玉米时，PK、NPK、NPKM、1.5NPKM 和 NPKS 各处理磷肥回收率均随有效磷的增加呈下抛物线的变化规律（$P<0.05$），磷肥回收率最大时的有效磷农学阈值分别为 30.4 mg/kg、12.6 mg/kg、60.5 mg/kg、140.8 mg/kg 和 21.9 mg/kg。种植棉花时，仅 PK 处理磷肥回收率随有效磷的增加呈上抛物线的变化规律（$P<0.05$），磷肥回收率最大时的有效磷

农学阈值为 15.7 mg/kg。可见，相同施肥措施下，不同作物磷肥利用率最大时，土壤有效磷含量的差异也很大。

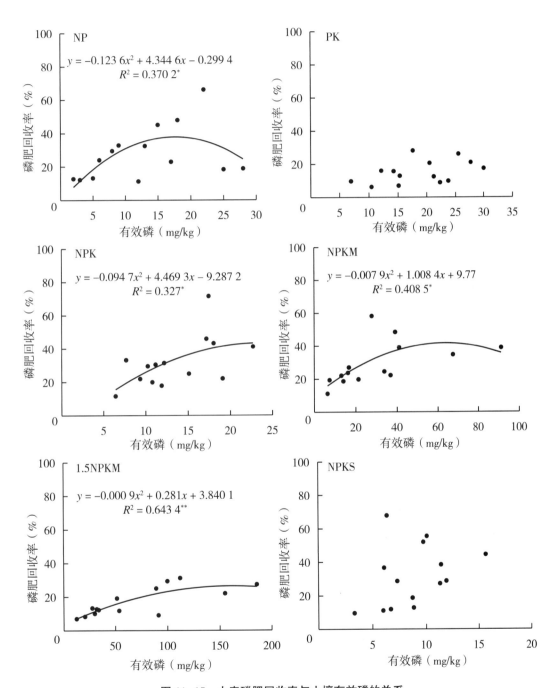

图 11-15 小麦磷肥回收率与土壤有效磷的关系

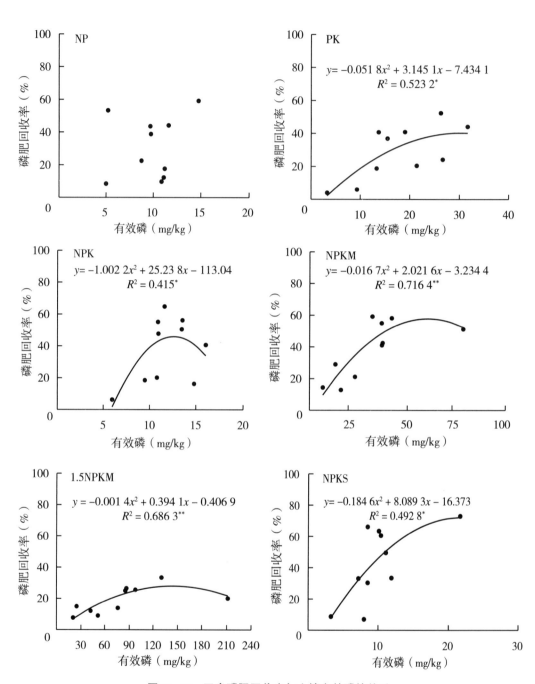

图 11-16 玉米磷肥回收率与土壤有效磷的关系

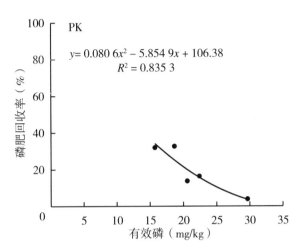

图 11-17 棉花磷肥回收率与土壤有效磷的关系

七、主要结论与指导磷肥的应用

磷是植物生长发育所必需的大量营养元素之一，在农业生产中，由作物携出的土壤磷素，要依靠外源磷的投入而得到补充，如何控制磷肥投入量，将土壤磷素含量控制在合理的水平，既能保障粮食产量，又能够最大限度地降低磷素的农田面源污染，是一项需要持续研究的问题。综合本项试验结果表明，在灰漠土小麦、玉米和棉花一年一熟制条件下，应用土壤全磷、有效磷累积和磷活化系数等模型得出，不施磷肥的处理（CK、N 和 NK）土壤全磷、有效磷和 PAC 值随试验年份延长均无显著变化，土壤有效磷处于亏缺状态，而施磷肥的处理（NP、PK、NPK、M、NPKM、1.5NPKM 和 NPKS）土壤全磷、有效磷和 PAC 值均有所上升，土壤有效磷长期处于盈余状态，年平均增加1.35 mg/kg，说明施磷肥能够提高土壤磷水平和磷素活化效率。各施肥条件下，灰漠土每盈余 100 kg P/hm²，有效磷浓度上升 3.78 mg/kg，种植小麦土壤有效磷农学阈值平均为 14.8 mg/kg；玉米平均阈值为 13.1 mg/kg；棉花平均阈值为 25.4 mg/kg。根据土壤有效磷的农学阈值，通过土壤有效磷的年变化量，以及作物带走的磷含量，可以推算出磷肥用量。以新疆灰漠土长期定位试验不同处理下的 2018 年土壤有效磷为例，基于种植小麦土壤磷素阈值计算的磷肥施用量（表 11-6）。对于 CK，要使 2018 年的有效磷水平（2.08 mg/kg）20 年后达到灰漠土小麦的农学阈值 14.8 mg/kg，每年需再增施磷肥135 kg P/hm²。若要使得 PK 处理从 2018 年有效磷（18.66 mg/kg）的水平降到农学阈值（14.8 mg/kg），需要停止施用磷肥 23 年（表 11-7）。

表 11-6　基于 2018 年各处理有效磷含量、农学阈值以及有效磷和
磷平衡的响应关系计算的磷肥施用量

处理	每年作物携带走的磷（P_2O_5，kg/hm^2）	有效磷与土壤累积 1 kg P/hm^2 的关系（mg/kg）	有效磷含量（mg/kg）	有效磷范围（mg/kg）	20 达到阈值，年均需要磷肥量（kg P/hm^2）
CK	7.6	0.002 8	2.08	<14.8	135
N	13.8	0.005 4	1.54	<14.8	146
NK	14.8	0.000 7	2.48	<14.8	138
NP	24.5	0.001 6	5.66	<14.8	116
NPK	27.3	0.005 0	13.20	<14.8	43
NPKS	24.3	0.004 4	6.95	<14.8	114

表 11-7　基于 2018 年各处理有效磷含量和有效磷和磷平衡的响应
关系计算的到达环境阈值所需时间

处理	每年作物携带走的磷（P_2O_5，kg/hm^2）	有效磷与土壤累积 1 kg P/hm^2 的关系（mg/kg）	有效磷含量（mg/kg）	有效磷范围（mg/kg）	不施用磷肥时，降到 14.8 mg/kg 所需时间（年）
PK	18.7	0.009 1	18.66	>14.8	23
NPKM	34.2	0.046 0	54.55	>14.8	25
1.5NPKM	35.7	0.047 7	178.47	>14.8	96

当土壤的有效磷含量高于环境阈值时，此时应当采取措施降低有效磷含量，通过减少磷肥用量保证在一定时间内有效磷含量下降到低于土壤有效磷的环境阈值；当土壤的有效磷含量高于磷农学阈值时，而低于环境阈值时，可以根据作物带走的磷量，此时保证施入的磷量与作物带走磷量相当即可，从而确定磷肥用量；当土壤有效磷含量低于农学阈值，要使实际的有效磷含量在一定年份内达到有效磷的农学阈值，根据有效磷的年变化量，以及作物带走的磷量，可以计算出每年应该施用的磷肥量。基于磷的农学阈值和环境阈值的磷肥高效管理既可以保证土壤的有效磷含量满足作物高产的需求，又能保证有效磷含磷量不至于过高造成环境污染。

中国大部分土壤上均缺乏有效磷，尤其是北方土壤缺磷现象更为普遍，作物对磷的利用一方面取决于磷的生物化学过程，另一方面也受供磷强度的影响。灰漠土属石

灰性土壤，其土壤中的磷与钙结合，形成难以溶解的钙磷，从而对磷产生强烈的固定作用，再加上土壤干旱缺水，进一步为磷在土壤中的移动增加困难，使磷肥利用率降低。土壤供磷能力与有机质含量、pH 值、土壤质地、水分、温度、无机胶体的种类和性质等有密切的关系，为提高磷肥利用率，可以采取多管齐下的方式，从控制磷投入量的时间分配、调整肥料养分配比和优化施肥方式等几个方面考虑（冀宏杰等，2015）。首先应掌握正确的施用方法，通过集中施用磷肥、分层施用和近根施用磷肥均可提高磷肥利用率（Patidar et al.，2002；林德喜等，2006；李中阳等，2010），另外，适量施用是关键，根据作物需磷量，并结合施用方法制定施肥量，最好做到基追搭配，最后，定期秸秆还田、施用有机肥料对于提高磷肥利用率和持续提高作物产量至关重要，尤其在磷胁迫条件下具有更好的表现，也可以作为可持续作物生产的替代选择。

（王西和、刘骅）

主要参考文献

鲍士旦,2000. 土壤农化分析[M]. 3 版. 北京：中国农业出版社.

曹宁,陈新平,张福锁,等,2007. 从土壤肥力变化预测中国未来磷肥需求[J]. 土壤学报,44(3)：536-543.

崔文采,1996. 新疆土壤[M]. 北京：科学出版社.

何晓滨,李庆龙,段庆钟,2011. 云南省施肥及土壤养分变化分析[J]. 中国土壤与肥料(3)：21-26.

黄绍敏,郭斗斗,张水清,2011. 长期施用有机肥和过磷酸钙对潮土有效磷积累与淋溶的影响[J]. 应用生态学报,22(1)：93-98.

冀宏杰,张怀志,张维理,等,2015. 我国农田磷养分平衡研究进展[J]. 中国生态农业学报,23(1)：1-8.

贾兴永,李菊梅,2011. 土壤磷有效性及其与土壤性质关系的研究[J]. 中国土壤与肥料(6)：76-82.

蒋柏藩,顾益初,1989. 石灰性土壤无机磷分级体系的研究[J]. 中国农业科学,22(3)：58-66.

金继运,李家康,李书田,2006. 粮食作物对化肥的需求分析[J]. 磷肥与复肥,21(3)：

1-6.

赖波,汤明尧,柴仲平,等,2014.新疆农田化肥施用现状调查与评价[J].干旱区研究,31(6):1024-1030.

李红莉,张卫峰,张福锁,等,2010.中国主要粮食作物化肥施用量与效率变化分析[J].植物营养与肥料学报,16(5):1136-1143.

李中阳,徐明岗,李菊梅,等,2010.长期施用化肥有机肥下我国典型土壤无机磷的变化特征[J].土壤通报,41(6):1434-1439.

林诚,王飞,李清华,等,2017.长期不同施肥下南方黄泥田有效磷对磷盈亏的响应特征[J].植物营养与肥料学报,23(5):1175-1183.

林德喜,胡锋,范晓晖,等,2006.长期施肥对太湖地区水稻土磷素转化的影响[J].应用与环境生物学报(4):453-456.

鲁如坤,2000.土壤农业化学分析方法[M].北京:中国农业科学技术出版社.

鲁如坤,2003.土壤磷素水平和水体环境保护[J].磷肥与复肥(1):4-8.

鲁艳红,廖育林,聂军,等,2017.长期施肥红壤性水稻土磷素演变特征及对磷盈亏的响应[J].土壤学报,54(6):1471-1485.

牛明芬,温林钦,赵牧秋,等,2008.可溶性磷损失与径流时间关系模拟研究[J].环境科学,29(9):2580-2587.

史文娇,汪景宽,祝凤春,等,2007.施肥与覆膜对棕壤有效磷剖面分布及动态变化的影响[J].植物营养与肥料学报,13(2):248-253.

孙桂芳,金继运,石元亮,2011.土壤磷素形态及其生物有效性研究进展[J].中国土壤与肥料(2):1-9.

王斌,2014.土壤磷素累积、形态演变及阈值研究[D].北京:中国农业科学院.

王斌,刘骅,马义兵,等,2017.长期施肥对灰漠土无机磷组分的影响[J].土壤通报,48(4):917-921.

王琼,展晓莹,张淑香,等,2018.长期有机无机肥配施提高黑土磷含量和活化系数[J].植物营养与肥料学报,24(6):1679-1688.

王伟妮,鲁剑巍,鲁明星,等,2012.水田土壤肥力现状及变化规律分析—以湖北省为例[J].土壤学报,49(2):319-330.

席雪琴,2015.土壤磷素环境学淋溶阈值与农学阈值研究[D].杨凌:西北农林科技大学.

谢如林,谭宏伟,2001. 我国农业生产对磷肥的需求现状及展望[J]. 磷肥与复肥,16
(2): 6-9.

张海涛,刘建玲,廖文华,等,2008. 磷肥和有机肥对不同磷水平土壤磷吸附解吸的影
响[J]. 植物营养与肥料学报,14(2): 284-290.

郑琦,王海江,吕新,等,2018. 新疆棉田土壤质量综合评价方法[J]. 应用生态学报,
29(4): 1291-1301.

BAI Z, LI H, YANG X, et al., 2013. The critical soil P levels for crop yield, soil fertility
and environmental safety in different soil types[J]. Plant and soil, 372(1-2): 27-37.

COLOMB B, DEBAEKE P, JOUANY C, et al., 2007. Phosphorus management in low in-
put stockless cropping systems: crop and soil responses to contrasting P regimes in a 36-
year experiment in southern France [J]. European journal of agronomy, 26 (2):
154-165.

EGHBALL B, GILLEY J E, BALTENSPERGER D D, et al., 2002. Long-term manure
and fertilizer application effects on phosphorus and nitrogen in runoff[J]. Biological sys-
tems engineering, 45(3): 687-694.

HIGGS B, JOHNSTON A E, SALTER J L, et al., 2000. Some aspects of achieving sus-
tainable phosphorus use in agriculture[J]. Journal of environmental quality, 29(1):
80-87.

KUO S, HUANG B, BEMBENEK R, 2005. Effects of long-term phosphorus fertilization
and winter cover cropping on soil phosphorus transformations in less weathered soil[J].
Biology and fertility of soils, 41(2): 116-123.

PATIDAR M, MALI A L, 2002. Residual effect of farmyard manure, fertilizer and biofer-
tilizer on succeeding wheat (*Triticum aestivum*) [J]. Indian journal of agronomy, 47
(1): 26-32.

POULTON P R, JOHNSTON A E, WHITE R P, 2013. Plant-available soil phosphorus.
Part I: the response of winter wheat and spring barley to olsen P on a silty clay loam
[J]. Soil use and management, 29(1): 4-11.

SALEQUE M A, ABEDIN M J, BHUIYAN N I, et al., 2004. Long-term effects of inorganic and organic fertilizer sources on yield and nutrient accumulation of lowland rice [J]. Field crops research, 86(1): 53-65.

ZENG S C, CHEN B G, JIANG C A, et al., 2007. Impact of fertilization on chestnut growth, N and P concentrations in runoff water on degraded slope land in South China [J]. Journal of environmental sciences, 19: 827-833.

ZHANG C, TIAN H Q, LIU J Y, et al., 2005. Pools and distributions of soil phosphorus in China[J]. Glob biogeochemical cycles, 19(1): 1-8.

第十二章　黑垆土磷素演变及磷肥高效利用

黑垆土类（Cumulic Haplustoll，USDA 分类）是在半干旱、半湿润气候条件的草原或森林草原植被下，经过长时期的成土过程，在我国黄土高原地区形成的主要地带性耕作土壤之一，主要分布在陕西省北部、宁夏回族自治区南部、甘肃省东部的交界地区，是黄土高原肥力较高的一种土壤和旱作高产农田，为中国黄土高原地区主要土类之一。

黑垆土集中在黄土旱塬区，其中以侵蚀较轻的甘肃省董志塬、早胜塬及陕西省洛川塬、长武塬等塬区，以及渭河谷地以北、汾河谷地两侧的多级阶地形成的台塬所组成，是镶嵌在黄土高原丘陵区内的"明珠"，多年平均气温 8～12℃，年降水量 450～550 mm。该区域地势平坦，适宜于机械旱作，土层深厚，土质肥沃，塬地占耕地面积比例较高，是黄土高原粮果生产核心区域。近年来，以陕西省渭北和甘肃省陇东为主的黄土旱塬已发展成国家第二大优质苹果基地，有小麦亩产半吨粮和玉米亩产超吨粮的高产记录。因此，旱塬黑垆土一直是黄土高原重要的农业生产和优质农产品基地，曾有"油盆粮仓"之称，在黄土高原旱作农业发展和区域粮食安全中具有重要地位。

黑垆土是发育在黄土母质上的古老耕种土壤，耕种历史悠久，具有良好的农业生产性状。一是蓄水保肥性强。塬区黑垆土降雨入渗深度 1.6～2 m，2 m 土壤含水量可达 400～500 mm，可供当年或翌年旱季作物生长期间利用。垆土层深达 1 m，土壤代换吸收容量比上层大，孔隙多，蓄水和保肥能力强，表层的养分随水流到垆土层后常被储藏起来，供作物应用，肥劲足而长。二是适耕性好。黑垆土结构良好，耕作层是团块状、粒状结构，质地轻壤—中壤，不砂不黏，土酥绵软，耕性好，适耕期长。

黑垆土区盛行一年一熟和两年三熟的种植制度，多以冬小麦和玉米为主，以油料和豆类为主的养地作物面积较小。近年来，随着农业种植结构的调整，果树和蔬菜面积扩大，成为国家优质苹果基地。但由于长期拖拉机翻耕，农田土壤耕层变浅，普遍存在 7～10 cm 厚比较紧实的梨底层，影响水分下渗和根系下扎；农业生产水平伴随化肥用量和地膜覆盖面积的增加而持续提高，但土壤重用轻养，有机质含量不高，大多数农田属旱薄地，土壤生产力的持续提高、地力培育与粮食安全和农田有机碳与全球气候变化等普遍受到关注，成为土壤学领域研究的重大科学与生产问题。

一、黄土旱塬黑垆土定位试验概况

（一）试验点概况

试验点位于甘肃省平凉市泾川县高平镇境内（北纬35°16′，东经107°30′）的旱塬区，属黄土高原半湿润偏旱区，土地平坦，海拔 1 150 m，年均气温 8℃，≥10℃ 积温 2 800℃，持续期 180 d，年降水量 540 mm，其中 60% 集中在 7—9 月，年蒸发量 1 380 mm，无霜期约 170 d。光、热资源丰富，水热同季，适宜于冬小麦、玉米、果树、杂粮和杂豆等生长。试验地为旱地覆盖黑垆土，黄绵土母质，土体深厚疏松，有利于植物根系伸展下扎，富含碳酸钙，腐殖质累积主要来自土粪堆垫。

（二）试验设计

试验共设 6 个处理：①不施肥（CK）；②氮（N）（N 90 kg/hm²）；③氮磷（NP）（N 90 kg/hm²+P₂O₅ 75 kg/hm²）；④秸秆加氮磷肥（SNP）（S 3.75 t/hm²+N 90 kg/hm²+每 2 年施 P₂O₅ 75 kg/hm²）；⑤农肥（M）（M 75 t/hm²）；⑥氮磷农肥（MNP）（M 75 t/hm²+N 90 kg/hm²+P₂O₅ 75 kg/hm²）。试验基本上按 4 年冬小麦—2 年玉米的一年一熟轮作制进行，按大区顺序排列，每个大区为 1 个肥料处理，占地面积 666.7 m²，大区划分为 3 个顺序排列的重复，每个小区 220 m²。农家肥和磷肥在作物播前全部基施，磷肥用过磷酸钙，氮肥用尿素，其用量的 60% 作基肥，40% 作追肥。

试验开始时1978年秋季施肥前的耕层土壤基本理化性质见表12-1，1979年试验开始的第一季作物为玉米，不覆膜穴播，密度 5.25 万株/hm²，小麦机械条播，播量 187.50 kg/hm²。

表 12-1　试验前土壤基本理化性状（1978 年秋）

处理	有机质（g/kg）	全氮（g/kg）	全磷（g/kg）	碱解氮（mg/kg）	有效磷（mg/kg）	速效钾（mg/kg）
CK	10.5	0.95	0.57	60	7.2	165
N	10.4	0.95	0.59	72	7.5	168
NP	10.9	0.94	0.56	68	6.6	162
SN	11.1	0.97	0.57	78	5.8	164
M	10.8	0.95	0.58	65	6.5	160
MNP	10.8	0.94	0.57	74	7.0	160

2011年和2010年的玉米采用全膜双垄沟集雨种植，播种密度7.5万株/hm²。试验用氮肥为尿素，磷肥为过磷酸钙，有机肥为土粪，基本以25%的牛粪尿与75%的黄土混合而成。磷肥和有机肥在播前一次性施入。秸秆处理中，秸秆切碎于播前随整地埋入土壤，每年3 750 kg/hm²秸秆（当季种植小麦就归还小麦秸秆、种植玉米就归还玉米秸秆）相当于1 600 kg/hm²碳。而其他处理的地上部分全部收获，小麦仅留离地面10 cm的残茬归还农田。在农肥处理中，由于未测定每年土粪养分含量，因而无法确定施入的氮、磷、钾数量，但在1979年试验开始时测定的农家肥有机质1.5%、氮1.7 g/kg、磷6.8 g/kg和钾28 g/kg。农家肥养分调查结果，施入土壤有机肥的有机质1.92%、氮0.158%、磷0.16%和钾1.482%（表12-2）。截至2016年，试验连续进行了38年，其中26年为旱地冬小麦（1981—1990年小麦品种为'80平8'、1993—1994年为'庆选8271'、1905—1996年为'15-0-36'、1997年为'95平1'、1998年为'陇原935'、2001年为'93-2'、2002—2003年为'85108'、2004年为'陇麦108'、2007—2016年为'平凉44'），10年为旱地玉米（1979—1992年为'中单2号'、2005年为'沈单16'、2006年为'中单2号'、2011—2012年为'先玉335'），2年为大豆（1999年）和高粱（2000年）。

表12-2　1979—2016年均磷养分（磷单质）输入量

单位：kg/hm²

处理	有机物料	化肥	总量
CK	0	0	0
N	0	0	0
NP	0	33.0	33.0
SNP	6.4	16.5	22.9
M	200.0	0	200.0
NPM	200.0	33.0	233.0

二、长期施肥下土壤全磷和有效磷的变化趋势及其关系

（一）长期施肥下土壤全磷的变化趋势

2016年与试验开始时（1978年秋）相比，长期不施肥（CK）和单施氮肥（N）处理的耕层土壤全磷有所降低，氮磷（NP）、秸秆加氮磷肥（SNP）、农肥（M）和氮磷加农肥（MNP）处理耕层土壤全磷不同程度增加，分别增加22.8%、14.0%、38.6%和56.1%；试验进行38年后，与CK相比，N处理耕层土壤全磷含量下降2.4%，NP、SNP、M和MNP处理的耕层土壤全磷含量分别提高24.5%、16.1%、41.2%和59.1%。

从时间序列的趋势性变化（图 12-1）上来看，随着试验年限的延长，N 和 SNP 处理耕层土壤全磷含量呈下降趋势，每年分别减少 1.9 mg/kg 和 2.6 mg/kg，与试验年限呈极显著（$P<0.01$）和显著（$P<0.05$）负相关；CK 处理耕层土壤全磷基本不变，NP 处理耕层土壤全磷呈缓慢增加趋势、每年增加 1.2 mg/kg，M 和 MNP 处理呈逐渐提高趋势，每年分别提高 1.9 mg/kg 和 2.8 mg/kg，MNP 处理耕层土壤全磷含量与种植年限显著正相关，M 处理土壤全磷含量与种植年限相关性不显著。特别是 N 和 SNP 处理在试验进行到一定时期后土壤全磷开始下降，这与长期不施磷、隔年施磷导致土壤磷不足和作物吸收土壤磷等有关。

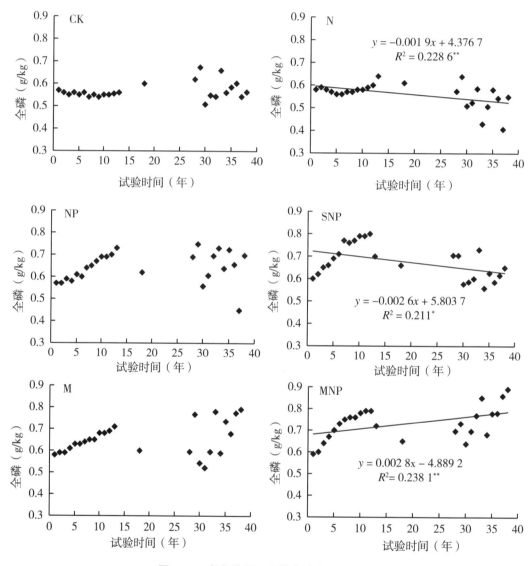

图 12-1　长期施肥下土壤全磷含量的变化

（二）长期施肥下土壤有效磷的变化趋势

与试验开始时比较，长期不施肥和单施 N 处理耕层土壤有效磷含量降低，分别减少 54.8% 和 55.1%，NP、SNP、M 和 MNP 处理有效磷含量分别达到 13.5 mg/kg、10.1 mg/kg、20.7 mg/kg 和 32.2 mg/kg，相应提高 99.1%、48.4%、206.4% 和 375.6%。定位施肥 38 年后，长期不施磷处理（CK 和 N）由于作物从土壤中不断携出磷而无投入，土壤有效磷含量持续亏缺，从开始时（1978 年）的 6.8 mg/kg 分别下降到 2016 年的 3.06 mg/kg 和 3.04 mg/kg，长期单施 N 处理由于试验开始 10 年产量高于 CK，作物从土壤中携出的磷大于 CK 处理，致使长期单施 N 处理耕层土壤有效磷含量甚至低于 CK 处理；而 NP、SNP、M 和 MNP 处理有效磷含量分别是 CK 的 4.4 倍、3.3 倍、6.8 倍和 10.5 倍。从时间序列的趋势性变化（图 12-2）上来看，不施磷处理（CK 和 N），由于作物从土壤中不断携出磷而无投入，土壤磷持续亏缺，随试验年限延长，耕层土壤有效磷呈不显著和极显著（$P<0.01$）下降趋势。从开始时（1978 年）的 6.8 mg/kg 分别下降到 2016 年的 3.06 mg/kg 和 3.04 mg/kg，每年减少 0.035 mg/kg 和 0.088 mg/kg。施磷处理土壤有效磷含量均随种植时间延长而提高，SNP 处理土壤有效磷含量与种植年限显著正相关（$P<0.05$），土壤有效磷年增量为 0.24 mg/kg，NP、M 和 MNP 处理有效磷含量与种植年限极显著正相关（$P<0.01$）。NP 处理土壤有效磷含量由开始时（1978 年）的 6.8 mg/kg 增加到 2016 年的 13.5 mg/kg，有效磷年增量 0.29 mg/kg，单施有机肥（M）和有机无机结合处理（MNP）土壤有效磷年增量为 0.46 mg/kg 和 0.89 mg/kg，表明长期增施有机无机肥料土壤有效磷超过了作物的实际需要，致使土壤中有效磷的富集。

（三）长期施肥下土壤全磷与有效磷的关系

用磷活化系数（PAC）可以表示土壤磷活化能力，长期施肥下黄土旱塬黑垆土磷活化系数随时间的演变规律如图 12-3 所示，施磷处理的土壤 PAC 高于不施磷处理（CK 和 N）。不施磷处理土壤 PAC 由试验开始时的 1.2% 分别下降到 2016 年的 0.54% 和 0.55%；施磷处理的土壤 PAC 均随试验年限延长而提高，单施化学磷肥（NP）和化学磷肥配施秸秆（SNP）处理土壤 PAC 提高幅度小于施农家肥处理，NP 和 SNP 处理土壤 PAC 由试验开始时的 1.17% 分别提高到 2016 年的 1.93% 和 1.54%，长期施用磷肥，只要投入大于作物携出都可以缓慢提高土壤磷活化能力；施农家肥（M 和 MNP）38 年后 PAC 值达到 2.62% 和 3.61%，磷活化能力是试验开始时的 2.2 倍和 3.1 倍。不施磷处理土壤 PAC 与试验年限显著负相关（$P<0.05$），而施用磷肥处理显著（$P<0.05$）或极显著正相关（$P<0.01$）。NP 与 M 处理全磷增幅之和大于 MNP 处

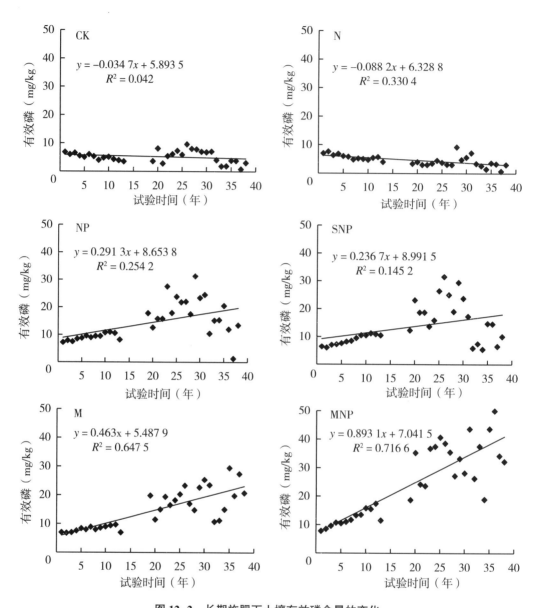

图 12-2　长期施肥下土壤有效磷含量的变化

理，而 NP 与 M 处理有效磷增幅之和小于 MNP 处理，显然相对于耕层土壤磷库的扩大，每年 75 t/hm² 农家肥加无机 NP 投入更利于耕层土壤磷活化，提高土壤中磷的有效性。但本试验中 PAC 值低于红壤，说明磷活化不仅与施肥相关，也与土壤类型和气候等有关。

　　不同施肥处理 38 年后，与试验开始时（1978 年秋）相比，无磷处理（CK 和 N）耕层土壤全磷和有效磷含量减少、土壤磷活化能力降低，而施磷处理（NP、SNP、M 和 MNP）不同程度增加和提高，土壤全磷和有效磷含量大小顺序均为

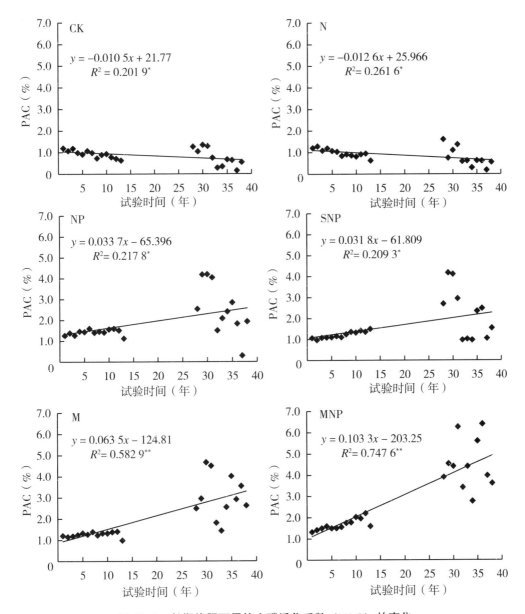

图 12-3 长期施肥下黑垆土磷活化系数（PAC）的变化

MNP>M>NP>SNP>CK>N，PAC 大小顺序为 MNP>M>NP>SNP>N>CK。随试验年限延长，N 和 SNP 处理耕层土壤全磷趋势性下降，CK 处理基本恒定，NP 处理缓慢增加，M 和 MNP 处理逐渐提高；而有效磷、PAC 变化趋势与全磷有所不同，无磷处理（CK 和 N）显著下降，施磷处理均趋势性提高。长期无磷投入（CK 和 N）而耕种，由于作物每年携出，土壤磷长期亏缺，致使 CK 和 N 处理耕层土壤全磷和有效磷含量降低，尤其有效磷含量降低 50% 以上，同时土壤磷活化能力降低，PAC 由最初的 1.2%

下降到 2016 年的 0.5%，说明长期无磷投入，土壤全磷很难转化为有效磷，这与贾兴永等的研究结果基本一致。SNP 处理玉米产量随着试验年限的延长提高幅度不断增加，每年 3 750 kg/hm² 秸秆还田为土壤微生物繁殖提供了较为丰富的碳源，土壤微生物活性增强，土壤相关酶活性提高，土壤氮素相对充足，磷素养分矿化分解加快，在磷投入比 NP 处理少 30% 的情况下，SNP 处理小麦携出磷总量比 NP 仅少 5.2%，但玉米携出磷总量比 NP 多 6.1%，导致 SNP 处理耕层土壤有效磷和 PAC 趋势性提高，而土壤全磷年增量减少、随试验年限延长而呈下降趋势。施农家肥（M 和 MNP）38 年后 PAC 值达到 2.62% 和 3.61%，磷活化能力是试验开始时的 2.2 倍和 3.1 倍，NP 与 M 处理全磷增幅之和大于 MNP 处理，而 NP 与 M 处理有效磷增幅之和小于 MNP 处理，显然相对于耕层土壤磷库的扩大，每年 75 t/hm² 农家肥加无机氮磷投入更利于耕层土壤磷活化，提高土壤中磷的有效性。

三、长期施肥下土壤磷对土壤磷盈亏的响应及土壤磷残余

（一）长期施肥下土壤磷素盈亏情况

各处理当季土壤表观磷盈亏差异较大（图 12-4），不施磷肥的 2 个处理（CK 和 N）当季土壤表观磷盈亏一直呈亏缺状态，磷亏缺平均值分别为 9.62 kg/hm² 和 9.42 kg/hm²，由于磷素缺乏会限制作物生长并且降低产量，当季作物磷亏缺值会随种

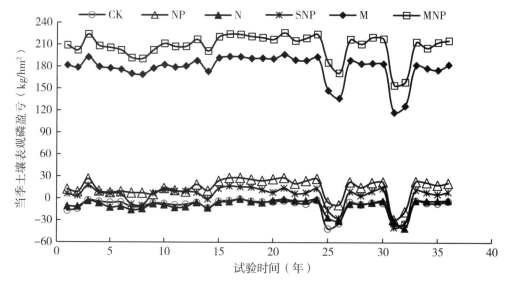

图 12-4　各处理当季土壤表观磷盈亏

植时间延长而减少。而施磷的 4 个处理（NP、SNP、M 和 MNP）中 SNP 36 年当季土壤表观磷总体上处于盈余状态、盈余平均值 4.3 kg/hm²，其中 26 年冬小麦全部呈盈余状态、盈余平均值 10.5 kg/hm²，10 年春玉米基本呈亏缺状态、亏缺平均值 11.7 kg/hm²；NP、M 和 MNP 呈现盈余状态；单施化学磷肥处理（NP）当季土壤表观磷也有个别年份表现出亏缺状态，绝大部分种植年份表现为盈余状态，磷盈余平均值为 14.5 kg/hm²，单施有机肥（M）和化肥配施有机肥（MNP）处理土壤当季磷盈余值均相对较高，平均值分别为 178.4 kg/hm² 和 207.9 kg/hm²，其值在连续种植第 25~26 年和第 32~33 年有一个较明显的下降，在其他年份变化不大，可能与 2005 年'沈单 16'和 2006 年'中单 2 号'产量较高以及 2011—2012 年种植作物品种为产量高、养分吸收率也高的'先玉 335'有关。

各处理土壤累积磷盈亏差异很大（图 12-5），试验进行 38 年后（2016 年）土壤累积磷盈亏值在 -346.5~7 483.6 kg/hm²。未施磷肥的 2 个处理（CK 和 N）土壤累积磷一直处于亏缺态，并且亏缺值随试验年限延长而增加，其中 CK 处理因为土壤中没有任何肥料的供应，作物产量较低，携出土壤磷量较少，土壤磷亏缺值较低；单施化学氮肥处理（N）由于土壤氮素养分状况较好、试验开始前 15 年内产量高于 CK 处理，土壤磷消耗量大于 CK 处理，导致土壤累积磷亏缺值大于 CK 处理。4 个施磷处理（NP、SNP、M 和 MNP）土壤累积磷素都一直处于盈余状态且随种植时间延长盈余值增加，但各处理盈余值差异很大，试验进行到 2016 年磷累积盈余值分别达 523 kg/hm²、154.9 kg/hm²、6 421.1 kg/hm² 和 7 483.6 kg/hm²。化肥配施有机肥（MNP）处理土壤累积磷盈余值最高，是 NP 处理的 14.3 倍、SNP 处理的 48.3 倍，单施有机肥（M）处理土壤累积磷盈

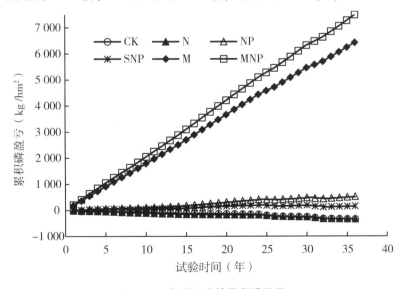

图 12-5　各处理土壤累积磷盈亏

余值次之，是 MNP 处理的 85.8%，NP 处理的 12.3 倍，SNP 处理的 41.2 倍。说明单施有机肥或者化肥配施有机肥能有效地提高土壤磷平衡值，而氮磷肥配施、秸秆还田配施氮结合隔年施磷对土壤磷平衡值的影响目前差异不大。

（二）长期施肥下土壤有效磷变化对土壤磷盈亏的响应

图 12-6 表示长期不同施肥模式下黄土旱塬黑垆土有效磷变化量与土壤耕层磷盈亏的响应关系，各处理耕层土壤有效磷变化量与土壤累积磷盈亏均呈正相关。不施磷肥的

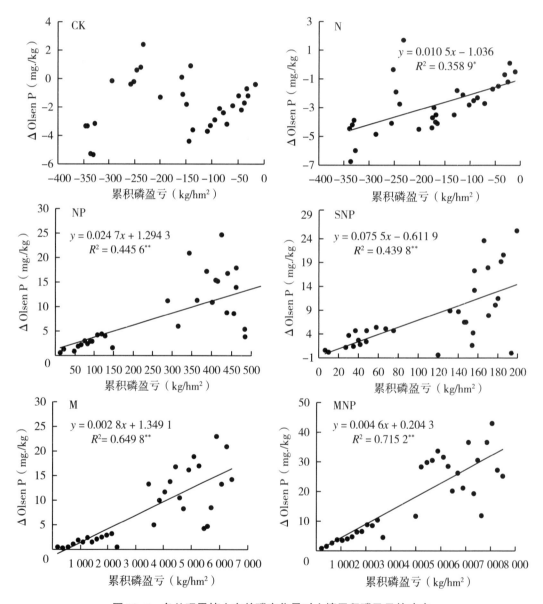

图 12-6　各处理黑垆土有效磷变化量对土壤累积磷盈亏的响应

2 个处理（CK 和 N）中，N 处理土壤有效磷变化量与土壤累积磷亏缺值的相关达到显著水平（$P < 0.05$），CK 和 N 处理土壤每亏缺 100 kg P/hm²，有效磷分别下降 0.21 mg/kg 和 1.05 mg/kg。施用化学磷肥的 NP 处理土壤有效磷变化量与土壤累积磷盈余呈极显著正相关（$P < 0.01$），土壤每累积 100 kg P/hm²，有效磷浓度增加 2.47 mg/kg。单施有机肥（M）和化肥配施有机肥（MNP）处理土壤有效磷变化量与累积磷盈余也呈极显著正相关（$P<0.01$），土壤每累积 100 kg P/hm²，土壤有效磷浓度分别增加 0.28 mg/kg 和 0.46 mg/kg。秸秆还田结合隔年配施化学磷肥的 SNP 处理，土壤有效磷变化量与累积磷盈余呈极显著正相关（$P<0.01$），土壤每盈余 100 kg P/hm²，SNP 处理有效磷浓度提高 7.55 mg/kg，在所有处理中上升幅度最大，有机无机配施处理中增加有效磷的顺序为 MNP>SNP，可能与不同施肥处理下矿质肥与有机肥的施用比例有关（裴瑞娜，2010）。

如图 12-7 所示，所有处理土壤 38 年间的有效磷变化量与土壤累积磷盈亏达到极显著正相关（$P<0.01$），黄土旱塬黑垆土每盈余 100 kg P/hm²，有效磷浓度平均上升 0.33 mg/kg。国际上多数研究认为约 10% 的累积磷盈余转变为有效磷（Johnston，2000），裴瑞娜等（2010）对中国 9 个长期试验地点有效磷与土壤磷素累积的关系，长期施用化学磷肥土壤每盈余 100 kg P/hm²，所有试验点有效磷增加量平均值为 3.31~4.04 mg/kg，长期有机无机配施后，土壤每盈余 100 kg P/hm²，各点有效磷增加量平均值为 4.67~10.7 mg/kg，张淑香等（2015）系统分析了我国持续进行的约 50 个长期肥料试验数据，认为不同类型土壤有效磷对磷平衡的响应不同，每盈余 100 kg P/hm² 使得各土壤有效磷含量提高 1~6 mg/kg，每盈余 100 kg P/hm²，不同类型土壤有效磷的增加量因气象因素、连续施肥的时间、环境、种植制度与土壤性质差异而不同。

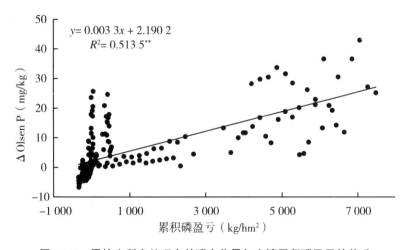

图 12-7 黑垆土所有处理有效磷变化量与土壤累积磷盈亏的关系

（三）长期施肥下土壤磷残余率

26 年冬小麦种植年份 4 个施磷处理（NP、SNP、M 和 MNP）磷的土壤残余率平均值分别为 60.7%、46.3%、92.9% 和 92.5%（图 12-8），10 年春玉米种植年份 4 个施磷处理（NP、SNP、M 和 MNP）磷的土壤残余率平均值分别为 25.0%、-14.9%、86.5% 和 85.3%，试验中春玉米种植年份磷的土壤残余率较冬小麦种植年份下降 6.4% ~ 61.2%，SNP 处理下降幅度最大，M 处理下降幅度最小，春玉米对磷的吸收消耗量远远大于冬小麦。4 个施磷处理中 SNP 处理施磷量冬小麦种植年份是盈余的、磷的土壤残余率在 17.7% ~ 75.9%，但春玉米种植年份磷的施入量 10 年中有 6 年小于春玉米携出量，磷的土壤残余率为 -78.7% ~ 47.9%，而 NP、M 和 MNP 处理无论冬小麦种植年份、还是春玉米种植年份，磷的施入量始终大于作物携出量。

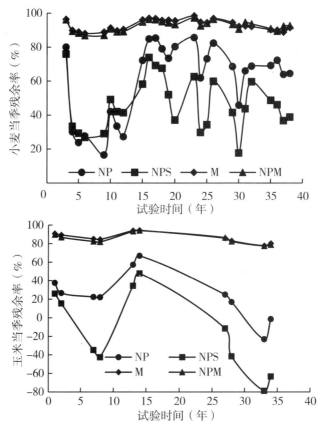

图 12-8 施磷处理磷的土壤残余率

CK 耕层土壤全磷和有效磷对磷亏缺的响应均小于 N 处理，土壤每亏缺 100 kg P/hm^2，CK 土壤全磷和有效磷的减幅分别是 N 处理的 0.25% 和 19.05%，这在一定程度上印证了 1978—2016 年 CK 处理耕层土壤全磷基本不变、N 处理呈下降趋势，而有效磷含量分别呈不显著和极显著（$P<0.01$）下降趋势（王淑英，2018）。4 个施磷处理（NP、SNP、M 和 MNP）中 SNP 处理年均施磷量最小，小麦种植年份土壤磷盈余、当季盈余平均值 10.5 kg/hm²，玉米种植年份土壤磷总体上亏缺、亏缺平均值 11.7 kg/hm²，38 年试验平均当季盈余值 4.3 kg/hm²，截至 2016 年累积磷盈余值 154.9 kg/hm²，土壤每盈余 100 kg P/hm²，有效磷含量提高 7.55 mg/kg，全磷含量下降 50 mg/kg，实际上 SNP 处理土壤全磷和有效磷在试验进行 38 年后（2016 年）比开始时分别提高 14.0% 和 48.4%，而变化趋势是随试验年限延长、土壤全磷减少、有效磷增加，可能与还田秸秆一方面增加土壤有机质，影响磷素的吸附—解吸过程和置换反应过程，另一方面还田秸秆使微生物繁殖增强，提高了土壤微生物活性，导致磷的矿化释放大于固持；NP、M 和 MNP 处理土壤有效磷、全磷变化量均与土壤累积磷盈亏正相关，土壤每累积 100 kg P/hm²，有效磷增加 0.28~2.47 mg/kg、土壤全磷增加 0.6×10^{-3}~5×10^3 mg/kg，单施农家肥（M）处理耕层土壤有效磷、全磷变化对土壤累积磷盈亏的响应最小，化学磷肥比农家肥更有利于土壤有效磷的增加，这与裴瑞娜等（2010）研究结果一致，而与张淑香等（2015）对我国约 50 个长期肥料试验的研究结果"每盈余 100 kg P/hm² 使得各土壤有效磷含量提高 1~6 mg/kg"有一定的差异，不同类型土壤每盈余 100 kg P/hm²，土壤有效磷的增量因气候、定位施肥年限、环境、种植制度及土壤性质差异而不同。化学磷肥配施农家肥（MNP）有利于土壤全磷的提高，这与沈浦（2014）对长期施肥下旱地农田有效磷的研究结果基本一致，化学磷肥配施有机肥可以更快提高旱地农田土壤有效磷，既有额外有机肥磷加入的原因，也有有机肥促进盈余磷转化成有效磷的作用，但配施的有机肥不能增加盈余磷转化成土壤有效磷，更多地增加了盈余磷转化成土壤全磷。

38 年肥料定位试验结果表明，黄土旱塬黑垆土农田耕层土壤有效磷变化与土壤磷累积盈亏呈正相关。不施磷肥的 2 个处理（CK 和 N）土壤磷长期亏缺，但 CK 耕层土壤有效磷对磷亏缺的响应小于 N 处理，土壤每亏缺 100 kg P/hm²，CK 土壤有效磷的减幅是 N 处理的 19.05%，与 N 处理产量和携出土壤磷量大于 CK 处理有关，同时也可能与 N 处理长期单施无机氮肥、耕层土壤 pH 值下降有关。施磷处理（NP、SNP、M 和 MNP）中 SNP 年均施磷量最小，36 年平均当季盈余和累积磷盈余也最低，但土壤有效磷对累积磷盈亏响应最大，土壤每盈余 100 kg P/hm²，有效磷含量提高 7.55 mg/kg，可能与还田秸秆使微生物繁殖增强，提高了土壤生物活性，加速磷的矿化有关；NP、M 和 MNP 处理土壤有效磷增量均与土壤累积磷盈亏正相关，土壤每累积 100 kg P/hm²，有效磷增加 0.28~2.47 mg/kg，单施农家肥 M 处理耕层土壤有效磷对土壤磷素累积盈亏的响应最小，化学磷肥比农家肥更有利于土壤有效磷的增加，这与裴瑞娜等研究结果一致，也与张淑香等对我国 50 个长期肥料试验的研究结果"每盈余 100 kg P/hm² 使得各土壤有效磷含量提高 1~6 mg/kg"相近。本研究中 2 个施磷处理土壤磷残余既与土壤投入磷量多少有关、也与作物吸收携出土壤磷量有关，总体上土壤投入磷量越多、利用率越低，土壤磷残余率越高，但 M 处理比 MNP 处理磷投入量减少 14.2%，磷素利用率降低 18.9%，土壤磷残余率高 0.4%，这也许归结于 MNP 处理比 M 处理磷活化率高（2016 年高 37.8%）、农田土壤磷的作物有效性较好（2012—2016 年有效磷含量平均提高 59.1%），最终引起作物产量大幅度提高、吸磷量增加（2012—2016 年作物吸磷量平均增加 10.2%）。本研究结果表明当磷素年均投入量 22.9~33kg/hm² 时，可以满足旱塬黑垆土作物生长需求，磷肥当季利用率较高，磷素在土壤中累积量较少；当磷素年均投入量超过 100 kg/hm² 后，会造成磷素在土壤中大量残余累积，作物产量对磷肥增加和土壤有效磷提高没有响应，与杨振兴等研究结果基本一致。

四、长期施肥下旱地黑垆土磷肥效率与回收率的变化

（一）长期施肥下作物磷肥当季农学利用效率

NP、SNP、M 和 MNP 处理 26 年冬小麦平均当季农学利用效率分别为 55.64 mg/kg、87.51 mg/kg、8.26 mg/kg 和 11.40 mg/kg，10 年春玉米分别为 84.39 mg/kg、147.03 mg/kg、15.03 mg/kg 和 18.78 mg/kg，玉米施用磷肥的增产效果大于小麦（图 12-9）。无论小麦还是玉米，施磷处理当季农学利用效率大小顺序均为 SNP > NP >

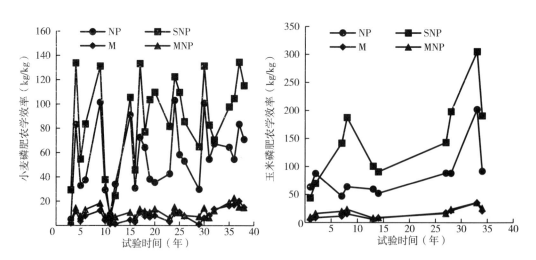

图 12-9　长期施肥下作物磷肥农学利用效率

MNP>M。与长期单施氮处理相比，秸秆还田加施氮肥和隔年施磷（SNP）处理每公顷施用 1 kg 纯磷肥，玉米平均增产 147.03 kg/hm²、小麦平均增产 87.51 kg/hm²。对磷肥农学利用效率随时间的变化趋势进行线性回归分析（表 12-3），施磷处理的作物磷肥当季农学利用效率均与施肥年限呈正相关，随试验年限的延长作物磷肥当季农学利用效率提高。NP 和 SNP 处理冬小麦当季农学利用效率与施肥年限相关性不显著，年提高速率分别为 0.86 kg/kg 和 1.3 kg/kg，而 2 个施农家肥处理（M 和 MNP）的冬小麦当季农学利用效率与施肥年限呈显著正相关（$P<0.05$），年提高速率分别为 0.276 kg/kg 和 0.176 kg/kg；对玉米而言，SNP 和 M 处理当季农学利用效率与施肥年限呈显著正相关（$P<0.05$），年提高速率达 4.58 kg/kg 和 0.59 kg/kg，NP 和 MNP 处理当季农学利用效率与施肥年限相关性不显著，年提高速率为 2.16 kg/kg 和 0.43 kg/kg。

表 12-3　长期定位试验中作物磷肥当季农学利用效率和生理效率的变化

处理		小麦季				玉米季			
		平均（kg/kg）	变异系数（%）	年变化率（kg/a）	R^2	平均（kg/kg）	变异系数 V（%）	年变化率（kg/a）	R^2
农学利用效率 PAE	NP	55.64	49.41	0.862 9	0.118 5	84.39	52.82	2.161 2	0.379 3
	SNP	87.51	42.42	1.300 5	0.147 7	147.03	52.25	4.579 5	0.573 2*
	M	8.26	64.03	0.276 0	0.327 3*	15.03	61.60	0.591 8	0.659 1*
	MNP	11.40	41.14	0.175 9	0.169 7*	18.78	46.60	0.430 6	0.390 7
农学生理效率 PPE	NP	267.27	47.10	6.748 7	0.345 8**	212.17	13.04	0.616 5	0.080 1
	SNP	295.50	23.81	−3.133 3	0.238 6*	225.84	14.08	1.488 4	0.353 7
	M	191.23	49.49	2.775 4	0.103 3	191.37	14.23	1.623 9	0.573 8*
	MNP	222.77	29.74	2.813 0	0.216 9*	192.92	7.03	0.566 7	0.281 4

（二）长期施肥下作物磷肥生理效率的变化

NP、SNP、M 和 MNP 处理 26 年冬小麦平均磷肥生理效率分别为 267.27 kg/kg、295.5 kg/kg、191.23 kg/kg 和 222.77 kg/kg，10 年春玉米分别为 212.17 kg/kg、225.84 kg/kg、191.37 kg/kg 和 192.92 kg/kg，总体上小麦的磷肥生理效率大于春玉米，即冬小麦每吸收 1 kg 纯磷所转化的籽粒产量大于春玉米（图 12-10）。施磷处理冬小麦和春玉米的磷肥生理效率大小顺序与当季农学利用效率一致，均为 SNP>NP>MNP>M。与长期单施氮肥处理相比，秸秆还田加施氮肥和隔年施磷（SNP）处理小麦多吸收 1 kg 磷，籽粒产量提高 295.5 kg/hm²，玉米多吸收消耗 1 kg 磷，籽粒产量提高 225.84 kg/hm²。长期施肥条件下磷肥生理效率的时序变化趋势线性回归分析（表 12-3）表明，NP、MNP 和 M 处理小麦磷肥生理效率与施肥年限分别呈极显著（$P<0.01$）、显著（$P<0.05$）和相关性不显著，年增速率分别为 6.75 kg/kg、2.81 kg/kg 和 2.78 kg/kg；而 SNP 处理小麦磷肥生理效率与施肥年限呈显著负相关（$P<0.05$），随试验年限延长磷肥生理效率年下降速率达 3.13 kg/kg。M 处理春玉米磷肥生理效率与施肥年限呈显著正相关（$P<0.05$），随试验年限延长，磷肥生理效率年提高速率为 1.62 kg/kg，其余施磷处理（NP、SNP 和 MNP）春玉米磷肥生理效率与施肥年限均相关性不显著。

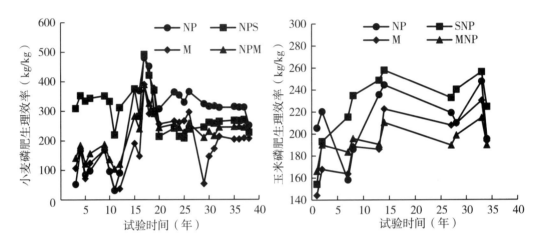

图 12-10　长期施肥下作物磷肥生理效率

（三）长期施肥下作物磷素当季利用率的变化

施磷处理（NP、SNP、M 和 MNP）26 年小麦平均磷素当季利用率（PUR）分别为 22.87%、29.98%、4.35% 和 5.2%，10 年玉米平均 PUR 分别为 39.22%、63.32% 和 7.58% 和 9.64%（图 12-11，表 12-4），所有施磷处理 PUE 玉米总体大于小麦。各施磷处理小麦和玉米 PUR 大小顺序均为 SNP>NP>MNP>M，与磷肥当季农学利用效率和生理效率一致。SNP 处理小麦 PUR 与施肥年限呈极显著正相关（$P<0.01$），随试验年限延长 PUE 提高，每年提高 0.86%；M 和 MNP 处理小麦 PUR 与施肥年限相关性不显著，每年分别提高 0.07% 和 0.000 9%；而 NP 处理小麦 PUR 与施肥年限相关性不显著，随试验年限延长小麦 PUR 降低，每年降低 0.42%。各施磷处理玉米 PUR 变化趋势与小麦明显不同，均随试验年限延长而提高，M 处理玉米 PUR 与施肥年限呈极显著正相关（$P<0.01$），每年提高 0.24%；NP 和 SNP 处理玉米 PUR 与施肥年限呈显著正相关（$P<0.05$），每年分别提高 0.85% 和 1.67%；MNP 处理玉米 PUR 与施肥年限相关性不显著，每年提高 0.19%。

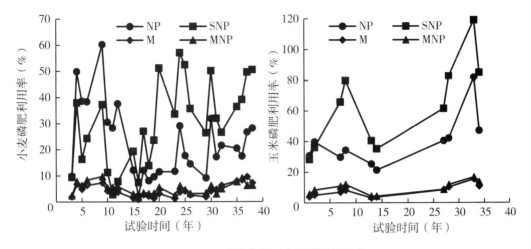

图 12-11　长期施肥下作物磷肥利用率

（四）长期施肥下作物磷肥回收率的变化

NP、SNP、M 和 MNP 处理 26 年冬小麦和 10 年春玉米平均磷肥回收率（PRR）分别为 25.22%、33.37%、4.74%、15.55% 和 35.89%、58.52%、7.03%、28.72%（图 12-12，表 12-4），所有施磷处理冬小麦 PRR 平均为 19.72%，春玉米为 32.54%，玉米 PRR 显著高于小麦。说明年降水量 540 mm 的黄土旱塬黑垆土农田，在同等施磷水平下玉米吸收消耗的土壤磷素养分总体高于小麦，各施磷处理小麦和玉米 PRR 大小顺序与磷肥效率的前面 3 个指标 PAE、PPE 和 PUR 一致，也为 SNP>NP>MNP>M。各施磷处理玉米 PRR 均随试验年限延长而提高，M 处理玉米 PRR 与施肥年限呈显著正相关（$P<0.05$），NP、SNP 和 MNP 处理与施肥年限相关性不显著；NP 和 MNP 处理小麦

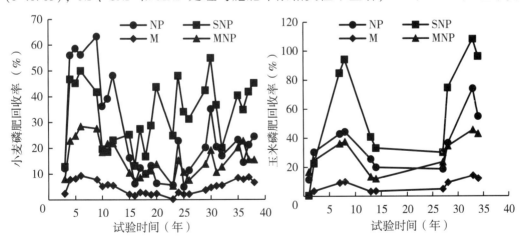

图 12-12　长期施肥下作物磷肥回收率

PRR 与施肥年限分别呈极显著（$P<0.01$）和相关性不显著，PRR 随试验年限延长而降低，每年分别下降 0.82% 和 0.16%，而 SNP 和 M 处理小麦 PRR 与施肥年限相关性不显著，PRR 随试验年限延长而提高，每年分别提高 0.28% 和 0.01%。

施磷处理（NP、SNP、M 和 MNP）每年投入土壤磷分别为 33 kg/hm^2、22.9 kg/hm^2、200 kg/hm^2 和 233 kg/hm^2，而 26 年冬小麦平均携出磷相应为 12.96 kg/hm^2、12.28 kg/hm^2、14.12 kg/hm^2 和 17.54 kg/hm^2，10 年春玉米平均携出磷相应为 24.74 kg/hm^2、26.24 kg/hm^2、26.96 kg/hm^2 和 34.25 kg/hm^2，施入大于作物携出，全磷分别增加 22.8%、14.0%、38.6% 和 56.1%，有效磷含量相应提高 99.1%、48.4%、206.4% 和 375.6%，长期施用磷肥均能不同程度提高黄土旱塬农田耕层土壤磷总储量和磷素养分的供应能力。施磷处理（NP、SNP、M 和 MNP）玉米的磷肥回收率、利用率和农学效率都大于小麦，而生理效率小麦大于玉米，玉米磷肥效率的 4 个指标都随试验年限延长而提高，而小麦变化不一致，无论小麦还是玉米 4 个施磷处理的 PRR、PUR、PAE 和 PPE 大小顺序均为 SNP>NP>MNP>M，长期单施农家肥处理最低，秸秆还田配施氮加隔年施磷处理作物磷肥效率 4 个方面都最高，这与试验 1979—2012 年研究结果基本一致，但与裴瑞娜基于 1979—2007 年数据分析研究的结果有一定差异。在黄土旱塬黑垆土农田，无论从磷肥被作物吸收的比例、磷素对作物生长的贡献、还是 1 kg 磷提高的作物产量以及作物吸收磷转化的经济产量来评价作物磷肥效率，本试验中各施磷处理磷肥效率总体上随磷投入增加而降低。SNP 与 NP 处理比较，磷投入减少 30%，小麦 PAE、PPE、PUR 和 PRR 分别提高 57.4%、10.5%、31.1% 和 32.3%，玉米分别提高 74.2%、6.4%、61.4% 和 63.1%；M 与 MNP 处理比较，磷投入减少 14.2%，小麦 PAE、PPE、PUR 和 PRR 分别降低 27.2%、14.3%、16.3% 和 69.5%，玉米分别降低 20.2%、0.8%、21.4% 和 75.5%，说明磷肥效率通常随施磷量减少而降低，同时也受肥料构成、肥料配比和肥料种类等因素影响，这可能与农家肥投入的大量磷素以有机磷形态储存于土壤有关。MNP 比 M 处理投入磷量增加 33 kg/hm^2、磷肥效率反而提高，与增加的磷为无机磷有关。有机无机结合是黄土旱塬区培肥地力，提高作物产量和资源利用效率的施肥措施。

表 12-4　长期定位试验中作物磷肥当季利用率和回收的变化

处理		小麦季				玉米季			
		平均 (kg/kg)	变异系数 (%)	年变化率 (kg/a)	R^2	平均 (kg/kg)	变异系数 (%)	年变化率 (kg/a)	R^2
磷肥利用率 PUR	NP	22.87	61.21	-0.421 5	0.108 9	39.22	43.06	0.846 4	0.405 0*
	SNP	29.98	53.20	0.859 8	0.349 6**	63.32	45.57	1.667 6	0.538 8*
	M	4.35	56.77	0.073 5	0.106 8	7.58	51.03	0.236 9	0.606 0**
	MNP	5.20	42.08	0.000 9	0.000 2	9.64	42.53	0.191 2	0.350 6

续表

处理		小麦季				玉米季			
		平均 （kg/kg）	变异系数 （%）	年变化率 （kg/a）	R^2	平均 （kg/kg）	变异系数 （%）	年变化率 （kg/a）	R^2
磷肥 回收率 PRR	NP	25.22	71.65	-0.822 8	0.249 5**	35.89	52.77	0.816 9	0.300 1
	SNP	33.37	36.98	0.280 9	0.062 4	58.52	63.78	1.625 0	0.305 8
	M	4.74	57.19	0.007 3	0.000 9	7.03	63.41	0.232 1	0.437 8*
	MNP	15.55	42.63	-0.155 1	0.065 8	28.72	42.79	0.506 8	0.274 2

五、土壤有效磷农学阈值研究

（一）旱塬农田小麦和玉米的有效磷农学阈值

基于黄土旱塬黑垆土不同施肥处理（CK、N、NP、SNP、M 和 MNP）有效磷水平与作物产量长期定位数据，通过分析作物相对产量和土壤有效磷的变化趋势，结果表明采用米切里西方程可以较好地模拟两者的关系。应用 Sigmaplot 9.0，对平凉黑垆土长期定位试验作物相对产量和土壤有效磷的相应关系做拟合图（图 12-13），得到春玉米和冬小麦模拟方程分别为 $Y = 95.88$（$1-e^{-0.20x}$）（$R^2 = 0.76$，$P < 0.000\ 1$）和 $Y = 93.42$（$1-e^{-0.15x}$）（$R^2 = 0.75$，$P < 0.000\ 1$），依此得出玉米 90% 相对产量对应的有效磷为 11.51 mg/kg、小麦 90% 相对产量对应的有效磷为 15.35 mg/kg，表明黄土旱塬黑垆土农田小麦和玉米的有效磷农学阈值分别为 22.05 mg/kg 和 13.96 mg/kg。

多项研究显示在小麦—玉米轮作中，小麦土壤有效磷农学阈值总是高于玉米（唐旭，2009；Bai，2013；沈浦，2014），8 种土壤盆栽试验研究也说明冬小麦有效磷农学阈值（13.1~26.2 mg/kg）高于夏玉米（9.78~16.0 mg/kg）（席雪琴，2015）；本研究黄土旱塬黑垆土农田小麦和玉米的有效磷农学阈值分别为 22.05 mg/kg 和 13.96 mg/kg，与上述研究结果一致，与沈浦利用该试验 5 个处理（CK、N、NP、M 和 MNP）1979—2006 年数据研究结果（小麦 19.35 mg/kg、玉米 15.14 mg/kg）相比，本研究的玉米有效磷农学阈值略低、而小麦农学阈值高，与 SNP 处理土壤有效磷含量较低、而作物产量相对较高有关，施磷处理耕层土壤有效磷含量 1979—2016 年平均在 13.7~24.9 mg/kg，小麦和玉米平均产量分别在 3.83~4.65 t/hm² 和 7.14~8.73 t/hm²，其中 SNP 处理土壤有效磷含量最低，而作物产量仅次于 MNP 处理、高于 NP 和 M 处理（王淑英，2018）。郭斗斗等研究认为小麦和玉米有效磷农学阈值差异的主要原因是小麦对磷缺乏更为敏感，土壤磷素养分充足时，小麦对磷的吸收量大于玉米，并且小麦茎秆磷浓度和吸磷量随土壤有效磷含量增加而大幅度提高。

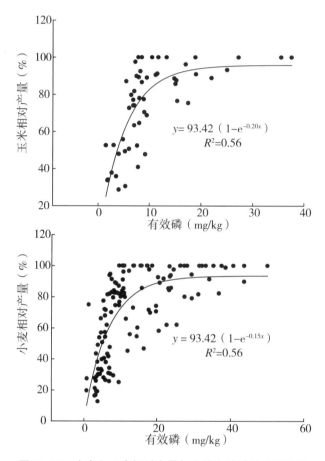

图 12-13　小麦和玉米相对产量与土壤有效磷的响应关系

（二）不同施磷处理土壤有效磷含量达到农学阈值的年限

4 个施磷处理（NP、SNP、M 和 MNP）耕层土壤有效磷含量（2016 年）分别为 13.48 mg/kg、10.05 mg/kg、20.74 mg/kg 和 32.20 mg/kg，M 和 MNP 处理耕层土壤有效磷含量已超过小麦和玉米农学阈值，M 处理耕层土壤有效磷含量超过玉米农学阈值、没达到小麦农学阈值，而 NP 和 SNP 处理耕层土壤有效磷含量低于玉米农学阈值。本长期定位试验中 NP 和 SNP 处理分别需要 21 年和 24 年耕层土壤有效磷含量才能达到小麦农学阈值、分别需要 2 年和 8 年耕层土壤有效磷含量才能达到玉米农学阈值；M 处理需要 3 年耕层土壤有效磷含量才能达到小麦农学阈值。

六、主要研究结果

不施磷肥的处理（CK 和 N）土壤全磷、有效磷和 PAC 值均有所下降，而施磷肥的处理（NP、SNP、M 和 MNP）土壤全磷、有效磷和 PAC 值均有所上升，说明施磷肥能够提高土壤磷水平和磷素活化效率，黄土旱塬黑垆土施农家肥（M 和 MNP）处理在提高耕层土壤全磷量、有效磷水平和磷素活化效率方面的效果较好。

作物产量与耕层土壤有效磷含量成极显著正相关（小麦 R^2 = 0.116 9，玉米 R^2 = 0.332 4），但土壤有效磷的增加并不与作物产量呈线性关系，而是存在一个农学阈值，黄土旱塬黑垆土有效磷的农学阈值分别为 15.35 mg/kg（小麦）和 11.51 mg/kg（玉米），当土壤有效磷含量低于该阈值时，作物产量随磷肥用量增加而提高，反之，当土壤有效磷大于该阈值时，则作物产量对磷肥不响应。平凉黑垆土定位试验中，农家肥配施 NP 化肥（MNP）处理耕层有效磷含量达 32.2 mg/kg，超过有效磷的农学阈值 8.9 mg/kg，作物产量对磷肥施入已无响应，大量磷素累积在土壤中，增加土壤磷素的流失风险，可以适当减少农家肥用量和停用几年化学磷肥，在保障旱地作物高产稳产的前提下，提高磷肥经济效益、降低磷肥的环境风险。

对于施磷处理（NP、SNP、M 和 MNP）的磷肥回收率、利用率、农学效率和生理效率，肥料处理的影响顺序为 SNP>NP>MNP>M，秸秆还田结合隔年施磷（SNP）处理磷肥效率最高，同时土壤耕层全磷、有效磷含量增加、累积磷盈余，并且有效磷含量（10.05 mg/kg）与农学阈值还有 5.3 mg/kg 的差值，因此，每年 3.75 t/hm² 秸秆还田结合 90 kg/hm² N 加每 2 年施 P_2O_5 75 kg/hm² 是黄土旱塬黑垆土农田既能保障粮食高产稳产，又能培肥地力的环境友好型施肥措施。

（王淑英、樊廷录、李利利）

主要参考文献

高静,2009. 长期施肥下我国典型农田土壤磷库与作物磷肥效率的演变特征[D]. 北京：中国农业科学院.

郭斗斗,黄绍敏,张水清,等,2017. 潮土小麦和玉米有效磷农学阈值及其差异分析[J]. 植物营养与肥料学报,23(5)：1184-1190.

贾兴永,李菊梅,2011. 土壤磷有效性及其与土壤性质关系的研究[J]. 中国土壤与肥

料(6)：76-82.

李中阳,2007. 我国典型土壤长期定位施肥下土壤无机磷的变化规律研究[D]. 杨凌：西北农林科技大学.

裴瑞娜,2010. 长期施肥下我国典型农田土壤有效磷对磷盈亏的响应[D]. 甘肃：甘肃农业大学.

裴瑞娜,2015. 长期施肥对黑垆土冬小麦、玉米产量和磷素利用效率的影响[J]. 甘肃农业科技(8)：48-53.

裴瑞娜,杨生茂,徐明岗,等,2010. 长期施肥条件下黑垆土有效磷对磷盈亏的响应[J]. 中国农业科学,43(19)：4008-4015.

沈浦,2014. 期施肥下典型农田土壤有效磷的演变特征及机制[D]. 北京：中国农业科学院.

唐旭,2009. 小麦—玉米轮作土壤磷素长期演变规律研究[D]. 北京：中国农业科学院.

王伯仁,李冬初,黄晶,2008. 红壤长期肥料定位试验中土壤磷素肥力的演变[J]. 水土保持学报,22(5)：96-101.

王淑英,樊廷录,丁宁平,等,2010. 长期定位施肥条件下黄土旱塬农田作物产量、水分利用效率的变化[J]. 核农学报,24(5)：1044-1050.

王淑英,樊廷录,丁宁平,等,2011. 长期定位施肥对黄土旱塬黑垆土土壤酶活性的影响[J]. 土壤通报,42(2)：307-310.

王淑英,樊廷录,丁宁平,等,2015. 长期施肥下黄土旱塬黑垆土供氮能力的变化[J]. 植物营养与肥料学报,21(6)：1487-1495.

王淑英,樊廷录,丁宁平,等,2018. 黄土旱塬黑垆土长期肥料试验土壤磷素和磷肥效率的演变特征[J]. 中国生态农业学报,26(7)：791-798.

习斌,2014. 典型农田土壤磷素环境阈值研究[D]. 北京：中国农业科学院.

席雪琴,2015. 土壤磷素环境阈值与农学阈值研究[D]. 杨凌：西北农林科技大学.

徐明岗,张文菊,黄绍敏,等,2015. 中国土壤肥力演变[M]. 2 版. 北京：中国农业科学技术出版社.

张淑香,张文菊,沈仁芳,等,2015. 我国典型农田长期施肥土壤肥力变化与研究展望[J]. 植物营养与肥料学报,21(6)：1389-1393.

BAI Z H, LI H G, YANG X Y, et al., 2013. The critical soil P levels for crop yield, soil fertility and environmental safety in different soil types[J]. Plant and soil, 372：27-37.

JOHNSTON A E, 2000. Soil and plant phosphate[M]. Pairs：International Fertilizer Industry Association Press.

LIU E K, YAN C R, MEI X R, et al., 2010. Long-term effect of chemical fertilizer, straw, and manure on soil chemical and biological properties in northwest China[J]. Geoderma, 158(3/4): 173-180.

Mallarino A P, Blackmer A M, 1992. Comparison of methods for determining critical concentrations of soil test phosphorus for corn[J]. Agronomy journal, 84(5): 850-856.

Tang X, Li J M, Ma Y B, et al., 2009. Determining critical values of soil olsen-P for maize and winter wheat from long-term experiments in China[J]. Plant and soil, 323 (1-2): 143-151.

第十三章　灌漠土磷素演变特征与应用

　　灌漠土分布于中国漠境地区的内陆河流域和黄河流域，占国土面积一半以上，灌漠土是在人工灌溉、耕种搅动和人工培肥等作用交替进行下形成的。灌漠土的全剖面颜色、质地、结构均较均一，但也出现表土层有砂、黏、壤土覆盖，还有夹层型，如腰砂、腰黏、夹砾等土层变化，这些均是冲积扇末端交互沉积所形成。灌漠土剖面主要由耕作层、亚耕层、心土层和母质层组成。灌漠土地处荒漠，生态脆弱而不稳定，干旱、贫瘠和板结等土壤肥力问题是影响灌漠土农业发展的主要土壤障碍问题。

　　河西灌区是位于河西走廊温带干旱荒漠中的绿洲灌溉农业区，是甘肃省的粮食主产区，也是全国十二大商品粮基地之一，虽耕地面积仅占全省的19%，但却生产出占全省32%的粮食和70%的商品粮，是全省农业和经济的主体，"兴西济中"的要地。河西走廊总面积15.3万 hm^2（不包括祁连山及北部山地），灌区面积（绿洲面积）1.1万 hm^2，绿洲面积仅占走廊内土地面积的7.3%。绿洲处于广大荒漠的分割和包围之中，大风、干热风和沙尘暴等灾害性天气频发，水资源严重缺乏，生态环境脆弱。关于长期定位试验对磷素及磷素农学阈值的研究并不少，国内外的长期定位数据普遍认为每盈余100 kg P/ hm^2，土壤有效磷提高2~6 mg/kg；中国7个样点调查每盈余100 kg P/ hm^2，有效磷浓度上升范围为1.44~5.74 mg/kg。土壤磷素累积可增加土壤有效磷含量，但土壤有效磷的增加并不能一直增加作物产量，两者之间存在一个临界值（磷农学阈值），当土壤有效磷含量增加到一定值时，作物产量不再提高。沈浦通过研究土壤有效磷农学阈值发现，小麦和玉米的农学阈值范围分别为7.5~23.5 mg/kg和5.7~15.2 mg/kg。有关磷肥回收率的研究报道很多，高静等通过研究表明，磷肥回收率的变化速率与土壤中磷的形态密切相关。

　　关于我国灌漠土中磷素的研究很广泛，但缺乏系统性的研究。因此，本研究试图对小麦/玉米间作种植模式下，系统的研究长期不同施肥条件对河西走廊地区灌漠土磷形态的影响，深入地了解灌漠土培肥和土壤供磷的关系，充分发掘土壤潜在的供磷能力，为河西地区灌漠土培肥和磷素管理以及环境建设提供科学依据。

一、河西灌区灌漠土长期试验

（一）长期试验基本概况

试验设在甘肃省农科院武威绿洲农业试验站（北纬38°37′，东经102°40′），该试验区位于甘肃河西走廊的东段，祁连山北面，海拔1 500 m，无霜期150 d，年降水量150 mm，年蒸发量2 021 mm，年平均气温7.7℃，日照时数3 023 h，≥10℃的有效积温为3 016℃，年太阳辐射总量140~158 kJ/cm²，麦收后≥10℃的有效积温为1 350℃，属于典型的两季不足、一季有余的自然生态区。试验开始时耕层土壤（0~20 cm）基本理化性状：有机质16.35 g/kg，全氮（N）1.5 g/kg，全磷（P）1.5 g/kg，全钾（K）17 g/kg，碱解氮64.5 mg/kg，有效磷13 mg/kg，速效钾180 mg/kg，pH值（水土比2.5∶1）为8.8，容重1.40 g/cm³。

（二）试验设计

试验始于1988年，设13个处理，分别为：①M（牛粪8 000 kg/亩），②G（绿肥压青3 000 kg/亩），③S（小麦秸秆700 kg/亩），④N（氮肥25 kg/亩），⑤1/2MG（农肥4 000 kg/亩+绿肥压青1 500 kg/亩），⑥1/2MS（牛粪4 000 kg/亩+秸秆还田350 kg/亩），⑦1/2MN（农肥4 000 kg/亩+氮肥12.5 kg/亩），⑧1/2GN（绿肥压青1 500 kg/亩+氮肥12.5 kg/亩），⑨1/2SN（秸秆还田350 kg/亩+氮肥12.5 kg/亩），⑩1/3MGN（农肥2 667 kg/亩+绿肥压青1 000 kg/亩+氮肥8.3 kg/亩），⑪1/3MSN（农肥2 667 kg/亩+秸秆233 kg/亩+氮肥8.3 kg/亩），⑫1/4MGSN（农肥2 000 kg/亩+绿肥压青750 kg/亩+秸秆175 kg/亩+氮肥6.2 kg/亩），⑬CK（对照）。其中牛粪的氮（N）、磷（P_2O_5）和钾（K_2O）含量分别为1.560%、0.382%和0.898%；秸秆采用小麦秸秆，氮（N）、磷（P_2O_5）和钾（K_2O）含量分别为0.617%、0.071%和1.017%；绿肥采用苕子，氮（N）、磷（P_2O_5）和钾（K_2O）含量分别为3.047%、0.289%和2.141%，各处理投入的氮磷钾总量见表13-1。随机区组排列，3次重复，小区面积32.4 m²。

表13-1　试验处理及投入氮磷钾总量　　　　　　　　　　单位：kg/亩

处理	年施肥量		
	N	P_2O_5	K_2O
M	124.8	30.6	71.8

续表

处理	年施肥量		
	N	P_2O_5	K_2O
G	91.4	8.7	64.2
S	4.3	0.5	7.1
N	25.0	0	0
1/2MG	108.1	19.6	68.0
1/2MS	64.6	15.5	39.5
1/2MN	74.9	15.3	35.9
1/2GN	58.2	4.3	32.1
1/2SN	14.7	0.2	3.6
1/3MGN	80.4	13.1	45.4
1/3MSN	51.3	10.4	26.3
1/4MGSN	61.4	9.9	35.8
CK	0	0	0

注：除 CK 处理以外，其他小区施磷量一致，为 10 kg/亩。

小麦品种 1988—1995 年为'陇春 17 号'、1996—2005 年为'永良 4 号'、2005—2012 年为'陇春 30 号'、2013—2015 年为'宁春 53 号'。玉米品种 1988—1992 年为'中单 2 号'、1993—2000 年为'豫玉 20 号'、2001—2010 为'沈单 16 号'、2011—2015 年为'武科 2 号'。小麦+玉米带总宽 150 cm，其中玉米带宽 80 cm，小麦带宽 70 cm，玉米种 2 行，小麦种 6 行，小麦于 3 月 15 日播种，7 月 18 日收获，玉米于 4 月 15 日播种，10 月 15 日收获，分别在小麦的苗期、拔节期、抽穗期、灌浆期和玉米的吐丝期、开花期和灌浆期灌水，共灌 7 次水。

在成熟期随机取 10 株玉米，20 株小麦，对小麦和玉米进行考种，计算小麦和玉米的籽粒产量。

二、长期施肥下土壤全磷和有效磷的变化趋势及其关系

（一）长期施肥下土壤全磷的变化趋势

长期不同施肥下条件灌漠土全磷含量变化如图 13-1 所示。M 处理条件下，全磷含量随试验时间延长显著上升（$P<0.01$）。是由于牛粪的施入，磷投入量高出作物携出量，在很大程度上提高了全磷含量，并且有所盈余，因此随种植时间延长磷累积量也在增加。CK、1/2SN 和 1/2GN 处理下全磷的含量随试验时间延长而显著下降（$P<0.05$），

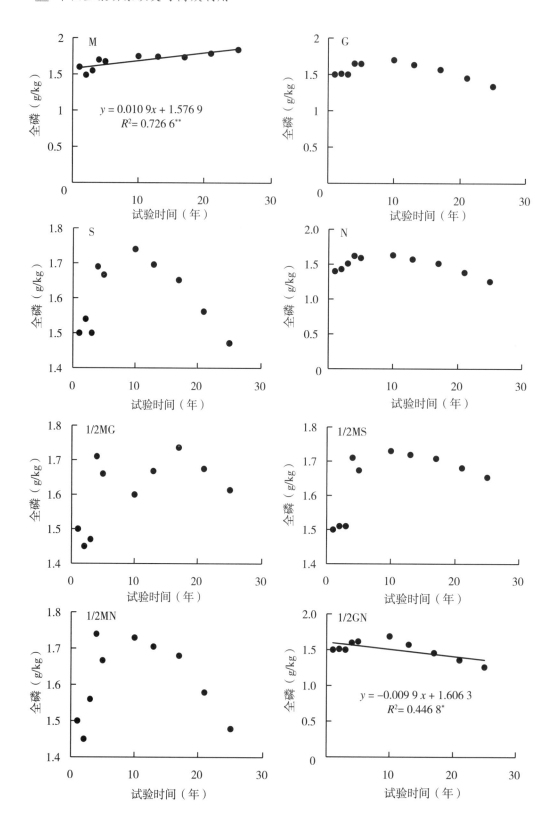

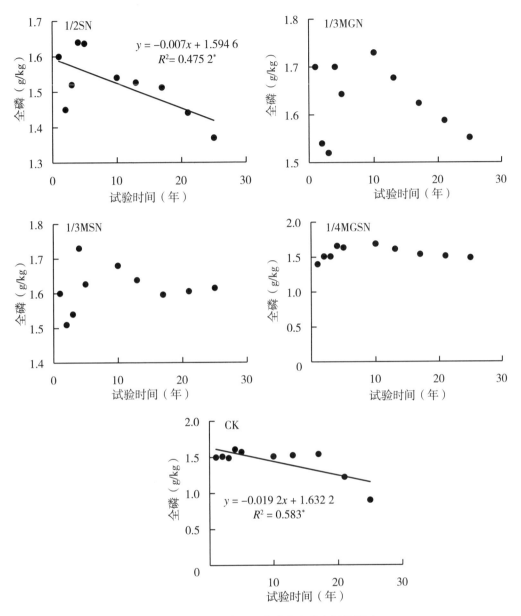

图 13-1 长期施肥对灌漠土全磷含量的影响

是由于以上处理中磷投入量低于作物磷携出量，并且秸秆和绿肥中大部分为有机磷，无法在短时间内转化为被作物吸收利用的有效磷，因此全磷随着种植年份的增加而下降。其他处理包括 G、S、N 及其组合处理，耕层土壤全磷均维持在同一水平。全磷的含量均在 1998 年（试验开始之后的第 10 年）左右达到峰值，峰值均在 1.75 g/kg 左右。对比 13 个处理可以得出，土壤中全磷的来源除作为基肥的重过磷酸钙外，牛粪、绿肥和小麦秸秆也是另外一个重要的来源，牛粪和绿肥施入量的多少，决定了土壤全磷的含量及其变化趋势。此外，1/2SN 和 CK 处理的情况类似，虽有过磷酸钙作为基肥的补充，但仍不够当季作物对磷的需求，导致全磷的含量随着年份的增加而减少。石灰性土壤中游离碳酸钙的含量对磷的有效性影响很大，如磷酸一钙、磷酸二钙和磷酸三钙随着钙与磷的比例增加，其溶解度和有效性逐渐降低。土壤本身的固磷作用使土壤中磷的有效度降低，造成磷肥的利用率降低。

（二）长期施肥下土壤有效磷的变化趋势

一般情况下，土壤有效磷的含量作为土壤磷素养分供应能力的主要指标。长期不同施肥条件下，灌漠土土壤有效磷含量变化如图 13-2 所示。有效磷含量变化趋势规律性不强，各处理年际变异也比较大。有机肥（M）处理和 50% 有机肥和绿肥（1/2MG）处

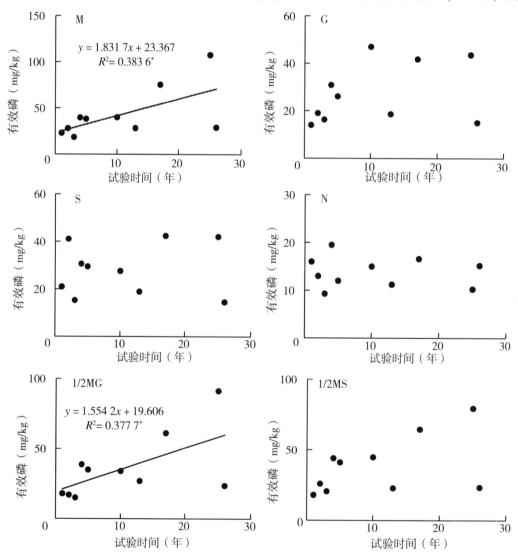

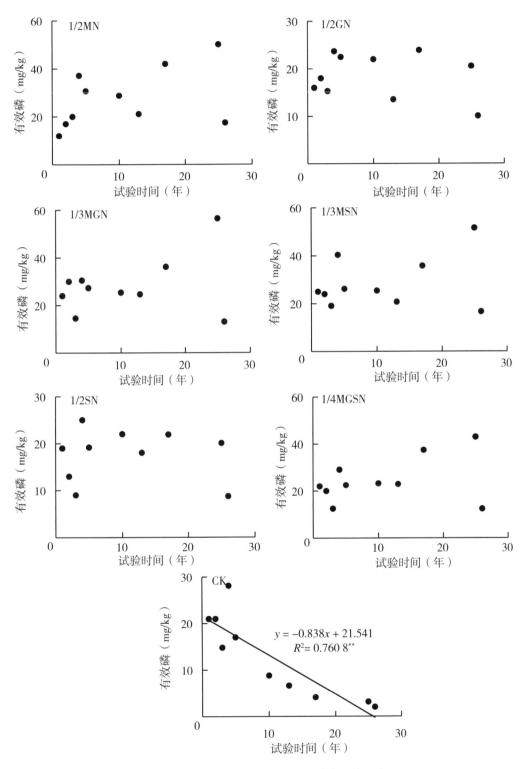

图 13-2　长期施肥对灌漠土有效磷含量的影响

理耕层土壤有效磷含量随着施肥时间增加显著增加（$P<0.05$），平均年提高 1.55 mg/kg 和 1.83 mg/kg。表明足量有机肥投入，既能保证当季作物对有效磷的需求，又有一定的盈余。对照处理（CK）有效磷呈显著直线降低（$P<0.01$），平均每年降低 0.838 mg/kg，其他处理总体上有上升趋势或维持稳定（N 处理），但相关性不显著。通过对比所有含牛粪的处理，有着共同的趋势，有效磷的含量逐年增加，牛粪施用量越大，有效磷的峰值越高。土壤有机质、水分的含量以及酸碱度对磷的释放有较大的影响。有机质含量高能为微生物提供充足的"食物"，促进磷细菌繁殖，加强土壤中难溶性磷分解；有机质在分解过程中产生的二氧化碳和有机酸类物质，有利于磷的释放，所以牛粪能够为土壤源源不断地提供有效磷，是真正意义上的有效磷库。

（三）长期施肥下土壤全磷与有效磷的关系

土壤有效磷是全磷中活性最高的部分，其与全磷之比被定义为磷素活化系数（PAC），用以表征土壤磷活化能力和磷素有效性，长期施肥下灌漠土磷活化系数随时间的演变规律如图 13-3 所示。PAC 变化趋势规律性不强，各处理年际变异也比较大。有机肥（M）处理和 50%有机肥和绿肥（1/2MG）处理耕层土壤 PAC 随着施肥时间增加而显著增加（$P<0.05$），由最初的 1.64%和 1.34%分别上升到 26 年后的 3.85%和 3.56%，年上升速度均为 0.085%，这 2 种处理下土壤全磷各形态转化为有效磷速率趋于增加。CK 处理下，PAC 随试验年份的增加显著下降（$P<0.01$），由最初的 1.34%下

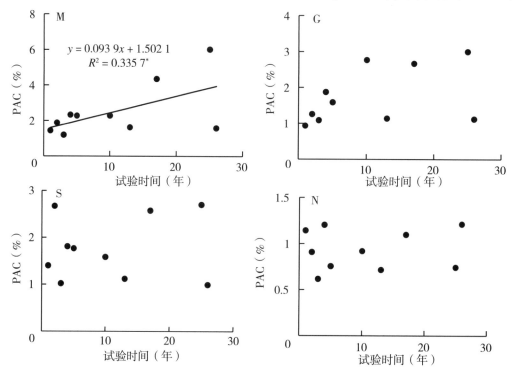

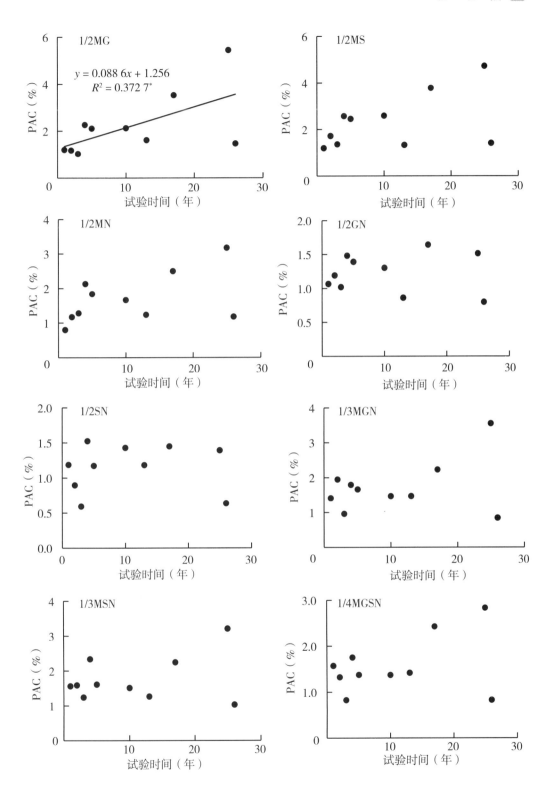

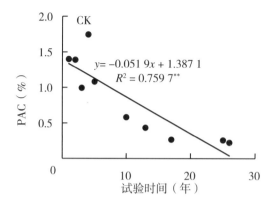

图 13-3　长期施肥对灌漠土磷活化系数（PAC）的影响

降到 26 年后的 0.038%。其他处理总体上有上升趋势或维持稳定（N 处理），但均无显著相关性。

三、长期施肥下土壤有效磷变化对土壤磷盈亏的响应特征

（一）长期施肥下土壤磷素盈亏情况

图 13-4 为试验中各处理当季土壤表观磷盈亏。除了 CK 处理，其他处理的施磷量都是 150 kg/hm²。由图可得，未施磷肥的处理 CK，一直处于亏缺状态。理论上认为只

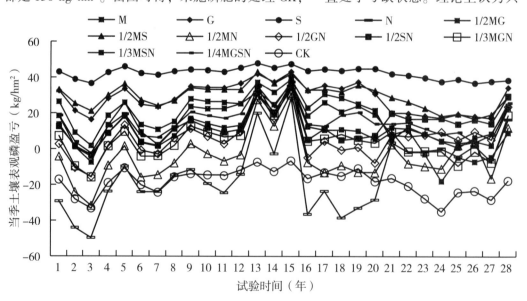

图 13-4　各处理当季土壤表观磷盈亏

有吸收，没有施入，磷亏缺应该越来越大，但是其数值却围绕在-20 kg/hm² 上下波动，其中的原因需要进一步明确。S、G、1/2MS、1/2MG、1/4MGSN、1/2SN 和1/3MSN等处理，土壤表观磷盈亏一直表现为盈余状态，并且都在试验的第 15 年（2004 年）达到峰值，其峰值分别为 44.55 kg/hm²、35.48 kg/hm²、33.42 kg/hm²、30.53 kg/hm²、12.74 kg/hm²、11.33 kg/hm² 和 10.58 kg/hm²。而 M、N、1/2GN、1/3MGN 和 1/2MN 5 个处理，在某些年份表现为磷盈余，在某些年份表现为磷亏缺，有较大的不确定性，是由于产量的波动。值得一提的是，S 处理的磷盈余一直是最大的，并且 30 年来 S 处理的磷盈余一直围绕 40 kg/hm² 上下波动，变化范围很小，说明S 处理的作物吸磷量在 30 年来一直处于近乎相同的水平，这和其他处理明显不同。其中的原因同样值得进一步研究。

图 13-5 为试验中各处理 30 年土壤累积磷盈亏。由图可得，S 处理的磷盈亏一直处于盈余状态，呈直线性单边增加的态势。到 2015 年，其土壤累积磷盈余达到了1 185.98 kg/hm²，为各个处理的最大值。1/2MS 和 G 处理的情况相近，2015 年的数值分别为 804 kg/hm² 和 827 kg/hm²，说明两者对土壤磷盈亏的影响差异不大。1/2MG、M、1/4MGSN、1/2SN、1/3MSN、1/2GN 和 1/3MGN 等处理，其土壤累积磷盈亏均为正值，并且随着年份的增加而增加，在 13 个处理中属中游水平。1/2MN、N 和 CK 3 个处理的土壤累积磷为亏缺状态，并且随着年份的增加亏缺量加大。

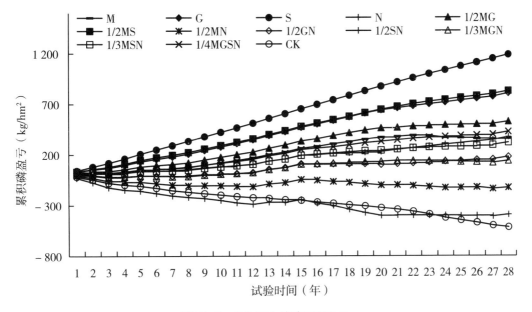

图 13-5 各处理土壤磷累积盈亏

（二）长期施肥下土壤有效磷变化对土壤磷盈亏的响应

图 13-6 表示长期不同施肥模式下灌漠土有效磷变化量与土壤耕层磷盈亏的响应关系。

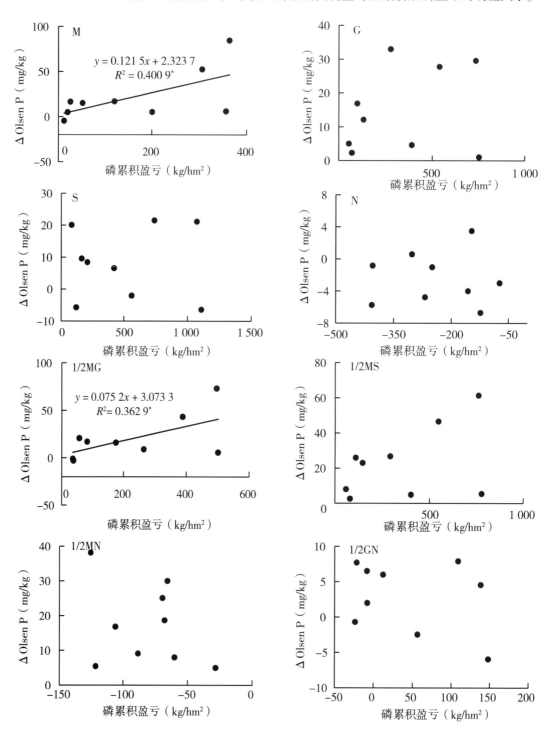

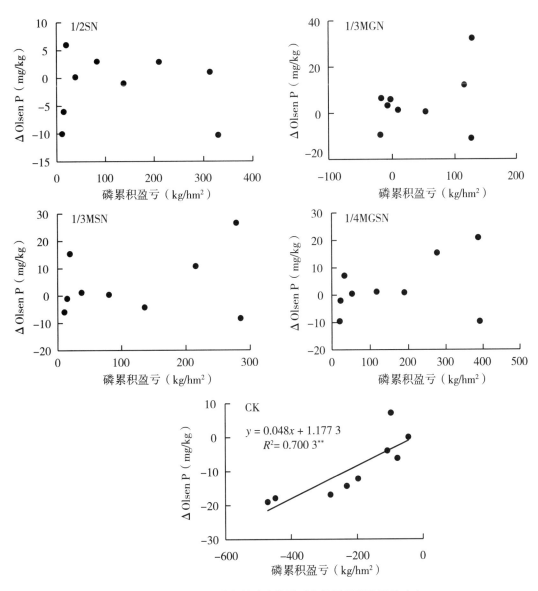

图 13-6　各处理土壤有效磷变化量对土壤累积磷盈亏的响应

各个处理的累积磷盈亏与有效磷变化量之间的相关关系差异较大。其中，M 和 1/2MS 处理有效磷变化量与土壤累积磷亏缺值呈显著相关（$P<0.05$）。M 和 1/2MG 处理，土壤每盈余 100 kg P/hm²，有效磷浓度分别上升 12.15 mg/kg 和 7.52 mg/kg。CK 处理下有效磷变化量与土壤累积磷亏缺值呈极显著相关（$P<0.01$），土壤每亏缺 100 kg P/hm²，有效磷浓度下降 4.80 mg/kg。其他处理的两者之间关系并不明显。总体上，有机物料配施化学氮磷钾肥可显著提高单位磷投入增加的土壤有效磷含量，可能有以下原因：第一，有机物中的某些物质掩蔽了磷吸附位点，减少了土壤对肥料磷的吸附固定（章明奎等，2008；赵晓

齐等，1991）；第二，有机肥中的小分子有机酸或者是有机物矿化过程中产生的有机酸可溶解某些形态的无机磷如钙磷，增加了磷有效性；第三，有机肥中的有机物质络合了可以固定磷的一些金属离子，降低了肥料磷的吸附（赵晓齐等，1991）；第四，有机物料的添加，促进了微生物的生长和周转，某些解磷微生物可以释放固定态磷，同时磷周转加快也提高了磷有效性（侯佳奇等，2013；向万胜等，2003；王岩等，1998）。

如图13-7所示，各处理耕层土壤有效磷变化量与土壤累积磷盈亏达到极显著正相关（$P<0.01$），灌漠土每盈余100 kg P/hm²，有效磷浓度上升6.63 mg/kg。国际上多数研究认为，约10%的累积磷盈余转变为有效磷的结果（Johnston，2000），曹宁等（2007）对中国7个长期试验地点有效磷与土壤累积磷盈亏的关系进行研究发现土壤有效磷含量与土壤磷盈亏呈极显著线性相关（$P<0.01$），中国7个样点每盈余100 kg P/hm²，有效磷浓度上升1.44～5.74 mg/kg，试验结果的差异可能是连续施肥的时间、环境、种植制度和土壤理化性质不同引起的。

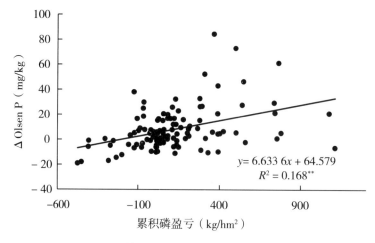

图13-7　土壤有效磷变化量与累积磷盈亏的关系

四、作物磷素吸收演变趋势

长期施用磷肥下，小麦和玉米产量与磷素吸收变化趋势关系可以看出，作物产量与磷素吸收呈极显著正相关（图13-8）。小麦直线方程为 $y=264.37x+1\,856.4$（$R^2=0.627\,9$，$P<0.01$），玉米的直线方程为 $y=137.46x+3\,370.9$（$R^2=0.684$，$P<0.01$）。根据两者相关方程可以计算出，在灌漠土上每吸收1 kg磷（P），能分别提高小麦和玉米产量264.37 kg/hm²和137.46 kg/hm²。

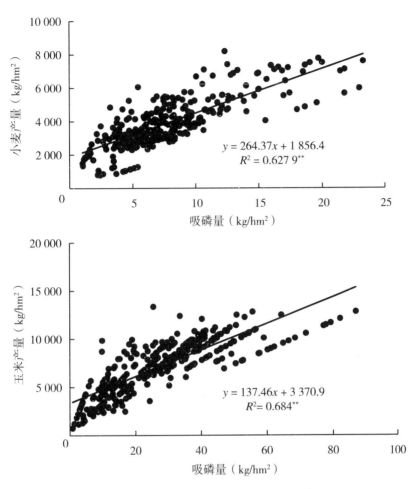

图 13-8　小麦和玉米产量与作物磷素吸收量的关系

五、土壤有效磷农学阈值研究

基于灌漠土不同施肥处理有效磷水平与作物产量长期定位数据，通过分析作物相对产量和土壤有效磷的变化趋势，结果表明采用线线模型和米切里西方程均可以较好地模拟两者的关系，采用 2 种模型求出的阈值有一定差异，小麦和玉米的农学阈值平均值分别为 18.23 mg/kg 和 15.51 mg/kg（图 13-9），可以看出小麦的农学阈值最低。Bai et al.（2013）采用线性平台模型求出祁阳县长期定位站的小麦和玉米的农学阈值分别为 12.7 mg/kg 和 28.2 mg/kg。Tang et al.（2009）对昌平区、郑州市和杨凌区的玉米和小麦农学阈值的研究发现，玉米（平均值 15.3 mg/kg）的农学阈值略低于小麦（平均值 16.3 mg/kg）。可以推断，作物的农学阈值受作物类型、土壤类型以及气候环境等诸多因素的影响，在实际应用中需要结合实际情况考虑。

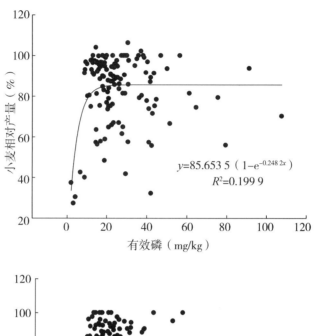

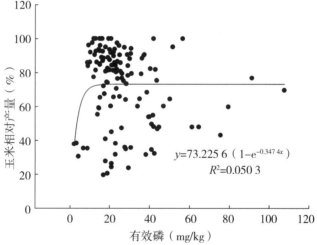

图 13-9　小麦和玉米相对产量与土壤有效磷的响应关系

六、主要结果与指导磷肥的应用

长期施肥下磷素的演变特征结果表明：牛粪是土壤全磷和有效磷的主要来源，其全磷和有效磷含量随着年份的增加而增加。13 个处理全磷的含量均在 1998 年达到峰值，峰值均在 1.75 g/kg 左右。绿肥对有效磷的贡献不如牛粪，并且年际变化较大。通过对比所有含牛粪的处理，有着共同的趋势，有效磷的含量逐年增加，牛粪施用量越大，有效磷的峰值越高。M 处理的 PAC 峰值达到 5.85%，为各个处理之最，说明牛粪有效磷含量最大，其中的难溶性磷易被转化为可溶性磷。

当季土壤表观磷盈亏方面，CK 处理一直处于亏缺态。其数值却在 -20 kg/hm² 上下波动。S 处理的磷盈亏一直处于盈余状态，呈直线性单边增加的态势。到 2015 年，其土壤累积磷盈余达到了 1 185.98 kg/hm²，为各个处理的最大值。S、G、1/2MS、1/2MG、1/4MGSN、1/2SN 和 1/3MSN 等处理，土壤表观磷盈亏一直表现为盈余状态；M、N、1/2GN、1/3MGN 和 1/2MN 5 个处理，在某些年份表现为磷盈余，在某些年份表现为磷亏缺，有较大的不确定性；累积磷盈亏方面，S 处理的磷盈亏一直处于盈余状态，呈直线性单边增加的态势。1/2MN、N 和 CK 3 个处理的土壤累积磷为亏缺，并且随着年份的增加亏缺加大。

土壤有效磷只占全磷的 1% 左右，能被作物吸收。土壤有效磷越高，对作物的供磷能力越大。在其他生产条件相同的情况下，土壤有效磷含量与磷肥的肥效呈负相关：土壤有效磷含量越高，施用磷肥肥效越低。因此，施足磷肥对高产和保持土壤供磷能力具有重要意义。土壤水分适宜有利于磷酸盐的扩散、水解、易被作物吸收。而碱性土壤加入磷石膏等酸性物中和，既能减少土壤有效磷的固定，又有利于难溶性磷的释放。增施牛粪和改善土壤理化性质，是提高磷肥肥效的有效途径之一。

（车宗贤、杨新强、秦贞涵）

主要参考文献

鲍士旦,2000. 土壤农化分析[M]3 版. 北京：中国农业出版社.

曹宁,陈新平,张福锁,等,2007. 从土壤肥力变化预测中国未来磷肥需求[J]. 土壤学报,44(3)：536-543.

郭天文,谭伯勋,1998. 灌漠土区吨粮田开发与持续农业建设[J]. 西北农业学报(4)：3-5.

侯佳奇,李晔,贾璇,等,2013. 解磷微生物肥料的研究与进展[J]. 再生资源与循环经济,6(12)：31-35.

鲁如坤,2000. 土壤农化分析[M]. 北京：中国农业科学技术出版社.

鲁如坤,刘鸿翔,闻大中,等,1996. 我国典型地区农业生态系统养分循环和平衡研究 Ⅴ. 农田养分平衡和土壤有效磷、钾消长规律[J]. 土壤通报,27(6)：241-242.

裴瑞娜,2010. 长期施肥下我国典型农田土壤有效磷对磷盈亏的响应[D]. 甘肃：甘肃农业大学.

沈浦,2014. 长期施肥下典型农田土壤有效磷的演变特征及机制[D]. 北京：中国农业科学院.

史吉平,张夫道,林葆,1998. 长期施肥对石灰性土壤磷素肥力的影响[J]. 土壤肥料（3）：7-11.

谭伯勋,1989. 灌漠土的生态肥力及其展望[J]. 甘肃农业科技,10：22-27.

王岩,沈其荣,史瑞,等,1998. 有机、无机肥料施用后土壤生物量 C、N、P 的变化及 N 素转化[J]. 土壤学报（2）：227-234.

杨学云,孙本华,古巧珍,等,2007. 长期施肥磷素盈亏及其对土壤磷素状况的影响[J]. 西北农业学报,16（5）：118-123.

赵晓齐,鲁如坤,1991. 有机肥对土壤磷素吸附的影响[J]. 土壤学报,28（1）：7-15.

周宝库,张喜林,2005. 长期施肥对黑土磷素积累、形态转化及其有效性影响的研究[J]. 植物营养与肥料学报,11（2）：143-147.

BAI Z H, LI H G, YANG X Y, et al., 2013. The critical soil P levels for crop yield soil fertility and environmental safety in different soil types[J]. Plant and soil, 372（1-2）：27-37.

ROBERTA P, 1998. Agricultural phosphorus and water quality：a U. S. environmental protection agency perspective[J]. Journal of environmental quality, 27（2）：258-261.

TANG X, LI J M, MA Y B, et al., 2009. Determining critical values of soil olsen-P for maize and winter wheat from long-term experiments in China[J]. Plant and soil, 323（1-2）：143-151.

WANG S X, LIANG X Q, CHEN Y X, et al., 2011. Phosphorus loss potential and phosphatase activity under phosphorus fertilization in long-term paddy wetland agroecosystems[J]. Soil science society of america journal, 76（1）：161-167.

ZHANG L, WERF W V D, BASTIAANS L, et al., 2008. Light interception and utilization in relay intercrops of wheat and cotton[J]. Fileld crops research, 107（1）：29-42.

第十四章　娄土磷素演变及磷肥高效利用

　　磷是植物生长必需的三大营养元素之一。但由于土壤有强烈的固定磷素能力，一般肥料磷施入土壤后，有效性均不高。据估计，施入土壤中的磷素有 70%～90% 与 Fe、Al 和 Ca 结合固定而失去或很大程度上降低了植物有效性（Holford，1997），导致磷的当季利用率一般低于 20%（张福锁等，2008）。在生产中，磷肥的施用量一般都远远大于作物生长需求量，造成了磷在土壤中不同程度的累积。据估计，到 2010 年全国土壤磷盈余可达每年 40.8 kg P/hm^2。尽管土壤中累积态磷最终可被作物利用，但其量一般不足以支撑当季作物生长需要。此外，过高的磷素累积也可能通过侵蚀、径流和淋失进入水体，不仅降低了磷肥利用效率，浪费了有限的磷矿资源，而且造成水体富营养化等生态环境问题（Blake et al.，2003）。因此，因地、因作物体系系统地研究磷素消耗和累积规律，深入研究不同肥料管理措施下磷素转化，有助于根据土壤、耕作、作物和气候因素等制订综合管理措施，防止过量施用磷肥，减少资源浪费，降低土壤磷流失风险。

　　关中平原是陕西省乃至西北最主要的粮食生产基地，冬小麦/夏玉米一年两熟体系是该地区最重要的作物体系，也是西北集约化种植程度最高的地区。娄土是以长期使用土粪堆垫为主，伴有黄土自然沉积作用，在黄土母质上经反复旱耕熟化过程而形成的一种优良农业土壤，面积约为 9.76×10^{4}hm^2 占陕西省耕地面积的 18.54%，是陕西省关中平原区的主要土壤类型（郭兆元等，1992）。自磷肥引入生产以来，开展了很多研究工作，如磷素在作物之间的合理分配（刘杏兰，1995），施用方法（李祖荫和吕家珑，1991），磷丰缺指标（付莹莹等，2010；马志超等，2014，2015），土壤全磷、有效磷变化趋势、土壤对磷吸附解吸性能、土壤需磷指数和娄土磷组分等（齐雁冰等，2013；孙锐璞，2015），研究涉及的范围很广，但系统性不够。此外，刘琳等（2019）研究结果显示，自第二次土壤普查以来，30 年关中平原小麦—玉米种植区农田耕层土壤有效磷含量整体显著上升，宝鸡市、咸阳市和渭南市的平均有效磷含量分别为 26.09 mg/kg、27.50 mg/kg 和 21.53 mg/kg，增幅与第二次土壤普查有效磷结果相比分别达 334.83%、276.71% 和 231.23%。与此同时，关中地区不到 1/3 的农户小麦磷肥投入量在合理范围内，接近 60% 的农户磷肥投入量偏高（杨学云等，2014）。在此情形下，系统地了解娄土磷素演变、磷素演变与磷平衡的响应关系、磷素的形态特征、磷素农学阈值和利用率等，对提高垆土磷素有效性和科学施用磷肥无疑有极其重要的指导意义。

一、垆土长期定位试验概况

（一）试验点基本情况

垆土长期肥料定位试验设在"国家黄土肥力与肥料效益监测基地"，基地位于黄土高原南部的陕西省"杨凌国家农业高新技术产业示范区"渭河三级阶地上（北纬34°17′，东经108°00′），占地 2.4 hm^2。海拔 524.7 m，年平均气温 13℃，有效积温4 000℃，年平均降水量 550~600 mm，并且主要集中在 6—9 月，年均蒸发量 950~1 000 mm，无霜期约为 279 d，年日照时数 2 100~2 200 h。光、热资源丰富，适于多种作物生长。土壤属土垫旱耕人为土，黄土母质。试验开始时耕层土壤（0~20 cm）基本理化性状：有机质 10.92 g/kg，全氮 0.83 g/kg，全磷 0.61 g/kg，全钾 22.80 g/kg，碱解氮 61.3 mg/kg，有效磷 9.57 mg/kg，有效钾 191.0 mg/kg，缓效钾 1 189.0 mg/kg，pH 值为 8.62，容重 1.30 g/cm^3，孔隙度 49.63%，田间持水量 21.12%。

（二）试验设计

试验开始于 1990 年秋，实行小麦—玉米一年两熟制。试验设 10 个处理：①休闲，耕而不种，无植物生长（CK$_0$）；②对照，种作物但不施任何肥料（CK）；③单施化学氮肥（N）；④施用化学氮、钾肥（NK）；⑤施用化学磷、钾肥（PK）；⑥施用化学氮、磷肥（NP）；⑦施用化学氮、磷、钾肥（NPK）；⑧化学氮、磷、钾肥，同时一季作物秸秆还田（SNPK）；⑨化学氮、磷、钾与低量有机肥配施（M$_1$NPK）；⑩高量化学氮肥、磷肥和钾肥与高量有机肥配施（M$_2$NPK）。种植小麦时氮、磷和钾的施用量分别为165.0 kg/hm^2、57.6 kg/hm^2 和 68.5 kg/hm^2，玉米分别为 187.5 kg/hm^2、24.6 kg/hm^2 和77.8 kg/hm^2（表 14-1）。SNPK 处理自试验开始至 1998 年秸秆还田量为 4 500 kg/hm^{2}小麦秸秆（干重），自 1999 年以后为当季该小区的全部玉米秸秆，平均 4 392 kg/hm^2（变幅为 2 630~5 990 kg/hm^2），用铡刀切成约 3 cm 长的小段，秋播小麦时一次性施入。还田秸秆的碳、氮、磷和钾平均含量分别为 C 405.0 g/kg、N 9.2 g/kg、P 0.83 g/kg 和K 19.4 g/kg，未计入施用量。M$_1$NPK 和 M$_2$NPK 处理中来有机肥的氮和化肥氮的比例为 7∶3，按含 N 量折合牛粪施用，为秋播小麦时一次性施入；小麦生长季节 M$_1$NPK 处理与 NPK 处理 N 素和化肥 P 和 K 施入量相同；M$_2$NPK 处理小麦生育期的 N 与化肥 P

和 K 用量为 M_1NPK 的 1.5 倍；玉米生育期 M_1NPK 和 M_2NPK 处理 N、P 和 K 用量均与 NPK 处理相等且全部用化肥。有机肥的磷和钾平均含量分别为 8.7 g/kg 和 10.9 g/kg，也未计入施用量。小麦生长季所有肥料于播种前一次性施入，玉米生长季于播种后 1 个月结合中耕除草施入。化肥氮为尿素（含 N 46%），磷肥为过磷酸钙（含 P_2O_5 12% ~ 16%），钾肥为硫酸钾（K_2O 50%）。小麦生育期内灌溉 1~2 次，玉米生育期 2~4 次，每次灌溉量为 90 mm 左右。

表 14-1　施肥处理及肥料施用量　　　　　　　　　　单位：kg/hm²

处理	冬小麦			夏玉米		
	N	P	K	N	P	K
CK	0	0	0	0	0	0
N	165.0	0	0	187.5	0	0
NK	165.0	0	68.5	187.5	0	77.8
PK	0	57.6	68.5	0	24.6	77.8
NP	165.0	57.6	0	187.5	24.6	0
NPK	165.0	57.6	68.5	187.5	24.6	77.8
SNPK	165.0+40.4a	57.6+3.8a	68.5+85.5a	187.5	24.6	77.8
M_1NPK	49.5+115.5a	57.6+105.9a	68.5+138.9a	187.5	24.6	77.8
M_2NPK	74.3+173.2a	86.4+159.4a	102.8+208.9a	187.5	24.6	77.8

注：a 表示秸秆或有机肥中施入的 N/P/K 量。

在作物成熟收获期时，采用各小区单独测产，在玉米和小麦收获前分区取样，进行考种和经济性状测定，同时取植株样；收获时除了 SNPK 处理的玉米秸秆外所有作物的地上部分全部被移走。玉米和小麦收获后各小区按"之"字形采集 0~20 cm 和 20~40 cm 土壤，每小区每层取 12~16 个点混合成 1 个样，室内风干，磨细过 1 mm 和 0.25 mm 筛，装瓶保存备用。人工除草或用常规农药除草及防治玉米和小麦病虫害。

二、长期施肥下土壤全磷和有效磷的变化趋势及其关系

（一）长期施肥土壤全磷变化

长期不同施肥条件下埁土全磷动态变化如图 14-1 所示，除 CK_0、CK、N 和 NK

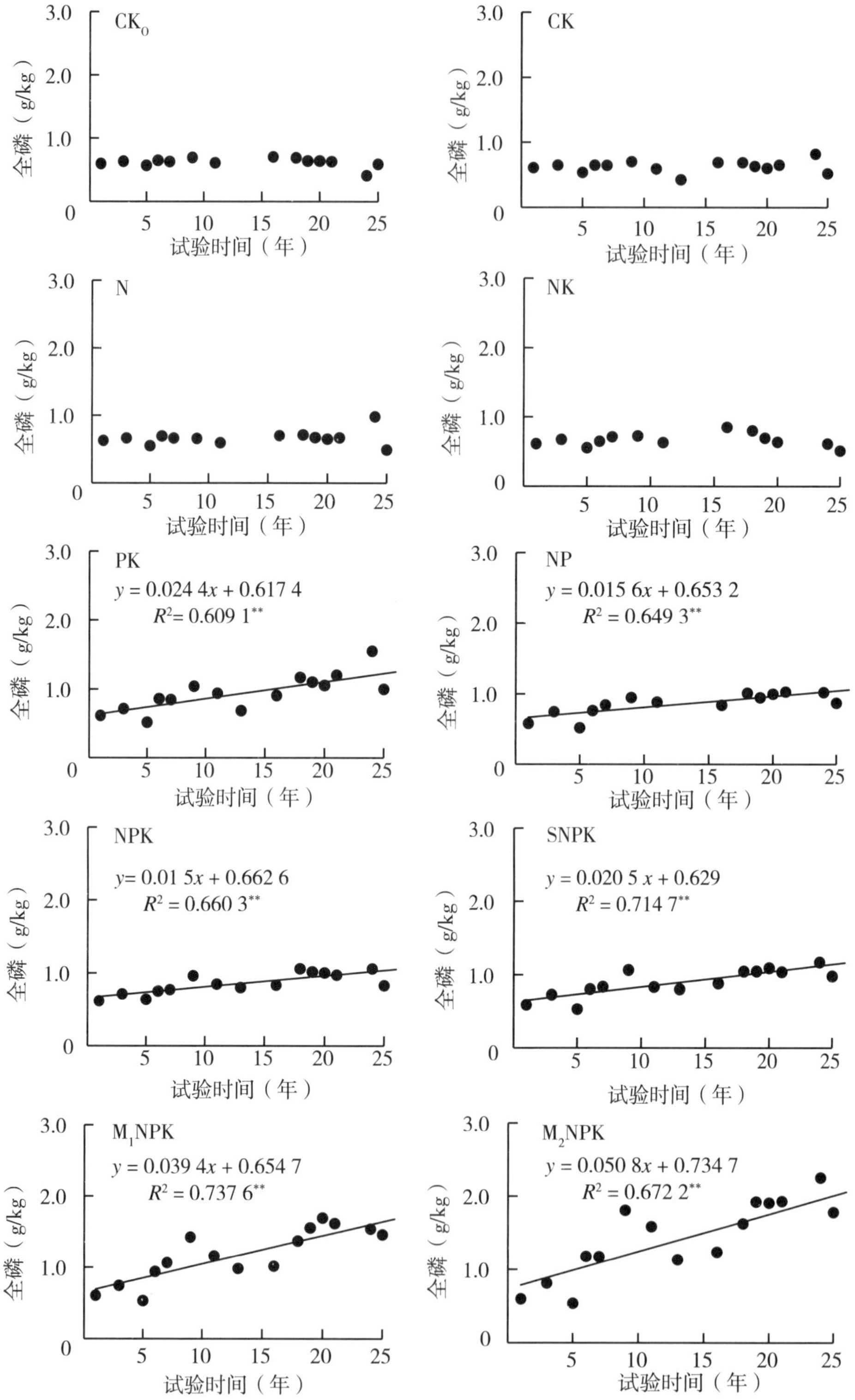

图 14-1　长期施肥对土壤全磷含量的影响

4 个不施磷肥处理耕层土壤全磷维持在同一水平，未出现显著变化外；其余各施磷处理耕层土壤全磷含量均随试验时间延长显著提高（$P<0.01$），是由于这些处理的施磷量均高于作物磷携出量，随种植时间延长磷累积量也在增加所致。PK、NP、NPK、SNPK、M_1NPK 和 M_2NPK 每年全磷增加量分别为 0.024 g/kg、0.016 g/kg、0.015 g/kg、0.021 g/kg、0.039 g/kg 和 0.051 g/kg。PK 增幅高于 NP 和 NPK 是由于不施氮肥严重制约了作物生长，因而降低了作物携出磷量从而增加了土壤累积。施有机物料处理全磷增加高于化学磷肥是因为随有机物料进入土壤的磷素较多。有机肥配施化肥的 2 个处理（M_1NPK 和 M_2NPK），土壤全磷增量最大，由 1990 年的 0.61 g/kg 和 0.60 g/kg 分别上升到 2015 年的 1.60 g/kg 和 1.67 g/kg，增幅为 164.2% 和 179.5%。其次为施用化学磷肥配施秸秆还田处理（SNPK），土壤全磷的增幅为 107.9%。磷素是制约作物生长发育的重要因子，如果土壤连续种植作物而不施用磷肥，由于磷的耗竭，土壤磷素将变得缺乏，施用磷肥是作物持续增产的有效措施（朱显谟，1989）。

（二）长期施肥土壤有效磷变化

长期休闲处理土壤有效磷无明显变化，是因为其不种植作物，也没有肥料施入，因而土壤磷素相对稳定。长期不施磷肥的处理 CK、N 和 NK，土壤有效磷均有显著下降，程度有所不同；3 个处理土壤有效磷含量从 1991 年的 3.97 mg/kg、4.52 mg/kg 和 8.70 mg/kg 分别下降到 2015 年的 3.4 mg/kg、4.2 mg/kg 和 3.6 mg/kg，降幅分别为 14.4%、7% 和 58.6%，其原因在于长期没有磷素投入，作物吸收主要源于土壤磷库，因此有效磷长期消耗。其中 NK 处理土壤有效磷下降速度最快，尽管供试土壤钾素含量丰富，但施钾肥可能促进了作物磷素吸收。长期施用磷肥的各处理，除 NP 处理土壤有效磷含量均随种植时间延长显著上升外（$P<0.05$），其他施磷处理随种植时间延长呈先上升后下降的趋势，用二次曲线拟合更好（图 14-2），意味着在一定磷盈亏条件下，经过一定时间，有效磷达到最大值后随时间延长不再增加。其中，单施化学磷肥的 NP、PK 和 NPK 处理下土壤有效磷的增量以 PK 最大，为 22.25 mg/kg，其次为 NPK 处理，增幅为 226.2%。同样经 25 年长期试验，施用化学磷肥配施有机肥 M_1NPK 和 M_2NPK 处理土壤有效磷年增量均很高，2015 年时 M_1NPK 和 M_2NPK 处理下土壤有效磷含量分别为 95.4 mg/kg 和 115.2 g/kg，达到很高水平。施用化学氮磷钾肥配施秸秆（SNPK）的处理土壤有效磷含量上升的趋势与 NPK 处理相似，土壤有效磷含量由 1991 的 12.7 g/kg 上升到 2015 年的 33.7 g/kg，增幅为 165.4%。Sun et al.（2019）研究发现，磷素累积可以用线性—平台模型很好地进行模拟，模拟的磷素累积前期施磷处理有效磷含量均显著直线升高，斜率 $M_2NPK>M_1NPK>PK>SNPK>NPK>NP$。表明耕层土壤有效磷累积在一定时间内符合线性模型，但随着时间延长，累积趋势可能会发生改变，因为随着磷素

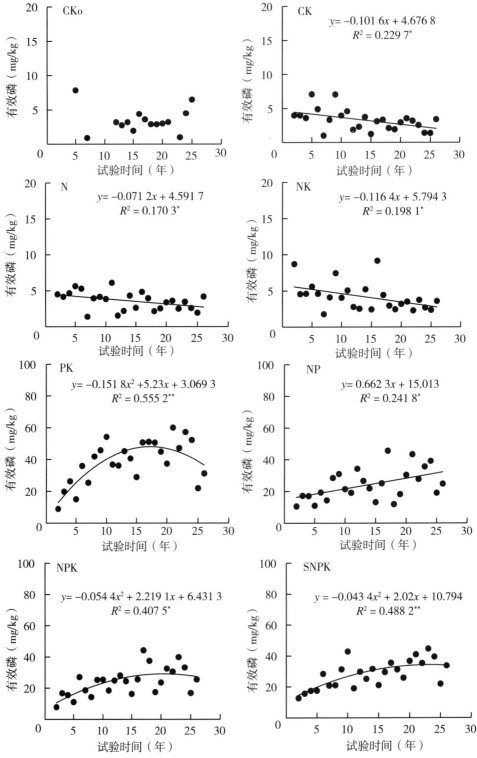

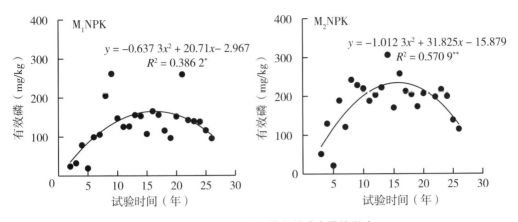

图14-2 长期施肥对土壤有效磷含量的影响

累积，可能会产生更多淋溶及作物冗余吸收，从而导致其累积量不再升高。

（三）长期施肥下土壤全磷与有效磷的关系

土壤有效磷是全磷中活性最高的部分，其与全磷之比被定义为磷素活化系数（PAC），用以表征土壤磷活化能力和磷素有效性。长期施肥下埁土磷活化系数随时间的演变规律如图14-3所示，CK_0处理PAC保持稳定；其他不施磷肥的CK、N和NK处理土壤PAC随试验时间延长显著降低（$P<0.01$），由1990年的1.59%、2.26%和1.93%，分别下降到2015年的0.53%、0.65%和0.55%，3个处理PAC年均下降0.03%，不施磷肥的这几个处理土壤全磷各形态转化为有效磷速率趋于降低。施用磷肥的处理中，NP、NPK和SNPK处理土壤PAC均随种植年限的延长而波动性上升，由1990年的1.51%、1.71%和1.53%分别上升到2015年的2.28%、2.38%和2.76%，大体在2%~4%。PK和施用有机肥的2个处理均随试验进行，经历了快速上升阶段后随时间缓慢下降，可用二次曲线模拟（图14-3）。可能与磷吸附转化有关，前期经历快速吸附过程，但施用有机肥处理PAC值可达到15%左右，显著高于施化肥处理。施肥5年后施磷处理的土壤PAC均高于不施磷处理，施肥增加的土壤全磷更容易转化为有效磷形态。这些值要高于紫色土各处理（刘京，2015），可能与土壤类型等有关。

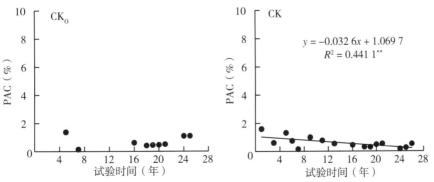

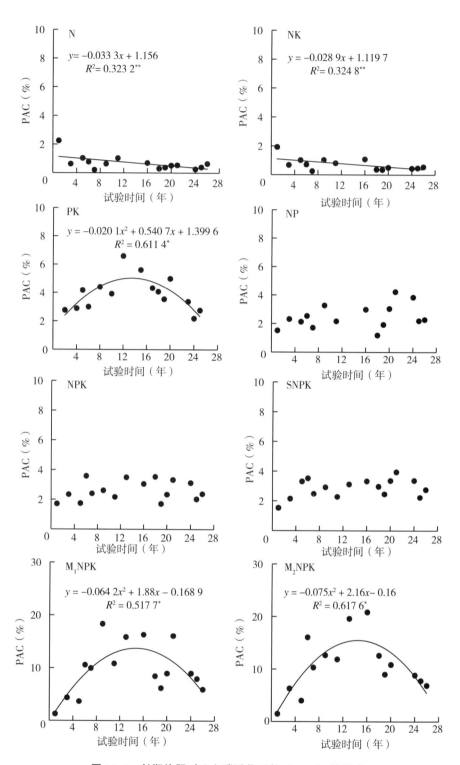

图14-3　长期施肥对垆土磷活化系数（PAC）的影响

三、长期施肥下土壤有效磷变化对土壤磷盈亏的响应特征

（一）长期施肥土壤磷素盈亏

图14-4为长期施肥各处理当季土壤表观磷盈亏。不施磷肥的CK、N和NK处理年均表观磷盈亏一直呈现亏缺状态，主要是土壤磷随作物收获物移出而被带走所致，磷亏缺从试验开始随种植时间呈现出减小趋势，其中，NK处理磷素亏缺明显高于单施氮肥处理，略高于不施肥CK处理。CK、N和NK处理多年平均磷亏缺量分别为10.56 kg/hm²、11.19 kg/hm²和14.10 kg/hm²（图14-4a），这是因为供试土壤钾素相对丰富而氮磷缺乏，为作物生长主要限制因素，因此，施氮处理相对增加了作物产量而提高了磷素携出量。钾

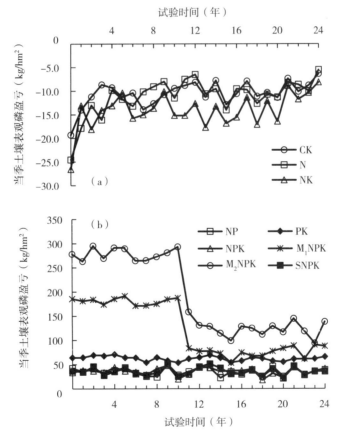

图14-4 各处理当季土壤表观磷盈亏

注：（a）不施磷肥处理，（b）施磷肥处理。

素尽管相对丰富，但施钾肥可能有利于抗逆而稳定或有限地提高了作物产量，此外，钾素可能促进了有机物矿化分解，提高了磷有效性。而施磷肥的 6 个处理（PK、NP、NPK、SNPK、M_1NPK 及 M_2NPK）当季土壤表观磷盈亏均呈现盈余状态。施化学磷肥的 PK、NP 和 NPK 处理当季土壤磷盈余值的平均值分别为 62.13 kg/hm²、35.44 kg/hm² 和 35.44 kg/hm²，随种植时间延长年盈余量波动较小。化肥配施有机肥的 M_1NPK、M_2NPK 处理和化肥配施秸秆的 SNPK 处理土壤当季土壤磷盈余值均高于施化肥处理，年均分别盈余 122.31 kg/hm²、192.01 kg/hm² 和 35.52 kg/hm²，其原因在于除了施入的化肥磷外，随作物秸秆还田及有机肥而施入磷素，尤其是有机肥处理随有机肥施入的磷很高。

长期不施磷肥的 CK、N 和 NK 3 个处理土壤累积磷亏缺量一直增加（图 14-5a），其中 CK 处理土壤磷亏缺值最少，因为作物产量不仅受磷素缺乏影响，而且氮素缺乏也影响了其生长，随收获物携出的磷最低；而 NK 处理土壤累积磷亏缺量最高。施化学磷肥的 NP、NPK 和 PK 处理土壤累积磷一直处于盈余状态，并且随种植年限的延长盈

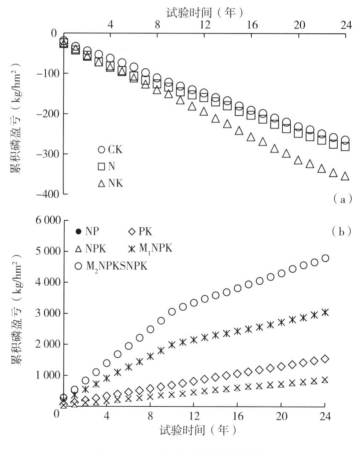

图 14-5　各处理土壤累积磷盈亏

注：（a）不施磷处理，（b）施磷肥处理。

余量增加，其中以 PK 处理的累积磷盈余最大，2015 年 NP、NPK 和 PK 的土壤累积磷盈余值分别为 886.09 kg/hm^2、886.11 kg/hm^2 和 1 553.18 kg/hm^2。化肥配施秸秆 SNPK 的处理土壤累积磷素也处于盈余状态，盈余量和变化趋势与 NP 和 NPK 处理相似，2015 年土壤累积磷盈余值为 888.12 kg/hm^2。截至 2015 年，化肥配施有机肥的 M$_1$NPK 和 M$_2$NPK 处理土壤累积磷盈余量已经分别达到 3 057.69 kg/hm^2 和 4 799.99 kg/hm^2，磷素肥力提高主要依赖于磷素盈余量。同时，各施磷肥处理累积磷盈余量的增加均有随种植时间延长而趋于平缓的趋势，可能是随着磷素肥力的提升，作物冗余吸收增加，相对应地增加了磷素吸收而降低了磷素盈余。有机肥处理则有明显下降，可能与有机肥来源于奶牛粪有关，奶牛饲料随时间发生了很大变化，青贮饲料氮添加量较多，因而施用量明显下降，同时磷添加量可能也有下降。

（二）长期施肥下土壤有效磷变化对土壤磷素盈亏的响应

图 14-6 为长期不同施肥模式下垆土有效磷变化量与土壤累积磷盈亏的响应关系。不施磷肥的CK、N 和 NK 处理土壤有效磷变化量与土壤累积磷亏缺值均呈显著相关

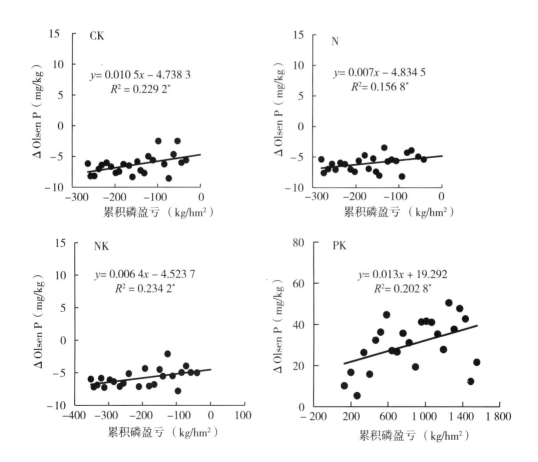

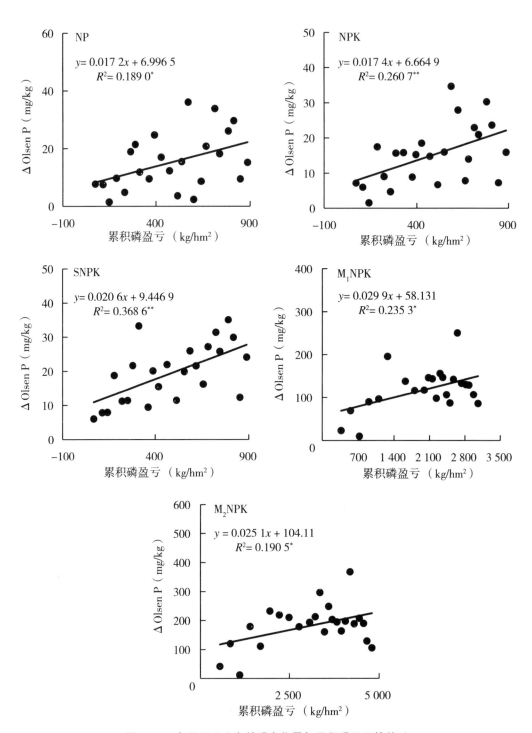

图14-6　各处理塿土有效磷变化量与累积磷盈亏的关系

（$P<0.05$），土壤每亏缺 100 kg P/hm²，3 个处理有效磷分别下降 1.05 mg/kg、0.70 mg/kg 和 0.64 mg/kg。施用化学磷肥的 PK、NP 和 NPK 处理，土壤有效磷增量与土壤累积磷盈余均表现为显著正相关（$P<0.05$）或极显著正相关（$P<0.01$）。土壤每累积 100 kg P/hm²，有效磷浓度分别上升 1.30 mg/kg、1.72 mg/kg 和 1.74 mg/kg。在 SNPK、M_1NPK 和 M_2NPK 3 个处理中，耕层土壤有效磷增加量与磷累积盈亏量均呈显著相关（$P<0.05$），但单位磷盈余所提高的有效磷量要高于单施化肥处理，即土壤每累积 100 kg P/hm²，SNPK、M_1NPK 和 M_2NPK 处理下土壤有效磷浓度分别上升 2.06 mg/kg、2.99 mg/kg 和 2.51 mg/kg。其他研究也有类似结果，有机无机配施处理中每盈余 100 kg P/hm²，有效磷顺序为 SNPK > M_2NPK > M_1NPK（裴瑞娜，2010）。而本试验 M_1NPK 和 M_2NPK 处理有效磷增量高于 SNPK 处理，可能与施用的有机肥种类有关。但总体上，有机物料配施化学氮磷钾肥可显著提高单位磷投入所增加的土壤有效磷含量，可能有以下原因：第一，有机物中的某些物质掩蔽了磷吸附位点，减少了土壤对肥料磷的吸附固定（章明奎等，2008；赵晓齐等，1991）；第二，有机肥中的小分子有机酸或者是有机物矿化过程中产生的有机酸可溶解某些形态的无机磷如钙磷，增加了磷有效性；第三，有机肥中的有机物质络合了可以固定磷的一些金属离子，降低了肥料磷的吸附（赵晓齐等，1991）；第四，有机物料的添加，促进了微生物的生长和周转，某些解磷微生物可以释放固定态磷，同时磷周转加快也提高了磷有效性（侯佳奇等，2013；向万胜等，2003；王岩等，1998）。从图 14-7 可以看出，各处理耕层土壤有效磷变化量与土壤累积磷盈亏也呈极显著正相关（$P<0.01$），塿土平均每盈余 100 kg P/hm²，有效磷浓度上升 5.18 mg/kg。国际上多数研究认为约 10% 的累积磷盈余转变为有效磷（Johnston，2000）。曹宁等（2012）对中国 7 个长期试验地点有效磷与土壤累积磷盈亏的关系

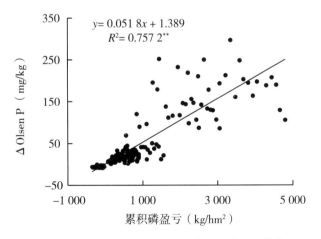

图 14-7　塿土有效磷变化量与土壤累积磷盈亏的关系

进行研究，发现土壤有效磷含量与土壤磷盈亏呈极显著线性相关（$P<0.01$），中国 7 个样点每盈余 100 kg P/hm^2，有效磷浓度上升范围为 1.44~5.74 mg/kg，连续施肥的年限、气候条件、种植制度和土壤理化性质的不同均会引起试验结果的差异。

四、长期施肥土壤磷形态

磷在土壤中是以多种形态存在的，主要分为无机磷和有机磷两大类，石灰性土壤中磷主要以无机磷为主，因而其对作物的有效性相对较高，而有机磷则需在一定条件下矿化为无机磷供作物吸收利用，可视为潜在的磷源。不同形态磷素的有效性不同，并且直接影响着作物对土壤中磷素的吸收利用，因此磷素形态的研究一直受到人们的关注。关于磷素的分级及形态转化特征方面的研究有许多报道，包括不同土壤类型（Zhang et al. ,2004）、不同施肥因素（周广业等，1993；张富仓等，2003）和不同耕作方式（田秀平等，2003）等对土壤磷素的影响。

分析陕西堘土长期定位试验（20 年）施用化学磷肥及化肥配合有机物料各处理耕层土壤磷形态变化（表 14-2）。土壤无机磷以钙磷为最大组分，含量介于 356.5~968.8 mg/kg，其中十钙磷占了绝大部分，平均含量为 331.2 mg/kg，变幅 306.6~367.2 mg/kg，各处理平均占无机磷总量的 41.46%；其次为八钙磷，平均含量 208.20 mg/kg，变幅 40.62~486.17 mg/kg，各处理平均占无机磷总量的 26.07%；二钙磷含量最低，介于 4.44~139.48 mg/kg，平均 46.71 mg/kg，仅占无机磷总量的 5.85%。其他形态中，闭蓄态磷平均含量 117.27 mg/kg，变幅为 40.93~270.06 mg/kg，平均占无机磷总量的 14.68%，高于铝磷和铁磷，后两者各处理平均含量分别为 52.80 mg/kg（变幅 16.29~112.54 mg/kg）和 42.64 mg/kg（变幅 23.97~65.03 mg/kg），分别为无机磷总量的 6.61% 和 5.34%。和试验开始前耕层土壤相比较，20 年不施磷肥处理显著降低了铝磷和闭蓄态磷含量和二钙磷含量；其他形态基本稳定。而施磷肥处理增加了除十钙磷外所有形态磷含量，从而提高了土壤磷的有效性。其中均以 M$_2$NPK 增幅最为显著，其次为 M$_1$NPK 和 SNPK。但 PK 处理增加了十钙磷含量，但减少了闭蓄态磷含量，可能与其磷累积较多，但土壤有机质低有关，原因有待进一步研究。如果将二钙磷、八钙磷和铝磷作为有效磷源，可见长期耕作施磷，特别是有机肥和化肥配合施用，不仅可使全磷含量升高，尤其能提高土壤有效磷源含量，从而增强土壤的供磷能力。

表 14-2　不同施肥处理土壤各形态无机磷含量　　　　　　单位：mg/kg

年份	处理	各形态无机磷含量					
		二钙磷	八钙磷	十钙磷	铝磷	铁磷	闭蓄态磷
1990 年	背景值	7.90	42.04	306.59	28.91	27.44	87.83
2010 年	CK	4.47	40.62	322.05	16.29	23.97	40.93
	N	4.44	53.30	310.40	20.28	30.29	43.31
	NK	5.20	55.70	320.95	22.62	30.72	43.14
	NP	17.31	180.49	326.83	33.83	38.76	155.29
	PK	37.36	319.70	367.17	68.81	65.07	54.93
	NPK	24.33	169.09	323.54	56.71	44.13	149.99
	SNPK	58.81	174.54	331.36	56.01	37.99	142.05
	M_1NPK	129.01	394.21	334.88	88.14	51.49	155.73
	M_2NPK	139.48	486.17	343.17	112.54	61.31	270.06
	平均含量	46.71	208.20	331.15	52.80	42.64	117.27
	平均比例（%）	5.85	26.07	41.46	6.61	5.34	14.68

五、土壤有效磷农学阈值

　　土壤有效磷含量是影响作物产量的重要因素，土壤有效磷含量较低时，不能满足作物的生长需求，导致作物产量较低。当土壤有效磷含量达到一定水平时，进一步施用磷肥或提高土壤有效磷含量，不仅不会显著提高作物产量，还可能促进磷素向作物难以利用的形态转化，甚至在地下水位较浅地区或流域，耕层土壤磷可能通过亚地表径流（淋溶）或地表径流输入到地下水或地表水体，造成环境污染。因此确保土壤有效磷含量的适宜水平对作物产量与环境保护具有非常重要的意义。磷农学阈值是指当土壤中的有效磷含量达到某个值后，作物产量不随磷肥的继续施用或有效磷进一步提高而增加，即作物产量对磷肥的施用响应降低。确定土壤磷素农学阈值的方法中，应用比较广泛的有线性—平台模型和米切里西方程（Mallarino and Blackmer，1992）。

　　基于堘土不同长期施肥处理造成的有效磷梯度及不同有效磷水平下作物的产量，用供试作物小麦和玉米的相对产量和其所对应的土壤有效磷制作散点图，发现采用线性—平台模型和米切里西方程均可较好地模拟两者的关系，采用 2 种模型求出的阈值有一定差异，其中米切里西方程得出的阈值较小，而线性—平台模型得出的阈值较大。采用 2

种模型计算出的平均结果，小麦和玉米土壤有效磷农学阈值平均值分别为 15.62 mg/kg 和 13.56 mg/kg（图 14-8），可以看出塿土小麦的农学阈值高于玉米的农学阈值。Bai et al.（2013）采用线性平台模型得到的塿土小麦和玉米的农学阈值分别为 16.1 mg/kg 和 14.6 mg/kg（表 14-3），略低于本研究的小麦和玉米的农学阈值，可能原因：采取的计算模型不同，一般线性平台模型得出的阈值要低于米切里西模型（Colomb et al.，2007）。其次，可能是采用的数据量不同，Bai et al.（2013）的模型中，小麦和玉米的数据量各为 88 组，本研究中，收集的小麦和玉米数据为 202 组，大量的数据得出的结果可能更可靠。此外，本研究和 Bai et al.（2013）的结论均是陕西塿土玉米农学阈值低于小麦。而 Tang et al.（2009）对昌平区、郑州市和杨凌区的玉米和小麦农学阈值的研究发现，玉米的农学阈值（平均值 15.3 mg/kg）略低于小麦（平均值 16.3 mg/kg）。不同作物的农学阈值受土壤类型以及气候环境等诸多因素的影响，在实际应用中需要结合实际情况考虑。另外，可以看到，阈值计算模型的选用，对于阈值的确定有很大影响，需要将模型的选择和实际的农业生产状况结合起来，才能准确地计算出作物的农学阈值。

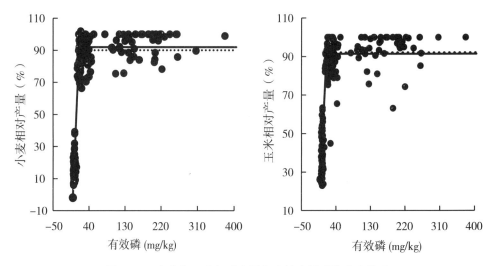

图 14-8 小麦和玉米相对产量与土壤有效磷的响应关系

表 14-3 长期不同施肥作物有效磷农学阈值

| 作物 | n | LP | | EXP | | 均值 |
		CV（mg/kg）	R^2	CV（mg/kg）	R^2	（mg/kg）
小麦	165	15.71	0.90[**]	15.52	0.89[**]	15.62
玉米	187	14.82	0.86[**]	12.29	0.84[**]	13.56

数据来源：Bai et al.（2013），*Plant and Soil*。

六、磷肥回收率的演变趋势

长期不同施肥条件下，2 种作物吸磷量在不同时间段有较大差异。不施磷肥的 3 个处理和只施磷钾肥处理整体吸磷量均显著低于平衡施用氮、磷肥的所有处理，并且小麦吸磷量低于玉米（表 14-4）。各处理下小麦和玉米的吸磷量均表现为 CK、N、NK、PK<NP、NPK< NPKS< M_1NPK< M_2NPK。平衡施用氮磷肥处理在试验开始前 5 年，小麦吸磷量均低于玉米吸磷量（1991—1996 年）；此后整体上均为小麦吸磷量大致和玉米吸磷量相当或高于后者，有机无机肥配施的 M_1NPK、M_2NPK 和 SNPK 处理尤其如此。

表 14-4　长期不同施肥作物磷素吸收特征　　　　单位：kg P/hm²

处理	1991—1996 年		1997—2002 年		2003—2008 年		2009—2015 年		1991—2015 年（25 年平均）	
	小麦	玉米	小麦	玉米	小麦	玉米	小麦	玉米	小麦	玉米
CK	5.07	7.21	4.04	6.96	3.30	6.48	3.59	5.78	3.98	6.57
N	5.79	9.73	3.07	6.84	2.91	7.09	2.94	6.64	3.65	7.54
NK	5.87	10.01	4.33	9.83	4.48	10.09	5.19	6.92	4.98	9.12
PK	6.45	9.00	8.49	14.47	5.65	14.25	9.76	11.74	7.68	12.34
NP	20.07	23.38	25.41	24.24	22.06	24.64	27.04	19.90	23.78	22.92
NPK	19.76	25.28	25.57	22.77	20.17	22.32	28.35	21.98	23.66	23.04
SNPK	22.19	25.74	27.38	24.85	23.41	23.42	31.61	22.94	26.37	24.19
M_1NPK	20.82	24.50	32.15	28.01	29.39	30.37	34.96	23.34	29.55	26.43
M_2NPK	26.46	23.92	36.45	29.40	31.63	32.43	39.41	25.79	33.73	27.80

塿土长期施磷条件下，小麦和玉米籽粒产量与作物地上部分磷素吸收呈极显著正相关（图 14-9）。小麦回归方程为 $y = 0.184\ 1x + 0.512\ 1$（$R^2 = 0.892\ 2$，$P<0.01$），玉米为 $y = 0.190\ 2x + 1.609\ 5$（$R^2 = 0.670\ 1$，$P<0.01$）。据此可得陕西塿土小麦和玉米地上部分每吸收 1 kg 磷，可分别生产籽粒约 0.184 t 和 0.190 t。

长期不同施肥处理小麦、玉米及小麦/玉米周年磷肥回收率的变化趋势（图 14-10 至图 14-12）。总体来看，玉米季各处理磷肥回收率高于小麦季，施用化肥的 PK、NP 和 NPK 处理中，PK 处理磷表观利用率最低，小麦和玉米分别在 15% 和 40% 以内；NP 和 NPK 处理总体上小麦有缓慢上升、玉米有下降的趋势，但波动较大。施肥 25 年后 NP 和 NPK 处理小麦和玉米的磷肥表观利用率保持在 40% 和 50% 左右（图 14-10）。小

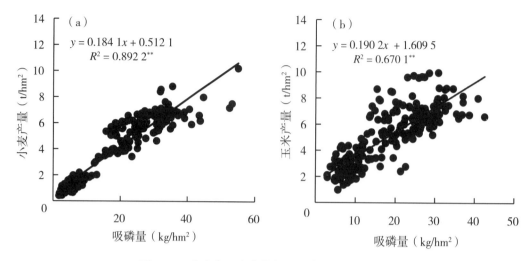

图 14-9　小麦和玉米产量与作物磷素吸收的关系

麦季施用有机物料的 3 个处理磷肥表观回收率均有上升趋势，其中，化肥配施秸秆的 SNPK 处理，小麦磷肥表观利用率从初始的 20% 左右，缓慢上升到 2015 年的 50% 左右；而化肥配施有机肥的 M_1NPK 和 M_2NPK 处理磷肥表观利用率逐渐上升，随后稳定在 20%~30%，是因为其磷肥投入量高（图 14-10）。玉米季 SNPK、M_1NPK 和 M_2NPK 处理磷肥表观回收率均较高，2015 年时分别达到 54%、45% 和 53%，由于玉米季雨热同步，有机物料矿化释放了较多磷素，作物可能有冗余吸收。而 NP 和 NPK 处理磷肥表观回收率基本保持在 45% 左右，PK 处理磷肥表观回收率较低，25 年后基本稳定在 20% 左右（图 14-11），因为缺氮所致。就小麦/玉米周年磷肥利用率来说，以 PK 处理磷肥回收率相对较低，25 年后基本稳定在 12% 左右。NP、NPK 和 SNPK 3 个处理磷肥回收率

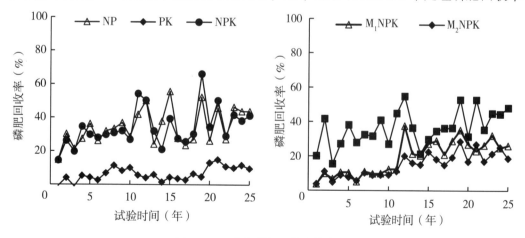

图 14-10　小麦磷肥回收率的变化

较为接近，变幅介于42%~50%，而25年后有机肥配施无机肥的 M_1NPK 和 M_2NPK 处理磷肥回收率分别趋近于30%和23%（图14-12）。

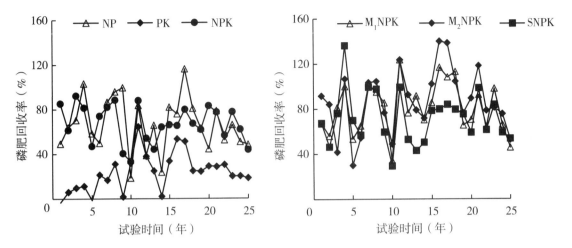

图 14-11 玉米磷肥回收率的变化

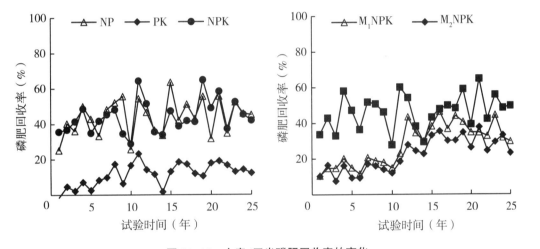

图 14-12 小麦/玉米磷肥回收率的变化

总体上，2个施磷肥处理小麦季磷表观回收率均随时间显著升高，年均升高幅度为0.34（PK）~1.10（M_1NPK），平均变幅为0.73左右，而玉米则无明显规律（表14-7）。以上结果可能是因为小麦对磷肥较为敏感（王旭东等，2003），其生长季的大部分时期（10月至翌年3月）均处于温度较低的季节，磷有效性较低，需要施用较多的磷肥（唐旭等，2009；Rein et al.，1994）。玉米生长季节处于雨热同步，土壤磷有效性较高（卜令铎等，2013），同时土壤有机物矿化提供了较多磷源；此外玉米季施磷肥量较低也是一个原因。

表 14-5　磷肥回收率随时间的变化关系

处理	小麦季		玉米季	
	方程	R^2	方程	R^2
PK	$y=0.3431x+1.949$	0.3597^{**}	$y=0.8910x+11.919$	0.1494
NP	$y=0.6669x+25.704$	0.2130^{*}	$y=-0.4131x+71.966$	0.0159
NPK	$y=0.7387x+24.550$	0.2200^{*}	$y=-0.4371x+72.791$	0.0372
SNPK	$y=0.7426x+26.628$	0.2801^{**}	$y=-0.3224x+75.970$	0.0106
M_1NPK	$y=1.1039x+4.930$	0.6581^{**}	$y=0.1326x+79.183$	0.0018
M_2NPK	$y=0.8002x+4.448$	0.7066^{**}	$y=0.6263x+78.362$	0.0268

　　研究长期不同施肥条件下，不同作物在不同肥料管理措施下磷肥表观利用率对耕层土壤有效磷的响应可能会对磷素管理有重要启示。从当前长期肥料定位试验结果来看，PK、NP、NPK、SNPK 及 M_1NPK 5 个处理在小麦季上两者均具有显著相关（图 14-13）。其中 PK 处理由于氮素缺乏的制约，磷肥表观利用率低于 15%，虽然有直线正相关，但生产意义不大，可能是在满足磷素供应时，作物利用了大气沉降中的氮的缘故。对平衡施用氮磷的 3 个处理（NP、NPK 和 SNPK），均有一个相同或相似的特征，即在耕层土壤有效磷达到约 30~35 mg/kg 时，磷表观利用率达到最大（约 40%），随后开始降低。这意味着磷表观利用率在一定土壤有效磷水平下随土壤有效磷水平升高而提高，超过一定水平后出现降低。施高量有机肥的处理（M_2NPK）无显著相关，可能是因为由于有机肥带入大量磷素，导致土壤有效磷水平在短时间内（3~5 年）大幅度提高，超过了一定农学阈值所致。而在玉米季时，所有施磷处理磷肥表观利用率与耕层土壤有效磷均没有明显响应，可能与玉米生长季雨热同步，有效地利用了有机碳分解释放的磷素的缘故，同时也可能与玉米磷农学阈值相对较低有关。

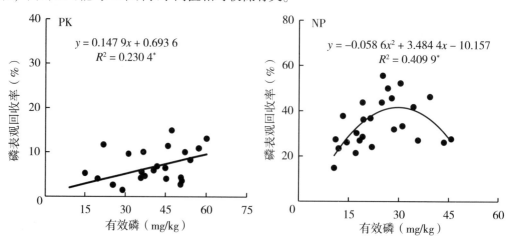

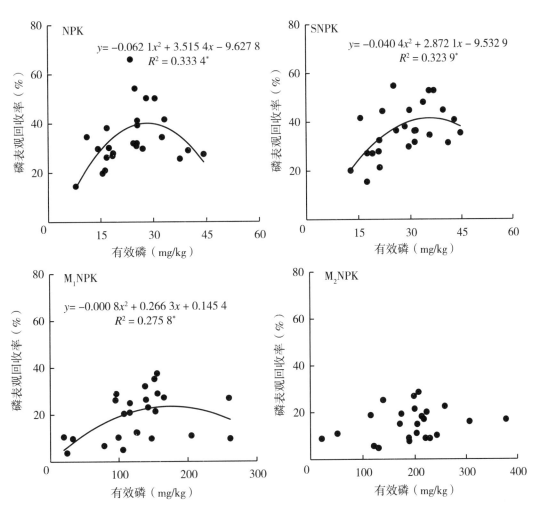

图 14-13　小麦磷表观回收率与土壤有效磷的关系

七、主要结果与指导磷肥的应用

长期施肥下磷素的演变特征结果表明：不施磷肥的处理（CK、N 和 NK）土壤全磷、有效磷和 PAC 值均下降，而施磷肥的处理（NP、PK、NPK、M_1NPK、M_2NPK 和 SNPK）土壤全磷、有效磷和 PAC 值均有上升，说明施磷肥能够提高土壤磷素肥力水平和土壤磷有效性。长期施肥条件下得到的土壤有效磷消长和土壤磷盈亏关系（图 14-6，图 14-7），可以很好地用来预测塿土目前耕作体系下的土壤有效磷变化，其斜率代表磷平均每盈亏 1 个单位（kg P/hm²）相应的有效磷消长量（mg/kg）。在已知土壤有效磷的农学阈值或土壤磷环境阈值（引起磷素淋溶风险的土壤磷临界值）时，根据某一特定管理措施下起始的耕层土壤有效磷水平和作物携出的磷量，可以比较精准地估算其土壤有效磷的消长和达到某阈值的时间及施磷量，达到定向定量培育土壤磷素肥力的目的，还可以减少土壤磷测定次数，节省磷推荐费用。根据作物磷素表观利用率和土壤有效磷的关系，可以明确本研究土壤小麦作物磷素肥力水平应当控制在 17~30 mg/kg，即磷农学阈值和最高磷效率土壤有效磷范围内。姚珊等（2018）用大田试验也得到了这样的结果，此值比塿土磷素环境阈值小约 10 mg/kg。

（杨学云、张树兰、刘琳）

主要参考文献

卜令铎，2013. 旱地春玉米高产高效栽培体系构建、评价及区域模拟[D]. 咸阳：西北农林科技大学.

曹宁，陈新平，张福锁，等，2007. 从土壤肥力变化预测中国未来磷肥需求[J]. 土壤学报，44（3）：536-543.

付莹莹，同延安，赵佐平，等，2010. 陕西关中灌区夏玉米土壤养分丰缺及推荐施肥指标体系的建立[J]. 干旱地区农业研究，28（1）：88-93.

郭兆元，黄自立，冯立孝，1992. 陕西土壤[M]. 北京：科学出版社.

侯佳奇，李晔，贾璇，等，2013. 解磷微生物肥料的研究与进展[J]. 再生资源与循环经济，6（12）：31-35.

李酉开，1983. 土壤农业化学常规分析方法[M]. 北京：科学出版社.

李祖荫，吕家珑，1991. 旱地小麦磷肥施用方法的探讨[J]. 干旱地区农业研究（3）：21-28.

刘京，2015. 长期施肥下紫色土磷素累积特征及其环境风险[D]. 重庆：西南大学.

刘琳，吉冰洁，李若楠，等，2019. 陕西关中冬小麦/夏玉米区土壤磷素特征. 中国农业科学，52（21）：3878-3889.

刘杏兰，1995. 关中灌区小麦、玉米轮作田磷肥施用定位研究[J]. 西北农业学报，4（3）：85-88.

马志超，张明学，周仓军，等，2014. 关中西部冬小麦氮磷钾养分丰缺指标及经济最佳施肥量研究[J]. 中国农学通报，30（24）：210-216.

马志超，张明学，周仓军，等，2015. 关中西部玉米氮磷钾养分丰缺指标及经济最佳施肥量研究[J]. 西北农林科技大学学报（自然科学版），43（11）：145-151.

裴瑞娜,2010.长期施肥下我国典型农田土壤有效磷对磷盈亏的响应[D].甘肃：甘肃农业大学.

齐雁冰,常庆瑞,田康,等,2013.黄土丘陵沟壑区不同植被恢复模式土壤无机磷形态分布特征[J].农业环境科学学报,32(1).56 62.

REIN,T M,赵锁劳,1994.磷和温度对小麦与高秆羊茅草叶片中镁钙钾的效应[J].麦类作物学报(6)：29-32.

沈浦,2014.长期施肥下典型农田土壤有效磷的演变特征及机制[D].北京：中国农业科学院.

孙锐璞,2015.长期不同土壤管理对垆土耕层土壤磷库的影响[D].咸阳：西北农林科技大学.

唐旭,2009.小麦—玉米轮作土壤磷素长期演变规律研究[D].北京：中国农业科学院.

田秀平,马艳梅,韩晓日,2003.长期耕作、施肥对白浆土无机磷形态的影响[J].土壤,35(4)：344-346.

王旭东,于振文,2003.施磷对小麦产量和品质的影响[J].山东农业科学(6)：35-36.

王岩,沈其荣,史瑞,等,1998.有机、无机肥料施用后土壤生物量C、N、P的变化及N素转化[J].土壤学报(2)：227-234.

向万胜,2003.华中亚热带红壤与水稻土磷素的形态与转化过程[D].武汉：华中农业大学.

杨学云,赵秉强,常艳丽,等,2015.陕西省作物专用复混肥料农艺配方[M].北京：中国农业出版社.

姚珊,张东杰,JAVKHLAN B,等,2018.冬小麦—夏玉米体系磷效率对垆土磷素肥力的响应[J].植物营养与肥料学报,24(6)：230-240.

张宝贵,李贵桐,1998.土壤生物在土壤磷有效化中的作用[J].土壤学报(1)：104-111.

张福锁,王激清,张卫峰,等,2008.中国主要粮食作物肥料利用率现状与提高途径[J].土壤学报,45(5)：915-924.

张富仓,康绍忠,李志军,2003.施氮对小麦根—土界面磷迁移及根际磷素组分变化特征的影响[J].土壤学报,40(4)：635-639.

章明奎,郑顺安,王丽平,2008.动物粪液中可溶性磷在土壤中的吸附和迁移特性研究[J].植物营养与肥料学报,14(1)：99-105.

赵晓齐,鲁如坤,1991.有机肥对土壤磷素吸附的影响[J].土壤学报,28(1)：7-15.

周广业,阎龙翔,1993.长期施用不同肥料对土壤磷素形态转化的影响[J].土壤,30

（4）：443-446.

朱显谟,1989. 黄土高原土壤与农业［M］. 北京：中国农业出版社.

BAI Z H, LI H G, YANG X Y, et al., 2013. The critical soil P levels for crop yield soil fertility and environmental safety in different soil types［J］. Plant and soil, 372(1-2)：27-37.

BLAKE L, JOHNSTON A E, POULTON P R, et al., 2003. Changes in soil phosphorus fractions following positive and negative phosphorus balances for long periods［J］. Plant and soil, 254(2)：245-261.

COLOMB B, DEBAEKE P, JOUANY C, et al., 2007. Phosphorus management in low input stockless cropping systems：crop and soil responses to contrasting P regimes in a 36-year experiment in southern France［J］. European journal of agronomy, 26(2)：154-165.

HOLFORD I C R, 1997. Soil phosphorus：its measurement, and its uptake by plants［J］. Soil research, 35(2)：227-239.

JOHNSTON A E, 2000. Soil and plant phosphate［M］. Pairs：International Fertilizer Industry Association Press.

MALLARINO A P, BLACKMER A M, 1992. Comparison of methods for determining critical concentrations of soil test phosphorus for corn［J］. Agronomy journal, 84(5)：850-856.

SUN B, CUI Q, GUO Y, et al., 2018. Soil phosphorus and relationship to phosphorus balance under long-term fertilization［J］. Plant soil environment, 64(5)：214-220.

TANG X, LI J M, MA Y B, et al., 2009. Determining critical values of soil olsen-P for maize and winter wheat from long-term experiments in China［J］. Plant and soil, 323(1-2)：143-151.

ZHANG T Q, MACKENZIE A F, LIANG B C, et al., 2004. Soil test phosphorus and phosphorus fractions with long-term phosphorus addition and depletion［J］. Soil ercesoiety of america journal, 68(2)：519-528.

南方旱地篇

　　我国南方旱地主要分布在长江以南广阔的低山丘陵区，总面积1 515.63万 hm²，占南方耕地总面积的40%以上。旱地面积占耕地面积比例，最高的是云南省达65.87%，贵州省、安徽省、四川省和湖北省约50%，最低的是上海市和江西省，占11%~15%（黄国勤，1996）。南方旱地处亚热带季风气候区，全年平均气温自北向南在15~24℃，最冷月平均气温为2~18℃，绝大部分低海拔地区，全年有植物生长，不存在冬季不能种植作物的"死冬"。我国南方地区雨热资源丰富，≥10℃年积温，北亚热带，长江中下游平原为4 500~5 300℃；中亚热带，江南大部地区为5 300~6 500℃；南亚热带，南岭和云贵高原以南基本无霜，积温为6 500~8 000℃。气候生产潜力（温、光、水）分别是三江平原的2.63倍，黄淮海平原的1.28倍，种植复制指数高，适于发展多熟种植（赵其国，2000）。

　　红壤和砖红壤是我国南方的主要酸性旱地土壤。除一部分经长期水耕熟化形成水稻土外，大部分仍以旱地耕作为主。种植有粮食作物，也有经济作物和果、茶、桑等。

　　红壤主要分布在南方低山丘陵区，其中包括江西省、湖南省的大部分，云南、广东、广西、福建等省（自治区）的北部以及贵州、四川、浙江、安徽等省的南部。气候温暖，雨量充沛，无霜期较长。红壤原生植被为亚热带常绿阔叶林，其中壳斗科占优势。红壤地区植物生物量很大，在亚热带常绿阔叶林下，每年植物凋落于地表的枯枝落叶干物质有3 750~4 500 kg/hm²，农作物可一年两熟或一年三熟，并适于多种亚热带经济作物的生长（熊毅和李庆逵，1987）。

　　砖红壤大致位于北纬22°以南，主要分布在海南岛、雷州半岛和西双版纳等地。砖红壤地处热带，具有高温多雨、干湿季节明显的季风气候特点，冬季少雨多雾，夏季多雨。在各种火成岩、沉积岩及冲积物的低阶地上，经长期高温高湿风化，可形成厚达数米至十几米的酸性富铝化风化土体。原生植被为热带雨林或季雨林，优势树种有黄枝子、青梅和山荔枝等。砖红壤是发展热带经济作物，特别是橡胶的重要基地，也可以种植咖啡、香蕉、菠萝、油棕和可可等热带经济作物。农作物一年可以三熟，甘薯全年可种（熊毅和李庆逵，1987）。

　　南方的酸性旱地土壤是我国缺磷面积最大的地区之一，在我国开展土壤磷素研究最早。一般情况下，红壤和砖红壤旱地（耕地）土壤中，含量依高到低的次序为：闭蓄态磷>铁磷>铝磷>钙磷。磷的各种形态可以发生转化，随着土壤熟化度提高，土壤钙磷的含量会增加，铝磷是酸性红壤旱地土壤有效磷的主要贡献者，铁磷与钙磷对旱地红壤磷素供应具有重要作用，闭蓄态磷则难以被利用（鲁如坤，1998）。

　　江西省鹰潭市农田生态系统国家野外研究站（第四纪红黏土发育红壤）观测数据表明，红壤无机磷组分中铁磷比例最高（>40%），其次为闭蓄态磷；施用化学磷肥与化学磷肥与有机肥配施均可提高红壤中各形态无机磷含量，尤其是可以显著增加铝磷含量，提高土壤磷最有效，从而大大增强红壤的供磷能力（王艳玲，2010）。云南省曲靖市越州镇山原红壤长期定位试验站的观测数据表明，不同施肥处理下红壤无机磷组分均以铁磷为主，占总量的50%左右。与不施磷处理相比，施磷处理中铁磷与铝磷含量的增幅最明显（史静，2014）。湖南省祁阳县对不同施磷处理红壤磷形态变化的长期定位（1991—2000年）研究表明，连续施用化学磷肥和有机肥料的处理，钙磷和铝磷所占比例增大，特别是二钙磷和八钙磷增加显著。祁阳县2000年和2013年红壤无机磷形态研究发现，NPK、NPKS和NPKM处理的二钙磷、八钙磷、铝磷、铁磷、闭蓄态磷和十钙磷含量均增加，其中二钙磷和八钙磷提高幅度较大，闭蓄态磷提高幅度最小（吴启华，2018）。

本篇一共6章，通过长期定位研究，总结分析了包括安徽省蒙城县砂姜黑土、江苏省徐州市砂质潮土、贵州省黄壤、江西省进贤县红壤、湖南省祁阳县红壤和云南省曲靖市红壤旱地土壤磷素演变特征。

第十五章 山原旱地红壤磷素演变及磷肥高效利用

红壤具有优越的生产性质，是我国发展农业最有潜力的土壤类型之一（李庆逵，1983）。云南省红壤面积占全省土地面积的 32.27%，其中曲靖市红壤面积最多，有173.27 万 hm^2，最典型、最具代表性的山原红壤有 130 万 hm^2，占曲靖市红壤的 75%。山原红壤作为曲靖市红壤的代表性亚类，具有酸性重、盐基不饱和，钾、钠、钙、镁盐基物质流失严重，铁铝富集的特性，有机质和氮素贫乏，胡敏酸/富里酸比值偏低，特别是低肥力山原红壤，富里酸碳量相对值更高，磷极易固定，氮利用率较低，土壤质地普遍黏性重，物理性状不良，耕性差。

红壤肥力演变研究在国内已有许多报道，如李寿田等红壤对磷的固定能力和释放量的研究（2003）；徐明岗等有关红壤活性有机质及碳库管理指数的影响等（2006）。曲靖市玉米种植虽然有种植历史悠久、种植面积大等优势，但在种植技术特别是施肥技术上还存在不少弊端，重施氮磷肥、轻施甚至不施钾肥的现象普遍存在，有机肥用量少等问题较突出。因此，研究长期施肥不同处理对玉米产量效应及地力变化对山原红壤地区合理高效施肥具有重大意义。土壤有效磷含量是影响作物产量的重要因素，土壤中的有效磷含量较低时，不能满足作物的生长需求，造成作物明显减产；但当土壤有效磷含量过高时，则对作物的增产效果不明显，甚至可能由于淋溶或者地表径流造成环境污染，因而确定保证土壤有效磷含量的适宜水平对作物产量与环境保护具有非常重要的意义。磷农学阈值是指当土壤中的有效磷含量达到某个值后，作物产量不随磷肥的继续施用而增加，即作物产量对磷肥的施用响应降低。确定土壤磷素农学阈值的方法中，应用比较广泛的有线线模型、线性平台模型和米切里西方程。

曲靖市土肥站从 1978 年起至今进行的山原红壤玉米长期施肥定位试验研究，在施用氮、磷基础上补充施用有机肥和钾肥，研究对玉米产量、品质和土壤养分变化等的影响规律，探讨不同施肥条件下高原红壤肥力演变和增产效应，为曲靖市山原红壤地区玉米的高产优质栽培提供科学施肥依据，对指导山原红壤地区玉米栽培和提高施肥技术水平提供理论基础，同时对山原红壤土壤改良提供参考依据。本试验对山原红壤的地力变化进行研究，揭示了长期人为种植后土壤养分变化规律和土壤理化性状变化，为改进土壤与作物系统内养分调控、减少因不合理施肥造成的养分资源浪费以及促进农业的可持续发展等方面提供理论依据。

一、曲靖旱地红壤长期定位试验概况

（一）试验点基本概况

曲靖红壤旱地肥力长期定位试验设在云南省曲靖市麒麟区越州镇（北纬25°18′，东经103°53′），1978年建点，属低纬度高原季风气候，海拔高度约1 906 m；年均气温13~15℃，≥10℃的年积温3 500~4 000℃，年降水量900~1 000 mm，年蒸发量2 000~2 200 mm，相对湿度70%~74%，无霜期245 d。土壤为冲积母质发育的山原红壤，土种为涩红土。土壤质地黏重，土体构型0~20 cm为核状构型，20~45 cm为碎块状，45 cm以下为大块状构型，耕层深度20 cm，建点年份土壤（0~20 cm）肥力情况详见表15-1。灌溉水源为水库，可基本满足灌溉需求，灌溉方式为沟灌，排涝能力中等。种植制度为春玉米—冬休闲，一年一熟。

表15-1 试验点初始年（1978年）土壤（0~20 cm）基本理化性质

理化性质	有机质（g/kg）	全氮（g/kg）	碱解氮（mg/kg）	有效磷（mg/kg）	速效钾（mg/kg）	pH值
测定值	18.7	1.0	62.0	0.8	67.0	6.1

（二）试验设计

1978年年初建点设置5个处理，①单施氮肥276 kg/hm²（N）；②氮磷肥配施276 kg/hm²+P₂O₅ 120 kg/hm²（NP）；③氮肥农家肥配施276 kg/hm²+农家肥30 000 kg/hm²（NM）；④氮磷肥农家肥配施276 kg/hm²+P₂O₅ 120 kg/hm²+农家肥30 000 kg/hm²（NPM）；⑤对照处理，不施肥；1990年起（1991年开始统计数据）将①单施氮肥276 kg/hm²（N）裂区出⑥（N+MP）施N 276 kg/hm²+农家肥30 000 kg/hm²+P₂O₅ 120 kg/hm²；将③氮肥农家肥配施276 kg/hm²+农家肥30 000 kg/hm²（NM）裂区出⑦施N 276 kg/hm²+农家肥30 000 kg/hm²+K₂O 112.5 kg/hm²（NM+K）和⑧施N 276 kg/hm²+农家肥30 000 kg/hm²+P₂O₅ 120 kg/hm²（NM+P）；将②氮磷肥配施276 kg/hm²+P₂O₅ 120 kg/hm²（NP）裂区出⑨处理②+K₂O 112.5 kg/hm²（NP+K）；将④氮磷肥农家肥配施276 kg/hm²+P₂O₅ 120 kg/hm²+农家肥30 000 kg/hm²（NPM）裂区出⑩施N 276 kg/hm²+P₂O₅ 120 kg/hm²+农家肥

30 000 kg/hm²+K₂O 112.5 kg/hm²（NPM+K）。

试验采用随机区组设计，3 次重复，小区面积 33.34 m²。各小区之间用 60 cm 深水泥埂隔开，无灌溉设施，不灌水，为自然雨养农业（水库水源仅作为苗期保苗）。肥料施用方法：氮肥 30% 作苗肥，70% 作穗肥；磷肥与农家肥作基肥穴施，钾肥作苗肥施用，氮磷钾化肥品种分别为尿素（N，46%）、普通过磷酸钙（P₂O₅，12%）和硫酸钾（K₂O，50%）。农家肥为农户自沤肥料（原料为猪粪），氮、磷、钾养分计入总量，秸秆均不回田。玉米品种为当地大面积推广的杂交种（1978—1984 年为'水口黄'、1985—1988 年为'京杂 6 号'、1989—1991 年为'罗单 1 号'、1992—2007 年为'会单 4 号'、2008 年为'靖单 10 号'、2009—2016 年为'麒单 7 号'），种植密度 67 200 株/hm²。各小区单独测产，在玉米收获前分区取植株样，进行考种和经济性状测定。玉米收获后的 9—10 月在各小区按"之"字形取 10 个点采集 0~20 cm 土壤混合样品 1 个，样品于室内风干，磨细分别过 1 mm 和 0.25 mm 筛，装瓶保存备用。田间管理主要是除草和防治玉米病虫害，其他详细施肥管理措施见文献（王伯仁，2002；徐明岗，2006），各处理施肥详见表 15-2。

表 15-2　试验处理及肥料施用量

处理	N（kg/hm²）	P₂O₅（kg/hm²）	K₂O（kg/hm²）	农家肥（t/hm²）	全磷（kg）
CK	0	0	0	0	0
N	276	0	0	0	0
NP	76	120	0	0	0
NM	276	0	0	30	45.3
N+MP	276	120	0	30	45.3
NP+K	76	120	112.5	0	0
NM+K	276	0	112.5	30	45.3
NPM+K	276	120	112.5	30	45.3
NPM	276	120	0	30	45.3
NM+P	276	0	0	30	45.3

注：表中带"+"处理均为 1990 年裂区后 4 个主处理裂区后设置，"+"之后肥料为 1990 年以后开始施入。

二、长期施肥下土壤全磷和有效磷的变化及其关系

（一）长期施肥下土壤全磷的变化

长期不同施肥下红壤全磷含量变化如图 15-1 所示，不施磷肥的 CK 处理，由于作

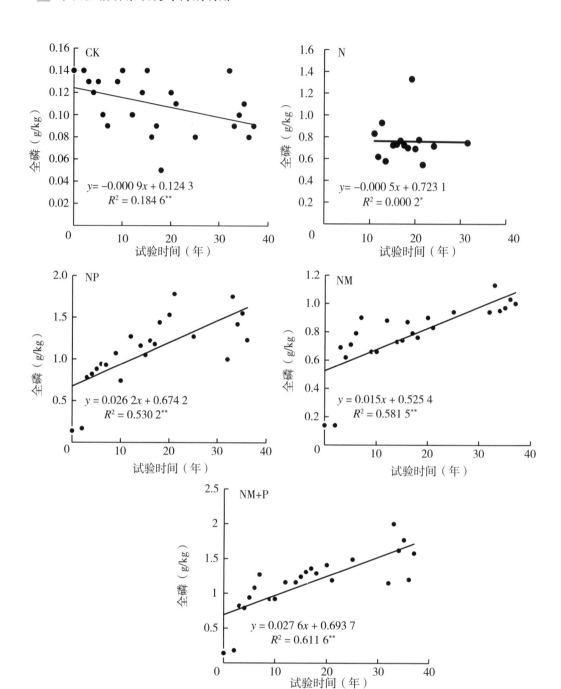

图 15-1　长期施肥对土壤全磷含量的影响

物吸收土壤磷等原因，土壤全磷表现为缓慢下降的趋势，土壤全磷含量与时间均呈显著负相关，从试验开始时（1978 年含量）的 0.14 g/kg 到 2015 年下降为 0.09 g/kg，下降了35.7%。N 处理土壤全磷表现为上升的趋势，从开始时（1978 年含量）的 0.14 g/kg 上升到 2015 年的 0.66 g/kg。土壤施用磷肥后，NP、NM 和 NM+P 处理由于磷的施用量大于作物携出磷量，土壤全磷含量随种植施用磷时间延长表现出上升趋势，与施用磷时间均呈显著正相关。施用化学磷肥的处理（NP）和配施农家肥的处理（NM+P），由试验开始时（1978 年含量）的 0.14 g/kg 到 2015 年分别上升为 1.24 g/kg 和 1.58 g/kg，分别上升785.7% 和 1 028.6%。施有机肥（NM）也提高土壤全磷含量，其年增加量为 0.02 g/kg。

（二）长期施肥下土壤有效磷的变化

如图 15-2 所示，长期不施磷肥的 CK 处理，由于作物从土壤中吸收磷素，土壤磷亏缺程度越来越大，土壤有效磷表现出下降趋势，并且与试验时间呈负相关，土壤有效磷含量从开始时（1978 年）的 0.8 mg/kg 到 2015 年下降为 0.36 mg/kg，土壤有效磷达到极缺程度。长期不施磷肥的处理 N 中，土壤有效磷含量均随种植时间延长呈现上升趋势，并且与时间呈正相关。从开始时（1978 年）的 0.8 mg/kg 增加到 2015 年的6.23 mg/kg，年增量 0.15 mg/kg，1991 年裂区增施磷肥及农家肥后，由 2001 年86 mg/kg 到 2015 年 41.2 mg/kg，有效磷含量均随种植时间延长呈现下降趋势。施用磷

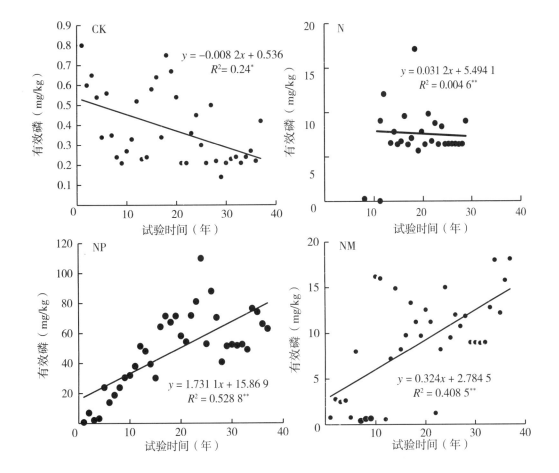

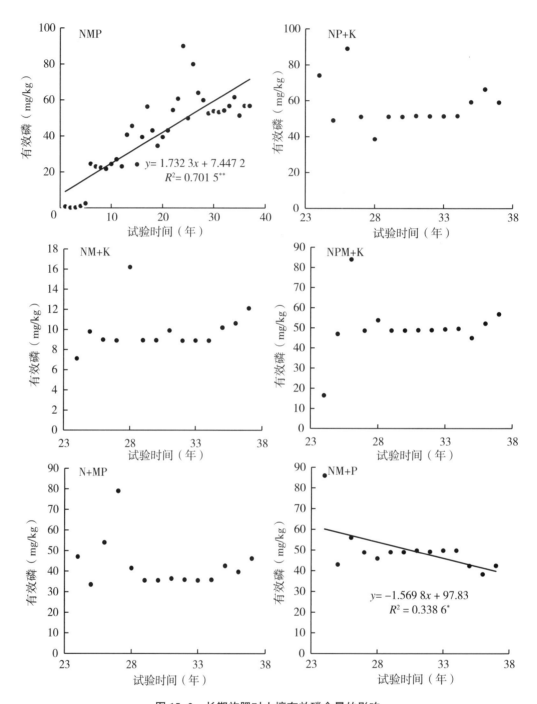

图 15-2 长期施肥对土壤有效磷含量的影响

料之后，土壤有效磷含量均随种植施磷时间延长呈现上升趋势，并且与施磷时间呈极显著正相关（$P < 0.01$）。其中，单施化学磷肥的处理 NP，土壤有效磷含量由开始时（1978 年）的 0.8 mg/kg 到 2015 年上升为 64.2 mg/kg，有效磷年增量为 1.71 mg/kg。

化学肥料配施有机肥处理 NM 和 NMP 土壤有效磷年增量分别为 0.47 mg/kg 和 1.51 mg/kg，土壤有效磷含量由试验开始时（1978 年含量）的 0.8 mg/kg 到 2015 年分别上升至 18.12 mg/kg 和 56.7 mg/kg。1991 年裂区 NP 处理加钾（NP+K）、NM 处理加磷（NM+P）、N 处理加农家肥及化学磷肥（N+MP）3 个处理有效磷含量均随种植时间延长呈现下降趋势，分别由 2001 年的 74 mg/kg、47 mg/kg 和 86 mg/kg 到 2015 年下降为 58.7 mg/kg、43.1 mg/kg 和 41.2 mg/kg，有效磷年降低量分别为 1.02 mg/kg、0.32 mg/kg 和 2.98 mg/kg；NM 处理加钾（NM+K）和 NMP 加钾（NMP+K）处理土壤有效磷含量均随种植时间延长呈现上升趋势，但增加量缓慢，分别由 2001 年的 7.12 mg/kg 和 16.5 mg/kg 上升到 2015 年的 11.8 mg/kg 和 53.2 mg/kg，有效磷年增量分别为 0.32 mg/kg 和 2.45 mg/kg。

（三）长期施肥下土壤全磷与有效磷的关系

磷活化系数（PAC）可以表示土壤磷活化能力。长期施肥下红壤磷活化系数随时间的演变规律如图 15-3 所示，不施磷肥的处理（CK 和 N）中，CK 处理土壤 PAC 与时间

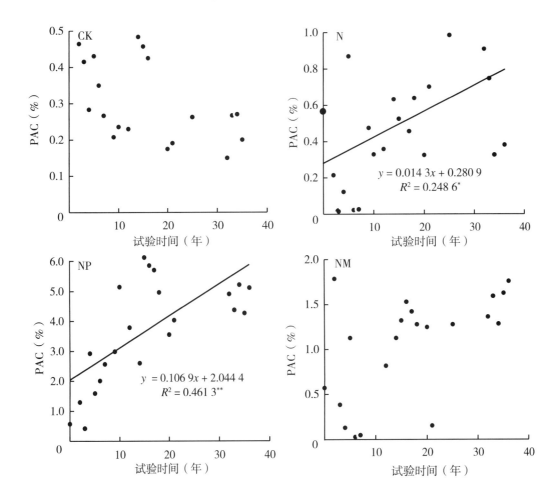

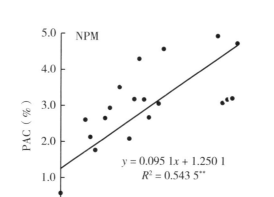

图15-3　长期施肥对红壤磷活化系数（PAC）的影响

呈显著负相关（$P<0.05$），PAC 随施肥时间均表现为下降趋势，由试验开始时（1978年）的 0.57% 分下降到 2015 年的 0.40%，年下降速度为 0.004%，N 处理土壤 PAC 与时间呈正相关，PAC 随施肥时间均表现为增加趋势，由试验开始时（1978 年）的 0.21% 分别增加到 2015 年的 0.44%，PAC 年增加速度分别为 0.007%；土壤 PAC 值低于 2%，表明全磷各形态很难转化为有效磷（贾兴永等，2011）。施用磷肥的处理，土壤 PAC 随施肥时间延长均呈现上升趋势，并与时间呈显著（$P<0.05$）或极显著正相关（$P<0.01$），NM 处理的土壤 PAC 值也低于 2%。施肥 37 年之后，NP 和 NMP 处理的土壤 PAC 均高于不施磷肥处理，PAC 值大于 2%。单施化学磷肥理（NP）和化学磷肥配施堆肥（NPM）的处理土壤 PAC 值均随种植时间延长而波动性上升，但上升幅度不大，由试验开始时（1978 年）的 0.57% 分别上升到 2015 年的 4.54% 和 3.5%，PAC 年上升速度分别为 0.1% 和 0.08%。

三、长期施肥下土壤有效磷对土壤磷盈亏的响应

（一）长期施肥下土壤磷素盈亏变化

图 15-4 为 37 年试验中各处理土壤磷当季表观盈亏。不施磷肥的 CK 和 N 2 个处理，土壤磷一直呈现亏缺状态，土壤磷当季亏缺值平均分别为 1.4 kg/hm² 和 1.09 kg/hm²，由于磷素缺乏会引起作物的生物量下降，土壤磷当季亏缺值会随种植时间延长而减少。施磷肥的 NP、NM 和 NMP 3 个处理，土壤磷当季表观呈现盈余状态土壤磷当季盈余值

平均分别为 52.39 kg/hm²、185.3 kg/hm² 和 230.6 kg/hm²，并且随种植时间延长波动不大。1991 年以后 NP+K、NM+K、NMP+K、NM+P 和 N+MP 裂区处理，土壤磷当季表观呈现盈余状态，盈余平均值分别为 5.95 kg/hm²、177.8 kg/hm²、187.8 kg/hm²、203.2 kg/hm² 和 202.1 kg/hm²，并且随种植时间延长波动不大。1991 年裂区 NP+K 处理，土壤磷盈余量低于 NP 处理，年平均盈余 7.6 kg/hm²。NM+K 处理土壤盈余量大多数年限低于 NP 处理，开始施钾的 3 年磷盈余波动较大，平均盈余减少 6.44 kg/hm²；NM+P 处理年磷盈余量高于 NP 处理，并且盈余量与 NMP 处理基本保持持平，年平均盈余量比 NP 处理增加 45.8 kg/hm²。对 NMP+K 处理，土壤磷盈余量与 NMP 处理基本持平。对 N 处理加堆肥和化学磷肥（N+MP）每年磷盈余量与 NMP 处理基本持平。说明在土壤中有效磷盈余未达到饱和状态时，追施钾肥能够有效促进作物对磷肥的吸收。

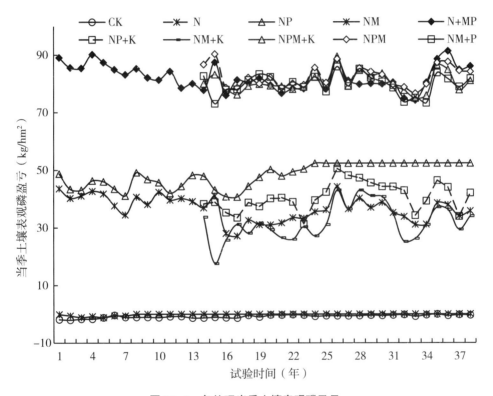

图 15-4　各处理当季土壤表观磷盈亏

图 15-5 为 37 年试验中各处理土壤累积磷盈亏。未施磷肥的 CK 和 N 2 个处理，土壤磷一直处于亏缺态，并且土壤累积磷亏缺量随试验种植时间延长而增加，N 处理因试验种植 5 年后作物绝收，土壤累积磷亏缺量小于 CK。单施化学磷肥 NP 处理，土壤磷一直处于盈余状态，随试验种植时间延长土壤累积磷盈余值增加，2000 年以后作物绝收，此时土壤累积盈余 870.9 kg/hm²，2015 年土壤累积磷盈余值为 1 990.82 kg/hm²，绝收

后磷盈余量为施磷量。NP+K 处理土壤磷盈余基本持平，2015 年土壤累积磷盈余 148.83 kg/hm²。化学磷肥配施堆肥 NMP、NMP+K、NM+P 和 N+MP 处理，土壤磷素也处于累积盈余状态，2015 年土壤累积磷盈余值分别为 2 276.68 kg/hm²、579.3 kg/hm²、963.07 kg/hm² 和 935.01 kg/hm²。施堆肥（NM）的处理土壤磷也为盈余状态，2015 年土壤累积磷盈余达到 783.11 kg/hm²，磷盈余速率比较平缓。说明单施有机肥或者化肥配施有机肥能有效增加土壤磷盈余。

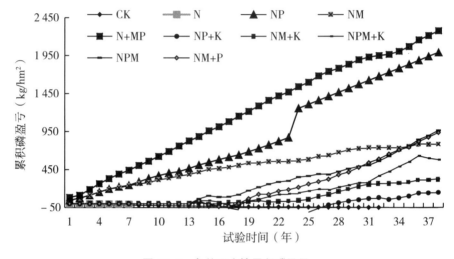

图 15-5　各处理土壤累积磷盈亏

（二）长期施肥下土壤有效磷对土壤磷素盈亏的响应

图 15-6 表示长期不同施肥模式下红壤有效磷含量与土壤累积磷盈亏的响应关系。不施磷肥的 2 个处理（CK 和 N）中，CK 和 N 处理土壤有效磷变化量与土壤累积磷亏缺值均未达到显著相关水平，CK 处理土壤每亏缺 100 kg P/hm²，有效磷下降

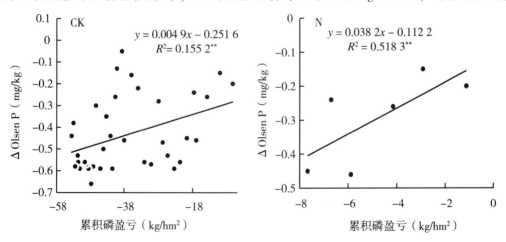

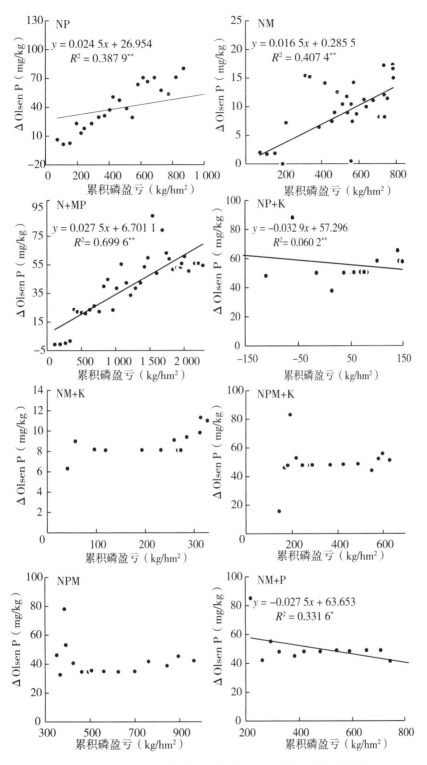

图 15-6　各处理红壤有效磷变化量对土壤累积磷盈亏的响应

0.24 mg/kg。施用化学磷肥的处理（NP），土壤有效磷与土壤累积磷盈余表现为极显著正相关（$P<0.01$），土壤每累积 100 kg P/hm^2，有效磷浓度上升 29.4 mg/kg。化肥配施有机肥 NM 和 NMP 处理，土壤有效磷变化量与土壤累积磷盈余表现为极显著正相关（$P<0.01$），土壤每累积 100 kg P/hm^2，土壤有效磷浓度分别上升 1.93 mg/kg 和 9.46 mg/kg。NP+K 处理自 1991 年开始施钾肥，磷盈余为负值，10 年后土壤累积磷亏缺量达最大为 166.55 kg/hm^2，之后又随时间的变化累积磷呈现增加态势。化学磷肥与农家肥配施的 NM+K，土壤有效磷与土壤累积磷盈余表现为正相关，土壤每累积 100 kg P/hm^2，有效磷浓度上升 8.6 mg/kg。NM 和 NM+P 处理，土壤有效磷与土壤累积磷盈余表现为负相关，土壤每亏缺 100 kg P/hm^2，有效磷浓度分别减少 47.4 mg/kg 和 60.9 mg/kg。如图 15-7 所示，25 年间，土壤有效磷变化量与土壤累积磷盈亏达到极显著正相关（$P<0.01$），红壤每盈余 100 kg P/hm^2，有效磷浓度上升 6.9 mg/kg。

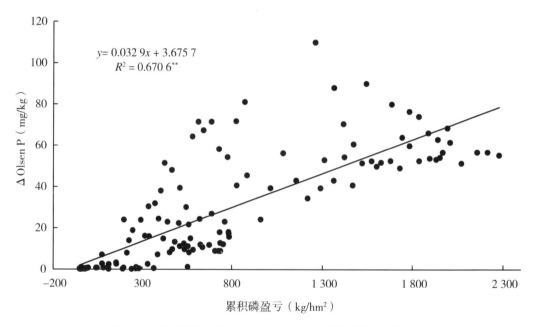

图 15-7　红壤所有处理有效磷变化量与土壤累积磷盈亏的关系

四、土壤磷肥回收率

长期不同施肥下，作物吸磷量差异显著。不施磷处理作物吸磷量显著低于施磷处理，具体表现为：CK、N<NP<NM、NM+K、NMP<NP+K<NM+P、N+MP<NMP+K，各处理不同年份吸磷量上升或下降趋势均不明显。不施磷素（CK 和 N）处理，玉米对磷

素的吸收保持在较低水平。偏施肥处理（NP）玉米磷素吸收量逐年下降，种植 24 年时出现作物产量绝收现象（表 15-3，图 15-8）。

表 15-3　玉米长期不同施肥磷素吸收特征　　　　　　　　　　单位：kg P/hm²

处理	1978—1982 年	1983—1987 年	1988—1992 年	1993—1997 年	1998—2002 年	2003—2007 年	2008—2015 年	1978—2015 年（38 年平均）
CK	3.4	1.6	1.7	1.4	0.7	0.9	0.6	1.4
N	1.2	—	—	—	—	—	—	1.8
NP	13.5	16.9	17.5	15.9	3.1	0	0	8.8
NM	6.5	21.1	17.4	29.4	34.7	17.2	38.4	24.7
N+MP	31.4	39.3	30.5	31.8	35.4	38.8	49.9	37.8
NP+K	—	—	55.3	77.7	48.0	19.9	40.2	46.4
NM+K	—	—	45.9	36.6	42.4	10.3	33.4	32.2
NMP+K	—	—	75.9	95.0	75.7	75.7	59.9	74.5
NMP	—	—	45.2	75.0	68.2	72.6	38.7	59.1
NM+P	—	—	103.6	70.3	70.3	54.3	40.7	60.3

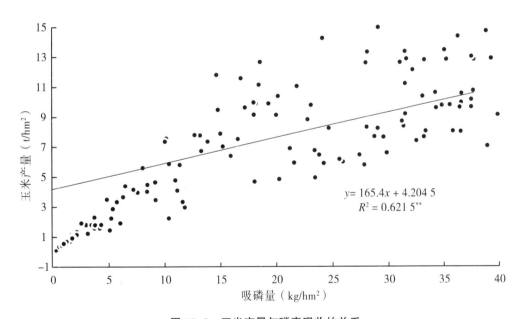

$$y = 165.4x + 4.2045$$
$$R^2 = 0.6215^{**}$$

图 15-8　玉米产量与磷素吸收的关系

长期不同施肥下，磷肥回收率的变化趋势各不相同（图 15-9）。施用化肥的 NP 处理，磷肥回收率逐渐下降，施肥 23 年后，磷肥回收率从初始的 40% 左右，降低到 10% 以下，之后作物绝收。化肥配施农家肥 NM 和 NMP 处理，磷肥回收率逐渐上升，施肥

37 年后，从初始 8% 左右分别上升到 90% 和 80% 左右。14 年后裂区处理 NP+K 处理，开始加入钾肥，前 5 年磷肥回收率上升幅度较大，由开始的 65% 升到 100%，19 年以后逐渐下降，第 38 年降到 60% 左右。化肥配施农家肥的 NM+K、NMP+K 和 NM+P 处理，磷肥回收率平均在 70%，对提高作物磷肥回收率具有明显的效果。

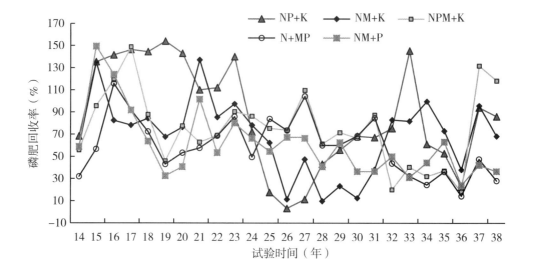

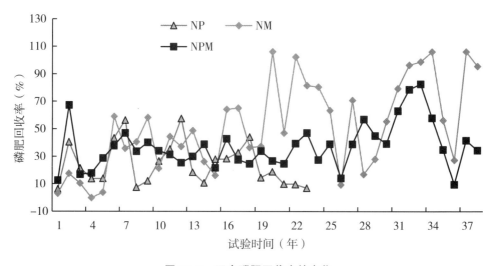

图 15-9　玉米磷肥回收率的变化

长期不同施肥下，磷肥回收率对时间的响应关系不同（表 15-4）。玉米的磷肥回收率，NM 和 NMP 处理下基本持平；NP、NP+K、NM+K、NMP+K、NM+P 和 N+MP 处理均随时间呈现极显著下降；总体来看，NP、NP+K、NM+K、NMP+K、NM+P 和 N+MP 的回收率均下降，下降速率大小依次为 NP+K>N+MP>NMP+K>NM+K>NM+P>NP；NM 和 NMP 处理的回收率均基本持平，说明施用有机肥能维持稳定的磷肥回收率。

表 15-4 磷肥回收率随种植时间的变化关系

处理	玉米	
	方程	R^2
NP	$y=-0.386\ 9x+28.869$	$0.027\ 8^{**}$
NM	$y=1.782\ 4x+16.644$	$0.368\ 3^{**}$
NMP	$y=0.491\ 9x+27.637$	$0.106\ 3^{**}$
NPK	$y=-1.359\ 0x+169.000$	$0.235\ 9^{**}$
NMK	$y=-1.314\ 5x+103.200$	$0.082\ 1^{**}$
NMPK	$y=-1.271\ 6x+108.380$	$0.077\ 3^{**}$
NMP	$y=-1.598\ 4x+101.140$	$0.210\ 4^{**}$
NMP	$y=-2.535\ 4x+126.680$	$0.390\ 6^{**}$

长期不同施肥下，不同作物的不同处理磷肥回收率对有效磷的响应关系不同（图 15-10）。NP、NPM 和 NP+K 处理玉米的磷肥回收率均随有效磷的增加呈现先上升后下降；NM 处理玉米的磷肥回收率均随有效磷的增加呈现显著增加；NM+P 处理玉米的磷

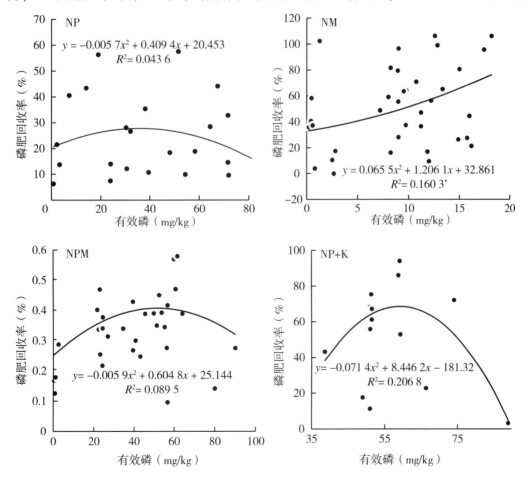

肥回收率均随有效磷的增加呈现先下降后上升；NM+K 和 NMP+K 处理，玉米磷回收率与土壤有效磷的响应关系没有规律。

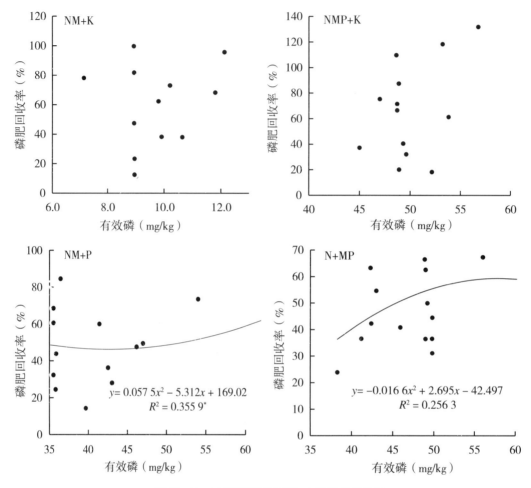

图 15-10 玉米磷肥回收率与土壤有效磷关系

五、主要结果与磷肥的合理施用

长期施肥下磷素的演变特征结果表明：不施磷肥的处理（CK 和 N）土壤全磷、有效磷和 PAC 值均有所下降，而施磷肥的处理（NP、PK、NPK、M、NPKM、1.5NPKM 和 NPKS）土壤全磷、有效磷和 PAC 值均有所上升，说明施磷肥能够提高土壤磷水平和磷素活化效率。红壤土玉米春播—冬闲种植模式下，试验 38 年，不施肥处理土壤全磷含量显著降低，有效磷含量及磷素有效性均有下降。单施氮肥处理 5 年后玉米绝收，由于环境条件和空气质量以及微生物活动等原因土壤中全磷以及有效磷呈现增加趋势，施堆肥处理和化学磷肥与堆肥处理磷素大量盈余；1991 年裂区对 NP 处理加钾（NP+K）处理每年土壤盈亏均低于 NP 处理，年平均盈余 7.6 kg/hm²。对 NM 处理加钾（NM+K）处理和加磷（NM+P），NM+K 处理土壤盈亏大多数年限均低于 NP 处理，开始施钾的 3 年磷盈余波动较大，平均盈余减少 6.44 kg/hm²；说明在土壤中有效磷盈余未达到饱和状态时，追施钾肥能够有效促进作物对进磷肥的吸收。施堆肥（NM）的处理土壤累积为盈余状态，2015 年达到 783.11 kg/hm²，磷盈余速率比较平缓，单施有机肥或者化肥配施有机肥能有效地提高土壤磷平衡值。配施有机肥对提高磷肥回收率具有明显的效果，磷钾配施对磷肥回收率影响不大。

（李聪平、赵会玉、张才贵）

主要参考文献

鲍士旦，2000. 土壤农化分析［M］. 3 版. 北京：中国农业出版社.

曹宁，陈新平，张福锁，等，2007. 从土壤肥力变化预测中国未来磷肥需求［J］. 土壤学报，44（3）：536-543.

戴茨华，王劲松，2002. 从长期定位试验论红壤磷的效应［J］. 土壤肥料（2）：29-32.

高静，2009. 长期施肥下我国典型农田土壤磷库与作物磷肥效率的演变特征［D］. 北京：中国农业科学院.

黄庆海，万自成，朱丽英，2006. 不同利用方式红壤磷素积累与形态分异的研究［J］. 江西农业学报，18（1）：6-10.

黄绍敏，宝德俊，黄甫湘荣，等，2006. 长期施用有机和无机肥对潮土氮素平衡与去向的影响［J］. 植物营养与肥料学报，12（4）：479-484.

贾兴永，李菊梅，2011. 土壤磷有效性及其与土壤性质关系的研究［J］. 中国土壤与肥料（6）：76-82.

蒋柏藩，顾益初，1989. 石灰性土壤无机磷分级体系的研究［J］. 中国农业科学，22（3）：58-66.

李庆逵，1983. 中国红壤［M］. 北京：科学出版社.

李庆逵，1996. 中国红壤［M］. 2 版. 北京：科学出版社.

李庆逵，朱兆良，于天仁，1988. 中国农业持续发展中的肥料问题［M］. 南昌：江西科学技术出版社.

李寿田，周建明，王火焰，等，2003. 不同土壤磷的规定特征及磷释放量和释放率的研究[J]. 土壤学报,40(6):908-912.

林葆,林继雄,李家康,1996. 长期施肥作物产量和土壤肥力变化[M]. 北京:中国农业科学技术出版社.

刘光崧,1996. 土壤理化分析与剖面描述[M]. 北京:中国标准出版社.

刘京,2015. 长期施肥下紫色土磷素累积特征及其环境风险[D]. 重庆:西南大学.

刘晓燕,何萍,金继运,2006. 钾在植物抗病性中的作用和机理的研究[J]. 植物营养与肥料学报,12(3):145-150.

鲁如坤,2000. 土壤农业化学分析方法[M]. 北京:中国农业科学技术出版社.

鲁如坤,时正元,钱承梁,1997. 土壤积累态磷研究[J]. 土壤(2):57-60.

裴瑞娜,2010. 长期施肥下我国典型农田土壤有效磷对磷盈亏的响应[D]. 甘肃:甘肃农业大学.

曲均峰,戴建军,徐明岗,等,2009a. 长期施肥对土壤磷素影响研究进展[J]. 热带农业大学,29(3):75-80.

曲均峰,李菊梅,徐明岗,等,2009b. 中国典型农田土壤磷素演化对长期单施氮肥的响应[J]中国农业科学,42(11):3933-3939.

沈其荣,谭金芳,钱晓晴,等,2001. 土壤肥料学通论[M]. 北京:高等教育出版社.

石元亮,王玲莉,刘世淋,等,2008. 中国化学肥料的发展及其对农业的作用[J]. 土壤学报,45(5):852-863.

徐明岗,于荣,孙小凤,等,2006. 长期施肥对我国典型土壤活性有机质及碳库管理指数的影响[J]. 植物营养与肥料学报(4):459-465.

郑勇,高勇生,张丽梅,等,2008. 长期施肥对旱地红壤微生物和酶活性的影响[J]. 植物营养与肥料学报,14(2):316-321.

BAI Z H, LI H G, YANG X Y, et al., 2013. The critical soil P levels for crop yield soil fertility and environmental safety in different soil types[J]. Plant and soil, 372(1-2):27-37.

COLOMB B, DEBAEKE P, JOUANY. C, et al., 2007. Phosphorus management in low input stockless cropping systems:Crop and soil responses to contrasting P regimes in a 36-year experiment in southern France[J]. European journal of agronomy, 26(2):154-165.

第十六章　玉米连作红壤磷素演变及高效利用

江西省是我国南方丘陵区重要的粮食、油料、水果及茶叶主产区之一（徐明岗等，2006）。红壤作为江西省主要的土壤类型，面积约占全省土壤面积的70%（赵其国等，1988），红壤成土母质多样，主要的成土母质有第四纪红黏土、红砂岩、紫色沙页岩、石灰岩、花岗岩及变质岩等，其中以第四纪红黏土的面积最大，不同母质红壤土壤含磷量差异显著，江西红壤全磷量一般在0.13~0.35 g/kg，土壤全磷以无机磷为主，无机磷以闭蓄态磷为主，有效磷极度缺乏。

红壤是江西省重要农业耕作土壤资源，据统计，江西现有红壤旱地面积40多万hm^2，果园和茶园面积60多万hm^2，可垦的红壤缓坡地资源66.7万hm^{2}以上，主要分布在环鄱阳湖丘岗地区、吉泰盆地及赣中南低山丘陵地区。种植的主要作物有花生、芝麻、油菜、甘薯、大豆和玉米等粮食油料作物，柑橘、脐橙、梨、桃、葡萄、猕猴桃、油茶和茶叶等木本作物以及枳壳、黄栀子、荥萸子和车前子"三子一壳"等道地中药材。红壤旱地主要耕作制度种类丰富，主要有花生—油菜、大豆—油菜、大豆—甘薯、大豆—芝麻、芝麻—油菜、玉米—玉米、玉米—油菜和玉米/大豆—油菜等，水果形成了南丰蜜橘、赣南脐橙、井冈蜜柚和上饶马家柚等优势品牌产业，茶叶形成了婺源绿茶、狗牯脑绿茶、庐山云雾绿茶、浮梁绿茶和宁红茶"四绿一红"优势品牌产业。

江西红壤旱地资源的利用已由粗放管理向高质量发展推进，全省绿色有机农产品基地面积占全省耕地面积近40%，已成为全国绿色有机农产品主要供应基地。江西是开展红壤改良利用研究最早的省份之一，磷肥的施用和研究工作起步早，20世纪70年代开始研究推广磷肥施用，针对红壤有效磷严重缺乏，红壤中铁铝氧化物含量较高，酸性强，施入磷易被土壤吸附、固定，磷在土壤中移动性小，磷素的有效性低等问题，提出施用钙镁磷肥、磷矿粉与磷肥集中施用、磷肥与有机肥混合施用、磷肥拌种、以磷增氮和在作物生长关键期、敏感期施用磷肥等技术措施，极大地提高了红壤旱地作物产量和品质，磷肥得到普遍推广应用。由于江西红壤复种指数高，农民施用磷肥的习惯，长期连续施用磷肥，土壤磷素营养得到了丰富，与20世纪80年代相比，土壤有效磷含量普遍提升了1~2个等级，土壤缺磷状况得到缓解，有的甚至出现了磷素在红壤中过量累积，加之江西降水与耕作同步，水土流失导致的土壤磷素流失及面源污染问题。因此，以1986年开始的红壤旱地长期定位试验为依据，通过系统分析不同磷肥配比措施下土壤全磷、有效磷和磷活化度的时间序列变化，并结合施肥年限分析土壤磷素的增加幅度及土壤磷盈余和磷素回收利用率演变趋势，深入研究磷素在红壤中累积及形态转化规律，提高红壤累积磷素的有效性、挖掘累积磷对作物磷素营养的供给潜力和科学合理利用磷矿资源，为江西省红壤旱地的磷肥合理施用提供理论依据和技术支撑。

一、江西红壤旱地长期定位试验概况

（一）试验点基本概况

长期试验地位于江西省进贤县张公镇，江西省红壤研究所内（北纬28°35′，东经116°17′），地处亚热带，年均气温18.1℃，≥10℃积温6 480℃，年降水量1 537 mm，年蒸发量1 150 mm，无霜期约为289 d，年日照时数1 950 h。供试土壤为红壤，成土母质为第四纪红黏土，土壤质地为黏土。试验开始时间为1986年，试验地初始耕层土壤基本性质为：有机碳9.39 g/kg，全氮0.98 g/kg，全磷0.62 g/kg，全钾11.36 g/kg，碱解氮60.3 mg/kg，有效磷12.9 mg/kg，速效钾70.25 mg/kg，pH值6.0。

（二）试验设计

试验共设6个施肥处理：①不施肥处理（CK）；②磷（P）；③氮磷（NP）；④氮磷钾（NPK）；⑤两倍氮磷钾（DNPK）；⑥氮磷钾+有机肥（MNPK）。重复3次，随机排列，小区面积22.2 m²，各小区之间用60 cm深水泥埂隔开。种植制度为早玉米—晚玉米—冬闲制。玉米品种每季均为'掖单13号'。肥料用量详见表16-1。磷肥（钙镁磷肥，P_2O_5为12.5%）、钾肥（氯化钾，K_2O为60%）和有机肥（鲜猪粪，含水率为70%）在玉米种植前一次性做基肥施用，氮肥（尿素，N为46.2%）分基肥（70%）和追肥（30%）施用。田间管理措施与普通大田一样。

表16-1 红壤旱地不同施肥处理的肥料投入量　　　　　　　　单位：kg/hm²

处理	每季的施肥量			
	N	P	K	鲜猪粪
CK	0	0	0	0
P	0	13.1	0	0

续表

处理	每季的施肥量			
	N	P	K	鲜猪粪
NP	60	13.1	0	0
NPK	60	13.1	49.8	0
DNPK	120	26.2	99.6	0
MNPK	60	13.1	49.8	15 000

注：猪粪的含水率为60%~79%；烘干基的有机碳含量为290~340 g/kg，氮、磷和钾含量分别为N 10.0~12.0 g/kg、P 8.2~9.0 g/kg 和 K 9.2~10.0 g/kg。

二、长期施肥下土壤全磷和有效磷的变化及其关系

（一）土壤全磷

外源磷肥的投入可以显著改变红壤旱地土壤的供磷状况，并明显优化作物的需磷环境，同时，不同的施肥措施也可以通过改变土壤物理、化学和生物学性质来间接地影响土壤全磷和有效磷的转化。图 16-1 结果显示，在试验 27 年中，施用磷肥对土壤全磷产

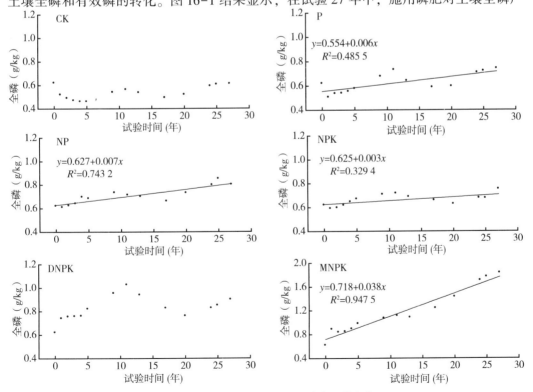

图 16-1　长期施肥下土壤全磷含量的变化

生深刻影响。不施磷肥处理（CK）的土壤全磷含量在试验第27年时与试验前不存在显著差异，但期间有几次波动性变化，土壤全磷含量在0~5年逐渐下降，5~9年基本稳定，10~15年则呈缓慢上升趋势，随后又缓慢下降，在17~27年则基本保持稳定。P、NP和DNPK处理的土壤全磷含量在试验开始后逐渐增加，在试验15年时分别比试验前增加46.8%、54.8%和112.9%，而NPK处理可能由于玉米吸磷量较高而没有显著增加，并且27年时与试验前不存在显著差异（$P>0.05$）。而施用有机肥可以持续提高土壤全磷含量，MNPK处理的全磷含量在试验27年时比试验前增加了2.0倍。

通过分析土壤全磷对施肥年限的响应发现，CK、P、NP和NPK处理的土壤全磷与施肥年限均不存在显著的线性关系，而DNPK和MNPK处理的土壤全磷变化则与施肥年限呈显著关系（$P<0.05$），通过拟合方程的斜率可以得出，MNPK处理的全磷年均增幅为0.037 g/kg，明显高于DNPK处理（0.013 g/kg）。

（二）土壤有效磷

施用磷肥是提高红壤有效磷含量的重要措施。在图16-2中，不施磷肥处理

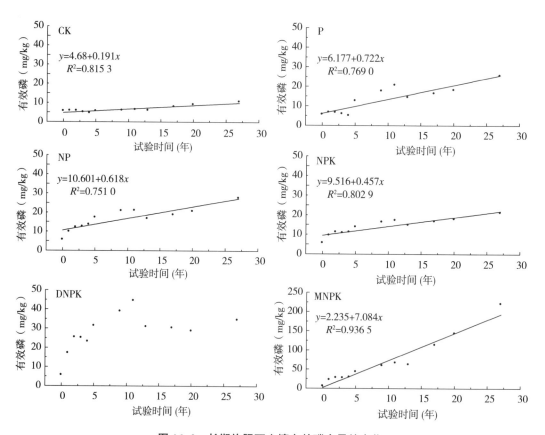

图16-2　长期施肥下土壤有效磷含量的变化

（CK）的土壤有效磷含量在 0~27 年基本保持稳定，与试验前不存在显著差异。P、NP、NPK 和 DNPK 处理的土壤有效磷含量在试验开始后逐渐增加，在试验 13 年时分别比试验前增加 55%、64%、21% 和 180%，试验 13 年后呈缓慢下降趋势，而 22 年后又逐渐增加，在试验 27 年时分别比试验前增加 98%、115%、64% 和 160%。磷肥与有机肥配合施用可以持续提高土壤有效磷含量，MNPK 处理的有效磷含量在试验 22 年时比试验前增加 4.40 倍，试验 27 年时的增幅更大（16.10 倍）。这与很多研究结果一致（曾希柏和刘更另，1999；王伯仁和徐明岗，2002），说明长期施用磷肥可显著提高土壤的有效磷及易解吸磷的量。除不同磷肥施用措施增加外源的磷投入外，作物的生物量、土壤有机质含量和微生物种群多样化也能够在一定程度促进土壤中有效磷含量的增加。

通过线性拟合方程得出，各处理的土壤有效磷含量均与施肥年限呈显著相关（$P<0.05$），P、NP、NPK 和 DNPK 处理的有效磷年均增幅分别为 0.70 mg/kg、0.55 mg/kg、0.43 mg/kg 和 0.70 mg/kg。而施用有机肥处理（MNPK）的有效磷年均增幅最大（5.4 mg/kg），比 DNPK 处理增加了 6.7 倍。一方面，由于新鲜猪粪含有较高的氮磷养分，从而导致土壤中累积较多的磷含量；另一方面，猪粪在培肥土壤的同时改良了土壤物理化学和生物学性质，进而通过提高土壤微生物磷量和酸性磷酸酶活性来间接起到增强土壤活性磷库的作用。但是不同的有机肥种类对土壤磷素的补充和蓄积存在显著差异，王艳玲等（2008）的研究发现，在施用化肥的基础上，配施猪厩肥可以在短期内重建土壤磷库，而配施花生秸秆重建土壤磷库的速度较为缓慢。这与本试验中鲜猪粪施用可以快速蓄积土壤磷素的结果相同。

（三）长期施肥下土壤全磷与有效磷的关系

土壤的磷素活化系数可以表征土壤磷素的供应能力。磷肥施用方式可以显著影响土壤磷素活化系数的变化（图 16-3），在试验的 27 年间，不施磷肥处理（CK）的土壤磷素活化系数基本保持不变，无机磷肥处理（P、NP、NPK 和 DNPK），在第 27 年时，土壤磷素活化系数比试验前分别增加 280%、300%、210% 和 320%。而有机肥处理（MNPK）的土壤磷素活化系数在 0~15 年呈现出波动增加，15 年后快速增加，在第 27 年时比试验前提高 1 220%。说明有机肥是影响红壤旱地磷素活化能力的一个重要因素（郭胜利等，2005）。这与猪粪在其他土壤类型上的应用效果相一致（尹金来等，2001；王新民和侯彦林，2004；Angers et al.，2010；Moral et al.，2009）。

（四）土壤磷素活化系数与有机碳含量的量化关系

磷肥施入土壤后，受土壤磷固定作用和磷移动性差的影响，其当季利用率一般在 5%~20%，而导致大部分的磷以不同形态在土壤中累积。因此，土壤磷素的活化系数是

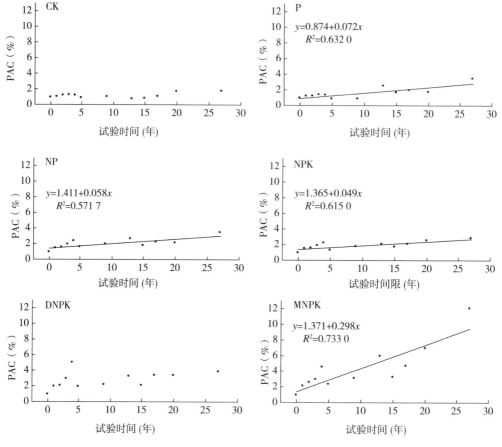

图16-3 长期施肥下土壤磷素活化系数（PAC）的变化

被关注的重点。很多研究表明，增施有机肥可以显著提高土壤磷素活化能力，从而提高作物的吸磷量和磷肥利用率（赖庆旺等，1994；单艳红等，2004；杨学云等，2007）。

图16-4结果显示，在红壤旱地上，土壤中磷素的活化系数表现出随土壤有机碳含量增加而逐渐提高的趋势，土壤有机碳含量与磷素活化系数的关系可以用线性方程进行拟合（$y = -3.976 + 0.684x$），两者呈显著正相关（$R^2 = 0.263$）。即当土壤有机碳含量提高1 g/kg时，红壤旱地的磷素活化系数增加0.684%。这可能是增施有机肥后导致土壤微生物活性增加以及有机肥在分解过程中产生较高的有机酸等引起的（胡红青等，2002；王林权等，2002）。唐晓乐等（2012）在黑土上的研究也表明，当增施有机肥后，土壤可溶性有机质和酸性磷酸酶活性增加，从而促进了土壤磷素转化和有效磷提升。因此，在红壤旱地磷库研究中，应重点结合土壤有机碳分组和微生物群落结构来进一步探讨红壤旱地磷素活化的可能机制。

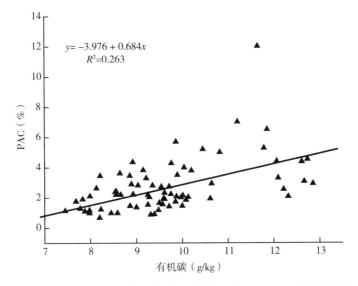

图 16-4　长期施肥下土壤有机碳与磷活化系数（PAC）的相互关系

三、长期施肥下土壤有效磷变化对土壤磷盈亏的响应

（一）长期施肥下土壤磷素盈亏平衡

在红壤旱地上，作物需磷与土壤供磷的不协调性是磷肥利用率低的关键所在。赖庆旺等研究发现，有机无机配施的磷肥利用率比化肥处理增加 23.62%～32.99%。磷肥利用率差异进一步导致土壤磷盈余不同。图 16-5 显示，不施磷肥处理中，CK 处理在试验27 年间土壤磷均为亏缺，并且随年限延长累积亏缺越多。在磷肥施用下，不同肥料配比模式的磷盈余存在显著差异，P 和 NPK 处理的磷盈余在试验 27 年间缓慢降低，表现出磷素亏缺状态，可能与本试验中磷肥的用量较低，再加上作物带走的磷较高，从而导致土壤累积磷亏缺有关。而 NP 和 DNPK 处理的土壤累积磷素在 27 年间基本维持平衡；而施用有机肥处理（MNPK）的土壤累积磷盈余始终呈增加趋势，在试验 27 年时的磷盈余为 1 529 kg/hm²，表现出极高的磷素盈余，可能导致磷素的环境污染风险。王艳玲等（2010）研究表明，在红壤旱地上长期施用磷肥处理的土壤有效磷已达到丰磷状态，并且配施厩肥处理的土壤磷素存在环境风险。这与本研究的结果基本相同。因此，科学合理施用磷肥显得尤为重要。很多研究表明，适当降低磷肥用量、与豆科植物间作和种植高吸磷作物品种等是降低土壤磷素淋失的主要方法（张德闪等，2012；程凤娴等，2010；Betencourt et al.，2012；Aulakh et al.，2007）。

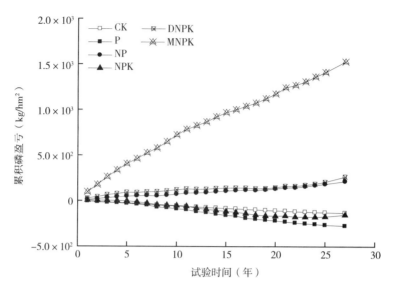

图16-5　长期施肥下土壤累积磷盈亏的变化

（二）长期施肥下土壤全磷及有效磷变化量对土壤磷盈亏的响应

土壤累积磷盈亏与土壤全磷变化量存在相关关系（表16-2）。土壤累积磷盈亏与土壤全磷变化量的拟合方程显示，不施磷肥处理（CK）的土壤累积磷盈亏与土壤全磷变化量相关性不显著（$P>0.05$）。施用磷肥的各处理中，P、NP、NPK 和 DNPK 处理，土壤全磷变化量与土壤累积磷盈亏的关系不显著，而施用有机肥处理（MNPK）的土壤累积磷盈亏与土壤全磷变化量相关性显著，土壤累积磷盈余量每增加 100 kg/hm²，土壤全磷变化量则提高0.06 g/kg。

表16-2　累积磷盈亏与土壤全磷变化量的回归方程

处理	回归方程	R^2	n
CK	$y=-0.000\,6x-0.113\,0$	0.072	12
P	$y=0.000\,5x-0.081\,0$	0.200	12
NP	$y=0.000\,7x+0.020\,5$	0.190	12
NPK	$y=-0.000\,6x+0.010\,4$	0.170	12
DNPK	$y=0.000\,9x+0.145\,8$	0.100	12
MNPK	$y=0.000\,6x+0.091\,4$	0.650**	12

与土壤全磷不同，土壤累积磷盈亏与土壤有效磷变化量存在显著相关关系。除DNPK外，不同施肥处理的累积磷盈亏与土壤有效磷变化量均呈显著线性相关

（表16-3），不施肥处理（CK）和NPK肥配施处理的土壤累积磷盈亏与土壤有效磷变化量呈显著的负相关，即土壤累积磷亏缺每增加 100 kg/hm²，土壤有效磷变化量则分别降低 2.43 mg/kg 和 2.50 mg/kg。而施用磷肥下土壤累积磷盈余则可以显著提高土壤有效磷的变化量，尤其是施用有机无机肥配施处理，其土壤累积磷盈余每增加 1 kg/hm²，土壤有效磷变化量则增加 9.94 mg/kg。

表 16-3　累积磷盈亏与土壤有效磷变化量的回归方程

处理	回归方程	R^2	n
CK	$y=-0.024\ 3x-1.168\ 8$	0.320 0*	14
P	$y=0.045\ 2x-2.481\ 9$	0.650 0**	14
NP	$y=0.084\ 9x+0.570\ 8$	0.550 0**	14
NPK	$y=0.056\ 9x+10.746\ 0$	0.056 4	17
DNPK	$y=0.099\ 0x+3.930\ 6$	0.240 0	14
MNPK	$y=0.099\ 4x-28.240\ 0$	0.570 0**	14

四、土壤有效磷农学阈值

维持合理的土壤有效磷含量，既满足作物正常生长对磷素需求，又要防止土壤磷素过量累积引起流失，是土壤磷素管理的重要课题。在作物生产中，一般以土壤有效磷的农学阈值来评估作物对土壤磷素营养的最大需求。有研究表明，通过米切里西方程对土壤有效磷和作物产量进行拟合可以较好地获得土壤有效磷的农学阈值。在江西红壤旱地种植双季玉米条件下，以土壤有效磷含量为自变量（x），以玉米相对产量为因变量（y），通过米切里西方程进行拟合表明（图16-6），土壤有效磷与早晚季玉米相对产量均存在显著关系（$P<0.01$）。以玉米最高产量 90% 的产量对土壤有效磷的需求作为农学阈值，研究结果表明，江西红壤野地早晚季玉米的土壤有效磷农学阈值分别为 35.94 mg/kg和34.85 mg/kg。而在湖南红壤旱地小麦玉米轮作条件下，研究得到玉米的农学阈值为 28.2 mg/kg（Bai et al.，2013），原因一方面可能与作物种植制度不同及施用磷肥品种（本试验施用磷肥品种为钙镁磷肥，湖南为过磷酸钙）和用量不同等有关，另一方面也可能与采用的不同拟合方程模型有关。但是，与潮土的玉米农学阈值（平均值15.3 mg/kg，Tang et al.，2009）相比，江西和湖南的红壤旱地的农学阈值明显较高，这主要与土壤类型以及气候环境等因素有关。因此，江西红壤旱地耕作制度多样丰富，作物农学阈值在实际应用中，应根据作物、土壤肥力和施磷水平寻求适宜的土壤磷含量范围，以满足高产、优质、绿色现代农业发展的需要。

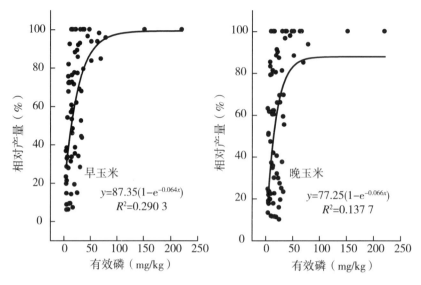

图 16-6　土壤有效磷与作物相对产量的关系

五、磷肥回收率的演变

在江西红壤上，不同施肥措施对早晚季玉米的磷素吸收量影响差异较大（图 16-7）。与 CK 处理相比，所有施磷处理均显著提高玉米的磷素吸收量。P、NP、NPK、

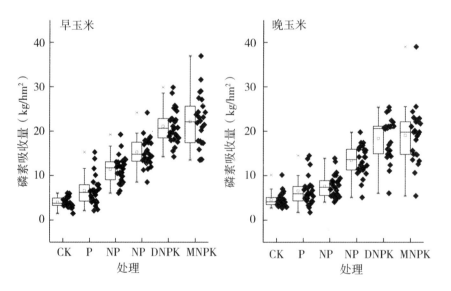

图 16-7　长期施肥下作物磷素吸收量的变化

DNPK 和 MNPK 处理的玉米磷素吸收量与试验第 1 年相比，在试验 27 年时，早玉米分别提高了 17.35%、9.49%、5.20%、1.85% 和 172.12%，晚玉米增幅分别 75.02%、111.11%、140.25%、249.85% 和 614.54%。在不同施磷处理中，早晚季玉米磷素吸收量，以 MNPK 和 DNPK 处理为最高（早玉米 27 年的平均吸收量分别为 22.17 kg/hm² 和 21.13 kg/hm²，晚季玉米分别为 19.09 kg/hm² 和 18.36 kg/hm²），其次为 NPK 处理（27 年的平均吸收量分别为 15.33 kg/hm² 和 13.39 kg/hm²），以 NP 和 P 处理最低（早玉米 27 年的平均吸收量分别为 11.39 kg/hm² 和 6.61 kg/hm²，晚玉米分别为 7.63 kg/hm² 和 6.53 kg/hm²）。

在双季玉米条件下，长期不同施肥措施可明显影响磷素回收率（图 16-8），磷肥与其他肥料配合施用，可以提高磷素回收率，与单施 P 处理相比，NP、NPK、DNPK 和 MNPK 处理均显著提高了磷素回收率。但是，不同于磷素吸收量，早晚季玉米磷素回收率均以 NPK 处理（27 年的平均值分别为 43.18% 和 33.53%）显著高于 DNPK（早玉米 27 年的平均值分别为 32.66% 和 26.25%）和 MNPK 处理（晚玉米 27 年的平均值分别为 27.59% 和 22.02%）。原因可能是 DNPK 和 MNPK 处理长期连续磷肥投入过量，磷素的投入量远远超过玉米高产的需磷量，导致磷素回收率降低，磷在土壤中快速累积。前期研究也表明，DNPK 和 MNPK 处理的土壤中有效磷含量增加较快，从而可能引起磷素流失的环境风险（陈晓安等，2015；柳开楼等，2016）。因此，在红壤旱地磷肥施用中，未来应进一步加强土壤磷素累积与磷素流失的研究，为磷资源高效利用提供科学依据。

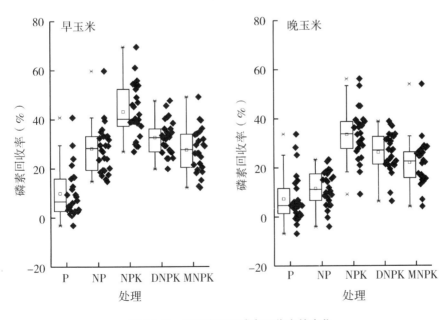

图 16-8　长期施肥下磷素回收率的变化

六、主要研究结果与展望

（一）主要结论

在江西省红壤旱地上，长期有机肥与磷肥配合施用可以显著提高耕层土壤的磷素累积和磷素活化度，并且显著高于其他磷肥施用方式。同时，增加土壤有机碳含量是提高红壤旱地磷素活化度的重要措施。因此，施用有机肥对红壤旱地磷素养分的蓄积和活化具有重要作用。

作物高产有最大吸磷限制，本试验中，因有机肥猪粪中含磷量较高，施用有机肥处理（MNPK）表现出极高的磷素盈余，长期连续施用出现土壤磷素快速累积，可能会引发环境风险。

江西省红壤旱地土壤有效磷农学阈值早玉米为 35.94 mg/kg 和晚玉米为 34.85 mg/kg。施磷提升了双季玉米的磷素吸收量和回收率，磷素吸收量以 2 倍氮磷钾用量（DNPK）和有机无机肥配施处理（NPKM）的最高，磷素回收率以 NPK 处理最高。

（二）存在问题和展望

在长期试验中，土壤磷素演变和作物磷素吸收是在双季玉米种植条件下的结果。众所周知，红壤旱地上的作物类型复杂多样，因此，关于本研究中的土壤有效磷农学阈值等的研究还有进一步在其他作物上进行验证。有关土壤磷素演变的研究还有待针对不同旱作物类型进行系统分析和研究。

在本研究试验设计时，施肥量及肥料产品品种主要根据 20 世纪 80 年代江西省的施肥习惯，比如，磷肥种类主要为钙镁磷肥。而随着该地区农业经济的发展，目前，该地区旱作物主要以复合肥为主，鲜有钙镁磷肥的应用，并且磷肥的用量也显著高于 20 世纪 80 年代。同时，猪粪等畜禽粪便的施用较少。再加上新型的有机肥比如生物质炭等兴起，其对土壤磷素的影响可能不同于畜禽粪便等传统有机肥。因此，在未来的研究中，针对肥料品种及施用量变化，土壤磷素演变还有待进一步研究。

研究表明在红壤旱地上，长期有机无机肥配施会导致土壤磷素大量累积，从而可能引发面源污染风险。因此，为保障农业环境安全，在未来的红壤农田磷素研究中，应将土壤磷从满足农作物需求向环境友好转变。从而有效控制磷素污染风险，为该地区磷肥的减施增效提供理论和技术支撑。

（黄庆海、柳开楼、叶会财、李大明、余喜初、胡志华、胡丹丹、宋惠洁、胡惠文）

主要参考文献

鲍士旦,2000. 土壤农化分析[M]. 3 版. 北京：中国农业出版社.

陈晓安,杨洁,郑太辉,等,2015. 赣北第四纪红壤坡耕地水土及氮磷流失特征[J]. 农业工程学报,31(17)：170-175.

程凤娴,涂攀峰,严小龙,等,2010. 酸性红壤中磷高效大豆新种质的磷营养特性[J]. 植物营养与肥料学报,16(1)：71-81.

单艳红,杨林章,王建国,2004. 土壤磷素流失的途径、环境影响及对策[J]. 土壤,36(6)：602-608.

郭胜利,党廷辉,刘守赞,等,2005. 磷素吸附特性演变及其与土壤磷素形态、土壤有机碳含量的关系[J]. 植物营养与肥料学报,11(1)：33-39.

胡红青,廖丽霞,王兴林,2002. 低分子量有机酸对红壤无机态磷转化及酸度的影响[J]. 应用生态学报,13(7)：867-870.

赖庆旺,赖涛,李茶苟,等,1994. 红壤旱地玉米施磷的示踪研究[J]. 江西农业学报,6(1)：19-24.

柳开楼,胡志华,叶会财,等,2016. 双季玉米种植下长期施肥改变红壤氮磷活化能力[J]. 水土保持学报,30(2)：187-192,207.

罗梦雨,杨家伟,包莹莹,等,2019. 江西红壤在系统分类中的参比特征研究[J]. 土壤通报,50(5)：1009-1015.

唐晓乐,李兆君,马岩,等,2012. 低温条件下黄腐酸和有机肥活化黑土磷素机制[J]. 植物营养与肥料学报,18(4)：894-900.

王伯仁,徐明岗,2002. 长期施肥对红壤旱地磷组分及磷有效性的影响[J]. 湖南农业大学学报：自然科学版,28(4)：293-297.

王林权,周春菊,王俊儒,等,2002. 鸡粪中的有机酸及其对土壤速效养分的影响[J]. 土壤学报,39(2)：268-275.

王新民,侯彦林,2004. 有机物料对石灰性土壤磷素形态转化及吸附特性的影响研究[J]. 环境科学学报,24(3)：440-443.

王艳玲,何园球,李成亮,等,2008. 有机无机肥配施对红壤磷库重建质量的长期效应[J]. 土壤,40(3)：399-402.

王艳玲,何园球,吴洪生,等,2010. 长期施肥下红壤磷素积累的环境风险分析[J]. 土壤学报,47(5)：880-887.

徐明岗,梁国庆,张夫道,2006. 中国土壤肥力演变[M]. 北京:中国农业科学技术出版社.

杨学云,孙本华,古巧珍,等,2007. 长期施肥磷素盈亏及其对土壤磷素状况的影响
  [J]. 西北农业学报,16(5):118-123.

尹金来,沈其荣,周春霖,等,2001. 猪粪和磷肥对石灰性土壤无机磷组分及有效性的
  影响[J]. 中国农业科学,34(3):296-300.

曾希柏,刘更另,1999. 化肥施用和秸秆还田对红壤磷吸附性能的影响研究[J]. 土壤
  与环境,8(1),45-49.

张德闪,王宇蕴,汤利,等,2012. 小麦蚕豆间作对红壤有效磷的影响及其与根际 pH
  值的关系[J]. 植物营养与肥料学报,19(1):131-137.

赵其国,谢为民,何湘逸,等,1988. 江西红壤[M]. 南昌:江西科学技术出版社.

ANGERS D A, CHANTIGNY M H, MACDONALD J D, et al., 2010. Differential
  retention of carbon, nitrogen and phosphorus in grassland soil profiles with long-term
  manure application[J]. Nutrient cycling in agroecosystems, 86(2):225-229.

AULAKH M S, GARG A K, KABBA B S, 2007. Phosphorus accumulation, leaching and
  residual effects on crop yields from long-term application in the subtropics[J]. Soil use
  management, 23(4):417-427.

BAI Z H, LI H G, YANG X Y, et al., 2013. The critical soil P levels for crop yield soil
  fertility and environmental safety in different soil types[J]. Plant and soil, 372(1-2):
  27-37.

BETENCOURT E, DUPUTEL M, COLOMB B, et al., 2012. Intercropping promotes the
  ability of durum wheat and chickpea to increase rhizosphere phosphorus availability in a
  low P soil[J]. Soil biology and biochemistry, 46:181-190.

MORAL R, PAREDES C, BUSTAMANTE M A, et al., 2009. Utilisation of manure com-
  posts by high-value crops: safety and environmental challenges[J]. Bioresource technol-
  ogy, 100(22):5454-5460.

TANG X, LI J M, MA Y B, et al., 2009. Determining critical values of soil olsen-P for
  maize and winter wheat from long-term experiments in China[J]. Plant and soil, 323
  (1-2):143-151.

第十七章　砂壤质潮土磷素演变及磷肥高效利用

近年来，越来越多的证据显示，地表水体污染在很大程度上来源于农业面源污染（Parry，1998；徐明岗，2006）。磷素向水体迁移的主要途径是地表径流和土壤侵蚀，在一定条件下，磷的淋溶损失对环境也会构成严重威胁。磷素损失与土壤、环境条件、耕作管理和作物等诸多因素有关，尤其与磷素盈亏关系更加密切（Shen et al.，2005；张维理等，2004；陈倩等，2003；裴瑞娜等，2010）。

英国洛桑试验站的研究发现，土壤磷平衡的盈亏值与土壤有效磷测定值或其增减量呈直线相关（Johnston，2007）。在黑土长期试验研究中发现，23年不施肥，土壤全磷下降37.4%，有效磷下降60%；长期施用磷肥土壤全磷增加53.9%~65.7%，有效磷增加6~15倍（周宝库等，2005）。磷素平衡研究表明，随着土壤中磷累积量的增加，土壤有效磷升高，其增加量与土壤磷素盈亏呈极显著正相关（杨学云等，2007；刘建玲等，2006），磷素盈亏状况与有效磷及其增量之间存在直线相关关系（曹宁等，2007）。国内外不少学者在施用化学磷肥后有效磷和磷盈亏的关系研究较多，而对施用不同肥料特别是有机肥、化肥及有机无机配施下有效磷与磷盈亏相关性研究较少。潮土是发育于富含碳酸盐或不含碳酸盐的河流冲积物土，受地下潜水作用，经过耕作熟化而形成的一种半水成土壤，因有夜潮现象而得名。其主要特征是土壤腐殖质累积过程较弱，具有腐殖质层（耕作层）、氧化还原层及母质层等剖面层次，沉积层理明显。潮土是我国重要的农业土壤，面积达267万hm^2。由于其在粮食生产中的重要地位，相关研究受到长期重视，并已取得一定的研究成果（黄绍敏，2006；魏猛等，2017）。本文通过分析潮土36年长期不同施肥条件下土壤有效磷与磷素累积的关系，探讨有机肥和化肥对有效磷增加量影响的差异，明确土壤自身磷素演变过程和土壤磷供应状况，为磷素资源的持续利用和磷肥制度的重新建立提供科学、合理的参考依据。

一、砂壤质潮土区长期试验

（一）长期试验基本概况

长期定位试验设在江苏省徐淮地区徐州市农业科学研究所（北纬 34°16′，东经 117°17′）。该区属暖温带半湿润气候区，年平均气温 14℃，≥10℃的年积温 5 240℃，全年无霜期约 210 d，年降水量 860 mm（主要集中在 7—8 月），年蒸发量 1 870 mm，年日照时数 2 317 h。

试验地为砂壤质潮土，试验开始前的土壤（0～20 cm）基本养分状况为：有机质 10.80 g/kg、全氮 0.66 g/kg、全磷 0.74 g/kg、有效磷 12.00 mg/kg、速效钾 63.00 mg/kg、缓效钾 738.50 mg/kg 和 pH 值 8.01。

（二）试验设计

试验开始于 1980 年，共设 8 个处理：①不施肥（CK）；②施氮肥（N）；③施氮磷肥（NP）；④施氮磷钾肥（NPK）；⑤施有机肥（M）；⑥施有机肥和氮肥（MN）；⑦施有机肥和氮磷肥（MNP）；⑧施有机肥和氮磷钾肥（MNPK）。N、P、K 化肥品种分别为尿素（N 46%）、磷酸二铵（N 18%，P_2O_5 46%）、硫酸钾（K_2O 50%）；1981—1984 年有机肥为马粪，年施用量（鲜基）75 t/hm²，有机碳含量为 148～159 g/kg，水分含量为 42%～55%，年均养分投入量为：N 221～308 kg/hm²、P_2O_5 150～375 kg/hm²、K_2O 450～563 kg/hm²；1985 年以后改为施猪粪，年施用量（鲜基）37.5 t/hm²，有机碳含量为 138～301 g/kg，水分含量为 45%～58%，年均养分投入量：N 98～141 kg/hm²、P_2O_5 94～159 kg/hm²、K_2O 150～281 kg/hm²。小麦和玉米季氮肥的基、追肥比例各为 50%，基肥为施后翻地，追肥方式为表施。甘薯季氮肥与磷、钾肥及有机肥作基肥一次性施用翻地。每个处理重复 4 次，随机区组排列（表 17-1）。小区面积为 33.3 m²，小区间筑水泥墙体，深度为 0.6 m，宽度为 0.8 m，作永久性田埂隔离，中间有排水管道通各小区。每季作物收获后将地上部分秸秆移除，实施根茬还田，作物其他管理措施与大田一致。

在 1981—2001 年为小麦—玉米一年二熟轮作制，2002 年后改为小麦—甘薯一年两熟轮作制。小麦和玉米品种为当地的主栽品种，每 5～7 年更换 1 次。小麦播种行距为 15 cm，基本苗 3.0×10^6 株/hm²，人工条播；玉米株行距为 23 cm×60 cm，人工点播；甘薯品种为'徐薯 18'，密度为 49 500 株/hm²，人工栽插。在小麦收获后进行土样采集，采用多点混合法，每小区 8～10 个点，采集 0～20 cm 的土壤混合成 1 个土壤样品，重复

4 次，并去除土壤表层枯叶、石砾及根系。

表 17-1　不同处理的肥料用量（1985—2016 年）　　　　　单位：kg/hm²

处理	年施肥量			
	N	P₂O₅	K₂O	有机肥
CK	0	0	0	0
N	300	0	0	0
NP	300	150	0	0
NPK	300	150	225	0
M	0	0	0	37 500
MN	300	0	0	37 500
MNP	300	150	0	37 500
MNPK	300	150	225	37 500

二、长期施肥下土壤全磷和有效磷的变化及其关系

（一）长期施肥下土壤全磷的变化

不施磷肥处理（CK 和 N），由于作物吸收土壤磷等原因，土壤全磷表现为缓慢下降的趋势，从开始时（1980 年含量）的 0.74 g/kg 到 2016 年分别下降至 0.71 g/kg 和 0.65 g/kg，分别下降了 3.78% 和 12.16%（图 17-1）。化学磷肥的 2 种处理（NP 和

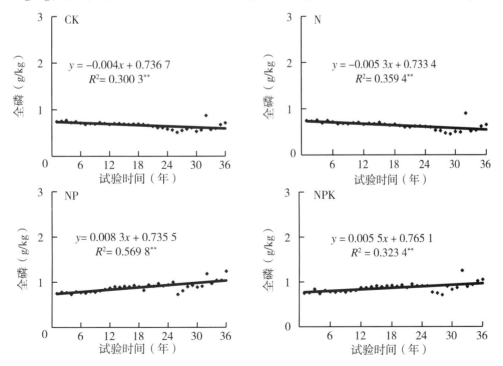

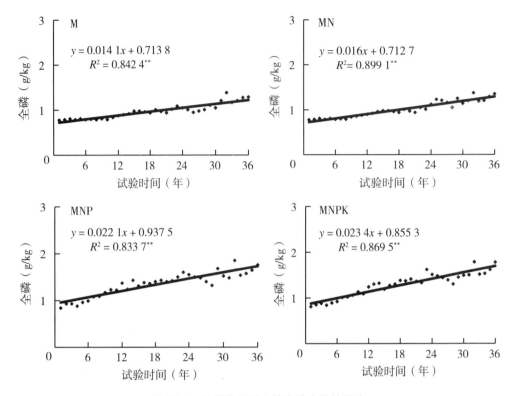

图 17-1　长期施肥对土壤全磷含量的影响

NPK)，土壤全磷含量随施磷时间延长表现为缓慢上升趋势，由试验开始时（1980 年含量）的 0.74 g/kg 到 2016 年分别上升到 1.24 g/kg 和 1.05 g/kg，分别上升 67.57% 和 41.89%。单施有机磷肥 M 和 MN 处理，也能提高土壤全磷含量，其年增加量分别为 0.014 g/kg 和 0.016 g/kg。有机无机磷肥配施的 MNP 和 MNPK 2 个处理，土壤全磷增加最多，从开始时（1980 年含量）的 0.74 g/kg 到 2016 年分别上升到 1.76 g/kg 和 1.78 g/kg，全磷年增加量分别为 0.022 g/kg 和 0.023 g/kg。

（二）长期施肥下土壤有效磷的变化

不施磷肥处理（CK 和 N）土壤中有效磷呈下降趋势（图 17-2），长期施用化学磷肥处理（NP 和 NPK）土壤中有效磷趋势持平，施用有机肥及有机无机配施处理（M、MN、MNP 和 MNPK）土壤有效磷均呈逐年上升趋势，但不同施肥处理有效磷上升幅度不同。连续种植 36 年后，CK 处理和 N 处理土壤有效磷含量显著降低，年均下降分别为 0.117 mg/kg 和 0.06 mg/kg，土壤有效磷含量从试验开始时（1980 年）的 12.00 mg/kg 到 2016 年分别下降为 4.81 mg/kg 和 6.42 mg/kg，分别下降了 59.90% 和 46.48%。施用化学磷肥（NP 和 NPK）可以提高土壤有效磷的含量，NP 和 NPK 土壤有效磷含量年增

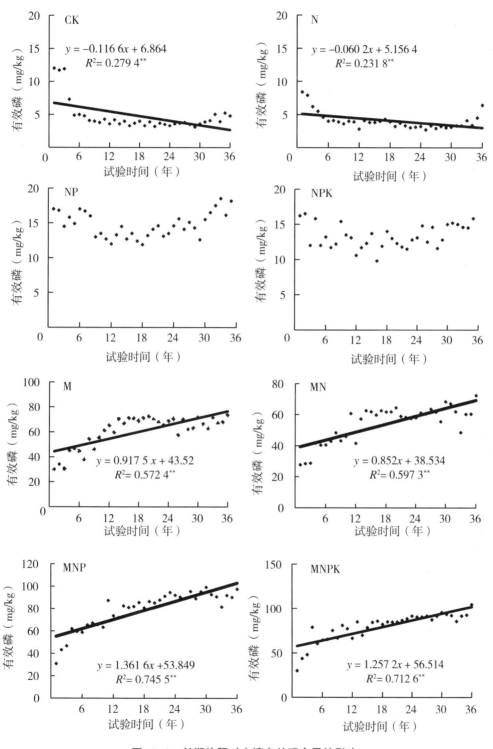

图 17-2　长期施肥对土壤有效磷含量的影响

加量为 0.051 mg/kg 和 0.064 mg/kg。单施用有机磷肥 M 和 MN 处理，土壤有效磷年增量分别为 0.918 mg/kg 和 0.852 mg/kg，土壤有效磷含量由试验开始时（1980 年含量）的 12.00 mg/kg 到 2016 年分别上升 73.63 mg/kg 和 72.38 mg/kg。有机无机磷肥配施处理，土壤有效磷含量极显著增加，MNP 和 MNPK 处理年均增加值分别 1.36 mg/kg 和 1.26 mg/kg。特别是有机肥施用量大的前 4 年，磷肥与有机肥配合施用（MNP 和 MNPK），土壤有效磷增速更明显，4 年后有机肥用量减半，有效磷递增速率相对减缓，从试验开始时（1980 年含量）的 12.00 mg/kg 到 2016 年分别增加到 97.47 mg/kg 和 104.62 mg/kg，分别增加了 712.25% 和 771.83%。磷肥与有机肥配施有利于减少磷的固定和保持肥料磷的有效度。土壤有效磷的年际变化特征表明，常规施肥下，施用磷肥与不施磷肥相比，前者土壤有效磷不易变化，而后者则变化迅速。因此，在农田耕作中应避免土壤磷的长期耗竭，尽量维持并逐步提高土壤有效磷含量，采取有机无机肥相结合的培肥措施，有利于恢复与建立较大容量的土壤有效磷库。

（三）长期施肥下土壤全磷与有效磷的关系

磷活化系数（PAC）可以表示土壤磷活化能力。长期施肥下土壤磷活化系数随试验时间的演变规律如图 17-3 所示，不施磷肥处理（CK 和 N）土壤 PAC 与试验时间呈显著负相关，两者 PAC 随施肥时间均表现为下降趋势，由试验开始时（1980 年）的 1.62% 到 2016 年分别下降为 0.68% 和 0.99%，下降速度分别为 0.013% 和 0.007%，不施磷肥处理的土壤 PAC 值均低于 2%，表明全磷各形态很难转化为有效磷（贾兴永等，2011）；单施化学磷肥处理（NP 和 NPK）土壤 PAC 随施磷时间延长均呈波动变化。单施有机磷肥（M 和 MN）和有机无机磷肥配施（MNP 和 MNPK）的处理土壤 PAC 一直处于上升且稳定的趋势，M、MN、MNP 和 MNPK 处理的 PAC 值年上升速度分别为 0.029 3%、0.023 8%、0.031 2% 和 0.009 7%，PAC 由试验开始时（1980 年）的 1.62% 到 2016 年分别上升为 5.71%、5.36%、5.54% 和 5.88%，在连续施肥 8 年以后，土壤 PAC 均高于 5%，高于紫色土相应处理（刘京，2015）。

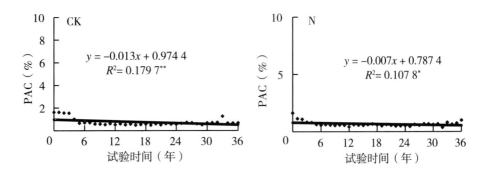

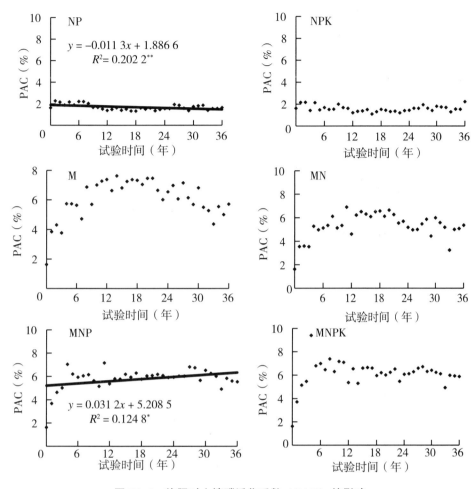

图 17-3　施肥对土壤磷活化系数（PAC）的影响

三、长期施肥下土壤有效磷含量对土壤磷盈亏的响应

（一）长期施肥下土壤磷素盈亏平衡

不施磷肥的 2 个处理（CK 和 N）当季土壤磷一直呈现亏缺状态（图 17-4），土壤磷亏缺平均量分别为 17.31 kg/hm²、18.89 kg/hm²，由于磷素缺乏会影响作物的品质和产量，当季作物磷亏缺量会随种植时间延长而减少。而施磷肥的 6 个处理（NP、NPK、M、MN、MNP 和 MNPK），土壤磷当季呈现盈余状态。单施化学磷肥的 2 个处理（NP 和 NPK），土壤磷当季盈余平均值分别为 30.49 kg/hm² 和 21.21 kg/hm²，并且随施磷时

间延长波动性小。单施有机磷肥 M 和 MN 处理，土壤磷当季盈余平均值分别为 48.52 kg/hm² 和 39.62 kg/hm²。有机无机磷肥配施 MNP 和 MNPK 处理，土壤磷当季盈余值均较高，平均值分别为 96.76 kg/hm² 和 93.18 kg/hm²。施用有机磷肥处理（M、MN、MNP 和 MNPK）波动幅度较大，可能与有机肥质量有一定的关系。

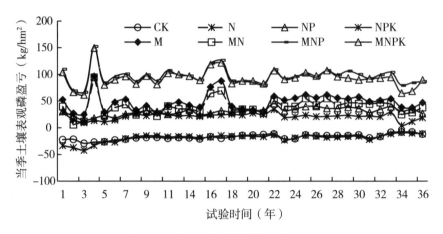

图 17-4　各处理当季土壤表观磷盈亏

不施磷肥处理（CK 和 N）土壤磷一直处于亏缺状态（图 17-5），并且亏缺值随种植不施磷时间延长而增加，其中 CK 处理土壤磷亏缺值较单施氮肥施（N）处理少。单施化学磷肥的 NP 和 NPK 2 个处理，土壤磷一直处于盈余状态，并且土壤累积磷盈余值随施磷时间延长而增加，2016 年土壤累积磷盈余量分别为 1 067.22 kg/hm² 和 742.37 kg/hm²。单施有机磷肥（M 和 MN）和化肥配施有机肥（MNP 和 MNPK）的处理土壤累积磷盈余值均较高，M、MN、MNP 和 MNPK 处理土壤累积磷盈余 2016 年分别达到 1 698.30 kg/hm²、1 386.66 kg/hm²、3 386.70 kg/hm² 和 3 261.14 kg/hm²，说明在潮土上单施有机肥或者化肥配施有机肥能有效提高土壤磷平衡值。

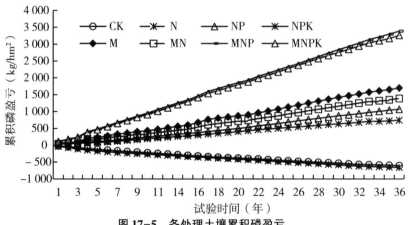

图 17-5　各处理土壤累积磷盈亏

（二）长期施肥下土壤有效磷变化量对土壤累积磷盈亏的响应

长期单施有机肥处理（M）和有机无机配施处理（MN、MNP 和 MNPK），尽管施磷水平不同，但土壤中有效磷增量与土壤磷累积盈余量均显著正相关；而不施磷肥处理（CK 和 N），土壤有效磷降低量与土壤磷累积亏缺量显著正相关（图 17-6）。

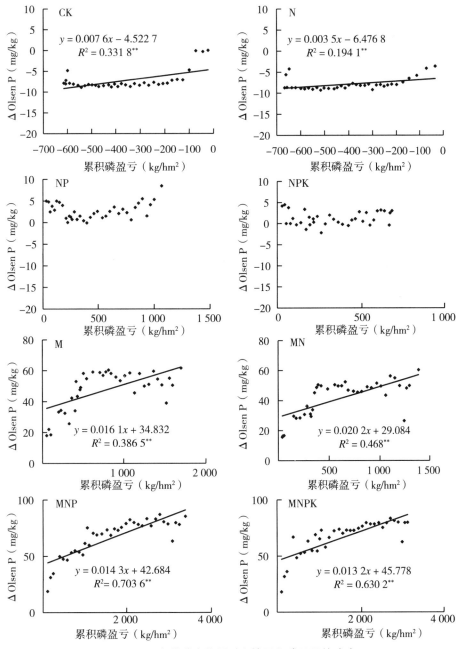

图 17-6　有效磷变化量对土壤累积磷盈亏的响应

回归方程中的斜率代表土壤磷平均每增减 1 kg P/hm² 相应的土壤有效磷消长量（鲁如坤等，1996）。在不施磷肥（CK 和 N 处理）情况下，土壤每亏缺 100 kg P/hm²，土壤有效磷含量平均降低 0.76 mg/kg 和 0.35 mg/kg，配施厩肥 M、MN、MNP 和 MNPK 处理，土壤每累积 100 kg P/hm²，土壤有效磷平均含量分别提高 1.61 mg/kg、2.02 mg/kg、1.43 mg/kg 和 1.32 mg/kg。

如图 17-7 所示，36 年间每个处理土壤的有效磷变化量与土壤磷累积盈亏值达到极显著正相关（$P<0.01$），潮土土壤每盈余 100 kg P/hm²，有效磷浓度上升 3.02 mg/kg。国际上多数研究认为，约 10% 的累积盈余磷转变为有效磷的结果（Johnston，2000），曹宁等（2007）对中国 7 个长期试验地点有效磷与土壤磷累积盈亏的关系进行研究发现，土壤有效磷含量与土壤磷盈亏呈极显著线性相关（$P<0.01$），7 个样点每盈余 100 kg P/hm²，有效磷浓度上升范围为 1.44~5.74 mg/kg，试验结果的差异可能是连续施肥的时间、环境、种植制度和土壤理化性质不同引起的。

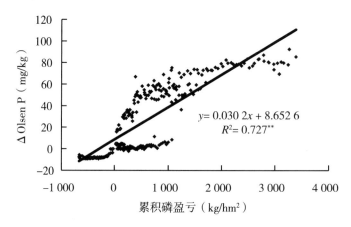

图 17-7　有效磷变化量与土壤累积磷盈亏的关系

四、土壤有效磷农学阈值

土壤有效磷含量是影响作物产量的重要因素，土壤中的有效磷含量较低时，不能满足作物的生长需求，造成作物明显减产；但当土壤有效磷含量过高时，则对作物的增产效果不明显，甚至可能由于淋溶或者地表径流造成环境污染，因而确定保证土壤有效磷含量的适宜水平对作物产量与环境保护具有非常重要意义。磷农学阈值是指当土壤中的有效磷含量达到某个值后，作物产量不随磷肥的继续施用而增加，即作物产量对磷肥的施用响应降低。确定土壤磷素农学阈值的方法中，应用比较广泛的有线线模型和米切里西方程（Mallarino and Blackmer，1992）。

基于潮土不同施肥处理有效磷含量水平与作物产量长期定位数据，通过采用线线模型和米切里西方程模型，分析作物相对产量和土壤有效磷的变化趋势，结果表明 2 种模型求出的有效磷阈值存在一定差异，但均可以较好地模拟有效磷含量与作物产量两者的关系（图 17-8），小麦、玉米和甘薯有效磷农学阈值分别为 13.41 mg/kg、14.24 mg/kg 和 20.90 mg/kg（表 17-2），可以看出甘薯的有效磷农学阈值最低。祁阳县红壤长期定

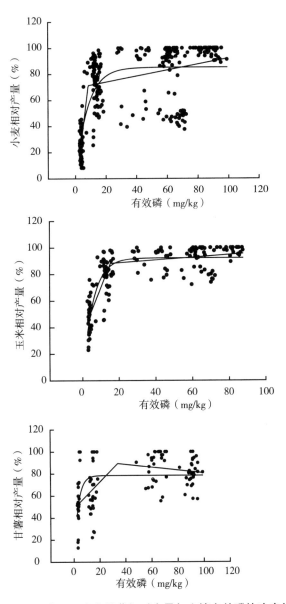

图 17-8　小麦、玉米和甘薯相对产量与土壤有效磷的响应关系

位试验站的小麦和玉米的有效磷农学阈值分别为 12.7 mg/kg 和 28.2 mg/kg（Bai et al.，2013）。Tang et al.（2009）对昌平区、郑州市和杨凌区玉米的有效磷农学阈值的研究发现，玉米（平均值 15.3 mg/kg）的有效磷农学阈值略低于小麦（平均值16.3 mg/kg）。

表 17-2　长期不同施肥作物有效磷农学阈值

| 作物 | n | LL | | EXP | | 均值 |
		CV（mg/kg）	R^2	CV（mg/kg）	R^2	（mg/kg）
小麦	280	8.48	0.628 8**	18.33	0.590 5**	13.41
玉米	168	15.40	0.721 6**	13.08	0.729 4**	14.24
甘薯	112	34.10	0.365 1**	7.60	0.278 7**	20.90

注：有效磷农学阈值分析采用 1981—2015 年监测数据拟合。

五、作物磷素吸收量演变

长期不同施肥措施对作物吸磷量的影响差异明显（表 17-3）。对照和偏施化肥处理，作物吸磷量低于化肥氮磷钾配施处理，低于有机无机肥配施处理。不施磷素（CK 和 N）处理，小麦和玉米对磷素的吸收保持在较低水平。施用化学磷肥（NP 和 NPK）小麦、玉米和甘薯磷素吸收量与单施有机磷肥处理（M 和 MN）相当，但均低于有机无机磷肥配施处理（MNP 和 MNPK）。

表 17-3　长期不同施肥作物秸秆和籽粒磷素吸收特征　　　　　　单位：kg P/hm²

| 处理 | 1981—1987 年 | | 1988—1994 年 | | 1995—2001 年 | | 2002—2008 年 | | 2009—2016 年 | | 均值 | | |
	小麦	玉米	小麦	玉米	小麦	玉米	小麦	甘薯	小麦	甘薯	小麦	玉米	甘薯
CK	10.7	13.6	8.2	10.6	7.2	9.2	3.8	11.9	3.3	9.1	6.6	11.2	10.5
N	16.1	15.3	6.4	9.8	7.3	8.9	5.0	12.2	3.4	10.5	7.6	11.3	11.3
NP	22.7	21.8	18.4	18.8	18.6	17.7	14.2	13.9	16.6	15.8	18.1	19.4	14.9
NPK	26.2	23.5	21.6	20.4	22.3	19.3	20.0	22.8	20.3	26.9	22.1	21.1	24.9
M	20.1	26.4	22.7	26.8	17.2	27.3	18.0	13.3	17.4	18.7	19.1	26.8	16.0
MN	29.8	27.1	29.8	25.8	26.3	24.9	20.7	21.7	22.4	22.4	25.8	26.0	22.1
MNP	34.5	28.2	29.8	27.4	35.4	26.9	32.2	22.9	29.3	27.4	32.2	27.5	25.1
MNPK	36.0	31.1	31.5	28.6	35.2	28.1	29.8	25.7	31.4	33.6	32.8	29.3	29.6

从小麦、玉米和甘薯产量与磷素吸收变化趋势关系可以看出，作物产量与磷素吸收量呈极显著正相关（图17-9）。小麦直线方程为 $y = 178.94x + 747.43$（$R^2 = 0.8514$，$P < 0.01$），玉米的直线方程为 $y = 163.25x + 2515$（$R^2 = 0.6466$，$P < 0.01$），甘薯的直线方程为 $y = 665.97x + 10114$（$R^2 = 0.5749$，$P < 0.01$）。根据两者相关方程可以计算出，在潮土上每多吸收 1 kg 磷，能提高小麦、玉米和甘薯产量分别为 178.94 kg/hm²、163.25 kg/hm² 和 665.97 kg/hm²。

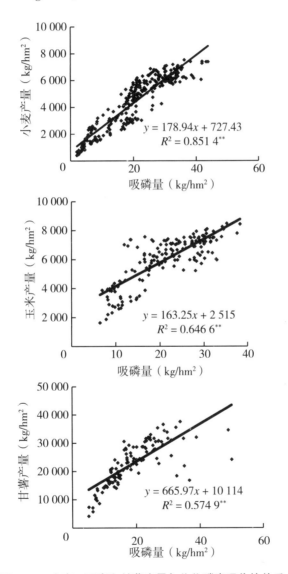

图 17-9 小麦、玉米和甘薯产量与作物磷素吸收的关系

长期不同施肥下，磷肥回收率的变化趋势各不相同（图17-10）。小麦磷肥平均回收率在 28.5%~47.2%，玉米磷肥平均回收率为 23.3%~35.1%，甘薯磷肥平均回收率为 13.7% ~ 39.1%。

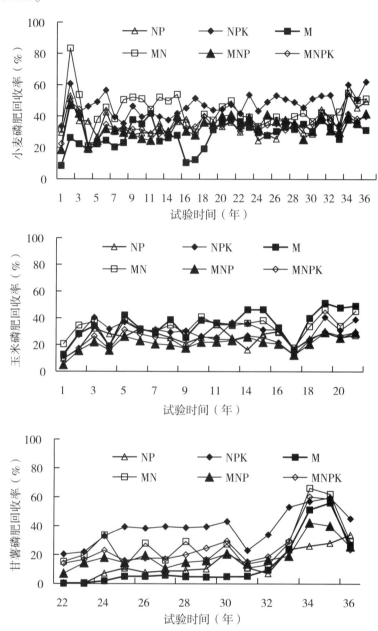

图 17-10　小麦、玉米和甘薯磷肥回收的变化（1981—2016 年）

　　长期不同施肥下，不同作物磷肥回收率对磷肥施用时间的响应关系不同（表 17-4）。在小麦和玉米作物中，M 和 MNP 处理磷肥回收率均随施肥时间呈现显著上升，NP、MN 和 MNPK 处理磷肥回收率试验期间基本持平；6 个施磷处理甘薯的磷肥回收率均随施磷时间均呈现显著上升。

表 17-4　磷肥回收率随种植时间的变化关系

处理	方程		
	小麦	玉米	甘薯
NP	$y=0.170\ 7x+31.896$ $R^2=0.052\ 4$	$y=0.180\ 1x+23.205$ $R^2=0.028\ 5$	$y=2.010\ 4x-2.310\ 4$ $R^2=0.763\ 4^{**}$
NPK	$y=0.276\ 7x+42.045$ $R^2=0.152\ 5^{*}$	$y=0.238\ 2x+27.828$ $R^2=0.036\ 2$	$y=1.905\ 0x+23.822$ $R^2=0.516\ 8^{**}$
M	$y=0.404\ 1x+21.197$ $R^2=0.256\ 0^{**}$	$y=1.108\ 1x+23.428$ $R^2=0.357\ 8^{**}$	$y=3.052\ 2x-10.699$ $R^2=0.577\ 3^{**}$
MN	$y=-0.113\ 8x+45.884$ $R^2=0.012\ 4$	$y=0.471\ 4x+28.325$ $R^2=0.132$	$y=1.874\ 6x+12.144$ $R^2=0.250\ 0^{**}$
MNP	$y=0.230\ 8x+29.261$ $R^2=0.124\ 1^{*}$	$y=0.510\ 6x+15.495$ $R^2=0.281\ 2^{**}$	$y=1.528\ 5x+7.309\ 3$ $R^2=0.484\ 6^{**}$
MNPK	$y=0.172\ 1x+31.015$ $R^2=0.098\ 5$	$y=0.339\ 5x+19.704$ $R^2=0.118\ 8$	$y=2.036\ 3x+9.333\ 4$ $R^2=0.390\ 5^{**}$

长期不同施肥下，作物磷肥回收率对土壤有效磷的响应关系不同（图 17-11，图

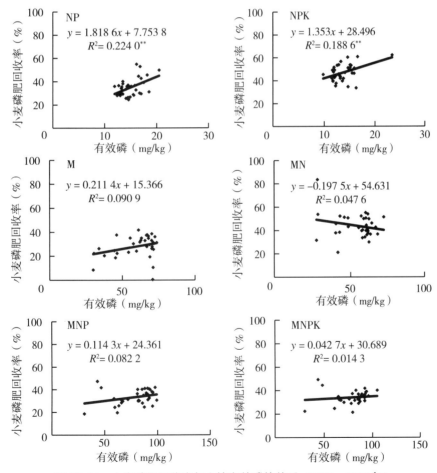

图 17-11　小麦磷肥回收率与土壤有效磷的关系（1981—2016 年）

17-12，图 17-13）。NP 和 NPK 处理小麦的磷肥回收率均随土壤有效磷的增加呈现极显著上升。NPK 处理玉米的磷肥回收率随土壤有效磷的增加呈现显著下降；M 和 MNP 处理玉米磷肥回收率均随土壤有效磷的增加呈现显著上升。NP 处理甘薯磷肥回收率随土壤有效磷的增加呈现极显著上升，对于 NPK 及有机肥处理（M、MN 和 MNPK）甘薯磷素回收率基本保持稳定，与土壤有效磷变化的响应关系不显著。

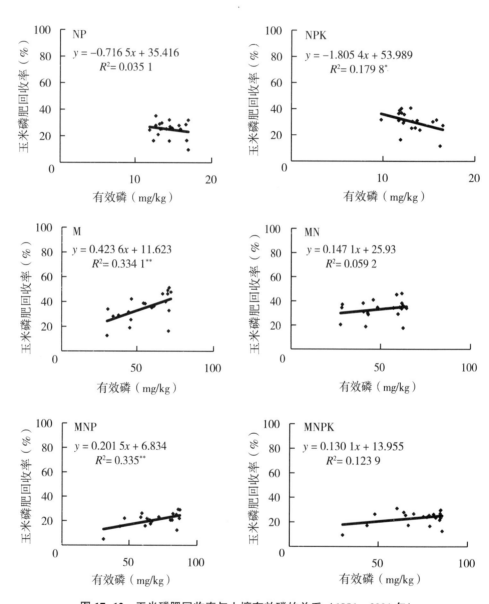

图 17-12　玉米磷肥回收率与土壤有效磷的关系（1981—2001 年）

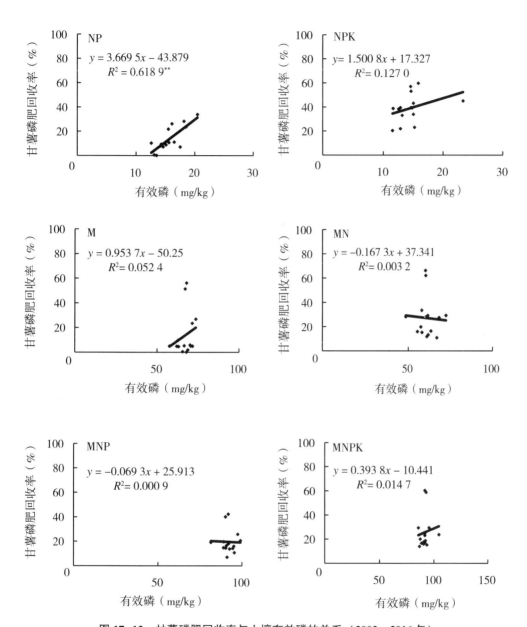

图 17-13　甘薯磷肥回收率与土壤有效磷的关系（2002—2016 年）

六、主要结果与磷肥高效应用

磷素是作物生长发育的重要因子，施用磷肥是作物持续增产的有效措施。如果土壤连续种植作物而不施用磷肥，由于磷的耗竭，土壤磷素将变得更为缺乏。长期施肥下磷素的演变结果表明：不施磷肥（CK 和 N）处理，砂壤质潮土全磷、有效磷和 PAC 值均有所下降，施磷肥处理（NP、NPK、M、MN、MNP 和 MNPK）全磷、有效磷和 PAC 值均有所上升，说明施磷是提高土壤磷素水平和磷素活化效率的重要措施。施用化学磷肥（NP 和 NPK）处理，土壤有效磷浓度年均增加量为 0.051 mg/kg 和 0.064 mg/kg；单施有机磷肥（M 和 MN）处理，土壤有效磷浓度年均增加量为 0.918 mg/kg 和 0.852 mg/kg；有机无机磷肥配施（MNP 和 MNPK）处理，土壤有效磷浓度年均增加量为 1.362 mg/kg 和 1.257 mg/kg。因此，在农田耕作中建议采取有机无机磷肥相结合的培肥措施，有利于维持并逐步提高土壤有效磷含量，建立较大容量的土壤有效磷库。

长期不同施肥处理下，土壤有效磷的变化与磷平衡有较好的正相关，斜率代表潮土磷平均每盈余 1 个单位（kg P/hm²）相应的有效磷消长量（P mg/kg），可以在一定程度上预测土壤有效磷的变化。不施磷肥处理，砂壤质潮土中的磷素均亏缺，土壤每亏缺 100 kg P/hm²，CK 和 N 处理土壤中有效磷含量平均降低 0.76 mg/kg 和 0.35 mg/kg；施有机磷肥或有机无机磷肥配施，土壤中的磷素均有盈余，土壤中每盈余 100 kg P/hm²，M、MN、MNP 和 MNPK 处理土壤有效磷含量平均提高 1.61 mg/kg、2.02 mg/kg、1.43 mg/kg 和 1.32 mg/kg；潮土每盈余 100 kg P/hm²，土壤有效磷含量上升 3.02 mg/kg。

采用线线模型和米切里西方程模型求出的砂壤质潮土有效磷阈值有一定差异，小麦、玉米和甘薯有效磷农学阈值平均值分别为 13.41 mg/kg、14.24 mg/kg 和 20.9 mg/kg。根据土壤有效磷农学阈值和土壤环境阈值（引起环境污染的临界值），确定潮土土壤有效磷的年变化量，以及作物带走的磷含量，可以推算出磷肥施用量。作物的农学阈值受作物类型、土壤类型以及气候环境等诸多因素的影响，应在大量的试验和示范中寻求合适的土壤有效磷含量。

（魏猛、张爱君、唐忠厚）

主要参考文献

鲍士旦，2000. 土壤农化分析[M]. 3 版. 北京：中国农业出版社.

曹宁，陈新平，张福锁，等，2007. 从土壤肥力变化预测中国未来磷肥需求[J]. 土壤学报，44(3)：536-543.

陈倩，穆环珍，黄衍初，等，2003. 木质素对土壤磷素形态转化及对磷有效性的影响[J]. 农业环境科学学报，22(6)：745-748.

黄绍敏，2006. 长期不同施肥模式下潮土肥力演变规律与持续利用研究[D]. 郑州：

河南农业大学.

黄绍敏,宝德俊,皇甫湘荣,等,2006.长期施肥对潮土土壤磷素利用与积累的影响[J].中国农业科学,39(1):102-108.

贾兴永,李菊梅,2011.土壤磷有效性及其与土壤性质关系的研究[J].中国土壤与肥料(6):76-82.

刘建玲,张福锁,2006.小麦—玉米轮作长期肥料定位试验中土壤磷库的变化Ⅱ.土壤有效磷及各形态无机磷的动态变化[J].应用生态学报,11(3):365-368.

刘京,2015.长期施肥下紫色土磷素累积特征及其环境风险[D].重庆:西南大学.

鲁如坤,2000.土壤农业化学分析方法[M].北京:中国农业科学技术出版社.

鲁如坤,刘鸿翔,闻大中,等,1996.我国典型地区农业生态系统养分循环和平衡研究Ⅴ.农田养分平衡和土壤有效磷、钾消长规律[J].土壤通报,27(6):241-242.

裴瑞娜,杨生茂,徐明岗,等,2010.长期施肥条件下黑垆土有效磷对磷盈亏的响应[J].中国农业科学,43(19):4008-4015.

魏猛,张爱君,诸葛玉平,等,2017.长期不同施肥对黄潮土区冬小麦产量及土壤养分的影响[J].植物营养与肥料学报,23(2):304-312.

徐明岗,梁国庆,张夫道,2006.中国土壤肥力演变[M].北京:中国农业科学技术出版社.

杨学云,孙本华,古巧珍,等,2007.长期施肥磷素盈亏及其对土壤磷素状况的影响[J].西北农业学报,16(5):118-123.

张维理,武淑霞,冀宏杰,等,2004.中国农业面源污染形势估计及控制对策Ⅰ.21世纪初期另农业面源污染的形势[J].中国农业科学,37(7):1008-1017.

周宝库,张喜林,2005.长期施肥对黑土磷素积累、形态转化及其有效性影响的研究[J].植物营养与肥料学报,11(2):143-147.

BAI Z H, LI H G, YANG X Y, et al., 2013. The critical soil P levels for crop yield soil fertility and environmental safety in different soil types[J]. Plant and soil, 372(1-2):27-37.

JOHNSTON A E, 2000. Soil and plant phosphate[M]. Pairs: International Fertilizer Industry Association Press.

MALLARINO A P, BLACKMER A M, 1992. Comparison of methods for determining critical concentrations of soil test phosphorus for corn[J]. Agronomy journal, 84(5):850-856.

PARRY R, 1998. Agricultural phosphorus and water quality: a U. S. environmental protection agency perspective[J]. Journal of enviornmental quality,27(2):258-261.

SHARPLEY A N, MENZEL R G, 1987. The impact of soil and fertilizer phosphorus on the environment[J]. Advances in agronomy, 41: 297-324.

SHEN R P, SUN B, ZHAO Q G, 2005. Spatial and temporal variability of N, P and K balances for agroecosystems in China[J]. Pedosphere, 15(3): 347-355.

TANG X, LI J M, MA Y B, et al., 2009. Determining critical values of soil olsen-P for maize and winter wheat from long-term experiments in China[J]. Plant and soil, 323 (1-2): 143-151.

第十八章　砂姜黑土磷素演变与培肥技术

砂姜黑土是我国暖温带南部地区面广量大的一种半水成土，因其有颜色较暗的表土层和含有砂姜的脱潜层而得名。砂姜黑土是我国黄淮海平原主要的粮食产区，全国总面积约 400 万 hm^2，其中安徽省面积最大，约 165 万 hm^2，占安徽省旱地总面积的 40% 以上，也是本省面积最大的中低产田（王道中等，2015）。砂姜黑土黏土矿物以蒙脱石、伊利石为主，胀缩系数较大，心土层棱柱状结构发育明显，由于有机质含量低，物理性状差，养分缺乏，严重制约着当地农业生产的发展（张俊民等，1984；宗玉统，2013），因此，加强砂姜黑土地区耕地保育，提高砂姜黑土的质量和生产力，关系到安徽省乃至全国的粮食安全。研究长期不同施肥对砂姜黑土基础肥力、作物产量的影响，探明长期施肥条件下砂姜黑土土壤磷的演变规律，对加强砂姜黑土地区耕地保育，提高砂姜黑土的质量和生产力具有重要的指导意义。

一、蒙城砂姜黑土旱地长期试验

（一）长期试验基本概况

砂姜黑土不同有机肥（物）料长期培肥定位试验位于农业农村部蒙城县砂姜黑土生态环境站内（北纬 33°13′，东经 116°37′）。试验站地处皖北平原中部，属暖温带半湿润季风气候，常年平均气温 14.8℃，≥0℃ 年积温 5 438.1℃，≥10℃ 年积温 4 831.0℃，无霜期 212 d，最长 234 d，最短 188 d。太阳辐射量 125.2 $kcal/m^2$，日照时数 2 351.5 h，日照率 53%。年均降水量 872.4 mm，最高年降水量 1 444 mm，最低年降水量 505 mm，年均蒸发量 1 026.6 mm。

试验于 1982 年开始。试验地土壤为暖温带南部半湿润区草甸潜育土上发育而成的具有脱潜特征的砂姜黑土（类），普通砂姜黑土亚类，占砂姜黑土类面积的 99% 以上，具有广泛的代表性。试验开始时耕层土壤（0~20 cm）基本性质为：有机质 10.4 g/kg，全氮 0.96 g/kg, 全磷 0.28 g/kg, 碱解氮 84.5 mg/kg, 有效磷 9.8 mg/kg, 速效钾 125 mg/kg。

（二）试验设计

试验共设 6 个处理：①不施肥（CK）；②施氮磷钾化肥（NPK）；③NPK+半量麦秸（NPK+LS）；④NPK+全量麦秸（NPK+S）；⑤NPK+猪粪（NPK+PM）；⑥NPK+牛粪（NPK+CM）。化肥用量为 N 180 kg/hm², P_2O_5 90 kg/hm², K_2O 135 kg/hm²。有机肥（物）料全量麦秸为 7 500 kg/hm²，半量麦秸为 3 750 kg/hm²，猪粪（湿）15 000 kg/hm²，牛粪（湿）30 000 kg/hm²。有机物料中带入的氮、磷、钾养分不计入总量。麦秸含氮 5.5 g/kg，碳 482 g/kg，猪粪（干基）含氮 17.0 g/kg、碳 367 g/kg；牛粪（干基）含氮 7.9 g/kg、碳 370 g/kg。氮肥用尿素（含氮 46%），磷肥用普通过磷酸钙（含 P_2O_5 12%），钾肥用氯化钾（含 K_2O 60%），全部肥料于秋季小麦种植前一次性施入，后茬作物不施肥。每处理 4 次重复，试验小区面积 66.7 m²，完全随机区组排列。1994—1997 年为小麦—玉米轮作，其余均为小麦—大豆轮作。

二、长期施肥下砂姜黑土全磷和有效磷的变化及其关系

（一）长期施肥下土壤全磷的变化趋势

图 18-1 显示，长期不施肥土壤的全磷含量呈现先下降后增加的趋势（1982—2013年），这可能与作物产量极低，带走的磷量较少有关。长期单施化肥的 NPK 处理，全磷含量年际间波动幅度较大，但 2003 年以后基本维持在一个平衡点（约 0.35 g/kg），变幅较小，表明在现有的产量水平下，每年施入 P_2O_5 90 kg/hm² 就可以满足小麦—大豆轮作作物对磷素养分的需求。在施化肥的基础上增施有机肥（物）料，土壤全磷含量均呈上升趋势，增施麦秸、猪粪和牛粪的处理全磷含量较试验前分别增加了 0.30 g/kg、0.59 g/kg 和 0.53 g/kg，增幅分别为 105.7%、210.7% 和 189.6%，年增量速率为 0.010 g/kg、0.019 g/kg 和 0.017 g/kg，年增幅 3.41%、6.80% 和 6.12%。增施牛粪和猪粪处理的全磷增幅高于麦秸处理，与牛粪和猪粪处理投入的磷量较多有关。从图 18-1 还可以看出，增施猪粪处理 2003 年和 2013 年全磷含量的增幅明显，可能与这一时期猪粪中磷的含量较高有关。

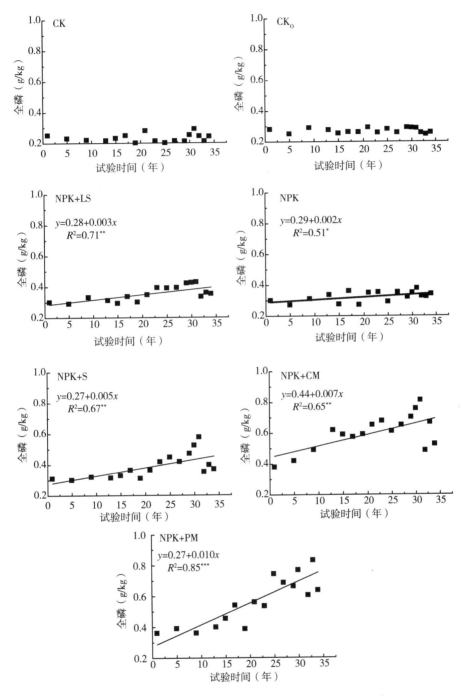

图 18-1　长期施肥砂姜黑土全磷含量的变化（1983—2016 年）

（二）长期施肥对土壤有效磷含量的影响

从图 18-2 中可以看出，长期不施肥土壤的有效磷含量下降，至 2013 年，CK 处理的有效磷含量降至 1.99 mg/kg。撂荒处理土壤有效磷含量同样呈下降趋势，其与土壤中的有效磷被固定有关。

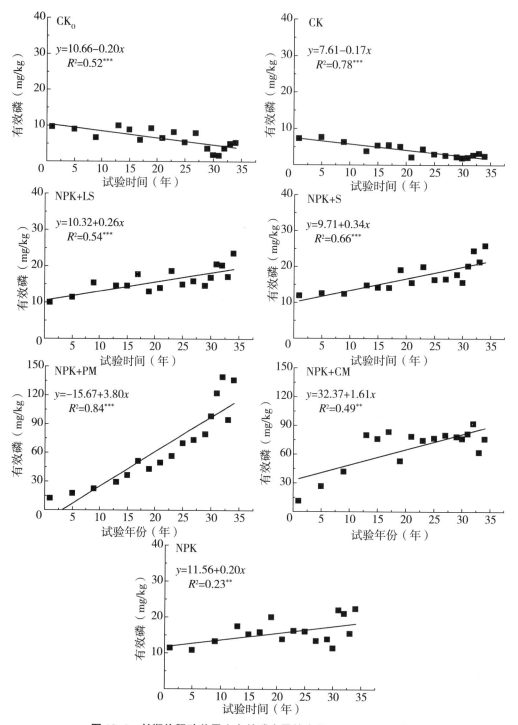

图 18-2　长期施肥砂姜黑土有效磷含量的变化（1983—2016 年）

长期单施化肥的 NPK 处理，土壤有效磷含量略有上升，由试验开始时（1982 年含量）的 9.8 mg/kg 到 2013 年上升为 22.02 mg/kg。在化肥的基础上增施有机肥（物）料，土壤有效磷含量表现出随试验时间延长逐渐上升趋势，增施麦秸、猪粪和牛粪的处理土壤有效磷含量由试验开始时（1982 年）的 9.8 mg/kg 到 2013 年分别上升到 20.1 mg/kg、122.1 mg/kg 和 81.0 mg/kg，增幅分别为 105.5%、1 145.9%和 726.1%，年增加速率分别为 0.33 mg/kg、3.62 mg/kg 和 2.30 mg/kg，年增幅 3.40%、36.97%和 23.42%。增施猪粪和牛粪处理的土壤有效磷含量较高，超过了磷的环境临界浓度水平。

（三）长期施肥下土壤全磷与有效磷的关系

与氮素不同，施入土壤中的磷素移动性较小，除作物吸收利用外，基本保存于土壤中，当投入土壤中的磷素含量大于作物吸收量时，土壤磷素表现为累积，反之磷素处于耗竭状态，土壤磷素含量下降。长期不施磷肥，土壤全磷含量下降。长期施化学磷肥，土壤全磷在土壤中不断累积，在化学磷肥的基础上增施有机肥，土壤全磷的累积速率高于单施化学磷肥处理（表 18-1）。

表 18-1　长期施肥土壤全磷随时间的累积曲线

处理	回归方程	R^2	n
CK	$y=-0.000\ 4x+0.242\ 5$	0.020 5	15
NPK	$y=0.002\ 1x+0.281\ 7$	0.355 0[*]	15
NPK+S	$y=0.007\ 5x+0.250\ 0$	0.752 4[***]	15
NPK+PM	$y=0.015\ 5x+0.258\ 8$	0.811 6[***]	15
NPK+CM	$y=0.013\ 0x+0.356\ 1$	0.895 2[***]	15

注：y 为土壤全磷含量（g/kg）；x 为年；* 表示在 5%水平显著；** 表示在 1%水平显著。

长期不施磷肥，土壤中有效磷含量下降，年下降速率为 0.21 mg/kg（表 18-2）。长期施用磷肥，土壤有效磷含量提高，这与李中阳等（2010）研究结果一致。在砂姜黑土区长期施入不同有机磷和无机磷的条件下，土壤磷累积随施磷时间的变化有显著差异。在每年施入 P_2O_5 90 kg/hm² 时，土壤中的有效磷以每年 0.17 mg/kg 的速度累积。磷素累积速率以增施有机肥（物）料的处理明显高于单施化肥磷处理，增施猪粪处理（NPK+PM）有效磷的年累积速度为 2.94 mg/kg，增施牛粪处理（NPK+CM）的年累积速度为 2.18 mg/kg。

表 18-2　长期施肥土壤有效磷随时间的积累曲线

处理	回归方程	R^2	n
CK	$y=-0.216\ 8x+8.351\ 8$	0.856 1[***]	15
NPK	$y=0.167\ 2x+11.734\ 0$	0.256 7	15
NPK+S	$y=0.245\ 2x+10.982\ 0$	0.696 8[***]	15

续表

处理	回归方程	R^2	n
NPK+PM	$y=2.942\ 1x+0.774\ 2$	$0.869\ 5^{***}$	15
NPK+CM	$y=2.176\ 5x+23.067\ 0$	$0.723\ 4^{***}$	15

注：y 为土壤有效磷含量（mg/kg）；x 为年；* 表示在 5% 水平显著；** 表示在 1% 水平显著。

磷活化系数（PAC）表示土壤磷活化能力。长期施肥下砂姜黑土磷活化系数随试验时间的演变规律如图 18-3 所示，不施磷肥（CK）处理，土壤 PAC 与试验时间呈显著负相

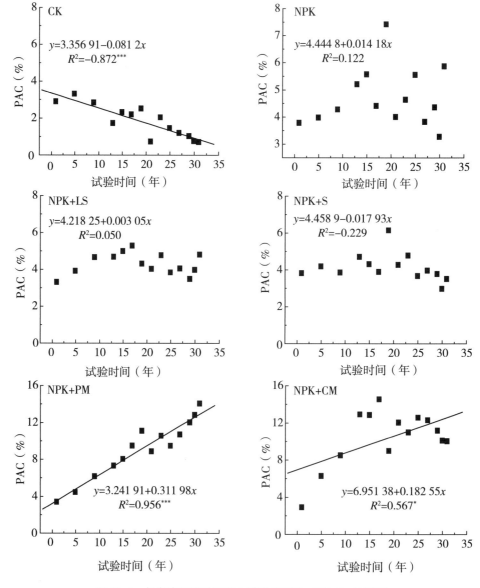

图 18-3　长期施肥对砂姜黑土磷活化系数（PAC）的影响

关（$P<0.01$），从试验开始时（1982年）的3.50%到2013年下降为0.69%、低于2%，表明全磷各形态很难转化为有效磷（贾兴永等，2011）。施用无机磷和猪粪和牛粪后，土壤PAC与施磷时间呈显著（$P<0.05$）或极显著正相关（$P<0.01$），PAC值随施磷时间延长均呈现上升趋势，并且PAC值在整个试验期间均大于2%，说明土壤全磷容易转化为有效磷。单施无机肥（NPK）和无机肥配施秸秆还田（NPK+LS和NPK+S）的处理，土壤PAC值均随种植时间延长而呈现出先上升后下降的趋势，显著低于无机肥配施猪粪和牛粪处理。说明长期施用猪粪和牛粪比施用秸秆更能够有效提高土壤磷素活性。

三、长期施肥下土壤有效磷对土壤磷盈亏的响应

（一）长期施肥下土壤磷素盈亏平衡

图18-4为砂姜黑土长期定位试验31年间各处理的当季土壤表观磷盈亏。不施磷肥处理（CK）当季土壤磷一直呈现亏缺状态。而施磷肥的5个处理（NPK、NPK+LS、NPK+S、NPK+PM和NPK+CM）当季土壤磷呈现盈余状态。然而，随着施肥年限的增加，所有施肥处理下磷的当季盈余量随之下降。在1983—1987年，NPK、NPK+LS、NPK+S、NPK+PM和NPK+CM处理下的当季磷盈亏分别为21.30 kg/hm²、

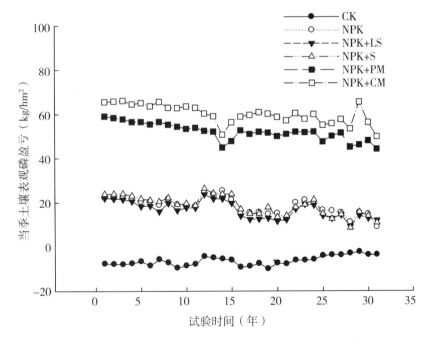

图18-4 小麦—大豆轮作条件下各处理当季土壤表观磷盈亏

20.14 kg/hm²、22.81 kg/hm²、57.84 kg/hm²和65.33 kg/hm²；到了2009—2013年，其平均磷盈亏量分别为13.51 kg/hm²、13.24 kg/hm²、13.70 kg/hm²、47.42 kg/hm²和57.30 kg/hm²，主要是因为随着施肥时间延长，土壤肥力不断提高，作物产量随之提高，每季作物对磷素吸收带走的量也随之增加。

图18-5为31年试验中各处理土壤累积磷盈亏。由图可得，未施磷肥的CK处理，土壤磷一直处于亏缺态，并且累积亏缺值随试验种植时间延长而增加。相比之下，所有施肥NPK、NPK+LS、NPK+S、NPK+PM和NPK+CM处理的土壤磷一直处于盈余状态，并且土壤累积磷盈余量随施肥时间延长而增加，2013年土壤累积磷盈余值分别为567 kg/hm²、516 kg/hm²、577 kg/hm²、1 612 kg/hm²和1 862 kg/hm²，说明施用粪肥（猪粪和牛粪）比施用秸秆或不施用有机肥更能加速土壤磷素的累积。

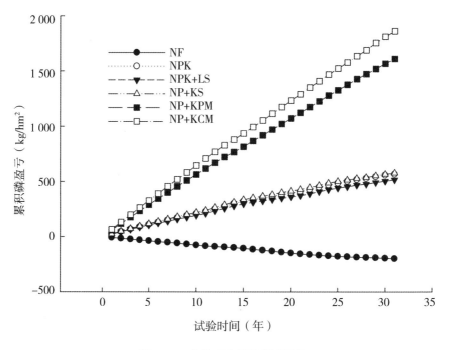

图18-5　各处理土壤累积磷盈亏

（二）长期施肥下土壤有效磷变化对土壤磷素盈亏的响应

图18-6表示长期不同施肥模式下砂姜黑土有效磷变化量与土壤耕层磷盈亏的响应关系。不施磷肥处理（CK），土壤有效磷变化量与土壤累积磷亏缺量显著相关，CK处理土壤每亏缺100 kg P/hm²，有效磷下降2.9 mg/kg。施肥处理（NPK、NPK+LS、NPK+S、NPK+PM和NPK+CM）中，除NPK处理外，土壤有效磷与土壤累积磷盈余量

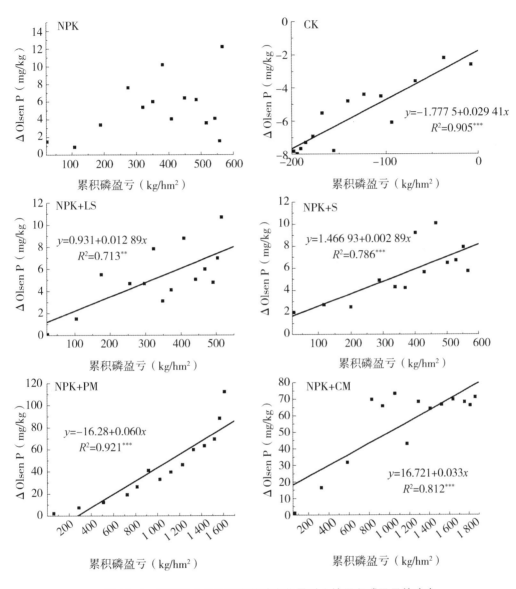

图 18-6 砂姜黑土各处理有效磷变化量对土壤累积磷盈亏的响应

均表现为极显著正相关（$P<0.01$）。土壤每累积 100 kg P/hm²，NPK+LS、NPK+S、NPK+PM 和 NPK+CM 处理有效磷浓度分别上升 1.289 mg/kg、0.289 mg/kg、6.00 mg/kg 和 3.30 mg/kg，并以施用猪粪处理有效磷浓度上升幅度最大。此外，依据图 18-7 的结果可知砂姜黑土 31 年间的有效磷变化量与土壤累积磷盈亏量达到极显著正相关（$P<0.01$），土壤每盈余 100 kg P/hm²，有效磷浓度上升 4.71 mg/kg，与曹宁等

（2007）的研究相一致，其通过对中国7个长期试验地点有效磷与土壤累积磷盈亏的关系进行研究发现，土壤有效磷含量与土壤累积磷盈亏呈极显著线性相关（$P<0.01$），7个样点土壤每盈余 100 kg P/hm²，有效磷浓度上升范围为 1.44~5.74 mg/kg。

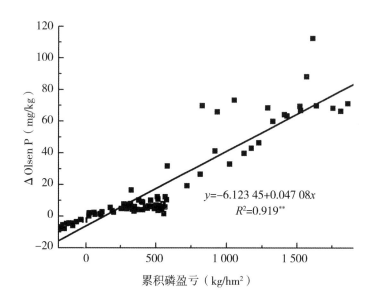

图 18-7　砂姜黑土所有处理有效磷变化量与土壤累积磷盈亏的关系

四、长期施肥下土壤有效磷对磷形态的响应

（一）长期施肥对不同土层土壤全磷、有效磷和有机磷的影响

长期不同施肥处理对不同土层土壤磷素含量影响较大。从表18-3和表18-4中可以看出，不施肥处理由于土壤磷素长期处于耗竭状态，0~5 cm、5~10 cm 和 10~15 cm 的全磷和有效磷含量显著低于其他施肥处理。相比无机肥处理，无机肥+秸秆还田对砂姜黑土全磷的影响深度仅为0~20 cm，而对有效磷的影响则为0~25 cm；无机肥+牛粪和猪粪处理对土壤全磷和有效磷的影响深度均达到25 cm。表明无机肥+有机物料可增加深层土壤磷累积和改善深层土壤磷素有效性。

表 18-3　长期施肥不同土层全磷含量（2012 年）　　　　　　　单位：g/kg

处理	0~5 cm	5~10 cm	10~15 cm	15~20 cm	20~25 cm
CK_0	0.29±0.02C	0.28±0.02D	0.22±0.02D	0.25±0.01D	0.21±0.01B
CK	0.34±0C	0.26±0.01D	0.28±0.03CD	0.24±0.02D	0.18±0.01B
NPK	0.45±0.01B	0.50±0.01C	0.38±0.02C	0.25±0.01D	0.24±0.03B
NPK+LS	0.45±0.02B	0.43±0.02C	0.38±0.03C	0.32±0.02C	0.25±0.02B
NPK+S	0.39±0.02BC	0.46±0.02C	0.34±0.01C	0.34±0.01C	0.24±0.02B
NPK+PM	1.35±0.02A	1.39±0.03A	0.99±0.03A	0.80±0.02A	0.34±0.03A
NPK+CM	1.35±0.03A	0.82±0.04B	0.59±0.03B	0.60±0.02B	0.32±0.02A

注：数据后不同大写字母分别表示处理间在 5%水平差异显著。

表 18-4　长期施肥不同土层有效磷含量（2012 年）　　　　　　单位：mg/kg

处理	0~5 cm	5~10 cm	10~15 cm	15~20 cm	20~25 cm
CK_0	15.40±2.23C	3.81±0.23E	4.54±0.34C	5.99±0.47D	5.49±0.05D
CK	11.04±1.46C	4.82±0.25E	2.74±0.30C	4.04±0.46D	3.73±0.07D
NPK	41.68±3.47B	31.47±0.77C	20.84±1.64B	3.56±0.46D	2.79±0.05D
NPK+LS	29.95±4.76B	19.82±0.76D	24.54±2.98B	14.92±1.03C	10.22±1.30C
NPK+S	29.89±3.14B	32.45±1.80C	30.23±4.10B	17.68±1.70C	11.71±0.39C
NPK+PM	129.68±7.22A	151.70±3.70B	91.58±3.58A	45.87±2.73B	49.73±2.31A
NPK+CM	145.33±5.99A	200.77±3.97A	89.45±1.72A	63.07±0.63A	26.34±1.24B

注：数据后不同大写字母分别表示处理间在 5%水平差异显著。

有机磷是土壤磷库的重要组成部分，我国大多数土壤的有机磷含量约占土壤全磷的 20%~40%，天然植被下土壤有机磷含量时常可占全磷的一半以上。土壤有机磷对土壤肥力和植物营养有着重要的影响，许多学者在施肥对有机磷含量及其植物有效性等方面做了大量的研究工作（刘小虎等，1999；徐阳春等，2003；秦胜金等，2007）。施肥对有机磷有着重要的影响，特别是有机肥的施用对土壤有机磷含量的影响越来越受到关注。王旭东等（1997）的研究表明，施用有机肥可以提高土壤有机磷总量，绿肥和粪肥作用明显，秸秆的作用较小。本试验结果表明，无机肥虽然可以提高土壤全磷和有效磷的含量，但没有提高土壤有机磷的含量（表 18-5）。无机肥+猪粪或牛粪可以显著提高 0~15 cm 土壤有机磷的含量，其中 5~10 cm 土层有机磷含量增长幅度最大。相比无机肥+猪粪，无机肥+秸秆和牛粪对土壤有机磷的改善作用增加到 0~20 cm 的深度。

此外，所有处理下 0~5 cm 的土层中土壤有机磷占全磷的比例以撂荒处理最高，为 47.77%，而 0~5 cm、10~15 cm 和 15~20 cm 土层中以无机肥+猪粪处理下的有机磷全磷百分比最低，分别为 17.70%、20.73%和 8.99%，这说明猪粪提高土壤有效磷可能主要是通过改善土壤无机磷的活性来实现的。

表 18-5　长期施肥不同土层土壤有机磷含量　　　　　　　单位：g/kg

处理	0~5 cm	5~10 cm	10~15 cm	15~20 cm	20~25 cm
CK$_0$	0.14±0.01B	0.11±0C	0.08±0D	0.07±0B	0.07±0A
CK	0.10±0.01B	0.11±0C	0.13±0B	0.07±0B	0.06±0A
NPK	0.09±0B	0.08±0C	0.10±0D	0.07±0B	0.07±0A
NPK+LS	0.14±0.01B	0.20±0.01B	0.12±0B	0.12±0.01A	0.07±0A
NPK+S	0.13±0B	0.19±0.01B	0.15±0.01B	0.15±0A	0.07±0A
NPK+PM	0.24±0.01A	0.36±0.02A	0.20±0.02A	0.07±0B	0.07±0A
NPK+CM	0.26±0.01A	0.41±0.02A	0.22±0.02A	0.12±0.01A	0.06±0.01A

注：数据后不同大写字母分别表示处理间在 5%水平差异显著。

（二）长期施肥对不同土层无机磷各组分含量及其有效性的影响

不同施肥管理措施对砂姜黑土无机磷组分影响不同（表 18-6），这与于群英等（2006）的研究结果相同。其中，相比不施肥处理，施肥可以显著提高 0~5 cm、5~10 cm 和 15~20 cm 土层中的二钙磷、铁磷和十钙磷含量，在 10~15 cm 土层中施肥显著提高二钙磷、铝磷、铁磷和闭蓄态磷含量，在 20~25 cm 的土层施肥显著提高铝磷、铁磷和十钙磷含量。在无机肥+有机物料施肥模式下，无机肥+猪粪或牛粪对土壤各磷素组分的影响显著大于无机肥+秸秆还田。相比无机肥，无机肥+秸秆还田对砂姜黑土 0~5 cm、10~15 cm 和 15~20 cm 中的二钙磷、八钙磷、铝磷、铁磷和十钙磷各组分含量影响不显著；无机肥+猪粪或牛粪则显著提高 0~25 cm 各土层的二钙磷、八钙磷、铝磷和铁磷含量。

表 18-6　长期不施肥对土壤无机磷形态的影响　　　　　　　单位：mg/kg

土层	处理	二钙磷	八钙磷	铝磷	铁磷	十钙磷	闭蓄态磷
	CK$_0$	2.54±0.57C	0.98±0.04C	29.00±3.11C	28.17±3.20D	70.86±2.48B	27.68±5.17D
	CK	2.38±0.42C	2.37±1.61C	12.88±1.20D	29.41±3.43D	61.62±5.48B	129.84±2.39B
	NPK	45.85±8.11B	0.53±0.25C	89.80±1.10B	75.73±2.66B	77.30±2.93B	70.95±2.75C
0~5 cm	NPK+LS	30.86±4.28B	1.33±0.62C	44.92±5.57C	57.83±5.64C	87.47±1.19B	62.70±10.09C
	NPK+S	34.65±2.29B	1.47±0.03C	35.63±4.68C	48.71±2.52C	79.31±2.99B	63.72±4.53C
	NPK+PM	191.96±13.16A	38.93±1.43B	299.74±29.18A	112.31±5.29A	146.12±10.36A	324.69±46.63A
	NPK+CM	200.75±33.99A	105.86±9.35A	115.90±30.02B	76.26±4.52B	135.87±0.41A	455.38±69.07A

续表

土层	处理	二钙磷	八钙磷	铝磷	铁磷	十钙磷	闭蓄态磷
5~10 cm	CK_0	2.12±0.43C	1.30±0.80B	7.95±1.76E	30.55±3.94C	72.31±4.20B	67.15±1.56B
	CK	1.40±0.08C	2.46±0.13B	56.37±2.62C	23.09±2.27C	65.03±7.77B	6.92±0.72D
	NPK	33.45±3.24B	3.42±0.23B	30.12±3.40D	70.44±7.61B	81.54±3.39B	198.10±9.98A
	NPK+LS	29.48±1.47B	3.60±0.11B	45.27±6.47D	52.24±4.35B	77.53±3.10B	25.82±5.77C
	NPK+S	29.66±1.54B	2.79±0.27B	69.85±6.28C	60.26±2.06B	84.41±1.02B	32.64±4.41C
	NPK+PM	233.06±22.28A	74.94±7.50A	423.19±95.74A	129.19±14.54A	148.20±2.79A	11.79±1.50D
	NPK+CM	162.18±25.40A	69.87±10.50A	143.70±18.67B	90.79±12.42A	132.55±6.36A	24.64±8.18D
10~15 cm	CK_0	3.20±0.62D	2.39±1.61C	17.33±3.33D	20.24±2.25C	72.35±3.64A	14.91±8.27D
	CK	2.72±0.66D	1.36±0.33C	5.37±1.92E	22.65±2.50C	64.44±5.38AB	8.88±1.94D
	NPK	17.85±1.96C	2.74±0.91C	42.57±15.57C	55.19±0.53B	76.54±3.76A	86.83±6.28B
	NPK+LS	24.44±2.21C	2.33±1.12C	40.07±6.32C	53.38±1.91B	82.15±5.07A	52.94±7.5C
	NPK+S	27.80±3.42C	0.83±0.18C	38.79±3.08C	50.17±2.02B	53.42±5.07B	29.52±2.20D
	NPK+PM	167.98±13.77A	70.41±8.41A	165.77±19.03A	61.64±4.96A	89.65±5.84A	227.27±42.33A
	NPK+CM	102.48±15.98B	35.82±8.33B	94.55±14.99B	77.20±6.76A	11.61±3.27	54.97±6.35C
15~20 cm	CK_0	1.87±0.09B	1.03±0.03B	9.57±1.21C	24.07±3.41C	68.73±1.07B	78.59±11.32C
	CK	2.73±0.80B	2.52±1.20B	4.42±2.74C	25.05±1.56C	64.76±4.37B	65.92±5.56C
	NPK	4.27±1.72B	1.30±0.30B	23.97±7.42B	34.63±5.93B	71.27±3.28B	44.09±12.65C
	NPK+LS	5.85±0.61B	1.83±0.12B	14.81±3.15B	39.39±2.04B	80.43±3.94B	71.71±10.80C
	NPK+S	6.84±0.52B	4.80±0.77B	21.99±3.53B	44.59±7.90AB	78.32±3.31B	35.11±3.25D
	NPK+PM	55.14±4.61A	14.61±1.31A	133.67±24.14A	60.43±7.88A	85.26±9.35AB	377.05±46.52A
	NPK+CM	60.70±3.25A	13.61±0.94A	87.46±10.29A	64.38±0.53A	122.78±26.55A	129.64±11.20B
20~25 cm	CK_0	1.71±0.43B	1.76±0.92B	6.30±2.74C	26.05±2.46B	64.83±2.20AB	41.97±10.10A
	CK	2.39±0.96B	1.06±0.30B	3.55±0.75C	19.28±1.43B	54.51±3.29B	50.17±1.49A
	NPK	0.81±0.16B	0.76±0.18B	23.69±2.37B	25.35±0.87B	58.29±7.22B	26.60±5.65B
	NPK+LS	1.69±0.13B	1.48±0.49B	25.05±10.91B	22.40±1.93B	69.76±3.09A	63.74±9.72A
	NPK+S	3.20±1.03B	1.25±0.40B	13.32±1.31B	24.18±1.38B	73.64±4.73A	54.92±16.31A
	NPK+PM	30.72±5.34A	6.48±0.64A	113.34±7.89A	38.46±2.45A	69.45±3.71A	9.53±0.62C
	NPK+CM	27.17±5.22A	2.41±0.43B	98.73±7.17A	40.01±4.46A	72.16±9.40A	12.91±0.71C

注：数据后不同大写字母分别表示处理间在5%水平差异显著。

土壤有效磷和无机磷各组分间的相关性分析结果表明，不同土层土壤有效磷含量与无机磷组分的相关性各不相同（王道中等，2009）。其中0~5 cm和5~10 cm的土层中，有效磷含量与无机磷各组分、有机磷和全磷均显著相关（表18-7，表18-8，表18-10），而15 cm以下的土层中有效磷含量与土壤有机磷含量不存在显著相关性，与二钙磷、铝磷、铁磷，和全磷含量显著相关（表18-9，表18-10，表18-11）。以上结果说明，砂姜黑土深层土壤（15 cm以下）的有机磷组分相对稳定，不易被植物吸收利用。在进行无机肥+有机物料施肥管理时，有机物料的施用深度建议不超过15 cm，虽然有机物料深施能够改善深层土壤有机质含量。

表18-7 土壤有效磷、有机磷和无机磷各组分间的相关性（2012年）　　　（0~5 cm）

组分	二钙磷	八钙磷	铝磷	铁磷	闭蓄态磷	十钙磷	有机磷	全磷
有效磷	0.976**	0.811**	0.745**	0.781**	0.899**	0.950**	0.900**	0.982**
二钙磷		0.825**	0.757**	0.775**	0.843**	0.913**	0.858**	0.962**
八钙磷			0.371	0.404	0.785**	0.688**	0.737**	0.785**
铝磷				0.893**	0.557**	0.813**	0.657**	0.796**
铁磷					0.572**	0.828**	0.644**	0.791**
闭蓄态磷						0.808**	0.855**	0.921**
十钙磷							0.926**	0.952**
有机磷								0.923**

注：* 表示在5%水平显著，** 表示在1%水平显著。

表18-8 土壤有效磷、有机磷和无机磷各组分间的相关性（2012年）　　　（5~10 cm）

组分	二钙磷	八钙磷	铝磷	铁磷	闭蓄态磷	十钙磷	有机磷	全磷
有效磷	0.902**	0.946**	0.669**	0.783**	-0.556**	0.921**	0.940**	0.809**
二钙磷		0.933**	0.843**	0.923**	-0.428	0.957**	0.879**	0.944**
八钙磷			0.800**	0.792**	-0.543*	0.923**	0.902**	0.866**
铝磷				0.737**	-0.418	0.791**	0.710**	0.872**
铁磷					-0.203	0.883**	0.747**	0.914**
闭蓄态磷						-0.396	-0.608**	-0.189
十钙磷							0.891**	0.928**
有机磷								0.811**

注：* 表示在5%水平显著，** 表示在1%水平显著。

表18-9 土壤有效磷、有机磷和无机磷各组分间的相关性（2012年）　　　（10~15 cm）

组分	二钙磷	八钙磷	铝磷	铁磷	闭蓄态磷	十钙磷	有机磷	全磷
有效磷	0.708**	0.402	0.392	0.459**	0.123	0.377	0.865**	0.884**

续表

组分	二钙磷	八钙磷	铝磷	铁磷	闭蓄态磷	十钙磷	有机磷	全磷
二钙磷		0.804 **	0.875 **	0.788 **	-0.457 *	0.790 **	0.602 **	0.763 **
八钙磷			0.952 **	0.828 **	-0.656 **	0.799 **	0.244	0.523 *
铝磷				0.902 **	-0.732 **	0.876 **	0.254	0.505 *
铁磷					-0.723 **	0.871 **	0.304	0.439 *
闭蓄态磷						-0.794 **	0.123	0.177
十钙磷							0.277	0.349
有机磷								0.747 **

注：* 表示在5%水平显著，** 表示在1%水平显著。

表 18-10　土壤有效磷、有机磷和无机磷各组分间的相关性（2012 年）　（15~20 cm）

组分	二钙磷	八钙磷	铝磷	铁磷	闭蓄态磷	十钙磷	有机磷	全磷
有效磷	0.667 **	0.531 *	0.808 **	0.852 **	0.606 **	0.677 **	0.340	0.874 **
二钙磷		0.957 **	0.705 **	0.729 **	0.383	0.562 **	0.052	0.728 **
八钙磷			0.569 **	0.690 **	0.304	0.469 *	0.110	0.640 **
铝磷				0.717 **	0.805 **	0.351	-0.038	0.933 **
铁磷					0.500 **	0.618 **	0.369	0.819 **
闭蓄态磷						0.172	-0.257	0.860 **
十钙磷							0.288	0.509 *
有机磷								0.077

注：* 表示在5%水平显著，** 表示在1%水平显著。

表 18-11　土壤有效磷、有机磷和无机磷各组分间的相关性（2012 年）　（20~25 cm）

组分	二钙磷	八钙磷	铝磷	铁磷	闭蓄态磷	十钙磷	有机磷	全磷
有效磷	0.857 **	-0.343	0.622 **	0.790 **	-0.325	0.407	0.227	0.857 **
二钙磷		-0.297	0.673 **	0.870 **	-0.456 *	0.439 *	0.063	0.841 **
八钙磷			-0.151	-0.116	-0.190	0.057	-0.094	-0.339
铝磷				0.520 *	-0.846 **	0.082	0.077	0.746 **
铁磷					-0.366	0.461 *	0.142	0.750 **
闭蓄态磷						0.024	0.105	-0.350
十钙磷							-0.027	0.452 *
有机磷								0.341

注：* 表示在5%水平显著，** 表示在1%水平显著。

五、长期施用有机肥与土壤有效磷环境风险分析

　　土壤有效磷含量是影响作物产量的重要因素，土壤中的有效磷含量较低时，不能满足作物的生长需求，造成作物明显减产；但当土壤有效磷含量过高时，则对作物的增产效果不明显，甚至可能由于淋溶或者地表径流造成环境污染（吕家龙，2002；颜晓等，2013），因而维持土壤有效磷含量在适宜水平对作物产量与环境保护具有非常重要的意义。在长期定位试验的基础上，计算砂姜黑土有效磷的环境风险值（图18-8）。在无机有机肥混施的情况下，当土壤中的全磷含量超过400 mg/kg时，随着土壤全磷每增加100 mg/kg的情况下有效磷含量的增加速率是之前的6~7倍，其从农田流失进入水体的风险大大加强（Hua et al.，2016）。

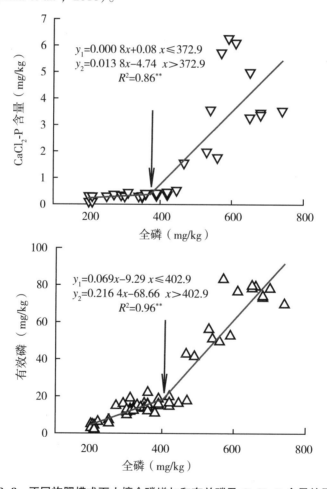

图18-8　不同施肥模式下土壤全磷增加和有效磷及CaCl$_2$-P含量的影响

六、磷肥回收率的演变

由于施入土壤中的磷肥能够被植物当季吸收利用的效率仅为 10%~30%，因此为了保证粮食高产，每年都有大量的磷肥投入土壤中，导致磷肥利用率不高，大量磷素在土壤中富集（Zhang et al.，2008a，b；Wironen et al.，2018）。不同施肥模式改变作物的磷素吸收量，影响磷肥当季回收率（高静，2009；高静等，2009）。对照和无机肥处理下小麦籽粒和秸秆吸磷量显著低于化肥配施有机肥处理。其中，小麦籽粒的磷吸收量具体表现为 NPK< CK<NPK+LS<NPK+S< NPK+PM< NPK+CM，秸秆表现为 NPK< CK< NPK+LS=NPK+S< NPK+PM=NPK+CM。相比小麦，大豆生长期间对土壤磷素的吸收较高，其中 NPK+猪粪或牛粪处理显著高于 NPK+秸秆和单施无机肥（表 18-12）。从长期试验磷肥回收率的变化来看，NPK+PM 和 NPK+CM 处理下虽然作物的磷素含量较高，但并没有相应的提高当季磷肥的回收率，与之相反，无机肥配施牛粪或猪粪的磷肥回收率显著低于无机肥配施秸秆还田和单施无机肥处理（图 18-9）。具体来说，NPK+PM 和 NPK+CM 处理下磷肥回收率多年保持在 20%~40%，而 NPK、NPK+LS 和 NPK+S 处理下在 2010 年后磷肥的当季回收率均超过 50%。

表 18-12　不同施肥处理下小麦和大豆磷素含量　　　　单位：mg/kg

处理	小麦		大豆	
	籽粒	秸秆	籽粒	秸秆
CK	0.28c	0.03c	0.64c	0.37c
NPK	0.26c	0.02c	0.92b	0.48b
NPK+LS	0.32b	0.04b	0.95b	0.48b
NPK+S	0.35b	0.04b	0.89b	0.48b
NPK+PM	0.41a	0.06a	1.15a	1.00a
NPK+CM	0.43a	0.06a	1.18a	1.21a

在砂姜黑土分布区的小麦—大豆轮作系统中，长期不同施肥模式下，磷肥回收率与连续施磷时间均呈显著正相关（表 18-13）。其中，NPK、NPK+LS 和 NPK+S 处理下磷肥的回收率增加迅速，相比之下，NPK+PM 和 NPK+CM 处理下磷肥回收率增长平缓，说明作物的磷肥回收率受施用磷素来源和施用磷素量等影响。

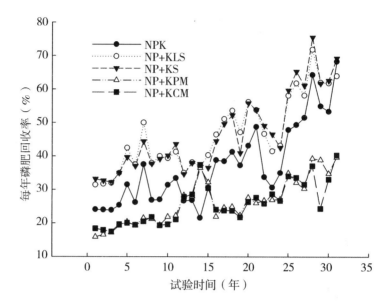

图 18-9　不同施肥处理下小麦—大豆轮作系统中的磷肥当年回收率

表 18-13　小麦—大豆轮作磷肥回收率随连续施磷时间的变化关系

处理	方程	R^2
NPK	$y = 1.13465x + 19.06610$	0.836^{***}
NPK+LS	$y = 1.02701x + 30.21652$	0.852^{***}
NPK+S	$y = 1.13565x + 28.67836$	0.868^{***}
NPK+PM	$y = -0.64182x + 16.15473$	0.840^{***}
NPK+CM	$y = 0.54141x + 17.24692$	0.776^{***}

　　长期不同施肥下，小麦—大豆轮作系统中作物对磷肥的回收率与土壤有效磷的响应关系存在差异（图 18-10）。其中，NPK+LS、NPK+S、NPK+PM 和 NPK+CM 处理下作物对磷肥的回收率与土壤有效磷含量的变化呈显著正相关，作物对磷肥的回收率随土壤有效磷上升的速率依次为 NPK+S＞NPK+LS＞NPK+PM＝NPK+CM。无机肥处理下，磷肥回收率与土壤磷素有效性变化无显著相关性。

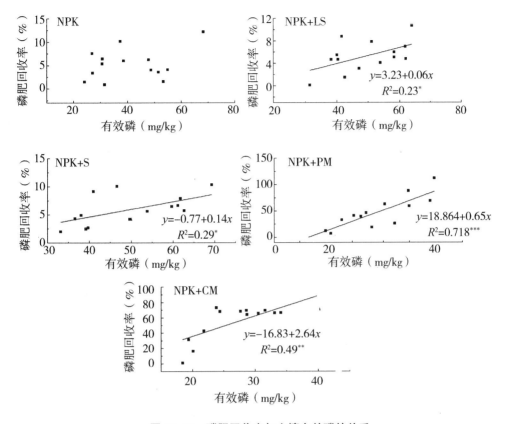

图 18-10　磷肥回收率与土壤有效磷的关系

七、主要结果与磷肥的合理应用

　　长期施肥下砂姜黑土磷素的演变结果表明：长期不施磷肥处理（CK）土壤全磷、有效磷值和 PAC 均有所下降，而施磷肥的处理（NPK、NPK+LS、NPK+S、NPK+PM 和 NPK+CM）土壤全磷、有效磷和 PAC 值均有所上升，特别是无机肥配施猪粪或牛粪处理，说明土壤磷水平和磷活性受施磷量和磷肥种类的影响。由于在砂姜黑土中 NPK+LS、NPK+S、NPK+PM 和 NPK+CM 4 种施肥模式下土壤有效磷的变化与磷平衡均有较好的正相关，因此，可以在一定程度上预测土壤有效磷变化，调控相应的磷素营养管理。

　　此外，依据计算得出的有效磷环境风险值，建议在土壤磷含量达到水平后，适当调整磷素施用量，保持土壤磷供需相对平衡，降低磷的淋溶风险。

（郭志彬、王道中）

主要参考文献

鲍士旦,2000. 土壤农化分析[M]. 3 版. 北京：中国农业科技出版社.

曹宁,陈新平,张福锁,等,2007. 从土壤肥力变化预测中国未来磷肥需求[J]. 土壤学
报,44(3)：536-543.

高静,2009. 长期施肥下我国典型农田土壤磷库与作物磷肥效率的演变特征[D]. 北
京：中国农业科学院.

高静,徐明岗,张文菊,等,2009. 长期施肥对我国 6 种旱地小麦磷肥回收率的影响
[J]. 植物营养与肥料学报,15(3)：584-592.

贾兴永,李菊梅,2011. 土壤磷有效性及其与土壤性质关系的研究[J]. 中国土壤与肥
料(6)：76-82.

李中阳,徐明岗,李菊梅,等,2010. 长期施用化肥有机肥下我国典型土壤无机磷的变
化特征[J]. 土壤通报,41(6)：1434-1439.

刘小虎,佟士儒,1999. 长期轮作施肥对棕壤有机磷组分及其动态变化的影响[J]. 土
壤通报(4)：3-5.

鲁如坤,2000. 土壤农化分析[M]. 北京：中国农业科学技术出版社.

吕家珑,2002. 农田土壤磷素淋溶及其预测[J]. 生态学报,23(12)：2689-2701.

秦胜金,刘景双,王国平,等,2007. 三江平原不同土地利用方式下土壤磷形态的变化
[J]. 环境科学,28(12)：2777-2782.

王道中,郭熙盛,刘枫,等,2009. 长期施肥对砂姜黑土无机磷形态的影响[J]. 植物营
养与肥料学报(3)：601-606.

王道中,花可可,郭志彬,2015. 长期施肥对砂姜黑土作物产量及土壤物理性质的影响
[J]. 中国农业科学,48(23)：4781-4789.

王旭东,张一平,李祖荫,1997. 有机磷在垆土中组成变异的研究[J]. 中国土壤与肥
料(5)：16-18.

徐阳春,沈其荣,茆泽圣,2003. 长期施用有机肥对土壤及不同粒级中有机磷含量与分配的影响[J]. 土壤学报,40(4):593-598.

颜晓,王德建,张刚,等,2013. 长期施磷稻田土壤磷素累积及其潜在环境风险[J]. 中国生态农业学报,21(4):393-400.

于群英,李孝良,李粉茹,等,2006. 安徽省土壤无机磷组分状况及施肥对土壤磷素的影响[J]. 水土保持学报,20(4):57-61.

张俊民,过兴度,孙怀文,1984. 黄淮海平原砂姜黑土的综合治理[J]. 土壤(1):23-26,30.

宗玉统,2013. 砂姜黑土的物理障碍因子及其改良[D]. 杭州:浙江大学.

CHANG S C, JACKSON M L, 1958. Soil phosphorus fractions in some representative soils [J]. Journal of soil science, 9(1):109-119.

GUO Z, LIU H, HUA K, et al., 2018. Long-term straw incorporation benefits the elevation of soil phosphorus availability and use efficiency in the agroecosystem[J]. Spanish journal of agricultural research, 16(3):1101.

HEDLEY M J, STEWART J W B, et al., 1982. Changes in inorganic and organic soil phosphorus fractions induced by cultivation practices and by laboratory incubations 1 [J]. Soil science society of america journal, 46(5):970-976.

HUA K, ZHANG W, et al., 2016. Evaluating crop response and environmental impact of the accumulation of phosphorus due to long-term manuring of vertisol soil in northern China[J]. Agriculture, ecosystems and environment, 219:101-110.

JIANG B, GU Y, 1989. A suggested fractionation scheme of inorganic phosphorus in calcareous soils[J]. Fertilizer research, 20(3):159-165.

PAGE A L, MILLER R H, KEENEY D R, 1982. Methods of soil analysis, part 2. Chemical and Microbiological Properties[M]. Wisconsin, USA:American Society of Agy onomy, Inc.

WIRONEN M B, BENNETT E M, ERICKSON J D, 2018. Phosphorus flows and legacy accumulation in an animal-dominated agricultural region from 1925 to 2012[J]. Global environmental change,50:88-99.

ZHANG L Z, VAN DER WERF W, BASTIAANS L, et al., 2008a. Light interception and utilization in relay intercrops of wheat and cotton[J]. Field crop research, 107(1): 29-42.

ZHANG W, MA W, JI Y, et al., 2008b. Efficiency, economics, and environmental implications of phosphorus resource use and the fertilizer industry in China[J]. Nutrents cycling of agroecosystem, 80(2): 131-144.

第十九章　玉米—小麦轮作红壤磷素演变及磷肥高效利用

红壤是热带和亚热带雨林、季雨林或常绿阔叶林植被下形成的具有高岭化和富铝化特征的土壤，其主要特征为缺乏碱金属和碱土金属而富含铁铝氧化物，呈酸性红色。红壤是中国铁铝土纲中位居最北、分布面积最广的土类，总面积 5 690 万 hm²，多分布在北纬 25°~31° 的中亚热带广大低山丘陵地区（李庆逵，1996）。红壤区占国土面积的 22.7%（徐明岗等，2006），水热资源丰富，年均温 15~25℃，年降水量为 1 200~2 500 mm；干湿季节明显，冬季温暖干燥，夏季炎热潮湿。红壤是富铝化和生物富集 2 个过程长期作用的结果，具有酸、黏、板、瘦等特点。红壤发育的母质主要有花岗岩、玄武岩、砂页岩和石灰岩的风化物以及第四纪红色黏土。

祁阳红壤试验站，基于长期定位观测，研究了不同施肥模式对土壤全磷、有效磷变化趋势、土壤对磷吸附解析性能、土壤需磷指数、红壤磷组分及活性等方面的影响（王伯仁等，2007，2008）。魏红安等（2012）以湖南长沙的红壤为试验材料，研究红壤磷素有效性衰减的关键过程及其与施肥量的关系，并分析农学有效磷指标与环境学土壤有效磷指标之间的数学关系。黄庆海等（2006）研究江西省不同利用方式下红壤磷素累积与形态分异的特征，发现红壤旱地铁磷、铝磷、二钙磷、八钙磷和闭蓄态磷的含量显著高于红壤稻田和红壤茶园，而十钙磷的含量差异不显著。有研究表明，由于红壤固磷能力强，磷素当季利用率只有 10%~25%（李庆逵等，1988）。迄今为止，关于我国红壤中磷素的研究广泛而深入，但缺乏系统性。因此，系统地分析红壤磷素演变、磷素演变与磷平衡的响应关系、磷素的形态特征、磷素农学阈值和利用率等，可为红壤磷肥科学施用提供重要依据。

一、红壤旱地长期定位试验概况

（一）试验点基本概况

红壤旱地长期肥力定位试验设在湖南省祁阳县中国农业科学院红壤试验站内（北纬

26°45′，东经 111°52′），海拔高度约为 120 m。地处中亚热带，年平均气温 18℃，最高温度 36.6~40.0℃，≥10℃ 年积温 5 600℃，年均降水量 1 255 mm，年蒸发量 1 470 mm，无霜期约为 300 d，年日照时数 1 610~1 620 h，太阳辐射量为 4 550 MJ/m²。温、光、热资源丰富，适于多种作物和林木生长。

试验地处丘岗中部，供试旱地红壤成土母质为第四纪红壤，根据中国土壤分类系统，属于硅铁质红壤，土壤中黏土矿物主要以高岭石为主。经过 1988—1990 年 3 年匀地后开始试验。试验开始时的耕层及剖面土壤基本性质见表 19-1。

表 19-1 试验前土壤基本理化性质

理化指标	0~20 cm	20~30 cm	30~58 cm	>58 cm
有机质（g/kg）	11.50	8.80	3.10	4.10
全氮（g/kg）	1.07	0.62	0.39	0.35
全磷（g/kg）	0.45	0.46	0.43	0.43
全钾（g/kg）	13.70	15.30	13.60	13.30
碱解氮（mg/kg）	79.00	37.00	12.00	18.00
有效磷（mg/kg）	10.80	8.10	2.70	2.40
速效钾（mg/kg）	122.00	63.00	46.00	31.00
pH 值	5.70	5.70	5.80	5.30
容重（g/cm³）	1.20	1.48	1.52	1.58

（二）试验设计

试验设 12 个处理：①不耕作不施肥（撂荒，CK_0）；②耕作不施肥（CK）；③单施化学氮肥（N）；④施用化学氮、磷肥（NP）；⑤施用化学氮、钾肥（NK）；⑥施用化学磷、钾肥（PK）；⑦施用化学氮、磷、钾肥（NPK）；⑧化学氮、磷、钾肥与有机肥配施（有机肥源为猪粪，NPKM）；⑨高量化学氮、磷、钾肥与高量有机肥配施（1.5NPKM）；⑩化学氮、磷、钾肥和有机肥配施（采用不同种植方式，NPKMR）；⑪化学氮、磷、钾肥，同时上茬作物秸秆 1/2 还田（NPKS）；⑫单施有机肥（M）。

试验开始于 1991 年，采取随机区组设计，2 次重复，小区面积 200 m²。各小区之间用 60 cm 深水泥埂隔开，无灌溉设施，为自然雨养农业。肥料用量为年施用纯氮（N）300 kg/hm²，N : P_2O_5 : K_2O = 1 : 0.4 : 0.4。各处理肥料施用量见表 19-2，施 N 小区的纯氮用量包括化肥氮量和猪粪氮量，其中有机肥料为猪粪，猪粪含 N 16.7 g/kg，有机肥料处理中有机肥带入 P、K 养分未分别计入 P、K 总量，NPKM、1.5NPKM 和

NPKMR 处理中，有机 N 施用量占全 N 70%。采用小麦—玉米一年两熟轮作制，玉米季肥料施用量占全年施肥量的 70%，小麦占 30%，肥料在小麦和玉米播种前作基肥一次性施用。除 NPKS 处理作物一半秸秆回田之外，其余处理作物地上部分带走，回田的秸秆 N、P、K 养分不计入总量（表 19 2）。各小区单独测产，在玉米和小麦收获前分区取样，进行考种和经济性状测定，同时取植株分析样。玉米收获后的 9—10 月，每小区按"之"字形 10 点取样法，采集 0～20 cm 和 20～40 cm 混合土壤样品各 1 个，室内风干，磨细过 1 mm 和 0.25 mm 筛，装瓶保存备用。田间管理措施主要是除草和防治玉米和小麦病虫害，其他详细施肥管理措施参见文献（王伯仁等，2002；徐明岗等，2006）。

表 19-2　试验肥料施用量

处理	玉米季		小麦季	
	化肥（kg/hm²）	猪粪鲜重（t/hm²）	化肥（kg/hm²）	猪粪鲜重（t/hm²）
CK	0-0-0	0	0-0-0	0
N	210-0-0	0	90-0-0	0
NP	210-84-0	0	90-36-0	0
NK	210-0-84	0	90-0-36	0
PK	0-84-84	0	0-36-36	0
NPK	210-84-84	0	90-36-36	0
NPKM	63-84-84	29.4	27-36-36	12.6
1.5NPKM	95-126-126	44.1	40-54-54	18.9
NPKMR	63-84-84	29.4	27-36-36	12.6
NPKS	210-84-84	1/2 秸秆还田	90-36-36	1/2 秸秆还田
M	0-0-0	42	0-0-0	18

注：表中 0-0-0 代表 $N-P_2O_5-K_2O$ 的施肥量，依此类推。

二、长期施肥下土壤全磷和有效磷的变化及转化

（一）长期施肥下土壤全磷的变化

长期不同施肥措施对红壤全磷含量变化产生深刻影响（图 19-1）。不施磷肥的 CK、N、NK 和 CK_0 处理，由于作物生长受缺磷因子限制，植物生物量较低，吸收土壤磷素量较少等原因，土壤全磷含量表现为稳定或缓慢下降的趋势，各处理从开始时（1991 年

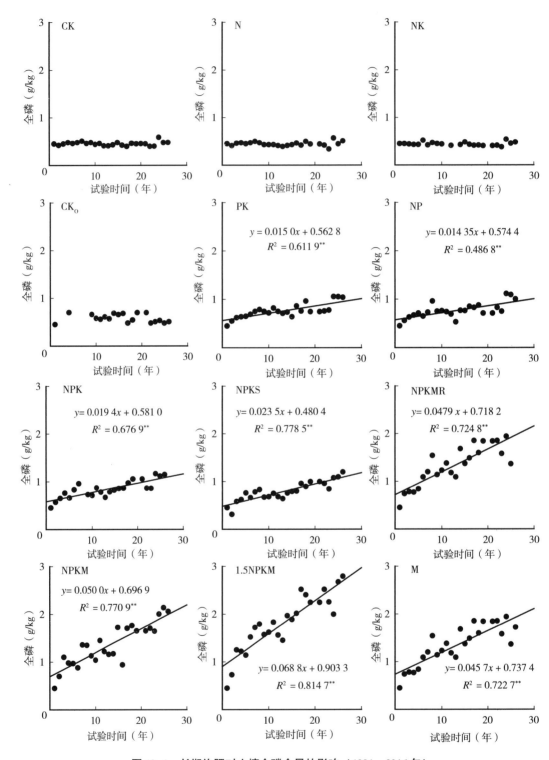

图 19-1　长期施肥对土壤全磷含量的影响（1991—2016 年）

含量）的 0.45 g/kg 分别变化到 2016 年的 0.48 g/kg、0.51 g/kg、0.48 g/kg 和 0.48 g/kg。

长期施磷处理，各处理磷素的施用量大于作物吸收携出磷量，土壤全磷均有积累，土壤全磷含量与连续施磷时间均呈极显著正相关（$P<0.01$），随种植时间延长表现出上升趋势。施用化学磷肥的 3 种处理（NP、PK 和 NPK），土壤全磷含量随时间延长表现为缓慢上升趋势，NP、PK 和 NPK 处理土壤全磷含量由试验前（1991 年）的 0.45 g/kg 分别上升到 2016 年的 1.00 g/kg、1.04 g/kg 和 1.15 g/kg，分别增加了 122.2%、131.1% 和 155.6%。应用线性方程统计，NP、PK 和 NPK 处理土壤全磷含量年增加速率分别为 0.014 g/kg、0.015 g/kg 和 0.019 g/kg。

施用有机肥可加速土壤全磷累积。施用有机肥或化肥配施有机肥的 M、NPKM、1.5NPKM 和 NPKMR 处理，土壤全磷含量从试验前（1991 年）的 0.45 g/kg 分别上升到 2016 年的 1.72 g/kg、2.06 g/kg、2.79 g/kg 和 1.63 g/kg，分别增加了 282.2%、357.8%、520.0% 和 236.0%，年增加速率分别为 0.046 g/kg、0.050 g/kg、0.069 g/kg 和 0.048 g/kg。施用化学磷肥配施 1/2 秸秆的处理（NPKS），土壤全磷增量介于施用化学磷肥（NP、PK 和 NPK）和有机肥以及化学磷肥配施有机肥处理（M、NPKM、1.5NPKM 和 NPKMR）之间，土壤全磷含量由试验前（1991 年）的 0.45 g/kg 上升到 2016 年的 1.20 g/kg，增加 166.7%，年增加速率为 0.024 g/kg。

（二）长期施肥下土壤有效磷的变化趋势

红壤旱地土壤有效磷含量比全磷受施肥影响更为显著（图 19-2）。长期不施磷肥的 CK、N、NK 和 CK_0 处理，由于土壤中磷素被作物吸收后得不到补充，土壤磷素亏缺程度越来越严重，土壤有效磷表现出显著下降。从试验前（1991 年）的 10.8 mg/kg 分别下降到 2016 年的 3.3 mg/kg、2.9 mg/kg 和 4.1 mg/kg，呈极缺程度，土壤有效磷含量年下降速率分为 0.14 mg/kg、0.07 mg/kg 和 0.17 mg/kg，土壤供磷强度显著减弱。CK_0 处理由于休耕状态，土壤有效磷含量下降到 2016 年的 9.6 mg/kg，没有显著变化。

施用磷肥显著增加土壤有效磷含量，并且随施磷时间延长而上升，呈极显著正相关（$P<0.01$）。其中，施用化学磷肥及化肥配施 1/2 秸秆还田的 NP、PK、NPK 和 NPKS 处理，土壤有效磷含量由试验前（1991 年）的 10.8 mg/kg 分别上升到 2016 年的 67.6 mg/kg、64.1 mg/kg、72.5 mg/kg 和 97.3 mg/kg，年增量速率分别为 2.05 mg/kg、1.85 mg/kg、1.87 mg/kg 和 2.01 mg/kg。

单施有机肥（M）和化学肥料配施有机肥处理（NPKM、1.5NPKM 和 NPKMR），土壤有效磷含量增加速率显著高于施用化学磷肥及化肥配施秸秆还田处理。M、NPKM、1.5NPKM 和 NPKMR 各处理土壤有效磷含量年增长速率分别为 7.71 mg/kg、7.39 mg/kg、10.50 mg/kg 和 7.74 mg/kg，土壤有效磷含量由试验前（1991 年）的 10.8 g/kg 分别上升到 2016 年的 202.2 mg/kg（M）、220.0 mg/kg（NPKM）、289.6 mg/kg（1.5NPKM）和 253.1 mg/kg（NPKMR），远远超磷环境阈值（Colomb et al.，2007）。

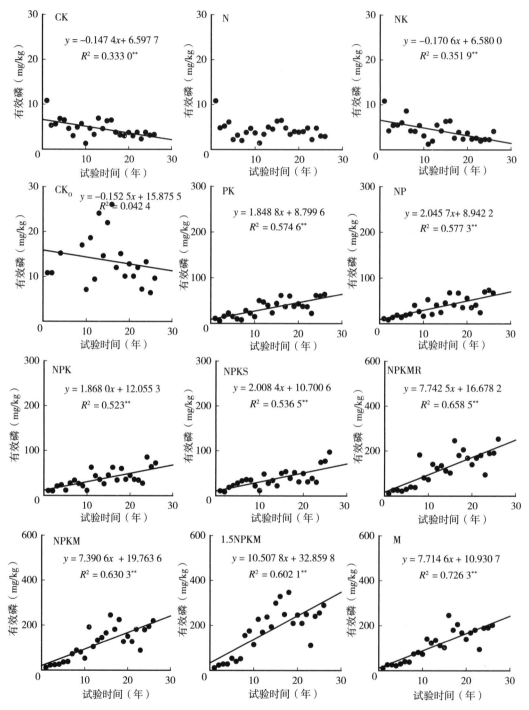

图 19-2 长期施肥对红壤有效磷含量的影响（1991—2016 年）

（三）长期施肥下土壤全磷与有效磷的关系

磷活化系数（PAC）可以表示土壤磷活化能力。长期施磷或不施磷条件下，红壤磷活化系数随时间的演变规律如图 19-3 所示，不施磷肥 CK、N、NK 和 CK_0 4 个处理 PAC 值均随不施磷时间延长而呈下降趋势，其中 CK 和 NK 处理呈显著负相关（$P<$

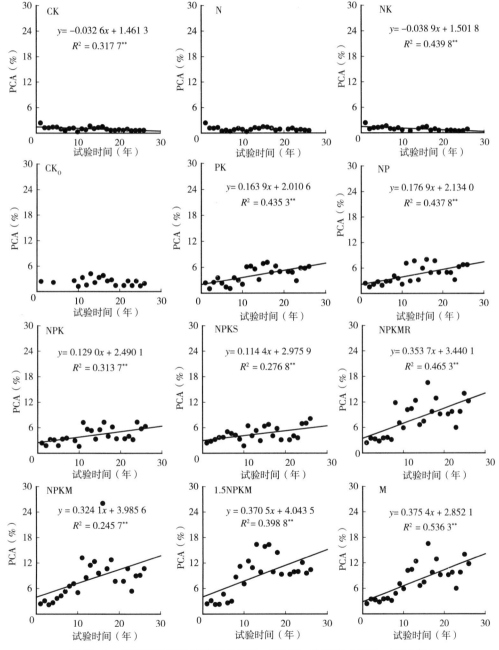

图 19-3　长期施肥对红壤磷活化系数（PAC）的影响（1991—2016 年）

0.01）。CK、N、NK和CK_0 4个处理PAC值由试验前（1991年）的2.40%分别下降到2016年的0.69%、0.58%、0.86%和1.90%，均低于2%，表明全磷各形态很难转化为有效磷（贾兴永等，2011）。

施用磷肥的处理，土壤PAC值与施磷时间呈显著正相关（$P<0.01$），PAC值随施磷时间延长均呈现上升趋势，施肥26年之后，施磷肥处理的土壤PAC均高于不施磷肥处理，PAC值大于2，说明土壤磷的有效性增强。单施化学磷肥处理（NP、PK、NPK）和化学磷肥配施1/2秸秆（NPKS）的处理土壤PAC值均随种植时间延长而波动性上升，由试验前（1991年）的2.40%分别上升到2016年的6.76%、6.16%、6.30%和8.11%，虽然土壤PAC值一直上升，但是总体低于10%。单施有机肥（M）和化肥配施有机肥（NPKM、1.5NPKM和NPKMR）的处理土壤PAC值上升幅度较大，由试验前（1991年）的2.40%分别上升到2016年的11.76%、10.68%、10.38%和12.23%。连续施肥10年以后，单施化学磷肥（NP、PK和NPK）和NPKS处理土壤PAC值均高于5%，单施有机肥（M）和化肥配施有机肥（NPKM和1.5NPKM）处理土壤PAC值均高于10%，并高于紫色土（刘京，2015）各处理，说明PAC值与土壤类型等有关。

三、长期施肥下土壤有效磷对土壤磷盈亏的响应

（一）长期施肥下土壤磷素盈亏变化

图19-4为试验26年后各处理土壤当季及累积土壤磷盈亏量。由图19-4a可知，不施磷肥的CK、N和NK 3个处理，当季土壤表观磷一直呈现亏缺状态，当年土壤磷亏缺平均值分别为3.4 kg/hm²、4.2 kg/hm²和5.8 kg/hm²，由于磷素缺乏导致土壤供磷不足和作物生物量下降，因此，当季年作物磷亏缺值会随试验时间延长而减少。而施磷肥的NP、PK、NPK、NPKM、1.5NPKM、NPKS和M 7个处理，当季土壤表观磷则呈现盈余状态。单施化学磷肥的NP、PK和NPK 3个处理，当季土壤磷盈余平均值分别为42.4 kg/hm²、43.5 kg/hm²和35.8 g/hm²，并且年际间相对稳定。化学磷肥配施1/2秸秆的处理（NPKS）大多数年份表现为盈余状态，盈余量与单施化学磷肥的处理相似，平均值为36.7 kg/hm²。单施有机肥（M）和化肥配施有机肥（NPKM和1.5NPKM）的处理，当季土壤磷盈余值均较高，平均值分别为253.0 kg/hm²、175.9 kg/hm²和249.9 kg/hm²。

从试验26年各处理土壤累积磷盈亏量（图19-4b）可得，未施磷肥的3个处理（CK、N和NK）土壤磷一直处于亏缺态，并且累积亏缺量随不施磷时间延长而增加，

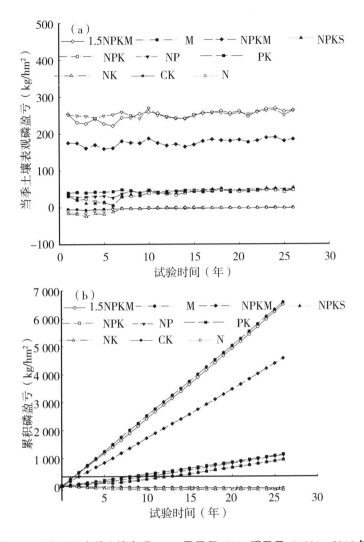

图 19-4　各处理当季土壤表观（a）及累积（b）磷盈亏（1991—2016 年）

其中 CK 处理土壤磷亏缺量最少，因为土壤中没有任何肥料的供应，作物产量最低，土壤携出磷量最低，而氮钾肥配施（NK）处理土壤累积磷亏缺量最高。单施化学磷肥的3 个处理（NP、PK 和 NPK）土壤磷一直处于盈余状态，并且随种植时间延长累积盈余量增加，26 年后，NP、PK 和 NPK 各处理土壤累积磷盈余量分别为 1 102.9 kg/hm²、1 132.1 kg/hm² 和 931.7 kg/hm²。化学磷肥配施 1/2 秸秆（NPKS）的处理土壤磷素也处于盈余状态，累积盈余量和变化趋势与单施化学磷肥处理相似，26 年土壤累积磷盈余量为 955.1 kg/hm²。单施有机肥（M）和化肥配施有机肥（NPKM 和 1.5NPKM）的处理土壤累积磷盈余量均较高，26 年后，M、NPKM 和 1.5NPKM 各处理土壤累积磷盈余量分别达到 6 578.0 kg/hm²、4 573.1 kg/hm² 和 6 497.2 kg/hm²，说明单施有机肥或者化肥配施有机肥能有效地提高土壤磷平衡值。

（二）长期施肥下土壤全磷及有效磷变化量对土壤磷素盈亏的响应

图 19-5 表示长期不同施肥条件下红壤耕层全磷对土壤磷盈亏的响应关系。不施磷肥的 CK、N 和 NK 3 个处理，土壤全磷变化与土壤累积磷亏缺量的相关关系未达到显著水平。施用化学磷肥的 PK、NP 和 NPK 3 个处理，土壤全磷与土壤累积磷盈余量表现为

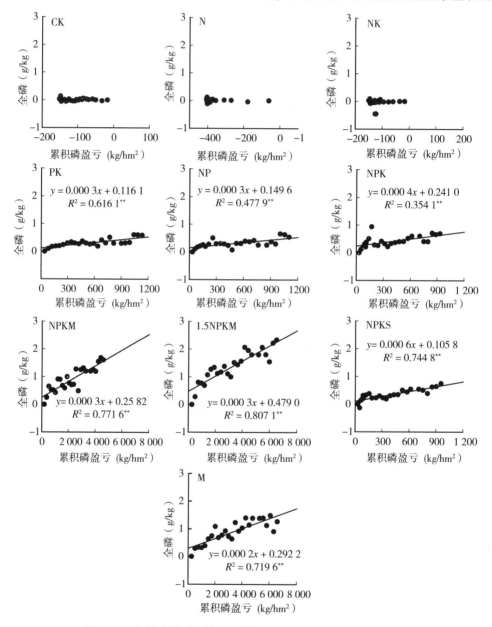

图 19-5　红壤全磷对土壤累积磷盈亏的响应（1991—2016 年）

极显著正相关（$P<0.01$），土壤每累积 100 kg P/hm^2，全磷分别上升 0.03 g/kg、0.03 g/kg 和 0.04 g/kg。单施有机肥（M）和化肥配施有机肥（NPKM 和 1.5NPKM）处理，土壤全磷与土壤累积磷盈余量表现为极显著正相关（$P<0.01$），土壤每累积 100 kg P/hm^2，M、NPKM 和 1.5NPKM 3 种处理土壤全磷分别上升 0.02 g/kg、0.03 g/kg 和 0.03 g/kg。化学磷肥配施 1/2 秸秆（NPKS）处理，土壤全磷与土壤磷累积盈余量呈极显著正相关（$P<0.01$），土壤每盈余 100 kg P/hm^2，NPKS 处理有效磷浓度上升 0.06 g/kg，在所有处理中上升幅度最大。

图 19-6 表示长期不同施肥条件下红壤耕层有效磷与土壤累积磷盈亏的响应关系。不施磷肥的 3 个处理（CK、N 和 NK）中，只有 CK 处理土壤有效磷变化量与土壤累积

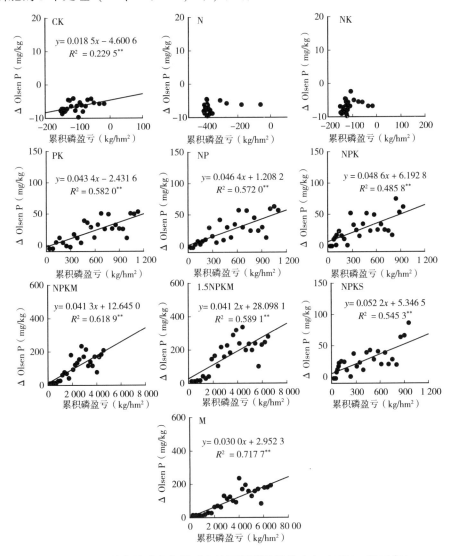

图 19-6　红壤有效磷变化量对土壤累积磷盈亏的响应（1991—2016 年）

磷亏缺量的相关关系达到显著水平，CK 处理土壤每亏缺 100 kg P/hm²，有效磷下降 1.85 mg/kg。施用化学磷肥的 NP、PK 和 NPK 3 个处理，土壤有效磷与土壤累积磷盈余表现为极显著正相关（$P<0.01$），土壤每累积 100 kg P/hm²，有效磷含量分别上升 4.64 mg/kg、4.34 mg/kg 和 4.86 mg/kg。单施有机肥（M）和化肥配施有机肥（NPKM 和 1.5NPKM）的处理土壤有效磷变化量与磷盈余表现为极显著正相关（$P<0.01$），土壤每累积 100 kg P/hm²，3 种处理土壤有效磷含量分别上升 3.00 mg/kg、4.13 mg/kg 和 4.12 mg/kg。化学磷肥配施 1/2 秸秆（NPKS）处理，土壤有效磷变化量与磷盈余呈极显著正相关（$P<0.01$），土壤每盈余 100 kg P/hm²，NPKS 处理有效磷浓度上升 5.22 mg/kg，在所有处理中上升幅度最大。有机肥无机配施处理中，土壤有效磷增加量的顺序为 NPKM>NPKS>1.5NPKM，可能与不同施肥处理下矿质肥与有机肥的施用比例有关（裴瑞娜，2010）。

如图 19-7 所示，所有处理土壤 26 年间的全磷（a）及有效磷（b）变化量与土

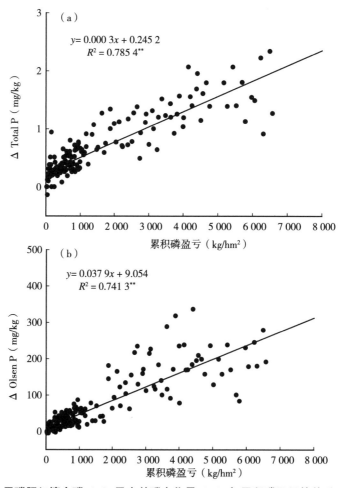

图 19-7　长期施用磷肥红壤全磷（a）及有效磷变化量（b）与累积磷盈亏的关系（1991—2016 年）

壤累积磷盈亏量均达到极显著正相关（$P<0.01$），土壤每盈余 100 kg P/hm^2，土壤全磷上升 0.03 g/kg，有效磷上升 3.79 mg/kg。国际上多数研究认为约 10% 累积盈余的磷会转变为有效磷（Johnston，2000），曹宁等（2012）对中国 7 个长期试验点有效磷与土壤累积磷盈亏的关系进行研究发现，土壤有效磷含量与土壤磷盈亏量呈极显著线性相关（$P<0.01$），7 个样点每盈余 100 kg P/hm^2，有效磷上升范围为 1.44～5.74 mg/kg，试验结果的差异可能与连续施肥的时间、环境、种植制度和土壤理化性质不同有关。

四、长期施肥下土壤有效磷对磷形态的响应

土壤有效磷是土壤中可被植物吸收利用的磷组分，包括水溶性磷、部分吸附态磷和有机态磷，其含量可以随吸附—解析和沉淀—溶解等动态过程的变化而变化。土壤磷包括无机和有机磷，无机磷包括钙磷、铁磷、铝磷和闭蓄态磷等组分，有机磷包括活性磷、中活性磷、中稳性磷和高稳性磷等组分。不同磷组分的溶解性不同，因而对有效磷含量的影响也有差异（蒋柏藩和顾益初，1989；鲁如坤等，1997）。

分析祁阳县红壤旱地 1991—2000 年不同施肥条件下土壤磷素的变化：连续不断施用化学磷肥和有机肥料，土壤无机磷中，钙磷和铝磷所占比例增大，特别是二钙磷和八钙磷增加显著，从而提高了土壤磷的有效性。由于外源磷的加入，各处理之间无机磷组分差异加大。在自然条件下（CK_0），土壤无机磷组分所占比例除二钙磷有所上升外，与母质非常接近。无磷处理 CK、N 和 NK，二钙磷与母质比没什么差异；八钙磷、铝磷和铁磷较母质下降，闭蓄态磷和十钙磷较母质上升。施用化学磷肥的 NP、PK、NPK 和 NPKS 处理，土壤中二钙磷、八钙磷、铝磷、铁磷比母质和未施用磷肥处理上升；闭蓄态磷比母质和未施用磷肥处理下降；十钙磷含量与母质及不施磷处理差异不大。而施用有机肥料和化学磷肥的 NPKM、1.5NPKM、NPKMR 和 M 处理，土壤二钙磷、八钙磷、铝磷较母质上升，也比不施磷处理高；铁磷较母质下降，与不施磷处理相比上升；闭蓄态磷比母质和不施磷处理都要低；十钙磷与母质和不施磷处理相比差异不大。假设把二钙磷、八钙磷和铝磷划分为有效磷源，可见长期耕作施磷，特别是有机和无机配合施用，不仅使全磷含量升高，尤其能提高土壤有效磷源含量，从而增强土壤的供磷能力。进一步对 1995 年和 2000 年土壤中有效磷与土壤各组分无机磷进行相关分析，发现土壤中有效磷含量与土壤中各磷组分的相关性以二钙磷最好，铝磷和八钙磷次之，闭蓄态磷最差（表 19-3，表 19-4），说明磷形态对磷有效性具有重要影响，由此，可以认为二钙磷、八钙磷和铝磷是红壤旱地土壤的有效磷源。

表 19-3　各处理土壤有效磷与各组分磷含量　　　　　　　　　单位：mg/kg

处理	二钙磷		八钙磷		铝磷		铁磷		闭蓄态磷		十钙磷	
	1995 年	2000 年	1995 年	2000 年	1995 年	2000 年	1995 年	2000 年	1995 年	2000 年	1995 年	2000 年
母质	7.0	7.0	4.0	4.0	27.5	27.5	57.2	57.2	5.3	5.3	18.0	18.0
CK_0	—	13.2	—	6.8	—	32.7	—	570.0	—	13.2	—	29.5
CK	4.1	8.4	—	2.7	9.7	11.9	449.0	449.0	2.8	4.1	24.0	20.5
N	5.5	7.2	2.8	3.0	13.2	12.6	467.0	420.0	2.2	3.4	28.0	22.3
NP	21.7	28.6	12.1	12.5	79.2	76.8	810.0	730.0	19.1	25.4	19.5	38.4
NK	3.1	7.0	—	4.4	9.0	13.3	451.0	420.0	2.3	2.9	26.5	21.0
PK	13.5	27.1	3.8	11.8	43.2	68.5	630.0	730.0	13.0	28.3	39.5	39.5
NPK	13.7	34.3	4.2	14.8	49.1	75.7	708.0	750.0	12.7	24.9	48.0	47.7
NPKM	8.2	86.7	0	85.5	25.2	215.4	549.0	1 210.0	10.1	105.9	76.0	50.5
1.5NPKM	55.0	137.5	68.2	165.4	209.5	358.4	1 279.0	1620.0	57.9	162.5	90.5	69.0
NPKS	22.7	20.1	45.4	10.7	120.1	65.3	937.0	650.0	27.4	17.9	82.5	25.7
NPKMR	30.9	83.3	25.1	73.5	93.4	174.9	874.0	1 050.0	29.4	93.0	50.5	43.6
M	23.9	81.6	23.5	70.9	76.3	149.2	804.0	1 000.0	26.6	92.7	37.0	36.9

表 19-4　有效磷与各组分磷的相关性分析　　　　　　　　　单位：mg/kg

处理	1995 年	2000 年
二钙磷	0.996 8 **	0.990 9 **
八钙磷	0.985 6 **	0.943 8 **
铝磷	0.954 4 **	0.987 9 **
铁磷	0.860 2 **	0.930 5 **
闭蓄态磷	0.754 6 *	0.669 9 *
十钙磷	0.863 6 **	0.674 3 *
P_i	0.979 8 **	0.965 4 **
P_T	0.953 5 **	0.977 6 **
P_o	0.854 8 **	0.753 2 **

数据来源：王伯仁等，2002。

　　研究连续 12 年施肥对祁阳县红壤全磷、有效磷含量以及磷组分的影响（表 19-5），发现连续施用化学磷肥和化肥配合有机肥，均可提高土壤全磷和有效磷含量。单施有机肥（M）和有机肥配施化学肥料（NPKM）处理中，土壤磷以钙磷和铝磷累积为主要表现形式，化学磷肥的施用能够提高土壤的全磷，并以铝磷增幅为最大，在所有处理中均表现为土壤闭蓄态磷相对稳定。随着施肥时间延长，土壤磷组分以有效性较高的钙磷和铝磷增加明显为特征。

表 19-5　2001 年监测点耕层土壤（0~20 cm）磷组分　　单位：mg/kg

处理	二钙磷	八钙磷	铝磷	铁磷	闭蓄态磷	十钙磷	P_T（全）
CK	10.10	2.29	5.81	128.76	243.69	18.37	503.49
N	9.05	4.12	9.19	137.67	208.56	19.65	505.18
NPK	19.50	13.13	81.76	369.40	362.84	35.67	992.19
NPKM	94.00	66.04	153.09	445.84	302.21	47.62	1 350.75
NPKS	21.00	8.75	68.65	286.94	331.36	29.57	777.34
M	77.85	81.73	145.62	344.25	308.88	44.37	1 290.47

数据来源：王伯仁等，2005。

五、土壤有效磷农学阈值

土壤有效磷含量是影响作物产量的重要因素，土壤有效磷含量较低时，土壤磷不能满足作物正常生长需求，造成作物明显减产；但当土壤有效磷含量过高时，则对作物的增产效果不明显，甚至可能由于淋溶或者地表径流引起环境污染，因此，保持土壤有效磷含量在适宜范围，对作物生产与环境保护具有非常重要的意义。磷农学阈值是指当土壤中的有效磷含量达到某个值后，作物产量不随磷肥的继续施用而增加，即作物产量对磷肥的施用响应降低。在确定土壤磷素农学阈值的方法中，应用比较广泛的有线性模型、线性—平台模型和米切里西方程（Mallarino and Blackmer，1992）。

基于不同施肥处理（CK、NK、NPK、NPKM 和 NPKS）红壤有效磷水平与作物产量长期监测数据，通过分析作物相对产量和土壤有效磷的变化趋势，结果表明采用线性模型、线性—平台模型和米切里西方程均可以较好地模拟两者的关系，采用 3 种模型求出的阈值有一定差异，其中线性模型得出的阈值最小，而米切里西方程得出的阈值最大。采用 3 种模型计算出的结果，种植小麦和玉米，土壤有效磷的农学阈值平均分别为 21.5 mg/kg 和 32.9 mg/kg（图 19-8），可以看出，红壤旱地种植小麦，土壤有效磷农学阈值低于种植玉米。Bai et al.（2013）采用线性平台模型求出祁阳站的小麦和玉米的农学阈值分别为 12.7 mg/kg 和 28.2 mg/kg（表 19-6），略低于本研究的农学阈值，可能原因：采取的计算模型不同，一般线性平台模型得出的阈值低于米切里西模型（Colomb et al.，2007）；采用的数据量不同，Bai et al.（2013）的模型中，小麦和玉米的数据量各为 88 组，本研究中，收集的小麦和玉米数据为 108 组，数据量大，得出的结果可能更接近实际情况。此外，本研究和 Bai et al.（2013）的结论均是祁阳红壤小麦农学阈值低于玉米。而 Tang et al.（2009）对昌平区、郑州市和杨凌区的玉米农学阈值研究发现，玉米（平均值 15.3 mg/kg）的农学阈值略低于小麦（平均值 16.3 mg/kg）。可以推断，作物的农学阈值受作物类型、土壤类型以及气候环境等诸多因素的影响，在实际应用中需要结合实际情况考虑。另外，阈值计算模型的选用，对于阈值的确定有很大影响，需要将模型的选择和实际的农业生产状况结合起来，才能得出与实际比较一致的作物农学阈值。

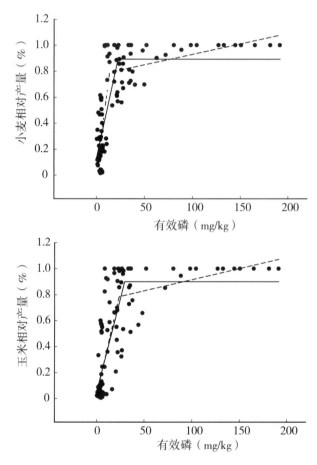

图 19-8　小麦和玉米相对产量与土壤有效磷的响应关系

表 19-6　不同作物土壤有效磷农学阈值

作物	n	LL		LP		EXP		均值 (mg/kg)
		CV (mg/kg)	R^2	CV (mg/kg)	R^2	CV (mg/kg)	R^2	
小麦	108	13.5	0.72[**]	22.3	0.67[**]	28.8	0.69[**]	21.5
玉米	108	23.4	0.66[**]	29.2	0.65[**]	46.0	0.67[**]	32.9

六、磷肥回收率的变化

长期不同施肥下，作物吸磷量差异显著。对照和不平衡施肥作物吸磷量显著低于化肥氮磷钾处理，低于化肥配施有机肥处理。具体表现为 PK、NK、N、CK < NP、NPK < NPKS < M < NPKM < 1.5NPKM。不施磷素（NK 和 CK）处理，小麦和玉米对磷素的吸收保持在较低水平。偏施肥处理（NP、PK 和 N）小麦和玉米吸收磷素量逐年下降，产量减少甚至出现绝收现象。氮磷钾平衡施肥（NPK），小麦和玉米吸收磷素前期稳定，后期由于红壤酸化加剧，pH 值逐渐成为限制因子而影响作物产量，进而影响作物对磷素的吸收利用，小麦和玉米磷素吸收量逐渐下降。施用有机肥处理（NPKM、1.5NPKM 和 M），小麦和玉米磷素吸收量逐渐升高后保持稳定，这与其产量的变化趋势一致。玉米的吸磷量要显著高于小麦（表 19-7，图 19-9）。

表 19-7　长期不同施肥作物磷素吸收特征　　　　　　单位：kg P/hm²

处理	1991—1995 年		1996—2000 年		2001—2005 年		2006—2010 年		2011—2015 年		1991—2015（25 年平均）	
	小麦	玉米	小麦	玉米	小麦	玉米	小麦	玉米	小麦	玉米	小麦	玉米
CK	2.5	2.8	1.7	1.6	1.8	1.4	1.5	1.5	1.0	2.0	1.6	2.6
N	4.8	7.5	1.2	2.2	0.3	0.4	0.0	0.0	0.0	0.0	1.2	2.2
NP	8.8	13.8	3.9	8.6	2.8	4.4	1.4	2.8	1.6	2.6	3.7	6.9
NK	5.4	8.9	1.1	3.1	0.4	1.0	0	0	0	0	1.4	4.0
PK	5.3	4.4	3.4	4.0	4.9	4.5	5.0	4.3	4.7	5.2	4.5	6.9
NPK	8.8	13.4	4.7	16.3	4.5	9.6	2.0	4.7	2.0	12.0	4.4	16.0
NPKM	14.8	19.3	10.0	24.4	13.4	28.7	11.2	24.7	11.0	56.0	12.0	41.0
1.5NPKM	17.4	24.8	11.3	32.3	14.1	34.1	11.7	27.3	12.0	59.0	13.0	49.0
NPKS	10.4	16.4	6.2	17.6	5.9	11.7	2.7	7.4	2.5	13.0	5.9	22.0
M	11.9	18.5	6.6	21.5	13.3	20.2	10.9	22.5	9.1	39.0	9.8	27.0

长期不同施肥处理，磷肥回收率的变化趋势各不相同（图 19-9）。施用化肥的各处理（NP、PK 和 NPK），磷肥回收率逐渐下降，各处理磷肥回收率从初始的 30% 左右，26 年后降低到 10% 以下。化肥配施秸秆（NPKS）处理，磷肥回收率从初始的 40% 左右，26 年后降低到 10% 左右。化肥配施有机肥和单施有机肥的处理（NPKM、1.5NPKM 和 M），对提高作物磷肥回收率具有明显的效果，多年均保持在 20% ~ 30%，这与高静等（2009）得出 NPKM 处理的磷肥回收率随着时间的增加（1990—2010 年）保持平稳，平均值分别为 27.5% 和 21.0%，而 NPKS、NP 和 NPK 处理的磷肥回收率呈下降趋势的结论一致。

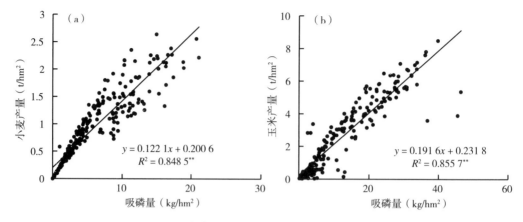

图 19-9　小麦和玉米产量与作物磷素吸收的关系

长期不同施肥处理，磷肥回收率对连续施磷时间的响应关系不同（表 19-8，图 19-10）。小麦和玉米的磷回收率均随施磷时间呈极显著下降的处理有 NP、NPK 和 NPKS；小麦和玉米磷回收率基本持平的有 PK、NPKM、1.5NPKM 和 M 处理。总体来看，下降速率大小依次为 NPKS>NPK>NP；NPKM、1.5NPKM 和 M 的回收率均基本持平，说明施用有机肥能维持稳定的磷肥回收率。

表 19-8　磷肥回收率随种植时间的变化关系

处理	小麦	R^2	玉米	R^2
NP	$y=-1.54x+37.57$	0.518 4 [**]	$y=-0.95x+43.08$	0.215 1
PK	$y=0.41x+13.11$	0.133 4	$y=0.21x+9.13$	0.011 7
NPK	$y=-2.11x+50.83$	0.708 9 [**]	$y=-1.41x+30.23$	0.579 7 [**]
NPKM	$y=0.15x+14.82$	0.004 8	$y=0.46x+13.48$	0.053 2
1.5NPKM	$y=0.12x+9.47$	0.058 7	$y=0.23x+16.47$	0.015 6
NPKS	$y=-1.07x+39.82$	0.261 2 [*]	$y=-1.99x+56.07$	0.466 9 [**]
M	$y=0.16x+4.10$	0.039 1	$y=0.65x-6.86$	0.610 3 [**]

长期不同施肥下磷肥回收率对有效磷的响应关系不同（图 19-11，图 19-12）。NP、NPK 和 NPKS 处理小麦和玉米的磷肥回收率均随有效磷的增加呈极显著下降（$P<0.01$）。NP、NPK 和 NPKS 处理土壤有效磷含量每升高 10 mg/kg，小麦季磷素回收率分别降低 4.68%、4.34% 和 4.17%；玉米季磷素回收率分别降低 3.74%、5.23% 和 5.35%。对于施用有机肥及化肥配施有机肥（M、NPKM 和 1.5NPKM）小麦及玉米季磷素回收率基本保持稳定，其与土壤有效磷变化的响应关系不显著。

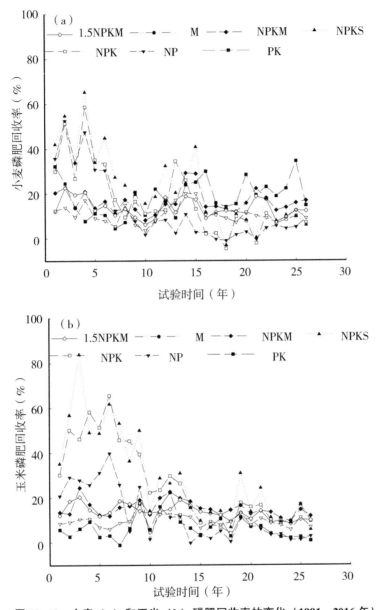

图 19-10 小麦（a）和玉米（b）磷肥回收率的变化（1991—2016 年）

七、主要研究结果与展望

（一）研究结果

（1）长期施用磷肥（NP、PK、NPK、M、NPKM、1.5NPKM 和 NPKS）土壤全磷、

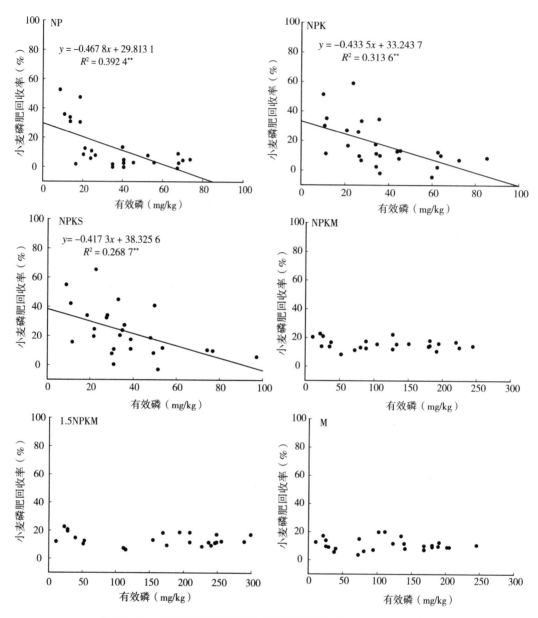

图 19-11 小麦磷肥回收率与土壤有效磷的关系（1991—2016 年）

有效磷和 PAC 值均有所上升，施磷肥能够提高土壤磷水平和磷素活化效率。施用有机肥及化肥配施有机肥的各处理（M、NPKM、1.5NPKM 和 NPKMR）土壤全磷、有效磷增加速率显著高于施用化学磷肥（NP、PK 和 NPK）及化肥配施秸秆还田（NPKS）处理。不施磷肥的处理（CK、N 和 NK）土壤有效磷和 PAC 值均有所下降，土壤全磷基本维持在较低水平。

（2）土壤全磷及有效磷的变化量与磷平衡有较好的相关关系。长期施用磷肥（NP、

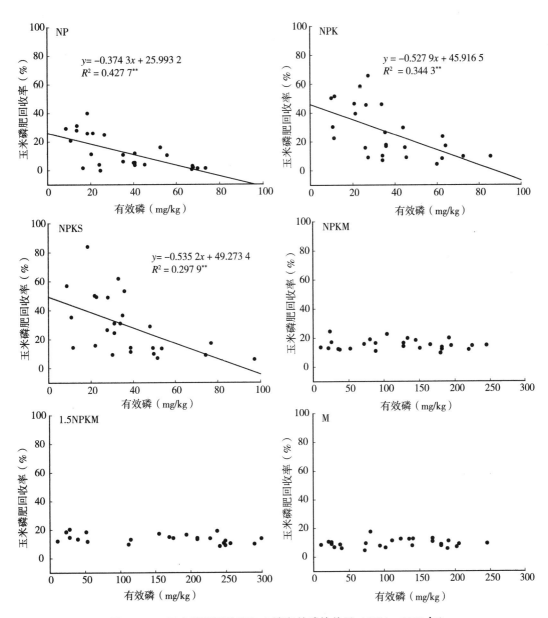

图19-12 玉米磷肥回收率与土壤有效磷的关系（1991—2016年）

PK、NPK、M、NPKM、1.5NPKM 和 NPKS），土壤每累积 100 kg P/hm²，全磷含量上升 0.03~0.06 g/kg，有效磷含量上升 3.00~5.22 mg/kg。长期不施磷肥 CK、N 和 NK 处理，土壤每亏缺 100 kg P/hm²，有效磷分别下降 1.85 mg/kg、0.40 mg/kg 和 1.76 mg/kg。

（3）施用磷肥土壤钙磷和铝磷所占无机磷比例增加，有利于提高土壤磷的有效性。长期施用有机肥及化肥有机肥配施，土壤无机磷以钙磷和铝磷累积为主要表现形式，施用化学磷肥则以铝磷增幅最大。土壤有效磷含量与土壤中二钙磷相关性最好，其次分别为铝磷和八钙磷。

（4）采用 3 种模型计算的小麦和玉米农学阈值平均值分别为 21.5 mg/kg 和 32.9 mg/kg，红壤上小麦的农学阈值低于玉米的农学阈值。

（5）施用化肥的各处理（NP、PK、NPK 和 NPKS），磷肥回收率逐渐下降。化肥配施有机肥和单施有机肥的处理（NPKM、1.5NPKM 和 M），对提高作物磷肥回收率具有明显的效果，多年均保持在 20%~30%。

（二）存在问题

（1）由于历史原因，红壤旱地长期定位试验在设置上，考虑的是等氮量，造成化肥和有机肥处理的磷素投入量差异。据统计，1991—2016 年，施用化肥（NP、PK 和 NPK）处理的累计投入磷素 1 362.2 kg/hm²，NPKS 处理，累计投入磷素 1 499.1 kg/hm²，其中化肥磷素占 90.9%，秸秆还田磷素占 9.1%。NPKM 和 1.5NPKM 处理累计投入磷素分别为 5 569.8 kg/hm² 和 7 673.6 kg/hm²，其中化肥磷素分别占 24.5% 和 17.8%，有机肥磷素分别占 75.5% 和 82.2%。M 处理累计投入磷素 7 416.3 kg/hm²。由于磷素投入量的差异，土壤磷素累积速率和转化效率势必受到影响。另外，从磷肥形态来看，化肥处理施用的过磷酸钙主要为水溶性；而有机肥猪粪带入的磷素计算的是全磷含量，其中磷肥的有效形态以及生物有效性均没有具体数据支撑。

（2）由于长期定位试验管理和历史原因，大量历史数据为试验设置后长期监测数据，受到仪器设备和人员限制，部分年份数据有可能出现系统性误差和输入错误等问题，如何保持数据一致和数据质量控制成为难点。因此，在数据审核和处理上，需要更加科学的检测和统计方法。在田间管理和土壤采集等过程中，需要制订一整套科学的操作规程，为后期数据延续性和准确性提供保障。

（3）本研究对象红壤为酸性土壤，Bray-P 可能更适合作为土壤有效磷测定指标。为跟其他基地比较，采用有效磷含量为土壤有效磷检测指标，在结果上系统性地降低了土壤有效磷含量。这也是值得注意的主要问题。

（黄晶、王伯仁、张会民、蔡泽江）

主要参考文献

鲍士旦,2000. 土壤农化分析[M]. 3 版. 北京：中国农业出版社.

曹宁,陈新平,张福锁,等,2007. 从土壤肥力变化预测中国未来磷肥需求[J]. 土壤学报,44(3)：536-543.

高静,2009. 长期施肥下我国典型农田土壤磷库与作物磷肥效率的演变特征[D]. 北京：中国农业科学院.

黄庆海,万自成,朱丽英,2006. 不同利用方式红壤磷素积累与形态分异的研究[J]. 江西农业学报,18(1)：6-10.

贾兴永,李菊梅,2011. 土壤磷有效性及其与土壤性质关系的研究[J]. 中国土壤与肥料(6)：76-82.

蒋柏藩,顾益初,1989. 石灰性土壤无机磷分级体系的研究[J]. 中国农业科学,22(3)：58-66.

李庆逵,1996. 中国红壤[M]. 北京：科学出版社.

李庆逵,朱兆良,于天仁,1988. 中国农业持续发展中的肥料问题[M]. 南昌：江西科学技术出版社.

刘京,2015. 长期施肥下紫色土磷素累积特征及其环境风险[D]. 重庆：西南大学.

鲁如坤,2000. 土壤农业化学分析方法[M]. 北京：中国农业科学技术出版社.

鲁如坤,时正元,钱承梁,1997. 土壤积累态磷研究[J]. 土壤(2)：57-60.

裴瑞娜,2010. 长期施肥下我国典型农田土壤有效磷对磷盈亏的响应[D]. 兰州：甘肃农业大学.

王伯川,徐明岗,申华平,等,2002. 红壤旱地长期施肥下土壤肥力及肥料效益变化研究[J]. 植物营养与肥料学报,8(增刊)：21-28.

王伯仁,李冬初,黄晶,2008. 红壤长期肥料定位试验中土壤磷素肥力的演变[J]. 水土保持学报,22(5)：96-101.

王伯仁,徐明岗,文石林,2005. 长期施肥对红壤旱地磷的影响[J]. 中国农学通报,9(21)：255-259.

王伯仁,徐明岗,文石林,2007. 长期施肥对红壤磷组分及活性酸的影响[J]. 中国农学通报,23(3)：254-259.

王伯仁,徐明岗,文石林,等,2002. 长期施肥对红壤旱地磷组分及磷有效性的影响[J]. 湖南农业大学学报,28(4)：293-297.

魏红安,2010. 红壤磷素有效性衰减过程及磷素农学与环境学指标比较研究[J]. 中国农业科学,45(6)：1116-1126.

谢正苗,吕军,俞劲炎,等,1998. 红壤退化过程与生态位的研究[J]. 应用生态学报,9(6)：669-672.

徐明岗,于荣,王伯川,2006. 长期不同施肥下红壤活性有机质与碳库管理指数变化[J]. 土壤学报,43(5)：723-729.

徐明岗,张文菊,黄绍敏,等,2015. 中国土壤肥力演变[M]. 2 版. 北京: 中国农业科学技术出版社.

曾希柏,李菊梅,徐明岗,等,2006. 红壤旱地的肥力现状及施肥和利用方式的影响[J]. 土壤通报,37(3): 434-437.

曾希柏,刘国栋,苍荣,等,1999. 湘南红壤地区土壤肥力现状及其退化原因[J]. 土壤通报,30(2): 60-63.

赵其国,2002. 我国东部红壤区退化的时空演变、机理及调控对策[M]. 北京: 科学出版社.

BAI Z H, LI H G, YANG X Y, et al., 2013. The critical soil P levels for crop yield soil fertility and environmental safety in different soil types[J]. Plant and soil, 372(1-2): 27-37.

CAO N, CHEN X, CUI Z, et al., 2012. Change in soil available phosphorus in relation to the phosphorus budget in China[J]. Nutrient cycling in agroecosystems, 94(2-3): 161-170.

COLOMB B, DEBAEKE P, JOUANY C, et al., 2007. Phosphorus management in low input stockless cropping systems: crop and soil responses to contrasting P regimes in a 36-year experiment in southern France[J]. European journal of agronomy, 26(2): 154-165.

JOHNSTON A E, 2000. Soil and plant phosphate[M]. Pairs: International Fertilizer Industry Association Press.

MALLARINO A P, BLACKMER A M, 1992. Comparison of methods for determining critical concentrations of soil test phosphorus for corn[J]. Agronomy journal, 84(5): 850-856.

TANG X, LI J M, MA Y B, et al., 2009. Determining critical values of soil olsen-P for maize and winter wheat from long-term experiments in China[J]. Plant and soil, 323(1-2): 143-151.

第二十章　黄壤磷素演变及磷肥高效利用

国家发布了《"十三五"农业可持续发展规划》，提出化肥减施增效、农业资源可持续利用的发展目标。磷是植物生长发育必需的营养元素之一，由于土壤中磷素含量低，对作物供应不足，使得磷肥施用成为维持农作物高产的重要措施。大多数作物的磷肥当季利用率仅为10%~25%（陆欣春，2013），外源投入的磷素绝大部分积累在土壤中，磷素累积尽管能够提高土壤磷素的供应能力（宋春等，2009；展晓莹，2015；Zhang，2015；裴瑞娜，2010），但其累积超过一定限度时，不仅不能继续增加作物产量，而且可能对水体构成富营养化的威胁（王艳玲等，2010；王建国，2006；Bai，2013）。因此明确不同地区不同土壤类型不同作物肥料合理施用量，既能保证作物产量稳定增长，又能减轻环境风险，对化肥减施增效具有重要的指导意义。研究表明，土壤磷平衡与有效磷变化呈极显著正相关，展晓莹等（2015）研究表明，土壤每累积100 P kg/hm²，褐土有效磷增加1.12 mg/kg，黑土有效磷增加3.76 mg/kg，水稻土有效磷增加5.01 mg/kg，紫色土有效磷增加2.34 mg/kg，灌淤土有效磷增加0.47 mg/kg。有效磷的变化对土壤磷平衡的响应关系因土壤类型、作物种类、施肥方式和管理方式等不同有明显差异（Tang，2008；周宝库，2004；Cao，2012；唐旭，2009）。土壤磷素累积可提高土壤有效磷含量，但土壤有效磷的增加并不与作物产量呈线性关系，而是存在一个临界值（即农学阈值），当土壤有效磷含量低于该农学阈值时，作物产量随磷肥用量增加而提高；反之，当土壤有效磷大于该农学阈值时，则作物产量对磷肥不响应。沈浦（2014）研究表明，小麦、玉米和水稻土壤有效磷的农学阈值分别为7.5~23.5 mg/kg、5.7~15.2 mg/kg和4.3~14.9 mg/kg。然而，不同区域、同一区域不同作物，由于气候条件、土壤性质和管理水平的差异，作物土壤有效磷的阈值有显著的差异（Wang，2005；Tang，2009；习斌，2014）。贵州省黄壤面积703.8万hm²，占全国黄壤总面积的30.27%，关于长期施肥条件下黄壤磷素演变特征的研究鲜见报道。此外，前人关于磷肥最佳施用量的研究大多基于产量而定，很少兼顾产量和环境效益综合考虑。因此，通过分析贵州省黄壤长期不同施肥条件下，土壤有效磷和磷盈亏的关系及土壤有效磷的农学阈值，明确长期不同施肥条件下黄壤旱地磷素的演变过程及土壤磷素供应状况，提出合理施磷量，为黄壤旱地农田养分的合理管理提供科学依据。

一、黄壤旱地长期定位试验概况

（一）试验点基本概况

黄壤肥力与肥效长期试验点位于贵州省贵阳市花溪区贵州省农业科学院院内（北纬26°11′，东经106°07′），地处黔中黄壤丘陵区，平均海拔1 071 m，年均气温15.3℃，年均日照时数1 354 h左右，相对湿度75.5%，全年无霜期270 d，年降水量1 100~1 200 mm。

供试旱地黄壤，成土母质为三叠系灰岩与砂页岩风化物。经过1993—1994年匀地后开始试验。试验开始时的耕层土壤（0~20 cm）基本性质见表20-1。

表20-1　试验点初始土壤基本理化性质

理化性质	有机质（g/kg）	全氮（g/kg）	全磷（g/kg）	全钾（g/kg）	碱解氮（mg/kg）	有效磷（mg/kg）	速效钾（mg/kg）	pH值
测定值	43.6	2.05	0.96	10.7	131.1	17	385	6.7

（二）试验设计

长期试验始于1995年，设置有10个处理：①不施肥（CK）；②常量有机肥（M）；③常量氮磷钾肥（NPK）；④3/4常量有机肥+1/4常量氮磷钾肥（1/4 M+3/4 NPK）；⑤减1/2有机肥+减1/2氮磷钾肥（0.5MNPK）；⑥常量有机肥+常量氮磷钾肥（MNPK）；⑦常量氮钾肥（NK）；⑧常量氮肥（N）；⑨常量氮磷肥（NP）；⑩常量磷钾肥（PK）。采用大区对比试验，每个处理面积340 m²。

试验用氮肥为尿素（含N 46%），磷肥为普钙（含P_2O_5 16%），钾肥为氯化钾（含K_2O 60%）。常规用量为每年施N 330.0 kg/hm²、P_2O_5 165 kg/hm²和K_2O 165 kg/hm²，所施用有机肥为牛厩肥（多年平均养分含量为N 2.7 g/kg、P_2O_5 1.3 g/kg和K_2O 6 g/kg），每年按照有机肥养分含量来调节化学氮肥施用量，除MNPK处理氮肥施用量不同外，其余施氮小区的氮素施用量相同。种植制度为一年一季玉米，磷钾肥和有机肥作基肥一次性施用，氮肥按幼苗期—大喇叭口期40：60的比例追施。种植玉米品种为：'交3单交'（1995—1998年）、'黔单10号'（1999—2000年、2002—2003年）、'农大108'（2001年）、'黔玉2号'（2004—2005年）、'黔单16号'（2006—2012年）、

'金玉818'（2013—2014年）、'中农大239'（2015年）和'鲁三3号'（2016年）。
1995—2015年各处理年均肥料投入量见表20-2。

表20-2　肥料施用量
单位：kg/hm²

处理	化肥			有机肥			总量		
	N	P	K₂O	N	P	K₂O	N	P	K₂O
CK	0	0	0	0	0	0	0	0	0
M	0	0	0	330.0	69.4	733.3	330.0	69.4	733.3
NPK	330.0	72.0	165.0	0	0	0	330.0	72.0	165.0
1/4 M+3/4 NPK	247.5	54.0	123.8	82.5	17.4	183.4	330.0	71.4	307.2
0.5MNPK	165.0	36.0	82.5	165.0	34.7	366.7	330.0	70.7	449.2
MNPK	330.0	72.0	165.0	330.0	69.4	733.3	660.0	141.4	898.3
NK	330.0	0	165.0	0	0	0	330.0	0	165.0
N	330.0	0	0	0	0	0	330.0	0	0
NP	330.0	72.0	0	0	0	0	330.0	72.0	0
PK	0	72.0	165.0	0	0	0	0	72.0	165.0

二、长期施肥下土壤全磷和有效磷的变化及其关系

（一）长期施肥下土壤全磷的变化

长期不同施肥下黄壤全磷含量变化如图20-1所示，不施磷肥的3种处理（CK、NK和N），土壤全磷在试验之初缓慢下降，从开始时（1994年含量）的0.97 g/kg分别下降到2006年的0.82 g/kg、0.82 g/kg和0.85 g/kg，分别下降了15.5%、15.5%和12.4%，但2006后全磷含量基本呈持平状态。土壤长期连续施用磷肥后，各处理由于磷的施用量大于作物携出磷量，土壤全磷含量与时间均呈极显著正相关（$P<0.01$），随种植时间延长表现出上升趋势。施用化学磷肥的3种处理（NP、PK和NPK），土壤全磷含量随时间延长表现为上升趋势，由试验开始时（1994年含量）的0.97 g/kg分别上升到2016年的1.30 g/kg、1.15 g/kg和1.21 g/kg，分别上升了34.0%、18.6%和24.7%。分析1995—2016年土壤全磷随时间变化趋势，NP、PK和NPK处理土壤全磷含量年增量分别为0.013 g/kg、0.016 g/kg和0.011 g/kg。土壤单施有机肥（M）也能

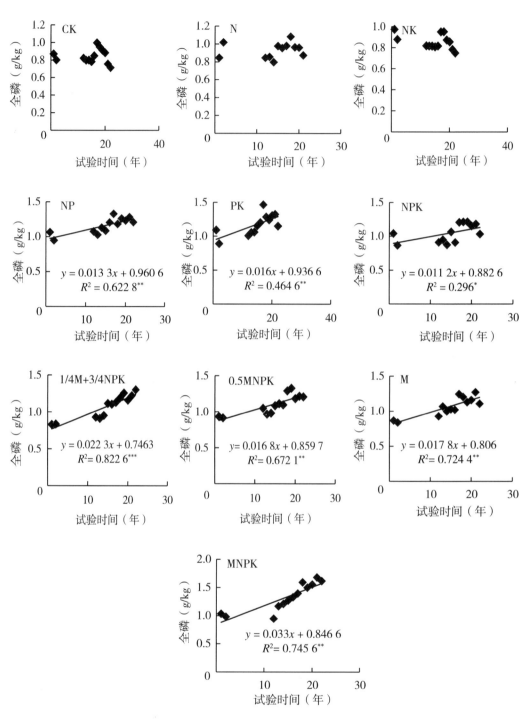

图 20-1　长期施肥对黄壤全磷含量的影响（1995—2016 年）

提高土壤全磷含量，增幅为 14.4%，年增加量为 0.018 g/kg。有机无机配施的 3 种处理（1/4 M + 3/4 NPK、0.5 MNPK 和 MNPK）2016 年全磷分别比开始时的增加量为

0.33 g/kg、0.24 g/kg 和 0.65 g/kg，分别上升了 34.0%、24.5% 和 66.6%，年增加量为 0.022 g/kg、0.017 g/kg 和 0.033 g/kg。可见，在施磷量基本一致的条件下，有机无机配施的 1/4 M+3/4 NPK 年增加量最高，单施有机肥其次，单施化肥的 NPK 最低，而高施磷的 MNPK 处理年增量是其他施磷处理的 1.5~3.0 倍。

（二）长期施肥下土壤有效磷的变化

如图 20-2 所示，在长期不施磷肥的处理（CK、NK 和 N）中，由于作物不断从土壤中吸收磷素，土壤磷亏缺程度越来越大，土壤有效磷表现出下降趋势但不显著，3 个处理土壤有效磷含量从开始时（1994 年）的 17.0 mg/kg 分别下降到 2016 年的 9.9 mg/kg、9.4 mg/kg 和 9.9 mg/kg，土壤有效磷亏缺，其中 NK 处理土壤有效磷下降速度最快。施用磷肥之后，土壤有效磷含量均随种植时间延长呈现上升趋势，并且与时间呈显著正相关（$P<0.05$）。其中，单施化学磷肥的 3 种处理（NP、PK 和 NPK）土壤有效磷含量由开始时（1994 年）的 17.0 mg/kg 分别上升到 2016 年的 44.5 mg/kg、44.7 mg/kg 和 45.3 mg/kg，有效磷年增量分别为 0.80 mg/kg、0.82 mg/kg 和 0.69 mg/kg，NP 和 PK 处理高于 NPK 处理，主要是由于 NPK 作物生物产量较高携出的磷较多。单施有机肥（M）和化学肥料配施有机肥处理（1/4 M+3/4 NPK、0.5 MNPK 和 MNPK）土壤有效磷年增量均较高，分别为 1.51 mg/kg、1.01 mg/kg、1.34 mg/kg 和 3.68 mg/kg，土壤有效磷含量由试验开始时（1994 年含量）的 17.0 mg/kg 分别上升到

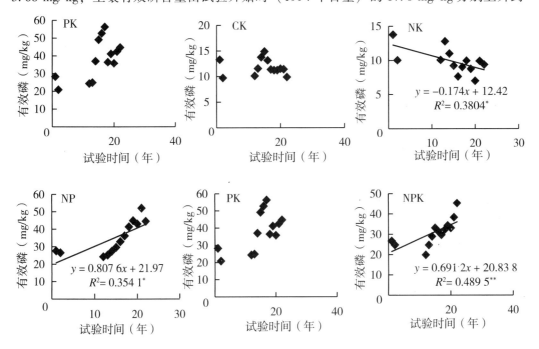

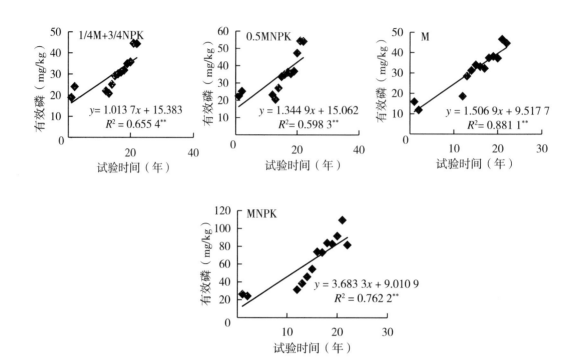

图 20-2 长期施肥对黄壤有效磷含量的影响（1995—2016 年）

2016 年的 44.7（M）、44.4（1/4 M + 3/4 NPK）、54.1（0.5 MNPK）和 81.6 mg/kg（MNPK），达到很高水平。

（三）长期施肥下土壤全磷与有效磷的关系

磷活化系数（PAC）可以表示土壤磷活化能力，长期施肥下黄壤磷活化系数随时间的演变规律如图 20-3 所示，不施磷肥的处理（CK、N 和 NK）磷活化系数为 0.82% ~ 1.90%，各处理平均值分别为 1.41%、1.29% 和 1.16%，年际波动较小，随种植年限呈持平状态。单施化肥的 3 个施磷处理（NP、PK 和 NPK）磷活化系数为 2.18% ~ 4.39%，平均值分别为 3.00%、3.21% 和 2.96%，其中仅 NP 处理随种植年限呈显著上升趋势，年增加量为 0.06%。施用有机肥 4 个处理（M、1/4 M+3/4 NPK、0.5 MNPK 和 MNPK）磷活化系数为 1.42% ~ 6.51%，平均值分别为 2.89%、2.78%、3.10% 和 4.52%，均随种植年限呈显著或极显著上升趋势，M、1/4 M+3/4 NPK、0.5 MNPK 和 MNP 年增量分别为 0.10%、0.04%、0.08% 和 0.18%。黄壤上磷活化系数低于红壤（沈浦，2014），说明 PAC 值与土壤类型等有关。

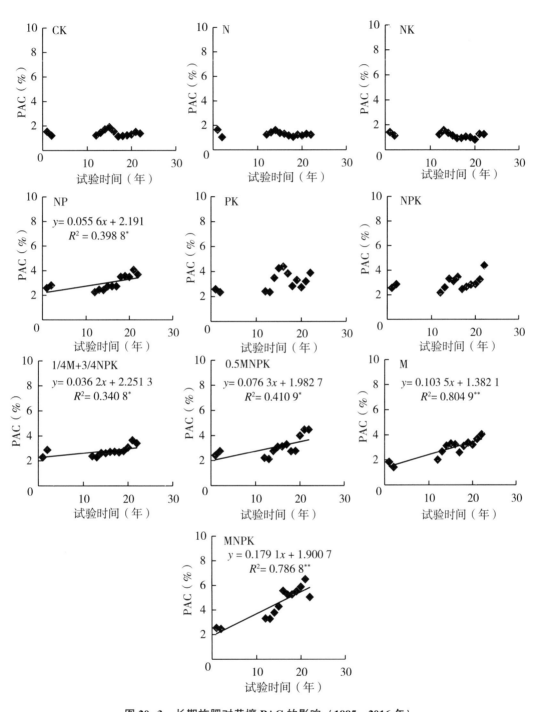

图 20-3　长期施肥对黄壤 PAC 的影响（1995—2016 年）

三、长期施肥下土壤有效磷对土壤磷盈亏的响应

（一）长期施肥下土壤磷素盈亏变化

图 20-4a 为试验中各处理 22 年当季土壤表观磷盈亏。由图可知，不施磷肥的 3 个处理（CK、N 和 NK）当季土壤磷一直呈现亏缺状态，各处理当季土壤磷亏缺值分别为 10.3 kg/hm²、9.3 kg/hm² 和 17.6 kg/hm²，随种植时间无较大波动。而施磷肥的 6 个处理（NP、PK、NPK、M、1/4 M+3/4 NPK、0.5 MNPK 和 MNPK）当季土壤磷呈现盈余状态。单施化学磷肥的 3 个处理（NP、PK 和 NPK）当季土壤磷盈余量的平均值分别为 53.4 kg/hm²、56.2 kg/hm² 和 51.5 kg/hm²，并且随种植时间延长没有较大的波动。施用有机肥的 4 个处理（M、1/4 M+3/4 NPK、0.5 MNPK 和 MNPK）当季土壤磷盈余

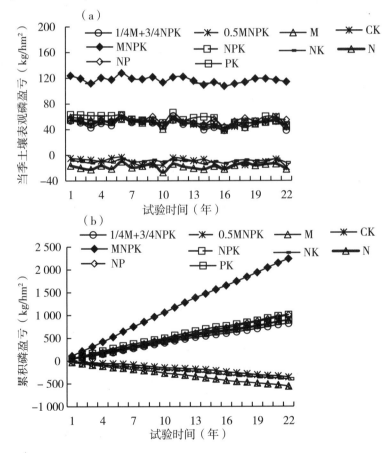

图 20-4　各处理当季土壤表观（a）及累积（b）磷盈亏（1995—2016 年）

量的平均值分别为50.4 kg/hm²、48.0 kg/hm²、50.4 kg/hm²和117.2 kg/hm²，并且随种植时间延长没有较大的波动。施磷量基本一致的条件下，各处理每年磷盈余量相差不大，而高施磷量的MNPK处理每年磷盈余量远远高于其他处理。

图20-4b为试验中各处理22年土壤累积磷盈亏。由图可得，未施磷肥的3个处理（CK、N和NK）土壤磷一直处于亏缺态，并且累积磷亏缺量随种植时间延长而增加，其中CK处理土壤磷亏缺最少，是因为土壤中N、P、K等养分均衡耗竭，作物生物量最低，土壤携出磷量最低，而N和NK处理加速土壤磷的耗竭。单施化学磷肥的3个处理（NP、PK和NPK）土壤磷一直处于盈余状态，并且随种植时间延长盈余量增加，2016年土壤累积磷盈余量分别为1 003.4 kg/hm²、1 010.6 kg/hm²和891.1 kg/hm²。单施有机肥（M）和化肥配施有机肥（1/4 M+3/4 NPK和0.5 MNPK）的处理土壤磷素也处于盈余状态，盈余量和变化趋势与单施化学磷肥处理相似，2016年土壤累积磷盈余量分别为895.6 kg/hm²、817.4 kg/hm²和888.0 kg/hm²。MNPK处理土壤累积磷盈余量最高，2016年达到2 238.0 kg/hm²。同等施磷量下，NP和PK处理土壤累积磷盈余量高于NPK处理，原因是NPK处理作物生物量较高，吸磷量较高。

（二）长期施肥下土壤有效磷对土壤磷素盈亏的响应

图20-5表示长期不同施肥模式下黄壤有效磷变化量与土壤耕层磷盈亏的响应关系，由于历史原因缺少1997—2015年的土壤数据，本研究中有效磷变化量与土壤耕层磷盈亏的响应关系受到一定影响。不施磷肥的3个处理（CK、N和NK）中，只有NK处理土壤有效磷变化量与土壤累积磷盈亏值的线性相关关系达到显著水平，NK处理土壤每亏缺100 kg P/hm²，有效磷下降0.98 mg/kg。施用化学磷肥的3个处理（NP、PK和NPK）土壤有效磷与土壤累积磷盈余量为显著（$P < 0.05$）正相关，土壤每累积100 kg P/hm²，有效磷浓度分别上升2.3 mg/kg、2.3 mg/kg和1.7 mg/kg。单施有机肥（M）和化肥配施有机肥（1/4 M+3/4 NPK、0.5 MNPK和NPKM）的处理土壤有效磷变化量与磷盈余表现为极显著（$P<0.01$）正相关，土壤每累积100 kg P/hm²，4种处理土壤有效磷浓度分别上升3.7 mg/kg、2.7 mg/kg、3.3 mg/kg和3.6 mg/kg。如图20-6所示，22年间，每个处理土壤的有效磷变化量与土壤累积磷亏缺值达到极显著正相关（$P<0.01$），黄壤每盈余100 kg P/hm²，有效磷浓度上升2.8 mg/kg。国际上多数研究认为，约10%累积盈余的磷转变为有效磷（Johnston，2000），曹宁等（2012）对中国7个长期试验地点有效磷与土壤累积磷盈亏的关系进行研究发现土壤有效磷含量与土壤磷盈亏量呈极显著线性相关（$P<0.01$），7个样点每盈余100 kg P/hm²，有效磷浓度上升范围为1.44~5.74 mg/kg，试验结果的差异可能是连续施肥的时间、环境、种植制度和土壤理化性质不同引起。

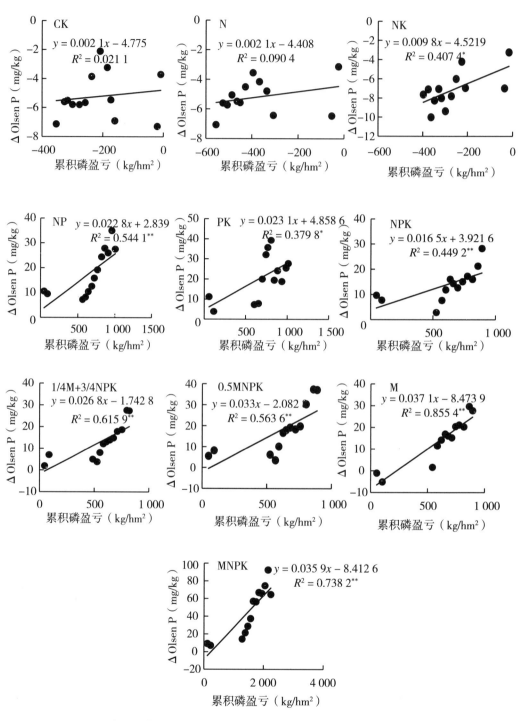

图 20-5 各处理黄壤有效磷变化量对土壤累积磷盈亏的响应（1995—2016 年）

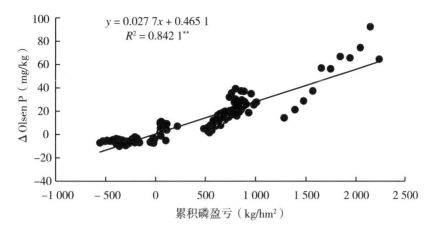

图 20-6　长期施用磷肥黄壤有效磷变化量与累积磷盈亏的关系（1995—2016 年）

四、土壤有效磷农学阈值

　　土壤有效磷含量是影响作物产量的重要因素，土壤的中的有效磷含量较低时，不能满足作物的生长需求，造成作物明显减产；但当土壤有效磷含量过高时，则对作物的增产效果不明显，甚至可能由于淋溶或者地表径流造成环境污染，因而确定维持土壤有效磷含量的适宜水平对作物产量与环境保护具有非常重要意义。磷农学阈值是指当土壤中的有效磷含量达到某个值后，作物产量不再随磷肥的继续施用而增加，即作物产量对磷肥的施用响应度降低。确定土壤磷素农学阈值的方法中，应用比较广泛的有线性模型、线性—平台模型和米切里西方程（Mallarino and Blackmer，1992）。

　　基于黄壤不同施肥处理（CK、NK、NPK、1/4 M + 3/4 NPK、0.5 MNPK 和MNPK）有效磷水平与作物产量长期定位数据，通过分析作物相对产量和土壤有效磷的变化趋势，结果表明，采用线性模型和米切里西方程均可以较好地模拟两者的关系，采用线性模型求出的农学阈值为 24.7 mg/kg，采用米切里西方程求出的农学阈值为 22.1 mg/kg，两者结果相差不大，平均为 23.4 mg/kg（图 20-7，表 20-3）。Bai et al.（2013）采用线性—平台模型求出祁阳县长期定位站的玉米的农学阈值为28.2 mg/kg，Tang et al.（2009）对昌平区、郑州市和杨凌区的玉米农学阈值的研究发现，玉米的平均农学阈值为 15.3 mg/kg。可见，作物的农学阈值受作物类型、土壤类型以及气候环境等诸多因素的影响，在实际应用中需要结合实际情况考虑。土壤有效磷的基础值与农学阈值的差值即为土壤磷的培肥目标值，对于土壤磷含量低的土壤，提升土壤有效磷的含量，有利于增产。黄壤旱地长期定位试验开始前土壤有效磷并未达到农学阈值，经过连续 21 年施肥试验，不施磷处理土壤有效磷含量均低于有效磷农学阈值，而施磷土壤有效磷均高于有效磷农学阈值，MNPK 处理已高出 4.7 倍。因此，农业生产中应通过磷肥施用量调控土壤有效磷含量，进而达到高产稳产的目标，而又不造成磷肥资源的浪费。

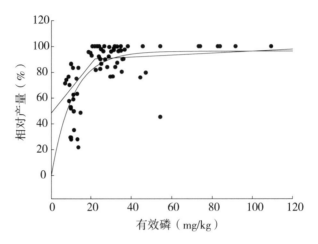

图 20-7　玉米相对产量与土壤有效磷的响应关系

表 20-3　长期不同施肥下玉米农学阈值（土壤有效磷含量）

作物	n	LL		EXP		均值
		CV（mg/kg）	R^2	CV（mg/kg）	R^2	（mg/kg）
玉米	72	24.7	0.50[**]	22.1	0.45[**]	23.4

五、磷肥回收率的演变

长期不同施肥下，作物吸磷量差异显著。对照和不平衡施肥作物吸磷量显著低于化肥氮磷钾处理，低于化肥配施有机肥处理。具体表现为 CK、N < NK、PK、NP < M、0.5MNPK、NPK < 1/4 M+3/4 NPK < MNPK。CK 和 PK 处理玉米对磷素的吸收量有逐年增高的趋势，NK 处理则有降低趋势，其他单施化肥处理作物吸磷量相对较稳定。施用有机肥的各处理作物吸磷量有逐年升高趋势（表 20-4）。

表 20-4　长期不同施肥玉米磷素吸收特征　　　　　　　　单位：kg P/hm²

处理	1995—1999 年	2000—2004 年	2005—2009 年	2010—2016 年	1995—2016 年（22 年平均）
CK	10.7	18.0	13.0	20.8	16.1
N	19.6	16.7	18.2	17.9	18.1
NK	28.0	24.4	26.6	23.1	25.3
NP	27.5	22.5	27.9	27.7	26.5
PK	16.9	27.7	23.3	33.7	26.2
NPK	30.1	27.3	31.5	35.8	31.6
M	21.3	27.4	28.6	34.9	28.7
1/4 M+3/4 NPK	33.7	28.9	35.5	37.6	34.2
0.5 MNPK	28.7	26.8	31.6	33.1	30.3
MNPK	36.0	33.7	40.6	45.9	39.7

黄壤长期施用磷肥下，作物产量与磷素吸收量呈极显著正相关（图 20-8）。玉米的直线方程为 $y=168.35x+945.03$（$R^2=0.806$，$P<0.01$）。

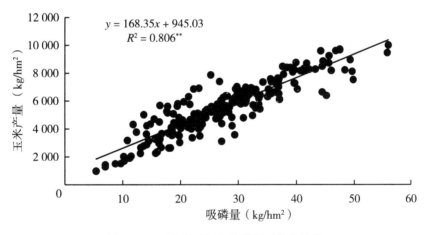

图 20-8　玉米产量与作物磷素吸收的关系

长期不同施肥下，磷肥回收率波动较大，与种植年限相关性不显著（图 20-9，表 20-5），各处理 22 年磷肥回收利用率平均值为：PK（14.0%）、NP（14.4%）<MNPK（16.7%）、M（18.1%）< 0.5 MNPK（20.1%）、NPK（21.5%）<1/4 M+3/4 NPK（25.4%）。有机无机配施处理中 1/4 M+3/4 NPK 提升磷肥回收利用率效果最佳，NPK 和 0.5 MNPK 处理其次，而 MNPK 处理磷肥回收利用率较低的原因是施磷量过高，PK 和 NP 处理磷肥回收利用率较低的原因则是因为不平衡施肥影响作物生长，作物吸磷量

较低，M 处理磷肥回收利用率低的原因则是有机肥肥效缓慢，不能及时补充作物生长所需养分。上述结果说明，合理的有机无机配施有利于促进作物对磷素的吸收利用。

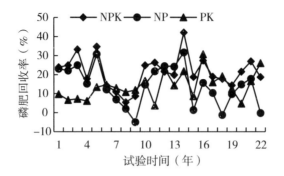

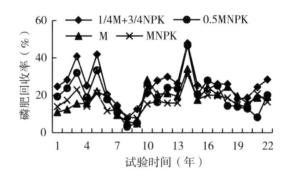

图 20-9　玉米磷肥回收率的变化

表 20-5　磷肥回收率随种植时间的变化关系

处理	方程	R^2
NP	$y = -0.550\,9x + 20.747\,0$	0.114 9
PK	$y = 0.497\,8x + 8.235\,5$	0.210 7
NPK	$y = -0.056\,5x + 22.144\,0$	0.001 8
M	$y = 0.417\,3x + 13.342\,0$	0.156 6
1/4 M+3/4 NPK	$y = -0.128\,4x + 26.890\,0$	0.008 0
0.5 MNPK	$y = -0.202\,3x + 22.459\,0$	0.017 5
MNPK	$y = -0.159\,0x + 14.842\,0$	0.041 6

　　长期不同施肥下，不同处理磷肥回收率对有效磷含量的响应不同（图 20-10）。0.5 MNPK处理玉米磷肥回收率随有效磷的增加而下降；NP 处理玉米的磷回收率随土壤有效磷的增加先下降后上升；M 处理玉米的回收率随有效磷含量增加先增加后下降；PK、NPK、1/4 M+3/4 NPK 和 MNPK 处理玉米磷回收率与土壤有效磷含量的响应关系

不显著。

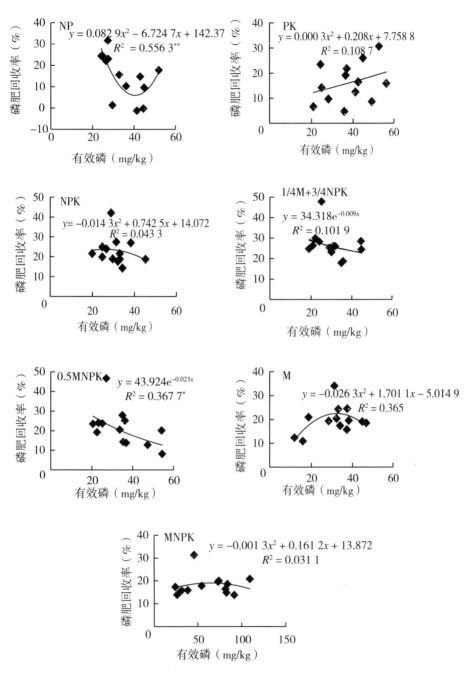

图 20-10　玉米磷肥回收率与土壤有效磷的关系

六、主要结果与磷肥的合理施用

长期施肥下磷素的演变结果表明，不施磷肥的处理（CK、N 和 NK）土壤全磷、有效磷和 PAC 值均有所下降，而施磷肥的处理（NP、PK、NPK、M、1/4 M+3/4 NPK、0.5 MNPK 和 MNPK）土壤全磷、有效磷和 PAC 值均有所上升，说明施磷肥能够提高土壤磷水平和磷素活化效率。可见，磷肥施用量是影响黄壤磷素营养最主要的因素，黄壤有效磷和全磷含量均随施磷量的增加不断增加，而在同等施磷量下，有机无机配施比化肥偏施或化肥配合施用更能有效提高土壤磷素有效性。此外，NK 处理较 CK 处理土壤有效磷下降幅度更大，对产量的影响也更大。因而在实际生产中，对于有效磷极度缺乏的土壤（<10 mg/kg），应更加重视磷肥的施用，可采用施用高量磷肥的方法在较短时间内提高土壤有效磷含量，以提高土壤养分平衡；当土壤有效磷在 10.0～23.4mg/kg（农学阈值）时，可根据作物需磷量和土壤有效磷的变化确定磷肥用量，以在提高土壤有效磷的同时尽量提高磷肥利用效率；当土壤有效磷含量在农学阈值与环境阈值（40.0 mg/kg）之间时，以"控磷"为主，保证磷肥投入量与作物带走的养分相当即可；当土壤有效磷高于环境阈值时，土壤磷素流失风险很高，此时应采取减少磷肥用量甚至一定时间内不施磷肥的方式降低土壤有效磷含量，以减轻环境污染风险。为兼顾作物产量和磷素营养的平衡，有机无机肥配合施和的方式进行土壤磷素营养调控，在低磷水平的土壤上，可适当提高化肥磷的配施比例，而高磷水平土壤上则可适当提高有机肥磷的施用比例。

（刘彦玲、沈明星、王海候、陆长婴）

主要参考文献

鲍士旦,2000. 土壤农化分析[M]. 3 版. 北京：中国农业出版社.

曹宁,陈新平,张福锁,等,2007. 从土壤肥力变化预测中国未来磷肥需求[J]. 土壤学报,44(3)：536-543.

黄绍敏,宝德俊,皇甫湘荣,等,2006. 长期施肥对潮土土壤磷素利用与积累的影响[J]. 中国农业科学,9(1)：102-108.

刘方,黄昌勇,何腾兵,等,2003. 长期施肥下黄壤旱地磷对水环境的影响及其风险评价[J]. 土壤学报,40(6)：838-844.

鲁如坤,2000. 土壤农业化学分析方法[M]. 北京：中国农业科学技术出版社.

陆欣春,韩晓增,邹文秀,2013. 作物高效利用土壤磷素的研究进展[J]. 土壤与作物, 2(4)：164-172.

裴瑞娜,杨生茂,徐明岗,等,2010. 长期施肥条件下黑垆土有效磷对磷盈亏的响应 [J]. 中国农业科学,43(19)：4008-4015.

戚瑞生,党廷辉,杨绍琼,等,2012. 长期定位施肥对土壤磷素吸持特性与淋失突变点 影响的研究[J]. 土壤通报,43(5)：1187-1194.

沈浦,2014. 长期施肥下典型农田土壤有效磷的演变特征及机制[D]. 北京：中国农 业科学院.

宋春,韩晓增,2009. 长期施肥条件下土壤磷素的研究进展[J]. 土壤,41(1)：21-26.

唐旭,2009. 小麦—玉米轮作土壤磷素长期演变规律研究[D]. 北京：中国农业科 学院.

王建国,杨林章,单艳红,等,2006. 长期施肥条件下水稻土磷素分布特征及对水环境 的污染风险[J]. 生态与农村环境学报,22(3)：88-92.

王艳玲,何园球,吴洪生,等,2010. 长期施肥下红壤磷素积累的环境风险分析[J]. 土 壤学报,47(5)：880-887.

习斌,2014. 典型农田土壤磷素环境阈值研究——以南方水旱轮作和北方小麦玉米轮 作为例[D]. 北京：中国农业科学院.

展晓莹,任意,张淑香,等,2015. 中国主要土壤有效磷演变及其与磷平衡的响应关系 [J]. 中国农业科学,48(23)：4728-4737.

周宝库,张喜林,李世龙,等,2004. 长期施肥对黑土磷素积累及有效性影响的研究 [J]. 黑龙江农业科学(4)：5-8.

BAI Z H, LI H G, YANG X Y, 2013. The critical soil P levels for crop yield, soil fertility and environmental safety in different soil types[J]. Plant soil, 372(1-2)：27-37.

CAO N, CHEN X, CUI Z, et al., 2012. Change in soil available phosphorus in relation to the phosphorus budget in China[J]. Nutrient cycling in agroecosystems, 94(2-3)：161-170.

JOHNSTON A E, 2000. Soil and plant phosphate[M]. Pairs：International Fertilizer Industry Association Press.

MALLARINO A P, BLACKMER A M, 1992. Comparison of methods for determining critical concentrations of soil test phosphorus for corn[J]. Agronomy journal, 84(5)：850-856.

TANG X, LI J M, MA Y B, et al., 2008. Phosphorus efficiency in long-term (15 years）wheat-maize cropping systems with various soil and climate conditions［J］. Field crops research，108：231-237.

TANG X, LI J M, MA Y B, et al., 2009. Determining critical values of soil olsen-P for maize and winter wheat from long-term experiments in China［J］. Plant and soil，323（1-2）：143-151.

WANG B, LI J M, REN Y et al., 2015. Validation of a soil phosphorus accumulation model in the wheat-maize rotation production areas of China［J］. Field crops research，178：42-48.

ZHAN X Y, ZHANG L, ZHOU B K, et al., 2015. Changes in olsen phosphorus concentration and its response to phosphorus balance in black soils under different long-term fertilization patterns［J］. Plos one，10（7）：e0131713.

南方稻田篇

水稻是中国主要的三大粮食作物之一，双季稻主要在我国南方稻区种植，在水稻生产中占有重要地位。目前，我国双季稻种植面积约为 1 350 万 hm^2，约占水稻总种植面积的 45%，其总产量达到 $8×10^7 t$，约占水稻总产量的 40%，对于保障我国粮食安全有重要的战略意义。南方稻区主要指我国秦岭、淮河一线以南和青藏高原以东，包括云贵高原、四川盆地、秦巴山地、长江中下游平原、东南丘陵和华南地区。这些地区地形以山地、丘陵以及散在其间的河谷盆地为主，平原面积较小，大部分属亚热带湿润气候，少数地区属热带气候，水热资源条件优越。

我国水稻栽培种植已有 7 000 多年的历史，长期水稻种植带来的人为水耕熟化作用形成了一种典型的人为土壤——水稻土。水稻土可以起源于各种土壤上。为了便于水稻栽培，人们因地制宜地平整土地、修筑梯田，改变土壤的水热状况；季节性灌溉建立了土壤氧化还原交替过程和相应的物质移动条件。总之，水稻土与旱地土壤最本质的区别是氧化还原状况不同。

水稻土常年或季节性淹水引起的物理化学性质变化显著改变了磷在水稻土中的转化。通常情况下，淹水会导致土壤磷有效性增加，包括水溶性磷、有效磷以及植物吸磷量增加等。主要原因可能是：①Fe^{3+} 还原为 Fe^{2+}，增加了磷酸铁盐的溶解和有效性；②淹水会导致土壤 pH 值趋向中性，从而提高磷的有效性；③酸性土壤淹水后，pH 值上升会导致土壤矿物（主要是铁铝氧化物）表面正电荷减少，从而使吸附态磷减少，从而增加有效磷含量。大量研究表明，同一土壤上，旱作时磷肥的增产效果高于水稻，也说明土壤淹水后土壤供磷能力增加（鲁如坤，1998）。

施肥会改变水稻土磷的含量与形态。黄晶基于长期定位试验发现，化学磷肥和有机肥配施相比单施化肥或有机肥能够显著提高红壤性水稻土土壤有效磷、全磷含量和磷素活化效率（黄晶，2016）。19 年连续不同施肥后，江西省进贤县红壤性水稻土各组分无机磷含量以铁磷和闭蓄态磷为主体，分别占无机磷总量的 44.63% 和 31.27%；铝磷、十钙磷和二钙磷分别占 11.87%、8.01% 和 3.52%；无机磷各组分对水稻的有效性以二钙磷>铝磷>铁磷>闭蓄态磷>十钙磷。化学磷肥与有机肥配合施用可以降低累积态磷转化为闭蓄态磷的比率（黄庆海，2000）。

由于磷肥利用率在水稻生长季较低，长期过量施肥（特别是有机肥）会导致磷在土壤中累积，不仅降低磷的利用率，也会引起环境风险。对长江中上游 5 个典型农田试验点调查后发现，长期施磷肥后，各试验点土壤全磷、有效磷含量和磷素活化系数呈增加趋势。长期施肥下各试验点土壤有效磷含量和磷活化系数年均值总体表现为化学磷肥和有机肥配施处理>施化学磷肥处理>未施化学磷肥处理。土壤磷素活化系数与土壤有机碳含量呈极显著正相关，紫色土和红壤性水稻土土壤有效磷年增加速率分别为 0.8~2.4 mg/kg 和 0.2~2.8 mg/kg；土壤有机碳每增加 1 g/kg，稻麦轮作和双季稻体系下土壤磷活化系数分别增加 0.18% 和 0.16%（黄晶，2017）。韩国水稻土 34 年连续不同施肥的试验结果表明，堆肥和化肥长期配施较单施化肥，使更高水平的磷素累积在土壤中，磷素累积可能是磷吸附能力逐渐饱和的表现（Park et al.，2004）。因此在稻田土壤磷含量高、有机肥用量较大的地区，应注意磷流失对环境的污染风险。稻田磷素已有不少研究，并且在农业生产上得到很好的应用，但系统论述还不多，本篇以 4 个长期定位试验（福建省闽侯县黄泥田、江西省南昌县黄泥田、江西省进贤县红壤稻田和湖南省祁阳县稻田）分别论述了土壤磷素的演变以及与土壤磷盈亏的响应关系，以期更好的指导磷肥的施用。

第二十一章　潴育黄泥田土壤磷素演变及磷肥高效利用

　　潴育黄泥田是潴育型水稻土亚类，分布的地形部位主要是台地和浅丘的沟谷、漕谷的中上部以及丘陵的坡脚梯田，母质为第四系黄红黏土和三叠系须家河组沙岩残坡积物以及石灰岩区的黄壤（母土）等，是我国南方红黄壤地区的中低产水稻土，主要分布于江西、湖南、浙江、福建、湖北和江苏等省，为高硅、低铁铝型土壤，土体内铁的游离度高（65%~85%），质地黏重，黏粒平均含量为30%左右，耕性较差，表土易渍水，土层较厚，一般大于100 cm，耕层在20 cm左右，有一定的保水保肥能力。土壤有机质和全氮含量中等，全磷、有效磷和速效钾较低，微量元素中水溶性硼缺乏；受成土母质和气候条件的影响，我国南方水稻土尚存在普遍缺磷现象。

　　磷在土壤中累积程度因磷肥用量和种类而异，众多研究表明，长期施用化学磷肥或有机肥都能不同程度地提高土壤磷含量，两者配施的作用更显著。随着化肥施用对土壤健康和环境的负面影响不断涌现，有机肥越来越受到人们的关注，2017年中央一号文件的发布使"有机肥替代化肥"成为农资企业关注的焦点。但施用量通常以作物对氮（N）的需求为依据，不同来源的有机肥氮磷比不同，如粪肥的氮磷比较低，易导致过量施用磷，引起土壤磷累积，提高土壤磷迁移率；秸秆或植物堆肥具有适宜的氮磷比，是提高作物产量和磷循环效率的有效途径。多种有机肥配合施用对土壤磷特性的影响如何，这是一个十分值得研究的问题。

　　1984年建立在潴育黄泥田上的双季稻肥料长期定位试验，有机肥采用早稻施紫云英和晚稻施腐熟猪粪的施肥模式，前期以该长期试验为平台，研究长期不同施肥对土壤质量的影响，结果发现化肥配施有机肥较化肥处理的全磷和有效磷含量均有显著增高。但耕层土壤磷有效性、作物磷吸收效率演变等至今未做系统分析，为此，本章较为系统地研究34年不同施肥下黄泥田水稻田土壤全磷及其与有效磷关系的演变特征、水稻磷素吸收及其与产量的关系、土壤磷盈亏与全磷和有效磷消长规律的响应关系等，对指导黄泥田磷肥施用具有重要作用。

一、潴育黄泥田长期定位试验概况

(一)试验点基本概况

试验点位于江西省农业科学院试验农场内,地处江西省南昌市南昌县(北纬28°57′,东经115°94′),海拔高度25 m。地处中亚热带,年平均气温17.5℃,≥10℃积温5 400℃,年降水量1 600 mm,年蒸发量1 800 mm,无霜期约280 d。区域内温、光、热资源丰富,适宜大多数农作物生长。该区域主要气象因子见图21-1。试验基地土壤为第四纪亚红黏土母质发育的中潴黄泥田,试验前基本性质为:有机质25.6 g/kg,全氮1.36 g/kg,全磷(P_2O_5)0.49 g/kg,碱解氮81.6 mg/kg,有效磷20.8 mg/kg,速效钾35 mg/kg,缓效钾240 mg/kg,CEC 7.54 cmol/kg,容重1.25 g/cm³,pH值6.5。

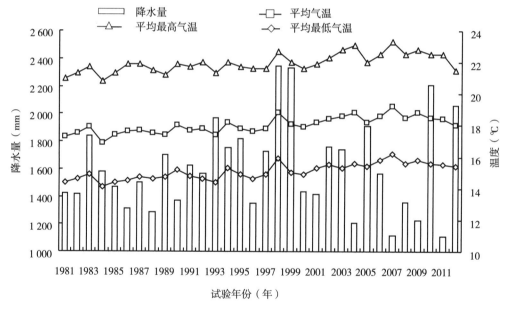

图21-1 试验点气象

(二)试验设计

试验于1983年冬立项,1984年开始种植水稻,采用稻—稻—闲的种植制度。共设8个处理:①不施肥(CK);②PK;③NP;④NK;⑤NPK;⑥70F+30M,即处理⑤中30%的化肥养分以有机肥养分替代;⑦50F+50M,即处理⑤中50%的化肥养分替代；⑧30F+70M，即处理⑤中 70% 的化肥养分以有机肥养分替代。3 次重复，随机区组排列。共 24 个小区，每小区面积 33.3 m²，小区间以 0.50 m 深和 0.50 m 宽的水泥田埂隔开，各小区独立排灌。早稻施纯氮 150 kg/hm²，晚稻施纯氮 180 kg/hm²，早稻和晚稻纯磷（P_2O_5）和纯钾（K_2O）施用量一致，分别为纯磷（P_2O_5）60 kg/hm²，纯钾（K_2O）150 kg/hm²。氮肥为尿素，磷肥为过磷酸钙（含 P_2O_5 12%），钾肥为氯化钾；有机肥早稻为紫云英，其鲜草养分含量按含 N 0.30%、P_2O_5 0.08% 和 K_2O 0.23% 计，晚稻为鲜猪粪，其养分含量按含 N 0.45%、P_2O_5 0.19% 和 K_2O 0.60% 计。为了保证有机肥养分含量年际间的相对一致，于每年晚稻收获后在保护行试验田种植紫云英，第 2 年早稻插秧前施用；每年晚稻移栽前到江西省良种场取鲜猪粪样，并测定其养分含量，选取养分含量与前几年养分含量相近的批次购买并运至田间备用。磷肥和有机肥全作基肥，氮肥 50% 作基肥，25% 作分蘖肥，25% 作幼穗分化肥，钾肥全作追肥，50% 作分蘖肥，50% 作幼穗分化肥。各处理肥料实物施用养分量见表 21-1。各小区田间管理措施一致。

表 21-1　不同施肥处理的肥料纯养分施用量　　　　　　　　　单位：kg/hm²

处理	作物	基肥					分蘖肥		幼穗分化肥	
		过磷酸钙（P_2O_5）	紫云英（早稻）或猪粪（晚稻）			尿素（N）	尿素（N）	氯化钾（K_2O）	尿素（N）	氯化钾（K_2O）
			（N）	（P_2O_5）	（K_2O）					
CK	早稻	0	0	0	0	0	0	0	0	0
	晚稻	0	0	0	0	0	0	0	0	0
PK	早稻	60.0	0	0	0	0	0	75.0	0	75.0
	晚稻	60.0	0	0	0	0	0	75.0	0	75.0
NP	早稻	60.0	0	0	0	74.9	37.4	0	37.4	0
	晚稻	60.0	0	0	0	89.8	44.9	0	44.9	0
NK	早稻	0	0	0	0	74.9	37.4	75.0	37.4	75.0
	晚稻	0	0	0	0	89.8	44.9	75.0	44.9	75.0
NPK	早稻	60.0	0	0	0	74.9	37.4	75.0	37.4	75.0
	晚稻	60.0	0	0	0	89.8	44.9	75.0	44.9	75.0
70F+30M	早稻	48.0	44.3	11.7	33.7	52.9	26.4	58.2	26.4	58.2
	晚稻	37.2	54.0	22.8	72.0	63.1	31.6	39.1	31.6	39.1
50F+50M	早稻	40.2	74.9	19.8	56.9	37.4	18.7	46.8	18.7	46.8
	晚稻	22.0	90.1	38.0	120.2	44.9	22.5	15.0	22.5	15.0
30F+70M	早稻	33.0	103.9	27.4	78.9	23.0	11.5	35.7	11.5	35.7
	晚稻	6.8	126.0	53.2	168.0	30.0	12.2	0	12.2	0

各小区每年、每季按小区收割并计算实收产量。在早稻和晚稻收获前分区取样，进

行考种和经济性状测定，同时取植株分析样，送试验室分茎秆和谷粒分析其养分含量。1984—1993 年，每年晚稻收割后取 1 次土壤分析，同时按早、晚稻取植株样进行养分含量的分析；1993 年后每 5 年采集土壤样品并分析。晚稻收获后的 11—12 月按 5 点取样法采集 0~20 cm 和 20~40 cm 土壤，室内风干，磨细过 1 mm 和 0.25 mm 筛，装瓶备用。同时取植株样进行养分分析。

二、长期施肥下土壤全磷和有效磷的变化趋势及其关系

（一）长期施肥下土壤全磷的变化趋势

长期不同施肥下土壤全磷含量随种植年限的延长其演变趋势见图 21-2。对照处理 CK，在连续 34 年不施肥种植条件下，土壤全磷含量波动范围较小，与种植年限的相关性不显著；NK 处理，在长期缺磷连续种植下，土壤全磷含量呈直线下降趋势，与种植年限均表现为极显著负相关，连续种植 34 年后，土壤全磷含量（2015—2017 年平均值）下降至 0.39 g/kg，较试验初始值下降了 20%，年下降速率为 3.1 mg/kg。在 34 年连续施肥中，其他施用磷肥处理，土壤全磷含量与种植年限均表现为极显著或显著正相关，土壤全磷含量整体呈现上升趋势。

施用化学磷肥的 PK、NP 和 NPK 3 个处理，连续 34 年施肥后，土壤全磷含量分别上升至 0.83 g/kg、0.84 g/kg 和 0.90 g/kg，比试验初始值分别升高了 70%、71% 和 83%，年升高速率分别为 5.6 mg/kg、4.7 mg/kg 和 5.0 mg/kg。28 年后，有机无机配施处理（70F＋30M、50F＋50M 和 30F＋70M），土壤全磷含量分别增至 1.13 g/kg、1.08 g/kg 和 1.18 g/kg，比试验初始值分别升高了 1.30 倍、1.20 倍和 1.40 倍，年升高速率分别为 14.8 mg/kg、16.4 mg/kg 和 16.3 mg/kg。配施有机肥处理（70F＋30M、50F+50M 和 30F+70M）较纯化肥处理，土壤全磷升高速率显著提高。结果表明，无论是单施化学磷肥，还是有机无机配施均有效提高土壤中全磷含量，并且在等磷量投入条件下，有机—无机配施较单施化肥的效果更优。

（二）长期施肥下土壤有效磷的演变

长期不同施肥下土壤有效磷含量随种植年限的延长其演变趋势呈现明显差异（图 21-3）。

CK 和 NK 2 个处理，土壤有效磷含量呈直线下降趋势，连续种植 34 年后，土壤有效磷含量（2015—2017 年平均值）分别下降至 9.97 mg/kg 和 7.66 mg/kg，分别下降了

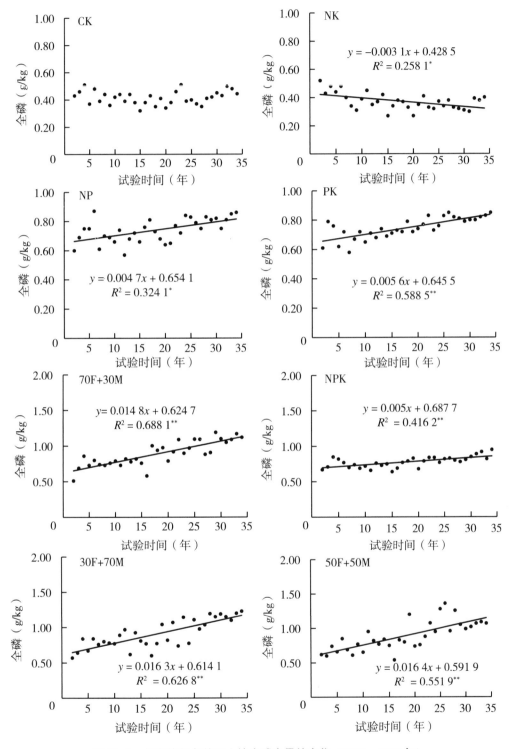

图 21-2 长期施肥条件下土壤全磷含量的变化 （1985—2017 年）

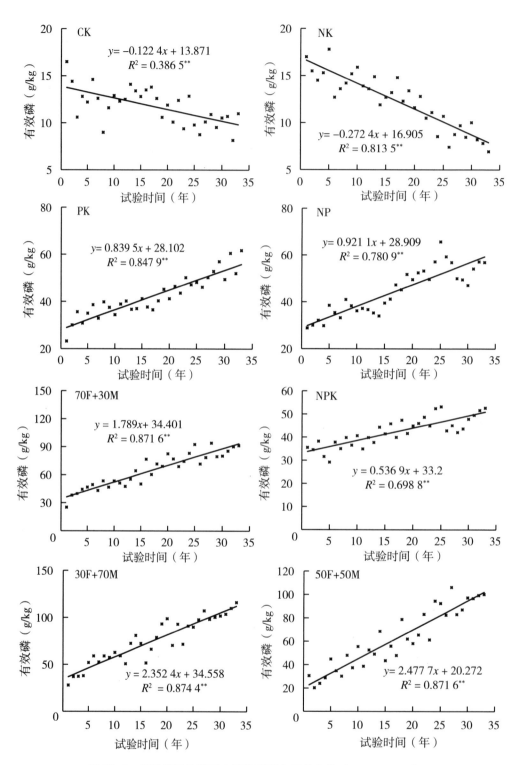

图 21-3　长期施肥条件下土壤有效磷含量的变化（1985—2017 年）

52.06%和63.16%，年下降速率分别为1.2 mg/kg和2.7 mg/kg。在34年连续施肥中，其他施用磷肥处理，土壤有效磷含量与种植年限均表现为极显著正相关，土壤有效磷含量整体呈上升趋势。施用化学磷肥的PK、NP和NPK 3个处理，连续34年施肥后，土壤有效磷含量分别上升至58.10 mg/kg、56.10 mg/kg和51.27 mg/kg，比试验初始值分别升高了1.79倍、1.70倍和1.46倍，年升高速率分别为0.8 mg/kg、0.92 mg/kg和0.54 mg/kg。28年后，有机无机配施处理（70F+30M、50F+50M和30F+70M），土壤有效磷含量分别增至89.12 mg/kg、98.73 mg/kg和110.0 mg/kg，比试验初始值分别升高了3.28倍、3.75倍和4.29倍，年升高速率分别为1.79 mg/kg、2.48 mg/kg和2.35 mg/kg。配施有机肥处理（70F+30M、50F+50M和30F+70M）较纯化肥处理，有效磷升高速率显著提高，提高幅度范围为1.95～4.59倍，其中以配施50%有机肥的处理增幅最高。结果表明，无论是单施化学磷肥，还是有机无机配施均有效提高土壤中有效磷含量，且在等磷量投入条件下，有机—无机配施较单施化肥的效果更优。

（三）长期施肥下土壤全磷与有效磷的关系

用有效磷与全磷比值作为土壤磷素活化系数（PAC）可以表征全磷与有效磷的变异状况，可以表征土壤磷养分的供应能力。不同施肥方式下，土壤磷活化系数随种植年限延长的演变规律如图21-4所示，CK和NK处理的土壤磷活化系数随种植年限的延长呈

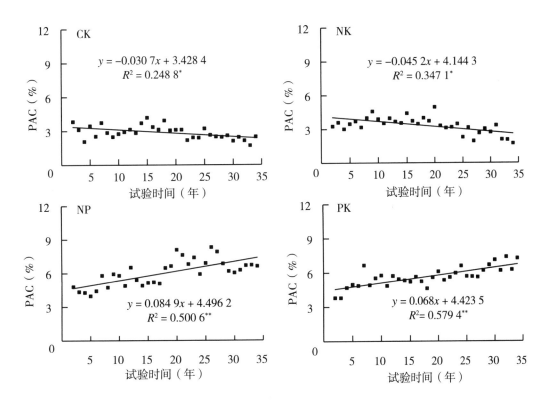

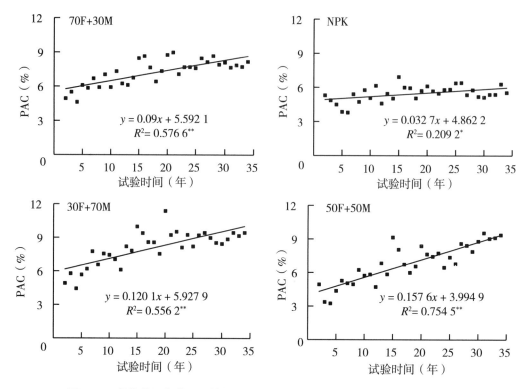

图 21-4　长期施肥条件下红壤性水稻田磷活化系数（PAC）（1985—2017 年）

先缓慢上升后逐渐下降的趋势，由试验开始时的 4.24% 分别下降到 2017 年（2015—2017 年平均值）的 2.11% 和 1.96%。有研究表明土壤磷素的 PAC 低于 2.0% 时，全磷转化率低、有效磷容量和供给强度小。不同施肥方式下，土壤磷活化系数具有较大差异。磷肥的处理，土壤 PAC 与时间均呈极显著正相关（$P<0.01$），PAC 随施肥时间延长均呈现波动性上升趋势，并且不均衡施肥处理（PK 和 NK 处理）上升速率高于均衡处理（NPK），较试验初始值分别提高了 64.4%、575% 和 35.4%。有机无机配施处理中（70F+30M、50F+50M 和 30F+70M），PCA 随种植年限延长而逐渐升高，分别升至 7.91%、9.17% 和 9.35%。有机无机配施的 PCA 平均年升高速率是 NPK 处理的 3.75 倍。

三、长期施肥下土壤有效磷变化对土壤磷盈亏的响应特征

（一）长期施肥下土壤磷素盈亏情况

当施磷量大于作物携带出磷量时，当季土壤表观磷盈亏为盈余，反之为亏缺。不同

施肥处理 34 年土壤磷素盈亏状况呈现较大差异（图 21-5）。不施磷肥的 2 个处理（CK 和 NK），由于作物吸收的磷主要来自土壤有效磷，当季土壤表观磷一直呈现亏缺状态，土壤磷亏缺年平均值分别为 45.38 kg/hm² 和 75.41 kg/hm²。施磷肥处理（PK、NP、NPK、70F+30M、50F+50M 和 30F+70M）除 30F+70M 处理在个别年份土壤磷素表现出亏缺以外，其他均有盈余，但不同施磷处理间磷素盈余量具有差异，其中以不均衡施肥 PK 处理年平均磷素盈余量最高，平均年盈余 60.47 kg P/hm²，其次为不均衡施肥 NP 处理，平均年盈余 50.13 kg/hm²，高量配施有机肥处理（30F+70M）最低，平均年盈余 22.20 kg P/hm²。各处理 28 年当季土壤磷素盈亏量呈现波动变化，并且呈现相似波动规律，主要因为水稻生物量年季间存在波动变化，作物品种不同，吸磷量也存在差异，以上两者导致作物携出磷量不同。

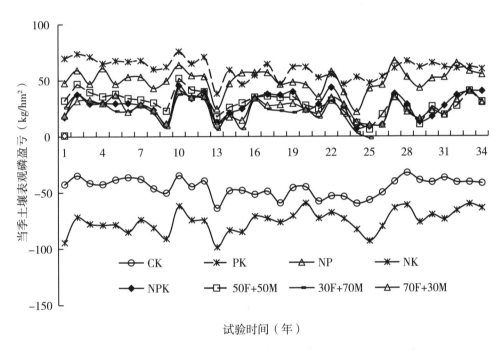

图 21-5　长期不同施肥处理下当季土壤表观磷盈亏（1984—2017 年）

各施肥处理 34 年土壤累积磷盈亏情况见图 21-6。未施磷肥的 2 个处理（CK 和 NK）土壤累积磷一直处于亏缺态，并且亏缺值随种植年限延长而增加，CK 处理经连续不施肥种植 34 年后，土壤累积磷亏缺量 1 542.94 kg/hm²；NK 处理土壤累积磷亏缺值大于 CK 处理，是 CK 处理的 1.66 倍。单施化学磷肥的 3 个处理（NP、PK 和 NPK）土壤累积磷一直处于盈余状态，并且随种植时间延长盈余值增加，经 34 年施肥种植水稻后，土壤累积磷盈余量为 951.87～2 055.96 kg/hm²，其中缺氮处理（PK）最高，均衡施肥处理（NPK）最低。3 个有机—无机配施处理（70F+30M、50F+50M 和 30F+

70M)，土壤累积磷一直处于盈余状态，以中量配施有机肥处理（50F+50M）的累积磷盈余量最高，盈余量为 1 019.84 kg/hm²。

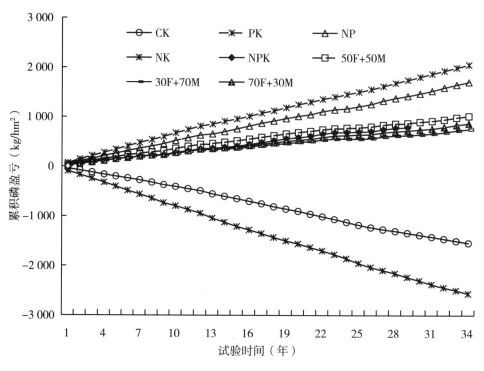

图 21-6　长期不同施肥处理下土壤累积磷盈亏（1984—2017 年）

（二）长期施肥下土壤有效磷变化对土壤磷素盈亏的响应

土壤磷素盈亏状况对土壤中有效磷含量起着决定性作用。通过分析各施肥处理条件下土壤有效磷变化量与土壤累积磷盈亏的相关性发现，尽管各处理施磷水平和肥料搭配不同，但土壤中有效磷变化量与累积磷盈亏均呈现直线相关，相关性均达极显著水平（$P<0.01$），相关系数为（0.389~0.871）（图 21-7）。土壤累积磷盈亏和有效磷变化量之间直线回归方程中，x 为土壤累积磷盈亏值（kg/hm²），y 为土壤有效磷变化量（mg/kg），回归方程中的斜率代表土壤磷平均每增减 1 个单位（kg/hm²），相应的土壤有效磷变化量（mg/kg）。在不施肥情况下，土壤中每亏缺 100 kg P/hm²，土壤有效磷含量降低 0.26 mg/kg；施用氮、钾肥而不施磷肥情况下，土壤中每亏缺 100 kg P/hm²，土壤有效磷含量降低 0.36 mg/kg。施化学磷肥的 3 个处理（NP、PK 和 NPK），土壤中每盈余 100 kg P/hm²，土壤有效磷含量分别提高 1.88 mg/kg、1.44 mg/kg 和 1.96 mg/kg，平均提高 1.76 mg/kg。在有机—无机配施情况下（70F+30M、50F+50M 和 30F+70M），土壤中每盈余 100 kg P/hm²，土壤有效磷含量分别提高 7.41 mg/kg、

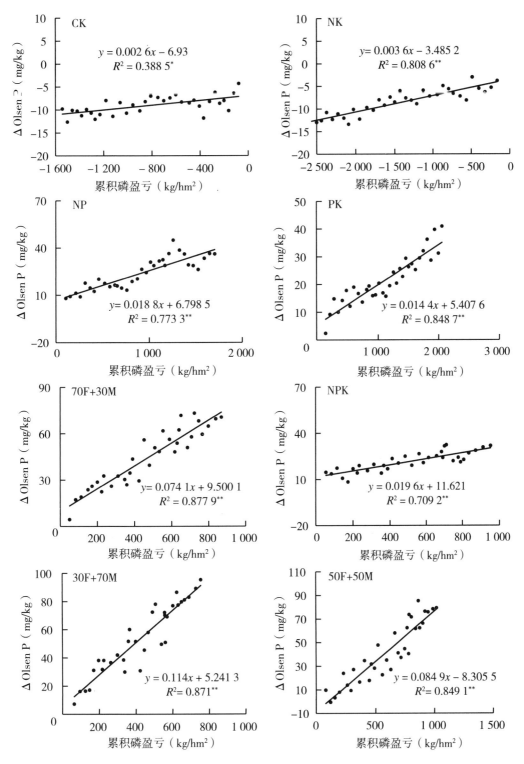

图 21-7 土壤有效磷变化量与累积磷盈亏的关系

8.49 mg/kg 和 11.4 mg/kg。有机—无机磷肥配施，土壤每盈余 100 kg P/hm²，土壤有效磷平均增加 9.10 mg/kg，是无机磷肥的 5.17 倍。由此可见，有机无机配施较纯化肥能够显著提高土壤有效磷含量，众多研究也得出相同结论。

（三）长期施肥下土壤全磷变化对土壤磷素盈亏的响应

土壤全磷含量高低可表征磷库容量的大小，作物吸收的磷量与土壤全磷含量相比是很小的，因此，土壤全磷含量越高，则全磷下降量越少，植物吸收带走磷的量越多，土壤全磷下降幅度越大。CK 处理土壤全磷变化与累积磷平衡间无显著相关（图 21-8）。

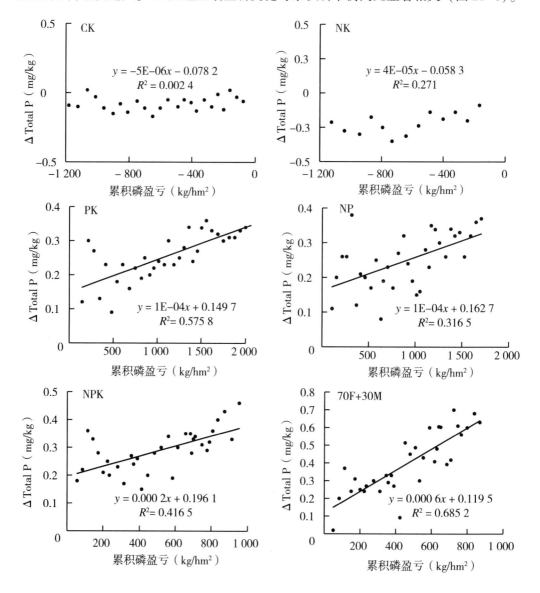

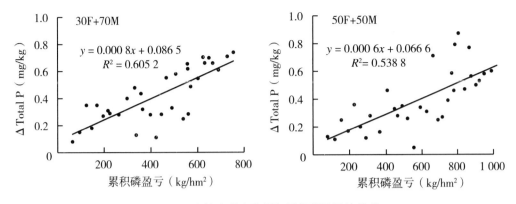

图 21-8　土壤全磷变化量与累积磷盈亏的关系

本章中土壤磷素盈亏取决于磷肥施用量及作物吸收磷量，在不施肥条件下，土壤磷素长期处于亏缺状态，早晚稻产量受气温和降雨等因素的影响程度显著大于土壤磷素，而气候年际间差异较大，致使土壤全磷变化与累积磷亏缺之间不存在相关。缺磷处理（NK），在缺磷条件下，土壤磷素处于持续亏缺状态，土壤全磷含量随种植年限延长呈现降低趋势，土壤全磷变化量与盈亏磷呈显著正相关，土壤中每亏缺 100 kg P/hm²，土壤全磷含量降低 4 mg/kg。

施化学磷肥的 3 个处理（NP、PK 和 NPK），土壤全磷增量与土壤磷盈余呈显著或极显著正相关，土壤中每盈余 100 kg P/hm²，土壤全磷含量分别提高 10 mg/kg、10 mg/kg 和 20 mg/kg，平均提高 13.3 mg/kg。在有机—无机配施情况下（70F+30M、50F+50M 和 30F+70M），土壤中每盈余 100 kg P/hm²，土壤全磷含量分别提高 60 mg/kg、60 mg/kg 和 80 mg/kg。有机—无机磷肥配施，土壤每盈余 100 kg P/hm²，红壤性水稻土土壤全磷平均增加 66.7 mg/kg，是无机磷肥的 5.02 倍，即长期有机无机配施可促进土壤全磷累积，并且效果优于纯化肥，王伯仁及杨军等也获得了类似的结论。

四、土壤有效磷农学阈值研究

磷是植物生长发育必需的营养元素之一，但土壤中磷素含量低，不能满足作物生长需求，磷肥施用成为维持农作物高产稳产的重要措施，但施入的磷肥部分被土壤吸附、固定而使得磷肥的利用率很低，一般大多数作物的磷肥当季利用率仅为 10%～25%。磷素累积尽管能够提高土壤对磷素的供应能力，但其累积超过一定限度时，不仅不能继续增加作物产量，而且土壤磷的释放潜力将大大增加，对水体富营养化构成威胁。因此，明确磷肥的合理施用量，既能保证作物产量稳定增长，又能减轻环境风险，确定土壤有效磷农学阈值对于农业生产和水环境保护具有重要意义。

用线线模型、线性—平台模型和米切里西方程模拟早稻和晚稻相对产量和土壤有效磷的关系（图 21-9）。3 种模型均能较好模拟两者之间的关系，但相关系数和农学阈值计算值存在一定差异（表 21-2），线线模型和线性—平台模型计算出的磷农学阈值较为相近，米切里西方程计算值偏大，线性—平台模型和米切里西方程计算的晚稻磷农学阈值相似，而线线模型计算值小于以上两者。本章采用 3 种模型计算值的平均值作为早、晚稻的磷农学阈值，由表 21-2 可知，早稻和晚稻的磷农学阈值分别为 22.70 mg/kg 和 22.67 mg/kg，两者磷农学阈值较为相近。本试验本底值有效磷为 20.8 mg/kg，与早稻磷农学阈值相差 1.90 mg/kg，连续施肥 34 年后，CK 和 NK 处理有效磷含量（2015—2017 年平均值）较此农学阈值分别低 12.73 mg/kg 和 15.04 mg/kg；其他施磷处理有效磷含量远远高于该阈值，尤其是有机—无机配施处理，平均是此阈值的 4.37 倍。

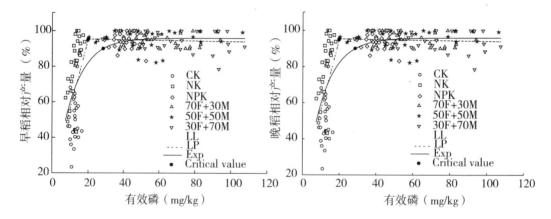

图 21-9 长期施肥下早稻和晚稻相对产量对土壤有效磷的响应

表 21-2 长期不同施肥作物农学阈值

作物	n	LL		LP		EXP		均值
		CV（mg/kg）	R^2	CV（mg/kg）	R^2	CV（mg/kg）	R^2	（mg/kg）
早稻	108	19.89	0.60[**]	19.74	0.60[**]	28.46	0.57[**]	22.70
晚稻	108	21.52	0.59[**]	23.03	0.58[**]	23.46	0.57[**]	22.67

五、磷肥回收率的演变趋势及其与土壤有效磷的响应关系

（一）磷肥回收率的演变趋势

长期不同施肥措施下，早稻和晚稻磷素吸收特征见表 21-3。由表可知，早稻和晚

稻吸磷量在不同施肥措施下具有显著差异。由于早稻和晚稻产量和作物磷浓度在年际间存在一定差异，致使作物吸磷量随种植年限延长产生波动。对照处理作物吸磷量显著低于施肥处理，均衡施肥处理高于不均衡处理。

长期不施磷肥时，作物对磷素吸收量反映了土壤自然供磷能力。在双季稻种植模式中，不施磷时（CK 和 NK）作物吸收的磷素主要来源于土壤中矿质磷和含磷有机质的矿化以及随降水、降尘、灌溉水和种苗等带入的磷。已有研究表明，在化肥基础上增施有机肥显著提高作物吸磷量，本研究表明，连续 34 年不施用磷肥 CK 和 NK 处理早稻季平均吸磷量分别为 20.23 kg/hm² 和 36.11 kg/hm²（表 21-3），NK 处理作物吸磷量显著高于 CK 处理，主要由于氮、钾肥的施用 NK 处理生物量较大所造成。施磷促进作物对磷素吸收，不均衡施肥处理（PK 和 NP）早稻季和晚稻季磷素吸收量显著高于对照处理，PK 处理早稻季和晚稻季比 CK 分别提高了 34.26% 和 28.71%，NP 较对照处理提高了 73.06% 和 38.57%，由此可以得出，氮肥提高作物吸磷量的效果优于钾肥。在施无机磷肥处理中，氮磷钾均衡施肥处理（NPK）早稻季和晚稻季磷素吸收量是不均衡施肥处理（PK 和 NK）的 1.72 倍、1.32 倍和 1.34 倍、1.36 倍，均衡施肥更有利于作物吸收磷。3 个有机无机配施处理早稻季和晚稻季平均磷素吸收量分别为 45.92 kg/hm² 和 48.16 kg/hm²，平均高于纯化肥处理。

表 21-3　长期不同施肥作物磷素吸收特征　　　　　　　　单位：kg/hm²

处理	1984—1988 年		1989—1993 年		1994—1998 年		1999—2003 年		2004—2008 年		2009—2013 年		2014—2017 年		1984—2012 年 34 年平均	
	早稻	晚稻	早稻	晚稻	早稻	晚稻	早稻	晚稻	早稻	晚稻	早稻	晚稻	早稻	晚稻	早稻	晚稻
CK	19.76	20.23	17.15	23.97	21.20	27.63	22.64	27.41	28.43	27.71	15.75	24.66	15.76	24.31	20.23	25.15
PK	24.76	25.86	23.31	30.23	30.17	33.80	25.80	36.35	33.12	35.92	26.29	32.06	26.60	32.33	27.16	32.37
NP	35.13	32.57	32.83	34.66	37.40	35.38	32.47	36.62	43.28	37.26	33.84	33.86	28.93	33.29	35.01	34.85
NK	42.50	37.70	39.30	39.27	41.38	41.79	31.94	38.07	38.53	39.38	28.62	41.54	29.06	36.87	36.11	39.30
NPK	49.04	42.36	46.69	45.91	46.81	46.76	43.21	42.30	51.48	45.37	46.96	51.57	42.46	41.49	46.79	45.22
70F+30M	46.04	44.04	48.46	46.34	47.54	49.64	42.92	48.33	51.07	47.54	48.32	50.35	44.07	45.24	47.01	47.42
50F+50M	42.76	38.75	43.03	42.58	46.04	42.91	40.19	45.98	48.64	51.99	46.21	50.43	41.88	48.77	44.17	45.83
30F+70M	46.92	43.74	47.15	49.74	46.51	52.94	42.08	52.85	52.26	54.16	47.59	54.25	42.78	50.80	46.58	51.22

长期施用磷肥下，早稻和晚稻产量与磷素吸收变化趋势关系可以看出，作物产量与磷素吸收呈极显著线性正相关（图 21-10）。早稻产量与磷素吸收回归方程为 $y = 114.83x + 543.92$（$R^2 = 0.93$，$P < 0.01$），晚稻产量与磷素吸收回归方程为 $y = 106.41x + 1\ 172.7$（$R^2 = 0.90$，$P < 0.01$）。根据回归方程可以计算出，在江西省黄泥

田双季稻田上，作物每多吸收 1 kg 磷，早稻和晚稻产量分别提高 114.8 kg/hm²
和 106.4 kg/hm²。

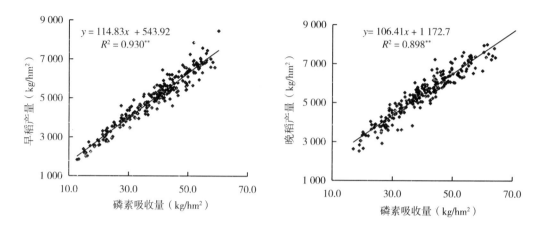

图 21-10　早稻和晚稻产量与作物磷素吸收的关系

长期施肥下，不同施肥措施的早稻磷肥回收率的变化趋势各异（图 21-11）。施用
化肥的各处理（NP、PK 和 NPK），三者磷肥回收率随种植年限的变化规律相似，均呈
现波浪式变化，但波动范围存在差异，波动范围分别集中在 20%～35%、5%～15% 和
30%～55%，可见氮肥和钾肥可以提高磷肥回收率，提高效果氮肥优于钾肥。有机无机
配施的 3 个处理，磷肥回收率随种植年限的变化规律相近，试验初始至连续种植 18 年
间，呈现波浪式变化，18 年后呈现震荡式上升趋势。均衡施肥处理（NPK、70F+30M、
50F+50M 和 30F+70M）早稻磷肥回收率平均值分别为 44.27%、44.63%、39.91% 和
43.92%，由平均值可以看出，4 个均衡施肥处理差异不显著，即在等施磷量条件下，磷
肥形态对早稻磷肥回收率影响较小。

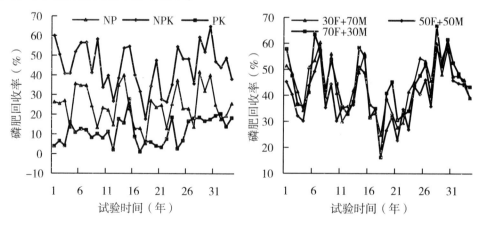

图 21-11　早稻磷肥回收率的变化

长期不同施肥条件下，晚稻磷肥回收率的变化趋势存在一定差异（图21-12）。PK处理，晚稻磷肥回收率波动较小，相对稳定，多年维持在较低水平。NP处理，除个别年份出现较大波动以外，晚稻磷肥回收率在20%左右波动变化。NPK处理呈现先震荡式下降，至种植16年后，出现震荡式上升趋势。有机无机配施处理（70F＋30M、50F+50M和30F+70M），变化规律与NPK处理相似。

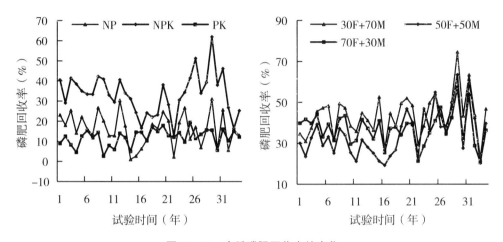

图 21-12　晚稻磷肥回收率的变化

（二）磷肥回收率的演变趋势与土壤有效磷的响应关系

长期不同施肥下，不同作物的不同处理磷肥回收率对有效磷的响应关系不同（图21-13，图21-14）。NP和NPK处理，关系没有规律。PK处理早稻和晚稻磷肥回收率与土壤有效磷呈线性相关。早稻季，70F+30M和50F+50M稻磷肥回收率与土壤有效磷的关系可以用二次多项式进行拟合，并且相关系数达到了显著水平（$P<0.05$），即磷肥回收率随土壤有效磷含量升高呈现下降又升高的趋势。

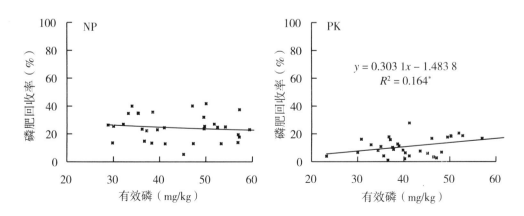

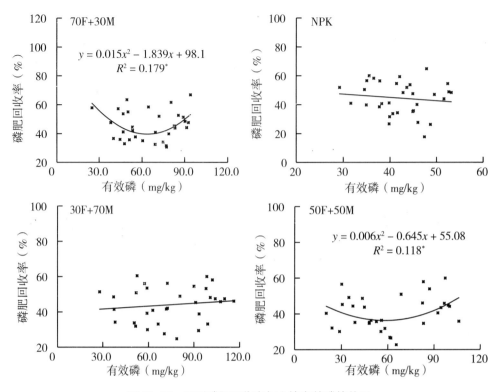

图 21-13　早稻磷肥回收率与土壤有效磷的关系

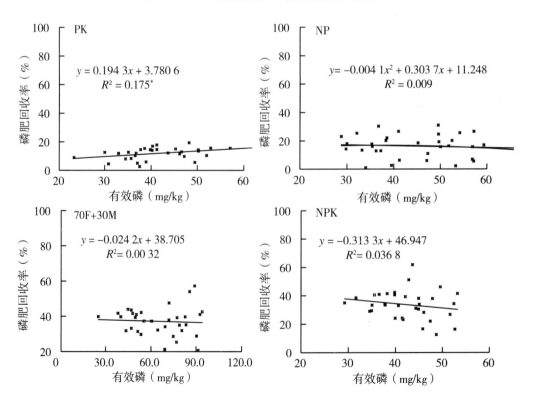

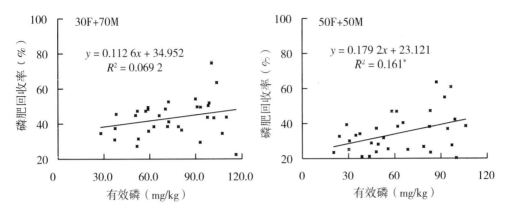

图 21-14　晚稻磷肥回收率与土壤有效磷的关系

六、主要结果与指导磷肥的应用

长期施肥下磷素的演变特征结果表明：不施磷肥的处理（CK 和 NK）土壤全磷、有效磷均有所下降，而施磷肥的处理（NP、PK、NPK、70F+30M、50F+50M 和 30F+70M）土壤全磷和有效磷均直线上升，结果表明，无论是单施化学磷肥，还是有机无机配施均有效提高土壤中全磷和有效磷含量，并且在等磷量投入条件下，有机—无机配施较单施化肥的效果更优。王伯仁等（2008）在红壤旱地上的研究表明，在化学磷肥基础上施用有机肥，16 年后土壤全磷含量较纯施用化学磷肥提高了 1.20 倍。黄晶等（2016）研究发现，化学磷肥和有机肥配施相比单施化肥或有机肥能够显著提高红壤性水稻土全磷含量。仲子文等（2017）在潮土上研究发现，连续 33 年单施化学磷肥或有机肥，土壤磷库有所减小，而无机磷肥与有机肥配施后土壤磷库稳定，同样证实了化学磷肥配施有机肥更能有效地提高土壤磷含量。

长期不同施肥处理下，土壤有效磷的变化与磷平衡呈较好的正相关，斜率代表磷平均每盈亏 1 个单位（kg/hm²）相应的有效磷消长量（mg/kg），该方程可以在一定程度上预测土壤有效磷的变化。或根据土壤有效磷的农学阈值和土壤环境阈值（引起环境污染的临界值），确定某一土壤有效磷的年变化量，以及作物带走的磷含量，可以推算出磷肥用量。

当土壤的有效磷含量高于环境阈值时，此时应当采取措施降低有效磷含量，通过减少磷肥用量保证在一定时间内有效磷含量下降到低于土壤有效磷的环境阈值；当土壤的有效磷含量高于磷农学阈值时，而低于环境阈值时，可以根据作物带走的磷量，此时保证施入的磷量与作物带走磷量相当即可，从而确定磷肥用量；当土壤有效磷含量低于农学阈值，要使实际的有效磷含量在一定年份内达到有效磷的农学阈值，根据有效磷的年变化量，以及作物带走的磷量，可以计算出每年应该施用的磷肥量。基于磷的农学阈值和环境阈值的磷肥高效管理既可以保证土壤的有效磷含量满足作物高产的需求，又能保证有效磷含量不至于过高造成环境污染。

（吕真真、刘益仁、侯红乾、蓝贤瑾、冀建华、刘秀梅）

主要参考文献

陈波浪,盛建东,蒋平安,2009. 两种磷肥对棉田土壤磷素有效性及吸收分配的影响[J]. 新疆农业大学学报,32(4)：17-21.

黄晶,张杨珠,徐明岗,等,2016. 长期施肥下红壤性水稻土有效磷的演变特征及对磷平衡的响应[J]. 中国农业科学,49(6)：1132-1141.

李学敏,张劲苗,1994. 河北潮土磷素状态的研究[J]. 土壤通报,25(6)：259-260.

鲁艳红,廖育林,聂军,等,2017. 长期施肥红壤性水稻土磷素演变特征及对磷盈亏的响应[J]. 土壤学报,54(6)：1471-1485.

陆欣春,韩晓增,邹文秀,等,2013. 作物高效利用土壤磷素的研究进展[J]. 土壤与作物,2(4)：164-172.

王伯仁,李冬初,黄晶,2008. 红壤长期肥料定位试验中土壤磷素肥力的演变[J]. 水土保持学报,22(5)：96-101.

王永壮,陈欣,史奕,2013. 农田土壤中磷素有效性及影响因素[J]. 应用生态学报,24(1)：260-268.

杨军,高伟,任顺荣,2015. 长期施肥条件下潮土土壤磷素对磷盈亏的响应[J]. 中国农业科学,48(23)：4738-4747.

叶会财,李大明,黄庆海,等,2015. 长期不同施肥模式红壤性水稻土磷素变化[J]. 植物营养与肥料学报,21(6)：1521-1528.

于丹,张克强,王风,等,2009. 天津黄潮土剖面磷素分布特征及其影响因素研究[J]. 农业环境科学学报,28(3)：518-521.

展晓莹,任意,张淑香,等,2015. 中国主要土壤有效磷演变及其与磷平衡的响应关系

［J］.中国农业科学,48(23):4728-4737.

中华人民共和国国家统计局,2011.中国统计年鉴[M].北京:中国统计出版社.

仲子文,孙翠平,张英鹏,等,2017.长期定位施肥对山东潮土有效磷及磷库演变规律的影响[J].山东农业科学,49(12):59-67.

HUA K K, ZHANG W J, GUO Z B, et al., 2016. Evaluating crop response and environmental impact of the accumulation of phosphorus due to long-term manuring of vertisol soil in northern China[J]. Agriculture ecosystems and environment, 219:101-110.

MAHAJAN A, BHAGAT R M, GUPTA R D, 2008. Integrated nutrient management in sustainable rice-wheat cropping system for food security in India[J]. Saarc journal of agriculture, 6(2):149-163.

NEST T V, VANDECASTEELE B, RUYSSCHAERT G, et al., 2014. Effect of organic and mineral fertilizers on soil P and C levels, crop yield and P leaching in a long term trial on a silt loam soil[J]. Agriculture ecosystems and environment, 197:309-317.

PENG S B, TANG Q Y, ZOU Y B, 2009. Current status and challenges of rice production in China[J]. Plant production science, 12(1):3-8.

PIZZEGHELLO D, BERTI A, NARDI S, et al., 2011. Phosphorus forms and P-sorption properties in three alkaline soils after long-term mineral and manure applications in north-eastern Italy[J]. Agriculture ecosystems and environment, 141(1-2):58-66.

PIZZEGHELLO D, BERTI A, NARDI S, et al., 2014. Phosphorus-related properties in the profiles of three Italian soils after long-term mineral and manure applications[J]. Agriculture ecosystems and environment, 189(189):216-228.

PRATAP B, AMARESH K N, MOHAMMAD S, et al., 2015. Effects of 42-year long-term fertilizer management on soil phosphorus availability, fractionation, adsorption-desorption isotherm and plant uptake in flooded tropical rice[J]. The crop journal, 3(5):387-395.

SHEN P, XU M, ZHANG H, et al., 2014. Long-term response of soil olsen P and organic C to the depletion or addition of chemical and organic fertilizers[J]. Catena, 118:20-27.

XIAO Y, WANG D J, ZHANG H L, et al., 2013. Organic amendments affect phosphorus sorption characteristics in a paddy soil[J]. Agriculture ecosystems and environment, 175: 47-53.

ZHAN X, ZHANG L, ZHOU B, et al., 2015. Changes in olsen phosphorus concentration and its response to phosphorus balance in black soils under different long-term fertilization patterns[J]. Plos one, 10(7): e0131713.

第二十二章　红壤性稻田磷素演变及磷肥高效利用

红壤是热带和亚热带雨林、季雨林或常绿阔叶林植被下形成的具有高岭化和富铝化特征的土壤，其主要特征为缺乏碱金属和碱土金属而富含铁、铝氧化物，呈酸性红色。红壤是中国铁铝土纲中位居最北、分布面积最广的土类，总面积 5 690 万 hm²，多在北纬 25°~31°的中亚热带广大低山丘陵地区（赵其国等，1988）。红壤区面积，占国土面积 22.7%（徐明岗等，2006），水热资源丰富，年均温 15~25℃，年降水量为 1 200~2 500 mm；干湿季节明显，冬季温暖干燥，夏季炎热潮湿。红壤是富铝化和生物富集 2 个过程长期作用的结果，具有酸、黏、板、瘦等特点。红壤发育的母质主要有花岗岩、玄武岩、砂页岩、石灰岩的风化物以及第四纪红色黏土。红壤性水稻土是第四季红壤经过长期人为水耕熟化、淹水种稻而形成的耕作土壤。

基于红壤稻田化肥长期定位试验的观测研究，红壤性水稻土在双季稻种植模式下，长期不施磷肥处理土壤全磷含量缓慢降低，有效磷含量可维持低水平下的平衡。施磷处理土壤全磷含量及有效磷含量的变化趋势与磷素盈亏状况密切相关。配施了猪粪的处理土壤磷素有效性上升较快，氮磷钾化肥配施处理磷素有效性也整体呈上升趋势，且无机磷肥与有机磷肥配施处理上升最快。无机磷肥与有机磷肥配合施用在提高土壤全磷含量的同时也提高磷素的有效性。土壤有效磷超过 10.87 mg/kg 后产量提高缓慢。氮磷钾化肥与有机肥配合施用是提高耕层土壤磷素库容和提高磷素活化能力的有效措施（叶会财等，2015）。魏红安等（2010）以湖南省长沙市的红壤为试验材料，研究了红壤磷素有效性衰减的关键过程及其与施肥量的关系，并分析了农学与环境学土壤有效磷指标之间的数学关系。黄庆海等（2006）研究了江西省不同利用方式下红壤磷素累积与形态分异的特征，发现红壤旱地铁磷、铝磷、二钙磷、八钙磷和闭蓄态磷的含量显著高于红壤稻田和红壤茶园，而十钙磷的含量则差异不显著。迄今为止，关于我国红壤中磷素的研究可谓广泛而深入，但却缺乏系统性。因此系统地了解红壤磷素演变、磷素演变与磷平衡的响应关系、磷素的形态特征、磷素农学阈值和利用率等，可为红壤磷素科学施用提供重要参考信息。

一、红壤稻田有机肥长期定位试验概况

（一）试验点概况

红壤稻田有机肥长期定位试验始于 1981 年，设在江西省进贤县江西省红壤研究所内（北纬 28°35′，东经 116°17′），海拔 30 m。地处中亚热带，年平均气温 18.1℃，月平均最高气温 30.0℃，月平均最低气温 5.4℃，年降水量 1 722.9 mm，年蒸发量 1 127 mm，无霜期约为 282 d，年日照时数 1 693.5 h，温、光、热资源丰富。

试验地处赣中偏北，属于鄱阳湖周边缓坡稻田，成土母质为第四纪红壤，根据中国土壤分类系统，属于硅铁质红壤，土壤中黏土矿物主要以高岭石为主。试验开始时（1981 年）的耕层土壤（0~20 cm）基本性质见表 22-1。

表 22-1　试验点概况及初始土壤（0~20 cm）基本理化性质

理化性质	有机碳 （g/kg）	全氮 （g/kg）	全磷 （g/kg）	全钾 （g/kg）	碱解氮 （mg/kg）	有效磷 （mg/kg）	速效钾 （mg/kg）	pH 值
测定值	16.2	0.95	0.45	12.7	143.7	10.3	125.4	6.9

（二）试验设计

试验设 9 个处理：①M_1：早稻施紫云英+补充化肥，晚稻施补充化肥；②M_2：早稻施紫云英 2 倍+补充化肥，晚稻施补充化肥；③M_3：早稻施紫云英+猪粪+补充化肥，晚稻施补充化肥；④M_4：早稻施紫云英+补充化肥，晚稻施猪粪+补充化肥；⑤M_5：早稻施紫云英+补充化肥，晚稻施猪粪+补充化肥，冬盖稻草；⑥M_6：早稻施紫云英+补充化肥，晚稻施补充化肥，冬盖稻草；⑦M_7：早稻施紫云英+补充化肥，晚稻稻草翻压还田+补充化肥；⑧NPK：早稻施氮磷钾+补充化肥，晚稻施补充化肥；⑨CK：长期不施肥。每个处理 3 次重复，随机区组设计，小区面积 60 m²。各小区之间用 65 cm 深水泥埂隔开，地上 15 cm，地下 50 cm，有灌溉设施。

有机肥单倍用量紫云英和猪粪均为 22.5 t/hm²，稻草 4.5 t/hm²，均为鲜重。NPK 处理的 N、P_2O_5 和 K_2O 施用量分别为 90 kg/hm²、45 kg/hm² 和 75 kg/hm²，全部早稻施。M_1~M_7 以及 NPK 处理除以上施肥外，每年还补充一定量的化肥，1981—1988 年每年 N、P_2O_5 和 K_2O 补充量为 90 kg/hm²、60 kg/hm² 和 0 kg/hm²，1989—1995 年每年 N、P_2O_5 和 K_2O 补充量为 90 kg/hm²、60 kg/hm² 和 75 kg/hm²，1995 年至今每年 N、P_2O_5 和 K_2O 补充

量为 138 kg/hm² 、60 kg/hm² 和 135 kg/hm² ，早晚稻各施 1/2，化肥品种为尿素、钙镁磷肥和氯化钾。有机肥和磷肥全部作基肥，氮肥分基蘖穗肥 3 次施用，比例为 4∶3∶3，钾肥分基肥和穗肥 2 次施用，比例为 1∶1。多年监测的有机肥养分平均年含量见表 22-2，紫云英 P、K 养分为述出，不计入总量。田间管理措施主要是除草和防治水稻病虫害。

表 22-2　有机肥养分含量

有机肥种类	N（g/kg）	P₂O₅（g/kg）	K₂O（g/kg）	水分含量（%）
紫云英	30.10	4.80	11.63	80.0
猪粪	20.87	8.96	11.18	70.0
稻草	9.10	13.00	18.90	60.0

二、长期施肥下土壤全磷和有效磷的变化趋势及其关系

（一）长期施肥下土壤全磷的变化趋势

磷素是制约作物生长发育的重要因子，如果土壤连续种植作物而不施用磷肥，由于磷的耗竭，土壤磷素将变得更为缺乏，施用磷肥是作物持续增产的有效措施（曲均峰等，2009）。试验地土壤全磷含量初始值为 0.45 g/kg。长期不同施肥下红壤性水稻土全磷含量变化如图 22-1 所示，长期不施肥的 CK 处理，由于作物吸收土壤磷等原因，土

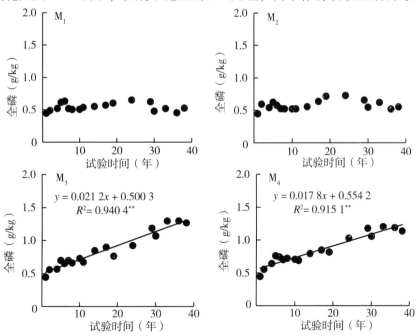

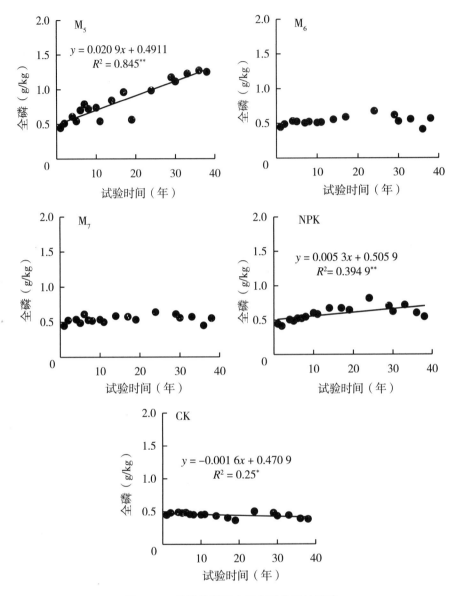

图 22-1　长期施肥对土壤全磷含量的影响

壤全磷随时间延长显著下降，37 年后为 0.38 g/kg，微降了 0.07 g/kg，降幅为 14.5%。
施用磷肥后，各处理由于每年磷盈余和累积磷盈余的差异，导致土壤全磷含量随时间变
化趋势不一致。施用了猪粪的 3 个处理（M_3、M_4 和 M_5），土壤全磷含量随时间延长表
现为快速上升趋势，达极显著水平（$P < 0.01$），由试验开始时（1981 年含量）的
0.45 g/kg 分别上升到 2017 年的 1.27 g/kg、1.14 g/kg 和 1.25 g/kg，分别上升了
184.2%、154.8% 和 180.9%，均超过原始值的 2.5 倍，显著快于其他处理。猪粪早稻施

用和晚稻施用对全磷的累积作用差异不明显，施用猪粪的基础上加稻草还田不显著影响磷素的累积。单施化肥的 NPK 处理土壤全磷含量随时间显著上升，37 年间土壤全磷含量增加了 0.10 g/kg，上升幅度达 22.8%。紫云英 1 倍还田的 M_1 处理土壤全磷含量随时间变化不明显，紫云英 2 倍还田的 M_2 处理上壤全磷含量随时间变化不明显，37 年间土壤全磷含量上升了 16.5%，紫云英 1 倍还田并配施稻草的 M_6 和 M_7 处理土壤全磷含量分别上升了 27.3% 和 24.0%，冬盖稻草和晚稻稻草还田间对磷素的累积效果差异不明显。

（二）长期施肥下土壤有效磷的变化趋势

试验地土壤初始有效磷含量为 10.3 mg/kg。如图 22-2 所示，所有处理土壤有效磷年际间波动较全磷波动大。长期不施肥的处理 CK，由于作物从土壤中吸收磷素，土壤磷亏缺程度越来越大，土壤有效磷略微下降，有效磷含量随时间变化不显著。不同施磷处理，土壤有效磷含量均随时间变化趋势不一致。施用了猪粪的 3 个处理（M_3、M_4 和 M_5）土壤有效磷含量极显著上升（$P<0.01$），分别上升到 2017 年的 76.0 mg/kg、74.2 mg/kg 和 72.4 mg/kg，均超过初始值的 7 倍，远远超过磷环境阈值（Colomb et al.，2007），施用了猪粪的 M_3、M_4 和 M_5 处理有效磷年增量分别为 1.78 mg/kg、1.73 mg/kg 和 1.68 mg/kg，等量猪粪早稻施用比晚稻施用对有效磷的提升作用大。增施稻草会略微降低有效磷含量。单施化肥的 NPK 处理土壤有效磷含量略微上升，至 2017 年土壤有效磷为 14.1 mg/kg，37 年间上升了 3.8 mg/kg。紫云英还田以及紫云英+稻草还田处理土壤有效磷含量随时间略微下降。试验 37 年后，紫云英 1 倍和紫云英 2 倍处理土壤有效磷分别下降了 2.5 mg/kg 和 1.0 mg/kg。紫云英+冬盖稻草和晚稻稻草还田处理土壤有效磷含量分别下降了 2.8 mg/kg 和 3.3 mg/kg，差异也不显著。

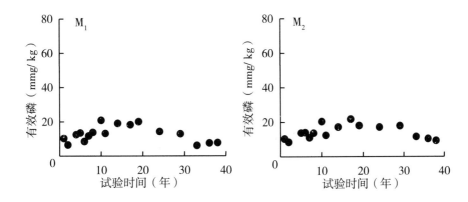

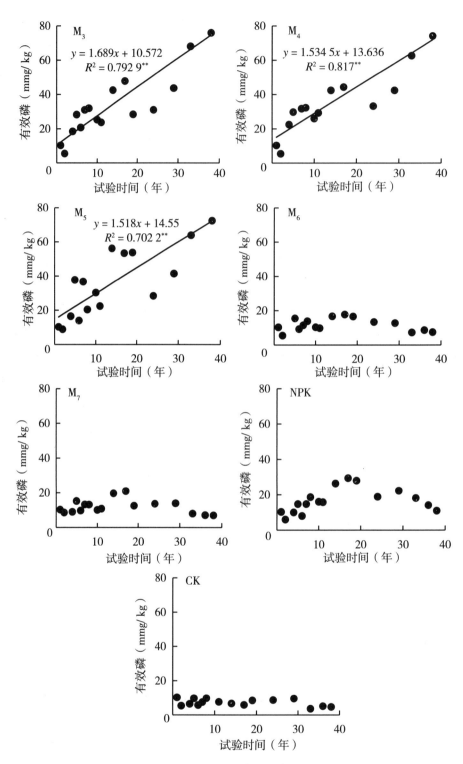

图 22-2　长期施肥对土壤有效磷含量的影响

（三）长期施肥下土壤全磷与有效磷的关系

磷活化系数（PAC）可以表示土壤磷活化能力，长期施肥下红壤磷活化系数随时间的演变规律如图 22-3 所示。初始土壤 PAC 为 2.31%，不施磷肥处理 CK 土壤 PAC 随时间延长有下降趋势，37 年后下降到 1.23%。NPK 处理 PAC 值随时间变化不大，37 年后 PAC 值降至 2.01%。紫云英还田的 M_1、M_2 和紫云英+稻草还田的 M_6、M_7 处理 PAC 随时间变化趋势不明显，基本维持在 1%~3%。施用了猪粪的 M_3、M_4 和 M_5 处理，土壤 PAC 随时间延长显著上升（$P<0.05$），35 年后分别提高到 6.00%、6.53% 和 5.78%，三者在施猪粪 2~3 年后土壤 PAC 均显著高于不施磷肥处理，施用猪粪约 10 年以后，土

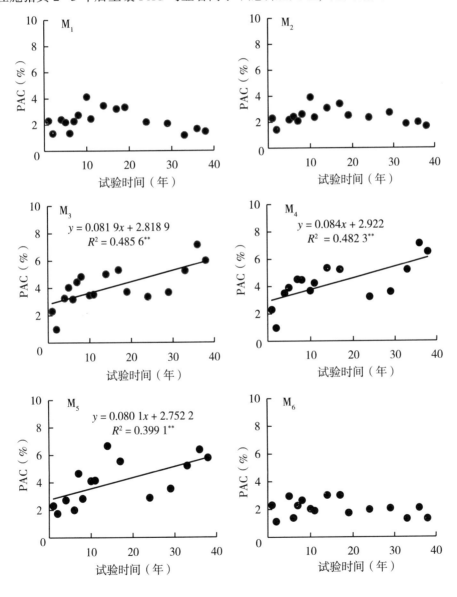

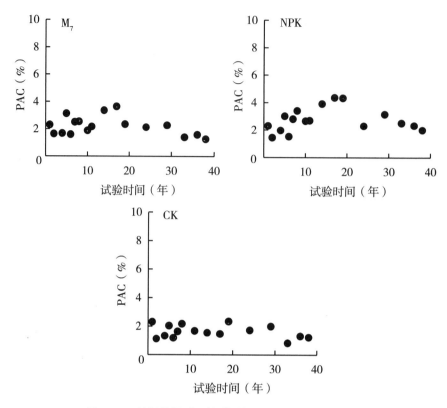

图 22-3　长期施肥对红壤磷活化系数（PAC）的影响

壤 PAC 值达 5% 以上，说明猪粪除自身含磷外还有活化磷的作用，可能是施用猪粪改善了土壤理化性质和微生物性状。

三、长期施肥下土壤有效磷变化对土壤磷盈亏的响应特征

（一）长期施肥下土壤磷素盈亏情况

当年施磷量大于吸磷量时，土壤磷素盈余，反之则磷亏缺。图 22-4 为各处理 37 年当季土壤表观磷盈亏。由图可知，不施磷肥的 CK 处理当季土壤表观磷盈亏一直呈现亏缺状态，年均土壤磷亏缺值为 25.76 kg/hm²。紫云英 1 倍和 2 倍还田的 M₁、M₂ 处理，紫云英+秸秆冬盖处理和紫云英+早稻秸秆还田 M₆ 和 M₇ 处理，所有年份磷素均处于亏缺状态，这 4 个处理年均磷亏缺分别为 11.64 t/hm²、17.44 t/hm²、15.66 t/hm² 和 13.25 t/hm²。NPK 处理大多数年份土壤磷素有盈余，年均土壤磷盈余值为 5.91 kg/hm²。施猪粪 M₃、M₄ 和 M₅ 处理土壤磷盈余较多，年均盈余分别为 51.0 kg/hm²、54.8 kg/hm² 和 54.2 kg/hm²。各

处理年均土壤磷盈亏值随种植时间延长波动不大。

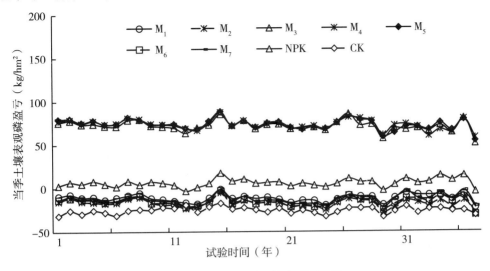

图 22-4　各处理当季土壤表观磷盈亏

图 22-5 为各处理 37 年土壤累积磷盈亏。由图可知，施用了猪粪的 M_3、M_4 和 M_5 处理累积磷盈余较高，2017 年累积磷盈余值分别为 2 650.0 kg/hm²、2 700.5 kg/hm² 和 2 713.7 kg/hm²。其次为 NPK 处理，累积磷盈余值为 218.5 kg/hm²，紫云英 1 倍和 2 倍还田的 M_1 和 M_2 处理累积磷亏缺值分别为 430.6 kg/hm² 和 645.3 kg/hm²，紫云英+稻草冬盖还田和紫云英+早稻秸秆还田的 M_6 和 M_7 处理累积磷亏缺值分别为 579.4 kg/hm² 和 490.4 kg/hm²。长期不施肥处理，37 年累积磷亏缺达 953.3 kg/hm²。

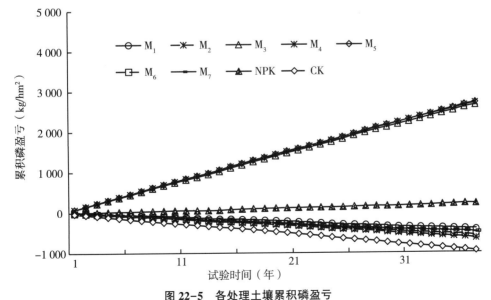

图 22-5　各处理土壤累积磷盈亏

（二）长期施肥下土壤有效磷变化对土壤磷素盈亏的响应

图 22-6 表示长期不同施肥模式下红壤性水稻土有效磷变化量与土壤耕层磷盈亏的

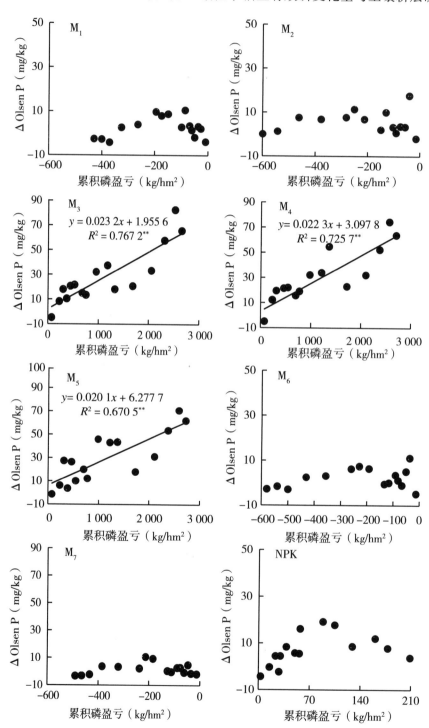

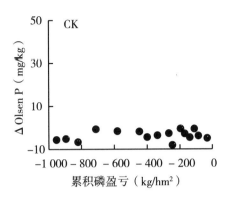

图 22-6　各处理红壤有效磷变化量对土壤累积磷盈亏的响应

响应关系。不施磷肥的 CK 土壤磷亏缺越大，37 年累积磷亏缺达 953.3 kg/hm²，土壤有效磷的下降幅度也越大，由 10.3 mg/kg 下降至 5.6 mg/kg。紫云英 1 倍和 2 倍还田的 M_1 和 M_2 处理和紫云英+稻草冬盖还田的 M_6 和 M_7 处理有效磷变化量与累积磷盈亏相关性不显著。NPK 处理有效磷变化量随累积磷盈亏有上升趋势，两者相关性也不显著。施用了猪粪的 M_3、M_4 和 M_5 处理，土壤有效磷与土壤累积磷盈余表现为极显著正相关（$P < 0.01$），土壤每累积 100 kg P/hm²，有效磷浓度上升 2.32 mg/kg、2.23 mg/kg 和 2.01 mg/kg。图 22-7 显示，综合分析全部的施肥处理，土壤有效磷变化量与对应处理的土壤累积磷盈亏之间，达到极显著正相关（$P < 0.01$），红壤性水稻土每盈余 100 kg P/hm²，有效磷浓度上升 1.99 mg/kg。

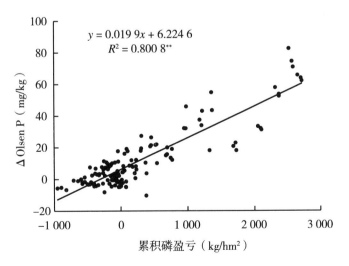

图 22-7　红壤性水稻土所有处理有效磷变化量与土壤累积磷盈亏的关系

四、土壤有效磷农学阈值研究

土壤有效磷含量是影响作物产量的重要因素，土壤中的有效磷含量较低时，不能满足作物的生长需求，造成作物明显减产；但当土壤有效磷含量过高时，则对作物的增产效果不明显，甚至可能由于淋溶或者地表径流造成环境污染，并且浪费磷肥资源，增加生产成本，因而确保土壤有效磷含量的适宜水平对作物产量与环境保护具有非常重要的意义。在确定土壤有效磷农学阈值的方法中，应用较多的有线线模型、线性—平台模型和米切里西方程。通过分析稻谷产量和土壤有效磷的变化趋势，采用米切里西方程得出水稻90%相对产量对应的有效磷为9.67 mg/kg，红壤稻田有效磷含量达到9.67 mg/kg后，应减少有机磷肥施用量，控制土壤磷素供应的无效增加，以增加磷肥利用率，减少资源浪费，降低环境污染风险。作物有效磷农学阈值受土壤类型、气候环境及作物类型等诸多因素的影响，实际应用中需要综合考虑。

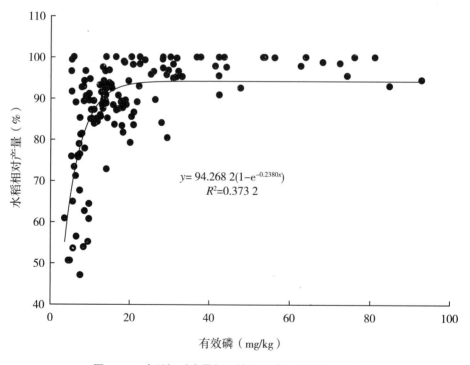

图 22-8　水稻相对产量与土壤有效磷的响应关系（一）

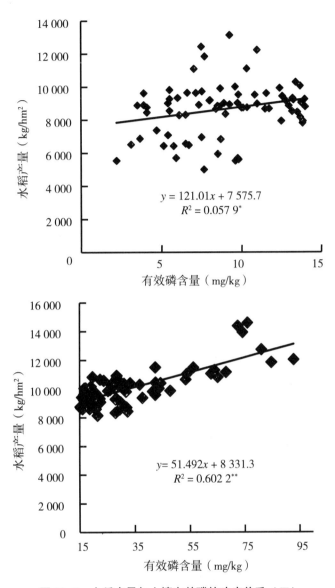

图 22-9 水稻产量与土壤有效磷的响应关系（二）

注：上图和下图分别为低有效磷（<14 mg/kg）、高有效磷（>14 mg/kg）含量情况下水稻产量变化趋势。

五、磷肥回收率的演变趋势

长期不同施肥下，作物吸磷量差异显著（图 22-10），具体表现为：$CK < M_1 <$

NPK<M_2<M_7<M_6<M_4<M_3<M_5，各处理不同年份吸磷量上升或下降趋势均不明显，总体

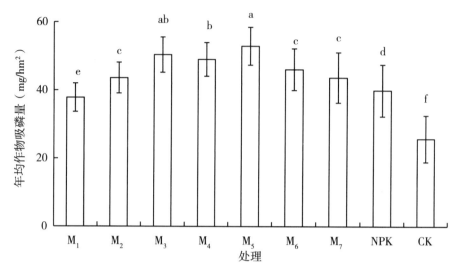

图 22-10　长期不同施肥处理水稻吸磷量

趋势为对照作物吸磷量显著低于所有施肥处理，施猪粪处理显著高于其他处理。作物产量与磷素吸收呈极显著正相关（图 22-11）。直线方程为 $y = 172.82x + 1\,740.9$（$R^2 = 0.891\,9$，$P<0.01$）。根据相关方程可以计算出，在红壤性水稻土上每吸收 1 kg 磷，水稻产量提高 172.82 kg/hm²。

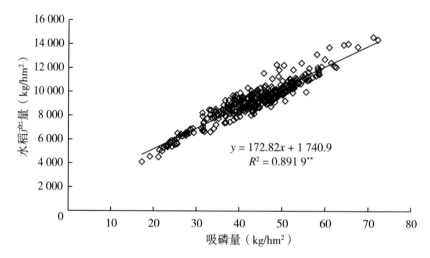

图 22-11　水稻产量与作物磷素吸收的关系

　　长期不同施肥下，各施磷处理磷肥回收率的变化趋势各不相同（图 22-12），由低

到高为：$M_4 < M_3 < M_5 < NPK < M_1 < M_7 < M_6 < M_2$。绿肥还田的 M_1 和 M_2，以及绿肥+稻草还田的 M_6 和 M_7 处理，磷肥回收率前10年快速上升，平均值分别为19.3%、22.5%、18.3%和17.2%。10年后进入相对稳定期，M_1 和 M_2 处理磷肥回收率稳定在32%左右，M_6 和 M_7 处理磷肥回收率稳定在30%左右。并且一直高于施用了猪粪的 M_3、M_4 和 M_5 处理和施化肥的 NPK 处理。施用了猪粪的 M_3、M_4、M_5 以及 NPK 处理磷肥回收率前10年缓慢上升，平均值均在10%左右，10年之后进入相对稳定期，稳定在15%左右，四者之间差异不显著。说明绿肥还田对提高磷肥回收率具有明显的效果，还田量越大磷肥回收率越高，稻草还田会略微降低磷肥回收率。施用猪粪会显著降低磷肥回收率，这可能与猪粪自身较高的含磷量，施用猪粪处理有效磷含量较高以及磷素流失有关。冬盖稻草磷肥回收率高于晚稻稻草还田，增施稻草不显著改变磷肥回收率。

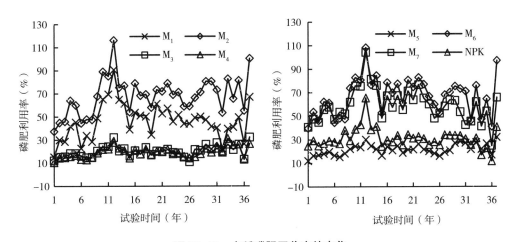

图 22-12　水稻磷肥回收率的变化

长期不同施肥处理磷肥回收率对有效磷的响应关系不同（图 22-13），所有处理用抛物线方程均比用线性方程可以更好地拟合两者的关系。其中 M_2 和 M_6 处理磷肥回收率均出现了明显的顶点，此时磷肥回收率最高值均在65%左右，对应的有效磷含量在15 mg/kg 左右，其他处理的磷肥回收率则一直处于上升的趋势；施猪粪的 M_3、M_4 和 M_5 处理磷肥的回收率较低，与相关处理自身磷素的大量盈余有关，这3个处理磷肥回收率基本稳定在10%~30%，并有随土壤有效磷的增加而提高的趋势，37年平均磷肥回收率分别为20.9%、19.7%和22.1%。NPK 处理磷肥回收率在16%~43%波动，与土壤有效磷的响应关系不显著。

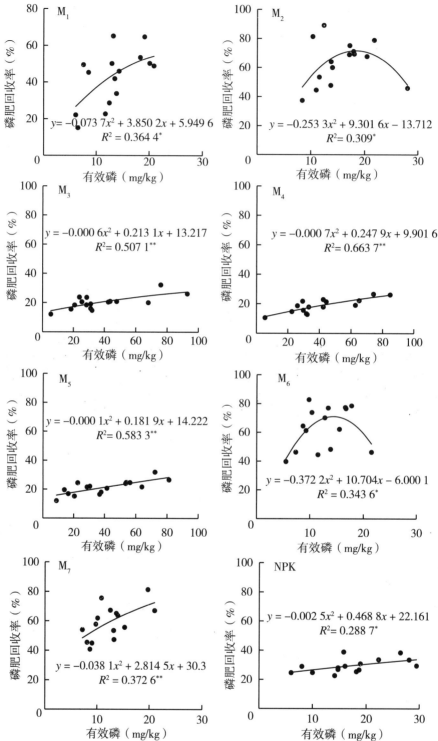

图 22-13　水稻磷肥回收率与土壤有效磷的关系

六、主要结果与指导磷肥的应用

（一）长期施肥对全磷和有效磷的影响

在双季稻种植模式下的红壤稻田，试验 37 年，不施肥处理土壤全磷含量显著降低，有效磷含量略微下降（Yang et al.，2014；Shen et al.，2014；Liu et al.，2007）。王伯仁等研究认为，土壤不同形态磷素之间存在动态平衡，没有磷肥投入时，缓效磷会转化释放有效磷以保持低水平有效磷的稳定（王伯仁等，2002）。施猪粪处理磷素大量盈余，全磷和有效磷含量显著提高。紫云英及稻草还田不显著改变土壤全磷和有效磷含量。樊红柱等（2016）在紫色水稻土上的研究认为，有机无机肥配施处理土壤全磷含量年均增加 0.018 g/kg，有效磷含量年均增加 1.17 mg/kg。连续施用磷肥后，土壤磷含量达到一定水平时应考虑减少磷肥用量，减少磷素过量累积和淋失风险。长期施用化学磷肥或有机肥都能不同程度的提高土壤全磷和有效磷含量，当化肥与有机肥配施时，作用更为明显（潘根兴等，2003；杨学云等，2007）。

（二）磷素有效性

试验 37 年不施肥处理磷素有效性均略微下降，施猪粪处理土壤磷素有效性显著提高，紫云英及稻草还田不显著改变磷素有效性。施用化学磷肥土壤有效磷的增加速率是施有机肥的 11.6 倍（裴瑞娜，2010），原因可能与土壤理化性质、有机肥种类、施肥方式和肥料用量等有关（王永壮，2013；来璐，2003；赵庆雷，2009；陈波浪，2010）。同时，本章仅从表观层面分析了有机肥猪粪对土壤磷的活化作用，对其中的机理没有做深入研究和探讨。

（三）有效磷对土壤磷盈亏的响应

红壤性水稻土土壤有效磷增加量与土壤累积磷盈亏之间，达到极显著正相关（$P<0.01$），每盈余 100 kg P/hm²，有效磷浓度上升 1.99 mg/kg。化学磷肥除被植物吸收利用外，大部分以有效性较高的二钙磷、八钙磷和铝磷累积于土壤，而施用有机肥对活性较高的二钙磷提高并不显著（刘建玲，2006）。但在相同磷素盈余水平下，只施化学磷肥比化学磷肥与有机肥配施能增加更多的有效磷（裴瑞娜，1998）。

（四）土壤磷素回收率与环境污染风险控制

我国南方土壤普遍缺磷，但经过了几十年的高磷肥投入，许多地区的土壤磷素已经过量。研究表明，红壤稻田磷肥的当季利用率仅有 10%~25%（张宝贵，1998），磷肥利用率低有多方面的原因，其中施用磷肥特别是施有机磷肥后土壤磷的大量盈余是最主要的原因。本研究结果显示紫云英还田对提高磷肥回收率具有明显的效果，配合稻草还田会略微降低磷肥回收率。过量施用猪粪会显著降低磷肥回收率，增加磷的环境污染风险，这与相关处理自身磷素的大量盈余有关。根据土壤有效磷含量由低到高，将所有处理的土壤有效磷与产量的对应关系排列，前 50% 土壤有效磷低于 14 mg/kg，产量随有效磷的增加快速增加，后 50% 土壤有效磷高于 14 mg/kg，产量随有效磷的增加而增加缓慢。因此，农田施用猪粪时，应充分利用猪粪对磷素的活化作用，控制猪粪的施用量，同时减少化学磷肥用量，特别是当红壤稻田有效磷含量达到 14 mg/kg 后，应减少有机磷肥施用量，控制土壤磷素供应的无效增加，以增加磷肥利用率，减少资源浪费，降低环境污染风险。

化学磷肥与有机肥配施常导致土壤磷库大量盈余，这固然增加了土壤供磷能力，但土壤磷素累积到一定水平就会威胁到水体环境（鲁如坤，2001）。因此，对于土壤磷素已经较高的土壤来说，充分活化利用土壤积累态磷并提高土壤供磷能力是土壤磷营养管理的重点。对于中低磷水平的土壤来说，既能提高土壤的供磷能力，又能控制磷环境污染风险的有机肥和化肥的配施策略研究，具有重要的实践指导作用。

（叶会财、黄庆海、余喜初、李大明、柳开楼、胡志华、胡丹丹、宋惠洁、胡惠文）

主要参考文献

陈波浪,盛建东,蒋平安,等,2010. 磷肥种类和用量对土壤磷素有效性和棉花产量的影响[J]. 棉花学报,22(1)：49-56.

樊红柱,陈庆瑞,秦鱼生,等,2016. 长期施肥紫色水稻土磷素累积与迁移特征[J]. 中国农业科学,49(8)：1520-1529.

黄庆海,万自成,朱丽英,2006. 不同利用方式红壤磷素积累与形态分异的研究[J]. 江西农业学报,18(1)：6-10.

来璐,郝明德,彭令发,2003. 土壤磷素研究进展[J]. 水土保持研究,10(1)：65-67.

刘建玲,张福锁,2006. 小麦—玉米轮作长期肥料定位试验中土壤磷库的变化Ⅱ. 土壤有效磷及各形态无机磷的动态变化[J]. 应用生态学报,11(3)：365-368.

鲁如坤,2000. 土壤农业化学分析方法[M]. 北京：中国农业科学技术出版社.

鲁如坤,时正元,2001. 退化红壤肥力障碍特征及重建措施Ⅲ. 典型地区红壤磷素积累及其环境意义[J]. 土壤(5):227-231.

潘根兴,焦少俊,李恋卿,等,2003. 低施磷水平下不同施肥对太湖地区黄泥土磷迁移性的影响[J]. 环境科学,24(3):91-95.

裴瑞娜,杨生茂,徐明岗,等,2010. 长期施肥条件下黑垆土有效磷对磷盈亏的响应[J]. 中国农业科学,43(19):4008-4015.

曲均峰,戴建军,徐明岗,等,2009. 长期施肥对土壤磷素影响研究进展[J]. 热带农业科学,29(3):75-80.

王伯仁,徐明岗,文石林,等,2002. 长期施肥对红壤旱地磷组分及磷有效性的影响[J]. 湖南农业大学学报(自然科学版),28(4):293-297.

王永壮,陈欣,史奕,2013. 农田土壤中磷素有效性及影响因素[J]. 应用生态学报(1):260-268.

魏红安,2010. 红壤磷素有效性衰减过程及磷素农学与环境学指标比较研究[J]. 中国农业科学,45(6):1116-1126.

徐明岗,于荣,王伯仁,2006. 长期不同施肥下红壤活性有机质与碳库管理指数变化[J]. 土壤学报,43(5):723-729.

杨学云,孙本华,古巧珍,等,2007. 长期施肥磷素盈亏及其对土壤磷素状况的影响[J]. 西北农业学报,16(5):118-123.

叶会财,李大明,黄庆海,等,2015. 长期不同施肥模式红壤性水稻土磷素变化[J]. 植物营养与肥料学报,21(6):1521-1528.

张宝贵,李贵桐,1998. 土壤生物在土壤磷有效化中的作用[J]. 土壤学报,35(1):104-111.

赵其国,谢为民. 何湘逸,等,1988. 中国红壤[M]. 北京:科学出版社.

赵庆雷,王凯荣,马加清,等,2009. 长期不同施肥模式对稻田土壤磷素及水稻磷营养的影响[J]. 作物学报,35(8):1539-1545.

LIU J L, LIAO W H, ZHANG Z X, et al., 2007. Effect of phosphate fertilizer and manure on crop yield, soil P accumulation, and the environmental risk assessment[J]. Agricultural sciences in China, 6(9):1107-1114.

SHEN P, XU M G, ZHANG H M, et al., 2014. Long-term response of soil olsen P and organic C to the depletion or addition of chemical and organic fertilizers[J]. Catena, 118: 20-27.

YANG X Y, SUN B H, ZHANG S L, 2014. Trends of yield and soil fertility in a long-term wheat-maize system[J]. Journal of integrative agriculture, 13(2): 402-414.

第二十三章　黄泥田磷素演变及磷肥高效利用

福建属亚热带气候，温暖湿润，长期受季节性氧化—还原交替过程作用，铁、锰等元素的迁移强度超过地带性土壤，因此，其养分迁移、积累和转化具有一定的区域性。黄泥田是广泛分布于南方省份的一种典型渗育型水稻土，占福建省水稻土面积的30.4%，该水稻土通常因水分供应不足，磷和钾养分缺乏，属中低产水稻田（林诚等，2009）。

土壤有效磷是土壤磷素养分供应水平高低的指标，受到农田生态系统中磷素盈亏状况的影响（Shen et al.，2014）。有研究表明，土壤有效磷及其变化量与土壤磷素盈亏状况存在线性相关关系（Sanginga et al.，2000），Cao et al.（2012）研究了中国7种典型农业土壤，认为每盈余100 kg P/hm^{2}平均可使土壤有效磷水平提高约3.1 mg/kg。黄晶等（2016）在红壤性水稻土上研究得出不同处理间土壤每累积100 kg P/hm^2，有效磷增加0.4~3.2 mg/kg，而西南黄壤旱地有效磷可增加5.6~21.4 mg/kg（李渝等，2016）。可见不同区域有效磷对磷累积盈亏的响应差异较大，此外，在双季旱作下有机无机肥配施处理有效磷增量大于单施化肥，而水旱轮作则使单施化肥有效磷增量大于有机无机肥配施（沈浦，2014）。因此，明确具体区域与耕作制度下土壤有效磷与磷素盈亏的关系，对指导农田土壤磷素定向培肥及缓解过量施用磷肥具针对性。

为此，本研究通过长期定位试验，研究南方黄泥田经过34年不同施肥条件下土壤有效磷和磷盈亏的关系，以及对土壤磷库及其形态的影响，明确长期不同施肥条件下南方黄泥田磷素的演变过程及土壤磷素供应状况，以期为南方稻田磷素养分高效管理提供理论依据。

一、福州水稻土长期定位试验概况

（一）试验点基本概况

试验设在农业农村部福建省耕地保育科学观测试验站肥力长期监测试验田（闽侯县

白沙镇，北纬 26°13′，东经 119°04′，地属中亚热带和南亚热带气候过渡区。试验点地处中亚热带的丘陵台地上，层状地貌明显，相对高度 15~50 m。试验站年平均温度 19.5℃，年均降水量 1 350.9 mm，年日照时数 1 812.5 h，无霜期 311 d，≥10℃的活动积温 6 422℃。成土母质为坡积物，土壤类型为中国土壤分类系统渗育性水稻土亚类的黄泥田土属。试验从 1983 年开始，试验开始时的耕层土壤（0~20 cm）基本性质见表 23-1。

表 23-1　试验点概况及初始土壤（0~20 cm）基本理化性质

理化性质	有机质（g/kg）	碱解氮（mg/kg）	有效磷（mg/kg）	速效钾（mg/kg）	pH 值
测定值	21.6	141	18	41	4.9

（二）试验设计

试验设 4 个处理：①不施肥（CK）；②单施化肥（NPK）；③化肥+牛粪（NPKM）；④化肥+全部秸秆还田（NPKS）。试验采用随机区组设计，每处理设 3 次重复，小区面积 12 m²（3 m×4 m）。每茬施用化肥为 N 103.5 kg/hm²、P 11.8 kg/hm² 和 K 112.5 kg/hm²。干牛粪每茬施用量 3 750 kg/hm²，秸秆施用量为上茬水稻秸秆全部还田。牛粪平均养分含量为有机 C 267.5 g/kg、N 15.0 g/kg、P 2.8 g/kg 和 K 7.4 g/kg，稻草平均养分含量为有机 C 377.3 g/kg、N 8.3 g/kg、P 1.1 g/kg 和 K₂O 24.0 g/kg；N、K 肥的 50%作基肥，50%作分蘖追肥，P 肥全部作基肥施肥。N 肥用尿素、P 肥为过磷酸钙、K 肥为氯化钾。由于福建省农田耕作制度自 20 世纪 90 年代末开始逐渐由双季稻制改为单季稻制，为适应这种生产变化，同时也便于生产管理，试验地自 2005 年起将双季稻改为单季稻，即定位试验 1983—2004 年为双季稻制（早稻和晚稻），2005—2016年改为单季稻制（中稻）。各处理除施肥外，其他管理措施一致。每小区耕层取 5 个点混合成 1 个样，室内风干，磨细分别过 1 mm 和 0.25 mm 筛，装瓶保存备用。每茬灌溉水及降水带入的磷量平均为 1.3 kg/hm²，各处理具体施磷量见表 23-2。

表 23-2　各处理每茬水稻磷素养分平均投入量　　　　　　　　　　　单位：kg/hm²

处理	化肥	有机物料	灌溉及降雨	合计
CK	0	0	1.3	1.3
NPK	11.8	0	1.3	13.1
NPKM	11.8	10.5	1.3	23.6
NPKS	11.8	3.8（早稻和晚稻）/ 5.3（单季稻）	1.3	16.9/18.4

二、长期施肥下土壤全磷和有效磷的变化趋势及其关系

（一）长期施肥下土壤全磷的变化趋势

从全磷变化来看（图23-1），CK处理表现为双季稻制下，全磷含量保持平稳水平，到单季稻制后呈显著下降趋势，试验至2016年CK处理全磷含量较试验初期下降0.04 g/kg。各施肥处理土壤全磷含量年际变化趋势与有效磷一致，在双季稻制下，NPK、NPKM和NPKS处理土壤全磷年上升速率分别为0.01 g/kg、0.02 g/kg和0.01 g/kg，单季稻下NPK与NPKM处理全磷含量每年降幅为0.01 g/kg与0.02 g/kg。值得一提的是，虽然在单季稻制下施肥处理土壤全磷呈下降趋势，但试验至2016年，NPK、NPKM和NPKS处理土壤全磷较试验前仍分别增加0.13 g/kg、0.21 g/kg和0.06 g/kg，其中，NPKM处理土壤全磷历年平均值显著高于NPK和NPKS（$P<0.01$），NPK和NPKS处理间无显著差异。

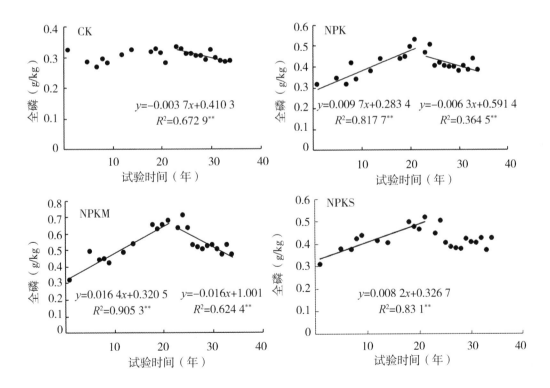

图 23-1　长期施肥对土壤全磷含量的影响（1983—2016 年）

（二）长期施肥下土壤有效磷的变化趋势

从长期不同施肥下土壤有效磷的年际演变趋势可以看出（图 23-2），CK 处理长期无磷肥的输入（除了微量的灌溉水与降水带入），并且每年作物会携出一定量的磷素，因此土壤双季稻制与单季稻制有效磷含量均随年份呈显著直线下降趋势，其中双季稻年份（1983—2004 年）年平均下降速率为 0.28 mg/kg，单季稻年份年平均下降速率为 0.39 mg/kg。而施肥各处理（除 NPKS 外）双季稻年有效磷含量呈上升趋势，其中以 NPKM 处理上升速率最大，年上升速率为 1.00 mg/kg，是 NPK 处理的 8.4 倍。2005 年种植模式改制为单季稻后各施肥处理有效磷含量随着试验年限增加呈极显著下降趋势，至 2016 年，NPK、NPKM 和 NPKS 年下降速率分别为 0.72 mg/kg、1.23 mg/kg 和 1.00 mg/kg，NPK 和 NPKS 处理有效磷含量分别从试验初始的 18.0 mg/kg 下降到 9.5 mg/kg和 9.3 mg/kg，NPKM 处理有效磷含量与试验初期持平。

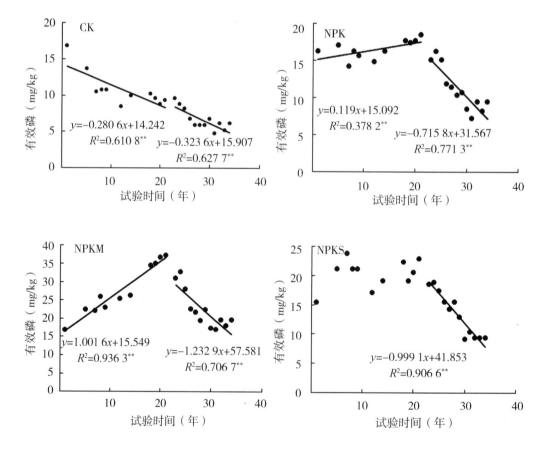

图 23-2　长期施肥对土壤有效磷含量的影响（1983—2016 年）

（三）长期施肥下土壤全磷与有效磷的关系

磷素活化系数（PAC）反映出磷有效化程度。CK、NPK 和 NPKS 处理的 PAC 无论是双季稻还是单季稻均随年际呈显著下降趋势，NPKM 处理在双季稻制时 PAC 呈上升趋势，到单季稻后也呈显著下降趋势。CK、NPK、NPKM 和 NPKS 4 个处理的多年平均 PAC 值分别为 2.9%、3.5%、4.7% 和 4.1%，其中施肥处理 PAC 值显著高于 CK、NPKM 与 NPKS 处理的 PAC 值也显著高于 NPK 处理。从下降速率来看，NPKM 处理年下降速率最小，说明化肥配施牛粪可减缓土壤磷素活性的降低。

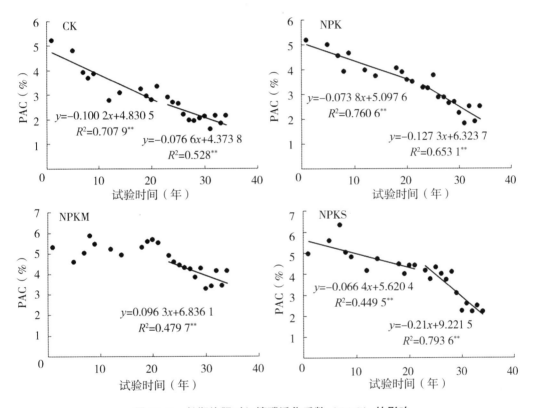

图 23-3　长期施肥对红壤磷活化系数（PAC）的影响

三、长期施肥下土壤有效磷变化量对土壤磷盈亏的响应特征

（一）长期施肥下土壤磷素盈亏情况

从图 23-4 中可以看出，CK 处理由于没有磷素的输入，土壤磷素处于持续亏缺状

态，经过 33 年连续种植作物，CK 处理累积磷亏缺为 361.0 kg/hm²，NPK、NPKM 和 NPKS 处理在双季稻制下磷素表现为盈余，1983—2004 年，磷累积分别达到 60.5 kg/hm²、182.4 kg/hm² 和 95.3 kg/hm²，改为单季稻后，由于单季稻磷肥年投入量小于作物磷素的携出量，各处理土壤累积磷呈耗竭趋势，试验至 2016 年，NPK、NPKM 和 NPKS 处理土壤磷素累积量分别降至 0.35 kg/hm²、126.8 kg/hm² 和 54.0 kg/hm²。

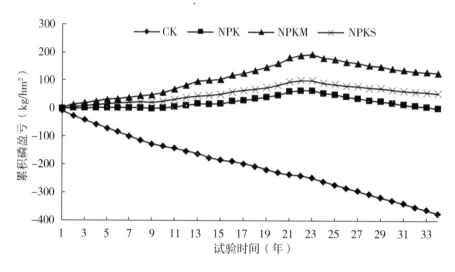

图 23-4　不同施肥处理土壤累积磷盈亏（1983—2016 年）

（二）长期施肥下土壤全磷和有效磷变化量对土壤磷素盈亏的响应

图 23-5 显示了不同处理双季稻及单季稻年份土壤有效磷变化量与累积磷盈亏量的关系。相关分析表明，除双季稻 NPKS 处理外，不同处理土壤有效磷的增减与磷的盈亏均呈显著正相关。由回归方程斜率可知，NPK 和 NPKM 处理在双季稻制下土壤中每累积 100 kg P/hm²，土壤中有效磷含量分别提高 4.5 mg/kg 与 11.2 mg/kg，而单季稻土壤磷素每年均处于亏缺状态，由回归方程斜率可知，土壤中每亏缺 100 kg P/hm²，NPK、NPKM 和 NPKS 处理土壤中有效磷含量分别下降 14.6 mg/kg、23.9 mg/kg 和 25.9 mg/kg，说明等量磷素盈亏量下，有机无机肥配施的有效磷响应系数（斜率绝对值）要高于单施化肥，而同一施肥处理磷亏缺下有效磷降幅响应要比磷盈余下有效磷增幅大。

（三）土壤磷盈亏对磷肥用量的响应

图 23-6 显示，双季稻中土壤每年累积磷盈亏量与磷肥施用量呈极显著正相关，说明磷肥用量越大，土壤磷盈余量越高。从回归方程可以得出，黄泥田在双季稻制下，磷肥年施用量为 26.2 kg/hm²，土壤磷素可以持平，超过此用量土壤磷素可以得到累积。在单季

稻制下，各处理每年磷表观平衡处于亏缺，因此无法计算单季稻下的磷肥盈亏平衡点。

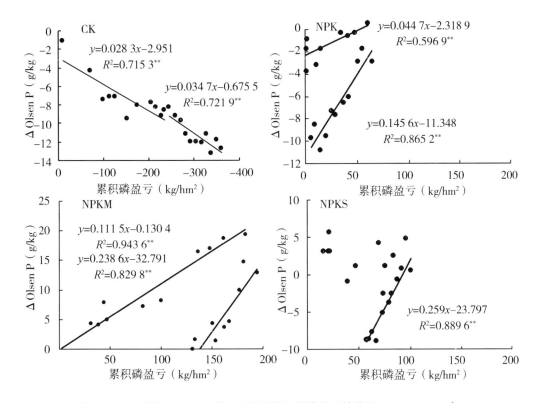

图23-5　不同处理土壤有效磷变化量与累积磷盈亏的关系（1983—2016年）

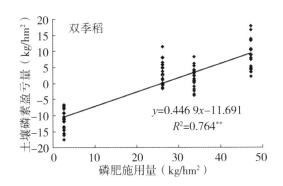

图23-6　黄泥田土壤磷年盈亏对磷肥施用量的响应

四、长期施肥下土壤有效磷对磷形态的响应

磷在土壤中以多种化学形态存在，主要分为无机磷和有机磷两大类，不同形态磷的

生物有效性不同，其养分循环的过程也存在差异，并影响土壤磷素的有效性（蒋柏藩和顾益初，1989；鲁如坤等，1997）。研究表明，施肥特别是施用磷肥以及和有机肥配合施用不仅增加了土壤总磷库、有机磷库和无机磷库，而且影响着土壤无机和有机形态磷的组成和分布。

定位试验第 26 年，不同处理土壤中各种形态的无机磷和有机磷含量变化如表 23-3 所示。CK 处理无机磷含量大小顺序为闭蓄态磷>铁磷>铝磷>钙磷，各施肥处理无机磷含量大小顺序为铁磷>闭蓄态磷>钙磷>铝磷，说明在南方黄泥田中无机磷组分以铁磷和闭蓄态磷为主。CK 处理由于无磷肥的输入，各形态无机磷含量较初始值均下降，铁磷、铝磷、钙磷和闭蓄态磷组分分别下降，降幅达 30.0%、43.8%、13.6% 和 25.9%，说明 CK 处理铝磷组分耗竭相对最快，而施肥处理各无机磷组分均较初始值均增加。与 CK 相比，施肥处理的土壤铁磷、铝磷、钙磷和闭蓄态磷含量增幅分别为 28.6%~102.6%、52.8%~158.5%、161.4%~226.5% 和 11.5%~68.9%，无机磷总量增幅为 46.2%~114.2%，均达到显著差异水平。从不同施肥处理来看，NPKM 处理无机磷各形态（除钙磷外）含量及无机磷总量，均显著高于 NPKS 和 NPK 处理，NPKS 和 NPK 处理各形态磷含量差异则不显著。

从施肥对有机磷库的影响来看，各处理有机磷含量大小顺序为 MLOP>MSOP>LOP>HSOP，说明在南方黄泥田中有机磷组分以 MLOP 和 MSOP 形态为主。与 CK 相比，施肥处理 LOP、MLOP、MSOP 和 HSOP 增幅分别为 8.9%~50.6%、9.1%~32.5%、24.7%~32.8% 和 8.8%~32.4%，有机磷总量增幅为 15.7%~41.8%，其中，各施肥处理的 MSOP 含量与总有机磷含量显著高于 CK。从不同施肥处理来看，NPKM 处理除 HSOP 组分外，其余各组分含量均显著高于 NPK 处理，其 MLOP 与 MSOP 组分也显著高于 NPKS，而 NPKS 和 NPK 处理各有机磷组分含量无显著差异。另从表 23-3 中也可看出，与试验前土壤相比，不论施肥与否，经过 25 年后，有机磷总量及各组分含量均有所提高，有机磷总量增幅 32.0%~87.1%，其中以中等稳定性有机磷增幅最大。

土壤无机磷、有机磷总量与土壤有效磷拟合方程发现（图 23-7），两者与有效磷均呈极显著线性相关，说明黄泥田无机磷和有机磷库均是有效磷的"源"，随着土壤无机磷和有机磷库的增加，土壤磷素有效性也相应提高。

表 23-3　长期施肥下无机和有机磷各组分含量　　　　　　　　　单位：mg/kg

处理	铁磷	铝磷	钙磷	闭蓄态磷	LOP	MLOP	MSOP	HSOP	TIP	TOP	全磷
试验前	57.0	28.1	16.9	56.0	16.8	53.3	29.5	7.7	158.0	107.3	265.3
CK	39.9cC	15.8cC	14.6bB	41.5cB	16.8bB	70.1bB	44.5cC	10.2aA	111.8cC	141.6cC	253.4cC
NPK	52.8bB	29.6bB	38.2aAB	53.4bAB	18.3bAB	78.4bB	55.5bB	12.0aA	174.0bB	164.2bB	338.2bB

续表

处理	铁磷	铝磷	钙磷	闭蓄态磷	LOP	MLOP	MSOP	HSOP	TIP	TOP	全磷
NPKM	80.9aA	40.8aA	47.7aA	70.0aA	25.3aA	92.9aA	69.1aA	13.5aA	239.5aA	200.8aA	440.3aA
NPKS	51.4bB	24.1bBC	41.8aA	46.2bcB	20.8abAB	76.5bB	55.5bB	11.1aA	163.5bB	163.9bB	327.4bB

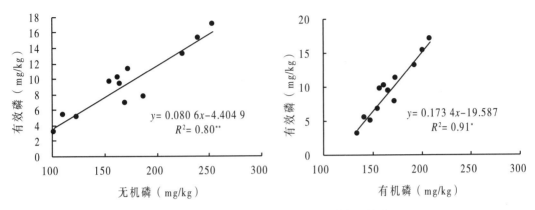

图 23-7　土壤有效磷与无机磷、有机磷含量的关系

五、磷肥回收率的演变趋势

长期不同施肥处理下，双季稻制下的作物磷素吸收量差异显著（图 23-8），不同处

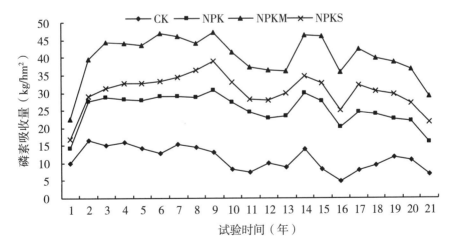

图 23-8　双季稻作物磷素吸收特征

理的磷素吸收量大小表现为NPKM>NPKS>NPK>CK。从磷素回收率来看（图23-9），双季稻NPK、NPKM 和 NPKS 处理磷素回收率平均值分别为 54.1%、62.8%和 57.7%，NPKM 处理显著高于 NPK 和 NPKS 处理。不同处理间双季稻磷肥回收率与种植时间响应关系均可拟合一元二次方程，各处理随着种植年限的延长，磷肥回收率呈先上升后下降的趋势（表23-4）。

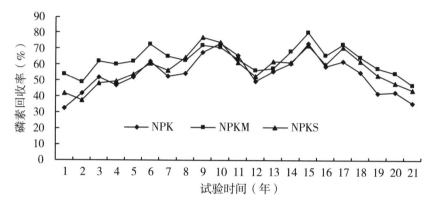

图 23-9 双季稻磷肥回收率的变化

表 23-4 双季稻磷肥回收率随种植时间的变化关系

处理	方程	R^2
NPK	$y=-0.28x^2+6.20x+29.39$	0.667 3 **
NPKM	$y=-0.16x^2+3.66x+48.30$	0.429 3 **
NPKS	$y=-0.25x^2+5.94x+31.70$	0.668 6 **

长期不同施肥下，不同处理磷肥回收率对有效磷的响应关系不同（图23-10），NPK 处理随着有效磷含量的增加，磷肥回收率呈下降趋势，NPKM 和 NPKS 处理的磷肥回收率随着有效磷含量的增加呈先上升后下降的趋势。

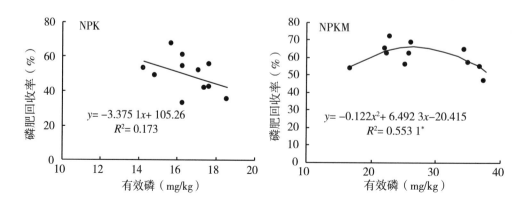

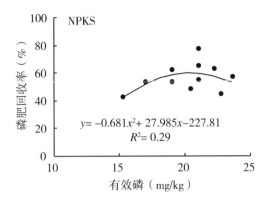

$$y = -0.681x^2 + 27.985x - 227.81$$
$$R^2 = 0.29$$

图 23-10 双季稻磷肥回收率与土壤有效磷的关系

六、主要结果与展望

南方黄泥田年磷投入量应不低于 26.2 kg/hm^2，才能维持土壤有效磷与全磷含量的基本平衡略有盈余。增施磷肥可以提高黄泥田土壤有效磷和全磷含量，有机无机肥配施模式土壤磷素活化系数（PAC）显著高于单施化肥。除双季稻 NPKS 处理外，黄泥田土壤有效磷增减与土壤累积磷盈亏呈显著正相关。在土壤磷盈余状况下，土壤每盈余 100 kg P/hm^2，NPK 和 NPKM 处理有效磷分别增加 4.5 mg/kg 与 11.2 mg/kg，而在土壤磷素亏缺状况下，每亏缺 100 kg P/hm^2，NPK、NPKM 和 NPKS 处理有效磷分别减少 14.6 mg/kg、23.9 mg/kg 和 25.9 mg/kg。等量的磷素盈亏量下，有机无机肥配施的有效磷增减量要高于单施化肥。通过指数方程拟合的双季稻有效磷的农学阈值为 17.8 mg/kg，本试验条件下，每季投入 11.8 kg P/hm^2 化学磷肥即可达到双季稻土壤磷素阈值范围。

（王飞、林诚、李大明）

主要参考文献

黄晶,张扬珠,徐明岗,等,2016.长期施肥下红壤水稻土有效磷的演变特征及对磷平衡的响应[J].中国农业科学,49(6):1132-1141.

蒋柏藩,顾益初,1989.石灰性土壤无机磷分级体系的研究[J].中国农业科学,22(3):58-66.

李渝,刘彦伶,张雅蓉,等,2016.长期施肥条件下西南黄壤旱地有效磷对磷盈亏的响应[J].应用生态学报,27(7):2321-2328.

林诚,王飞,李清华,等,2009.不同施肥制度对黄泥田土壤酶活性及养分的影响[J].中国土壤与肥料(6):24-27.

鲁如坤,2000.土壤农业化学分析方法[M].北京:中国农业科学技术出版社.

鲁如坤,时正元,钱承梁,1997.土壤积累态磷研究[J].土壤(2):57-60.

沈浦,2014.长期施肥下典型农田土壤有效磷的演变特征及机制[D].北京:中国农业科学院.

曾希柏,李菊梅,徐明岗,等,2006.红壤旱地的肥力现状及施肥和利用方式的影响[J].土壤通报,37(3):434-437.

郑春荣,陈怀满,周东美,等,2002.土壤中积累态磷的化学耗竭[J].应用生态学报,13(5):559-563.

AULAKH M S, GARG A K, KABBA B S, 2007. Phosphorus accumulation, leaching and residual effects on crop yields from long-term application in the subtropics[J]. Soil use and management, 23(4): 417-427.

CAO N, CHEN X, CUI Z, et al., 2012. Change in soil available phosphorus in relation to the phosphorus budget in China[J]. Nutrient cycling in agroecosystems, 94(2-3): 161-170.

GUO S L, DANG T H, HAO M D, 2008. Phosphorus changes and sorption characteristics in a calcareous soil under long-term fertilization[J]. Pedosphere, 18(2): 248-256.

MALLARINO A P, BLACKMER A M, 1992. Comparison of methods for determining critical concentrations of soil test phosphorus for corn[J]. Agronomy journal, 84(5): 850-856.

SANGINGA N, LYASSE O, SINGH B B, 2000. Phosphorus use efficiency and nitrogen balance of cowpea breeding lines in a low P soil of the derived savanna zone in West Africa[J]. Plant and soil, 220(1-2): 119-128.

SHEN P, XU M G, ZHANG H M, et al., 2014. Long-term response of soil olsen P and organic C to the depletion or addition of chemical and organic fertilizers[J]. Catena, 118: 20-27

TANG X, LI J M, MA Y B, et al., 2008. Phosphorus efficiency in long-term (15 years) wheat-maize cropping systems with various soil and climate conditions[J]. Field crops research, 108(3): 231-237.

第二十四章 红壤性稻田土壤磷素演变及磷肥高效利用

自 20 世纪 70 年代中期以来，我国双季稻种植面积占水稻总面积比例持续下降，从当时的 71% 下降到近年的 40% 左右。2011 年南方双季稻区水稻种植面积为 1 549.83 万 hm²，产量为 9 631.6 万 t，分别占全国水稻种植面积和产量的 52% 和 48%。虽然近 30 年来全国双季稻的总种植面积总体呈现出逐年减少的趋势，但海南省、广西壮族自治区、江西省和湖南省红壤双季稻中度指数上升，这说明红壤双季稻种植集中度高，在粮食作物生产中具有一定的比较优势。自 20 世纪 80 年代以来，由于各地重化肥、轻有机肥，有机肥用量逐年减少，致使肥料经济总效下降，土壤肥力恶变。据统计，湖南省主要类型土壤的有机质含量由 20 世纪 80 年代初的 31.7 g/kg 降到了 1992 年 28.1 g/kg。土壤监测资料，长期施用化肥导致土壤板结、酸化和有机质下降，造成土壤养分不平衡、增产效果不明显和化肥效率下降，同时对环境产生污染和农产品质下降（湖南省土壤肥料学会，2006）。

我国南方红壤和红壤性水稻土普遍缺磷（王永壮等，2013）。土壤母质、理化性质、施肥方式和肥料用量是影响农田土壤磷素有效性的主要因素（来璐等，2003；赵庆雷等，2009；陈波浪等，2010）。土壤磷素缺乏会导致农作物减产，长期施用磷肥后，土壤缺磷现象会有明显改善，但过量累积则会增加土壤磷素流失风险（王少先等，2012）。农业生产中，肥料的施用可以在很大程度上改变土壤含磷量和土壤对作物的供磷能力。通常而言，长期施用化学磷肥或有机肥都能不同程度的提高土壤全磷和有效磷含量，当化肥与有机肥配施时，作用更明显（潘根兴等，2003；杨学云等，2007）。红壤性水稻土肥料长期定位试验表明，不施磷处理的土壤磷素处于耗竭状态，耕层土壤全磷含量持续下降，但耕层以下土层的全磷尚未耗损；连年施磷的土壤耕层全磷含量提高，提高的幅度呈现明显量级关系（黄庆海等，2000）。黑垆土上的长期试验表明，施肥明显改变了耕层土壤养分的含量，氮磷配施是培肥土壤的有效途径，耕层土壤有效磷含量较不施肥处理提高了 147.2%，施用化学磷肥土壤有效磷的增加速率是施有机肥的 11.6 倍（裴瑞娜等，2010）。也有研究发现，氮肥与磷肥在石灰性土壤中配施可显著降低有效磷水平（Wang et al.，2004）。从全国范围看，我国磷平衡表现为整体盈余，同时存在很大的时空变异（冀宏杰等，2015）。Cao et al.（2012）研究了我国7种典型农业土壤，认为土壤每盈余100 kg P/hm²平均可使土壤有效磷水平提高约3.1 mg/kg。正因为磷肥利用率低，并且磷素在土壤中不易移动，长期施肥导致磷在土壤耕层中大量累积，具有淋失的潜在风险。本章根据长期不同施肥下土壤磷库年际变化、土壤磷素表观平衡、年际变化特征、土壤有效磷与磷素盈亏的关系和磷肥对水稻增产贡献率变化等，探讨有机磷肥和化学磷肥对土壤磷库及磷素利用效率影响的差异，明确红壤性水稻土磷库变化与磷平衡的关系，为磷素资源的持续利用和红壤丘陵区稻田磷肥的合理施用提供理论依据。

一、红壤稻田长期定位试验概况

（一）试验点基本概况

红壤双季稻田有机无机肥长期定位试验开始于1982年，位于湖南省祁阳县中国农业科学院红壤试验站内（北纬26°45′，东经111°52′），试验点位于红壤丘岗中部，属典型的红壤双季稻区，海拔150 m，年平均温度18.3℃，最高温度36.6~40.0℃。≥10℃的积温5 600℃，多年平均降水量1 250 mm，年蒸发量1 470 mm，无霜期约300 d，年日照1 610~1 620 h。水、温、光、热资源丰富。

该站前身为1960年中国农业科学院土壤肥料研究所驻湖南省祁阳县官山坪大队低产田改良联合工作组，1964年成立中国农业科学院土壤肥料研究所祁阳工作站，1983年更名为中国农业科学院衡阳红壤试验站，2000年遴选进入国家野外（台）站试点站，2006年成为首批国家野外台站，命名为湖南祁阳农田生态系统国家野外科学观测研究站，是我国历史上持续时间最长的农业试验站。

（二）试验设计

供试土壤为第四纪红色黏土发育的红黄泥，土壤质地为壤质黏土，土壤中黏土矿物主要以高岭石为主。耕层土壤基本理化性状：pH值为5.2，有机质含量21.0 g/kg，全氮1.44 g/kg，碱解氮82.8 mg/kg，全磷0.48 g/kg，有效磷9.6 mg/kg，缓效钾237 mg/kg，速效钾65.9 mg/kg，全钾14.2 g/kg。试验设7个处理：①CK；②M；③NPK；④PKM；⑤NKM；⑥NPM；⑦NPKM。小区面积27 m²，3次重复，随机区组排列，小区间均用水泥埂分隔。一年两熟双季稻，冬季休闲，肥料施用量见表24-1。早稻和晚稻施肥量相等，施肥量为：尿素（N 46%）157.5 kg/hm²，过磷酸钙（P_2O_5

12%）450.4 kg/hm²，氯化钾（K₂O 60%） 56.3 kg/hm²，有机肥为腐熟的牛粪 22 500 kg/hm²，折合养分施用量为：N 72.0 kg/hm²，P₂O₅ 56.3 kg/hm²，K₂O 33.8 kg/hm²，牛粪养分含量为多年测定的平均值。所有肥料均作底肥一次性施入。试验水稻品种为当地常用品种，3~5 年更换 1 次。早稻 3 月下旬播种，4 月下旬移栽秧苗，7 月中旬收获；晚稻 6 月中旬播种，7 月中旬移栽，10 月上旬收获，稻草均不还田。各小区全部收获测产，单独测产。其他与当地稻田管理一致。晚稻收获后，于每个小区按"之"字形采集 0~20 cm 土样，室内风干，拣除根茬和石块，磨细分别过 1 mm 和 0.25 mm 筛，装瓶保存备用。

表 24-1　试验处理及肥料每季施用量　　　　　　单位：kg/hm²

处理	肥料施用量				养分总量		
	化肥施用量			有机肥施用量	N	P₂O₅	K₂O
	N	P₂O₅	K₂O				
CK	0	0	0	0	0	0	0
NPK	72.5	56.3	33.8	0	72.5	56.3	33.8
M	0	0	0	22 500.0	72.5	56.3	33.8
PKM	0	56.3	33.8	22 500.0	72.5	112.6	67.6
NKM	72.5	0	33.8	22 500.0	145.0	56.3	67.6
NPM	72.5	56.3	0	22 500.0	145.0	112.6	33.8
NPKM	72.5	56.3	33.8	22 500.0	145.0	112.6	67.6

二、长期施肥下土壤全磷和有效磷的变化趋势及其关系

（一）长期施肥下土壤全磷的变化趋势

长期有机无机不同施肥下土壤全磷的时间变化趋势均存在明显差异（图 24-1）。长期不施肥（CK），土壤全磷含量呈下降趋势，M 和 NKM 处理土壤全磷含量呈略微上升趋势，但土壤全磷含量与施肥年限之间未表现显著相关性。M、NKM 和 CK 3 个处理之间的土壤全磷历年平均含量没有显著差异，但显著低于其他施用化学磷肥的各处理（NPK、NPKM、NPM 和 PKM）（$P<0.05$），施用化学磷肥的各处理，土壤全磷含量随着试验年限增加而显著增加，NPK、PKM、NPM 和 NPKM 处理土壤全磷含量年增加速率约为 11.6 mg/kg、16.0 mg/kg、12.1 mg/kg 和 14.3 mg/kg。说明化学磷肥的施用对保持和提高土壤全磷含量具有重要作用。施用化学磷肥后，土壤全磷呈上升趋势。这与聂

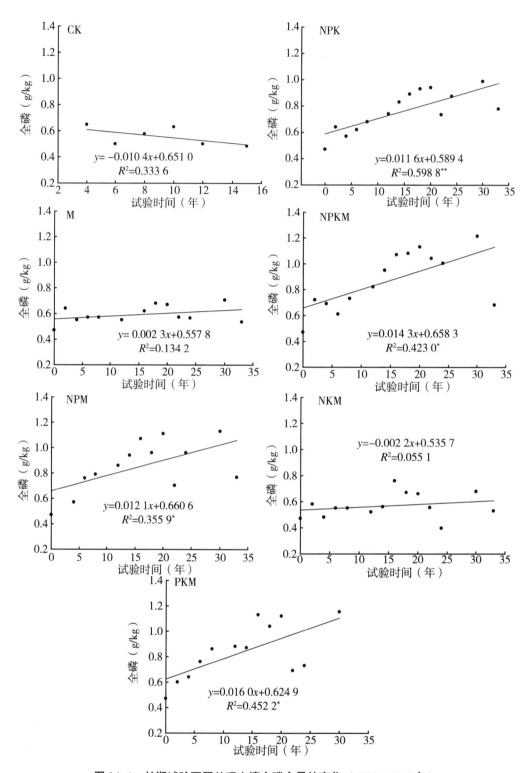

图 24-1 长期试验不同处理土壤全磷含量的变化（1982—2015 年）

军等（2010）的研究结果相似，在红壤性水稻土，所有长期施磷处理（NP、NPK、NP+稻草和NPK+稻草）的土壤有效磷含量高于不施磷肥处理（NK和NK+猪粪）。这可能是由于在农业生产中，磷往往是作物产量的限制因子，为了提高作物产量，广泛施用磷肥。但磷肥的当季利用率很低，仅有10%～20%，甚至更低，其余的则被固定后进入土壤磷库，增加土壤全磷和有效磷含量（Guo et al.，2008）。

（二）长期施肥下土壤有效磷的变化趋势

长期不同施肥下土壤有效磷的时间变化趋势呈现明显差异（图24-2）。不施肥处理（CK），土壤有效磷呈直线下降趋势，每年下降0.2 mg/kg。经过33年种植，各施肥处理的土壤有效磷含量均呈上升趋势。未施化学磷肥的M和NKM处理，土壤有效磷含量

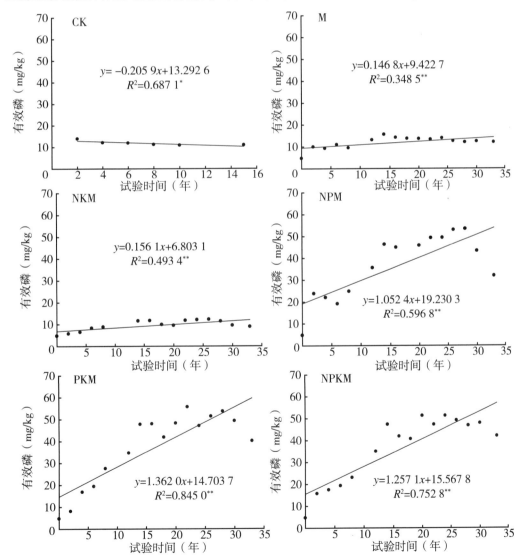

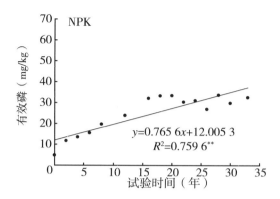

图24-2 长期试验不同处理土壤有效磷的变化（1982—2015年）

较试验开始时分别增加 7.2 mg/kg 和 4.1 mg/kg，年增加速率约 0.2 mg/kg 和 0.1 mg/kg；NPK 处理，土壤有效磷含量较试验开始时增加 27.7 mg/kg，年增加速率约 0.8 mg/kg；化肥和有机肥配施的 NPM、PKM 和 NPKM 处理，土壤有效磷含量较试验开始时分别增加 27.1 mg/kg、35.4 mg/kg 和 37.3 mg/kg，年增加速率约为 1.1 mg/kg、1.4 mg/kg 和 1.3 mg/kg。NPM、PKM 和 NPKM 处理历年平均土壤有效磷含量显著高于 NPK 处理（$P<0.01$），M 和 NKM 处理的土壤有效磷含量显著低于施用了化学磷肥处理（$P<0.01$）。表明施磷量的增加和有机无机磷配施的施肥方式能更有效地提高土壤有效磷含量。施化学磷肥使土壤有效磷含量增加的原因在于，水溶性磷肥施入土壤后，虽然其中一部分很快转化为难溶性的磷形态，不易被作物吸收利用，但另一部分被土壤吸附或存在于土壤溶液中的保持着有效态的磷，可供当季作物吸收利用（王伯仁等，2005）。

（三）长期施肥下土壤全磷与有效磷的关系

各施肥处理的磷素活化系数（PAC）均随着试验时间的延长呈升高趋势（图24-3）。NPK、M 和 NKM 3 个处理的施磷量相同，土壤中磷素盈余量相当，没有显著差异，多年平均PAC值分别为3.3%、2.0%和1.7%，施用化学磷肥（NPK），其PAC

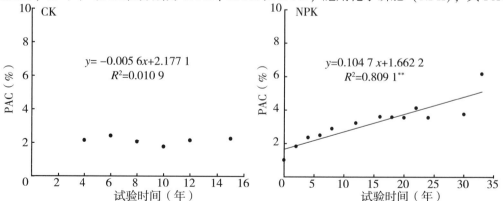

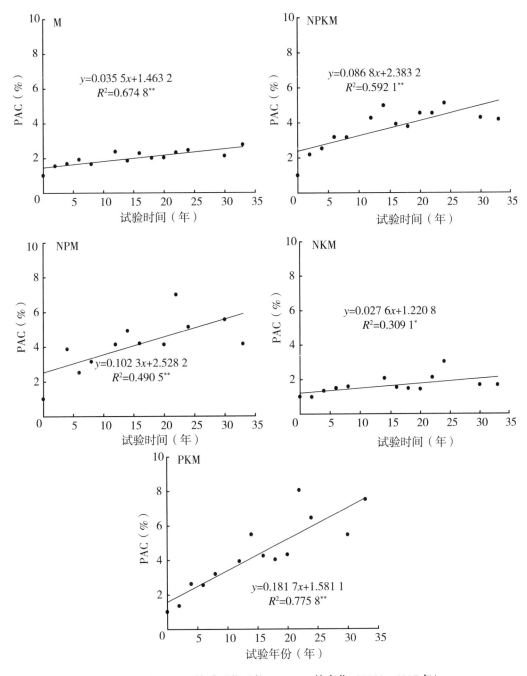

图 24-3　各处理土壤磷活化系数（PAC）的变化（1982—2015 年）

显著高于不施化学磷肥处理（M 和 NKM）（$P<0.05$），NPK、M 和 NKM 3 个处理的
PAC 每 10 年约分别提高 1.0%、0.3% 和 0.3%；NPM、PKM 和 NPKM 3 个处理的施磷
量相同，多年平均 PAC 值分别为 4.3%、4.4% 和 3.8%，处理之间的差异不显著，

NPM、PKM 和 NPKM 3 个处理的 PAC 每 10 年约分别提高 1.0%、1.8% 和 0.9%。施用化学磷肥和有机肥处理（NPM、PKM 和 NPKM）的 PAC 均值和 PAC 增速分别比单施化学磷肥处理（NPK）提高 15.2%~30.3% 和 80%，NPM 和 PKM 处理的 PAC 值显著高于 NPK（$P<0.05$）。施用化学磷肥导致 PAC 增加的原因可能在于，水溶性磷肥施入土壤后，虽然其中一部分很快转化为难溶性磷形态，难被作物吸收利用，另一部分被土壤吸附或存在于土壤溶液中，保持着有效状态，可为当季作物吸收利用（王伯仁等，2005）。同时，有关研究认为，PAC 低于 2.0% 则表明土壤全磷转化率低，有效磷容量和供给强度较小；但 PAC 提高，土壤中高能吸附位点大部分被已施入的磷肥占据，降低了土壤对磷的固定强度，使得施入土壤中多余的磷肥向水中运移，增加了磷的损失（张英鹏等，2008）。磷素有效性在红壤中的衰减过程存在明显的临界期，施肥量越高临界期越长，磷素活化效率随着磷素投入量的增加（有机肥磷和化肥磷同施）而提高，因此向环境迁移的风险就越大（魏红安等，2012）。

三、长期施肥下土壤有效磷变化对土壤磷盈亏的响应特征

（一）长期施肥下土壤磷素盈亏情况

土壤中磷素的盈余量随着施磷量的增加而增加，同一施肥处理磷素的盈余量在年际波动较小（图 24-4）。不施肥处理（CK），土壤磷素一直处于亏缺状态，水稻平均每年从土壤中带走磷 15 kg/hm²。在磷素每年投入量为 49 kg/hm² 的情况下，NPK、M 和

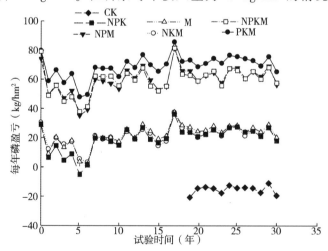

图 24-4　长期试验不同处理土壤磷素盈亏的变化

注：CK 处理于 2000 年增设。

NKM 3 个处理土壤中的磷素年均盈余量分别为 19 kg/hm²、22 kg/hm² 和 21 kg/hm²，分别占磷素投入量的 39.5%、45.1% 和 42.9%，3 个处理之间没有显著差异。在每年磷素投入量为 98 kg/hm² 的情况下，NPM、PKM 和 NPKM 3 个处理土壤中的磷素年均盈余量分别为 60 kg/hm²、69 kg/hm² 和 60 kg/hm²，分别占磷素投入量的 60.8%、70.1% 和 60.6%，PKM 处理的磷素盈余量显著高于 NPM 和 NPKM 处理（$P<0.05$），每年较高的磷素投入 98 kg/hm² 和较低的磷素投入 49 kg/hm² 比较，能够显著增加土壤中磷素盈余量（$P<0.05$）。

（二）长期施肥下土壤有效磷变化对土壤磷素盈亏的响应

图 24-5 显示了试验开始以来（1982—2012 年），不同施肥处理土壤有效磷变化量与累积磷盈亏的关系。土壤有效磷的增加与磷的盈余均呈显著正相关（$P<0.05$），不同处理有效磷变化速率呈现明显差异。不施肥处理（CK），土壤中每亏缺 100 kg P/hm²，其有效磷含量约降低 1.4 mg/kg。连续施肥 30 年，磷素投入量相对较低的 NPK、M 和 NKM 3 个处理，土壤中累积盈余的磷素约分别为 602 kg/hm²、688 kg/hm² 和 653 kg/hm²，当土壤中每盈余 100 kg P/hm²，土壤有效磷含量将分别增加约 3.2 mg/kg、0.4 mg/kg 和 0.7 mg/kg；磷素投入量相对较高的 NPM、PKM 和 NPKM 3 个处理土壤中累积盈余的磷素约分别为 1 853 kg/hm²、2 137 kg/hm² 和 1 848 kg/hm²，当土壤中每盈余 100 kg P/hm²，土壤有效磷含量将分别增加约 1.9 mg/kg、2.2 mg/kg 和 2.1 mg/kg。由此可见，土壤有效磷的增加速率和土壤磷素累积盈余量未呈显著正相关。

从各施肥处理土壤磷库和磷素平衡的动态变化趋势（图 24-5）可以看出，长期不施肥，在连续种植作物情况下，通过作物籽粒和秸秆携出大量磷素，导致土壤磷素一直亏缺，随着磷素亏缺量的不断增加，土壤有效磷和全磷含量也随之降低；其他施磷和有机肥处理，土壤中盈余的磷素逐年增加，土壤有效磷含量则随之增加，因土壤有效磷增加量与土壤磷素盈亏呈极显著正相关。在磷素投入量相同，土壤中磷素盈余量相当的情况下，NPK 处理土壤有效磷年均增长速率却比 M 和 NKM 处理高出 4 倍以上，可能是由于牛粪的碳/磷较大（≈360），有研究表明当有机物的碳/磷≥300，其在土壤中分解过程中，会出现有效磷的净固持（张宝贵等，1998），从而降低土壤有效磷水平，导致施用化学磷肥比单施有机肥能使土壤增加更多的有效磷。NPKM 和 NPK 处理相比，因其磷素投入量增加 1 倍，导致其土壤中盈余的磷素和土壤有效磷含量显著增加。水稻土中磷素的盈余随着磷素投入量的增加而增加（Toshiyuki et al.，2013），伴随着磷素盈余量的增加，会增加磷素径流或淋溶损失的潜在风险（Zhang et al.，2003），特别是有机无机肥配施的情况下（Wang et al.，2011）。控制磷素投入是避免磷素持续累积的一个重要措施，有研究综合分析亚洲 11 个长期试验的结果，表明磷素投入在 20~25 kg/hm² 的

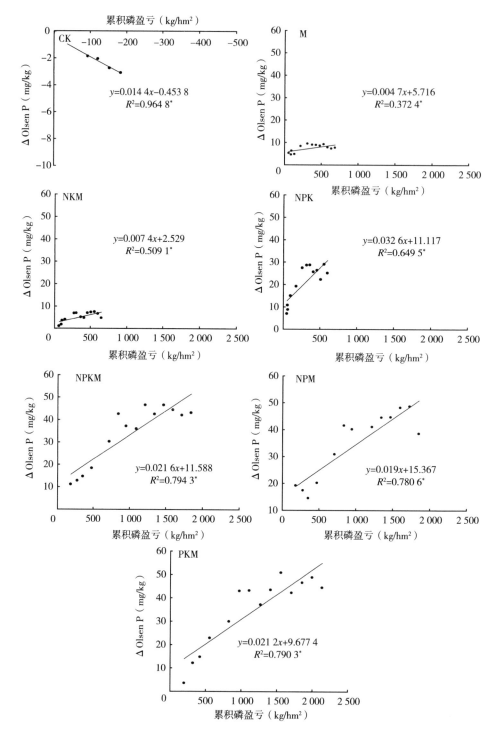

图 24-5 不同处理土壤有效磷变化量与累积磷盈亏的关系

情况下，可保持水稻产量在 5 000~6 000 kg/hm² （Dorbermann et al. , 1996）。本研究在磷素投入 24.5 kg/hm² （M、NPK 和 NKM） 和 49.0 kg/hm² （NPM、PKM 和 NPKM） 情况下，30 年水稻平均产量分别在 4 296~5 560 kg/hm² 和 4 474~6 185 kg/hm²，磷肥的增倍投入没有显著提高水稻产量。

从所有施肥处理土壤有效磷变化量与磷素累积盈亏的关系来看（图 24-6），土壤有效磷的增加与磷盈余均呈显著正相关（$P < 0.001$）。土壤中每盈余（或亏缺）100 kg P/hm²，其有效磷含量约增加（或降低）2.5 mg/kg。介于单施化肥磷（NPK）和有机肥化肥磷配施（NPM、NPKM 和 PKM）之间。

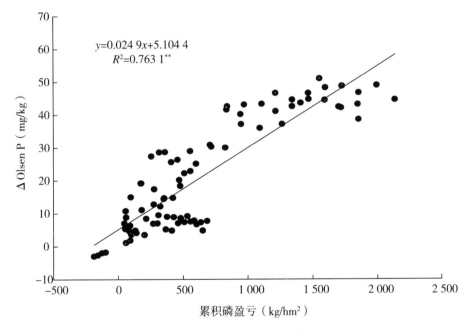

$y=0.024\ 9x+5.104\ 4$
$R^2=0.763\ 1^{**}$

图 24-6　土壤有效磷变化量与累积磷盈亏的关系

四、长期施肥下土壤磷素利用效率变化特征

从年际变化来看，肥料对于产量的贡献率是波动的（图 24-7）。化学磷肥对早稻和晚稻的增产贡献率平均分别为 12.3% 和 14.0%，晚稻的增产贡献率大于早稻。化学磷肥的增产贡献率呈逐年升高趋势，早稻和晚稻的增产贡献年增加率分别为 0.2% 和 0.5%。晚稻生长期间的土壤磷素有效性高于早稻，可能是因为晚稻生长期间土壤温度较高，促进了有机磷的矿化，提高了根系活力，从而促进了水稻对土壤磷素的吸收（谢坚等，2009）。试验后 3 年化学磷肥对早稻和晚稻增产贡献率比试验开始的前 3 年分别增加了

7.4%和5.0%。

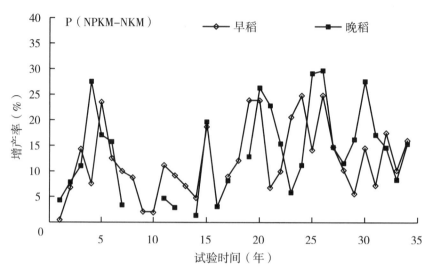

图24-7 化学磷肥的增产效应

不同施肥下，早稻、晚稻和年季磷肥利用率均随着施肥年份的延长而呈现略微下降趋势（图24-8）。早稻、晚稻和年季磷肥利用率的多年平均值分别为19.3%、18.6%和22.4%，早稻和晚稻的磷肥利用率之间没有显著差异。

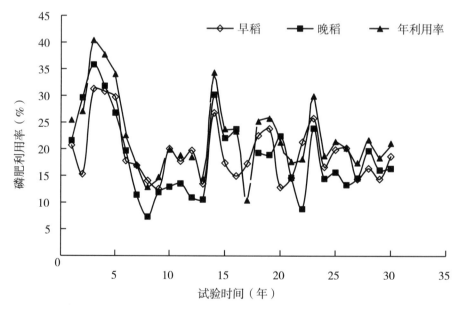

图24-8 化学磷肥利用率的变化

磷肥农学效率随施肥年份的延长而略微提高（图24-9）。早稻和晚稻的磷肥农学效率分别为46.5 kg/kg和39.2 kg/kg，其年际波动较大，分别为43.7%和59.4%。早稻和晚稻期间磷肥农学效率没有显著差异。

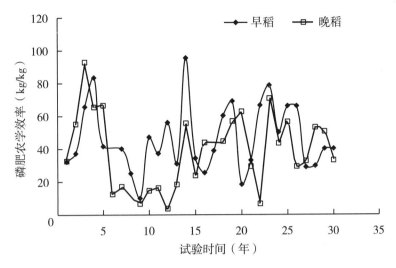

图24-9　化学磷肥农学效率的变化

五、长期施肥下土壤有效磷对磷形态的响应

不同施肥措施下，土壤无机磷总量经过30年不同施肥产生明显变化（图24-10）。无机磷总量随着施肥年份而显著增加，M、NPK和NPKM的无机磷总量由试验开始时的

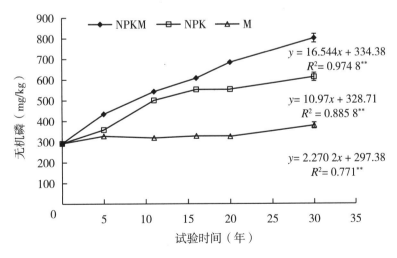

$y = 16.544x + 334.38$
$R^2 = 0.974\,8^{**}$

$y = 10.97x + 328.71$
$R^2 = 0.885\,8^{**}$

$y = 2.270\,2x + 297.38$
$R^2 = 0.771^{**}$

图24-10　不同施肥处理土壤无机磷总量的变化

292 mg/kg 分别增加到 378 mg/kg、613 mg/kg 和 801 mg/kg，连续施肥 30 年之后，3 个处理之间无机磷总量差异显著（$P<0.05$），以未施化学磷肥的 M 处理增幅最小，30 年增加不到 100 mg/kg，年均增加约 2 mg/kg；施用化学磷肥后（NPK），无机磷总量的年增加速率明显增加，年均增加约为 11 mg/kg；化学磷肥和有机肥配施后（NPKM），无机磷总量的增加速率从试验开始后一直保持最高水平，年均增加约为 17 mg/kg。施用化学磷肥较施用有机肥，能够显著提高土壤无机磷总量，这与尹金来等（2001）和贾莉洁等（2013）的研究结果一致。

无机磷各组分含量均随着施肥年份呈增加趋势，但不同施肥措施下无机磷各组分变化特征有所差异（图 24-11）。不同施肥处理无机磷各组分中以铁磷的年变化速率最快，由试验开始时的 117 mg/kg 增加到 151~379 mg/kg，年均增加 1~8 mg/kg；以钙磷的年变化速率最慢，由试验开始时的 24 mg/kg 增加到 37~85 mg/kg，年均增加 0.3~2 mg/kg。

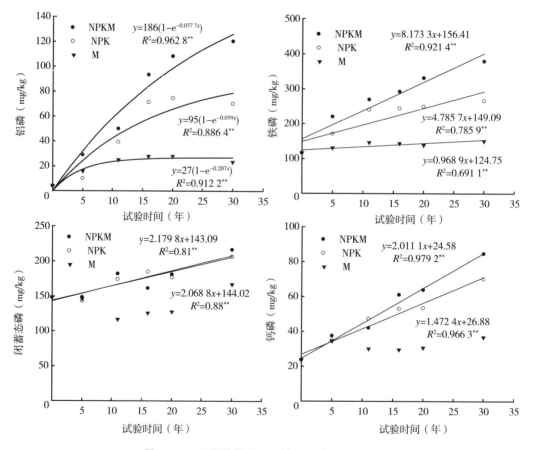

图 24-11 不同施肥处理土壤无机磷组分的变化

不同施肥处理对无机磷组分的影响存在较大差异。不同施肥处理在试验前 5 年对闭蓄态磷和钙磷的影响一致，闭蓄态磷含量在试验开始前5年基本没有变化，钙磷含量由试验开始时的24 mg/kg增加到5年后的34~37 mg/kg，5年之后才逐渐表现出不同施肥之间的差异，而铝磷和铁磷在试验开始后即表现出对不同施肥的响应不同。单施有机肥的M处理，其无机磷各组分（铝磷、铁磷、闭蓄态磷和钙磷）的变化幅度最小，年增加速率最慢，保持在0.3~1 mg/kg；单施化肥的NPK和化肥有机肥配施的NPKM处理，铝磷和铁磷在试验开始后10~15年增加较快，分别由试验开始时的4 mg/kg和117 mg/kg增加到71~93 mg/kg和240~269 mg/kg，之后增幅趋缓，NPKM处理的铝磷和铁磷含量的年增加速率比NPK处理大1~3 mg/kg，但NPKM和NPK处理钙磷含量的年变化速率接近，年增加约2 mg/kg，同时，NPKM和NPK处理闭蓄态磷含量在试验开始后前15年变化速率相近，15年之后，NPKM处理闭蓄态磷含量的增加幅度才明显高于NPK处理。

不同施肥处理下土壤无机磷占全磷的比例波动较小（图24-12）。30年不同施肥之后，M、NPK和NPKM处理的土壤无机磷占全磷的比例由试验开始时的62%分别变为66%、62%和54%，多年平均值分别为64%、62%和55%，单施化肥的NPK处理对土壤无机磷占全磷的比例没有影响，单施有机肥的M处理能够减低土壤无机磷占全磷的比例约为7%，化肥和有机肥配施的NPKM处理能够增加土壤无机磷占全磷的比例约为2%。无论是土壤长期处于磷耗竭或累积状况，红壤性水稻土无机磷各组分相对比例是稳定的（黄庆海等，2000）。

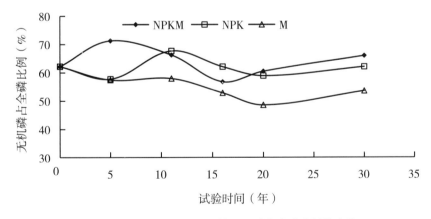

图24-12　不同施肥处理土壤无机磷占全磷比例的变化

长期不同施肥，无机磷不同组分占无机磷总量的比例发生了明显变化（图24-13）。30年不同施肥，各处理钙磷占无机磷总量的比例变化最小，由试验开始时的8%变为10%~11%，增幅为2%~3%；各处理闭蓄态磷占无机磷总量的比例随施肥年份增加而下降，M、NPK和NPKM处理闭蓄态磷占无机磷总量的比例分别由试验开始时51%分别

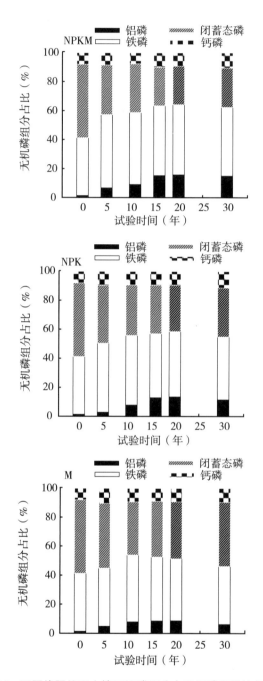

图 24-13　不同施肥处理土壤无机磷组分占无机磷总量比例的变化

下降到44%、34%和27%，降幅在7%~24%，以 NPKM 处理降幅最大，年均下降约为0.7%，M 处理降幅最小，年均下降约为0.2%；各处理铝磷和铁磷占无机磷总量的比例均随着施肥年份的增加变化较大，M、NPK 和 NPKM 处理铝磷占无机磷总量的比例由试验开始时的 1% 分别增加到 6%、11% 和 15%，增幅在 5%~14%；M、NPK 和 NPKM 处理铁磷占无机磷总量的比例由试验开始时的 40% 分别增加到 40%、43% 和 47%，增幅约小于 4%。施肥主要促进了闭蓄态磷比例的降低和铝磷比例的上升，尤其是施用化学磷肥或化学磷肥与有机肥配施之后，促进作用更加明显。可能是因为土壤中的磷主要是与有机质或铁氧化物相结合的（Yang et al.，2012）。在红壤旱地和红壤性水稻土中施用水溶性磷肥或弱酸性磷肥后，肥料磷的形态在很短的时间内迅速被转化，据研究，过磷酸钙和钙镁磷肥在红壤旱地中有 80%~90% 转化为铁磷和铝磷形态，在水田土壤中也有类似情况。随着时间的延续，已形成的磷酸铝在酸性土壤中又转化形成磷酸铁盐，致使磷酸铁盐含量增加（赵其国，2002）。

对土壤无机磷不同组分与土壤有效磷的相关研究表明（表 24-2），铁磷和铝磷分别与有效磷呈高度正相关，其相关系数 R^2 均达 1% 的极显著水平（分别为 0.945 5 和 0.935 9），土壤钙磷和闭蓄态磷与有效磷的相关也达到极显著水平，但相关系数则较小。这说明铁磷和铝磷对红壤性水稻土土壤有效磷的影响最大，钙磷和闭蓄态磷的影响相对较小。印证了前人的研究，铁磷和铝磷相对其他无机磷组分对红壤性水稻土土壤有效磷的影响更大（鲁如坤，1993）。

表 24-2　不同施肥处理土壤无机磷组分与土壤有效磷的关系

项目	n	线性方程	R^2
铁磷（x）与土壤有效磷（y）	15	$y = 0.178\ 4x - 14.283\ 0$	0.945 5[**]
铝磷（x）与土壤有效磷（y）	15	$y = 0.390\ 0x + 5.322\ 6$	0.935 9[**]
钙磷（x）与土壤有效磷（y）	15	$y = 0.759\ 9x - 10.302\ 0$	0.814 2[**]
闭蓄态磷（x）与土壤有效磷（y）	15	$y = 0.395\ 5x - 41.180\ 0$	0.524 2[**]

NPK 和 NPKM 处理的无机磷总含量随着累积磷盈余的增加而显著增加（$P < 0.01$）（图 24-14）。平均每盈余 100 kg P/hm^2，NPK 和 NPKM 总含量分别增加 39.6 mg/kg 和 21.6 mg/kg。M 处理的无机磷总含量对累积磷盈余响应与 NPK 和 NPKM 的反应不同。只有当磷素累积超过 475 kg/hm^2 时，M 的无机磷总量才随累积磷盈余的增加而显著增加（$P < 0.01$）。平均每盈余 100 kg P/hm^2，M 处理的无机磷总量增加 24 mg/kg。可见，不同施磷措施对水稻土磷的有效性影响不同（Sandipan et al.，2019）。同时由于牛粪比化肥具有更高的 C : P，而相对较多的 C 和较少的 P 可能会影响磷的溶解反应，或者可溶性磷可能参与 Ca 的沉淀反应，形成次生的钙磷酸盐化合物，从而使得其无机磷总量增加较少（Mustafa and Gary，2013）。

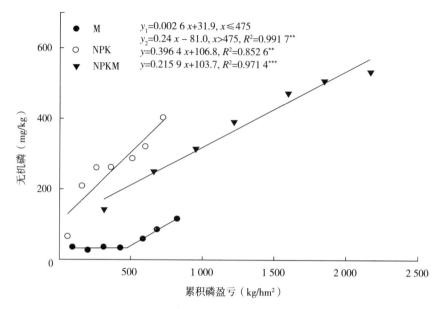

图24-14　土壤无机磷总量与累积磷盈亏的关系

六、土壤有效磷农学阈值

作物产量不提高时土壤有效磷最低值称土壤有效磷临界值，即用土壤有效磷含量与作物产量分别为横轴和纵轴做相关曲线，曲线上的转折点相对应的土壤有效磷值即为作物产量对土壤有效磷的"拐点"。当土壤有效磷含量小于该临界值时，施磷肥作物产量提高；反之，当土壤有效磷大于该临界值时，则作物产量对磷肥不响应。本章通过米切里西模型，以30年试验数据为基础，选择的试验处理为 CK、NPK（1984—1996 年）、NPKM（1984—2012 年）和 NPM（1984—2012 年）的稻谷相对产量和土壤有效磷数据，均以磷是水稻产量的主要限制因子为前提，利用水稻相对产量对土壤有效磷的反应，来确定红壤性水稻土土壤有效磷农学阈值。每年以产量最高的处理为 100%，其他处理的产量与最高产量的比值为相对产量。

由图24-15 可见，本试验30 年的田间数据很好地被米切里西模型拟合 $y=98.7$（$1-\exp^{-0.1097x}$），以相对产量的90%计算，可得在双季稻种植条件下，水稻土有效磷的农学阈值约为 22.1 mg/kg。略高于以往的研究结果（唐旭，2009；Dobermann et al.，1998）。

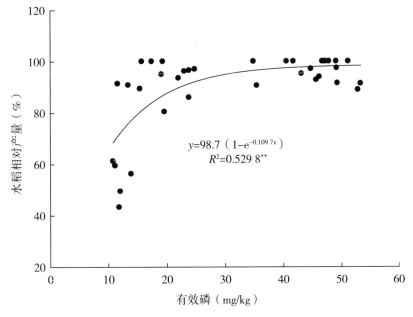

$$y=98.7（1-e^{-0.109\,7x}）$$
$$R^2=0.529\,8^{**}$$

图24-15　水稻相对产量与土壤有效磷含量的关系

七、主要结果与指导磷肥的应用

本研究基于始于1982年的红壤性水稻土不同施肥定位试验，分析了不同施肥下土壤磷库（土壤全磷、有效磷、磷素活化系数和磷盈亏速率）、作物磷肥效率（作物吸磷量、磷肥利用率和磷肥农学效率）和无机磷形态的时间演变特征及磷素农学阈值。从而阐明特定区域长期施肥下土壤磷库的演变特征，为提高磷肥的利用效率、区域生态环境保护和土壤磷素可持续管理，均具有重要的理论意义和实践价值。主要研究结果如下。

长期施磷肥后，土壤全磷、有效磷含量和磷素活化系数呈增加趋势。长期施肥下各试验点土壤有效磷含量和磷活化系数年均值总体表现为化学磷肥和有机肥配施处理（NPM、NPKM和PKM）>施化学磷肥处理（NPK）>未施化学磷肥处理（CK、M和NKM）。

土壤无机磷总量随着施肥年份增加而显著增加，NPKM>NPK>M（$P<0.05$），无机磷各组分中以铁磷的年变化速率最快，年均增加1~8 mg/kg；以钙磷的年变化速率最慢，年均增加0.3~2 mg/kg；铝磷和铁磷在试验开始后10~15年增加较快，之后增速趋缓，铁磷和铝磷相对其他无机磷组分（钙磷和闭蓄态磷）对红黄泥土壤有效磷的影响更大。长期单施化肥的NPK处理对土壤无机磷总量占全磷的比例没有影响；施肥主要

促进了闭蓄态磷比例的降低和铝磷的增加，尤其是施用化学磷肥或化学磷肥与有机肥配施之后，促进作用更加明显。

所有施肥处理，土壤中磷素均有盈余，磷素盈余量与土壤有效磷增加量呈显著正相关（$P<0.05$），土壤中每盈余 100 kg P/hm² ，M、NKM、NPM、NPKM、PKM 和 NPK 等6 个处理，其土壤有效磷含量能够分别增加 0.4 mg/kg、0.7 mg/kg、1.9 mg/kg、2.1 mg/kg、2.2 mg/kg 和 3.2 mg/kg。平均每盈余 100 kg P/hm² ，NPK 和 NPKM 处理的无机磷总含量分别增加 39.6 mg/kg 和 21.6 mg/kg。M 处理的无机磷总含量对磷素累积盈余量响应与 NPK 和 NPKM 的反应不同。只有当磷素累积超过 475 kg P/hm² 时，M 的无机磷总量才随累积磷盈余的增加而显著增加（$P<0.01$）。平均每盈余 100 kg P/hm² ，M 处理的无机磷总量增加 24 mg/kg。

目前的研究主要集中在土壤磷库的时间演变特征、土壤磷库表观平衡及土壤磷素对磷盈亏的响应关系，而对不同施肥下土壤磷素循环过程和土壤磷素形态之间转化过程缺乏相应研究。在今后的研究工作中，应更侧重对土壤盈余磷素去向的监测以及探明土壤不同无机磷、有机磷形态之间动态转化机制。

（黄晶、王伯仁、高菊生、刘立生、韩天富）

主要参考文献

鲍士旦,2000. 土壤农化分析[M]. 3 版. 北京：中国农业出版社.

陈波浪,盛建东,蒋平安,等,2010. 磷肥种类和用量对土壤磷素有效性和棉花产量的影响[J]. 棉花学报,22(1)：49-56.

湖南省土壤肥料学会,2006. 耕地保护与社会发展[M]. 长沙：湖南地图出版社.

黄庆海,李茶苟,赖涛,等,2000. 长期施肥对红壤性水稻土磷素积累与形态分异的影响[J]. 土壤与环境(4)：290-293.

冀宏杰,张怀志,张维理,等,2015. 我国农田磷养分平衡研究进展[J]. 中国生态农业学报,23(1)：1-8.

贾莉洁,李玉会,孙本华,等,2013. 不同管理方式对土壤无机磷及其组分的影响[J]. 土壤通报,44(3)：612-616.

来璐,郝明德,彭令发,2003. 土壤磷素研究进展[J]. 水土保持研究,10(1)：65-67.

聂军,杨曾平,郑圣先,等,2010. 长期施肥对双季稻区红壤性水稻土质量的影响及其评价[J]. 应用生态学报(6)：1453-1460.

潘根兴,焦少俊,李恋卿,等,2003. 低施磷水平下不同施肥对太湖地区黄泥土磷迁移性的影响[J]. 环境科学,24(3)：91-95.

裴瑞娜,杨生茂,徐明岗,等,2010. 长期施肥条件下黑垆土有效磷对磷盈亏的响应[J]. 中国农业科学,43(19)：4008-4015.

唐旭,2009. 小麦—玉米轮作土壤磷素长期演变规律研究[D]. 北京：中国农业科学院.

王伯仁,徐明岗,文石林,2005. 长期不同施肥对旱地红壤性质和作物生长的影响[J]. 水土保持学报,19(1)：97-100,144.

王少先,刘光荣,罗奇祥,等,2012. 稻田土壤磷素累积及其流失潜能研究进展[J]. 江西农业学报,24(12)：98-103.

王永壮,陈欣,史奕,2013. 农田土壤中磷素有效性及影响因素[J]. 应用生态学报(1)：260-268.

魏红安,李裕元,杨蕊,等,2012. 红壤磷素有效性衰减过程及磷素农学与环境学指标比较研究[J]. 中国农业科学,45(6)：1116-1126.

谢坚,郑圣先,廖育林,等,2009. 缺磷型稻田土壤施磷增产效应及土壤磷素肥力状况的研究[J]. 中国农学通报,25(3)：147-154.

杨学云,孙本华,古巧珍,等,2007. 长期施肥磷素盈亏及其对土壤磷素状况的影响[J]. 西北农业学报,16(5)：118-123.

尹金来,沈其荣,周春霖,等,2001. 猪粪和磷肥对石灰性土壤无机磷组分及有效性的影响[J]. 中国农业科学,34(3)：296-300.

张宝贵,李贵桐,1998. 土壤生物在土壤磷有效化中的作用[J]. 土壤学报,35(1)：104-111.

张英鹏,陈清,李彦,等,2008. 不同磷水平对山东褐土耕层无机磷有效性的影响[J]. 中国农学通报,24(7)：245-248.

赵其国,2002. 红壤物质循环及其调控[M]. 北京：科学出版社.

赵庆雷,王凯荣,马加清,等,2009. 长期不同施肥模式对稻田土壤磷素及水稻磷营养的影响[J]. 作物学报,35(8)：1539-1545.

CAO N, CHEN X P, CUI Z L, et al., 2012. Change in soil available phosphorus in relation to the phosphorus budget in China[J]. Nutrient cycling in agroecosystems, 94(2-3)：161-170.

DORBERMANN A, CASSMAN K G, CRUZ P C S, et al., 1996. Fertilizer inputs, nutrient balance and soil nutrient supplying power in intensive, irrigated rice systems Ⅲ. Phosphorus[J]. Nutrient cycling in agroecosystems, 46(2)：111-125.

GUO S L, DANG T H, HAO M D, 2008. Phosphorus changes and sorption characteristics in a calcareous soil under long-term fertilization[J]. Pedosphere, 18(2): 248-256.

MUSTAFA N S, GARY M P, 2013. Soil test phosphorus dynamics in animal waste amended soils: using P mass balance approach[J]. Chemosphere, 90(2): 691-698.

SANDIPAN S, POULAMI C, JAAK T, et al., 2018. Long-term phosphorus limitation changes the bacterial community structure and functioning in paddy soils[J]. Applied soil ecology, 134: 111-115.

TOSHIYUKI N, SHINTARO T, SANAE C, et al., 2013. Phosphorus balance and soil phosphorus status in paddy rice fields with various fertilizer practices[J]. Plant production science, 16(1): 69-76.

WANG H Y, ZHOU J M, CHEN X Q, et al., 2004. Interaction of NPK fertilizers during their transformation in soils Ⅲ. Transformations of monocalcium phosphate[J]. Pedosphere, 14(3): 379-386.

WANG S X, LIANG X Q, CHEN Y X, et al., 2011. Phosphorus loss potential and phosphatase activity under phosphorus fertilization in long-term paddy wetland agroecosystems[J]. Soil science society of america journal, 76(1): 161-167.

ZHANG H C, CAO Z H, SHEN Q R, et al., 2003. Effect of phosphate fertilizer application on phosphorus(P) losses from paddy soils in Taihu Lake Region I. Effect of phosphate fertilizer rate on P losses from paddy soil[J]. Chemosphere, 50(6): 695-701.

南方水旱轮作篇

水旱轮作是指在同一田块上有序地轮换种植水稻和旱地作物的一种种植方式，是亚洲各国普遍采用的一种稻田耕作制度，也是我国南方主要的耕作制之一，主要分布于长江流域、淮海流域稻作生态区，涉及江苏、浙江、湖北、安徽、四川、重庆、云南和贵州等省（直辖市），集中分布在北纬28°～35°的平原和山区。该区域处在纬度较低的亚热带，属于亚热带季风气候，夏季炎热多雨，冬季寒冷少雨，雨热同期。最冷月平均气温不低于0℃，最热月平均气温高于22℃，年降水量在800 mm以上，湿润的地区如江西、湖南和湖北三省部分地区年降水量在1 600 mm以上。

　　我国水旱轮作的种植方式繁多，包括水稻—小麦、水稻—油菜、水稻—绿肥、水稻—蔬菜、水稻—马铃薯、水稻—棉花、水稻—烟草、水稻—甘蔗和水稻—饲料等，其中以水稻—小麦轮作种植面积最大，其次是水稻—油菜轮作。我国稻—麦轮作的面积高达1 300万 hm^2，分别占全国水稻和小麦种植面积的31%和35%，总产量占全国粮食产量的1/4以上，对全国粮食生产尤其南方稻区的粮食安全具有重大影响。

　　水旱轮作是我国南方一项重要的轮作制度，覆盖多种土壤类型，包括水稻土、红壤、潮土和黄棕壤等。在水旱轮作体系中，由于干湿交替的水分管理，土壤氧化还原电位强烈变化，影响磷在土壤中的存在形态，从而影响磷的有效性。国内外大量的研究结果一致认为，由旱向水转换后土壤磷的有效性提高，而由水向旱转换后，磷的有效性降低，主要影响无机磷的形态组成，即土壤中铁的氧化还原改变了磷的组成，特别是闭蓄态磷的含量。因此对水旱轮作体系中磷的用量与分配，要注意"重旱轻水"的施磷原则。另外，磷肥利用率在水稻生长季很低，只有8%～20%，也就是说当季施入的磷肥中有80%～90%遗留于土壤中。如何发挥这些残余磷的后效是值得关注的，也正因为如此，水旱轮作中的磷肥施用，不能单从一季作物考虑，而是对整个轮作周期进行考虑可能更加科学。

　　长期过量施肥，磷素投入超过作物收获带出量，会导致磷在土壤中累积，可能进一步引起环境风险。多数情况下淋溶水中的磷浓度很低，磷的淋失量很少，因此磷的径流损失是农田土壤中磷进入水体的主要途径。稻田磷的流失途径有2种：降雨引起的径流流失和稻田排水流失。通常情况下，稻田田面水中磷含量较高，存在较高的径流风险。南方湿润平原区水旱轮作模式，土壤磷素径流流失以颗粒态磷为主，总磷流失量为3.9～5.7 kg/hm^2。其中，在旱作期的总磷流失中水溶性总磷约占总量的29%，而在水稻季则为50%。宴维金等（1999）研究表明，在施肥情况下，稻田磷、氮径流流失量分别为0.69 kg/hm^{2}和11.2 kg/hm^2，是不施肥的10～30倍，以插秧后15天内由降雨产生的磷、氮径流流失量最大。径流流失量与施肥量、降水量、稻田持水量和水稻生长过程等因素有关，近20年的研究表明，农田磷、氮非点源污染负荷已占受纳水体污染负荷的50%以上。有机肥对磷在土壤中的吸附和移动有明显影响，农家肥中的水溶性有机物能明显减少土壤对磷的吸附，增加磷在土壤中的移动性和径流液中磷的浓度。因此在农田土壤磷含量高、有机肥用量较大的地区，应注意磷流失对环境的污染。该篇主要论述了浙江省嘉兴地区水稻土、重庆市北碚区紫色土、四川省遂宁市紫色土、江苏省太湖水稻土和湖北省武昌区黄壤的水旱地轮作的土壤磷素的演变特征。

第二十五章　钙质紫色土磷素演变及磷肥高效利用

　　紫色土广泛分布于我国的四川、重庆、云南、贵州、湖南、安徽和浙江等省（直辖市），总面积约 2 000 多万 hm²，是我国西南地区粮食生产的重要土地资源（徐明岗等，2015）。长期以来，我国科研工作者在紫色土养分管理、高效施肥、土壤培肥与作物栽培等方面开展了大量的研究（Su et al.，2010；Zhang et al.，2011；李太魁等，2012；何晓玲等，2013；宋春等，2015），取得了许多成果，为紫色土区作物高产、土壤培肥积累了宝贵经验。研究表明，磷素是紫色土作物优质高产、土壤肥力持续提高的主要限制因子（陈明明，2009）。全磷和有效磷是土壤磷素养分的重要指标，全磷反映了土壤磷库的容量，有效磷代表土壤可供作物吸收利用的磷素水平、可用于确定磷肥用量和评价农业磷环境风险的重要指标（曲均峰等，2009）。尽管开展了大量关于我国西南地区钙质紫色土中磷素的研究，但长期定位研究磷的演变较少。因此，以四川省农业科学院土壤肥料研究所始于 1982 年的红棕紫泥钙质紫色土长期肥料定位试验为平台，系统深入地研究了紫色土磷素演变、磷素演变与磷平衡的响应关系、磷素的形态特征、磷素农学阈值和利用率等，可为提高紫色土磷素科学施用提供重要参考信息。

一、钙质紫色土长期定位试验概况

（一）试验点基本概况

　　钙质紫色土长期定位试验，设在四川省遂宁市船山区永兴镇，四川省农业科学院土壤肥料研究所紫色土野外观测试验点（北纬 30°10′，东经 105°03′，海拔 288.1 m）。该区属亚热带湿润季风气候，年均气温 16.7~17.4℃，8 月气温最高，月平均气温 26.6~27.2℃；1 月气温最低，月平均气温 6.0~6.5℃；年均降水量为 887.3~927.6 mm，降水季节分布不均，春季占全年降水量的 19%~21%，夏季占 51%~54%，秋季占 22%~24%，冬季占 4%~5%；无霜期约 337 d，年日照时数 1 227 h（樊红柱等，2016）。供试土壤为钙质紫色水稻土，为侏罗系遂宁组砂页岩母质发育的红棕紫泥田，试验开始于1982年，试验前耕层土壤（0~20 cm）基本性质见表25-1。

表25-1 试验点初始土壤（0~20 cm）基本理化性质

理化性质	有机质 （g/kg）	全氮 （g/kg）	全磷 （g/kg）	全钾 （g/kg）	碱解氮 （mg/kg）	有效磷 （mg/kg）	速效钾 （mg/kg）	pH 值
测定值	15.90	1.09	0.59	22.32	66.30	3.90	108.00	8.6

（二）试验设计

试验设 8 个处理（表25-2），小区面积 13.4 m² （4 m×3.34 m），CK、N、M 和 MN 处理重复 2 次，NP、NPK、MNP 和 MNPK 处理重复 4 次，小区随机区组排列，小区间用埋深 20 cm 的水泥板分隔。种植制度为水稻—小麦一年两熟制。水稻移栽前人工整地，灌水后栽秧再施基肥；小麦采用免耕种植，直接在稻茬上打窝，施基肥后播种。水稻与小麦肥料用量相同，N、P、K 分别为尿素、过磷酸钙、氯化钾，有机肥为猪粪，含水量约 70%，干物质含氮 20~22 g/kg，P_2O_5 18~25 g/kg，K_2O 13~16 g/kg，有机肥料处理中有机肥带入的 N、P、K 养分不计入总量。有机肥与磷肥作基肥；水稻季 60% 氮肥和 50% 钾肥作基肥，40% 氮肥和 50% 的钾肥作分蘖肥；小麦季 30% 氮肥和 50% 钾肥作基肥，70% 氮肥和 50% 钾肥作拔节肥。

各小区单独测产，同时取植株分析样。水稻收获后的 9—10 月采集各处理 0~20 cm 混合土样，2005 年和 2014 年水稻收获后采集 0~20 cm、20~40 cm、40~60 cm、60~80 cm 和 80~100 cm 剖面样品；室内风干，磨细过筛，保存备用。

表25-2 肥料施用量

处理	水稻季		小麦季	
	化肥 （kg/hm²）	猪粪鲜重 （t/hm²）	化肥 （kg/hm²）	猪粪鲜重 （t/hm²）
CK	0-0-0	0	0-0-0	0
N	120-0-0	0	120-0-0	0
NP	120-60-0	0	120-60-0	0
NPK	120-60-60	0	120-60-60	0
M	0-0-0	15 000	0-0-0	15 000
MN	120-0-0	15 000	120-0-0	15 000
MNP	120-60-0	15 000	120-60-0	15 000

续表

处理	水稻季		小麦季	
	化肥 （kg/hm²）	猪粪鲜重 （t/hm²）	化肥 （kg/hm²）	猪粪鲜重 （t/hm²）
MNPK	120-60-60	15 000	120-60-60	15 000

注：表中 0-0-0 代表 N-P$_2$O$_5$-K$_2$O 的施肥量，依此类推。

二、长期施肥下土壤全磷和有效磷的变化及其关系

（一）长期施肥下土壤全磷的变化

长期不同施肥下紫色土全磷含量变化如图 25-1 所示，没有磷素投入的 CK 和 N 处理，尽管每年作物从土壤吸收一部分磷，但是土壤全磷含量仍表现为略有增加趋势，但未达显著水平，从试验开始时（1982 年）的 0.59 g/kg 到 2015 年分别增加 0.61 g/kg 和 0.66 g/kg，增加幅度分别为 3.39% 和 11.86%。许多研究表明，土壤磷库的变化是一个缓慢的过程，长期不施磷土壤磷含量降低，长期过量施磷会导致磷含量升高（Liu et al.，2007；万艳玲等，2010；Shen et al.，2014）。而在本研究中，紫色土长期不施磷肥，土壤全磷含量基本维持稳定，不施磷肥作物生长不断消耗土壤自身的磷素，造成土壤磷含量下降，当磷素下降到一定水平时保持基本稳定；因为土壤中不同形态磷素之间存在一种动态平衡关系，在磷素投入极少的情况下，土壤各缓效态磷转化释放出有效磷以补充土壤磷素亏缺（Takahashi and Anwar，2007；Hu et al.，2012；高菊生等，2014）；另外，朱波等（1999）指出紫色母岩养分的风化释放是紫色土最重要的养分补偿过程，由于紫色母岩的物理、化学和极易风化等特性导致紫色土具有较强的养分自调能力；同时，由于灌溉水、种苗和根茬等带入一部分磷养分（黄绍敏等，2006；秦鱼生等，2008）；这些可能是紫色土不施磷肥土壤磷含量变化不大的原因。仅施用有机肥磷的 M 和 MN 处理，土壤磷含量虽随种植年限的延续而增加，但未达显著相关水平，较试验开始时分别增加 50.55% 和 8.47%。樊红柱等（2016）研究指出施用有机肥时土壤年未知去向磷量为 29.60~61.89 kg/hm²，平均年未知去向磷量为 47.17 kg/hm²，虽然单施有机肥土壤年表观磷盈余量达 59.93 kg/hm²，但磷素净盈余量仅为 12.76 kg/hm²，所以，有机肥的投入并没有显著提升土壤中磷素含量；可能是由于水旱轮作体系稻田在干湿交替过程中提高了微生物活性，加速了有机肥的分解，也增加磷素淋溶损失（Sharpley et al.，2004；秦鱼生等，2008）。当土壤施用化学磷肥或有机无机磷肥配施

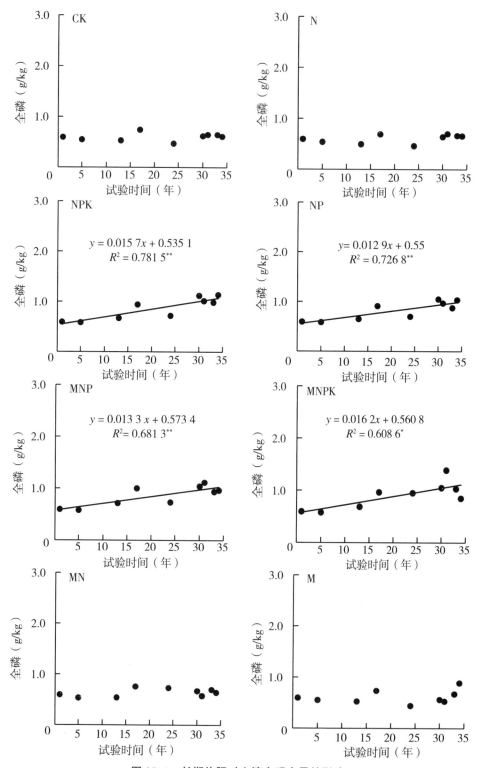

图 25-1　长期施肥对土壤全磷含量的影响

后，各处理由于磷的施用量大于作物携出磷量，土壤全磷含量与随时间呈极显著相关或显著正相关，即随种植时间延长表现出上升趋势。施用化学磷肥的 NP 和 NPK 处理，土壤全磷含量随时间延长表现为极显著上升趋势，2015 年 2 个处理土壤全磷含量分别为 1.03 g/kg 和 1.14 g/kg，较试验开始时分别上升 74.58% 和 93.22%。NP 和 NPK 处理土壤全磷含量年增加量分别为 0.013 g/kg 和 0.016 g/kg。化肥配施有机肥的 MNP 和 MNPK 处理土壤全磷含量也能显著提高，2015 年 2 个处理土壤全磷含量分别为 0.96 g/kg 和 0.85 g/kg，较试验开始时分别上升 62.71% 和 44.07%，土壤年全磷含量年增加量分别为 0.013 g/kg 和 0.016 g/kg。磷素是制约作物生长发育的重要因子，如果土壤连续种植作物而不施用磷肥，由于磷的耗竭，土壤磷素将变得更为缺乏，施用磷肥是作物持续增产的有效措施（曲均锋，2009）。

（二）长期施肥下土壤有效磷的变化

如图 25-2 所示，在长期没有磷素投入的处理（CK 和 N）中，2 个处理土壤有效磷含量虽从试验开始时的 3.9 mg/kg 到 2015 年分别增加至 4.12 mg/kg 和 4.47 mg/kg，但维持在低水平波动。施用有机肥磷的 M 和 MN 处理，土壤有效磷含量均随种植时间延长呈现上升趋势，但未达到显著水平，土壤磷的供应尚未得到明显改善。施用化学磷肥或化肥配施有机肥处理（NP、NPK、MNP 和 MNPK），土壤有效磷含量与施肥年限呈极显著正相关（$P<0.01$）。其中，单施化学磷肥的 NP 和 NPK 处理土壤有效磷含量由试验开始时的 3.9 mg/kg 到 2015 年分别上升为 40.7 mg/kg 和 58.9 mg/kg，有效磷年增加量分别为 1.51 mg/kg 和 1.76 mg/kg。化肥配施有机肥的 MNP 和 MNPK 处理，土壤有效磷含量也呈极显著增加趋势，土壤有效磷年增量分别为 1.77 mg/kg 和 1.66 mg/kg，土壤有效磷含量由试验开始时的 3.9 mg/kg 到 2015 年分别上升为 54.4 mg/kg 和 48.0 mg/kg。

（三）长期施肥下土壤全磷与有效磷的关系

磷活化系数（PAC）可以表示土壤磷活化能力。长期施肥下紫色土磷活化系数（PAC）随时间的演变规律如图 25-3 所示，不施磷肥的 CK 和 N 处理以及仅施有机肥磷的 M 和 MN 处理，土壤 PAC 与时间呈正相关，但均未达到显著水平，土壤 PAC 由试验开始时的 0.66% 到 2015 年分别增加为 1.03%、1.03%、0.77% 和 1.12%，均低于 2%，4 个处理 PAC 年增加速度分别为 0.002 4%、0.003 5%、0.005 85% 和 0.002 3%，表明各形态全磷很难转化为有效磷（贾兴永等，2011）。施用磷肥的处理，土壤 PAC 与时间呈显著（$P<0.05$）或极显著正相关（$P<0.01$），即 PAC 随施肥时间延长均呈现上升趋势，连续施磷肥 13 年以后，施磷肥处理的土壤 PAC 均高于不施磷肥处理，且 PAC 值大于 2%，说明土壤全磷容易转化为有效磷。单施化学磷肥的处理（NP 和 NPK）以及化

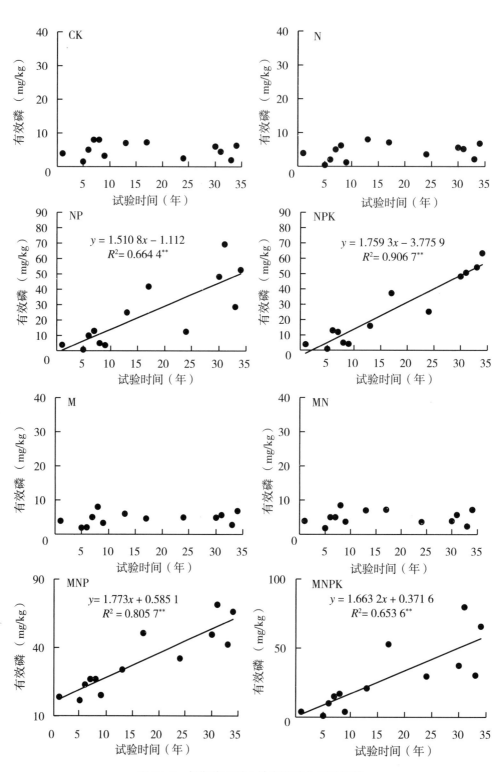

图 25-2 长期施肥对土壤有效磷含量的影响

肥配施有机肥的处理（MNP 和 MNPK）土壤 PAC 值均随种植时间延长而显著上升，由试验开始时 0.66% 到 2015 年分别上升 5.10%、5.59%、6.89% 和 7.74%，但上升幅度总体低于 10%，4 个处理 PAC 年增加速度分别为 0.132%、0.154%、0.165% 和 0.142%。

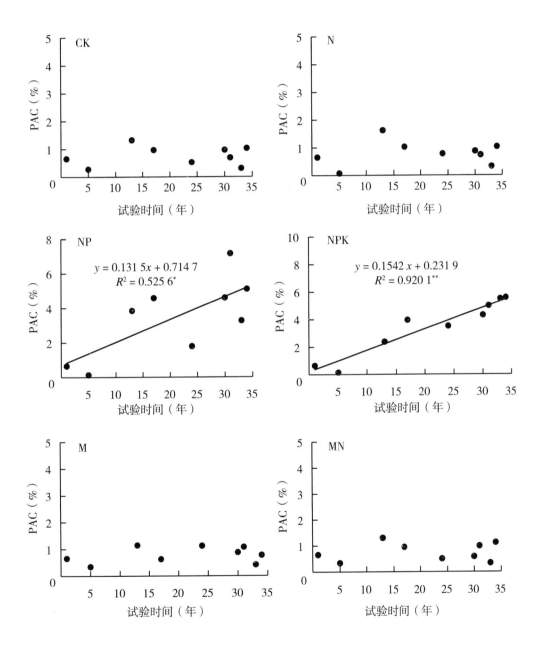

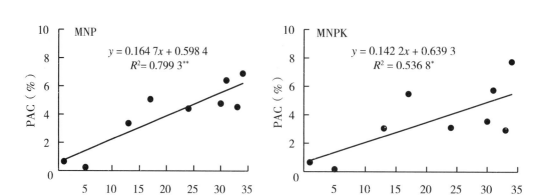

图 25-3　长期施肥对紫色土 PAC 的影响

三、长期施肥下土壤有效磷含量对土壤磷盈亏的响应

（一）长期施肥下土壤磷素盈亏变化

当磷素投入不足时，土壤磷素缺乏会导致农作物减产；但磷素投入远远高于作物需要时，又会引起磷素大量盈余；如果土壤长期处于磷素盈余状态，会增加磷素流失而加剧水体环境污染的风险（宋春和韩晓增，2009；Zhao et al.，2013）。图 25-4 显示了紫色土不同施肥处理下 34 年土壤磷当季表观盈亏状况，CK 和 N 处理由于没有肥料磷素直接投入，加之降雨和灌溉等其他磷素间接来源极少，作物吸收的磷主要来源于土壤自身，因此磷素一直处于亏缺状态，磷每年平均亏缺量分别为 12.34 kg/hm² 和 14.10 kg/hm²，磷素亏缺量随施肥时间持续而增加。施磷处理由于磷素投入量高于作物携出量，不同处理土壤磷素盈余量与连续施磷时间存在显著相关，年均盈余量为 8.76～88.79 kg/hm²，随施磷年限的延续土壤磷素盈余量呈上升趋势。NP 和 NPK 处理磷素投入量相同，并且作物携出磷量差异不大，2 个处理磷盈余量基本一致，年均磷素盈余量分别为 8.76 kg/hm² 和 9.84 kg/hm²；同样的原因，M 和 MN 处理磷盈余量也几乎接近，年均盈余量分别为 61.15 kg/hm² 和 58.70 kg/hm²；MNP 和 MNPK 处理磷素投入量远远大于作物携出，年均磷素盈余量均在 88.00 kg/hm² 以上，显著高于其他处理。化肥配施有机肥处理比单施化肥和单施有机肥处理磷素年盈余量分别提高 854.4% 和 48.1%。

图 25-5 为紫色土连续不同施肥 34 年土壤累积磷盈亏。未施磷肥的 CK 和 N 处理土壤磷始终处于亏缺态，累积亏缺值随未施磷年限延续而增大；CK 和 N 处理 34 年土壤磷累积亏缺总量分别为 419.41 kg/hm² 和 479.50 kg/hm²，其中 N 处理磷素亏缺量高于 CK，

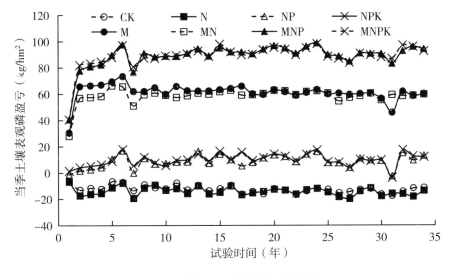

图 25-4　各处理当季土壤表观磷盈亏

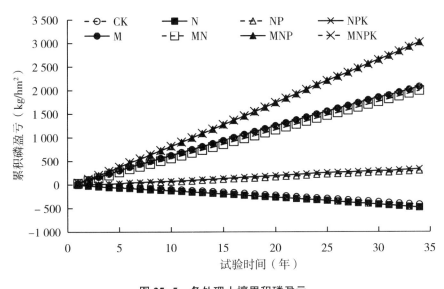

图 25-5　各处理土壤累积磷盈亏

主要是因为施用氮肥后，提高了作物生物量，导致携出土壤磷量增加（郝小雨等，2015）。单施有机肥磷肥处理（M 和 MN）、单施化学磷肥处理（NP 和 NPK）以及有机无机磷肥配施处理（MNP 和 MNPK），土壤磷一直处于盈余状态，磷累积盈余量随施磷年限延续而增加；连续施肥 34 年以后，土壤磷累积盈余量分别为 2 078.94 kg/hm²、1 995.69 kg/hm²、297.91 kg/hm²、334.64 kg/hm²、3 019.00 kg/hm² 和 3 016.44 kg/hm²，并且施用有机肥磷处理土壤磷累积盈余量远远高于仅施用化学磷肥处理，表明施用有机肥或化肥配施有机肥能有效地增加土壤磷素累积，而单施化学磷肥的 NP 和 NPK 处理对土壤磷平衡值的影响差异较小。这与高菊生等（2014）在我国南方红壤上的研究一致，可能的原因是：一方面有机肥本身含有一定数量的磷，以有机磷为主，这部分磷易于分解释放；另一方面有机肥施入土壤后可增加有机质含量，而有机质可减少无机磷的固定，并促进无机磷的溶解（赵晓齐和鲁如坤，1991），因此在施用化学磷肥的基础上增施有机肥，其增加土壤有效磷的效果更加显著。

（二）长期施肥下土壤全磷含量对土壤磷素盈亏的响应

长期不同施肥处理下，土壤累积磷盈亏（磷平衡）对土壤全磷的消长存在直接影响。各处理土壤全磷增加量与土壤累积磷盈亏之间的线性回归方程见图 25-6，各方程

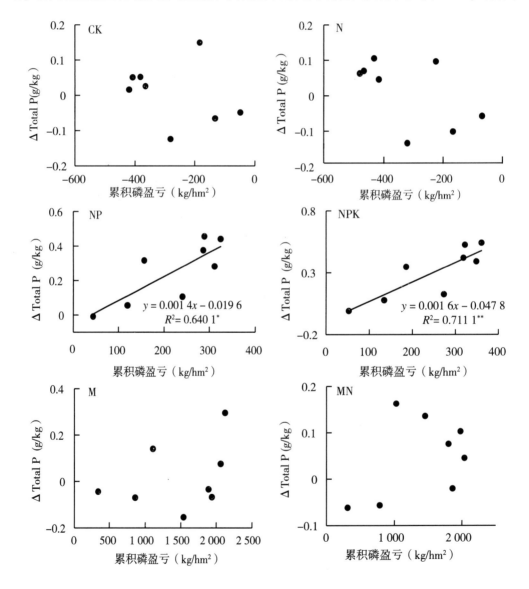

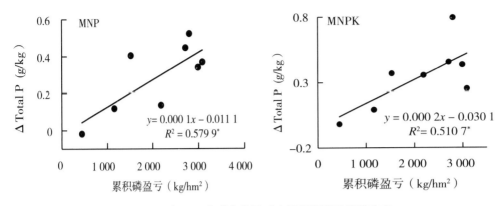

图 25-6　各处理全磷变化量对土壤累积磷盈亏的响应

中 x 为土壤累积磷盈亏量（kg/hm²），y 为土壤全磷增量（g/kg），回归方程中的斜率代表土壤磷每增减 1 个单位（kg/hm²）相应的土壤全磷消长量（g/kg）（裴瑞娜等，2010；刘彦伶等，2016）。CK、N、M 和 MN 处理，土壤全磷增量对磷盈亏响应关系差异不显著；土壤每累积 100 kg P/hm²，无磷投入的 CK 和 N 处理土壤中全磷含量仅降低 0.02 g/kg 和 0.03 g/kg，有机磷投入的 M 和 MN 处理土壤全磷含量分别增加 0.007 g/kg 和 0.006 g/kg；可见 CK、N、M 和 MN 处理磷盈亏对土壤全磷含量影响很小，几乎没有影响。NP 和 NPK 处理，土壤全磷增量与累积磷盈余量呈显著或极显著正相关。单施无机磷肥的 2 个处理（NP 和 NPK）土壤每累积 100 kg P/hm²，土壤中全磷含量分别提高 0.14 g/kg 和 0.16 g/kg，由于施磷水平一致，土壤全磷增量非常接近。有机无机磷肥配施的 MNP 和 MNPK 处理土壤全磷增量与累积磷盈余量也呈显著正相关，但全磷增量对磷盈余的响应程度小于单施无机磷肥处理，土壤每累积 100 kg P/hm²，土壤中全磷含量分别增加 0.015 g/kg 和 0.018 g/kg。表现出有机肥与化肥配施提升紫色水稻土全磷的速率小于单施化肥磷肥。如图 25-7 所示，紫色土所有处理土壤 34 年间的全磷变化量与土

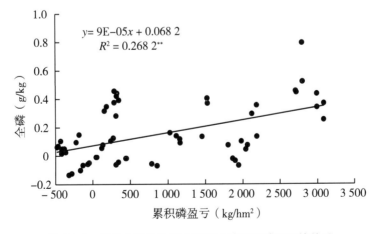

图 25-7　紫色土所有处理全磷与土壤累积磷盈亏的关系

壤累积磷盈亏量达到极显著正相关（$P<0.01$），紫色土每盈余 100 kg P/hm^2，全磷含量增加 0.009 g/kg。

（三）长期施肥下土壤有效磷含量对土壤磷素盈亏的响应

由图 25-8 可知，土壤有效磷增量对磷素盈亏的响应关系与全磷相似，即 CK、N、M 和 MN 处理磷素盈亏与土壤有效磷增量无显著相关，而 NP、NPK、MNP 和 MNPK 处理呈极显著线性正相关。由直线回归方程可知，土壤中每累积 100 kg P/hm^2，M 和 MN 处理土壤中有效磷含量分别提高 0.07 mg/kg 和 0.01 mg/kg；无机磷投入的 NP 和 NPK 处理，土壤每累积 100 kg P/hm^2，土壤中有效磷含量分别增加 15.76 mg/kg 和 17.19 mg/kg；但有机无机磷投入的 MNP 和 MNPK 处理土壤有效磷增量对磷盈亏的响应程度小于单施无机磷肥的 NP 和 NPK 处理，即土壤每累积 100 kg P/hm^2，土壤中有效磷含量分别增加 1.96 mg/kg 和 1.85 mg/kg。综上所述，土壤有效磷含量随土壤磷素盈余而变化与磷肥施用种类密切相关；在不施磷肥条件下，土壤每亏缺 100 kg P/hm^2，土壤中有效磷含量降低 0.06 mg/kg，单施无机磷肥、单施有机磷肥和有机无机磷肥配施情况下，土壤每累积 100 kg P/hm^2，土壤中有效磷含量分别增加 16.48 mg/kg、0.03 mg/kg 和 1.91 mg/kg；说明紫色水稻土长期单施化学磷肥提升土壤有效磷的速率大于有机无机磷肥配施。土壤有效磷增量对磷盈亏的响应关系受土壤类型、作物种类、轮作制度、施肥等农田管理措施因素影响较大。裴瑞娜等（2010）在甘肃的黑垆土、刘彦伶等（2016）在贵州黄壤性水稻土、沈浦（2014）在中国水旱轮作区进行的长期定位试验下研究了土壤累积磷盈余量与有效磷增量的关系，结果均显示单施化学磷肥比有机肥配施化肥能提高有效磷含量，这与本研究结果一致。杨军等（2015）在潮土、李渝等（2016）在西南黄壤旱地上进行长期监测，指出化肥配施有机肥比单施化学磷肥更能提高土壤有效磷，这与本研究结果相反。沈浦（2014）对中国双季旱作区的报道与杨军和李渝的结果一致；而水旱轮作区的结果却相反，表现为单施化学磷肥比有机肥配施化肥更能提高有效磷，这与本研究结果相似。可能是淹水条件下，增施有机肥后加剧了土壤还原过程，增加了土壤中铁氧化物等对磷的固定（李中阳，2007；刘彦伶等，2016）；同时有机肥的加入促进了土壤磷的有效化，一方面加入的有机肥对土壤无机磷的固定速度远远大于土壤磷的有效化速度，另一方面在水旱交替环境下活化的磷素更容易向土壤深层淋溶迁移（裴瑞娜等，2010；李学平等，2011）；此外，化学磷肥主要投入无机形态磷，有机肥则以有机磷形态投入为主，特别是高稳态有机磷，有机肥的加入促进无机磷向有机磷的转化，导致土壤无机磷下降（裴瑞娜等，2010；尹岩等，2012；刘彦伶等，2016）。因此，化学磷肥对土壤磷素含量的影响较大，施用化学磷肥后土壤磷含量增量大于施用有机肥。

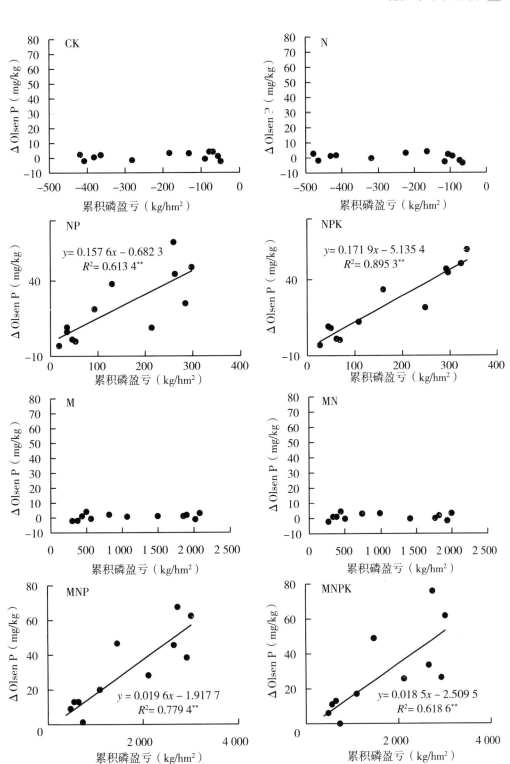

图 25-8　各处理紫色土有效磷变化量对土壤累积磷盈亏的响应

如图 25-9 所示，紫色土所有处理土壤 34 年间的有效磷含量与土壤累积磷盈亏达到极显著正相关（$P < 0.01$），紫色土每盈余 100 kg P/hm², 有效磷含量上升 1.001 mg/kg。Johnston（2000）研究认为土壤中约 10% 的累积盈余磷转变为有效磷，Cao et al.（2012）对中国 7 个长期肥料定位试验点土壤有效磷增量与土壤累积磷盈亏的关系进行研究，发现土壤有效磷变化量与土壤磷盈亏呈极显著线性相关（$P<0.01$），中国土壤每盈余 100 kg P/hm², 有效磷含量上升范围为 1.44～5.74 mg/kg，此试验所得结果稍微低于该范围，可能与连续施肥的时间、环境、种植制度和土壤理化性质不同有关。

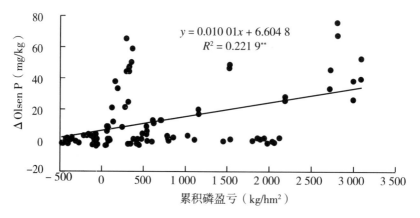

图 25-9　紫色土所有处理有效磷变化量与土壤累积磷盈亏的关系

四、长期施肥下土壤有效磷对磷形态的响应

土壤有效磷是土壤中可被植物吸收利用的磷组分，包括水溶性磷、部分吸附态磷和有机态磷，其含量可以随吸附—解析和沉淀—溶解等动态过程的变化而变化（王斌等，2013）。土壤磷包括无机磷和有机磷，其中无机磷和有机磷含多个组分，如无机磷包括钙磷、铁磷、铝磷和闭蓄态磷等组分，有机磷包括活性、中活性、中稳性和高稳性等组分；由于不同磷组分的溶解性不同，其对有效磷含量的影响也有差异（顾益初和钦绳武，1997；黄庆海等，2003；向春阳等，2005）。紫色土连续不同施肥 13 年（1994 年）后 0~20 cm 耕层土壤无机磷组分见表 25-3。紫色土壤无机磷组分二钙磷、八钙磷、十钙磷、铝磷、铁磷和闭蓄态磷平均含量分别为 14.3 mg/kg、71.2 mg/kg、707.5 mg/kg、96.4 mg/kg、94.4 mg/kg 和 11.7 mg/kg，说明紫色土壤无机磷组分以十钙磷为主，其次为铝磷，再次为铁磷，而闭蓄态磷最少。连续施肥 13 年后，所有处理土壤的无机磷含量都发生了很大的变化，CK、N、NP、NPK、M、MN、MNP 和 MNPK

处理无机磷组分平均含量分别为 148.5 mg/kg、158.3 mg/kg、186.6 mg/kg、172.7 mg/kg、146.7 mg/kg、155.0 mg/kg、185.3 mg/kg 和 174.3 mg/kg。连续不断施用化学磷肥，土壤无机磷含量增加明显，与不施肥（CK）相比，NP、NPK、MNP 和 MNPK 处理无机磷组分含量平均增加 31.3 mg/kg，相对增加率达 21.1%，其中 NP 和 MNP 处理较 NPK 和 MNPK 处理增加量更多，这可能与 NPK 和 MNPK 处理各种养分平衡施用，作物产量更高，带走的磷素较多有关。与 CK 或 N 处理比较，单施有机肥对增加土壤无机磷组分含量的作用并不明显，单施化学磷肥的 NP 和 NPK 处理与有机无机肥料配合施用的 MNP 和 MNPK 处理能明显增加土壤无机磷组分含量。

表 25-3 长期施肥下耕层土壤（0~20 cm）磷组分含量变化（1994 年） 单位：mg/kg

处理	二钙磷	八钙磷	十钙磷	铝磷	铁磷	闭蓄态磷	均值
CK	7.5	54.9	662.0	77.5	82.0	6.8	148.5
N	7.7	59.8	710.0	79.0	85.0	8.5	158.3
NP	24.6	98.9	756.0	115.0	110.0	15.3	186.6
NPK	15.2	84.1	718.0	107.0	100.0	12.0	172.7
M	6.9	43.9	666.0	75.0	80.0	8.5	146.7
MN	7.6	50.0	688.0	82.0	90.0	12.5	155.0
MNP	24.2	99.0	743.0	122.0	108.0	15.3	185.3
MNPK	21.0	79.0	717.0	114.0	100.0	14.5	174.3
均值	14.3	71.2	707.5	96.4	94.4	11.7	165.9

王伯仁等（2002）对我国南方红壤长期施肥试验条件下土壤中有效磷含量与土壤各无机磷组分进行相关分析，发现土壤中有效磷含量与二钙磷组分相关性最好，其次是铝磷和八钙磷，闭蓄态磷相关性最差，说明可以把土壤中二钙磷、八钙磷和铝磷划分为有效磷源。表 25-4 为紫色土连续不同施肥 13 年（1994）后高效性有机磷组分和低效性无机磷组分变化，CK 和 N 处理中有效性较高的二钙磷、八钙磷和铝磷组分平均含量为 47.7 mg/kg，有效性低的十钙磷、铁磷和闭蓄态磷组分平均含量为 259.1 mg/kg。单施有机肥的 M 和 MN 处理与 CK 处理相比，高效性无机磷与低效性无机磷组分基本无变化。单施化学磷肥和有机无机磷肥配施的 NP、NPK、MNP 和 MNPK 处理，高效性无机磷组分二钙磷、八钙磷、铝磷平均含量为 75.3 mg/kg，低效性无机磷组分十钙磷、铁磷和闭蓄态磷平均含量为 284.1 mg/kg，而单施化学磷肥（NP 和 NPK）和有机无机磷肥配施（MNP 和 MNPK）处理间高效性和低效性磷组分之间变化不大。以上结果表明，施用化学磷肥后，相当比例的未被当季作物利用的磷转化成了有效性高的无机磷组分

组；而施用有机肥残留磷转化为高效性磷组分相对较少。

表 25-4　长期施肥下土壤高效性和低效性磷组分变化（1994 年）　　单位：mg/kg

处理	高效性无机磷				低效性无机磷			
	二钙磷	八钙磷	铝磷	均值	十钙磷	铁磷	闭蓄态磷	均值
CK	7.5	54.9	77.5	46.6	662.0	82.0	6.8	250.3
N	7.7	59.8	79.0	48.8	710.0	85.0	8.5	267.8
NP	24.6	98.9	115.0	79.5	756.0	110.0	15.3	293.8
NPK	15.2	84.1	107.0	68.8	718.0	100.0	12.0	276.7
M	6.9	43.9	75.0	41.9	666.0	80.0	8.5	251.5
MN	7.6	50.0	82.0	46.5	688.0	90.0	12.5	263.5
MNP	24.2	99.0	122.0	81.7	743.0	108.0	15.3	288.8
MNPK	21.0	79.0	114.0	71.3	717.0	100.0	14.5	277.2

五、土壤有效磷农学阈值

土壤有效磷含量是影响作物产量的重要因素，土壤中的有效磷含量较低时，不能满足作物的生长需求，造成作物明显减产；但当土壤有效磷含量过高时，则对作物的增产效果不明显，甚至可能由于淋溶或者地表径流造成环境污染，因而维持土壤有效磷含量在适宜水平对作物产量与环境保护具有非常重要的意义。磷农学阈值是指当土壤中的有效磷含量达到某个值后，作物产量不随磷肥的继续施用而增加，即作物产量对磷肥的施用响应度降低。确定土壤磷素农学阈值的方法中，应用比较广泛的是米切里西方程（Mallarino and Blackmer，1992；李渝等，2016；刘彦伶等，2016）。基于紫色土不同施肥处理土壤有效磷含量水平与作物产量长期定位数据，通过分析作物相对产量和土壤有效磷的变化趋势，结果表明采用米切里西方程可以较好地模拟两者的关系。通过拟合的米切里西方程计算出水稻和小麦的农学阈值平均值分别为 4.38 mg/kg 和 9.21 mg/kg（图 25-10），可以看出紫色土水稻的农学阈值低于小麦的农学阈值。该结果与沈浦（2014）对我国西南地区重庆紫色土长期稻麦轮作系统中水稻和小麦磷农学阈值非常相似，水稻农学阈值为 4.3 mg/kg，小麦农学阈值为 7.5 mg/kg，但无论水稻或小麦农学阈值均低于武昌区黄棕壤和杭州水稻土上的试验计算结果，两地小麦和大麦农学阈值分别为 17.8 mg/kg 和 23.9 mg/kg，水稻农学阈值分别为 7.7 mg/kg 和 14.9 mg/kg。然而

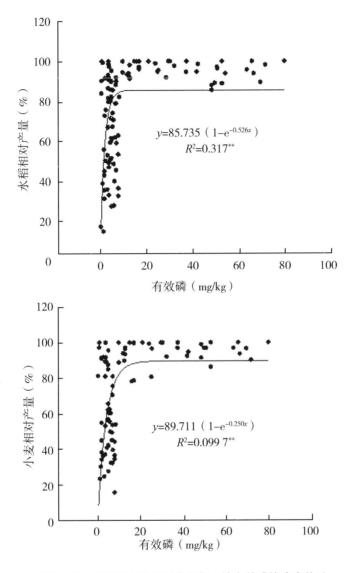

$$y=85.735\left(1-e^{-0.526x}\right)$$
$$R^2=0.317^{**}$$

$$y=89.711\left(1-e^{-0.250x}\right)$$
$$R^2=0.099\,7^{**}$$

图 25-10　水稻和小麦相对产量与土壤有效磷的响应关系

Bai et al.（2013）采用线性—平台模型计算出我国南方祁阳红壤长期定位站的小麦和玉米的农学阈值分别为 12.7 mg/kg 和 28.2 mg/kg，并指出祁阳县红壤小麦农学阈值低于玉米。而沈浦（2014）对哈尔滨市黑土、乌鲁木齐市灰漠土、平凉市黑垆土、郑州市潮土、杨凌区堘土和徐州市潮土上的玉米及小麦轮作制度下作物磷农学阈值研究发现，玉米平均为 11.0 mg/kg，小麦平均为 18.0 mg/kg，小麦农学阈值稍微高于玉米。可以推断，不同作物的磷农学阈值受作物类型、种植模式、土壤类型、施肥管理措施及气候环境等诸多因素的影响，因此，在实际应用中需要结合实际情况考虑（Colomb et al.，2007；Tang et al.，2009；刘彦伶等，2016；李渝等，2016）。

六、磷肥回收率的演变

紫色土长期不同施肥下，水稻和小麦吸磷量差异较大，但不同施肥处理对水稻和小麦吸收磷素量影响规律几乎一致。不施磷肥的 CK 和 N 处理水稻和小麦吸收磷素量相对最小，2 个处理水稻吸收磷素量分别为 8.2 kg/hm² 和 8.1 kg/hm²，2 个处理小麦吸收磷素量分别为 4.1 kg/hm² 和 6.1 kg/hm²；单施有机磷肥的 2 个处理 M 和 MN 处理，水稻和小麦吸收磷素量相差较小，但明显高于 CK 和 N 处理，2 个处理水稻吸收磷素量分别为 15.7 kg/hm² 和 15.4 kg/hm²，2 个处理小麦吸收磷素量分别为 6.1 kg/hm² 和 8.7 kg/hm²；施用化学磷肥的 2 个处理 NP 和 NPK，以及化肥配施有机肥 2 个处理 MNP 和 MNPK，无论水稻还是小麦吸收磷素量差异不大，水稻吸收磷素量变化范围为 27.1~28.8 kg/km²，小麦吸收磷素量变化范围为 14.2~16.9 kg/km²。说明水稻吸收磷素量高于小麦，也说明增施磷肥能够明显提高作物对磷素吸收量。不同施肥处理水稻和小麦吸收磷素量随种植年限变化规律不同，对于水稻来说，CK、N、M 和 MN 处理磷素吸收量随种植年限延续而呈现出增加趋势，而 NP、NPK、MNP 和 MNPK 处理磷素吸收量随种植年限比较稳定地维持在较高水平；而对于小麦来说，CK 和 M 处理磷素吸收量随种植年限延续稳定维持在较低水平，N、NP、MN 和 MNP 处理磷素吸收量随种植年限延续呈降低趋势，NPK 和 MNPK 处理稳定地维持在较高水平（表 25-5）。

表 25-5　长期不同施肥作物磷素吸收特征　　　　　　单位：kg P/hm²

处理	1982—1986年		1987—1991年		1992—1996年		1997—2001年		2002—2006年		2007—2011年		2012—2015年		1982—2015年平均	
	水稻	小麦	水稻	小麦	水稻	小麦	水稻	小麦	水稻	小麦	水稻	小麦	水稻	小麦	水稻	小麦
CK	5.7	4.2	6.5	4.0	7.7	3.4	9.8	3.8	9.9	3.8	8.9	5.3	9.1	4.5	8.2	4.1
N	5.7	7.7	6.2	6.0	7.6	6.1	8.8	4.9	9.4	4.4	9.5	6.7	9.3	6.6	8.1	6.1
NP	27.2	16.3	29.1	14.8	28.5	12.9	30.2	12.5	28.7	11.9	28.4	15.7	28.4	15.2	28.6	14.2
NPK	26.0	15.9	27.0	15.6	27.8	12.7	27.2	13.0	27.3	12.8	27.6	16.6	26.8	15.8	27.1	14.6
M	10.6	5.2	13.8	5.8	15.0	5.8	15.8	5.6	17.2	5.8	17.4	7.3	20.5	6.9	15.7	6.1
MN	12.4	9.8	15.9	8.8	15.6	8.7	15.4	7.7	15.1	7.6	16.8	10.0	16.6	8.3	15.4	8.7
MNP	28.4	20.1	29.6	18.3	28.9	18.5	28.5	14.7	27.9	14.2	28.5	18.6	28.4	16.5	28.6	16.9
MNPK	28.6	18.5	29.5	18.6	29.5	15.0	29.7	14.5	28.7	14.6	29.7	18.8	26.2	17.0	28.8	16.7

紫色土长期施用磷肥下，水稻和小麦产量与作物磷素吸收变化趋势关系如图 25-

11，可以看出，无论水稻还是小麦的产量与磷素吸收呈极显著正相关。水稻直线方程为 $y=175.12x+2\ 305.2$（$R^2=0.843$，$P<0.01$），小麦直线方程为 $y=168.15x+681.61$（$R^2=0.904$，$P<0.01$）。根据两者相关方程可以计算出，在紫色土上作物每吸收 1 kg 磷，能提高水稻和小麦产量分别为 175.12 kg/hm² 和 168.15 kg/hm²（图 25-11）。

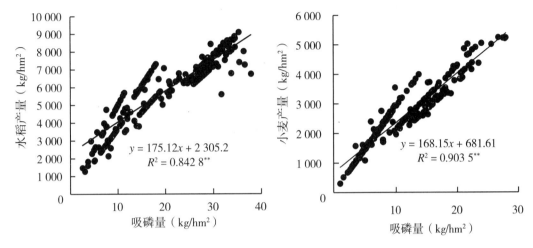

图 25-11 水稻和小麦产量与作物磷素吸收的关系

长期施肥下，不同处理磷肥回收率的变化趋势各不相同（图 25-12 水稻，图 25-13 小麦）。单施化学磷肥的 NP 处理水稻和小麦磷肥回收率显著下降，施肥 34 年后水稻磷肥回收率从初始的 80% 下降到 70%、小麦磷肥回收率从初始的 60% 下降到 30%。M 处理水稻磷肥回收率呈极显著增加，从初始的 12% 增加到 25% 左右，而小麦磷肥回收率随时间没有达到显著相关。化肥配施有机肥的 MNP 和 MNPK 处理水稻磷肥回收率从初始

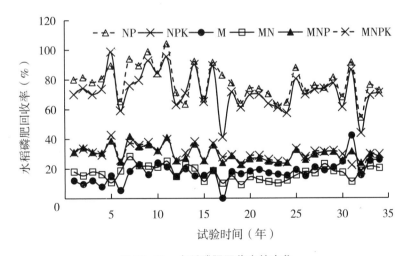

图 25-12 水稻磷肥回收率的变化

的 31%和 31%分别下降到 27%和 30%，小麦磷肥回收率从初始的 32%和 27%分别下降到 17%和 18%。

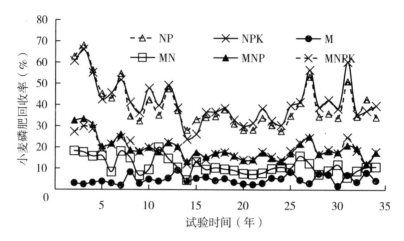

图 25-13　小麦磷肥回收率的变化

长期不同施肥处理下，磷肥回收率对时间的响应关系不同（表 25-6）。水稻和小麦的磷肥回收率，NP 处理均随时间呈现出显著下降趋势；NPK 处理水稻和小麦的磷肥回收率稍有下降趋势，但随时间延续尚未达到显著相关；M 处理水稻磷肥回收率随时间呈现出极显著增加趋势，而小麦的磷肥回收率也呈增加趋势，但尚未达显著相关；MN 处理水稻和小麦磷肥回收率随时间变化趋势与 M 处理刚好相反，即水稻下降未达显著相关，而小麦也下降但极显著相关；MNP 和 MNPK 处理水稻和小麦的磷肥回收率随时间呈现出显著或极显著下降趋势。总体来看，只有 M 处理水稻和小麦磷肥回收率呈增加趋势，其他处理无论水稻还是小麦磷肥回收率均随时间而呈降低趋势，说明施用有机肥能维持稳定的磷肥回收率。

表 25-6　磷肥回收率随种植时间的变化关系

处理	水稻		小麦	
	方程	R^2	方程	R^2
NP	$y=-0.440x+85.54$	0.140*	$y=-0.460x+47.72$	0.190*
NPK	$y=-0.370x+78.72$	0.080	$y=-0.330x+47.18$	0.100
M	$y=0.360x+11.21$	0.270**	$y=0.056x+3.69$	0.074
MN	$y=-0.072x+18.28$	0.022	$y=-0.200x+14.85$	0.230**
MNP	$y=-0.230x+33.87$	0.190*	$y=-0.290x+24.59$	0.290**
MNPK	$y=-0.250x+34.66$	0.210**	$y=-0.210x+22.82$	0.190**

图 25-14 和图 25-15 为长期不同施肥下水稻和小麦不同处理磷肥回收率与有效磷的

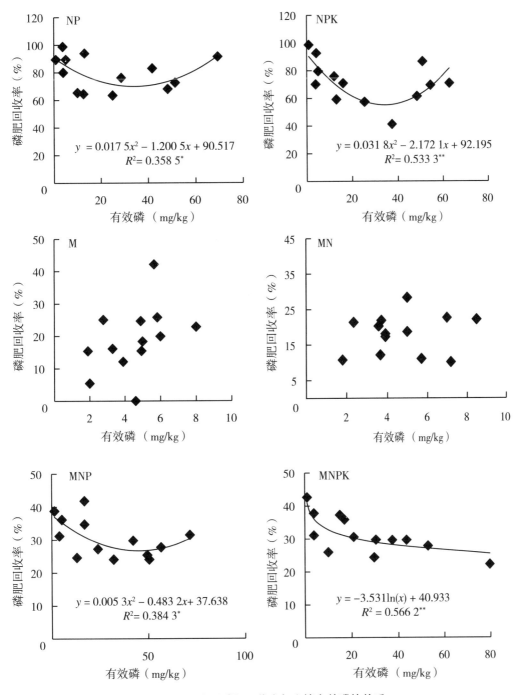

图 25-14　水稻磷肥回收率与土壤有效磷的关系

响应关系。不同作物不同处理磷肥回收率差异较大。NP、NPK 和 MNP 处理水稻磷回收率随土壤有效磷的增加呈现出先降低后上升的变化趋势；M 和 MN 处理水稻磷回收率与

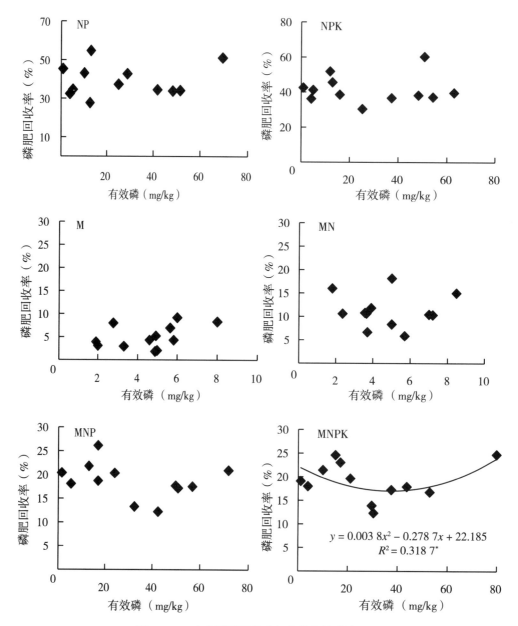

图 25-15　小麦磷肥回收率与土壤有效磷的关系

土壤有效磷含量呈正相关，但尚未达到显著相关水平；而 MNPK 处理水稻磷回收率随土壤有效磷含量增加呈逐渐下降趋势。NP、NPK 和 M 小麦磷回收率随土壤有效磷含量呈增加趋势，但未达到显著相关；MN、MNP 和 MNPK 处理小麦磷回收率与土壤有效磷含量之间呈现出相似的变化规律，即回收率随土壤有效磷含量增加先降低而后增加。

七、主要研究结果

长期施肥下磷素的演变结果表明：不施磷肥（CK 和 N）和单施有机肥的处理（M 和 MN）土壤全磷、有效磷和 PAC 值均保持稳定，而施磷肥的处理（NP、NPK、MNP 和 MNPK）土壤全磷、有效磷和 PAC 值均呈显著或极显著增加趋势，说明施用磷肥能够提高土壤磷水平和磷素活化效率。

长期不施磷肥导致土壤磷素常年处于亏缺状态，施磷土壤中磷素均有盈余，并且有机无机肥料配施条件下土壤磷素盈余量最大，而单施无机磷肥土壤磷素盈余量最小，施磷情况下土壤磷素盈余量随施肥年限的延续呈上升趋势。不施磷或单施有机肥条件下，磷素盈亏量对土壤全磷和有效磷增量无显著影响；单施无机磷肥或有机无机肥料配施引起土壤磷平衡与土壤全磷和有效磷增量呈显著正相关。土壤每盈余 100 kg P/hm^2，NP、NPK、MNP 和 MNPK 处理土壤中全磷分别增加 0.14 g/kg、0.16 g/kg、0.015 g/kg 和 0.018 g/kg，土壤中有效磷分别提高 15.76 mg/kg、17.19 mg/kg、1.96 mg/kg 和 1.85 mg/kg。紫色水稻土单施化学磷肥提升土壤磷含量的速率大于施用有机肥。

（樊红柱、陈庆瑞、秦鱼生）

主要参考文献

鲍士旦, 2000. 土壤农化分析[M]. 3 版. 北京：中国农业出版社.

陈明明, 2009. 四川主要农耕土壤不同形态磷含量及其影响因素研究[D]. 成都：四川农业大学.

樊红柱, 陈庆瑞, 秦鱼生, 等, 2016. 长期施肥紫色水稻土磷素累积与迁移特征[J]. 中国农业科学, 49(8): 1520-1529.

高菊生, 黄晶, 董春华, 等, 2014. 长期有机无机肥配施对水稻产量及土壤有效养分影响[J]. 土壤学报, 51(2): 314-324.

顾益初, 钦绳武, 1997. 长期施用磷肥条件下潮土中磷素的积累形态转化和有效性[J]. 土壤(1): 13-17.

郝小雨, 周宝库, 马星竹, 等, 2015. 长期不同施肥措施下黑土作物产量与养分平衡特征[J]. 农业工程学报, 31(16): 178-185.

何晓玲, 郑子成, 李廷轩, 2013. 不同耕作方式对紫色土侵蚀及磷素流失的影响[J].

中国农业科学,46(12)：2492-2500.

黄庆海,赖涛,吴强,等,2003. 长期施肥对红壤性水稻土有机磷组分的影响[J]. 植物营养与肥料学报,9(1)：63-66.

黄绍敏,宝德俊,皇甫湘荣,等,2006. 长期施肥对潮土土壤磷素利用与积累的影响[J]. 中国农业科学,39(1)：102-108.

贾兴永,李菊梅,2011. 土壤磷有效性及其与土壤性质关系的研究[J]. 中国土壤与肥料(6)：76-82.

李太魁,朱波,王小国,等,2012. 土地利用方式对土壤活性有机碳含量影响的初步研究[J]. 土壤通报,43(6)：1422-1426.

李学平,石孝均,刘萍,等,2011. 紫色土磷素流失的环境风险评估—土壤磷的"临界值"[J]. 土壤通报,42(5)：1153-1158.

李渝,刘彦伶,张雅蓉,等,2016. 长期施肥条件下西南黄壤旱地有效磷对磷盈亏的响应[J]. 应用生态学报,27(7)：2321-2328.

李中阳,2007. 我国典型土壤长期定位施肥下土壤无机磷的变化规律研究[D]. 杨凌：西北农林科技大学.

刘彦伶,李渝,张雅蓉,等,2016. 长期施肥对黄壤性水稻土磷平衡及农学阈值的影响[J]. 中国农业科学,49(10)：1903-1912.

裴瑞娜,杨生茂,徐明岗,等,2010. 长期施肥条件下黑垆土有效磷对磷盈亏的响应[J]. 中国农业科学,43(19)：4008-4015.

秦鱼生,涂仕华,孙锡发,等,2008. 长期定位施肥对碱性紫色土磷素迁移与累积的影响[J]. 植物营养与肥料学报,14(5)：880-885.

曲均峰,李菊梅,徐明岗,等,2009. 中国典型农田土壤磷素演化对长期单施氮肥的响应[J]. 中国农业科学,42(11)：3933-3939.

沈浦,2014. 长期施肥下典型农田土壤有效磷的演变特征及机制[D]. 北京：中国农业科学院.

宋春,韩晓增,2009. 长期施肥条件下土壤磷素的研究进展[J]. 土壤,41(1)：21-26.

宋春,徐敏,赵伟,等,2015. 不同土地利用方式下紫色土磷有效性及其影响因素研究[J]. 水土保持学报,29(6)：85-89.

万艳玲,何园球,吴洪生,等,2010. 长期施肥下红壤磷素累积的环境风险评价[J]. 土壤学报,47(5)：880-887.

王斌,刘骅,李耀辉,等,2013. 长期施肥条件下灰漠土磷的吸附与解吸特征[J]. 土壤学报,50(4)：726-733.

王伯仁,徐明岗,文石林,等,2002. 长期施肥对红壤旱地磷组分及磷有效性的影响

[J]. 湖南农业大学学报,28(4):293-297.

向春阳,马艳梅,田秀平,2005. 长期耕作施肥对白浆土磷组分及其有效性的影响[J]. 作物学报,31(1):48-52.

徐明岗,张文菊,黄绍敏,等,2015. 中国土壤肥力演变[M]. 2版. 北京:中国农业科学技术出版社.

杨军,高伟,任顺荣,2015. 长期施肥条件下潮土土壤磷素对磷盈亏的响应[J]. 中国农业科学,48(23):4738-4747.

尹岩,梁成华,杜立宇,等,2012. 施用有机肥对土壤有机磷转化的影响研究[J]. 中国土壤与肥料(4):39-43.

赵晓齐,鲁如坤,1991. 有机肥对土壤磷素吸附的影响[J]. 土壤学报,28(1):7-13.

朱波,罗晓梅,廖晓勇,等,1999. 紫色母岩养分的风化与释放[J]. 西南农业学报(12):63-68.

BAI Z H, LI H G, YANG X Y, et al., 2013. The critical soil P levels for crop yield soil fertility and environmental safety in different soil types[J]. Plant and soil, 372(1-2):27-37.

CAO N, CHEN X P, CUI Z L, et al., 2012. Change in soil available phosphorus in relation to the phosphorus budget in China[J]. Nutrient cycling in agroecosystems, 94(2-3):161-170.

COLOMB B, DEBAEKE P, JOUANY C, et al., 2007. Phosphorus management in low input stockless cropping systems:crop and soil responses to contrasting P regimes in a 36-year experiment in southern France[J]. Europen journal of agronomy, 26(2):154-165.

HU B, JIA Y, ZHAO Z H, et al., 2012. Soil P availability, inorganic P fractions and yield effect in a calcareous soil with plastic-film-mulched spring wheat[J]. Field crops research, 137:221-229.

JOHNSTON A E, 2000. Soil and plant phosphate[M]. Pairs:International Fertilizer Industry Association Press.

LIU J L, LIAO W H, ZHANG Z X, et al., 2007. Effect of phosphate fertilizer and manure on crop yield, soil P accumulation, and the environmental risk assessment[J]. Agricultural sciences in china, 6(9):1107-1114.

MALLARINO A P, BLACKMER A M, 1992. Comparison of methods for determining critical concentrations of soil test phosphorus for corn[J]. Agronomy journal, 84(5):850-856.

SHARPLEY A N, MCDOWELL R, KLEINMAN P, 2004. Amounts, forms, and solubility of phosphorus in soils receiving manure[J]. Soil science society of america journal, 68 (6): 2048-2057.

SHEN P, XU M G, ZHANG H M, et al., 2014. Long-term response of soil olsen P and organic C to the depletion or addition of chemical and organic fertilizers[J]. Catena, 118: 20-27.

SU, Z A, ZHANG J H, NIE X J, 2010, Effect of soil erosion on soil properties and crop yields on slopes in the Sichuan Basin, China[J]. Pedosphere, 20(6): 736-746.

TAKAHASHI S, ANWAR M R, 2007. Wheat grain yield, phosphorus uptake and soil phosphorus fraction after 23 years of annual fertilizer application to an Andosol[J]. Field crops research, 101(2): 160-171.

TANG X, MA Y B, HAO X Y, et al., 2009. Determining critical values of soil olsen-P for maize and winter wheat from long-term experiments in China[J]. Plant and soil, 323 (1-2): 143-151.

ZHANG J H, LI F C, 2011. An appraisal of two tracer methods for estimating tillage erosion rates under hoeing tillage[J]. Environmental engineering and management journal, 10(6): 825-829.

ZHAO H B, LI H G, YANG X Y, et al., 2013. The critical soil P levels for crop yield, soil fertility and environmental safety in different soil types[J]. Plant and soil, 372(1-2): 27-37.

第二十六章　黄棕壤磷素演变及磷肥高效利用

黄棕壤属淋溶土，在北亚热带落叶阔叶林下，土壤经强度淋溶，呈酸性反应（pH值 4.5~5.5），是盐基不饱和（盐基饱和度≤50%）的弱富铝化土壤。该类土壤土体铁的游离度达 50% 以上，表层盐基饱和度接近 50%，向下逐渐降低，到 B 层可低到 20%~30%。黏粒矿物中含高岭石，偶见三水铝石。该类土壤除具有弱富铝化特征外，还具有酸化特征和黏化特征；全剖面呈酸性反应，各发生层均含交换性氢、铝，特别是土壤 B 层的交换性氢、铝含量高，根据代表性剖面的分析结果，交换性氢、铝可达 4~10 cmol（+）/kg，占交换性阳离子总量的 40%~80%。

黄棕壤分布于长江中、下游沿江两侧，包括江苏省、安徽省、湖北省、陕西省南部和河南省西南等地，在江南诸省山地垂直带中也有分布，总面积 1 804 万 hm²，其中以湖北省的分布面积最大，达 600 万 hm²。黄棕壤分布区人口稠密，耕作历史悠久，所以分布于低地的黄棕壤大部已被开垦为水田，并在人为的耕作培肥下形成黄棕壤性水稻土，并成为我国重要的粮食作物和经济作物产区。该区农业耕作复种指数大、作物产量高，土壤肥力变化较快，因此，开展黄棕壤性水稻土肥力长期定位试验研究，弄清楚该地区农田土壤的肥力演化特征同时提出高产培肥技术模式，对这一重要农区的农业持续稳产高产有着重要的意义（徐明岗等，2006）。

迄今为止，关于我国黄棕壤中的磷素研究缺乏系统性。系统地了解黄棕壤磷素演变、磷素演变与磷平衡的响应关系、磷素的形态特征、磷素农学阈值和利用率等，可为提高黄棕壤磷素科学施用提供重要的参考信息。

一、黄棕壤水旱轮作长期定位试验概况

（一）试验点基本概况

黄棕壤性水稻土肥力长期定位试验设在湖北省武汉市武昌区，湖北省农业科学院南

湖试验站（北纬30°28′，东经114°25′），本区为北亚热带向中亚热带过渡型的地理气候带，光照充足，热量丰富，无霜期长，降水充沛。年平均日照时数为2 080 h，≥10℃的年积温为5 190℃，年降水量1 300 mm，年蒸发量1 500 mm，无霜期230~300 d。土壤类型为黄棕壤发育的黄棕壤性水稻土，属潴育水稻土亚类，黄泥田土属。地形为垄岗平原，海拔20 m。提水灌溉，排灌方便（Hu et al., 2015, 2018a, b, 2019; Han et al., 2020）。

该试验是我国农业主产区黄棕壤带、稻—麦轮作制度下长江中游保持良好的唯一的土壤肥料长期定位试验。试验于1981年水稻季开始，试验前耕层土壤（0~20 cm）的主要性状如表26-1。

表26-1　试验点初始土壤（0~20 cm）基本理化性质

理化性质	有机质（g/kg）	全氮（g/kg）	全磷（g/kg）	全钾（g/kg）	碱解氮（mg/kg）	铵态氮（mg/kg）	有效磷（mg/kg）	速效钾（mg/kg）	pH值
测定值	27.4	1.8	1.0	30.2	150.7	9.4	5.0	98.5	6.3

（二）试验设计

试验系全国化肥试验网布置在长江流域稻麦两熟区的无机与有机肥料长期定位试验，共设9个处理：①不施肥（CK）；②化学氮肥（N）；③化学氮磷肥（NP）；④化学氮磷钾肥（NPK）；⑤有机肥（M）；⑥化学氮肥+有机肥（MN）；⑦化学氮磷肥+有机肥（MNP）；⑧化学氮磷钾肥+有机肥（MNPK）；⑨化学氮磷钾肥+1.67倍有机肥（hMNPK）。化学氮肥用尿素，磷肥用磷酸一铵，钾肥用氯化钾，每年施用量为纯N 150 kg/hm^2，P_2O_5 75 kg/hm^2，K_2O 150 kg/hm^2，N : P_2O_5 : K_2O = 1 : 0.5 : 1。有机肥料为鲜猪粪，堆置田头一周腐熟后施用，施用量为11 250 kg/hm^{2}鲜猪粪，高量施用量为18 750 kg/hm^{2}鲜猪粪，猪粪含C 282.1 g/kg，N 15.1 g/kg，P_2O_5 20.8 g/kg，K_2O 13.6 g/kg，H_2O 69%。水稻—小麦轮作，一年两熟，水稻化肥施用量占全年施肥量的60%，小麦占全年施肥量的40%，有机肥施用量水稻与小麦各占50%。水稻和小麦上磷钾肥均采用移栽或播种前1次全层基施，氮肥在水稻上基肥施40%、分蘖肥40%和穗肥20%；小麦基肥50%、腊肥25%和拔节肥25%（表26-2）。

试验设3次重复，随机排列，小区面积40 m^2（8 m×5 m），小区之间用40 cm的深混凝土埂隔开，每个重复之间有40 cm宽的混凝土排水沟。

水稻和小麦收获后地上部分全部移走，根茬翻耕后留在土壤中。各小区水稻定点10株、小麦定点1行中1 m进行分蘖调查。各小区单收单打计产，在水稻和小麦收获前按小区取样，进行考种和经济性状测定，同时取植株分析样。水稻和小麦收获后按

"之"字形采集 0~20 cm 土壤，室内风干，布袋保存，田间管理与大田管理相同。田间管理措施主要是除草和防治小麦、水稻病虫害，其他详细施肥管理措施参见前期发表文献（胡诚，2010，2012；李双来，2010；Liu et al.，2016，2018）。

表 26-2　试验处理及养分用量　　　　　　　　　单位：kg/hm²

处理	水稻季				小麦季			
	猪粪	N	P₂O₅	K₂O	猪粪	N	P₂O₅	K₂O
CK	0	0	0	0	0	0	0	0
N	0	90	0	0	0	60	0	0
NP	0	90	45	0	0	60	30	0
NPK	0	90	45	90	0	60	30	60
M	11 250	0	0	0	11 250	0	0	0
MN	11 250	90	0	0	11 250	60	0	0
MNP	11 250	90	45	0	11 250	60	30	0
MNPK	11 250	90	45	90	11 250	60	30	60
hMNPK	18 750	90	45	90	18 750	60	30	60

注：氮肥用尿素含 N 46%；磷肥用磷酸一铵含 N 10%、P_2O_5 46%；钾肥用氯化钾含 K_2O 60%；猪粪含 N 15.1 g/kg，含 P_2O_5 20.8 g/kg，含 K_2O 13.6 g/kg，含 H_2O 69 g/kg。

二、长期施肥下土壤全磷和有效磷的变化及其关系

（一）长期施肥下土壤全磷的变化

磷素是作物所需三要素之一，在土壤中的移动性差，当季利用率低（李庆逵等，1998）。不施磷肥的 CK 和 N 处理，随着种植年限的加长，土壤全磷平均含量与基础土样比较均略有所下降；施磷可以显著地提高土壤全磷含量，试验各处理的土壤全磷含量随着种植年限的延长而增加，施磷肥的 NP 和 NPK 处理与基础土样和 CK 比较均有所提高，但增加幅度不大，在施有机无机肥的处理中，所有处理与基础土样和 CK 比较土壤全磷含量均增加，特别是 MNP、MNPK 和 hMNPK 处理增幅最大，试验 19 年后，MNP、MNPK 和 hMNPK 处理土壤全磷含量已超过基础样的 3.3 倍、3.4 倍和 4 倍，其主要原因是使用的有机肥为猪粪，而猪粪中含磷量高，并且多为有机活性磷，同时磷肥在土壤中不易流失，具有累积作用，如图 26-1 所示，这个结果与其他研究结果相似（林葆等，

1994；王伯仁等，2002）。

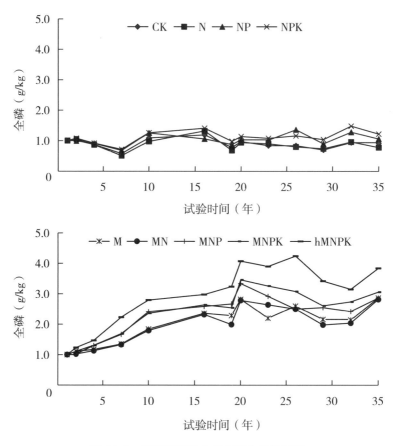

图 26-1　长期施肥对土壤全磷含量的影响

（二）长期施肥下土壤有效磷的变化

如图 26-2 所示，在长期不施磷肥的处理（CK 和 N）中，尽管没有施用磷肥，但是土壤的有效磷含量呈现微弱的上升趋势，CK 处理到 2015 年达到 8.21 mg/kg，增加 82.44%，平均每年增加 0.165 3 mg/kg；单施 N 肥的处理到 2015 年达到 8.71 mg/kg，增加 93.56%，平均每年增加 0.184 1 mg/kg。

施用磷肥之后，土壤有效磷含量均随施用磷肥时间延长呈现上升趋势，并且与施磷时间呈极显著正相关（$P<0.01$）。其中，单施化学磷肥的 NP 和 NPK 2 种处理，土壤有效磷含量由开始时（1990 年）的 4.5 mg/kg 到 2015 年分别上升为 18.71 mg/kg 和 18.33 mg/kg，有效磷年变化量分别为 0.47 mg/kg 和 0.74 mg/kg。单施有机肥（M）和化学肥料配施有机肥处理（MN、MNP、MNPK 和 hMNPK），土壤有效磷年变化量均很高，M、MN、MNP、MNPK 和 hMNPK 分别为 4.0 mg/kg、4.0 mg/kg、4.1 mg/kg 和 3.9 mg/kg 和

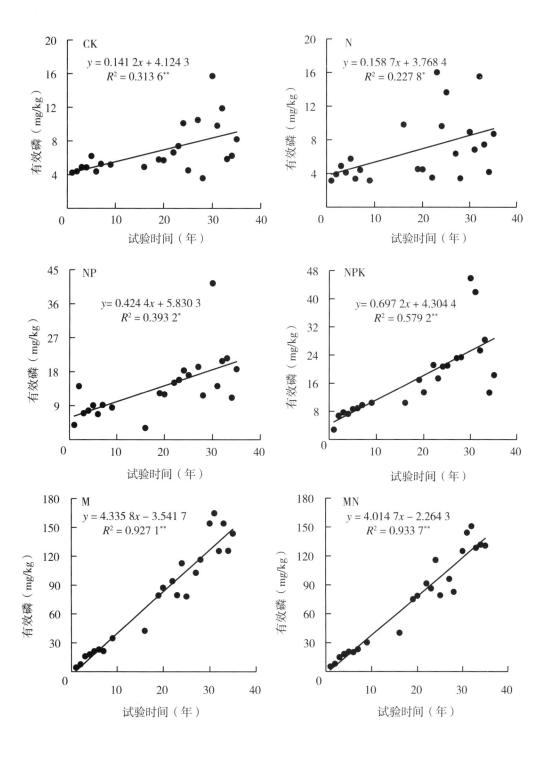

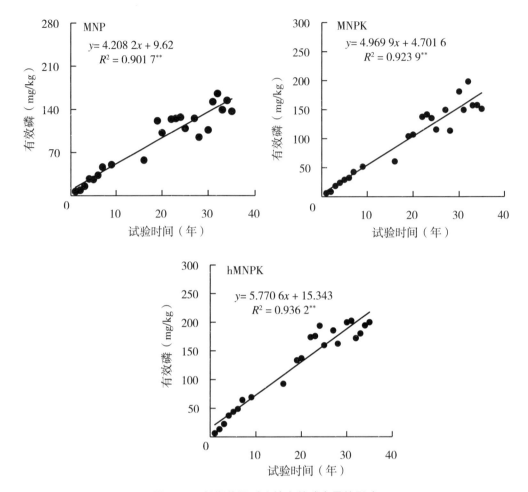

图 26-2 长期施肥对土壤有效磷含量的影响

5.5 mg/kg，土壤有效磷含量由试验开始时（1981 年含量）的 4.5 mg/kg 到 2015 年分别上升至 143.60 mg/kg（M）、130.69 mg/kg（MN）、136.73 mg/kg（MNP）、151.32 mg/kg（MNPK）和 199.94 mg/kg（hMNPK），达到很高水平，远远超过了磷的环境阈值（Colomb et al.，2007）。

（三）长期施肥下土壤全磷与有效磷的关系

磷活化系数（PAC）可以表示土壤磷活化能力。长期施肥下黄棕壤性水稻土磷活化系数随时间的演变规律如图 26-3 所示，不施磷肥的 CK 和 N 处理，土壤 PAC 值与试验时间呈正相关，但不显著，2 个处理的土壤 PAC 值均低于 1%，表明全磷各形态很难转化为有效磷（贾兴永等，2011）。单独施用化学磷肥的 NPK 处理，PAC 值随施磷时间延长均呈现上升趋势，且与施磷时间呈显著正相关（$P<0.05$），施肥 10 年之后，施磷肥处理的土壤

PAC 均高于不施磷肥处理，PAC 值大于 1，说明土壤全磷容易转化为有效磷。

单施有机肥 M 处理和化肥配施有机肥 MN、MNP、MNPK 和 hMNPK 处理，土壤 PAC 值一直处于上升趋势且上升幅度较大，5 个处理的 PAC 值年上升速度分别为 0.13%、0.12%、0.14%、0.14% 和 0.14%。连续施肥 10 年以后，单施化学磷肥 NP 和 NPK 的土壤 PAC 值高于 1%，单施有机肥（M）和化肥配施有机肥（MN、MNP、MNPK 和 hMNPK）的处理土壤 PAC 值均高于 2.8%，说明 PAC 值与土壤类型等有关。

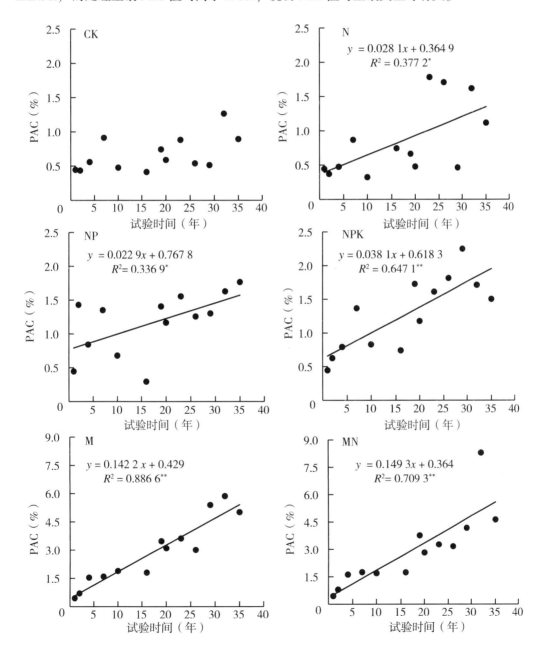

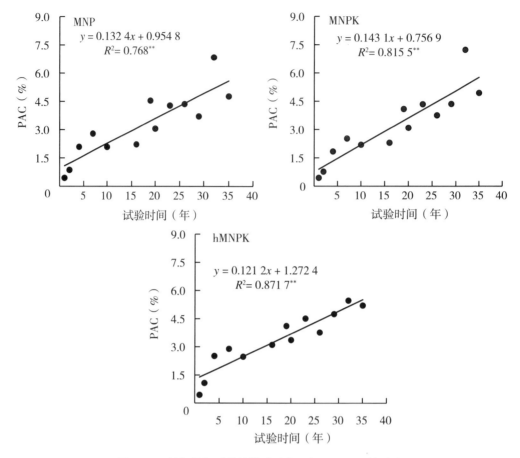

图 26-3　长期施肥对黄棕壤磷活化系数（PAC）的影响

三、长期施肥下土壤有效磷含量对土壤磷盈亏的响应

（一）长期施肥下土壤磷素盈亏平衡

图 26-4 为 36 年试验中各处理当季土壤表观磷盈亏。不施磷肥的 3 个处理（CK、N 和 NK）每年的土壤表观磷盈亏一直呈现亏缺状态，CK 和 N 2 个处理每年土壤磷亏缺的平均值分别为 45.92 kg/hm^2 和 50.23 kg/hm^2，由于磷素缺乏会影响作物的品质和产量，当季作物磷素亏缺值会随不施磷时间延长而减少；单施化学磷肥的 2 个处理（NP 和 NPK），在试验的前 10 年土壤磷呈盈余状态，1990 年之后开始出现亏缺，估计与土壤化学磷施用量不足有关；施用有机肥的 M、MN、MNP、MNPK 和 hMNPK 5 个处理，土

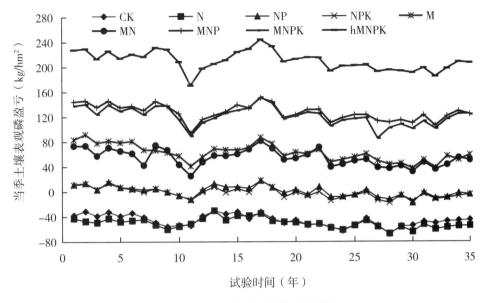

图 26-4　各处理当季土壤表观磷盈亏

壤磷当季呈盈余状态，并且盈余值均较高，平均值分别为 62. 43 kg/hm²、54. 52 kg/hm²、127. 28 kg/hm²、121. 54 kg/hm² 和 210. 24 kg/hm²，年份之间相对稳定。

图 26-5 为 36 年试验中各处理土壤累积磷盈亏。未施磷肥的 CK 和 N 2 个处理，土壤磷一直处于亏缺状态，并且亏缺量随试验时间延长而增加，其中 CK 处理土壤磷亏缺量较单施氮肥（N）处理少；单施化学磷肥的 NP 和 NPK 2 个处理，土壤累积磷略有盈

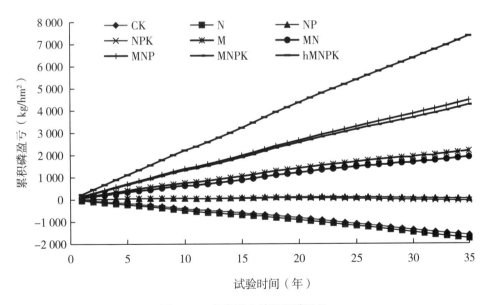

图 26-5　各处理土壤累积磷盈亏

余。单施有机肥（M）和氮肥配施有机肥（MN）处理，土壤磷有较大盈余，2016 年土壤累积磷盈余分别达到 1 224.96 kg/hm² 和 1 053.42 kg/hm²；有机肥配施 NP 肥（MNP）处理与有机肥配施 NPK 肥（MNPK）处理，土壤累积磷盈余，2016 年分别达到 2 363.19 kg/hm² 和 2 265.14 kg/hm²；而高量有机肥配施 NPK 的处理土壤累积磷盈余最高，2016 年达到 3 868.69 kg/hm²。说明单施有机肥或者化肥配施有机肥能有效地提高土壤磷平衡值，而氮磷肥配施、钾磷肥配施与氮磷钾肥配施对土壤磷平衡值的影响差异不大。

（二）长期施肥下土壤有效磷含量对土壤磷素盈亏的响应

图 26-6 表示长期不同施肥模式下黄棕壤有效磷含量与土壤耕层磷盈亏的响应关系。在不施磷肥的 2 个处理（CK 和 N）中，只有 CK 处理土壤有效磷变化量与土壤累积磷亏缺值达到显著相关水平，CK 和 N 处理土壤每亏缺 100 kg P/hm²，有效磷分别下降

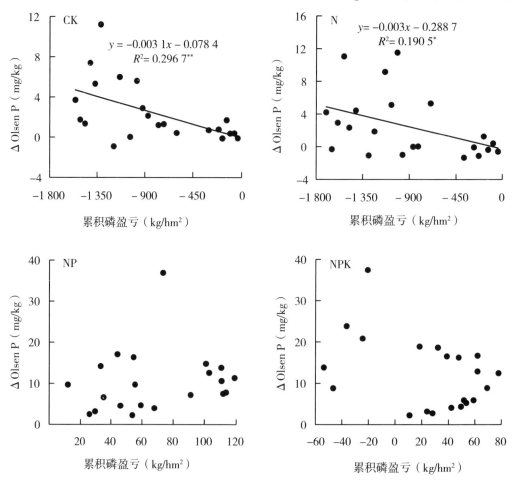

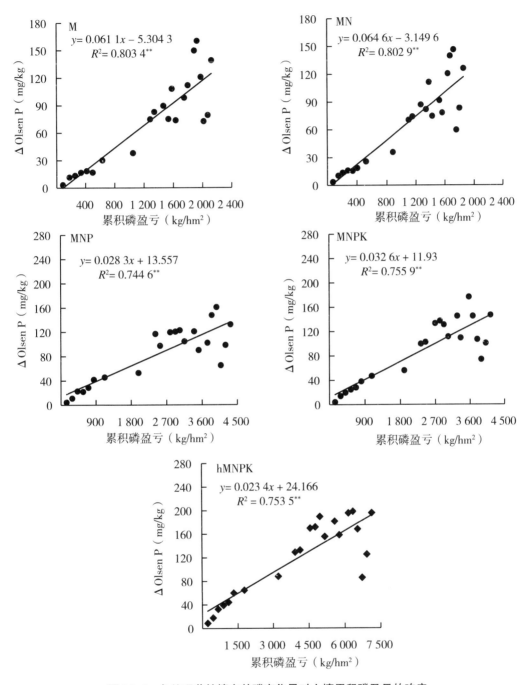

图 26-6　各处理黄棕壤有效磷变化量对土壤累积磷盈亏的响应

0.37 mg/hm² 和 0.38 kg/hm²；施用化学磷肥的 2 个处理（NP 和 NPK），NP 处理土壤有效磷与土壤累积磷盈余表现为正相关，土壤每累积 100 kg P/hm²，有效磷浓度上升

2.76 mg/kg；而 NPK 处理土壤有效磷与土壤累积磷盈余表现为负相关，土壤每亏缺 100 kg P/hm²，有效磷浓度下降 13.06 mg/kg。单施有机肥 M 和化肥配施有机肥 MN、MNP、MNPK 和 hMNPK 处理土壤有效磷与磷盈余量均表现为极显著正相关（$P<0.01$），土壤每累积 100 kg P/hm²，5 个处理土壤有效磷浓度分别上升 6.45 mg/kg、7.24 mg/kg、3.18 mg/kg、3.93 mg/kg 和 2.55 mg/kg。

如图 26-7 所示，35 年间每个处理土壤有效磷变化量与土壤累积磷盈亏达到极显著正相关（$P<0.01$），黄棕壤土壤每盈余 100 kg P/hm²，有效磷浓度上升 2.83 mg/kg。国际上多数研究认为约 10% 的累积盈余磷转变为有效磷的结果（Johnston，2000），曹宁等（2012）对中国 7 个长期试验地点有效磷与土壤累积磷盈亏的关系进行研究发现土壤有效磷含量与土壤磷盈亏呈极显著相关（$P<0.01$），7 个样点土壤每盈余 100 kg P/hm²，有效磷浓度上升范围为 1.44~5.74 mg/kg，试验结果的差异可能与连续施肥的时间、环境、种植制度和土壤理化性质不同有关。

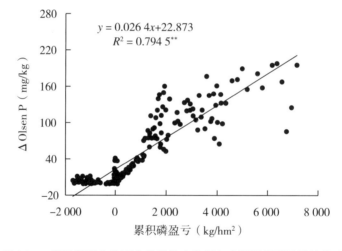

图 26-7　黄棕壤所有处理有效磷的变化量与土壤累积磷盈亏的关系

四、土壤有效磷农学阈值

基于黄棕壤不同施肥处理有效磷含量水平与作物产量长期定位数据，通过分析作物相对产量和土壤有效磷的变化趋势，结果表明，采用线线模型、线性—平台模型和米切里西方程均可以较好地模拟两者的关系，采用 3 种模型求出的阈值有一定差异，其中线性模型得出的阈值最小，而米切里西方程得出的阈值最大。采用米切里西方程计算得出的结果，小麦和水稻农学阈值分别为 21.46 mg/kg 和 5.83 mg/kg（图 26-8），可以看出在黄棕壤上，小麦的磷农学阈值低于水稻的磷农学阈值。可以推断，作物的农学阈值受作物类型、土壤类型以及气候环境等诸多因素的影响，在实际应用中需要结合实际情况考虑。另外，可以看到，阈值计算模型的选用，对于阈值的确定有很大影响，需要将模型的选择和实际的农业生产状况结合起来，才能准确计算出作物的农学阈值。

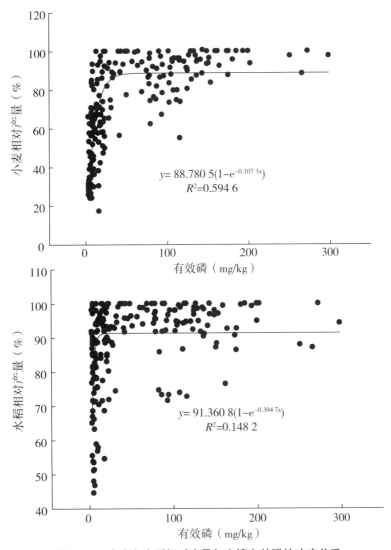

图 26-8 小麦和水稻相对产量与土壤有效磷的响应关系

五、磷肥回收率的演变

长期不同施肥下，作物吸磷量差异显著。对照和单施化肥处理作物吸磷量显著低于化肥氮磷钾配施处理，低于化肥配施有机肥处理，具体表现为 CK、N＜NP、NPK＜M＜MN＜MNP＜MNPK＜hMNPK。不施磷素（CK 和 N）处理，小麦和水稻对磷素的吸收保持在较低水平。施用有机肥处理（M、MN、MNP、MNPK 和 hMNPK），小麦和水稻磷素吸收逐渐升高后保持稳定，这与其产量的变化趋势一致。水稻的吸磷量要显著高于小麦（表 26-3，图 26-9）。

表 26-3　长期不同施肥作物磷素吸收特征　　　　　　　　单位：kg P/hm²

处理	1981—1990 年		1991—2000 年		2001—2010 年		2011—2016 年		1981—2016 年（36 年平均）	
	小麦	水稻	小麦	水稻	小麦	水稻	小麦	水稻	小麦	水稻
CK	5.82	33.63	10.80	30.51	13.67	40.81	17.31	31.09	11.46	34.33
N	6.67	40.61	7.60	35.49	11.60	43.54	16.89	40.27	10.09	39.94
NP	15.90	50.14	22.41	48.22	23.88	54.95	31.83	50.54	22.77	51.01
NPK	18.11	49.08	26.90	47.04	29.66	52.83	33.69	50.08	26.59	49.72
M	17.82	49.24	33.17	47.14	36.85	53.92	43.95	52.37	32.12	50.48
MN	23.68	54.92	36.68	52.09	41.92	54.56	46.69	54.68	36.55	53.99
MNP	24.23	54.85	40.58	52.24	43.45	56.47	45.38	55.97	38.02	54.76
MNPK	27.36	57.27	41.69	54.79	47.73	60.07	50.68	56.36	41.27	57.21
hMNPK	30.06	62.70	46.50	57.87	52.35	62.75	55.89	64.04	45.55	61.60

黄棕壤长期施用磷肥下，小麦和水稻产量与磷素吸收量变化关系可以看出，作物产量与磷素吸收量呈极显著正相关（图 26-9）。小麦直线方程为 $y = 0.070\ 3x + 0.333\ 6$（$R^2 = 0.949\ 1$，$P < 0.01$），水稻的直线方程为 $y = 0.098\ 6x + 0.982\ 7$（$R^2 = 0.892\ 2$，$P < 0.01$）。根据两者相关方程可以计算出，每吸收 1 kg 磷，能提高小麦和水稻产量分别为 70.3 kg/hm² 和 98.6 kg/hm²（图 26-9）。

长期不同施肥处理下，磷肥回收率的变化趋势各不相同（图 26-10，图 26-11）。施用化肥的 NP 和 NPK 处理，磷肥回收率基本平稳。化肥配施有机肥处理磷肥回收率较

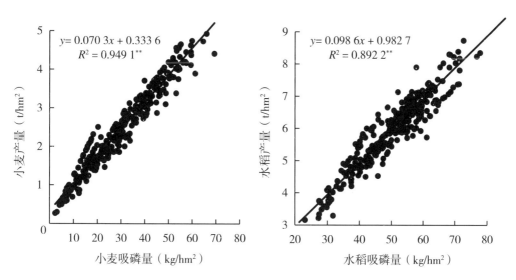

图 26-9　小麦和水稻产量与作物磷素吸收的关系

单施化肥处理的磷肥回收率低一些。小麦的磷肥回收率在最近的 10 年基本比较稳定，而水稻的磷肥回收率最近 10 年有提高的趋势。高静（2009）报道 NPKM 处理的磷肥回收率随着时间的增加（1990—2010 年）保持平稳，平均值分别为 27.5% 和 21.0%。

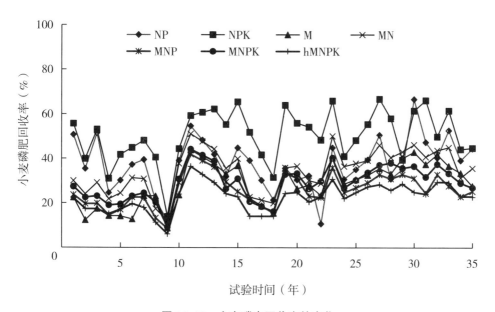

图 26-10　小麦磷素回收率的变化

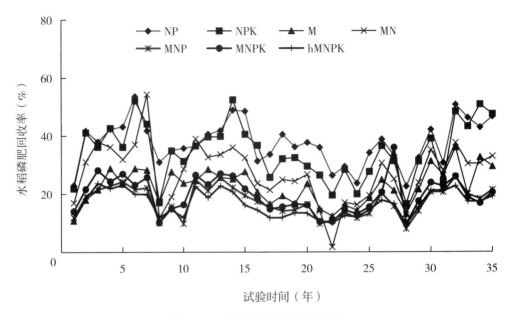

图 26-11　水稻磷肥回收率的变化

　　长期不同施肥下，磷肥回收率对连续施磷时间的响应关系不同（表 26-4）。NPK 处理小麦和水稻回收率基本持平；M、MN 及 MNPK 处理，小麦磷肥回收率呈显著上升趋势，水稻磷肥回收率基本持平。

表 26-4　磷肥回收率随施磷时间的变化关系

处理	小麦		水稻	
	回归方程	R^2	回归方程	R^2
NP	$y=0.224\,8x+33.660$	0.038 5	$y=0.064\,5x+35.870$	0.006 6
NPK	$y=0.341\,9x+44.295$	0.088 6	$y=0.056\,0x+33.159$	0.003 4
M	$y=0.608\,6x+17.472$	0.387 6*	$y=0.125\,1x+19.891$	0.041 6
MN	$y=0.470\,9x+26.038$	0.239 2*	$y=-0.117\,5x+29.218$	0.015 4
MNP	$y=0.270\,6x+20.991$	0.134 4	$y=-0.021\,5x+17.755$	0.002 0
MNPK	$y=0.354\,1x+22.656$	0.205 1*	$y=-0.042\,5x+20.220$	0.005 2
hMNPK	$y=0.278\,6x+17.506$	0.195 4	$y=-0.021\,7x+16.786$	0.002 7

　　长期不同施肥措施下，不同作物的不同处理磷肥回收率对有效磷的响应关系不同（图 26-12，图 26-13）。小麦和水稻磷肥的回收率与土壤有效磷的响应关系存在一定的差异，小麦磷回收率随土壤有效磷的增加而增加，而水稻磷回收率随有效磷含量先上升后下降；M 处理，小麦的磷回收率随有效磷含量的增加而显著增加，水稻的磷回收率随

有效磷含量增加而缓慢增加。

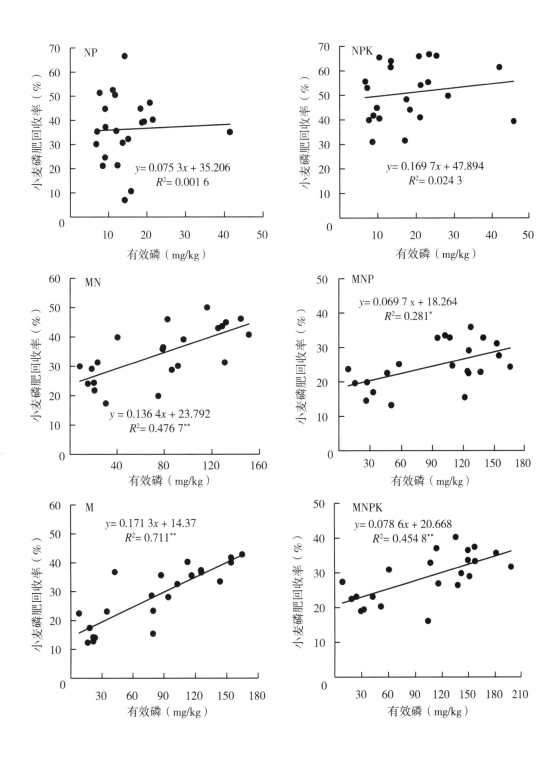

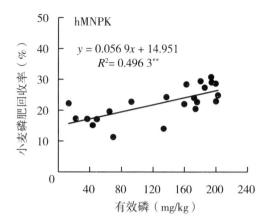

图 26-12　小麦磷肥回收率与土壤有效磷的关系

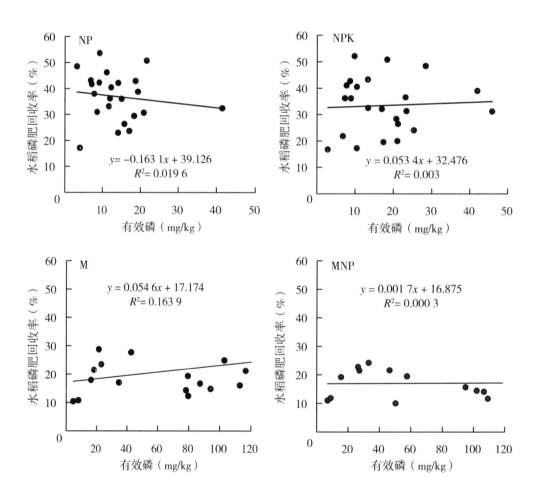

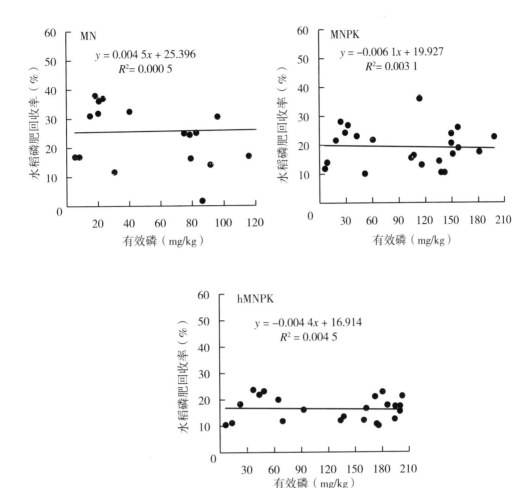

图 26-13　水稻磷肥回收率与土壤有效磷的关系

六、主要研究结果与展望

试验各处理随着试验年限的延长，施磷肥的 NP 和 NPK 处理与基础土样和 CK 比较，土壤全磷均有所提高，但增加幅度不大。在施有机无机肥的处理中，所有处理与基础土样和 CK 比较土壤全磷含量均增加，特别是 MNP、MNPK 和 hMNPK 处理增幅最大，试验 19 年后，MNP、MNPK 和 hMNPK 处理土壤全磷含量已超过基础样的 3.3 倍、3.4 倍和 4 倍，长期施用猪粪具有累积磷的作用。施用磷肥之后，土壤有效磷含量均随施磷时间延长呈现上升趋势，并且呈极显著的正相关。连续施用有机肥猪粪 10 年之后，土壤有效磷含量都超过了施用磷肥的阈值，长期施用猪粪要考虑磷的累积及其对环境的影响。

长期施肥下磷素的演变结果表明：不施磷肥的处理（CK 和 N）土壤全磷有所下降；施磷肥的处理（NP、NPK、M、MN、MNP、MNPK 和 hMNPK）土壤全磷、有效磷和 PAC 值均有所上升，说明施磷能够提高土壤磷水平和磷素活化效率。

长期化肥与有机肥配施处理下，土壤有效磷的变化与磷平衡呈较好的正相关，斜率代表着黄棕壤土壤磷平均每盈亏 1 个单位（kg P/hm²）相应的有效磷消长量（mg/kg），该方程可以在一定程度上预测土壤有效磷的变化。或根据土壤有效磷的农学阈值和土壤环境阈值（引起环境污染的临界值），确定某一土壤有效磷的年变化量，以及作物带走的磷含量，可以推算出磷肥用量。

黄棕壤长期施用磷肥下，作物产量与磷素吸收呈极显著正相关。根据两者相关方程可以计算出，在黄棕壤上作物每吸收 1 kg 磷，小麦和水稻产量分别提高 70.3 kg/hm² 和 98.6 kg/hm²。

稻—麦轮作长期施肥对土壤全磷和有效磷含量的影响已经有大量的研究，今后应重点开展长期施肥对不同形态土壤磷含量的研究，土壤磷活化机制及相关的土壤生物研究，开展磷肥施用对土壤环境的影响研究，提高磷资源的利用效率。

（李双来、胡诚、刘东海）

主要参考文献

鲍士旦,2000. 土壤农化分析[M]. 3 版. 北京：中国农业出版社.

曹宁,陈新平,张福锁,等,2007. 从土壤肥力变化预测中国未来磷肥需求[J]. 土壤学报,44(3)：536-543.

高静,2009. 长期施肥下我国典型农田土壤磷库与作物磷肥效率的演变特征[D]. 北京：中国农业科学院.

贾兴永,李菊梅,2011. 土壤磷有效性及其与土壤性质关系的研究[J]. 中国土壤与肥料(6)：76-82.

李庆逵,1996. 中国红壤[M]. 北京：科学出版社.

李庆逵,朱兆良,于天仁,1988. 中国农业持续发展中的肥料问题[M]. 南昌：江西科学技术出版社.

刘京,2015. 长期施肥下紫色土磷素累积特征及其环境风险[D]. 重庆：西南大学.

鲁如坤,2000. 土壤农业化学分析方法[M]. 北京：中国农业科学技术出版社.

鲁如坤,时正元,钱承梁,1997. 土壤积累态磷研究[J]. 土壤(2)：57-60.

裴瑞娜,2010. 长期施肥下我国典型农田土壤有效磷对磷盈亏的响应[D]. 甘肃：甘肃农业大学.

曲均峰,戴建军,徐明岗,等,2009a. 长期施肥对土壤磷素影响研究进展[J]. 热带农业科学,29(3)：75-80.

曲均峰,李菊梅,徐明岗,等,2009b. 中国典型农田土壤磷素演化对长期单施氮肥的响应[J]. 中国农业科学,42(11)：3933-3939.

徐明岗,张文菊,黄绍敏,等,2015. 中国土壤肥力演变[M]. 2版. 北京：中国农业科学技术出版社.

BAI Z H, LI H G, YANG X Y, et al., 2013. The critical soil P levels for crop yield soil fertility and environmental safety in different soil types[J]. Plant and soil, 372(1-2)：27-37.

CAO N, CHEN X, CUI Z, et al., 2012. Change in soil available phosphorus in relation to the phosphorus budget in China[J]. Nutrient cycling in agroecosystems, 94(2-3)：161-170.

COLOMB B, DEBAEKE P, JOUANY C, et al., 2007. Phosphorus management in low input stockless cropping systems：crop and soil responses to contrasting P regimes in a 36-year experiment in southern France[J]. European journal of agronomy, 26(2)：154-165.

HAN X M, HU C, CHEN Y F, et al., 2020. Crop yield stability and sustainability in a rice-wheat cropping system based on 34-year field experiment[J]. European journal of agronomy, 113：125965.

HU C, XIA X G, HAN X M, et al., 2018a. Soil nematode abundances were increased by an incremental nutrient input in a paddy-upland rotation system[J]. Helminthologia, 55(4)：322-333.

HU C, XIA X G, HAN X M, et al., 2018b. Soil organic carbon sequestration as influenced by long-term manuring and fertilization in the rice-wheat cropping system[J]. Carbon management, 9(6)：619-629.

HU C, LI S L, QIAO Y, et al., 2015. Effects of 30 years repeated fertilizer applications on soil properties, microbes and crop yields in rice-wheat cropping systems[J]. Experimental agriculture, 51(3)：355-369.

HU C, XIA X G, CHEN Y F, et al., 2019. Yield, nitrogen use efficiency and balance response to thirty-five years fertilization in paddy rice-upland wheat cropping system[J]. Plant, soil and environment, 65(2)：55-62.

JOHNSTON A E, 2000. Soil and plant phosphate[M]. Pairs: International Fertilizer Industry Association Press.

LIU Y, HU C, HU W, et al., 2018. Stable isotope fractionation provides information on carbon dynamics in soil aggregates subjected to different long-term fertilization practices [J]. Soil and tillage research, 177: 54-60.

LIU Y, HU C, MOHAMED I, et al., 2016. Soil CO_2 emissions and drivers in rice-wheat rotation fields subjected to different long-term fertilization practices[J]. Clean soil air water, 44(7): 867-876.

MALLARINO A P, BLACKMER A M, 1992. Comparison of methods for determining critical concentrations of soil test phosphorus for corn[J]. Agronomy journal, 84(5): 850-856.

TANG X, LI J M, MA Y B, et al., 2009. Determining critical values of soil olsen-P for maize and winter wheat from long-term experiments in China[J]. Plant and soil, 323 (1-2): 143-151.

第二十七章 水稻土磷素演变及磷肥高效利用

水稻土是我国农业生产中最重要的土壤种类之一，在维护国家粮食安全和世界水稻生产中有着十分重要的地位。我国约93%的水稻土分布在长江以南地区，是我国最重要的水耕土壤，此类土壤是在长期的淹水排水及大量施用有机肥等频繁的人为活动作用下形成的。它的耕作制度主要是以种植水稻为主，在粮食生产中占有重要地位，因此，与其相关的研究都受到长期重视。

长期以来，我国科研工作者在水稻土生产力、养分循环和土壤培肥等方面开展了大量的研究，取得了许多成果，积累了宝贵经验。但是以往的研究多以施肥对提高水稻产量和土壤养分含量影响的研究为主，而对于长期施肥条件下土壤性质变化趋势及对土壤生产力影响的研究较少。因此，本章在浙江省土壤肥料与环境科学观测试验站研究的基础上，总结不同施肥条件下土壤养分变化趋势以及对土壤生产力的影响，并在此研究基础上，探讨浙江省潴育水稻土改良培肥技术，为保障粮食安全提供科学依据。

一、长期定位试验概况

（一）试验点基本概况

试验开始于1990年，试验地位于浙江省嘉兴地区海宁市许村镇杨渡村浙江省农业科学院试验场内，该试验地地处杭州湾钱塘江西北岸（北纬30°26′，东经120°24′），年平均气温15~18℃，极端最高气温33~43℃，极端最低气温-17.4~-2.2℃（历史记录最高气温40.2℃，最低气温-7.9℃），≥10℃积温4 800~5 200℃，年降水量1 500~1 600 mm，年蒸发量1 000~1 100 mm，无霜期240~250 d，年日照时数1 900~2 000 h，年太阳辐射量100~115J/cm²。

试验供试土壤归属水稻土类，渗育型水稻土亚类，黄松田土种。母质为湖海相过渡浅海沉积物，地形属冲积海积平原。经过1988—1990年3年匀地后开始试验。试验开始时的耕层及剖面土壤基本性质见表 27-1。

表 27-1　试验点概况及初始土壤基本理化性质

理化指标	0~20 cm	20~30 cm	30~50 cm	50~100 cm
有机质（g/kg）	27.4	15.8	6.7	5.7
全氮（g/kg）	1.7	0.9	0.4	0.6
全磷（g/kg）	1.1	0.9	0.3	0.5
全钾（g/kg）	13.2	13.8	13.7	16.3
碱解氮（mg/kg）	174.0	111.0	32.0	32.0
有效磷（mg/kg）	65.0	89.0	17.0	5.0
速效钾（mg/kg）	52.0	45.0	58.0	103.0
缓效钾（mg/kg）	346.0	345.0	387.0	696.0
pH 值	6.0	6.9	7.1	7.3

（二）试验设计

试验设 8 个处理：①耕作不施肥（CK）；②单施化学氮肥（N）；③施用化学氮、磷肥（NP）；④施用化学氮、钾肥（NK）；⑤施用化学氮、磷、钾肥（NPK）；⑥配合施用化学氮、磷、钾肥和有机肥（有机肥源为商品有机肥，NPKM）；⑦配合施用高量化学氮、磷、钾肥和有机肥（1.3NPK+M）（NPKM′）；⑧单独施用有机肥（M）。

施肥试验从 1991 年开始，试验采取随机区组设计，小区面积 300 m²，无重复。各小区之间用水泥埂隔开。肥料用量为年施用纯 N 375 kg/hm²，N∶P₂O₅∶K₂O＝1∶0.5∶0.5，有机肥为 22 500 kg/hm²。各处理肥料实物施用量见表 27-2、表 27-3 和表 27-4，所有施 N 小区的纯氮用量相同，其中有机肥料为商品有机肥，有机肥带入磷养分含量为 0.6%，1990—2000 年采用早稻—晚稻—大麦一年三熟轮作制，三季 N、P₂O₅、K₂O 用量比为大麦∶早稻∶晚稻＝1∶2∶2，有机肥平均施用；2001—2010 年采用大麦—水稻一年两熟轮作制，施肥总量不变，稻季肥料施用量占全年施肥量的 68%，大麦季占全年施肥量 32%，有机肥平均施用；2012 的秋季更改为油菜—水稻一年两熟轮作制，稻季肥料施用量占全年施肥量的 64%，油菜季占全年施肥量 36%，有机肥平均施用。氮肥分 3 次施入、有机肥和磷钾肥料在作物播种前作基肥 1 次施用。各小区单独测产，在作物收获前分区取样，进行考种和经济性状测定，同时取植株分析样。水稻收获后的 11 月按"之"字形采集 0~20 cm 土壤，每小区每层取 7~10 个点混合成 1 个样，室内风干，磨细过筛，装瓶保存备用。

表 27-2　肥料施用量（1990—2000 年）　　　　　　　　　　　单位：kg/hm²

处理	早稻季		晚稻季		大麦季	
	化肥	有机肥 M	化肥	有机肥 M	化肥	有机肥 M
CK	0-0-0	0	0-0-0	0	0-0-0	0
N	150-0-0	0	150-0-0	0	75-0-0	0
NP	150-75-0	0	150-75-0	0	75-37.5-0	0
NK	150-0-75	0	150-0-75	0	75-0-37.5	0
NPK	150-75-75	0	150-75-75	0	75-37.5-37.5	0
NPKM	150-75-75	7 500	150-75-75	7 500	75-37.5-37.5	7 500
NPKM'	200-100-100	7 500	200-100-100	7 500	100-50-50	7 500
M	0-0-0	7 500	0-0-0	7 500	0-0-0	7 500

注：表中 0-0-0 代表 $N\text{-}P_2O_5\text{-}K_2O$ 的施肥量，依此类推。

表 27-3　肥料施用量（2001—2010 年）　　　　　　　　　　　单位：kg/hm²

处理	稻季		大麦季	
	化肥	有机肥 M	化肥	有机肥 M
CK	0-0-0	0	0-0-0	0
N	255-0-0	0	120-0-0	0
NP	255-127.5-0	0	120-60-0	0
NK	255-0-127.5	0	120-0-60	0
NPK	255-127.5-127.5	0	120-60-60	0
NPKM	255-127.5-127.5	11 250	120-60-60	11 250
NPKM'	331.5-165.75-165.75	11 250	156-78-78	11 250
M	0-0-0	11 250	0-0-0	11 250

注：表中 0-0-0 代表 $N\text{-}P_2O_5\text{-}K_2O$ 的施肥量，依此类推。

表 27-4　肥料施用量（2011 年起）　　　　　　　　　　　单位：kg/hm²

处理	稻季		油菜季	
	化肥	有机肥 M	化肥	有机肥 M
CK	0-0-0	0	0-0-0	0
N	240-0-0	0	135-0-0	0
NP	240-120-0	0	135-67.5-0	0
NK	240-0-120	0	135-0-67.5	0
NPK	240-120-120	0	135-67.5-67.5	0

续表

处理	稻季		油菜季	
	化肥	有机肥 M	化肥	有机肥 M
NPKM	240-120-120	11 250	135-67.5-67.5	11 250
NPKM′	312-156-156	11 250	175.5-87.75-87.75	11 250
M	0-0-0	11 250	0-0-0	11 250

注：表中 0-0-0 代表 $N-P_2O_5-K_2O$ 的施肥量，依此类推。

二、长期施肥下土壤全磷和有效磷的变化趋势及其关系

（一）长期施肥下土壤全磷的变化趋势

长期不同施肥下土壤全磷含量变化如图 27-1 所示，不施磷肥的处理（CK、N 和 NK）由于作物吸收土壤磷等原因，土壤全磷含量呈现缓慢波状下降趋势，各处理从开始时（1990 年含量）的 1.078 g/kg 分别变化为 2017 年的 0.939 g/kg、1.070 g/kg 和 0.814 g/kg。

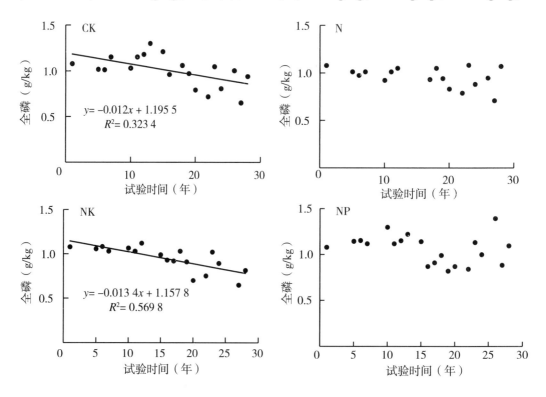

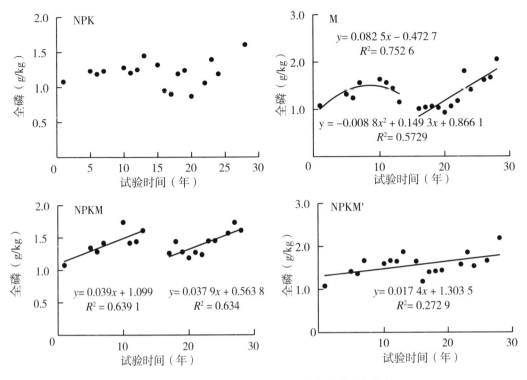

图 27-1 长期不同施肥管理下土壤全磷的变化趋势

土壤施用磷肥后，NP 和 NPK 处理磷素的施用量大于作物携出磷量，土壤全磷含量整体表现为上升趋势，由于 2002 年土体搬迁原因，表层土体扰动较大，土壤全磷含量较前期呈现较大的下降幅度后又表现为上升趋势，NP 和 NPK 处理土壤全磷由 1990 年 1.078 g/kg 分别上升到 2017 年 1.094 g/kg 和 1.606 g/kg。

施用有机肥及化肥配施有机肥的各处理（M、NPKM 和 NPKM′）土壤全磷含量也表现为上升趋势，根据线性方程统计各处理土壤全磷年增加速率分别为 0.08 g/kg、0.04 g/kg 和 0.06 g/kg（2016 年后）。

（二）长期施肥下土壤有效磷的变化趋势

农田土壤有效磷含量高低，在一定程度上可以反映农田土壤磷素流失潜能（图 27-2）。长期不施用磷肥处理（CK、N 和 NK）土壤有效磷含量呈现 2 个阶段，第 1 个阶段（1990—2003 年）土壤有效磷含量呈上升趋势，第 2 个阶段（2005—2018 年）土壤有效磷含量随时间呈下降趋势，究其原因是前期灌溉水及大气沉降等外源磷的输入量较高，从而导致土壤有效磷含量上升，后期灌溉水中磷输入量的减少加上作物籽粒和秸秆携出大量磷素，导致土壤中的有效磷出现下降趋势，单施 N 肥区和 NK 配施区土壤有效磷含量下降趋势均大于 CK 区；施用磷肥之后，土壤有效磷含量随种植时间呈

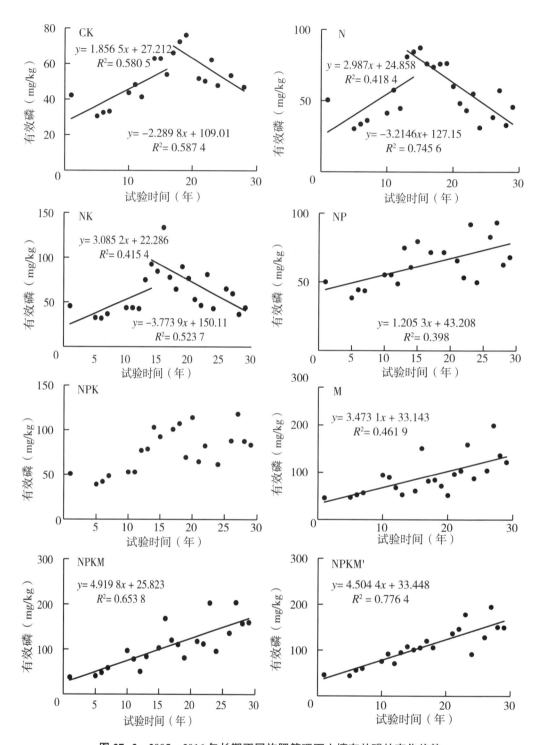

图 27-2　2005—2016 年长期不同施肥管理下土壤有效磷的变化趋势

上升趋势，其中以有机肥施用和有机肥与化肥配施上升幅度最大，其原因主要是一方面有机肥自身含有一定数量的有机磷，另一方面有机肥增加了土壤有机质的含量，从而活化了土壤吸附的磷，使其转为有效态磷释放到土壤中。同时，NPKM′处理磷肥的投入量高于 NPKM 处理，但由于输出量高，其土壤有效磷含量不及 NPKM，各处理土壤有效磷增加幅度依次为：NPKM >NPKM′ >M>NPK>NP。

（三）长期施肥下土壤全磷与有效磷的关系

土壤磷素活化系数（PAC）可以表征土壤磷素有效性，土壤磷素活化系数越高，则土壤磷素有效性越高。在施肥管理前期，各处理土壤磷素活化系数均随着时间的推移而上升（图 27-3），随着种植年限的推移，不施肥处理（CK）与纯施化肥区（N、NK、NP 和 NPK）土壤磷素活化系数表现逐年下降趋势，并且 N 和 NK 处理出现下降趋势的时间早于不施肥处理（CK）和施磷处理（NP 和 NPK），定位试验期间各处理磷素活化系数均高于 2%，单施 N 区和 NK 配施区土壤磷素活化系数下降趋势均高于 CK 处理区，2017 年 N 处理土壤磷素活化系数仅为 3%，说明单施 N 区和 NK 配施区磷素耗损较 CK 处理严重；有研究表明，当土壤磷素活化系数<2%，表明土壤全磷转化率较低，有效磷容量和供给强度弱。有机肥的添加能有效地增加土壤磷素活化系数，较试验初期增加了 20%以上，说明有机肥添加能有效地改善土壤性状，增加土壤供给强度。各处理土壤磷素活化系数增加幅度依次为：NPKM >M>NPKM′>NP>NPK>CK>NK>N。

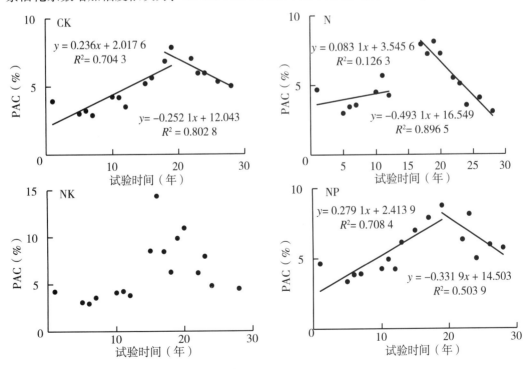

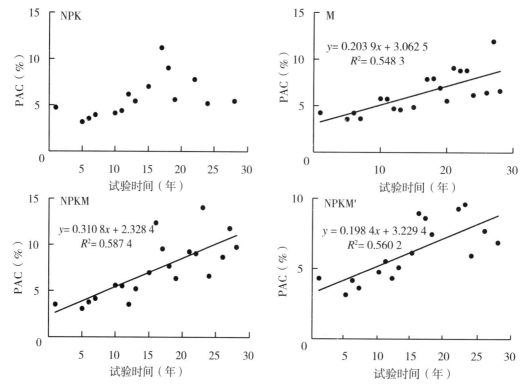

图 27-3 长期施肥对水稻土磷活化系数（PAC）的影响（2005—2016 年）

三、长期施肥下土壤有效磷变化对土壤磷盈亏的响应特征

（一）长期施肥下土壤磷素盈亏情况

图 27-4 为长期施肥下各处理土壤磷素盈亏情况，由于 CK、单施 N 肥区和 NK 配施区作物吸收的磷素主要来源于土壤，土壤磷一直处理亏缺状态，其中以 NK 配施区磷年均亏缺量最高，其次为 62.6 kg/hm² 单施 N 肥区，年均亏缺量 58.7 kg/hm²，CK 处理土壤磷素年均亏缺量为 42.5 kg/hm²；磷肥施用区（NP 和 NPK）和有机肥施用区（M、NPKM 和 NPKM′）土壤磷素表现为盈余状态，其中以有机肥施用区磷素盈余最为明显，M、NPKM 和 NPKM′区土壤磷素年均盈余分别达到 95.4 kg/hm²，137.4 kg/hm² 和 160.7 kg/hm²，各处理土壤磷素盈余量由高到低依次为：NPKM′>NPKM>M >NP > NPK>CK>N>NK。另外，通过图 27-4（a）可见土壤磷素盈亏在 2012 年有一个较大的波折，NP 和 NPK 处理土壤磷素出现亏缺现象，年均磷亏缺分别为 30.1 kg/hm² 和 47.3 kg/hm²；有机肥施用区（M、NPKM 和 NPKM′）土壤磷素一直呈盈余状态，但自

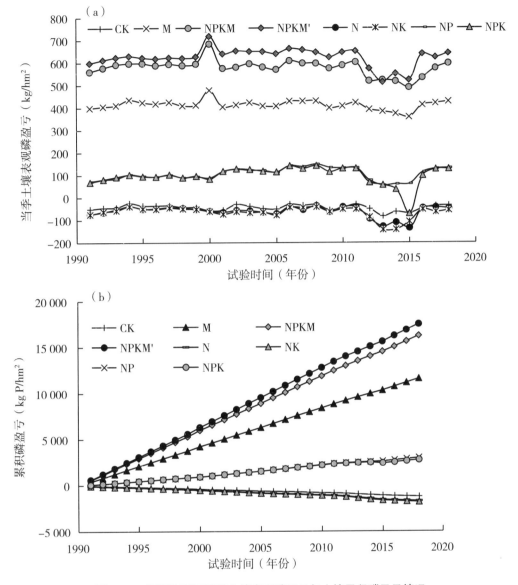

图 27-4 长期施肥下当季土壤表观磷盈亏与土壤累积磷盈亏情况

2012 年起年均盈余量明显降低。原因主要是该年度种植制度由水稻—大麦轮作更改为水稻—油菜轮作，由于油菜需磷量远远高于大麦，导致土壤磷盈余量明显降低。2016年，由于倒春寒，油菜受冻害影响，产量较往年明显降低，从而导致该年度土壤磷盈余量有所提升。

当施用的磷肥量超过作物吸磷量时，剩余的磷将留在土壤中，引起土壤中有效磷含量的升高。图 27-4（b）为试验期间各处理土壤累积磷盈亏。由图可知，未施磷肥的 3个处理（CK、N 和 NK）土壤累积磷一直处于亏缺态，并且亏缺值随种植时间延长而增加，其中 CK 处理土壤磷亏缺值最少，其原因主要是 CK 处理没有任何肥料的供应，作物产量最低，土壤携出磷量最低，而氮钾肥配施（NK）处理土壤累积磷亏缺值最高。单施化学磷肥的 2 个处理（NP 和 NPK）土壤累积磷一直处于盈余状态，并且随种植时间延长盈余值增加，2018 年土壤累积磷盈余值分别为 2 758.39 kg/hm² 和 2 979.58 kg/hm²。单施有机肥（M）和化肥配施有机肥（NPKM 和 NPKM'）的处理土壤累积磷盈余值均较高，2018 年分别达到 11 579.25 kg/hm²、16 224.06 kg/hm² 和 17 503.17 kg/hm²，说明单施有机肥或者化肥配施有机肥能有效地提高土壤磷平衡值，而氮磷肥配施与氮磷钾肥配施对土壤磷平衡值的影响差异不大。

（二）长期施肥下土壤磷变化对土壤磷素盈亏的响应

图 27-5 表示长期不同施肥模式土壤有效磷变化量与土壤耕层磷盈亏的响应关系。不施磷肥的 3 个处理（CK、N 和 NK）土壤有效磷变化量与土壤累积磷亏缺值的相关关系呈极显著抛物曲线，施用化学磷肥 2 个处理（NP 和 NPK），土壤有效磷与土壤累积磷盈余表现为极显著正相关（$P<0.01$），土壤每累积 100 kg P/hm²，有效磷浓度分别上升 1.11 g/kg 和 1.82 g/kg。单施有机肥（M）和化肥配施有机肥（NPKM 和 NPKM'）的处理土壤有效磷变化量与磷盈余表现为极显著正相关（$P<0.01$），土壤每累积 100 kg P/hm²，3 种处理土壤有效磷浓度分别上升 0.87 g/kg、0.83 g/kg 和 0.07 g/kg。

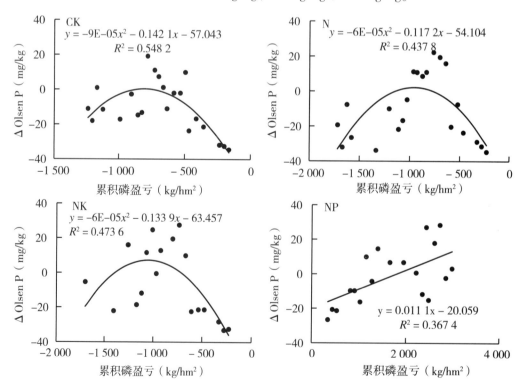

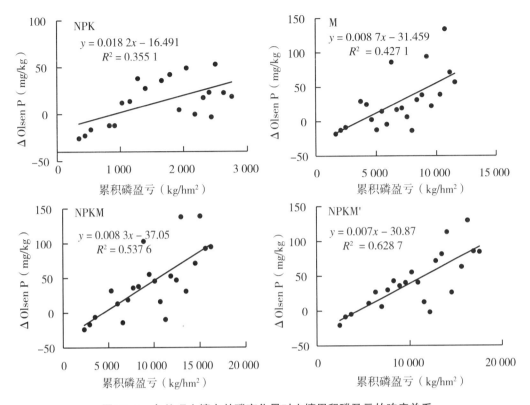

图 27-5　各处理土壤有效磷变化量对土壤累积磷盈亏的响应关系

图 27-6 表示长期不同施肥模式下土壤全磷变化量与土壤耕层磷盈亏的响应关系。从图中可见，除 NK 处理外，其他各处理土壤全磷变化量与土壤累积磷盈亏的相关性均未达到显著水平，各处理土壤每亏缺 100 kg P/hm²，土壤全磷含量均不同程度下降，其中以 CK 处理下降最高，为 0.04 mg/kg，有机肥施入处理（M、NPKM 和 NPKM′）土壤全磷含量下降率最低。

如图 27-7 所示，试验期间所有处理土壤全磷（a）及有效磷（b）变化量与土壤累积磷亏缺值均达到极显著正相关（$P<0.01$），土壤每盈余 100 kg P/hm²，土壤全磷浓度上升 0.004 g/kg，有效磷浓度上升 0.52 mg/kg。曹宁等（2012）对中国 7 个长期试验地点有效磷与土壤累积磷盈亏的关系进行研究发现，土壤有效磷含量与土壤磷盈亏呈极显著线性相关（$P<0.01$），中国 7 个样点每盈余 100 kg P/hm²，有效磷浓度上升范围为 1.44~5.74 mg/kg；王艳玲等指出土壤每增加 100 kg P/hm²，土壤全磷增加 0.5 g/kg，有效磷增加 5 mg/kg。鲁如坤在浙江省、江西省红壤性水稻土和河南省潮土上 14 年定位试验研究表明，土壤磷盈余 16 kg/hm² 下可以使土壤有效磷增加 1 mg/kg。Aulakh et al. 研究发现，在砂壤中施入磷肥，当每盈余 100 kg P/hm²，土壤有效磷含量提高 2 mg/kg；

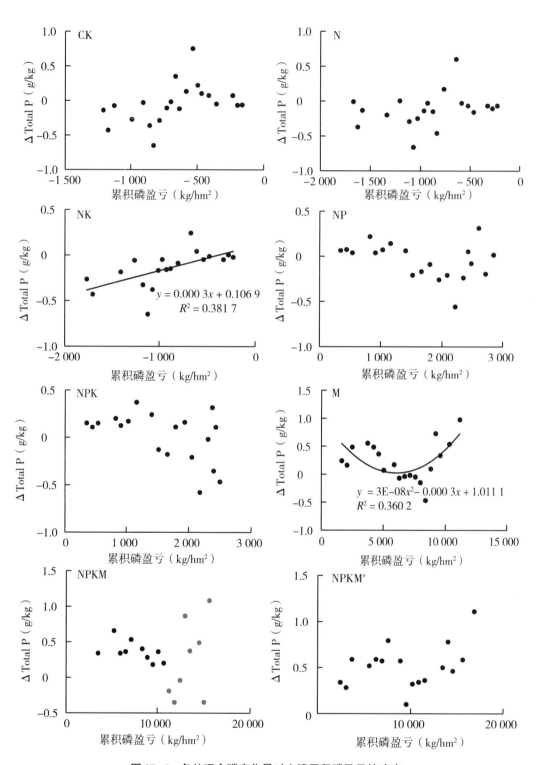

图27-6　各处理全磷变化量对土壤累积磷盈亏的响应

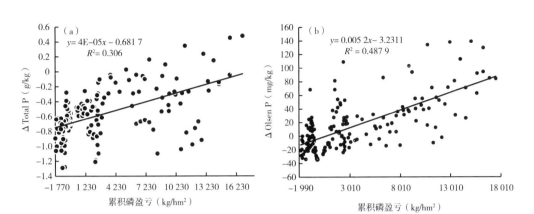

图 27-7 长期施用磷肥土壤全磷（a）及有效磷（b）变化量与累积磷盈亏的关系（1991—2018 年）

Selles et al. 在小麦轮作制度研究中发现，每盈余 100 kg P/hm²，土壤有效磷提高约 0.15 kg/hm²。由此可见，不同类型土壤有效磷对磷盈亏的响应关系存在明显差异。本研究结果土壤全磷和有效磷含量增加量远远低于以往的研究结果，试验结果的差异可能与土壤理化性质、种植制度、环境等因素有关。

（三）不同施肥处理下磷投入与土壤磷素盈亏的平衡

有研究表明，当磷素投入量与消耗量达到平衡时，就能保证土壤有效磷含量处于一个相对稳定的水平，且能满足作物正常生长需求。长期不同施肥处理下磷投入与土壤磷素盈亏的关系如图 27-8。可见，大麦季、油菜季和单季稻季土壤有效磷年均累积量均随磷投入量的增加而增加。并且各作物季磷投入量与土壤有效磷年均积累量有较好的相关性，分析结果表明，在大麦季时，维持磷平衡所需的最低磷投入量为 13.5 kg/hm²；单季稻时，维持磷平衡所需的最低磷投入量为 42.4 kg/hm²；油菜季时，维持磷平衡所

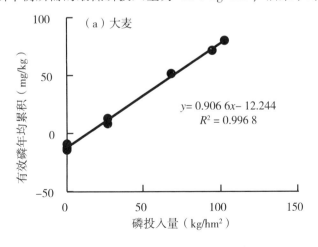

需的最低磷投入量为 31.6 kg/hm²。

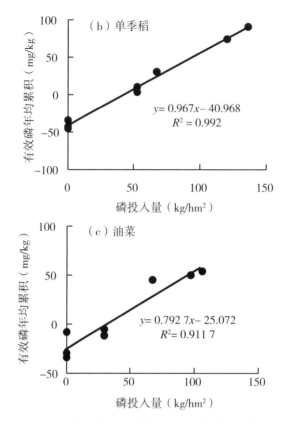

图 27-8　长期不同施肥下磷投入与土壤磷盈亏的关系

四、磷肥回收率的演变趋势

（一）作物产量与吸磷量之间的关系

长期施用磷肥下，大麦、油菜和单季稻产量与磷素吸收变化趋势关系可以看出，作物产量与磷素吸收呈极显著正相关（图 27-9）。大麦直线方程为 $y=0.004\,7x+3.173\,6$（$R^2=0.558\,3$，$P<0.01$），油菜直线方程为 $y=0.018\,5x+4.665\,6$（$R^2=0.544\,1$，$P<0.01$），单季稻直线方程为 $y=0.015x+58.346$（$R^2=0.490\,8$，$P<0.01$）。

（二）作物磷素回收率

长期不同施肥下，不同作物间磷素回收率存在一定差异，从作物品种来看，以大麦

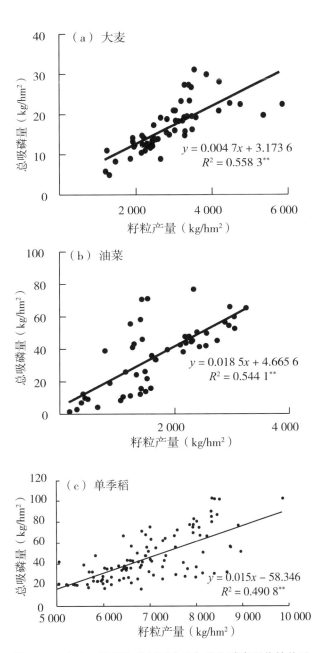

图 27-9　大麦、油菜和单季稻产量与作物磷素吸收的关系

各处理磷素回收率最高，年均回收率高达 61.1%，油菜及单季稻磷素回收率均远远不及大麦，其中油菜磷素年均回收率为 16.3%，单季稻仅为 14.9%，各作物磷素回收率表现为：大麦>油菜>早稻>晚稻>单季稻；从各处理来看，油菜、小麦和单季稻均以化肥磷施用区（NPK 和 NP）磷素回收率最高，有机肥的添加导致磷素回收率下降，各作物各处理磷素回收率由高到低顺序为：NPK>NP>NPKM>NPKM′>M。

（三）长期施肥下土壤有效磷与磷年总回收率的相关性

长期不同施肥条件下，不同作物不同处理磷回收率对土壤有效磷的响应关系差异较大（图27-10，图27-11，图27-12，图27-13，图27-14，图27-15），NP、NPKM 和 M 处理大麦的磷回收率均随土壤有效磷含量的增加呈上升趋势，NPK 处理大麦的磷回收率

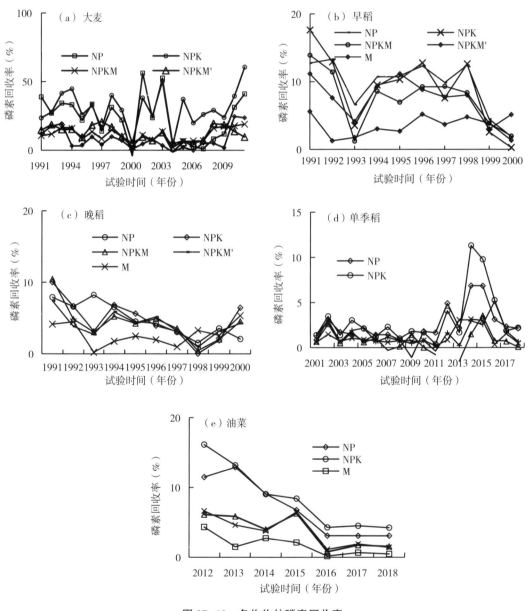

图 27-10　各作物的磷素回收率

随土壤有效磷含量的增加呈下降，NPKM′处理大麦的磷回收率随土壤有效磷含量的增加则呈先上升后下降趋势；NP、NPK 和 NPKM 处理的油菜磷回收率均随土壤有效磷含量的增加则呈先上升后下降趋势，在土壤有效磷含量介于 65~75 mg/kg 时，NPKM 处理的油菜磷回收率保持平衡，当土壤有效磷含量高于 75 mg/kg 后，NPKM 处理的油菜磷回收率急剧下降，M 处理的油菜磷回收率则随土壤有效磷含量的增加呈上升趋势；对于单季稻而言，除 M 处理磷的回收率与土壤有效磷没有明显的相关性外，其他各处理磷的回收率均随土壤有效磷含量的增加呈上升趋势，上升趋势由大到小依次为：NP>NPK>NPKM>NPKM′。

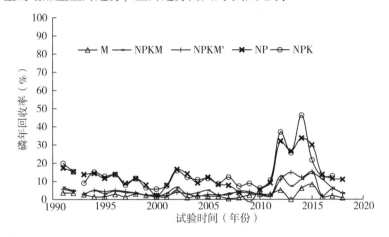

图 27-11　各处理磷年回收率

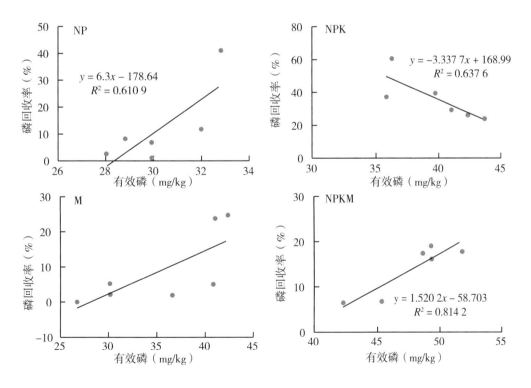

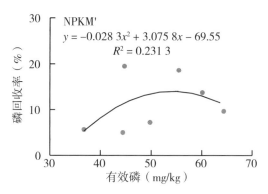

图 27-12　大麦磷回收率与土壤有效磷的关系

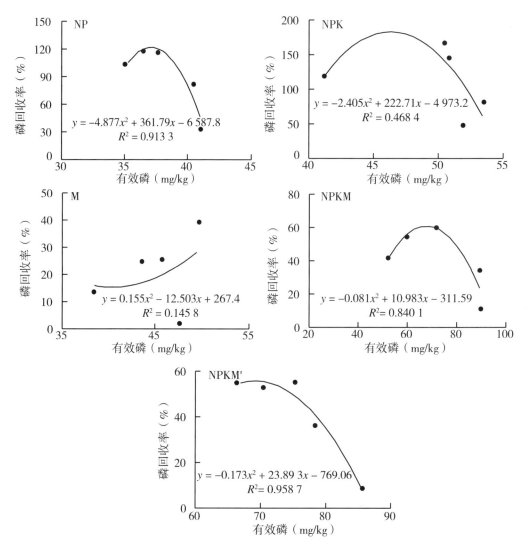

图 27-13　油菜磷回收率与土壤有效磷的关系

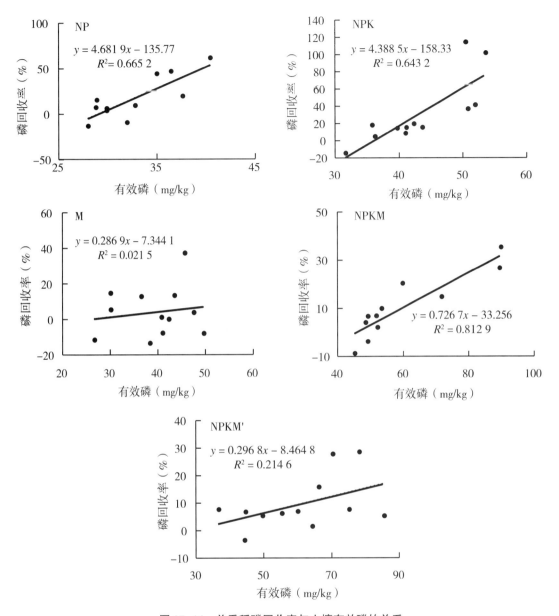

图 27-14 单季稻磷回收率与土壤有效磷的关系

通过分析磷的年总回收率与土壤有效磷含量的关系显而易见，各处理磷的回收率均随土壤有效磷含量的增加呈上升趋势，并且不施有机肥处理（NP 和 NPK）磷回收率与土壤有效磷含量增加的响应关系为：$y = 3.612\ 1x - 97.774$（$R^2 = 0.535\ 8^{**}$）；施有机肥处理（M、MNPK 和 MNPK'）磷回收率与土壤有效磷含量增加的响应关系为：$y = 0.604\ 5x - 16.709$（$R^2 = 0.524\ 6^{**}$）。

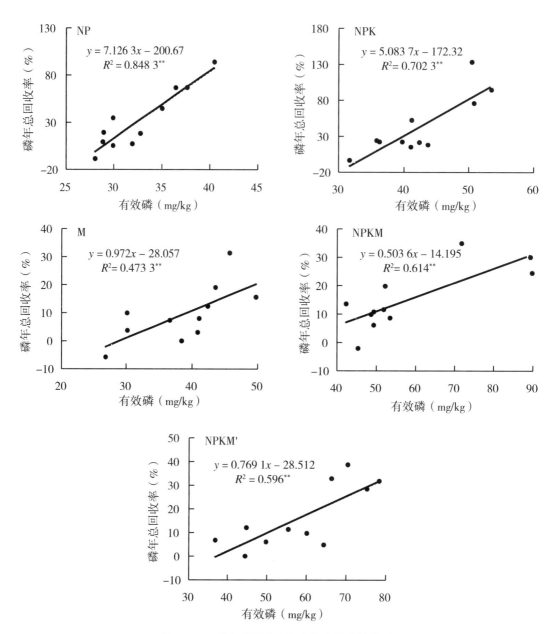

图 27-15　磷年总回收率与土壤有效磷的关系

五、主要结果与指导磷肥的应用

土壤磷库的变化是一个缓慢的过程，施用磷肥是提高作物产量的有效措施，但磷肥投入过多却不能得到充分利用，势必造成磷素资源浪费及土壤磷素累积。在本试验中，长期施肥下磷素的演变特征结果表明，在不施磷条件下（CK、N 和 NK），虽然通过种苗、灌溉、干湿沉降及作物根茬残留物等途径对磷进行了一定的补充，但土壤全磷、有效磷和 PAC 值均随种植时间延续而呈下降趋势；施用磷肥及有机肥可有效地提高土壤磷素含量，造成土壤磷素的累积，M、NPKM 和 NPKM′处理每盈余 100 kg P/hm² 引起的有效磷变化量分别为 2 mg/kg、1.3 mg/kg 和 1.9 mg/kg。

在土壤有效磷含量满足作物生长时，磷肥投入量不会引起土壤有效磷大量累积时，可以认为该磷肥施用量能够满足作物生长，同时不会造成土壤有效磷的过量累积，并且能够降低土壤磷素的环境风险。本试验通过对土壤磷素年累积量与投入量的关系拟合表明，在大麦季时，维持磷平衡所需的最低磷投入量为 13.5 kg/hm²；单季稻时，维持磷平衡所需的最低磷投入量为 42.4 kg/hm²；油菜季时，维持磷平衡所需的最低磷投入量为 31.6 kg/hm²。

（陈义、吴春艳）

主要参考文献

鲍士旦,2000. 土壤农化分析[M]. 3 版. 北京：中国农业出版社.

程明芳,何萍,金继运,2010. 我国主要作物磷肥利用率的研究进展[J]. 作物杂志（1）：12-14.

樊红柱,陈庆瑞,秦鱼生,等,2016. 长期施肥紫色水稻土磷素累积与迁移特征[J]. 中国农业科学,49(8)：1520-1529.

黄晶,张杨珠,徐明岗,等,2016. 长期施肥下土壤性水稻土有效磷的演变特征及对磷平衡的响应[J]. 中国农业科学,49(6)：1132-1141.

贾兴永,李菊梅,2011. 土壤磷有效性及其与土壤性质关系的研究[J]. 中国土壤与肥料(6)：76-82.

李学敏,张劲苗,1994. 河北潮土磷素状态的研究[J]. 土壤通报,25(6)：259-260.

林葆,林继雄,李家康,1994. 长期施肥的作物产量和土壤肥力变化[J]. 植物营养与肥料学报,1(1)：6-18.

鲁如坤,2000. 土壤农业化学分析方法[M]. 北京：中国农业科学技术出版社.

鲁如坤,刘鸿翔,闻大中,1996. 我国典型地区农业生态系统养分循环和平衡研究 V. 农田养分平衡和土壤有效磷、钾消长规律[J]. 土壤通报,7(6)：241-242.

沈善敏,1998. 中国土壤肥力[M]. 北京：中国农业出版社.

杨军,高伟,任顺荣,2015. 长期施肥条件下潮土土壤磷素对磷盈亏的响应[J]. 中国农业科学,48(23)：4738-4747.

杨学云,孙本华,古巧珍,等,2007. 长期施肥磷素盈亏及其对土壤磷素状况的影响[J]. 西北农业学报,16(55):118-123.

叶会财,李大明,黄庆海,等,2015. 长期不同施肥模式土壤性水稻土磷素变化[J]. 植物营养与肥料学报,21(6):1521-1528.

袁天佑,王俊忠,冀建华,等,2017. 长期施肥条件下潮土有效磷的演变及其对磷盈亏的响应[J]. 核农学报,31(1):125-134.

张丽,任意,展晓莹,等,2014. 常规施肥条件下黑土磷盈亏及其有效磷的变化[J]. 核农学报,28(9):1685-1692.

张维理,武淑霞,冀宏杰,等,2004. 中国农业面源污染形势估计及控制对策I. 21世纪初期中国农业面源污染的形势估计[J]. 中国农业科学,37(7):1008-1017.

朱文彬,汪玉,王慎强,等,2016. 太湖流域典型稻麦轮作农田稻季不施磷的农学及环境效应探究[J]. 农业环境科学学报,35(6):1129-1135.

AULAKH M S, KABBA B S, BADDESHA H S, et al., 2003. Crop yields and phosphorus fertilizer transformations after 25 years of applications to a subtropical soil under groundnut-based cropping systems[J]. Field crops research, 83(3):283-296.

CAO N, CHEN X, CUI Z, et al., 2012. Change in soil available phosphorus in relation to the phosphorus budget in China[J]. Nutrient cycling in agroecosystems, 94(2-3):161-170.

DOUGHERTY W, FLEMING N K, COX J W, et al., 2004. Phosphorus transfer in surface runoff from intensive pasture systems at various scales: a review[J]. Journal of environmental quality, 33(6):1973-1988.

GUO S L, DANG T H, HAO M D, et al., 2008. Phosphorus changes and sorption characteristics in a calcareous soil under long-term fertilization[J]. Pedosphere, 18(2):248-256.

HINSINGER P, 2001. Bioavailability of soil inorganic Pin the rhizosphere as affected by root-induced chemical changes: a review[J]. Plant and soil, 237(2):173-195.

LICKFETT T, MATTHAUS B, VELASCO L, et al., 1999. Seed yield, oil and phytate concentration in the seeds of two oilseed rape cultivars as affected by different phosphorus supply[J]. European journal of agronomy, 11(3-4):293-299.

SELLES F, CAMPBELL C A, ZENTNER R P, et al., 2011. Phosphorus use efficiency and long-term trends in soil available phosphorus in wheat production systems with and without nitrogen fertilizer[J]. Canadian journal of soil science, 91(1):39-52.

XAVIER F A S, OLIVEIRA T S, ANDRADE F V, et al., 2009. Phosphorus fractionation in a sandy soil under organic agriculture in North-eastern Brazil[J]. Geoderma, 151(3):417-423.

第二十八章　紫色土磷素演变及高效利用

　　紫色土隶属于初育土纲，广泛分布于全国各地，以四川盆地最为集中，面积最大。紫色土是在亚热带湿润气候条件下，由紫色砂、泥和页岩风化形成的幼年土壤。紫色土成土母岩除少部分酸性紫色砂页岩外，大部分都含有不同数量的碳酸钙，根据紫色母岩沉积时期的岩性差异而导致形成的土壤 pH 值和碳酸盐含量不同，将紫色土分为石灰性紫色土、中性紫色土和酸性紫色土三大亚类，其中以中性和石灰性紫色土为主（唐江，2017）。紫色土发育浅，以物理风化为主，土壤全量矿质养分含量较高；紫色土分布区域光、热、水资源丰富，是川渝地区单季稻和麦—玉—苕的重要土壤资源，是全国六大商品粮基地之一。但是，紫色土初始有效磷含量低，缺磷常成为制约农作物高产的重要因素（孙燕，2008）。

　　迄今为止，关于我国中性紫色土中磷素的研究历史悠久，但并不丰富，并且缺乏系统性。2003 年开始有学者对不同施肥对土壤磷含量、作物磷吸收和磷平衡进行了初步的分析，同时对不同施肥对紫色土无机磷形态变化的影响进行定量化的研究，发现残留在农田紫色土中的磷主要以二钙磷、八钙磷、铝磷、铁磷和闭蓄态磷这几种形态存在，它们都是稻麦轮作生产中的有效磷库，在土壤磷素严重耗竭时，闭蓄态磷（O-P）是稻麦吸收的主要磷源（石孝均，2003）。紫色土水稻与小麦轮作的磷素利用效率分别约为 38% 和 24%（Tang et al.，2011；田秀英和石孝均，2003）。未被利用的磷素一般储存在土壤中或者随降雨流失进入地表水系统。张思兰等（2014）以重庆北碚紫色土为试验材料，研究了不同湿润速率对中性紫色水稻土磷素淋溶动态的影响。基于重庆北碚紫色土长期定位试验的观测，报道了不同土层的有效磷比例，以及不同施肥处理种植季的径流磷素损失差异（Zhang et al.，2014）。同时，不均衡施肥也会影响作物产量，降低作物磷素吸收量，导致磷素在土壤中的大量累积（李学平和石孝均，2007）。系统地了解紫色土磷素演变规律、土壤有效磷与磷平衡的响应关系、作物对磷素的吸收特征、磷素农学阈值和利用率等，可为紫色土磷素优化管理策略的制定提供重要的科学依据，在保证作物生产的前提下，最大限度地减少磷素向水体的损失，实现作物高产优质、环境保护和磷素资源高效利用的多重目标。

一、紫色土水旱轮作长期定位试验概况

（一）试验点基本概况

长期定位试验位于重庆市北碚区西南大学试验农场（北纬 29°48′，东经 106°24′），典型的紫色土丘陵区，海拔 266.3 m，属于亚热带湿润季风气候，年平均气温 18.5℃，年降水量 1 105.1 mm，全年降水日数 132 d，年日照时数 1 173.5 h。

试验基地所在地为方山浅丘坳谷地形，系一冲沟系统的中下部及其两侧丘陵所控制的微小流域，面积为 20 hm²，海拔 250~267 m，相对高度 17 m，坳谷谷宽 50~60 m，沟谷纵比降 15%。长期定位试验小区位于沟谷。供试土壤为侏罗纪沙溪庙组紫色泥岩风华的残积、坡积物发育而成的紫色土类、中性紫色土亚类、灰棕紫泥土属。它是四川盆地紫色土中最多的 1 个土属，约占紫色土类面积的 40%，四川省和重庆市的粮食主产县多分布在这类土壤，因此，供试土壤具有广泛的代表性。

试验起始于 1991 年，试验前土壤基本理化性质分别为：pH 值 7.70，有机质 22.61 g/kg，全氮 1.25 g/kg，全磷 0.69 g/kg，全钾 21.10 g/kg，碱解氮 92.36 mg/kg，有效磷 4.30 mg/kg，速效钾 88.45 mg/kg。

（二）试验设计

试验共设 13 个处理，见图 28-1。①CK 处理为对照，只种作物不施肥；②N、NP、NK、PK、NPK 处理为化肥试验区；③M、NPKS、NPKM、(NPK)$_{Cl}$+M、NPKMⅡ 和 1.5NPK+M 处理为有机肥及其与化肥配合试验区。M 代表厩肥，主要是猪粪尿和牛粪；S 代表稻草还田。(NPK)$_{Cl}$+M 处理为含氯化肥试验区，N、K 肥分别用 NH$_4$Cl 和 KCl，其他各处理氮、钾肥均用尿素和硫酸钾，所有处理磷肥均用过磷酸钙。1.5NPK+M 处理为化肥增量区，氮、磷、钾用量为其他各处理的 1.5 倍。轮作方式：NPKMⅡ 处理为水稻—油菜轮作，其他各处理均为水稻—小麦轮作。

各处理按上述试验设计施肥，1991—1996 年化肥每季每公顷用量是：氮肥 150 kg（N）、磷肥 75 kg（P$_2$O$_5$）、钾肥 75 kg（K$_2$O）。从 1996 年秋季起，每季每公顷 P、K 肥用量由原来的 75 kg 改为 60 kg，小麦氮肥用量改为 135 kg，水稻氮肥用量仍为 150 kg。M、(NPK)$_{Cl}$+M 和 1.5NPK+M 处理的有机肥由厩肥改为稻草。有机肥每年施用 1 次，于每年秋季小麦播种前作基肥施用，年用量为厩肥 22.5 t/hm²、稻草 7.5 t/hm²。2014 年之后 NPKM 处理有机肥使用商品有机肥，用量改为 2.5 t/hm²，秸秆用量改

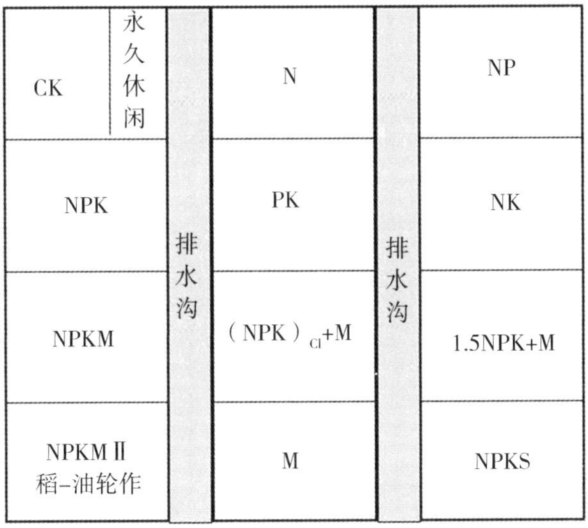

CK	永久休闲	排水沟	N	排水沟	NP
NPK			PK		NK
NPKM			（NPK）$_{Cl}$+M		1.5NPK+M
NPKMⅡ 稻-油轮作			M		NPKS

图 28-1　长期定位试验设计及田间排列图

为 4.5 t/hm^2。

小麦和水稻 60% 的氮肥及全部磷、钾肥作基肥，小麦 40% 的氮肥于 3~4 叶期追施，水稻 40% 氮肥在插秧后 2~3 周追施。

二、长期施肥下土壤全磷和有效磷的变化趋势及其关系

（一）长期施肥下土壤全磷的变化趋势

土壤全磷含量变化是衡量土壤磷库整体变化的指标，定位试验 27 年后，不同处理土壤全磷出现不同程度的累积和亏缺，不施磷处理 CK、N、NK 和单施有机肥处理（M）全磷含量随试验时间延长不断减少，施磷处理则不断增加（图 28-2）。从不施磷处理来看，CK 处理土壤全磷含量与试验时间呈负相关但不显著，N 和 NK 则与时间呈显著负相关，说明偏施氮肥或者氮钾肥会促进土壤全磷向有利于作物吸收或者易流失形态转化。CK、N、NK 和 M 处理的土壤全磷随着施肥年限的增加有下降趋势，年均下降速率分别为 1.4 mg/kg、8.2 mg/kg、11.7 mg/kg 和 13.7 mg/kg，NP、PK、NPKM、1.5NPK+M 和 NPKS 处理随着施肥年限的增加土壤全磷呈上升趋势，年增加速率分别为 3 mg/kg、5 mg/kg、3 mg/kg、17.4 mg/kg 和 6 mg/kg。说明施用磷肥处理的使土壤磷库得到了补充。尤其是 1.5 倍磷肥施施用处理全磷含量年增长速率显著，1.5NPK+M 处理

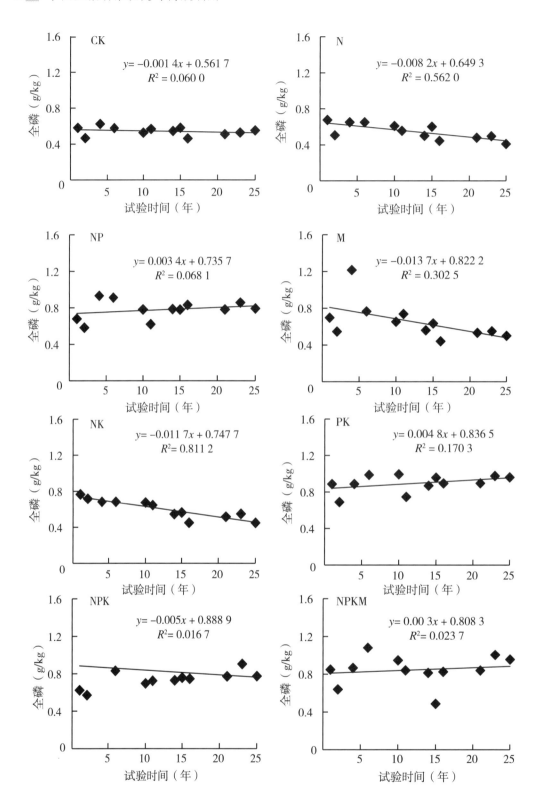

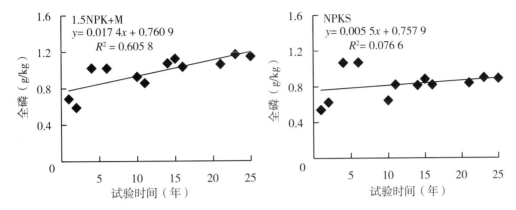

图 28-2　长期施肥对土壤全磷含量的影响

的土壤全磷增加量是 NPKS 和 NPK 处理的 3 倍；图 28-2 中可以看出 NP 和 PK 处理的全磷年增加速率显著低于平衡施肥处理，M 处理土壤全磷年减少量为 13.7 mg/kg，主要原因是磷素盈余常年处于负值（图 28-5），使土壤全磷下降。

（二）长期施肥下土壤有效磷的变化趋势

27 年长期试验后，紫色土不同处理土壤有效磷含量出现不同程度的变化。不施磷处理 CK、N、NK 和单施有机肥处理（M）有效磷含量随试验年限的延长逐渐下降至平稳状态，施磷处理则随试验年限的延长不断增加（图 28-3）。从不施磷处理来看，CK处理土壤有效磷含量与试验时间呈显著负相关，N 和 NK 则与时间呈负相关但不显著；CK、N 和 NK 处理土壤有效磷年减少量分别为 0.12 mg/kg、0.08 mg/kg 和 0.04 mg/kg，

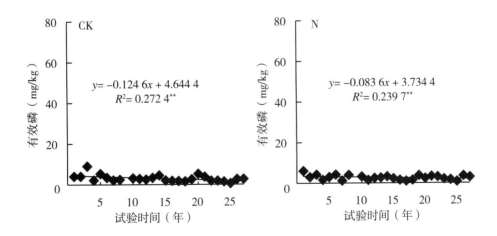

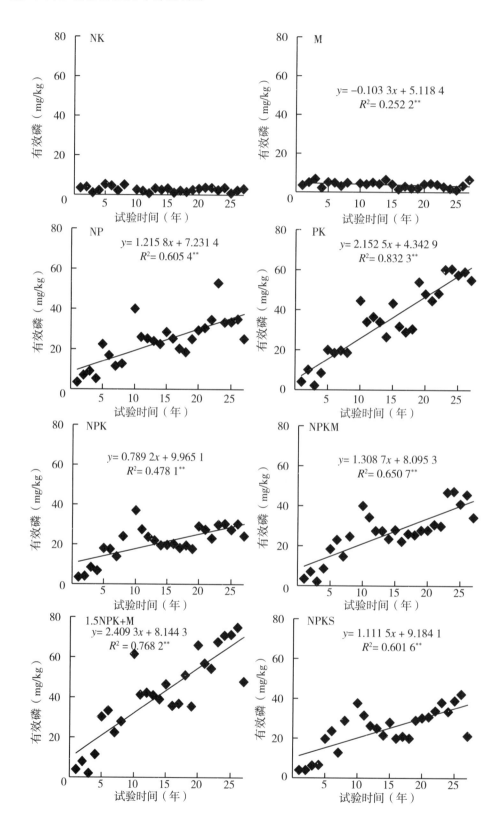

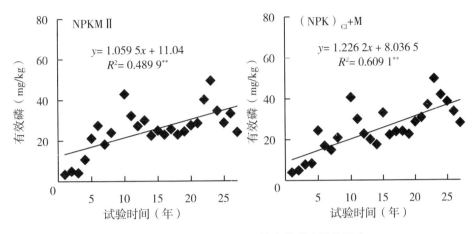

图 28-3　长期不同施肥对土壤有效磷含量的影响

27 年后土壤极度缺磷，土壤有效磷为 1~3 mg/kg，在没有磷肥投入的情况下，土壤稳态磷逐渐向有效态转化，使得有效磷含量维持在一定低水平（魏猛等，2015）。施磷各处理土壤有效磷含量与试验时间呈极显著正相关，各处理土壤有效磷年增加量为 0.80~2.32 mg/kg，其中 1.5NPK+M 处理年增加量最高（2.32 mg/kg），NPK 处理年增加量最小（0.80 mg/kg）；化肥配施有机肥处理 NPKM 和（NPK）$_{Cl}$+M 年增加量在 1.2 mg/kg 左右，比 NPK 处理高出 40%，这与施用有机肥可以有效活化土壤中的磷素有关（王平等，2005）；秸秆还田处理 NPKS 年增加量比 NPK 处理高 0.3 mg/kg，说明秸秆还田有助于土壤有效磷的活化和累积（赵小军等，2017）；NP 和 PK 处理的有效磷年增加量是 NPK 处理的 1.64 倍和 2.64 倍，增加速率显著高于平衡施肥处理，这是因为偏施 NP 肥或 PK 肥稻麦产量较低，作物收获移除的磷少，土壤磷素年盈余量高，造成土壤磷素的大量累积；稻油轮作 NPKMⅡ与稻麦轮作 NPKM 的年增加量相当，说明不同轮作作物对土壤有效磷的变化速率没有显著影响；M 处理土壤有效磷年减少量为 0.07 mg/kg，说明单施有机肥（稻草还田）不能满足作物对有效磷的吸收，同时施用有机肥可减少土壤对磷素的固定（齐玲玉，2015），作物更容易吸收利用磷素而使土壤有效磷下降。

（三）长期施肥下土壤全磷与有效磷的关系

土壤磷活化系数（PAC）是土壤中有效磷在全磷中所占的比例，是衡量土壤磷素有效化的重要指标，活化系数越高，土壤磷的有效性越高，活性系数越低，表明土壤固磷能力越强（黄晶等，2016）。图 28-4 反映了长期不同施肥处理下紫色土土壤 PAC 值随时间的动态变化。

结果显示，不施磷肥处理 CK、N、NK 和 M 的 PAC 值随时间呈动态式变化，但所

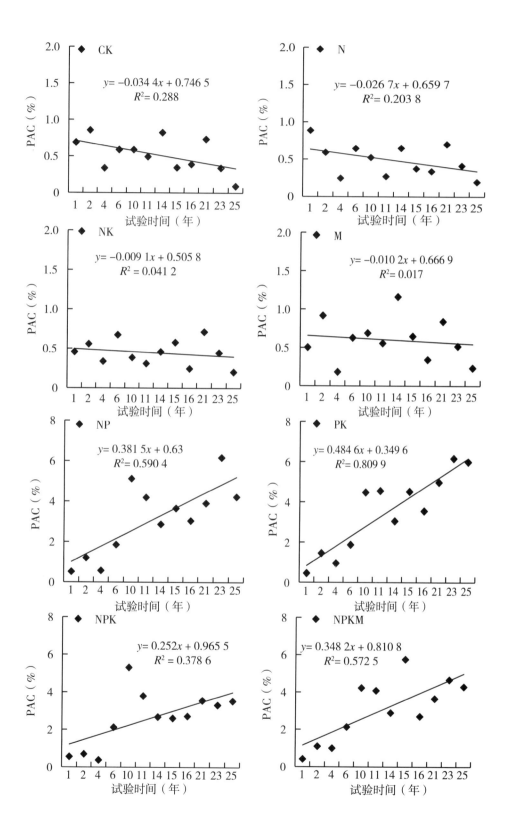

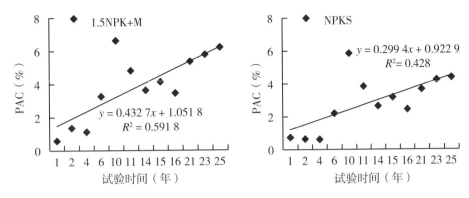

图 28-4　长期不同施肥对紫色土磷活化系数（PAC）的影响

有 PAC 值均低于 1%，各处理 PAC 均值分别为 CK（0.52%）、N（0.49%）和 NK（0.45%）。施磷处理 PAC 值随时间呈上升趋势，各处理 PAC 值在 0～3 年缓慢增加，3～9 年呈加速增加趋势，9～13 年又急剧降低，13～27 年则为动态式变化；各处理 PAC 值均低于 7%，均值在 0.63%～3.86%；从各处理均值来看，1.5NPK+M 处理均值最高 3.86%，NK 处理最低 0.44%；化肥配施有机肥处理 NPKM 的 PAC 值均值比 NPK 处理高 18.08%，说明配施有机肥可以促进土壤全磷活化为有效磷；秸秆还田 NPKS 比 NPK 处理高 10.77%，说明秸秆还田对土壤稳态磷向有效态的转化具有一定促进作用；NP 和 PK 处理的 PAC 值是 NPK 处理的 1.19 倍和 1.35 倍，偏施 N、P 肥或 P、K 肥后由于产量低导致大量有效磷累积，土壤中有效磷的大量存在容易造成磷素的流失，从而威胁水体环境；M 处理的磷活化系数是 CK 的 1.13 倍，施用有机肥促进了土壤全磷向有效磷的转化。

三、长期施肥下土壤有效磷变化对土壤磷盈亏的响应特征

（一）长期施肥下土壤磷素盈亏情况

磷素的表观平衡即农田磷肥的投入量与带出量之差。定位试验 27 年后，不同处理之间的磷素表观平衡状况有明显差异（图 28-5）。不施磷肥处理 CK、N 和 NK 土壤磷素处于亏缺状态，总亏缺量分别为 352 kg/hm²、386 kg/hm² 和 527 kg/hm²，年均盈亏量分别为 -13.5 kg/hm²、-14.8 kg/hm² 和 -20.3 kg/hm²。N 和 NK 处理磷盈亏量是 CK 处理的 1.13 和 1.52 倍，说明在土壤磷素亏缺状态下，氮钾的施用显著增加了作物吸收土壤磷的能力。施磷处理中，除单施有机肥 M 外土壤磷素均表现为盈余，施磷量越大磷

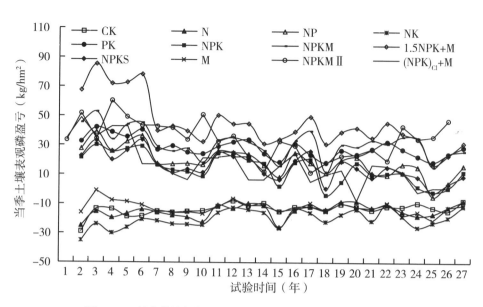

图 28-5 稻麦轮作长期不同施肥处理下当季土壤表观磷盈亏

盈余越多。磷素累积投入量为 1 480～2 397 kg/hm²，磷素累积移出量为 703.7～1 186.5 kg/hm²，磷盈亏量为 374.7～1 161.2 kg/hm²，年均盈亏量为 14.4～44.6 kg/hm²，磷素残余率（盈余量/施肥量）为 29.7%～53.1%。

图 28-6 为试验各处理 25 年的长期不同施肥处理累积磷盈亏。1.5NPK+M、NPKM、PK、NP、NPK、NPKS、NPKMⅡ 和 (NPK)$_{Cl}$+M 的土壤磷平衡随着施肥年限的增加呈

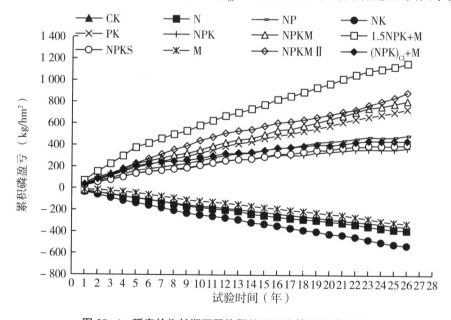

图 28-6 稻麦轮作长期不同施肥处理下土壤累积磷盈亏

上升趋势，未施磷肥的 3 个处理（CK、N 和 NK）土壤磷平衡一直处于亏缺态，并且亏缺值随种植时间延长而增加。

（二）长期施肥下土壤有效磷变化对土壤磷素盈亏的响应

图 28-7 表示长期不同施肥模式下紫色土有效磷变化量与土壤耕层磷盈亏的响应关系。不施肥和单施氮肥处理（CK、N 和 NK），土壤有效磷均呈下降的趋势。不同施磷

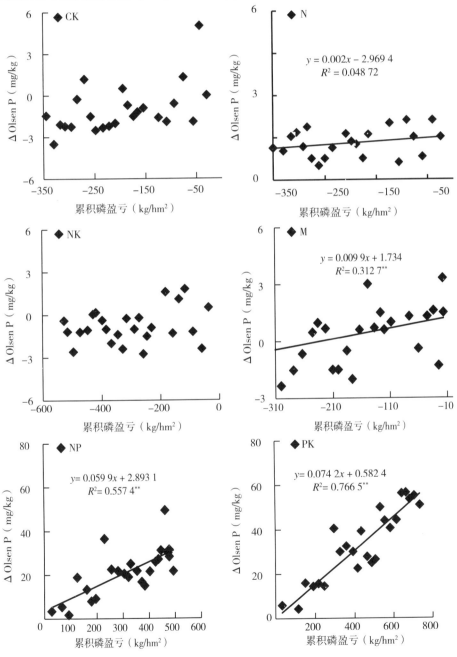

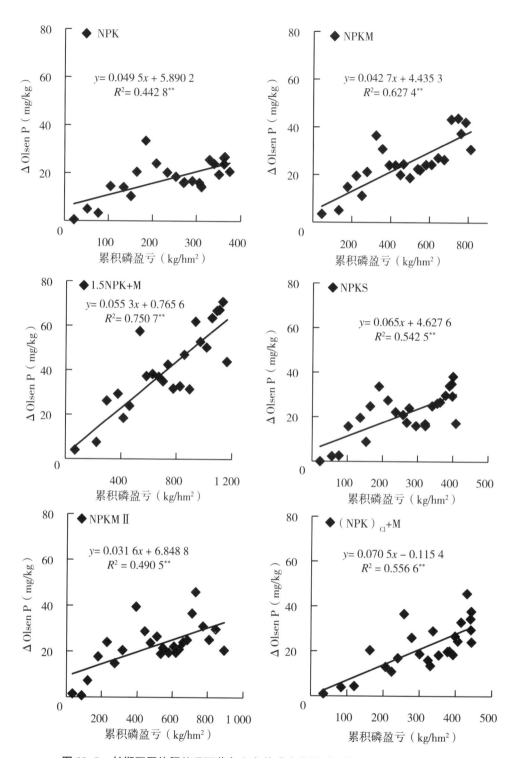

图 28-7 长期不同施肥处理下紫色土有效磷变化量对土壤累积磷盈亏的响应

处理，土壤中有效磷变化量与累积磷盈亏均呈显著正相关。回归方程中的斜率 a 值即为有效磷变化速率（展晓莹等，2015），可以表示土壤磷平均每增减 1 个单位（kg P/hm²）相应的土壤有效磷消长量。土壤有效磷效率是农田生产中盈余磷向土壤有效磷转化的指标。这个指标与土壤中磷素吸附—解吸、沉淀—溶解和生物固定—矿化等过程有关。因此，土壤有效磷效率主要受到耕作制度、土壤理化性质和土壤水分状况等影响（展晓莹等，2015）。

不施肥或单施氮肥情况下，土壤每亏缺 100 kg P/hm²，土壤中有效磷含量平均降低 0.93 mg/kg 或 0.41 mg/kg；偏施肥处理（PK 和 NP），土壤每累积 100 kg P/hm²，土壤中有效磷含量平均分别提高 7.4 mg/kg 和 6.0 mg/kg。平衡施肥处理（NPK、NPKM、1.5NPKM 和 NPKS）土壤每累积 100 kg P/hm²，土壤中有效磷含量平均分别提高 4.95 mg/kg、4.27 mg/kg、5.53 mg/kg 和 6.5 mg/kg。从所有处理土壤磷素盈亏与有效磷的关系看（图 28-8），稻麦轮作下中性紫色土每累积 100 kg P/hm²，土壤中有效磷含量平均分别提高 4.36 mg/kg。

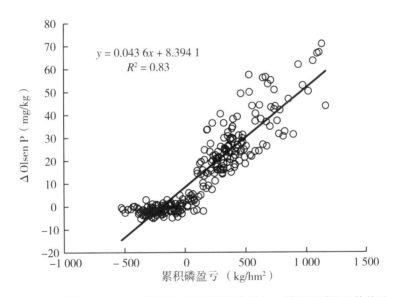

图 28-8　紫色土所有不同施肥处理有效磷变化量与土壤累积磷盈亏的关系

各施肥处理（25 年）土壤有效磷的动态变化趋势可以看出，长期不施磷肥，在连续种植作物情况下，通过作物籽粒和秸秆携出大量磷素，导致土壤磷素一直亏缺，随着磷素亏缺量的不断增加，土壤有效磷也随之减少；其他施磷和有机肥处理，土壤有效磷含量则逐年增加。所有的施用磷肥的处理，土壤中累积的磷素与有效磷的变化均呈极显著线性正相关。

四、磷肥回收率的演变趋势

施肥 27 年后，不同处理水稻和小麦地上部分收获移出磷量呈现明显差异（表 28-1）。长期不施磷处理（CK、N 和 NK）小麦季移出量为 CK>NK>N，水稻季移出量则为 NK>N>CK。其中在氮、钾养分不限制作物生长的条件下，长期不施磷（NK 处理），作物对磷素的吸收量反映了土壤自然供磷力（高静等，2009）。随着种植时间的延长，土壤的自然供磷力逐渐降低。

施磷处理籽粒和秸秆的磷素移出量显著高于不施磷处理，NPK 处理小麦季和水稻季的平均磷素携出量是 CK 处理的 3.45 倍和 3.83 倍，是 NK 处理的 2.78 倍和 1.56 倍；各有机肥、秸秆还田配施化肥处理地上部分吸磷量均比 NPK 处理略高，小麦季和水稻季吸磷量最高分别为 1.5NPK+M 和 NPKS 处理；相比较 NPKS 处理，倍量施磷肥处理 1.5NPK+M 并没有明显提高作物的吸磷量；NPK 处理小麦季和水稻季吸磷量是 NP 处理的 1.23 倍和 1.09 倍，是 PK 处理的 1.76 倍和 1.44 倍，说明施氮肥比钾肥更有利于作物对磷的吸收；M 处理作物吸磷量仅比不施磷肥处理略高，说明单施有机肥对作物吸磷的促进作用有限。

表 28-1　长期不同施肥作物磷素吸收特征　　　　　单位：kg P/hm²

处理	1992—1996 年		1997—2001 年		2002—2006 年		2007—2011 年		2012—2017 年		1991—2017 年（25 年平均）	
	小麦	水稻	小麦	水稻	小麦	水稻	小麦	水稻	小麦	水稻	小麦	水稻
CK	6.19	12.42	4.75	9.76	3.29	7.86	4.31	8.23	3.03	8.31	4.26	9.28
N	5.81	12.26	3.66	1.58	2.80	12.01	3.09	7.83	3.71	9.76	3.81	11.04
NP	10.63	22.62	10.93	22.51	11.85	20.87	14.15	21.84	10.86	31.93	11.65	24.26
NK	7.46	19.72	4.63	17.38	2.70	13.80	2.92	15.24	1.88	16.13	3.84	16.44
PK	9.96	17.48	8.74	16.69	7.67	16.74	9.91	18.74	7.33	19.44	8.67	17.88
NPK	14.12	24.58	13.50	23.98	15.55	20.37	16.52	25.98	13.96	32.64	14.70	25.78
NPKM	11.78	24.94	16.40	25.28	16.17	23.38	14.33	24.89	14.19	31.11	14.56	26.12
1.5NPK+M	13.05	25.62	16.71	25.55	18.42	26.23	18.20	26.54	14.82	35.82	16.19	28.25
NPKS	13.82	27.89	14.15	27.29	14.42	26.67	16.95	27.31	12.47	36.01	14.29	29.30
M	6.63	17.75	7.01	12.91	3.52	12.77	4.65	12.72	3.59	14.58	5.02	14.16

长期施用磷肥条件下，各土类的小麦磷肥回收率随时间的增加呈现不同变化趋势（图 28-9，图 28-10）。总体来说，施用磷肥处理回收率随着种植时间的增加总体呈向上波动的状态，但处理 NP 和 PK 的磷肥回收率增幅明显低于平衡施肥处理（NPK、

NPKM、1.5NPK+M 和 NPKS），其中产生波动的原因主要是受年度间产量波动的影响。平衡施肥处理的小麦和水稻的磷素回收率年增长率分别约为 0.82%~1.55% 和 1.79%~2.58%。增速较快的主要原因除了跟作物产量有关，还跟紫色土的矿物组成和 pH 值等影响无机磷的动态转化相关，pH 值较高时大部分磷与碳酸钙形成沉淀物，或形成盐基性磷酸盐（冯跃华等，2009），而紫色水稻土含有较为丰富的作物潜在磷源（十钙磷和闭蓄态磷）（韩晓飞等，2016）。各处理之间相比，处理 NPK、NPKM、1.5NPKM 和 NPKS 的小麦和水稻多年平均值分别 23%~39% 和 47%~74%。水稻和小麦分别以 NPK 和 NPKS 处理磷肥回收率最高。单施有机肥处理磷肥年际回收率波动最大。

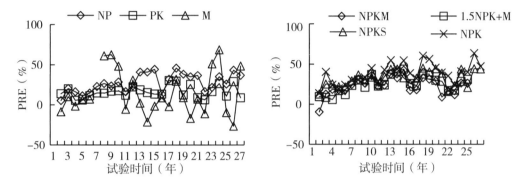

图 28-9　小麦磷肥回收率的变化

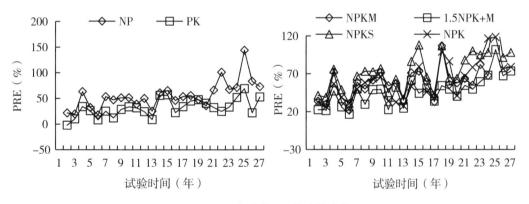

图 28-10　水稻磷肥回收率的变化

长期不同施肥下，磷肥回收率与时间的响应关系不同（表 28-2）。可以看出，水稻和小麦均与种植时间呈正相关，表明施用磷肥提高了磷肥回收率。其中所有处理水稻磷肥回收率与种植时间呈极显著正相关。NPK 处理磷肥回收率上升速率最大，水稻和小麦均与时间呈显著上升，PK 处理磷肥回收率上升速率最低。有机肥处理（M）处理，磷肥回收率与种植年限呈负相关，由于磷肥回收率波动较大，与种植时间未出现相关性。

表 28-2 磷肥回收率随种植时间的变化关系

处理	水稻季		小麦季	
	回归方程	R^2	回归方程	R^2
NP	$y = 2.38x + 23.50$	0.46^{**}	$y = 0.86x + 15.97$	0.33^{**}
PK	$y = 1.37x + 13.64$	0.37^{**}	$y = 0.22x + 13.23$	0.06
NPK	$y = 2.44x + 28.31$	0.49^{**}	$y = 0.91x + 26.35$	0.30^{**}
NPKM	$y = 2.10x + 34.15$	0.40^{**}	$y = 0.40x + 18.04$	0.03
1.5NPK+M	$y = 1.85x + 22.00$	0.54^{**}	$y = 0.73x + 16.28$	0.28^{**}
NPKS	$y = 2.45x + 41.17$	0.44^{**}	$y = 0.58x + 24.08$	0.20^{*}
M	—	—	$y = 0.07x + 13.04$	0

注：* 表示显著相关，** 表示极显著相关。

长期不同施肥下，不同作物的不同处理磷肥回收率对有效磷的响应关系不同（图 28-11，图 28-12）。NP、NPK 和 1.5NPK+M 处理小麦的磷肥回收率均随有效磷的增加呈上升趋势；PK、NPKM、NPKS 和 M 处理，小麦的磷肥的回收率与土壤有效磷的响应关系存在二次线性关系，小麦的磷回收率随土壤有效磷的增加先上升后下降但未呈极显著相关；水稻磷回收率与土壤有效磷的响应关系没有规律。

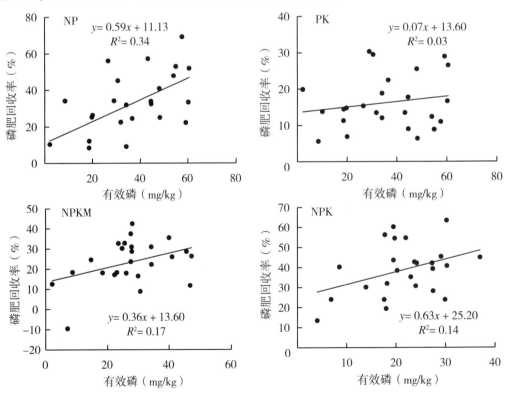

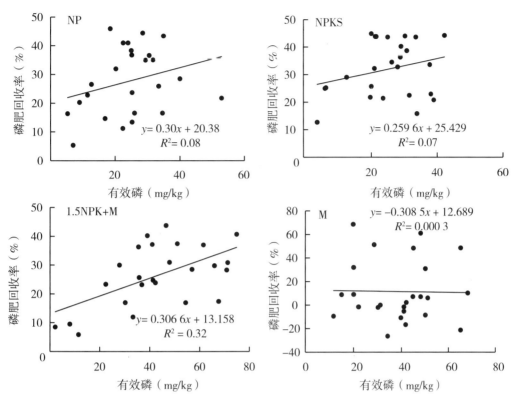

图 28-11　小麦磷肥回收率与土壤有效磷的响应关系

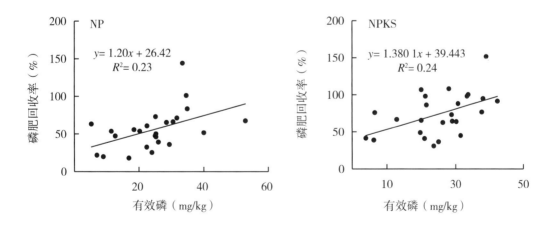

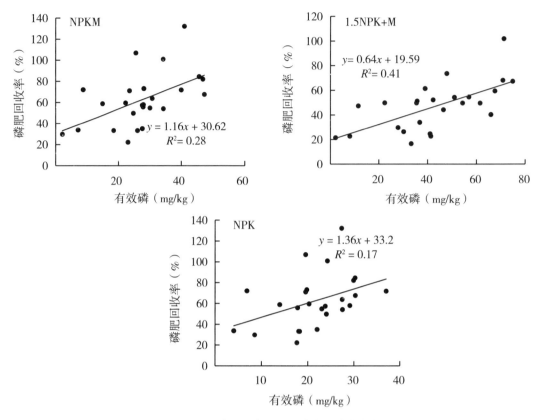

图 28-12 水稻磷肥回收率与土壤有效磷的响应关系

五、土壤有效磷农学阈值研究

作物相对产量对土壤有效磷含量的响应可以分为 2 个阶段：第 1 个阶段，作物相对产量随土壤有效磷的增加急剧增加；第 2 个阶段，作物相对产量随土壤有效磷的增加增幅变小或者维持现有产量。2 个阶段的趋势线交点即为土壤有效磷的农学阈值，即当土壤有效磷含量小于该阈值时，施磷肥可以显著提高作物产量；当土壤有效磷含量大于该阈值时，作物产量对施用磷肥无显著响应（刘彦伶等，2016）。

线线模型的拟合方程中（图 28-13），小麦和水稻土壤有效磷的农学阈值分别为 10.10 mg/kg 和 14.34 mg/kg，此时土壤磷含量达到农学阈值时的小麦相对产量为 88%，水稻为 92%。当土壤有效磷低于阈值时，稻麦产量与土壤有效磷含量呈显著的线性正相关，小麦季与水稻季线性方程斜率分别为 6.07 和 2.32，即土壤有效磷每增加 1 mg/kg，小麦相对产量增加 6.07%，水稻相对产量增加 2.32%，土壤有效磷每增加 1 mg/kg 对小

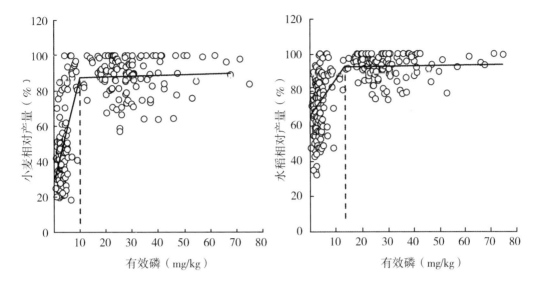

图 28-13　水稻和小麦相对产量与土壤有效磷的响应关系（线线模型)

麦产量增加的贡献更大。高于农学阈值时，线性方程斜率分别为 0.03 和 0.02，说明高于农学阈值时，土壤有效磷增加对产量增加作用不大。水稻的平台相对产量为 88.3%，水稻季的基础相对产量较高，所以最终的平台产量反而比小麦高，为 92.3%，说明土壤有效磷对水稻的影响相对较小，低磷环境下水稻较小麦更能获得更高产量（刘京，2015）。

　　不同模型对农学阈值的确定存在一定的差异。为准确定量化紫色土稻麦轮作土壤磷素农学阈值，刘京（2015）比较了较为常见的线性—平台模型、线线模型、BoxLucas 模型和米切里西模型对农学阈值的定量化结果，结果如表 28-3 所示。其他模型定义的水稻紫色土稻麦轮作的土壤磷素农学阈值一般为 9~15 mg/kg，这与本章的研究结果相一致。因此，当土壤有效磷含量高于 15 mg/kg 时，才能保证水稻和小麦正常的生产水平。

表 28-3　紫色土稻—小麦轮作系统土壤磷素农学阈值

项目	小麦		水稻	
	有效磷（mg/kg）	相对产量（%）	有效磷（mg/kg）	相对产量（%）
线性—平台模型	10.10	88.31	14.34	92.40
线线模型	9.97	87.53	14.60	92.97
BoxLucas 模型	9.17	79.54	3.96	80.02
米切里西模型	12.50	80.84	10.01	84.03

续表

项目	小麦		水稻	
	有效磷（mg/kg）	相对产量（%）	有效磷（mg/kg）	相对产量（%）
均值	10.44	84.06	10.73	87.36

六、主要结果与展望

紫色土进行持续 27 年稻麦轮作后，不施磷肥的处理（CK、N 和 NK）土壤全磷、有效磷和 PAC 值均有所下降，而施磷肥的处理（NP、PK、NPK、M、NPKM、1.5NPK+M 和 NPKS）土壤全磷、有效磷和 PAC 值均有所上升，说明施磷肥能够提高土壤磷含量和磷活化率。

在紫色土上进行稻麦轮作，虽然倍量施肥（1.5NPK + M）和有机肥配施（NPKM）可以增加作物磷素吸收量，提高有效磷活化系数，但土壤磷素盈余高，土壤有效磷含量增长快，易增加土壤磷淋失风险（李学平和石孝均，2008）。经综合比较，长期秸秆还田配施 NPK 肥（NPKS），稻麦轮作每年施用 P_2O_5 120 kg/hm^2，是维持土壤有效磷含量，同时实现作物高产的最佳培肥方式。

在磷素投入量上，当土壤的有效磷含量低于 15 mg/kg 时，稻—麦轮作体系应该以土壤培肥为主，磷素投入量可适当高于作物吸磷量 20%~50%，水稻和小麦的磷投入可分别达到 34~42 kg/hm^2 和 18~22 kg/hm^2。当土壤有效磷含量达到 15 mg/kg 时，需要调整磷素投入量，以维持性施用磷肥为主，施用量与作物的吸收保持平衡，避免土壤过多的磷素盈余，水稻和小麦的适宜磷投入量为 28 kg/hm^2 和 15 kg/hm^2。若连续多年过量投入磷素导致土壤有效磷含量高于 40 mg/kg 时（Bai et al.，2013），可采用通过土壤磷素负平衡在短期内将有效磷含量下降至 15~40 mg/kg，一般推荐水稻和小麦的磷素投入量为 14 kg/hm^2 和 8 kg/hm^2。基于磷的农学阈值和环境阈值的磷肥高效管理既可以提高磷素利用率，避免土壤磷素流失风险，又能满足作物高产的养分需求。

（石孝均、张跃强、陈轩敬）

主要参考文献

鲍士旦,2000. 土壤农化分析[M]. 3 版. 北京：中国农业出版社.

冯跃华,张杨珠,黄运湘,2009.不同稻作制、有机肥用量及地下水深度对红壤性水稻土无机磷形态的影响[J].中国农业科学,42(10):3551-3558.

高静,徐明岗,张文菊,等,2009.长期施肥对我国6种旱地小麦磷肥回收率的影响[J].植物营养与肥料学报,15(3):584-592.

韩晓飞,高明,谢德体,等,2016.长期定位施肥条件下紫色土无机磷形态演变研究[J].草业学报,25(4):63-72.

黄晶,张杨珠,徐明岗,等,2016.长期施肥下红壤性水稻土有效磷的演变特征及对磷平衡的响应[J].中国农业科学,49(6):1132-1141.

李学平,石孝均,2007.长期不均衡施肥对紫色土肥力质量的影响[J].植物营养与肥料学报(1):27-32.

李学平,石孝均,2008.紫色水稻土磷素动态特征及其环境影响研究[J].环境科学(2):2434-2439.

刘京,2015.长期施肥下紫色土磷素累积特征及其环境风险[D].重庆:西南大学.

刘彦伶,李渝,张雅蓉,等,2016.长期施肥对黄壤性水稻土磷平衡及农学阈值的影响[J].中国农业科学,49(10):1903-1912.

鲁如坤,2000.土壤农业化学分析方法[M].北京:中国农业科技出版社.

齐玲玉,2015.有机肥配施磷肥对土壤磷素形态转化及水稻吸收利用的影响[D].杭州:浙江大学.

石孝均,2003.水旱轮作体系中的养分循环特征[D].北京:中国农业大学.

孙燕,2008.长期施肥对紫色土磷素行为的影响研究[D].重庆:西南大学.

唐江,2017.重庆市紫色土的系统分类研究[D].重庆:西南大学.

田秀英,石孝均,2003.不同施肥对稻麦养分吸收利用的影响[J].重庆师范学院学报(自然科学版)(2):44-47.

王平,李凤民,刘淑英,等,2005.长期施肥对黑垆土无机磷形态的影响研究[J].土壤(5):72-78.

魏猛,张爱君,李洪民,等,2015.长期施肥条件下黄潮土有效磷对磷盈亏的响应[J].华北农学报,30(6):226-232.

展晓莹,任意,张淑香,等,2015.中国主要土壤有效磷演变及其与磷平衡的响应关系[J].中国农业科学,48(23):4728-4737.

张思兰,石孝均,郭涛,2014.不同土壤湿润速率下中性紫色土磷素淋溶的动态变化[J].环境科学,35(3):1111-1118.

赵小军,李志洪,刘龙,等,2017.种还分离模式下玉米秸秆还田对土壤磷有效性及其有机磷形态的影响[J].水土保持学报,31(1):243-247.

BAI Z H, LI H G, YANG X Y, et al., 2013. The critical soil P levels for crop yield, soil fertility and environmental safety in different soil types[J]. Plant and soil, 372(1-2): 27-37.

TANG X, SHI X, MA Y, et al., 2011. Phosphorus efficiency in a long-term wheat-rice cropping system in China[J]. Journal of agricultural science, 149(3): 297-304.

ZHANG Y Q, WEN M X, LI X P, et al., 2014. Long-term fertilisation causes excess supply and loss of phosphorus in purple paddy soil[J]. Journal of the science of food and agriculture, 6(94): 1175-1183.

第二十九章 潴育性水稻土磷素演变特征与应用

水稻土是在长期种稻条件下，经人为的水耕熟化和自然成土因素的双重作用，产生水耕熟化和交替的氧化还原而形成的，具有水耕熟化层（W）—犁底层（Ap2）—渗育层（Be）—水耕淀积层（Bshg）—潜育层（Br）的特有的剖面构型的土壤。太湖地区是传统的水稻产区，其水稻土面积约为 $2.3 \times 10^6 hm^2$（Zhang，2009），太湖地区水稻土主要分为白土、黄泥土和乌栅土，其中以黄泥土较为典型，也是保肥高产的水稻土种类。农业农村部苏州市水稻土野外重点观测试验站长期定点观测的水稻土土壤类型为黄泥土，目前已经开展的研究内容包括：①长期监测不同施肥和耕作等条件下，水稻土土壤全磷和有效磷的响应变化（Shen，2007）；②根据不同施肥条件下，稻麦作物的长期产量，估计水稻土土壤有效磷的农学阈值（Shi et al.，2015）；③探明不同施肥模式下，土壤磷元素在水稻土中的纵向迁移特征（单艳红等，2005）；④解析土壤水分及淹水时间对水稻土磷素形态转化及其有效性的影响（薄录吉等，2011；施林林等，2012）；⑤探讨长期差异施肥，特别是有机肥配施模式下，水稻土的磷元素环境风险（王建国等，2006）；⑥明确有机无机等配合施磷条件下，磷肥的农学利用效率和转化效率（徐明岗等，2015）；⑦研究水稻土土壤磷素盈亏的因素及其对土壤供磷能力的影响。以上研究作为目前太湖地区水稻土（黄泥土）磷素循环利用的一个方面，仍然不够系统，在此仅做抛砖引玉，为系统性研究太湖地区水稻土磷素提供素材与基础。

一、水稻土肥料长期定位试验概况

（一）试验点基本概况

试验地点位于江苏省苏州市太湖地区农业科学研究所内（北纬 12°04′，东经 31°32′），试验开始于 1980 年，地处温带，属于北亚热带季风气候，年均气温 15.7℃，≥10℃积温 4 947℃，每年日照时长平均 3 039 h，年降水量 1 100 mm。试验地土壤为重壤质黄泥土。长期试验从 1980 年开始，初始耕层（0~15 cm）土壤基本性质为：有机质 24.2 g/kg，全氮 1.43 g/kg，全磷（P_2O_5）0.98 g/kg，有效磷 8.4 mg/kg，有效钾 127 mg/kg，pH 值 6.8。采用小麦—水稻轮作制。

（二）试验设计

试验设 14 个处理：①不施肥（CK_0）；②氮（N）；③氮磷（NP）；④氮钾（NK）；⑤磷钾（PK）；⑥氮磷钾（NPK）；⑦秸秆还田+氮（CRN）；⑧有机肥+氮（MN）；⑨有机肥+氮磷（MNP）；⑩有机肥+氮钾（MNK）；⑪有机肥+磷钾（MPK）；⑫有机肥+氮磷钾（MNPK）；⑬有机肥+秸秆还田+氮（MRN）；⑭有机肥 M_0。重复 3 次，小区面积 20 m²，裂区排列。用花岗岩作固定田埂，入土深 20~25 cm，中间设水渠，每小区中间留有缺口，从南至北 80 cm 之间有 2 条地下暗沟贯穿每个小区，在每个小区的缺口对面均有 30 cm 深的暗管。试验田的南北二头均有较大面积的保护行。东西两边保护行约 1 m，在保护之外两边都有深沟排水。

所有施氮小区氮肥用量相同，施磷小区施磷量相同，施钾小区施钾量相同，施有机肥小区有机肥用量也相同。有机肥为猪粪和菜籽饼，相当于每年投入氮 103.1 kg、磷 82.7 kg 和钾 70.1 kg，有机肥作为基肥使用。秸秆还田量为每年大约 4 500 kg/hm² 秸秆（表 29-1）。

表 29-1　肥料年施用量

处理	氮肥(N)(kg/hm²)		磷肥（P）(kg/hm²)	钾肥（K）(kg/hm²)	有机肥(1997 年前/1997 后)(t/hm²)	秸秆(t/hm²)
	水稻#	小麦*				
CK_0	—	—	—	—	—	—
N	90~112.5	120~150	—	—	—	—
NK	90~112.5	120~150	—	137.5	—	—
NP	90~112.5	120~150	55.8	—	—	—
NPK	90~112.5	120~150	55.8	137.5	—	—
PK	—	—	55.8	—	—	—
CRN	90~112.5	120~150	—	—	—	4.5
M_0	—	—	—	—	7.4/2.2	—
MN	90~112.5	120~150	—	—	7.4/2.2	—
MNK	90~112.5	120~150	—	—	7.4/2.2	—

续表

处理	氮肥(N)(kg/hm²)		磷肥（P）(kg/hm²)	钾肥（K）(kg/hm²)	有机肥(1997年前/1997后)(t/hm²)	秸秆(t/hm²)
	水稻#	小麦*				
MNP	90~112.5	120~150	55.8	137.5	7.4/2.2	—
MNPK	90~112.5	120~150	55.8	—	7.4/2.2	—
MPK	—		55.8	137.5	7.4/2.2	—
MRN	90~112.5	120~150	—	—	7.4/2.2	4.5

注：化肥为纯量 NPK，有机肥 1997 年前为猪粪，1997 年后为菜籽饼，秸秆为水稻秸秆。

#不同年份水稻施氮量，1981 年、1983 年和 1984 年为 91.58 kg/hm²，1982 年为 90 kg/hm²，1985—2018 年为 112.50 kg/hm²。

*不同年份小麦施氮量，1981 年为 120 kg/hm²，1985—1987 年为 122.5 kg/hm²，其余年份均为 150 kg/hm²。

二、长期施肥下土壤全磷和有效磷的变化趋势及其关系

（一）长期施肥下土壤全磷的变化趋势

长期不同施肥条件下太湖地区水稻土全磷含量变化如图 29-1 所示，无机与有机处理变化规律有明显不同。在无机肥区组中，不施磷肥处理（CK₀、CNK 和 CN）土壤全磷含量在时间尺度具有线性降低趋势，土壤全磷年均降低速率范围为 0.424~0.671 mg/kg，而秸秆还田处理 CRN 土壤全磷含量在 40 年间基本保持稳定，整体而言，本区域不施磷处理土壤全磷含量降低速度偏小。在施用化学磷肥后，无机区组中，土壤全磷含量极显著线性增长，2019 年土壤全磷含量与 1980 年土壤全磷含量相比，CNP、CNPK 和 CPK 处理土壤全磷含量分别增加 104%、71%和 108%。有机区组的变化规律与无机区组略有不同，除不施化学磷肥处理（MNK 和 MRN）外，其余施用有机肥配合化学磷肥处理土壤全磷呈二次函数关系，这种前期增长后期降低的规律与长期定位在 1997 年度更换有机肥种类有关，在 1997 年前主要施用猪粪作为有机肥，而 1997 年至今，采用油菜籽饼作为有机肥，经测算猪粪有机肥含磷量约为 13.21 g/kg，菜籽饼有机肥含磷量约为 8 g/kg。MNK 处理土壤全磷在时间序列上基本保持稳定，而 MRN 处理以年均 6 mg/kg 的速率降低。

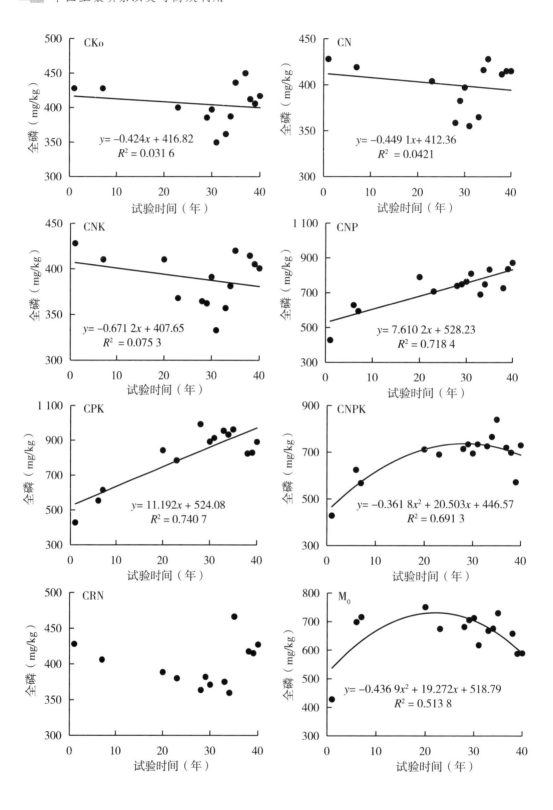

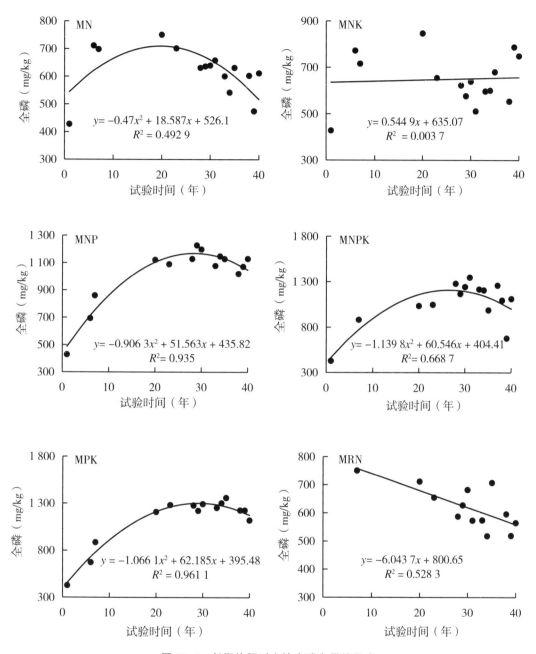

图 29-1 长期施肥对土壤全磷含量的影响

（二）长期施肥下土壤有效磷的变化趋势

水稻土壤长期不同施肥条件下有效磷的变化与土壤全磷变化并不完全一致（图 29-2）。其中，在不施磷肥的无机肥处理中（CK_0、CN、CNK 和 CRN）有效磷含量

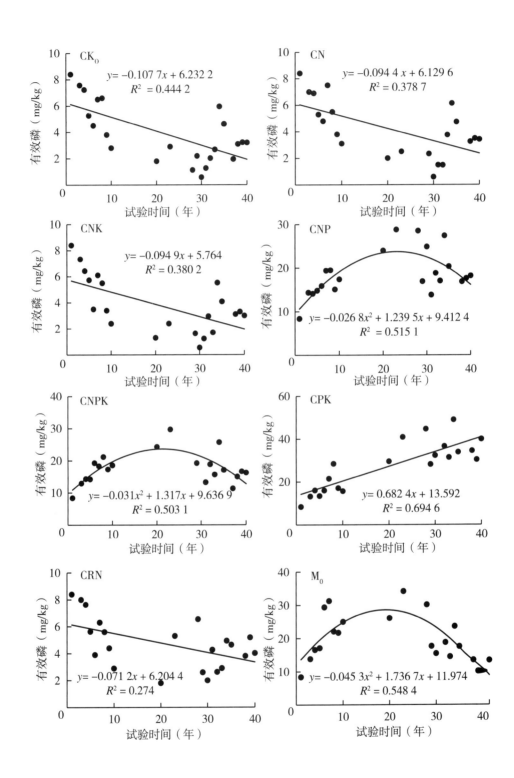

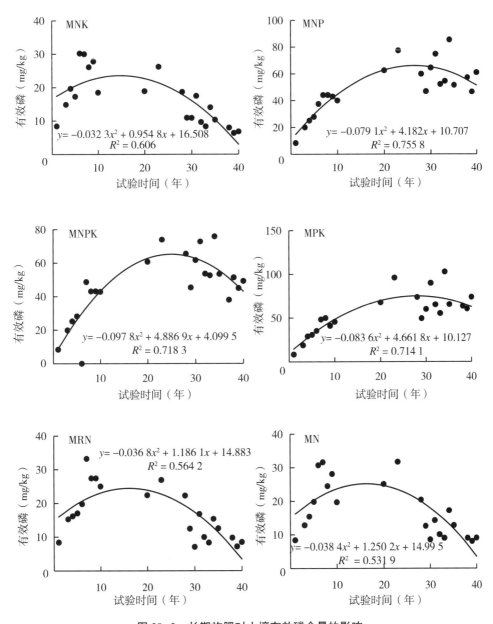

图 29-2 长期施肥对土壤有效磷含量的影响

显著降低，在 40 年后，以上不施磷化肥处理分别降低 62%、59%、64% 和 52%，平均每年分别降低有效磷 0.130 mg/kg、0.125 mg/kg、0.135 mg/kg 和 0.110 mg/kg，氮钾配施提高了作物吸磷能力，促进了土壤有效磷的进一步降低。在施用磷肥的无机肥处理中，CNP 和 CNPK 处理有效磷的增长与全磷模式不一致，表现为二次曲线，可能的原因是：其一，氮肥的配合施用促进了作物对有效磷的吸收，导致土壤有效磷的降低，而 CPK 处理由于缺氮肥，作物吸磷能力有所降低；其二，太湖流域近 20 年以来农田氮输入增加，表现途径为干湿沉降，水体富营养化，氮源的输入均导致有效态磷的生物利用增加；其三，土壤酸化导致的土壤磷有效性降低（王伯仁，2007）。但在化学区组中施磷仍然表现为土壤有效磷的提高，CNP、CNPK 和 CPK 分别增加有效磷 117%、93% 和 376%，平均每年增长 0.245 mg/kg、0.196 mg/kg 和 0.789 mg/kg。在有机区组中，无论施磷与否，土壤有效磷均表现为先增长，后降低，这主要仍与长期定位有机肥施肥策略的改变有重要关系，并且抛物线的最高点均在 20 年左右。同时，在有机区组中也存在施化学磷肥，但有效磷降低的情况，主要的解释同上。除 MNK 处理有效磷低于初始土壤外（降低 19%），其余施有机肥处理均有不同幅度增高，MRN、M_0、MN、MNP、MNPK 和 MPK 分别较初始土壤增加 1%、60%、8%、626%、485% 和 781%，平均每年增加 0.002 mg/kg、0.126 mg/kg、0.016 mg/kg、1.315 mg/kg、1.019 mg/kg 和 1.641 mg/kg。

（三）长期施肥下土壤全磷与有效磷的关系

用磷活化系数（PAC）可以表示土壤磷活化能力，长期施肥下太湖地区水稻土土壤磷活化系数随时间的演变规律如图 29-3 所示。在无机区组中，不施磷肥的处理（CK_0、CN、CNK 和 CRN）PAC 与时间呈显著线性负相关（$P<0.05$），处理 CRN 的 PAC 也随施肥时间均表现为下降趋势，以上 4 个处理的 PAC，由试验开始时（1980 年）的 1.96% 分别下降到 2019 年的 0.77%、0.82%、0.75% 和 0.94%，PAC 年下降速度均为 0.03%，这 4 个处理的土壤 PAC 值均低于 2%，间接表明全磷各形态很难转化为有效磷（贾兴永，2011）。在无机施磷处理中，土壤 PAC 表现为二次曲线，这一模式与有机区组中所有处理类似，这一现象一方面与水稻土中有效磷的活化规律有关，比如近 20 年来，太湖地区水稻土开始明显酸化（张永春和李菊梅，2010），导致土壤中磷活性的降低；另一方面，作物产量的持续提高，也限制了土壤中有效磷含量的大幅增长，同时，水稻土土壤有机碳的持续增长，也可能会形成"有机质—磷"复合体，限制有效磷的含量（王伯仁等，2002）。但总体而言，施磷处理的土壤磷活化系数是增加的，其中 CNP、CNPK、CPK、M_0、MNP、MNPK 和 MPK 的 PAC 都要高于 2%，表明目前持续施磷仍然是保持土壤具有较高有效磷的主要手段。

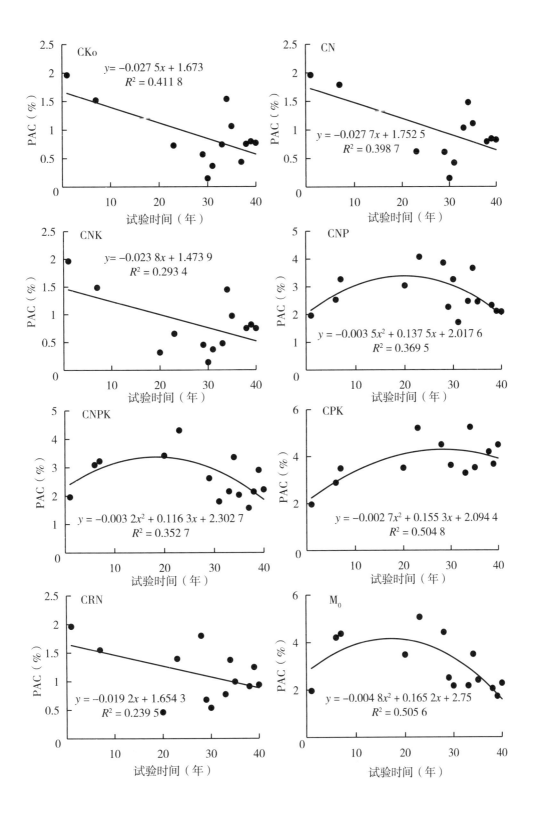

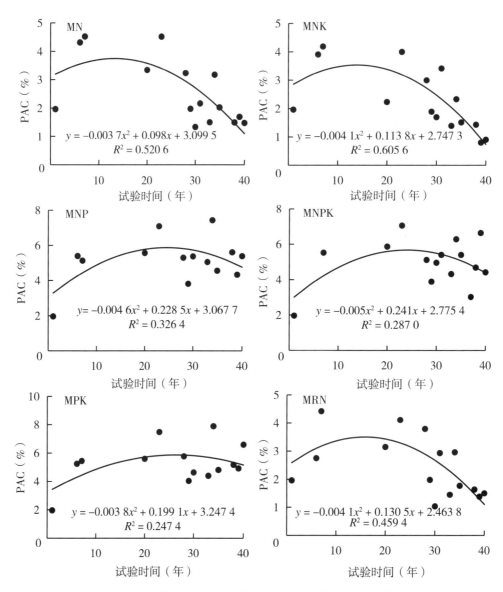

图 29-3　长期施肥对太湖地区水稻土磷活化系数（PAC）的影响

三、长期施肥下土壤有效磷变化对土壤磷盈亏的响应特征

（一）长期施肥下土壤磷素盈亏情况

长期施用无机肥对土壤磷平衡（盈亏）影响并未达显著水平（图 29-4），具体表

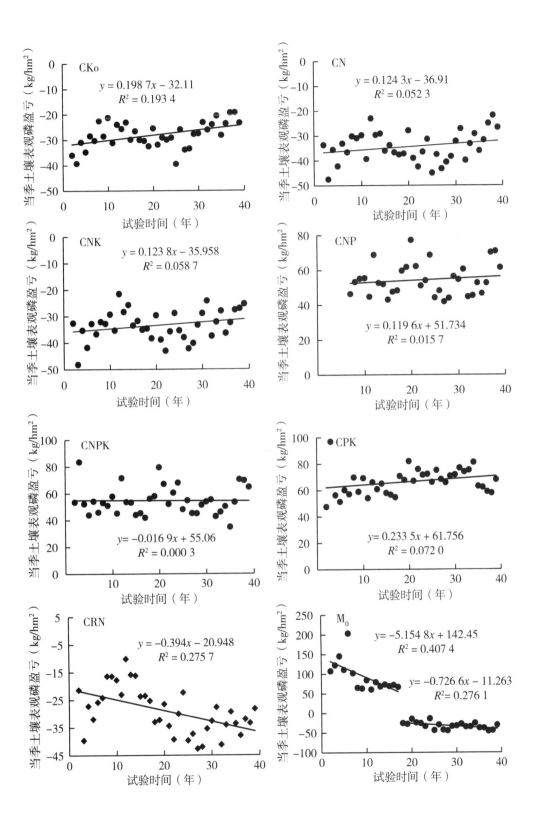

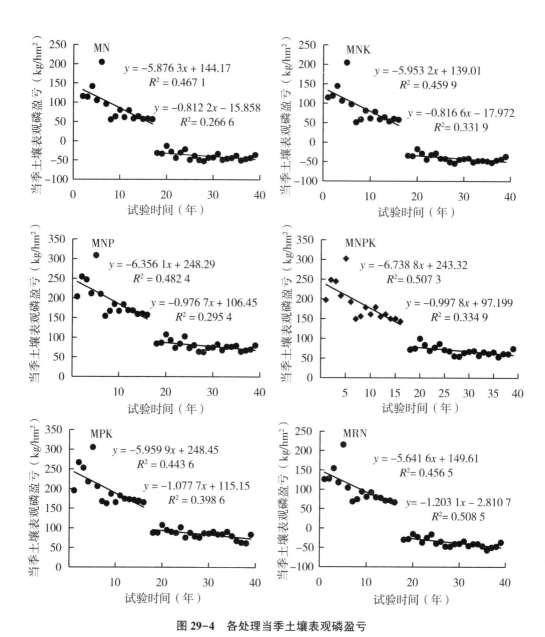

图 29-4 各处理当季土壤表观磷盈亏

现为，不施磷处理（CK₀、CN 和 CNK）土壤磷每年亏缺量基本保持不变，线性模型决定系数 0.06~0.19，而秸秆还田处理（CRN），土壤磷随处理年份增加，土壤磷亏缺量有较为明显增长，表明新鲜秸秆在矿化分解过程中，会与作物争夺磷素。而施磷处理（CNP、CNPK 和 CPK）土壤每年磷均有明显盈余，并且盈余量基本保持不变，线性模型决定系数 0.000 3~0.072，其中 CPK 处理的磷盈余量最高，每年可达 60~80 kg/hm²。长期有机无机配合施用条件下，土壤磷盈余规律与纯无机肥有明显不同，可概括为 2 个阶段，并且处理中这 2 个阶段的磷平衡变化量均有显著不同。这与本长期定位在 1997

年更改有机肥类型有关系，在 1997 年利用猪粪作为有机肥源，而 1997 年后利用菜籽饼作为有机肥源。在 1997 年前，所有有机无机配合施用处理土壤磷均为盈余状态，但随时间变化降低，线性模型决定系数范围为 0.41~0.51，降低速率范围为每年 5.15~6.74 kg/hm²，单纯施用有机肥 M_0 最低，而有机肥和化学氮磷钾肥配合施用处理 MNPK 最高，表明平衡施肥促进了磷元素的高效利用，也有助于降低环境风险。在 1997 年后，不施用化学磷肥处理（M_0、MN、MNK 和 MRN）土壤磷开始出现明显亏缺，亏缺速率为每年 5.15~5.95 kg/hm²，表明相比仅施无机肥处理，有机肥施用提高了土壤中磷的利用效率，线性模型的决定系数范围为 0.40~0.47。有机肥配施磷肥处理（MNP、MNPK 和 MPK），土壤磷仍为盈余，但值得注意的是，其每年的磷盈余降低速率每年分别为 0.98 kg/hm²、1.00 kg/hm² 和 1.08 kg/hm²，增施有机肥作物携出磷素量明显增加。

图 29-5 为试验中各处理 33 年土壤累积磷盈亏。由图可得，未施磷肥的 4 个处理（CK_0、CN、CNK 和 CRN）土壤累积磷一直处于亏缺态，并且亏缺值随种植时间延长而增加，其中 CK_0 处理土壤磷亏缺值相对较少，是因为土壤长期没有外源养分补给，作物产量较低，土壤携出磷量最低，而氮钾肥配施（CNK）处理土壤累积磷亏缺值最高。其余处理累积磷量均为盈余，但值得注意的是，处理 M_0、MN、MNK 和 MRN 累积磷平衡为先增长后降低，拐点时间恰好是有机肥替换时间点，表明单纯菜籽饼中磷含量并不能支持上述处理中作物的正常磷消耗，而单纯猪粪类有机肥就能满足作物磷需求，不需要另加化学磷肥。

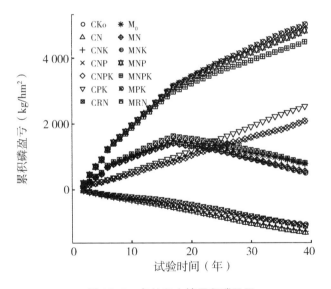

图 29-5 各处理土壤累积磷盈亏

（二）长期施肥下土壤有效磷变化对土壤磷素盈亏的响应

图 29-6 展示长期不同施肥模式下水稻土有效磷变化量与土壤耕层（0~20 cm）磷盈亏的响应关系。在无机肥区组中，土壤有效磷变化量与土壤累积磷亏缺显著相关（$P < 0.05$），但两者相关模式并不相同。其中 CK_0、CN 和 CNK 处理由于长期不施磷肥，土壤累积磷盈亏为负值，并且关系可以用分段线性模型描述，其中 CNK 的拐点值

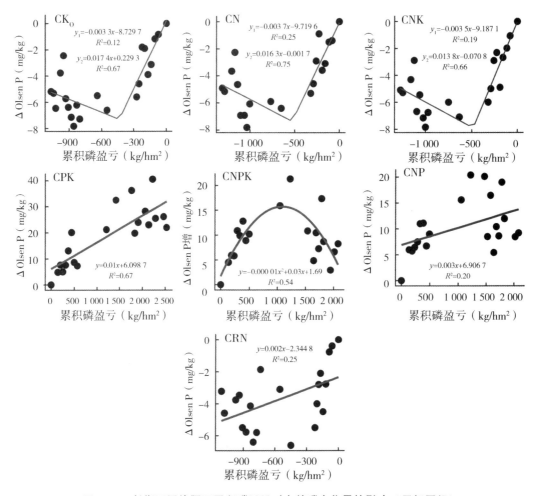

图 29-6 长期不同施肥下累积磷盈亏对有效磷变化量的影响（无机区组）

（-484.97 kg/hm²），CN 的拐点值（-528.35 kg/hm²），而 CK_0 处理拐点值略高（-432.27 kg/hm²），这与施氮促进磷的利用率有关。而 CRN 处理累积磷盈亏也为负值，但表现为线性模型，表明秸秆还田在 40 年后仍然没有达到有效磷的稳定含量。施磷处理土壤磷盈亏为正值，CNP 和 CPK 处理为线性增长，其中 CNP 和 CPK 每增加 100 kg P/hm²，有效磷增量分别为 0.3 mg/kg 和 1.0 mg/kg，增加氮肥同样降低了土壤

有效磷增量。而 CNPK 处理土壤磷盈亏与有效磷的关系为二次曲线，表明在平衡施肥处理中，土壤的累积磷在后期并不能持续提高土壤有效磷，可能的原因是平衡施肥处理作物持续保持高产，作物携出磷素也持续提高，降低了土壤有效磷增加，具体细节原因值得进一步研究。而在有机区组中，仅有 M_0、MNP、MNPK 和 MPK 土壤累积磷盈亏与土壤有效磷变化量显著相关，并且以上 4 个处理土壤磷均为盈余，值得注意的是，MNPK 处理与 CNPK 处理一样，也为二次曲线关系。M_0、MNP 和 MPK 土壤每盈余 100 kg P/hm² ，土壤有效磷含量均增加 1.0 kg/hm² 。总体而言，水稻土土壤磷盈余与全磷和有效磷均存在显著线性关系（$P < 0.01$），每盈余 100 kg P/hm² ，全磷含量提高 15.0 mg/kg，有效磷含量提高 1.0 mg/kg（图 29-7）。本研究与其他 7 个中国长期试验点的有效磷比较发现（Shi，2015），水稻土每盈余 100 kg P/hm² 提高的有效磷含量低于旱地土壤（1.44~5.74 mg/kg），试验结果的差异可能是种植制度和土壤理化性质不同

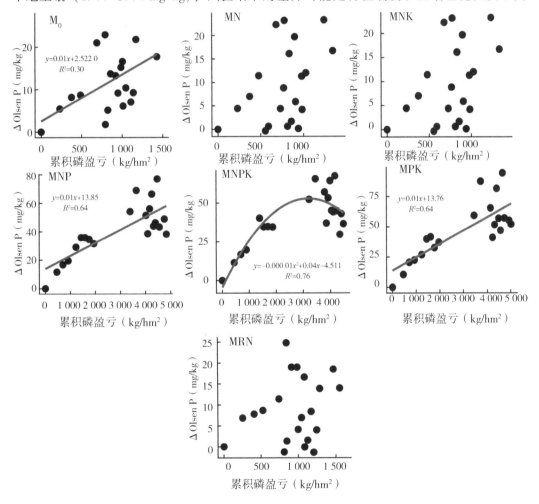

图 29-7　长期不同施肥下累积磷盈亏对有效磷变化量的影响（有机区组）

引起，需要进一步研究。

四、土壤有效磷农学阈值研究

在本研究中我们同时选择了分段线性模型、米切里西模型和线性—平台模型，其中分段线性模型和米切里西模型拟合较好（图29-8，表29-2），但不管采用何种模型，水稻的有效磷阈值均要低于小麦，表明在水田环境下水稻土的供磷能力优于旱田，这个结果与 Bai et al.（2013）比较水稻与玉米的结果是一致的，主要原因是在水田环境下，低氧化还原电位使吸附于黏土矿物和铁铝等氧化物上的磷解析（Patrick and Mahapatra，1968）。对太湖地区水稻土的分级磷研究表明，短期淹水也的确增加了土壤中铁磷，八钙磷等有效磷的含量，而闭蓄态磷和十钙磷这些难利用磷含量降低（Bo et al.，2011）。

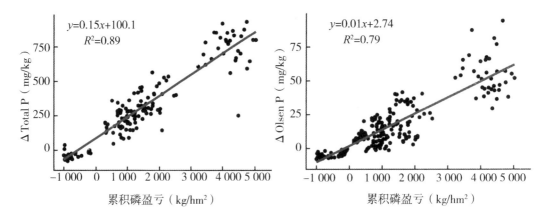

图 29-8　太湖地区所有处理全磷变化量和有效磷变化量与土壤累积磷盈亏的关系

表 29-2　长期不同施肥作物农学阈值

作物	模型	方程	R^2	自由度	农学阈值（mg/kg）
水稻	米切里西方程	$y=95.44\{1-e^{[-0.41(x+2.49)]}\}$	0.72	57	3.15
	线线模型	$y=8.14x+63.51$　$y=0.08x+92.77$	0.52	56	3.64
小麦	米切里西方程	$y=94.08\{1-e^{[-0.47(x+0.54)]}\}$	0.90	53	4.35
	线线模型	$y=15.40x+31.85$　$y=0.13x+89.80$	0.78	52	3.80

本研究中太湖地区水稻土的磷农学阈值分别为，水稻磷农学阈值介于 3.15 ~

3. 64 mg/kg，小麦磷农学阈值介于 3. 80~4. 35 mg/kg，明显低于一些已报道的旱地土壤阈值（图 29-9）。例如，国内报道玉米土壤的有效磷阈值是 12. 0~20. 7 mg/kg，小麦土壤的有效磷阈值是 12. 5~21. 7 mg/kg（Tang et al. ，2008；Bai et al. ，2013）。Colombo et al. 研究表明，在法国的旱地土壤中有效磷阈值为 6. 9~9. 8 mg/kg（2007），而在英国旱地的有效磷阈值为 7~18 mg/kg（Poulton et al. ，2013）。尽管没有更多的水稻土有效磷阈值报道，太湖地区水稻土壤有效磷阈值要低于典型旱地土壤，主要原因如下：首先，土壤 pH 值介于中性（6. 8），Hinsinger et al. 认为土壤 pH 值低于 6 时，土壤磷容易与铁铝等氧化物结合，而 pH 值高于 7 时，土壤磷易于钙离子结合，从而影响有效性（2001）；其次，土壤有机质含量较高也是影响土壤供磷能力的主要因素，本地区土壤有机质含量在 14. 03 g/kg 左右，而 Tang et al. （2008）研究的旱地土壤的有机碳含量为 6. 3~7. 1 g/kg。

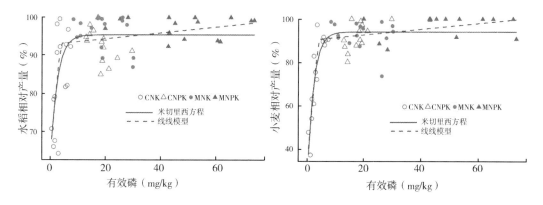

图 29-9　水稻和小麦相对产量与有效磷的响应关系

五、磷肥回收率的演变趋势

如图 29-10 和表 29-3 所示，长期不同施肥下，水稻磷吸收量（32. 4 kg/hm²）高于小麦（19. 35 kg/hm²），有机区组磷吸收量（30. 3 kg/hm²）也显著高于无机区组（21. 45 kg/hm²）。处理间作物吸磷量差异显著（$P < 0.05$），对照处理（CK_0）和不平衡施肥作物吸磷量显著低于化肥氮磷钾处理，低于化肥配施有机肥处理。

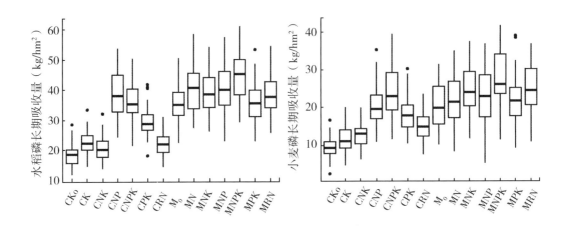

图 29-10 长期不同施肥处理下水稻磷素吸收特性

表 29-3 长期（1980—2018 年）不同施肥作物年平均磷素吸收特征 单位：kg/hm²

处理	水稻	小麦
CK_0	18.15	9.30
CN	21.90	11.55
CNK	20.10	12.45
CNP	37.95	20.10
CNPK	34.80	23.40
CPK	28.95	17.70
CRN	21.30	14.85
M_0	34.50	19.80
MN	39.45	20.85
MNK	38.10	23.40
MNP	39.00	22.05
MNPK	43.65	26.40
MPK	34.50	21.75
MRN	37.65	24.00

长期不同施肥下，无机区组磷肥回收率整体为线性模型（图 29-11），其中 CNP、CPK 和 CNPK 处理磷肥回收率持续增长，线性模型显示平均每年磷肥回收率分别提高

0.37%、0.21%和0.40%。相比无机区组，有机区组仍表现为分段线性回归的关系，主要原因是1997年有机肥更替的结果，在施用磷含量较低的菜籽饼有机肥后，磷肥回收率显著提高，主要原因是总投入磷含量的降低，导致表观磷回收率提高。1997年后，MNP、MNPK和MPK磷肥利用率平均每年提高1.02%、1.04%和1.09%。

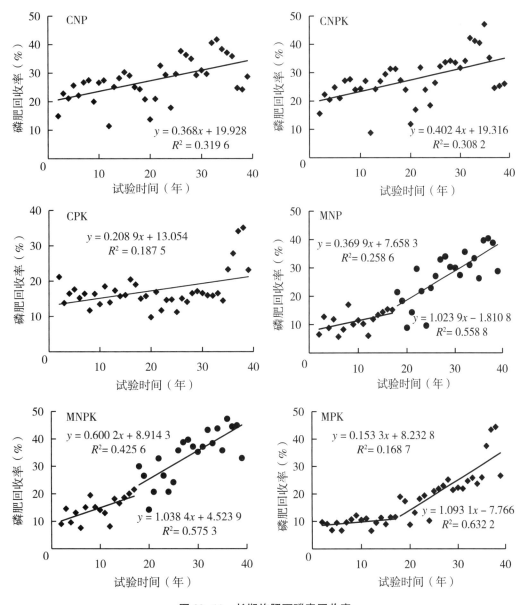

图 29-11　长期施肥下磷素回收率

长期不同施肥下磷肥回收率对有效磷的响应关系不同（图29-12）。CNP、CNPK和CPK处理的磷肥回收率随土壤有效磷的增加关系不显著，土壤有效磷的增长并没有有效提升或降低磷肥回收率。而在配施有机肥区组中，MNP、MNPK 和 MPK 处理磷肥回收率对土壤有效磷响应均显著（$P<0.05$），土壤有效磷含量每升高 10 mg/kg，磷素回收率分别提升 3.8%、10.0% 和 2.4%，表明施用有机肥能极大活化或者提升土壤有效磷的利用率（王琼等，2018）。

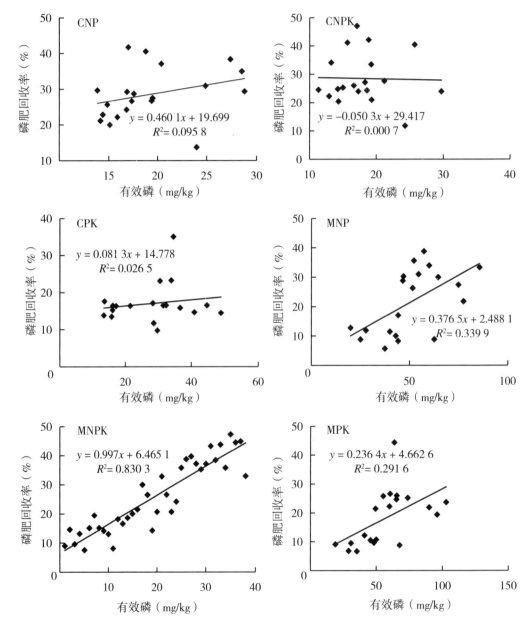

图 29-12　长期施肥土壤有效磷与磷肥回收率的关系

六、主要结果与指导磷肥的应用

长期施肥下磷素的演变特征结果表明，在无机区组中，不施磷肥的处理（CK$_0$、CN、CNK 和 CRN）土壤全磷、有效磷和 PAC 值均有所下降，而施磷肥的处理（CNP、CPK 和 CNPK）土壤全磷、有效磷和 PAC 值均有一定幅度上升，但 CNPK 处理有效磷和 PAC 呈二次曲线关系，表明尽管全磷含量能提高土壤有效磷水平和活化系数，但在水稻土中有效磷的增长仍受其他因素影响，比如 pH 值、铁铝氧化物、有机质水平和作物产量等，这部分内容值得进一步研究。而在有机区组中，由于更换有机肥，导致除 MNK 和 MRN 土壤总磷线性增加外，其余处理总磷均为二次函数关系，同时所有有机肥处理有效磷和 PAC 均为二次函数关系，同样也表明影响太湖地区水稻土有效磷含量的因素众多，仅提高磷肥施用量并不能总是有效提高土壤有效磷含量。

（施林林、沈明星、王海候、陆长婴）

主要参考文献

鲍士旦,2000.土壤农化分析[M].3 版.北京：中国农业出版社.

薄录吉,王建国,王岩,等,2011.淹水时间对水稻土磷素形态转化及其有效性的影响[J].土壤,43(6)：930-934.

单艳红,杨林章,沈明星,等,2005.长期不同施肥处理水稻土磷素在剖面的分布与移动[J].土壤学报(6)：970-976.

贾兴永,李菊梅,2011.土壤磷有效性及其与土壤性质关系的研究[J].中国土壤与肥料(6)：76-82.

鲁如坤,2000.土壤农业化学分析方法[M].北京：中国农业科学技术出版社.

鲁如坤,时正元,钱承梁,1997.土壤积累态磷研究[J].土壤(2)：57-60.

施林林,陆长婴,王海候,等,2012.水分管理对太湖地区水稻土无机磷转化的影响[J].江西农业学报,24(8)：1-5,9.

施林林,王海候,蒋敏,等,2013.利用指示生物评价稻田系统磷素面源污染潜力[J].上海农业学报,29(2)：33-37.

王伯仁,徐明岗,文石林,2007.长期施肥对红壤磷组分及活性酸的影响[J].中国农学通报,23(3)：254-259.

王伯仁,徐明岗,文石林,等,2002.长期施肥对红壤旱地磷组分及磷有效性的影响[J].湖南农业大学学报,28(4):293-297.

王建国,杨林章,单艳红,等,2006.长期施肥条件下水稻土磷素分布特征及对水环境的污染风险[J].生态与农村环境学报(3):88-92.

王琼,展晓莹,张淑香,等,2018.长期有机无机肥配施提高黑土磷含量和活化系数[J].植物营养与肥料学报,24(6):1679-1688.

徐明岗,张文菊,黄绍敏,等,2015.中国土壤肥力演变[M].2版.北京:中国农业科学技术出版社.

张焕朝,张红爱,曹志洪,2004.太湖地区水稻土磷素径流流失及其有效磷的"突变点"[J].南京林业大学学报(自然科学版)(5):6-10.

张永春,汪吉东,沈明星,等,2010.长期不同施肥对太湖地区典型土壤酸化的影响[J].土壤学报,47(3):465-472.

BAI Z H, LI H G, YANG X Y, et al., 2013. The critical soil P levels for crop yield, soil fertility and environmental safety in different soil types[J]. Plant and soil, 372(1-2): 27-37.

BO L J, WANG J G, WANG Y, et al., 2011. Effect of flooding time on phosphorus transformation and availability in paddy soil[J]. Soils, 43(6): 930-934.

COLOMB B, DEBAEKE P, JOUANY C, et al., 2007. Phosphorus management in low input stockless cropping systems: crop and soil responses to contrasting P regimes in a 36-year experiment in southern France [J]. European journal of agronomy, 26(2): 154-165.

HINSINGER P, 2001. Bioavailability of soil inorganic P in the rhizosphere as affected by root-induced chemical changes: a review[J]. Plant and soil, 237: 173-195.

POULTON P R, JOHNSTON A E, WHITE R P, 2013. Plant-available soil phosphorus. Part I: the response of winter wheat and spring barley to olsen P on a silty clay loam [J]. Soil use and management, 29(1): 4-11.

SHEN M X, YANG L Z, YAO Y M, et al., 2007. Long-term effects of fertilizer managements on crop yields and organic carbon storage of a typical rice-wheat agroecosystem of China[J]. Biology and fertility of soils, 44(1): 187-200.

SHI L L, SHEN M X, LU C Y, et al., 2015. Soil phosphorus dynamic, balance and critical P values in long-term fertilization experiment in Taihu Lake region, China[J]. Journal of intergrative agriculture, 14(12): 2446-2455.

TANG X, LI J M, MA Y B, et al., 2008. Phosphorus efficiency in long-term (15 years) wheat-maize cropping systems with various soil and climate conditions[J]. Field crops research, 108: 231-237.

ZHANG L, YU D, SHI X, et al., 2009. Quantifying methane emissions from rice fields in the Taihu Lake region, China by coupling a detailed soil database with biogeochemical model[J]. Biogeosciencs, 5(6): 739-749.